普通高等教育“十一五”国家级规划教材

植物数量遗传学

孔繁玲　主编

中国农业大学出版社

主　　编　孔繁玲

编写人员　孔繁玲（第一至第十三章，附录）

刘文欣（第十四章，参加第十三章）

张群远（参加第二章和第十三章）

曹永国（参加第四章和第十三章）

彭惠茹（参加第十章）

苏胜宝（参加第十章）

总　　序

我国的研究生教育正处于发展迅速、深化改革时期，研究生教育要在招生规模和结构协调发展的同时，加快教育教学改革步伐，以培养高质量的创新人才。为加强和改进研究生培养工作，改革教学内容和教学方法，充实高层次人才培养的基本条件和手段，建设研究生培养质量基准平台，促进研究生教育整体水平的提高，中国农业大学采取立项建设的方式进行了研究生重点课程建设、教材建设以及教学方式方法的改革。通过一系列的改革、建设工作，形成了一批特色鲜明的研究生教学参考用书，本书是其中之一。特别值得提出的是，本项工作得到了"北京市教育委员会共建经费研究生教育项目"的资助。

建设一批研究生教学参考用书，是我校研究生教育教学改革的一次尝试，这批研究生教学用书，以突出研究生能力培养为出发点，引进和补充了最新的学科前沿进展内容，强化了研究生用书在引导学生扩充知识面、采用研究型学习方式、提高综合素质方面的作用，必将对提高研究生教育教学质量产生积极的促进作用。

中国农业大学研究生院
2005 年 9 月

同、群体大小的差异，各有其侧重点。本书作为作物遗传育种专业的教科书侧重在农作物方面，因而书名为“植物数量遗传学”是很合适的。我由衷地向各校讲授这门课的教授、学生们推荐这本教材，向作物遗传育种工作者推荐这本参考书，希望在广泛的使用中使之进一步完善。

盖钧镒

2006年2月18日

序

生物群体内的变异五花八门，其来源多种多样，但其基本类型只有两类：一类呈现个体间由小到大、由少到多的连续变化，叫作连续变异；另一类则可以区分出少数几种天然类别，称为非连续变异。与变异类型相对应，生物体的性状也可以划分为数量性状与质量性状两大类，其中，与生物产量、品质等经济性状密切相关的性状多数属于数量性状。遗传学乃是研究群体内遗传与变异规律的学科，与此相应，研究群体内数量性状遗传、变异规律的分支学科属于数量遗传学。

数量遗传学研究的对象是群体内的数量性状，既然如此，就需要特定的度量，所得的度量值就是数据。而且，群体内的个体往往很多，所得的数据相当复杂，要想研究探讨群体内的数量变异，通常需要借助于统计分析方法与手段。因此，统计学基础成为数量遗传分析的先决条件。孔繁玲教授 20 世纪 60 年代开始从事生物统计学教学、科研工作，有着相当深厚的统计分析基础，80 年代初留美归来后跨入数量遗传学领域。借助于良好的统计学基础和天才加勤奋式的努力，教学和科研方面均有相当建树，这本《植物数量遗传学》乃是其中的代表。我国有关数量遗传方面的著作大多从 20 世纪 80 年代起陆续发表问世，其中包括一些高水平的代表性杰作。不过，其中大部分属于研究型参考书，适合用作教科书的偏少。孔繁玲教授的这本《植物数量遗传学》的特点在于从基本概念的阐述入手，配合较为精细的图表，对数量遗传学原理进行逐步推导，求得对原理的充分理解。此外，该书中对近年来数量遗传学的新发展，诸如三倍体胚乳性状的遗传模型、主-多基因混合遗传模型、QTL 作图、混合线性遗传模型分析以及遗传多样性分析等方面都有较为详细的介绍。可以说，这是一本传统与现代并重的数量遗传学好书。

该书内容全面，文字流畅，适合于农业院校研究生和本科生用作教科书、有关专业教师作为教学参考书，也可供有关专业科技人员作为技术参考书。

郭平仲

2005 年 12 月 22 日

前　　言

20 世纪 80 年代以来，分子标记等生物技术的开发利用促进了整个生命科学的迅猛发展，使数量性状的遗传研究进入了现代数量遗传学的崭新阶段。其突出特点是把数量性状的表型观测与分子标记技术相结合，使人类对数量性状的研究直接与遗传的物质基础相联系，与寻找和利用优良基因相结合。现代数量遗传学继承了传统数量遗传学的核心假说（数量性状受位于染色体上的基因所控制，这些基因服从孟德尔遗传传递规律）和基本理论与方法（关于数量性状的遗传模型、效应、方差协方差、遗传率、配合力、选择响应、杂种优势等），在理论模型上进一步发展，并采用新发展的统计方法分析分子标记和表型测量的数据组合，是对传统数量遗传学的继承与发展。数量遗传学为从事数量性状的遗传研究和育种应用提供理论基础和方法手段，具有广泛而强烈的社会需求。

数量遗传学在我国从引进传播到应用已有半个世纪，作为高等农业院校作物遗传育种专业研究生的学位课也已有 20 余年的历史。几十年的历史证明，该学科严密的理论结构和逻辑思维有助于研究生建立合理的知识结构和科学的思维方式，掌握植物遗传试验设计和统计分析的方法与手段，提高科学素质。

根据教学和科研的需要，受命于时任北京农业大学农学系主任的蔡旭教授和阎隆飞教授的安排，我于 1981—1983 年赴美留学，师从 C. O. Gardner 教授和 G. H. Liang 教授学习数量遗传学及其育种应用。回国后在中国农业大学为研究生讲授数量遗传学，从事数量遗传研究并指导研究生至今。这本教材就是在教学和科研过程中逐年学习、积累、充实、更新而形成的讲稿和研究成果的基础上经整理补充而形成的。

在总结以往课程沿革、分析教学科研实际需要的前提下，本教材本着理论与实际相联系、继承与发展相结合的思想而编写。在内容选择上力争做到汲取传统精髓，紧跟学科发展，博采众长，努力把传统的和现代的数量遗传学紧密结合并写出自己的思想。全书共 14 章，第一章绪论介绍学科梗概和本教材特点；第二章群体平均与遗传效应；第三章群体方差和协方差；第四章连锁效应；第五章遗传模型检验和基因效应分析；第六章遗传交配设计与遗传方差成分估计；第七章遗传率分析；第八章选择及其响应；第九章遗传相关和选择指数；第十章交配效应与配合力分析；第十一章种子性状遗传模型；第十二章数量性状的主-多基因分析；第十三章数量性状基因定位；第十四章数量性状遗传多样性分析。其中第一章至第十章基本为传统数量遗传学的内容，也增补了近年来的新进展；第十一章至第十四章主要为数量遗传学新进展。

在写作编排上本教材努力做到：①注重原理，尽量把每种方法的依据交代清楚；②方法具体，尽力把每种方法的具体步骤、应用条件和结果释义讲清楚；③用具体例子说明有关理论和方法的实际意义；④每章前有内容提要，后面有复习思考题和参考文献，基本的统计遗传符号尽力做到全书统一，至少章内统一。附录Ⅰ和附录Ⅱ分别给出了前面章节包括不进但又需要的统计学基础和主要统计遗传符号注释，最后有中英文索引，以方便使用。

本教材专门为农业院校植物类专业研究生编写，也可供农业研究人员和有关专业教师参考使用。其中第二、三、六、七、八、九和第十章的大部分内容可供作物遗传育种专业高年级本科生教学使用。

本教材的写作完成受到我校研究生院和我院领导的大力支持和鼓励，得到我的同事们和学生们的鼎力相助。在我构思主笔全书的同时，刘文欣完成了第十四章的写作，还参加了第十三章的部分编写；曹永国参加了第四章和第十三章的部分编写；彭惠茹参加了第十章杂种优势假设部分的编写；张群远参加了第二章和第十三章的部分写作；苏胜宝参加了第十章的部分写作；蒿若超参加了例题计算和绘图。彭惠茹、刘文欣、曹永国、蒿若超和秦文斌在本书写作过程中参加了校对工作。

在完成本教材之际，我要特别感谢我的老师们：是蔡旭教授和卢宗海教授把我领进植物遗传育种学和生物统计学的大门；是 C. O. Gardner 教授和梁学礼教授给了我数量遗传学的思想；是马育华教授、莫惠栋教授和盖钧镒教授指导和帮助我不断加深对数量遗传学的理解。在我学习数量遗传学的过程中还得到吴仲贤教授的指导和帮助。本书在多处引用了 D. S. Falconer 教授、K. Mather 教授、M. kearsey 教授、马育华教授、莫惠栋教授、盖钧镒教授和朱军教授的方法和例题，引用了宋同明教授和陈绍江教授的研究结果，引用了以往研究生刘文欣、王克胜、张红伟、郭志丽和蒿若超等人的研究结果，引用了 Zeng Z B、姜长鉴、姜海鹰和刘希慧的研究结果和数据，在此一并表示诚挚的感谢。还要特别感谢我的学生们和我的家人。40 多年来，除了在校讲授生物统计和数量遗传等课程外，我曾于 1964—1980 年长期在农村巡回教学，我有大量的在校研究生、本科生和基层朋友，是他们高涨的学习热情和奋斗精神不断给我鼓舞，是他们鲜活的实际问题刺激我不断钻研，是他们对数量遗传学教材的强烈需求激励我克服困难坚持这本教材的编著，是我家人的高度理解和全力支持保证了这本书的最后完成。我衷心感谢所有以不同方式帮助过我的人！

由于学科发展迅速，特别是作者基础浅薄、水平所限，书中错误缺点在所难免，恳请读者批评指正，以利日后修改补充。

孔繁玲

2005 年 11 月 15 日

目　录

第一章　绪　　论

一、数量性状与数量遗传学

1. 数量性状

遗传学通常把生物性状分为质量性状(qualitative trait)和数量性状(quantitative trait)两大类。质量性状受少数主基因(major gene)控制,这些主基因的不同等位基因具有明显不同的表型效应,分离世代形成间断性(discrete)或类型(kind)间变异且不易受环境条件影响。通常需采用孟德尔的分类计数统计方法对质量性状进行研究。数量性状是受多个基因控制、表现为数量(quantitative)上或程度(degree)上连续性变异(continuous variation)的一类性状。动植物的绝大部分与人类经济生产有关的性状属于数量性状,如个体的高度和体积、有关产品的经济产量、营养素含量以及一些抗逆性状等均属典型的数量性状。数量性状的遗传研究对于动植物的遗传改良、资源保护、食品安全乃至医疗保健均具有十分重要的意义。

数量性状大致又可分为两类:一类为受微效多基因(polygene 或 minor gene)控制的数量性状,其基因数目多,各个基因的效应不一定相等,但单个基因的效应微小且对环境反应敏感,分离世代呈现单个正态分布,其中个别基因的效应难以从表型区分,但借助于生统遗传学的方法可对多基因系统中的遗传效应进行分析。另一类为受主基因(major gene)和多基因共同控制、分离世代呈现多峰且连续分布的数量性状。所谓主基因是指那些效应大而易于鉴别其单独的数量遗传效应的基因。主基因的存在使分离世代的个体间具有可分组趋势,但又由于微效多基因的存在使组界变得模糊。玉米籽粒胚乳中赖氨酸含量是一个典型的受主基因和多基因共同控制的数量性状,根据 Mcrtз(1964),玉米第 7 染色体上的隐性突变基因 *opaque2*(*o2*)使玉米胚乳的赖氨酸含量成倍增加,*O2* 与 *o2* 等位基因在 F_2 代分离重组表现出一对主基因 3∶1 的分离比例,微效多基因(又称修饰基因,modifiers)则使整个分布变成连续的双峰分布,在 *o2o2* 背景下含有修饰基因的多少会使胚乳的赖氨酸含量呈现连续变异。在高粱上已存在 3 个影响株高的主基因。严格地讲,如上两类数量性状是没有本质差异的,因为所有基因不论其效应大小,均遵从孟德尔遗传规则。从理论上讲,只要测量和统计手段足够精密,任何等位基因的作用均是可以追踪的,但受限于试验技术、表型测量和统计方法的精度水平,跟踪单基因的水平还十分有限。近年来分子标记的广泛应用和统计方法的不断改进,已使人们跟踪单个基因的能力大大提高。

2. 数量遗传学

数量遗传学是根据遗传学原理,运用适宜的遗传模型和数理统计的理论和方法,探讨生物群体内个体间数量性状变异的遗传基础,研究数量性状遗传传递规律及其在生物改良中应用的一门理论与应用学科。它是遗传学原理和数理统计学相结合的产物,属于遗传学的一个分支学科,与育种学有着密切的关系。

传统的数量遗传学(classical quantitative genetics)以微效多基因假说为前提,采用数理统计学方法对表型测量数据进行分析,建立了一系列的数量遗传分析理论与方法,诸如基因的加性与显性、效应与方差、亲属间协方差、世代平均值分析、遗传交配设计与遗传方差成分估计、遗传率分析、选择及其响应、遗传相关分析、交配效应与配合力分析等。微效多基因假说认为，数量性状是受位于染色体上的基因所控制，其遗传传递服从孟德尔遗传规律。这些基因数量多、效应微小、效应大小相等、易受环境影响，因此必须采用统计学方法进行研究。传统的数量遗传学指导动植物育种取得了一系列成就。

现代数量遗传学(modern quantitative genetics)，又称分子数量遗传学(molecular-quantitative genetics)，采用数理统计学方法对分子标记和表型测量的数据组合进行分析。现代数量遗传学在分子水平上揭示数量变异的遗传基础和遗传规律。现代数量遗传学否定了微效多基因假说中控制数量性状的基因很多(事实上不一定很多)和效应相等(事实上经常不相等)的假设，却证明了数量性状确实受位于染色体上的基因所控制，这些基因遵从孟德尔遗传规律。现代数量遗传学证明并沿用了传统数量遗传学的基本理论和方法(如基因效应、方差、遗传率、遗传相关、选择理论和杂种优势理论等)，并在原有基础上进一步发展。由于采用了分子标记和现代化的计算设备与结合分子标记和表型测量数据的统计分析方法，使人类对数量性状的研究得以细化和深化。下面是一个例子，可从一个侧面看出这种发展过程。

曾以陆地棉杂交组合 9-1696×中 35 所繁衍的 6 世代群体(P_1、P_2、F_1、F_2、B_{1L}和 B_{1S})为遗传材料，采用世代方差对比分析(方法见第三章和第七章)、主-多基因分析(方法见第十二章)和 QTL 定位分析(方法见第十三章)3 种方法，研究棉纤维品质性状比强度(fiber strength, cN/tex)和伸长率(fiber elongation，%)的遗传。3 种方法所估计的表型方差、总遗传方差、遗传方差组分及其在总遗传方差中所占比例列于表 1-1。

表 1-1 世代方差对比分析、主-多基因分析与 QTL 分析所估计的遗传方差

(陆地棉 9-1696×中 35 衍生的 6 世代)(郭志丽，蒿若超，2003)

性状	F_2 方差		主-多基因遗传模型分析		QTL 定位分析		
	F_2 表型方差(V_P)	F_2 总遗传方差(V_G)	主基因方差	多基因方差	QTL	QTL 方差(V_{Q_i}/V_G)	剩余 QTL 方差
比强度	5.83	3.00 (100%)	2.79(2 对) (88.85%)	0.35 (11.15%)	Q_1	1.21 (38.54%)	
					Q_2	0.69 (21.97%)	
					Q_3	0.60 (19.11%)	
总						2.5 (79.62%)	0.64 (20.38%)
伸长率	0.46	0.23 (100%)	0.093(2 对) (38.27%)	0.15 (61.73%)	Q_1	0.088 (36.21%)	0.155 (63.79%)

注：6 世代为两个亲本、杂种一代、杂种一代自交产生的二代和杂种一代回交于双亲的两个回交世代，即 P_1、P_2、F_1、F_2、B_{1L}和 B_{1S}。

括号中数字表示该组分方差与总遗传方差的比值，Q_1～Q_3 表示各性状已检测出的数量性状位点(QTL)。

该表的结果显示出数量性状遗传分析的深化和细化过程：世代方差对比分析利用不分离世代估计环境方差，利用 F_2 代表型方差与不分离世代方差的对比估计出 F_2 代总遗传方差。

但不能估计控制数量性状基因的数目，也无从知道有关基因位于何处；主-多基因分析把总遗传方差分剖为主基因遗传方差和多基因遗传方差两部分，说明控制数量性状的基因中存在效应较大的数量基因，并估计出主基因和多基因各解释多少遗传变异，主-多基因分析还估计了可能存在的主基因的数目，但不知主基因位于何处；QTL 分析把控制数量性状的基因（染色体片段）寻找出来，估计其位置和数目，并估计每个 QTL 解释的遗传变异。由此可见，这 3 种分析方法是随着统计方法的研究进展和分子标记手段的使用，使得对数量性状遗传的研究逐步深化和细化。可以认为，世代方差分析、主多基因分析和 QTL 定位反映出数量性状遗传研究的 3 个层次。在此基础上进一步完成数量基因的精细定位，即可逐步找到控制数量性状的基因甚至核苷酸，进而实施分子标记辅助选择的遗传控制和育种。

二、数量遗传学的形成与发展

1. 数量遗传学的早期积累

数量性状的遗传研究可追溯到 19 世纪中后期。1859 年，达尔文（Darwin）研究连续变异的进化，发表了不朽名著《物种起源》，揭示了生物的进化规律。1865 年，孟德尔（G. Mendel）通过对豌豆质量性状的杂交试验研究，发现了遗传因子的显隐性和分离与独立分配的传递规律，具有划时代的意义，但当时并未引起重视。这期间，高尔登（Galton）研究亲代与其后裔身高的关系，创造了回归和相关研究方法以及采用数学方法研究生物性状遗传变异的思想，于 1889 年出版了《自然遗传》（Natural inheritance）。以后，高尔登用数学方法研究生物现象的理论和方法被 Weldon 和 Pearson 等继承和发展，但当时的研究缺乏遗传学理论的指导，因而也未能揭示所研究数量性状的遗传变异规律。1900 年，孟德尔遗传规律被重新发现后，数量性状的遗传研究和数量遗传学才得以迅速发展。1909 年，Johannsen 根据其菜豆实验提出了纯系理论（pure line theory），将数量性状的表型变异区分为遗传的变异与不遗传的变异，建立了基因型和表现型的概念，阐明了表现型、基因型和环境效应三者之间的相互关系，这为理解连续性变异亦是遗传性状提供了依据。1909 年，Nilsson-Ehle 根据其小麦粒色的研究提出了数量性状的多因子假设（multiple-factor hypothesis），认为数量性状受多个具有累加作用的因子控制，而这些因子也是按孟德尔方式遗传的。这一假设为 Emerson 和 East（1913）在玉米上和 East（1915）在烟草花冠长度上的遗传试验所证实。由此将数量性状的遗传研究纳入了孟德尔遗传规律的轨道。

2. 数量遗传学的奠基

Fisher、Haldane 和 Wright 是数量遗传学的主要奠基人，他们的工作为数量遗传学的形成奠定了主要的理论基础（Falconer，1989）。1918 年，R. A. Fisher 发表了划时代的论文《根据孟德尔遗传假设的亲属间相关研究》（The correlation between relatives on the supposition of Mendelian inheritance），把统计学与遗传学结合起来研究亲属间相关，进一步从理论上证明了多因子假设的合理性。他最早提出了数量性状遗传的加性-显性遗传模型 $G=A+D$，将基因效应及遗传方差分解为相应分量，并用以研究自然选择的遗传理论。Haldane（1924—1927）连续发表了“Mathematical theory of natural and artificial selection I-V”，用数学方法说明数量性状在自然和人工选择下的遗传改变。Wright（1921）的“Systems of mating”概括了群体的交配体系，提出了近交系数的概念，将不同交配体系的群体通过近交系数相互沟通，并用其通径系数研究交配体系的遗传效果。Smith(1936)在“A discriminant function for plant selection”和Hazel(1943)在“The genetic basis for constructing selection indexes”中提出了选择指数的概念,用以进行多性状的综合人工选择。Lush(1937)在其“Animal Breeding Plan”一书中从遗传效应剖分的角度提出了遗传率(包括广义遗传率和狭义遗传率)的概念,用之于研究选择效率和遗传进度。Malecot(1948)提出了血缘系数(来自群体内不同个体的一对基因属于血缘等同的概率)的概念,用来度量双亲间的亲缘程度,从而给出了亲属间协方差的通式。在杂种优势利用中,Sprague和Tatum(1942)提出了亲本配合力的概念。以上研究所提出的理论和方法为数量遗传学的建立奠定了基础。

3. 数量遗传学的建立和发展

20世纪40年代末到80年代中期,是数量遗传学的建立和发展时期。Mather(1949)在总结前人研究的基础上,提出了多基因理论(polygene theory)以区别于孟德尔的寡基因(oligogene),从此开始了20世纪40年代末至70年代数量遗传学的繁荣发展时期。在此期间,Wright、Mather、Comstock、Cockerham和Falconer等对数量遗传研究体系的发展与完善做出了重大贡献。该阶段的突出特点是,建立科学的遗传交配设计和统计模型,把数量性状表型的总效应和总方差分解为属于基因型的、环境的、加性的、显性的、上位性的以及基因型环境互作的分量,并在此基础上估计显性度、遗传率、重复率、选择响应(遗传进度)、遗传相关、选择指数和配合力等遗传和育种参数,使数量性状的表型特征得到较全面的描述并指导育种应用。该阶段出版了许多数量遗传学和群体遗传学方面的代表作。主要有Mather的“Biometrical Genetics”(1949年第1版,1971年第2版,1982年第3版)和“Introduction to Biometrical Genetics”(1977),Li的“An Introduction to Population Genetics”(1975),Kempthorne的“An Introduction to Genetic Statistics”(1957,1969)和Falconer的“Introduction to Quantitative Genetics”(1960年第1版,1981年第2版,1989年第3版,1996年第4版)。这些书的出版标志着数量遗传学已形成了相对完整的体系。而Hallauer的“Quantitative genetics in maize breeding”(1981)则说明数量遗传学在玉米育种中的成功应用。该阶段的学术思想活跃。Mather和Jinks等着重研究纯系亲本间杂种后代的遗传变异,从世代平均数的分析来检测遗传模型和基因效应。Kempthorne、Comstock和Falconer等则着重研究随机交配群体的遗传变异,从遗传方差的分析来检测遗传模型及各种基因效应的相对重要性,并与动植物育种紧密结合,在玉米杂种优势研究利用上取得成效。1976年在Iowa州立大学召开了第一届国际数量遗传学大会,1978年在Cambridge大学召开了生统遗传学大会。这期间各学派相互争论,相互渗透,促进了彼此的发展。Cockerham(1956)在研究亲属间的协方差时考虑到了亲本近交程度的影响,将近交亲本杂种群体与随机交配群体亲属间协方差的表达式由近交系数相互联结而归成一体。在Mather和Jinks(1977)的书中也增加了随机交配群体数量性状遗传分析的内容。1987年在North Carolina州立大学召开了第二届国际数量遗传学大会,此时数量遗传学的研究重点在于应用不断更新的统计方法和遗传交配设计检测数量性状的遗传模型及其效应,结合动植物育种研究群体的遗传变异和综合选择技术,杂种优势及亲本配合力理论与技术,以及基因型与环境互作效应的估计和应用等。其中值得注意的是,我国莫惠栋和美国的Bogyo(1987)分别在第二届国际数量遗传学大会上提出了谷类作物胚乳性状的三倍体遗传模型,接着,莫惠栋(1991,1995)还提出了胚乳性状遗传控制系统的鉴别方法,指出胚乳性状表达的遗传原因有胚乳基因型、母体基因型和细胞质的不同。朱军(1992)、Zhu和Weir(1994)运用 Cockerham 广义遗传模型(1980)的建模原理,提出了包括种子核基因、母体核基因和细胞质基因三套遗传系统的遗传模型及相应分析方法。莫惠栋、朱军和 Weir 的工作为种子性状的遗传研究提供了理论基础,充实了植物性状遗传研究的理论模型和研究方法,得到广泛应用。吴仲贤(1987)提出了杂种遗传率的概念和分析方法。这些研究均建立在数量性状由微效多基因控制的假定基础上,属于传统数量遗传学的范畴。

4. 数量性状遗传体系

由传统数量遗传学到现代数量遗传学的发展过程中,数量性状的主-多基因遗传体系的研究有着重要意义。根据 Falconer(1989)和 Lynch(1998)的综述,在研究自发或诱发突变所引起的数量变异时,人们发现有的位点其等位基因效应较大,足以在分离世代得以鉴别,这类基因被称之为主效等位基因(major-effect alleles)或主基因(major gene),同时发现有些数量性状不仅受主基因控制,还存在许多微效多基因与主基因共同作用,构成了控制数量性状的主-多基因遗传系统。Falconer 和 Mackay(1989)综述了多种鉴别主基因的方法,如多峰分布、有选择的回交、非正态分布、方差异质性、亲子相似性分析和应用混合分布模型(mixture models)的复合分离分析(complex segregation analysis,CSA)等。所谓混合分布是指各个基础分布的加权混合(a weighted mixture of underlying distributions),而 CSA 实际上是对混合分布下不同假设的似然比检验。20 世纪 70 年代起有数量遗传学者注意到了数量性状遗传体系中主基因与微效多基因共同存在。Elston 和 Stewart(1971,1973)、Morton 和 Maclean(1974)在人类遗传学中建立了用于一对主基因遗传模型检验的 CSA,Elston(1984)将 Elston 和 Stewart(1973)的模型推广到两个基因座的假设检验。该模型被 Le Roy 等(1990)和 Knott 等(1991)试用于动物育种,被 Tourjee(1995)用于检验植物花色的遗传。类似的似然比检验曾被 Tan 和 Clang(1972)、Elston 和 Steward(1973)、Van Der werf(1992) 等用于检验自交系杂交 F_2 或 F_1 与 BC 分离世代中主基因的存在性。我国莫惠栋(1993—1995)报道了一对主基因情况下主-多基因混合遗传性状的遗传模型和测验方法,并把这类性状称为质量-数量性状。Loisel 等(1994)报道了 F_3 世代中检测主基因存在性的似然比统计量的性质,姜长鉴(1995)把 Loisel 的结果用于大麦矮秆基因的鉴别。盖钧镒等(1998—2003)在总结前人关于人类和动植物遗传中主-多基因遗传混合模型检验方法的基础上进一步深入研究完善,提出了"植物数量性状遗传体系主-多基因混合遗传模型分离分析法",在定义分离世代理论分布的前提下,提出了 7 类 20 多个遗传模型及进行遗传模型检验与参数估计的试验世代类型、混合分布函数、算法、模型选择和个体基因型判断等一系列方法。盖钧镒等在《植物数量性状遗传体系》(2003)一书中以主-多基因遗传为核心对植物数量性状遗传体系作了明确定义与应用研究,其理论与方法得到广泛应用。

5. 现代数量遗传学的形成与发展

20 世纪 80 年代末到本世纪初,是现代数量遗传学的形成与发展时期。传统的数量遗传学虽认为控制数量性状的遗传基础是位于染色体上并服从孟德尔规则的基因,但总是把所有基因看做一个整体,即使是对其中主基因的分析也从未使数量基因与具体的遗传物质联系起来,因而不能鉴别单个数量基因在染色体上的位置,也不能度量单个数量基因的效应及其与其他基因的关系,更无从进行数量基因的分离克隆等遗传操纵。从遗传学的发展看,通过性状与遗传标记的连锁分析进行基因定位早已是传统的遗传学技术,只是由于过去所用形态学、细胞学和同工酶标记数量的限制,不能从整个基因组上进行基因搜索与定位。当然,数量基因的定位还受到当时统计分析方法的限制。20 世纪 80 年代生物技术迅速发展,分子标记广泛开发应用(1980 年 Botstein 首次提出 DNA 限制性片段长度多态性——RFLP,可作为遗传标记)。基于 DNA 多态性的无限性和对生物有机体的无害性,使得人类从整个基因组上搜索定位数量基因成为可能,由此开创了利用分子标记检测数量性状位点(quantitative trait loci,QTL)并对 QTL 进行分子标记辅助选择和数量基因操纵的崭新局面。这标志着经典数量遗传学已进入到了数量遗传学发展的崭新阶段,即现代数量遗传学阶段。该阶段可称为基因组时代的数量遗传学。1988 年 Tanksley 实验室发表了第一张水稻的 RFLP 连锁图谱。现已开发出几十种可供利用的分子标记。常用的作图方法也在不断发展。Lander 等(1989)将极大似然法与线性回归分析相结合,提出了检测 QTL 的区间作图法(interval mapping, IM)。1994 年,Jansen 等和 Zeng 分别提出了复合区间作图法(composite interval mapping, CIM),其核心思想是在 IM 分析模型中加入标记协因子(cofactor),其目的是在某一区间搜索时控制其他位点的分离干扰。这一思想已推广到多环境和多性状的 QTL 作图。1999 年 Kao 和 Zeng 等提出多区间作图法(multiple interval mapping, MIM),目的是同时使多个 QTL 的位置、效应和互作得到估计。另外,连锁不平衡(linkage disequilibrium ,LD)分析也被用于 QTL 定位。作图群体有临时性与永久性作图群体之分,临时性群体又称初级群体,永久性群体又称次级群体。利用永久性群体作图大大增加了遗传图谱和 QTL 定位的可重复性和可比性。

现代数量遗传学的总体任务是在分子水平上探索数量基因的遗传基础,不仅要找到控制数量性状的染色体片段(QTL),还要找到控制数量性状的基因(quantitative trait gene, QTG),最终要找到控制数量性状的核苷酸(quantitative trait nucleotide,QTN),做到彻底破译控制数量性状的遗传物质基础。目前,无论是分子标记的种类、遗传群体的构建,还是统计分析的方法和计算机软件技术,都在日新月异地发展,相信数量基因的彻底破译必将导致数量性状遗传改良和医学的深刻革命。

6. 数量遗传学在中国

在我国,作物数量遗传学的引进始于 20 世纪中叶,发展于 20 世纪 80 年代至今。20 世纪六七十年代,马育华教授先后在南京农学院、江苏省科学技术协会、江苏农学院和农业部讲授数量性状遗传的基本理论、方法及其育种应用,从事大豆数量遗传育种研究并培养数量遗传研究生。马育华教授 1982 年著有《植物育种的数量遗传学基础》,该书全面阐述了数量遗传学的理论方法和育种应用,指导了我国的数量遗传研究,被许多农业院校用作研究生教材。杨允奎教授于 20 世纪 60 年代初在四川农学院介绍数量遗传学的进展,从事玉米数量遗传研究与育种。高之仁教授在四川农业大学和农业部讲授数量遗传学并于 1986 年著有《数量遗传学》。20 世纪 80 年代,马育华、盖钧镒先后在南京农学院举办了数次全国范围的统计遗传讲习班,邀请国内外专家介绍数量性状遗传的理论和方法的研究进展。莫惠栋在江苏农学院学报上系列讲解了数量遗传学的理论和方法,发表了关于遗传交配设计、质量-数量性状遗传、种子性状遗传的系列文章。郭平仲(1987)出版了《数量遗传分析》,1993 年出版修订版,被许多农业院校和研究机构用作研究生教材。刘来福和毛盛贤等(1984)出版了《作物数量遗传》。翟虎渠(2001)出版了《应用数量遗传》,荣廷昭(2003)出版了《数量遗传学》。朱军(1997)出版了专著《遗传模型分析方法》和大量有关论文,还编制了相应软件。盖钧镒等(2003)出版了专著《植物数量性状遗传体系》。这些著作大大促进和繁荣了我国的数量性状遗传研究和育种应用。20 世纪 80 年代初在马育华教授的建议下,有关部门把数量遗传学确定为作物遗传育种专业硕士研究生的学位课，各高等农业院校普遍为研究生开设数量遗传学。

20世纪90年代至今，我国植物数量遗传学已由引进介绍发展到与国际接轨并有所创新的崭新阶段。其中突出的代表是莫惠栋的胚乳性状遗传模型和质量-数量性状遗传模型及相应分析方法；朱军的种子性状遗传模型及其混合线性模型分析方法；盖钧镒等的数量性状主-多基因分离分析体系等。莫惠栋在分子统计遗传、张启发等在作物杂种优势的分子数量遗传基础等方面做了大量工作。数量遗传理论和方法在水稻、玉米、小麦、蔬菜等多种作物的育种中发挥了重要作用。

20世纪90年代以来，分子标记等新的生物学技术在我国得到广泛应用，促进了分子数量遗传学在我国的发展。1995年在中国农业大学举办了“数量性状基因定位讲习班”，请国内外专家介绍了分子标记和QTL分析的最新理论、方法和进展，Zeng Z. B. 在这次讲习班上介绍的QTL分析方法很快在国内普及。徐云碧和朱立煌在1998年出版了《分子数量遗传学》。近年来，张启发、莫惠栋、朱军、吴为人等人在杂种优势机理和QTL分析方法等方面做了大量研究与应用。2002年12月我国举办了有史以来第一次以动植物数量遗传与育种研究进展为主题的“香山科学会议第199次学术讨论会”，会议由吴常信院士主持，总结了我国数量遗传学的已有成绩，交流了动植物数量遗传学及其应用和基因组学的研究进展，展望了今后的发展前景。目前我国数量遗传学正处于蓬勃发展的阶段。数量遗传学已成为育种工作者评价遗传群体、制订育种方案、寻找和利用优良基因的不可或缺的理论指导和方法。

三、植物数量遗传学研究的基本内容

归纳起来，植物数量遗传研究的主要内容包括遗传群体基本特征的描述、群体遗传参数估计、遗传群体的改良与利用和数量变异的遗传基础分析四大部分，每一部分又有几方面的具体内容，下面分述之。

（一）遗传群体基本特征的描述

数量性状变异研究的基础是一定的遗传群体。数量变异研究首先必须明确定义和描述所使用和准备利用的遗传群体。遗传群体的基本特征包括如下三方面。

1. 群体的交配制度（mating system）与遗传结构（genetic structure）

特定的遗传群体有特定的遗传结构，即特定的基因频率和基因型频率。群体的遗传结构决定着群体的平均水平和遗传变异程度，进而决定着群体的利用潜力和利用方式。而一个封闭群体的遗传结构决定于该群体内个体间的交配方式（如杂交、自交、回交等）。研究数量性状遗传之前，首先必须十分明确地定义所使用的群体，包括作物种类、交配方式、群体大小及其遗传结构。如果使用多个遗传群体，必须分别给予明确定义。数量变异研究的结果只对所研究的群体（参照群体）有意义。

2. 群体的数据结构与遗传模型（genetic model）

个体表型值的数据结构为：表型值＝基因型值＋环境偏差＋基因型与环境互作偏差＋误差，当基因型与环境互作不存在（或假设不存在）时，群体均值＝基因型值＋环境偏差＋误差。某研究性状上基因型值所含遗传效应的理论组成称之为遗传模型。数量遗传学家们研究并提出了各种遗传模型及其检验与分析方法。如植株性状的二倍体遗传模型和胚乳性状的三倍体遗传模型；植株性状的加性-显性遗传模型和加性-显性-上位性遗传模型；种子性状的自身基因型-母体基因型-细胞质基因型模型以及主基因-多基因遗传模型等。研究者必须根据所研究性状的遗传特点写出可能的遗传模型(一种或数种)，然后依据实际的试验结果对可能的遗传模型进行配合与检验，并以一定的概率把握选择合适的遗传模型。所选择的遗传模型应该在最大程度上反映群体内所研究性状的基因型值最可能的遗传组成。如某种子性状的表达理论上可能受自身基因型、母体基因型和细胞质基因型三套遗传系统的控制，但经检验，其细胞质效应并不显著，则应认为该种子性状的遗传模型应只包括自身基因型效应和母体基因型效应两部分。只有在合适的遗传模型下所估计的遗传参数(各种遗传效应和遗传方差)才是有意义的。

3. 群体均值与方差(population mean and variance)的遗传组分(genetic components)

在一个封闭的、不受选择、迁移、突变和随机漂变影响的遗传群体内，其遗传组成决定于该群体所实施的交配制度。根据群体内各种基因型的理论频率和基因型值的遗传模型和实际观测值，可在一定的尺度下推算出各种遗传群体不同世代平均值的遗传效应组成和世代方差的遗传组成。随机交配平衡大群体的群体均值和群体方差的遗传组成不随世代而变化。随机交配情况下，各种类型的衍生群体，如半同胞家系群体和全同胞家系群体的遗传方差组成可用随机交配群体各相应遗传方差成分的线性函数表示。由近交亲本(可为各种不同程度近交)实施随机交配后形成的随机交配群体及其衍生群体的遗传方差组成，也可用随机交配群体各相应遗传方差成分的线性函数表示，但其中含有亲本的近交系数。随机交配群体经过一定程度近交，其近交群体及其衍生群体的遗传方差组成，只有在基因频率为 0.5 时才在一些情况下与随机交配群体的遗传方差组分有一定的线性关系。两纯系亲本间杂种二代可视为基因频率等于 0.5 的随机交配群体，但其自交衍生世代的遗传方差组成与杂种二代的相应遗传方差组分不存在线性关系。一定交配制度下不同群体遗传方差的理论组成是实际遗传方差估计的理论依据。

遗传群体内亲属(亲子、半同胞、全同胞等)之间，由于遗传缘源上的关系具有一定程度的遗传相似性。亲属间的遗传相似程度可用亲属个体基因型值间的协方差来度量，而亲属的基因型值由加性、显性和上位性等遗传效应组成，因而亲属间协方差亦由相应的遗传方差组分(加性、显性和上位性遗传方差)所构成。利用亲属间协方差估计各种遗传方差是数量变异分析的一种重要手段。

(二)遗传交配设计(genetic mating design)和遗传参数估计(genetic parameter estimation)

为了判断实际育种或遗传群体改良利用的方式与利用前景，在对群体基本特征了解的基础上，需通过群体遗传参数的估计进一步深入揭示群体的遗传特性。这些遗传参数包括群体的遗传方差成分、遗传协方差成分以及由其衍生的遗传率和遗传相关系数等。估计遗传参数需采用一定的遗传交配设计。

1. 遗传交配设计和遗传方差与协方差成分估计

所谓遗传交配设计就是从所要研究的基础群体(又称参照群体，reference population)内随机抽取样本，通过适当的交配方式产生一定的亲属间关系，构成实验群体(供试材料)，通过实验群体与参照群体遗传组分的线性关系，由试验群体的实测方差和协方差估计出参照群体的遗传方差和协方差组分,进而估计遗传率和遗传相关等群体遗传参数。有多种遗传交配设计方法可供利用,如单因素遗传设计,纯系亲本的双亲杂交类型遗传交配设计,NCⅠ、NCⅡ和NCⅢ遗传交配设计,TTC遗传交配设计,双列杂交遗传交配设计和近期提出的永久 F_2 设计等。

2. 遗传率(heritability)估计

遗传率从遗传变异和环境变异两方面描述性状遗传特点,说明遗传和非遗传对于性状表达的相对重要性。遗传率的大小不仅决定于遗传与环境的特点,而且受选择单位的影响。以不同单位估算的遗传率缺乏可比性。可通过同胞相关和亲子回归的原理估算遗传率,还可通过不同世代的对比估算遗传率。广义遗传率和狭义遗传率可应用于选择响应的预测,而实现遗传率不具有预测选择响应的功能,只具有描述实际选择效果的功能。分析并掌握影响遗传率估计的因素并加以有效控制是提高数量遗传方法在育种中应用效果的关键环节。

3. 遗传相关估计

性状表型值间的相关有其遗传原因和环境原因,采用恰当的遗传交配设计估计性状间的遗传方差和协方差,可进一步获得遗传相关估计。遗传相关分为基因型相关和育种值相关,二者含义不同,应用也有区别。遗传相关对于相关选择效应的预测和选择指数的构建具有重要作用。

(三)遗传群体改良与利用

数量遗传学的原理和方法对于数量性状的遗传改良具有重要作用。数量遗传学的原理和方法有效地指导着人类育种的两大领域:选择育种和杂种优势利用。

1. 数量性状的选择改良

数量性状的选择改良是利用群体内优良基因的累加效应。数量性状的选择改良包括单性状直接改良、单性状间接改良和构建选择指数进行多性状同步改良,以及通过轮回选择进行长期的群体改良等选择方案。增加基础群体的遗传变异、提高遗传率和恰当掌握选择强度可提高选择改良的效果。遗传相关的有效估计对于提高间接选择响应和有效地构建选择指数具有重要作用。

利用群体遗传参数的估计结果,估算各种选择方案的预期选择响应,为选择有效的育种方案提供依据,是数量遗传学理论方法对育种的重要贡献之一,这已被实践证明。利用测验种帮助选择可同时积累群体内有利的加性和非加性基因。

利用遗传标记进行标记辅助选择育种(marker assisted selection,MAS)可以有效地提高选择效率。

2. 杂种优势利用及亲本配合力分析

近交衰退和杂种优势是生物界普遍存在的现象。人类利用杂种优势于农业生产已有悠久的历史。关于杂种优势机理的假说有许多,从群体内交配方式的改变引起基因型频率改变的角度分析,可以较好地解释近交衰退与杂种优势现象。由杂种优势的研究和利用而提出的亲本配合力分析,使人们认识到亲本具有两方面的特征:一方面是其自身的表现;另一方面是作为亲本其后代的表现,即亲本的配合力(combining ability)。自交系的改良不仅要求自身性状好,以利于自身的繁殖和制种,更要求配合力高以提高杂种在所需性状上的水平。亲本的配合力又分为一般配合力和特殊配合力。杂交种的实际水平既需利用基因的累加性效应(一般配合力),又需利用亲本组配的非加性效应(特殊配合力)。配合力育种是数量遗传理论和方法对育种的又一重大贡献。配合力分析需借助一定的遗传交配设计。

利用多种相似系数可研究遗传材料的多样性;利用表型值、共祖系数和分子标记等数据进行遗传距离与聚类分析可以把不同来源的遗传材料划分为不同的杂种优势群,以利于选取最适合的杂种优势模式。通过伴侣杂交种的间作可以有效地克服杂种二代种子性状的衰退,提高杂交种产量和提高籽粒品质。

3. 基因型与环境互作及其利用

基因型、环境和基因型与环境互作是构成作物表型值的三大决定因素。作物育种不仅要求优良的基因型,而且要求高而稳定的基因型与环境互作,即要求基因型利用环境的能力要强。对于某些特殊的环境,则要求基因型有较好的特殊适应性。

基因型×年份和基因型×年份×地点的互作有时很大,这提示品种的气候适应性和品种在某地区的气候适应性,需在品种试验和推广中认真对待并加以利用。应进一步分析影响气候的主要因素,并在育种中加以注意。如温度是主要因子,就应加强品种抗寒性的选择和鉴定。对于基因型×地点互作的研究有利于品种区域试验范围的确定和品种推广范围的划分。

(四)数量变异的遗传基础分析

对于"何谓数量变异"已有明确答案:数量变异是表现为程度上而非种类上、连续性而非间断性的一类生物变异。何谓数量变异的遗传基础?从当前国内外的研究报道看,数量变异的遗传基础研究主要是指寻找控制数量性状的物质基础,即基因。具体说就是探索控制数量性状基因在染色体上的位置、数目、作用方式和效应大小。目前已在遗传标记的研发利用、作图群体的创造、遗传标记图谱的构建和数量性状位点(QTL)的染色体定位等方面取得重大进展。限于作图群体、试验精度和统计技术等水平,目前绝大部分定位只是定到了染色体上的一小段片段,还要找到控制数量性状的基因(QTG),最终要找到控制数量性状的核苷酸(QTN),做到彻底破译控制数量性状的遗传物质基础。关于数量性状遗传体系和主-多基因的研究是在寻找控制数量性状的基因并估计其效应;关于杂种优势遗传基础的研究是在寻找控制杂种优势表现的基因的位置、数目、作用方式及效应大小。

四、本教材基本内容与写作编排

(一)关于内容

本教材的内容包括了传统遗传学的核心内容,同时增加了数量遗传学的新进展,并注意不同学派的兼收并蓄。全书共 14 章。第一章绪论,介绍数量遗传学定义、形成与发展、研究内容和本教材特点,第二章、第三章从均值效应和变异的角度讲解遗传群体的基本特征,第四章介绍连锁效应,第五章介绍植株性状的遗传模型检验,第六章介绍常用的遗传交配设计和方差成分估计,第七章介绍遗传率和重复力,第八章讲解选择及其响应,第九章讲解遗传相关和选择指数,第十章介绍交配效应与配合力分析,以上各章基本上是传统数量遗传学的内容。在传统数量遗传学基础上增加的内容包括:第十一章种子性状遗传模型及其检验,第十二章主-多基因分析,第十三章数量性状基因定位和第十四章数量性状遗传多样性分析。另外,在第六章中

增加了永久 F_2 设计和两位点遗传方差的正交剖分，第五章中增加了加权世代平均值分析，第八章中增加了轮回选择响应预测的有关内容，第十章增加了杂种优势遗传基础研究的进展等内容。有关的基本统计学基础放在附录中。

由于数量遗传学以遗传群体为研究对象，群体的繁殖方式和遗传结构就显得特别重要。为了避免重复和便于阅读应用，本书中这部分内容没有单写一章，而是融合于各类群体的特征描述之中。如在介绍群体均值与方差时首先交待该类群体的繁殖特性和理论遗传结构，然后进行均值与方差的估算；在遗传模型检验、主-多基因分析和数量基因定位等章节中首先给出所研究群体的遗传结构，然后介绍方法；在遗传率分析时指出不同繁殖类型的作物应使用不同的遗传率等，其目的是使繁殖方式和遗传结构的有关内容直接付诸应用，既节省篇幅，又易于理解。

基因型与环境互作($G\times E$)是数量性状表型值的重要组成部分，是构成动植物收成的重要元素，也是从事数量遗传研究和动植物育种者必须很好理解和应用的内容，理应单写一章充分介绍。但考虑到 $G\times E$ 是数量遗传分析中必不可少的因素，也是许多研究报告所忽略的因素(如根据一年一点的试验结果写试验报告会使所估计的遗传参数中混杂有基因型与环境互作，以一年一点的试验结果作基因定位会造成不同年份的定位结果出现差异)，需要在许多章节出现(如在第二章需讲解 $G\times E$ 的效应，因为它是构成农业收成的三大因素之一；在第三章需讲解 $G\times E$ 的方差；在方差成分估计和遗传率分析中涉及到 $G\times E$；在配合力分析乃至基因定位等章节中也会涉及到 $G\times E$)，所以，把有关内容根据应用的需要和方便分散在了不同的章节。为方便使用，在附录Ⅰ中给出了多年多点试验下各种 $G\times E$ 的分析模型。有了比较扎实的$G\times E$ 概念和基本应用，基因型稳定性分析的问题也会比较容易理解。

(二)编排与结构

从数量遗传理论和方法的实际需要出发，在内容编排和写作结构上主要遵从理论紧密联系实际和普及与提高相结合两条原则。由于数量遗传学是在解释数量变异和育种的需要中产生并在实际应用中发展的，数量遗传学只有与实际应用紧密结合才有生命力。考虑到 21 世纪是生命科学的世纪，解析生命奥秘的遗传学飞速发展，对数量遗传学的需求将极度增长。科学的发展需要懂统计、懂遗传的高层次人才，所以本教材着重基本概念与基本方法的讲解，在传统数量遗传基础上增加了该学科的最新进展，介绍了较多统计方法，以满足深入研究的需要。又由于我国是一个农业大国，广大农村技术人员和基层农业研究人员是农业生产与技术的实践者，他们手中掌握着大量的第一手生产与试验资料，需要科学的理论与方法去解释，他们需要数量遗传。我国广大的农业科研院所乃至农业院校的研究人员和教师，由于种种原因，过去对数量遗传接触较少，但又急切需要数量遗传的理论和研究方法帮助他们去探索所研究的问题。即使是农业学科的研究生，其数理统计基础也一般不是太高。基于这些现状，在遵从如上两条基本原则的前提下，本教材在内容编排和写作上注意了如下几方面：①紧扣理论，着重应用，在阐明理论的前提下，以例题说明方法。基本做到每种方法均配有例题。②各章的编排方式采用统一格式。前面有内容提要，正文中有概念、定义、理论、方法、例题，后面有复习思考题，并附有主要参考文献，以方便学习使用。③由于历史和习惯的原因，数量遗传研究中曾采用不同的符号，使初学者难以对照比较。为方便理解，在可能的情况下，本书尽量把符号统一起来。例如，加性和显性效应统一用 a 和 d 表示，加性和显性方差在随机交配群体中统一用

V_A 和 V_D 表示，在双亲后代群体中统一使用 V_a 和 V_d 表示，并把二者加以对照比较，遗传率统一用 h^2 表示等。个别不便统一的符号则特别加以注明。如度量数量性状一般采用"以两纯系均值为原点"的尺度，但在介绍 Cockerham 的广义遗传模型时则说明其尺度为"以 0 为原点"的绝对值。附录中有主要参数符号注释表。④为方便缺乏统计学基础的研究人员使用，附录中有简单的统计学基础。⑤针对农科学生和农业科研人员普及与提高的需要，前面的基础部分写得比较普及，并保留了计算过程，而新增加的部分和章节则比较注重理论与方法的沿革并较少保留全部计算过程。

参考文献

1 高之仁. 数量遗传学. 成都：四川大学出版社，1986

2 郭平仲. 数量遗传分析. 北京：首都师范学院出版社，1987

3 盖钧镒，章元明，王建康. 植物数量性状遗传体系. 北京：科学出版社，2003

4 顾万春. 数量遗传学. 北京：科学出版社，2004

5 姜长鉴，莫惠栋. 质量-数量性状的遗传分析 Ⅳ. 极大似然法的应用. 作物学报，1995，21(6)：641～648

6 马育华. 植物育种的数量遗传学基础. 南京：江苏科学技术出版社，1982

7 莫惠栋. 谷类作物胚乳性状遗传控制的鉴别. 遗传学报，1995，22(2)：126～132

8 荣廷昭，潘光堂，黄玉壁. 数量遗传学，北京：中国科学技术出版，2003

9 盛志廉，陈瑶生. 数量遗传学. 北京：科学出版社，1999

10 吴仲贤. 统计遗传学. 北京：科学出版社，1979

11 徐云碧，朱立煌. 分子数量遗传学. 北京：农业出版社 1994

12 朱军. 遗传模型分析方法. 北京：中国农业出版社，1997

13 翟虎渠. 应用数量遗传学. 北京：中国农业出版社，2001

14 Cockerham C C. An extension of the concept of partitioning hereditary variance for analysis of covariance among relatives when epistasis is present. Genetics，1954，39：859～882

15 Cockerham C C. Random and fixed effect in plant genetics. TAG，1980，56：119～131

16 Comstock R E，Robinson H F. The components of genetic variance in populations. Biometrics，1948，4：254～266

17 Comstock R E，Robinson H F. Estimation of average dominance of genes. In：Heterosis. Ames：Iowa State College Press，1952，494～516

18 Elston R C，Stewart J. The analysis of quantitative traits for simple genetic models from parental，F_1 and backcross data. Genetics，1973，73：695～711

19 Fisher R A. The correlations between relatives on the supposition of Mendelian inheritance，Trans Roy Soc Edinburgh，1918，52：399～433

20 Falconer D S. Introduction to quantitative genetics. 2nd edn. London：Longman，1981

21 Falconer D S，Markay T F C. Introduction to quantitative genetics. 4th edn. London：Longman，1996

22 Griffing B. A generalized treatment of the use of diallel crosses in quantitative inheritance. Heredity，1956a，10：31～50

23 Griffing B. Concept of general and specific combining ability in relation to diallel crossing systems. Aust J Biol Sci，1956b，9：463～493

24 Haldane J B S. Mathematical theory of natural and artificial selection Ⅰ-Ⅴ. Trans Cambridge Philos Soc，1924～1927

25 Hallauer A R, Miranda J B. Quantitative genetics in maize breeding. Ames: Iowa State University Press, 1981

26 Hazel L N. The genetic basis for constructing selection indexes. Genetics, 1943, 28: 476～490

27 Kempthorne O. An introduction to genetic statistics. Ames: The Iowa State University Press, 1969

28 Lander E S, Botstein D. Mapping mendelian factors underlying quantitative traits using RFLP linkage maps. Genetics, 1989, 121: 185～199

29 Louis P, Goffinet B, Monod H, De Oca G M. Detecting a major gene in an F_2 population. Biometrics, 1994, 50: 512～516

30 Lush J L. Animal breeding plan. Ames: Aowa State Univ Press, 1937

31 Lynch M, Walsh B. Genetics and Analysis of quantitative traits. Massachusetts: Sinauer Associates Inc, 1998

32 Mather K, Jinks J L. Biometrical genetics. 3rd edn. London: Chapman and Hall, 1982

33 Mo H D. Expression for endosperm traits. In: Weir B S, Elsten E J, Goodman M M, Nankoong G. Proceedings of the second international conference on quantitative genetics. Massachusetts: Sinauer Associates Inc, 1988, 478～487

34 Smith H F. A discriminant function for plant selection. Ann Eugenics, 1936, 7: 240～250

35 Spraque G F, Tatum L A. General vs. specific combining ability in single cross of corn. J Am Soc Agron, 1942, 34: 923～932

36 Stuber C W, Lincoln S W, et al. Identification of genetic factors contributing to heterosis in a hybrid from two elite maize inbred lines using molecular markers. Genetics, 1992, 132: 823～839

37 Wrght S. Systems of mating. Genetics, 1921, 6: 111～123; 144～161

38 Wrght S. Coefficients of inbreeding and relationship. Amer Nat, 1922a, 56: 330～338

39 Zhu J, Weir B S. Analysis of cytoplasmic and maternal effects I. a genetic model for diploid plant seeds and animals. TAG, 1994a, 89: 153～159

40 Zhu J, Weir B S. Analysis of cytoplasmic and maternal effects Ⅱ. Genetic models for triploid endosperms. TAG, 1994b, 89: 160～166

41 Zeng Z B. Precision mapping of quantitative trait loci. Genetics, 1994, 136: 1457～1468

第二章　群体平均与遗传效应

内容提要　描述遗传群体的基本统计数首先是群体平均和遗传效应。本章包括4部分内容：第一部分定义了数量性状的表现型值、基因型值和描述基因型值的尺度；第二部分介绍随机交配群体的群体平均和遗传效应，包括基因的平均效应、基因代换的平均效应、个体的育种值、显性偏差和上位性偏差；第三部分介绍双亲后代群体的群体平均和遗传效应，包括自交群体不同世代均值的遗传组成和回交世代群体的遗传组成，遗传组成又包括加性、显性和上位性效应；第四部分首先介绍总的环境效应，然后又把总环境效应剖分为一般环境效应和特殊环境效应。每一部分均有详细的实例说明其计算方法和过程。

一、表现型值与基因型值

(一)定义

(1)表现型与基因型：生物群体里往往有许多个体，其中任一个体在某种数量性状（如植物的株高和穗重等）上的外在表现称为表现型(phenotype)，其内在遗传物质形式称为基因型(genotype)。

(2)表现型值与基因型值：对表现型的测量值称为该个体的表现型值(phenotypic value)，简称表型值，以 P 表示；由个体的基因型所决定的数值称为该个体的基因型值(genotypic value)，以 G 表示。

(3)环境偏差：表现型值与基因型值之差包含了所有非遗传因素对性状表型值的影响，其主要内容是环境效应 E(environmental effect)和基因型与环境的交互作用效应($G\times E$)。另有基因型内个体发育上的差异等，一般情况下归入试验误差。基因型值(G)、环境效应(E)和基因型与环境互作效应($G\times E$)是动植物性状表达的三大重要组成部分，是农业增产的三大重要来源。

根据如上概念和定义，可以得到数量性状表现型值的数据模式：

表现型值＝基因型值＋环境效应＋基因型与环境互作效应＋随机误差(e)，即

$$P=G+E+G\times E+e \tag{2-1a}$$

若假设不存在基因型与环境互作($G\times E=0$)，则表现型值与基因型值之差仅包括环境因素的作用和误差项，在此情况下式(2-1a)简化为：

表现型值＝基因型值＋环境效应＋随机误差，即

$$P=G+E+e \tag{2-1b}$$

(二)基因型值的度量

对式(2-1b)求数学期望可得：$E(P)=E(G)+E(E)+E(e)$，由于在一般情况下环境偏差 E 为随

机离差，呈正态分布，具 $N(0, \sigma_E^2)$，其期望值 $E(E)=0$，且随机误差的期望值 $E(e)=0$，因此有：

$$E(P)=E(G) \tag{2-2}$$

这说明，对于由同一基因型所组成的群体来说，在大量测定的情况下，其表型值的平均就等于其基因型值。对于由多种基因型所组成的群体来说，其表型值的平均等于平均的基因型值。在多种基因型组成的混合群体中，对某种基因型的度量必需借助于一定的遗传标记。

例 2.1　已知标记 C 与含油量性状完全连锁，于是可以认为染色体上标记 C 处存在一个控制含油量的数量性状位点（QTL），并可借助标记 C 估计该数量性状位点 3 种基因型 QQ、Qq 和 qq 的基因型值。表 2-1 所列为某 F_2 代群体内单株籽粒的含油量（%）性状值和分子标记数据。

表 2-1　某 F_2 群体内单株标记基因型及其籽粒的含油量

单株	标记基因型①	含油量（%）
1	2	6.25
2	2	7.50
3	1	4.00
4	0	2.75
5	1	6.00
6	0	3.00
⋮	⋮	⋮
210	1	4.5

注：①2、1 和 0 分别代表标记基因型 CC、Cc 和 cc。

解：统计表 2-1 中各标记基因型的株数得知：标记基因型 2、1 和 0 分别有 53 株、106 株和 51 株。依据式（2-2）可估算基因型值如下：

基因型 QQ 的基因型值 $G(QQ)=(6.25+7.50+\cdots)/53=5.24(\%)$

基因型 Qq 的基因型值 $G(Qq)=(4.00+6.00+\cdots)/106=4.27(\%)$

基因型 qq 的基因型值 $G(qq)=(2.75+3.00+\cdots)/51=3.11(\%)$

（三）度量基因型值的尺度

数量遗传研究采用统一的度量基因型值的尺度（scale）。对于二倍体（$2N$）性状来说，设某一基因位点（locus）具 A_1 和 A_2 两个等位基因（allele），增效纯合子（homozygote with increasing effect）A_1A_1 和减效纯合子（homozygote with decreasing effect）A_2A_2 的基因型值分别为 $+a$ 和 $-a$，杂合子（heterozygote）A_1A_2 的基因型值为 d，则以两个纯合子均值为原点的衡量基因型值的尺度如图 2-1 所示：

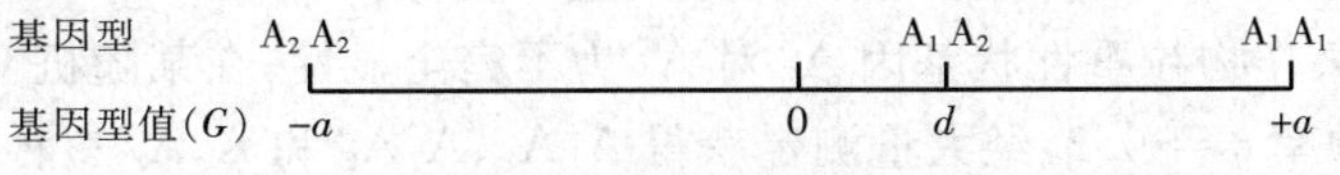

图 2-1　基因型值尺度

杂合子基因型值决定于显性度（degree of dominance）。显性度通常以 d/a 表示。$d/a=0$ 为无显性，$0<d/a<1$ 为正向部分显性，$-1<d/a<0$ 为负向部分显性，$|d/a|=1$ 为完全显

性，$|d/a|>1$ 为超显性，$d/a>+1$ 为正向超显性，$d/a<-1$ 为负向超显性。

二、随机交配平衡群体的均值和遗传效应

(一)群体平均

随机交配的平衡群体由多种基因型组成，其群体平均值既受基因型值的影响，又决定于群体的基因频率和基因型频率，即群体的遗传结构(genetic structure)。计算随机交配平衡群体群体均值的一般式为：

$$M=\sum_{i=1}^{n}p_iG_i \tag{2-3}$$

式中：M 为群体均值，p_i 为第 i 个基因型的频率，G_i 为第 i 个基因型的基因型值，n 为群体内基因型数。加性遗传模型下基因型值 $G=M+A$，加-显遗传模型下基因型值 $G=M+A+D$，加-显-上遗传模型下基因型值 $G=M+A+D+I$，M 为群体均值，A 为加性效应，D 为显性效应，I 为位点间互作即上位性效应。下面首先在加-显遗传模型下说明群体平均与基因型值和基因频率的关系，然后讲解基因的平均效应和基因型值的遗传剖分。

1. 单位点的群体平均

设 A 位点的两个等位基因 A_1 和 A_2 的基因频率分别为 p 和 q，由表 2-2 可计算该位点的群体平均(population mean)M。

表 2-2 单位点(A)群体平均值的计算

基因型	基因型频率(f)	基因型值(y)
A_1A_1	p^2	$+a$
A_1A_2	$2pq$	d
A_2A_2	q^2	$-a$
	$\sum f=1$	

$$\begin{aligned}M&=\sum fy\Big/\sum f=p^2a+2pqd-q^2a=a(p^2-q^2)+2pqd\\&=a(p-q)+2pqd\end{aligned} \tag{2-4}$$

对式(2-4)应作如下理解：①群体均值 M 既是群体平均的表现型值，也是群体平均的基因型值；②任一位点对群体的贡献可分为两部分，一部分为纯合子的贡献 $a(p-q)$，另一部分为杂合子的贡献 $2dpq$；③基因频率和显性程度的变化会影响群体平均；④需特别注意的是，该群体均值是距两纯合子中值的离差(因为 a 和 d 都是距两纯合子中值的离差)，故在以该尺度算得群体均值后需加上两纯合子中值才能回到原测量尺度(例 2.2)。

例 2.2 已知某作物粒重性状基因 A_1 对 A_2 为不完全显性，在某随机交配群体内 A_1 的频率 $p=0.8$，A_2 的频率 $q=0.2$，经大量测定获得 A_1A_1、A_1A_2 和 A_2A_2 三种基因型的粒重均值分别为 40 g、35 g 和 20 g，试估算该位点的群体平均值。

解：由图 2-1 所给基因型值的尺度得：

两纯合子中值 $m = (40 + 20)/2 = 30(\text{g})$

A_1A_1 的基因型值 $a = 40 - 30 = 10(\text{g})$

A_2A_2 的基因型值 $-a = -10(\text{g})$

A_1A_2 的基因型值 $d = 35 - 30 = 5(\text{g})$

两纯合子中值为原点的群体均值：

$$M = a(p - q) + 2dpq = 10 \times (0.8 - 0.2) + 2 \times 5 \times 0.8 \times 0.2 = 7.6(\text{g})$$

以 0 为原点的群体均值：

$$M' = M + m = 7.6 + 30 = 37.6(\text{g})$$

2. 多位点无互作情况下的群体平均

多位点无互作情况下，各位点作用彼此独立，各位点以加性组合方式构成群体平均：

$$M = \sum_{i=1}^{n} a_i p_i + \sum_{i=1}^{n} (-a_i) q_i + 2\sum_{i=1}^{n} d_i p_i q_i = \sum_{i=1}^{n} a_i (p_i - q_i) + 2\sum_{i=1}^{n} d_i p_i q_i \qquad (2\text{-}5)$$

式中 n 为基因型所含位点数。需特别提起注意的是，多位点情况下群体平均的原点是多位点总全距的中点，即所有位点纯合子的中值。当不存在超显性时，群体的全距为 $2\sum a_i$，是群体内可能变异的理论极限。

3. 随机交配群体内包含近交时的群体平均

当随机交配群体内包含近交时，群体的遗传结构会因近交形成品系而发生变化（Falconer，1996），见表 2-3。

表 2-3　随机交配群体含有近交时的遗传组成（单位点一对等位基因，$F \neq 0$）

基因型	型值	基因型频率
A_1A_1	a	$\bar{p}^2 + \bar{p}\bar{q}F$①
A_1A_2	d	$2\bar{p}\bar{q} - 2\bar{p}\bar{q}F$
A_2A_2	$-a$	$\bar{q}^2 + \bar{p}\bar{q}F$

注：①F 为群体的近交系数；$\bar{p}$、$\bar{q}$ 为群体内所有品系平均的基因频率。

含近交的随机交配群体的平均值为：

$$M_F = a(\bar{p}^2 + \bar{p}\bar{q}F) + d(2\bar{p}\bar{q} - 2\bar{p}\bar{q}F) - a(\bar{q}^2 + \bar{p}\bar{q}F) \qquad (2\text{-}6)$$

（二）基因的效应

从本质上讲，不同群体（或家系）相似或部分相似的内在原因在于它们享有共同的基因。亲属在上下代间传递的是基因而非基因型。动植物育种的首要任务在于捕捉优良基因。因此有必要了解如何度量基因的效应。度量基因效应的指标有如下两种。

1. 基因的平均效应（average effect of the gene）

定义：群体内接受了某个基因的所有个体的平均基因型值距群体平均的离差称为该基因的平均效应。

设某基因位点有一对等位基因 A_1 和 A_2，其基因频率分别为 p 和 q，如果携带 A_1 基因的配子随机地与群体内其他配子结合，由于群体内只有 A_1、A_2 两种配子，它与 A_1 配子结合形成

A_1A_1 合子(基因型值为 $+a$) 的概率为 p,即 $p(A_1A_1 \mid A_1) = p$,与 A_2 配子结合形成 A_1A_2 合子(基因型值为 d) 的概率为 q,即 $p(A_1A_2 \mid A_1) = q$。两种合子平均的基因型值为 $(pa+qd)/(p+q) = pa+qd$,其与群体平均的离差即为 A_1 基因的平均效应 α_1:

$$\begin{aligned}\alpha_1 &= pa+qd-[a(p-q)+2dpq] = q(a+d-2dp)\\&= q[a+d(1-2p)]\\&= q[a+d(q-p)]\end{aligned} \tag{2-7}$$

同理可推出 A_2 基因的平均效应 α_2:A_2 配子与 A_1 配子随机结合形成 A_1A_2 合子,其基因型值为 d,频率为 p,与 A_2 配子结合形成 A_2A_2 合子,其基因型值为 $-a$,频率为 q,故 A_2 基因的平均效应 α_2 为:

$$\begin{aligned}\alpha_2 &= pd-qa-[a(p-q)+2dpq] = pd-pa-2dpq\\&= -p[a+d(2q-1)]\\&= -p[a+d(q-p)]\end{aligned} \tag{2-8}$$

以上分析与推导汇总于表 2-4。

表 2-4 基因的平均效应(单位点)

基因	与之结合的基因	合子	基因型值	频率	效应
A_1	A_1	A_1A_1	a	p	pa
	A_2	A_1A_2	d	q	qd
A_1 总效应			$pa+qd-M = pa+qd-a(p-q)-2dpq$ $= qd+qa-2dpq = q[a+d(q-p)]$		
A_2	A_1	A_1A_2	d	p	pd
	A_2	A_2A_2	$-a$	q	$-qa$
A_2 总效应			$pd-qa-M = pd-qa-a(p-q)-2dpq$ $= pd-pa-2dpq = -p[a+d(q-p)]$		

由此可见,基因的平均效应不仅是基因的特性,而且是群体的特性。基因的平均效应由基因型值与基因在群体内的频率共同决定。

当有 n 个等位基因存在时,第 i 个基因的平均效应为:

$$\alpha_i^* = \sum_{j=1}^{n} p_{ij|i}G_{ij} - M \tag{2-9}$$

式中:$p_{ij|i}$ 为给定第 i 个基因的情况下,第 ij 个基因型的条件概率。在随机交配条件下该式简写为 $\alpha_i = \sum_{j=1}^{n} p_jG_{ij} - M$。当存在近交时,$\alpha_i = \dfrac{\alpha_i^*}{1+F}$,$F$ 为近交系数。

2. 基因代换的平均效应(average effect of the gene substitution)

定义:群体内等位基因之间相互替换所引起的遗传效应称之为基因代换的平均效应,通常用 α 表示。α 等于两等位基因平均效应之差。

在群体中若以等位基因 A_1 代换 A_2,由于 A_2 基因在群体中的存在形式为 A_1A_2 和 A_2A_2,其中比例为 p 的 A_2 存在于 A_1A_2(型值为 d) 中,比例为 q 的 A_2 存在于 A_2A_2(型值为 $-a$) 中,则把 A_1A_2 变为 A_1A_1(由 A_1 代换 A_1A_2 中的 A_2) 所引起的效应为 $(a-d)p$,把 A_2A_2 变为

A_1A_2(由 A_1 代换 A_2A_2 中的 A_2)所引起的效应为$(d+a)q$,二者共同的效应就是由基因 A_1 代换 A_2 的平均效应 α:

$$\alpha = [(a-d)p+(d+a)q]/(p+q) = a(p+q)+d(q-p) \\ = a+d(q-p) \quad (2\text{-}10)$$

对比式(2-7)、式(2-8) 和式(2-10) 可以看出基因的平均效应 α_1、α_2 与基因代换的平均效应 α 的关系:

$$\alpha = \alpha_1 - \alpha_2,\quad \alpha_1 = q\alpha,\quad \alpha_2 = -p\alpha \quad (2\text{-}11)$$

由表 2-5 可以更好地理解如上的定义和关系。

表 2-5　基因代换的平均效应(单位点,2 等位基因)

基因	代换前基因型	代换后基因型	代换效应	代换频率
A_1	A_1A_2	A_1A_1	$a-d$	p
	A_2A_2	A_1A_2	$d+a$	q
A_1 代换 A_2 的平均效应			$p(a-d)+q(d+a)=a(p+q)+d(q-p)$ $=a+d(q-p)=\alpha$	
A_2	A_1A_1	A_1A_2	$d-a$	p
	A_1A_2	A_2A_2	$-a-d$	q
A_2 代换 A_1 的平均效应			$p(d-a)-q(a+d)=-a(p+q)-d(q-p)$ $=-[a+d(q-p)]=-\alpha$	

例 2.3　试计算例 2.2 资料 A_1 和 A_2 基因的平均效应及 A_1 代换 A_2 的平均效应。

解:由式 2-7、式 2-8、式 2-10 或式 2-11 得:

A_1 基因的平均效应 $\alpha_1 = q[a+d(q-p)] = 0.2\times[10+5\times(0.2-0.8)] = 1.4(\mathrm{g})$

A_2 基因的平均效应 $\alpha_2 = -p[a+d(q-p)] = -0.8\times[10+5\times(0.2-0.8)] = -5.6(\mathrm{g})$

A_1 代换 A_2 的平均效应 $\alpha = a+d(q-p) = 10+5\times(0.2-0.8) = 7(\mathrm{g})$

或 $\alpha = \alpha_1-\alpha_2 = 1.4-(-5.6) = 7(\mathrm{g})$

(三)育种值

在通常意义上,育种所利用的基本单位是特定的基因型。优良的基因型因为载有优良基因而表现优良。因此,育种家不仅需要认识基因的特性,还需了解基因型的特性。育种值(A)、显性偏差(D)和互作偏差(I)是基因型效应的重要组成部分,下面分述之。

育种值的定义:

(1)理论的定义:一个个体的育种值 A(breeding value) 就是它所携带的基因的平均效应的总和。在一对等位基因的情况下,A_1A_1 个体的育种值为 $2\alpha_1$,A_1A_2 个体的育种值为 $\alpha_1+\alpha_2$,A_2A_2 个体的育种值为 $2\alpha_2$。

(2)实际的定义:如果一个个体与来自群体内的许多个体随机交配,则该个体的育种值为其子代均值与群体平均离差的两倍(这个离差之所以必须加倍,是因为该亲本只提供后代基因的一半,而另一半则来自群体)。

理解育种值:① 和基因的平均效应一样,育种值既是个体的特性,又是群体的特性,一个亲本个体在群体中产生多大作用决定于它的育种值(A)。离开了群体,就无从谈论个体的育种值。② 育种值属于个体的加性效应。育种值等于该亲本个体一般配合力效应的两倍。在处于平衡状态的群体中,育种值的平均为零。③ 考虑两位点或多于两位点的育种值时,由于理论的定义假设位点间不存在互作,所以只有当位点间确实不存在互作时,以上两个定义才是完全一致的。当位点间存在互作时,以上两定义有一定差异。

例 2.4 试计算例 2.2 资料中三种基因型的育种值。

解:根据如上育种值的理论定义得:

$$A_1A_1 \text{ 基因型的育种值 } A(A_1A_1) = 2\alpha_1 = 2\times 1.4 = 2.8(\text{g})$$

$$A_1A_2 \text{ 基因型的育种值 } A(A_1A_2) = \alpha_1 + \alpha_2 = 1.4 - 5.6 = -4.2(\text{g})$$

$$A_2A_2 \text{ 基因型的育种值 } A(A_2A_2) = 2\alpha_2 = 2\times(-5.6) = -11.2(\text{g})$$

需要指出的是,用最小二乘法的原理可以证明,基因代换的平均效应 α 是基因型值对个体基因含量(某种等位基因的个数)的直线回归系数,即 $b_{G/n} = \alpha$,其含义为:个体的基因含量每改变一个单位所引起的基因型值的平均改变量。而个体基因型值的预测值则为该个体的育种值(图 2-2)。

(四) 显性偏差

定义:显性偏差(dominance deviation)是指同一基因位点内等位基因间的互作效应,通常以 D 表示。

一个位点的全部遗传效应(即基因型效应 G')应包括各等位基因单独作用(基因的平均效应)之和(即育种值 A)与等位基因间交互作用(即显性偏差 D)两部分。对于二倍性($2N$)性状来说:

$$\text{基因型效应}(G') = \text{育种值}(A) + \text{显性偏差}(D) \tag{2-12}$$

某基因型的基因型效应 G' 是基因型值 G 与群体平均的离差,$G' = G - M$。例如,表 2-2 中 A_1A_1 的基因型效应为 $G'(A_1A_1) = a - M = a - [a(p-q) + 2dpq] = 2q(a - dp)$。由于 $\alpha = a + d(q-p)$(式 2-10),所以 $G'(A_1A_1) = 2q(\alpha - dq)$。由此可获得 A_1A_1 基因的显性偏差:

$$D(A_1A_1) = G'(A_1A_1) - A(A_1A_1) = 2q(\alpha - dq) - 2q\alpha = -2dq^2$$

同理可得出其他几种基因型的 G'、A 和 D(表 2-6)。一个随机交配的平衡群体内,G'、A 和 D 的分布分别为:$G' \sim N(0,\sigma_G^2)$,$A \sim N(0,\sigma_A^2)$ 和 $D \sim N(0,\sigma_D^2)$。

表 2-6 一个位点的基因型效应 G'、育种值 A 和显性偏差 D

基因型	基因型值(G)	基因型频率	基因型效应(G')	育种值(A)	显性偏差(D)
A_1A_1	a	p^2	$2q(a-dp)$ $2q(\alpha-dq)$	$2q\alpha$	$-2dq^2$
A_1A_2	d	$2pq$	$a(q-p)+d(1-2pq)$ $\alpha(q-p)+2dpq$	$(q-p)\alpha$	$2dpq$
A_2A_2	$-a$	q^2	$-2p(a+dq)$ $-2p(\alpha+dp)$	$-2p\alpha$	$-2dp^2$

由表 2-6 可知,显性偏差 D 为显性效应的函数,$d = 0$ 时,D 也为 0。无显性偏差的基因被称为加性基因。

例 2.5　试对例 2.2 资料计算各基因型的显性偏差。

解:利用表 2-6 的公式可作如下计算：

A_1A_1 的基因型效应 $G'(A_1A_1) = a - M = 10 - 7.6 = 2.4(g)$

A_1A_2 的基因型效应 $G'(A_1A_2) = d - M = 5 - 7.6 = -2.6(g)$

A_2A_2 的基因型效应 $G'(A_2A_2) = -a - M = -10 - 7.6 = -17.6(g)$

A_1A_1 的显性偏差

$$D(A_1A_1) = G'(A_1A_1) - A(A_1A_1) = 2.4 - 2.8 = -0.4(g)$$

A_1A_2 的显性偏差

$$D(A_1A_2) = G'(A_1A_2) - A(A_1A_2) = -2.6 - (-4.2) = 1.6(g)$$

A_2A_2 的显性偏差

$$D(A_2A_2) = G'(A_2A_2) - A(A_2A_2) = -17.6 - (-11.2) = -6.4(g)$$

以上例 2.2 ～ 2.5 的计算结果可用图 2-2 表示：

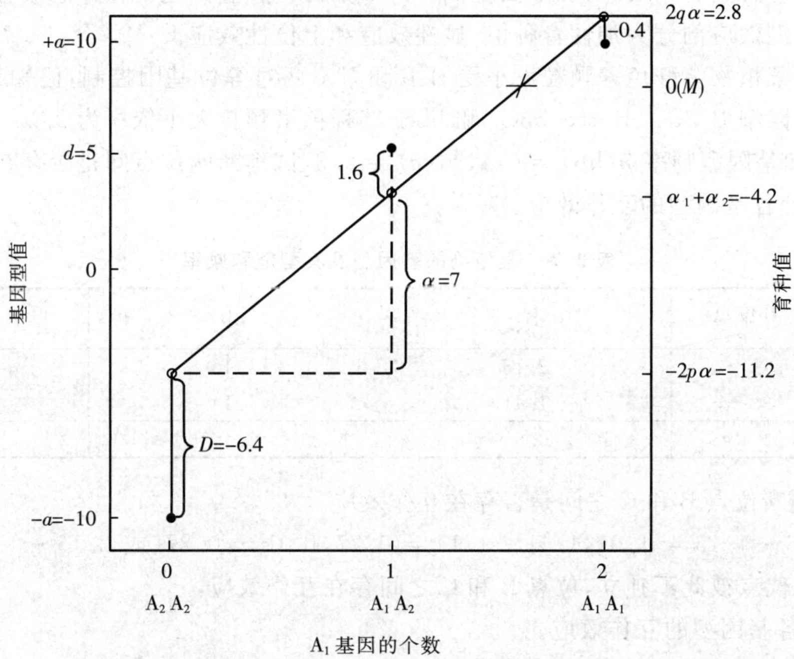

(● 表示基因型值；○ 表示育种值；┼ 表示群体均值；α 表示基因代换的平均效应；D 表示显性偏差)

图 2-2　例 2.2 资料基因型值、育种值和显性偏差的图示

(五) 上位性效应

定义:多位点综合的基因型效应与各单一位点基因型效应之和的偏差称为基因型的互作偏差。

只考虑一个位点时，基因型效应 G' 仅由该位点的育种值 A 和显性偏差 D 两部分构成。涉及到两个或两个以上位点时，基因型效应可能会包括位点间非加性组合引起的另一种偏差即位点间互作偏差(interaction deviation)，通常把这种位点间互作偏差称为上位性效应(epistasy)，以 I 表示。若用 G'_A、G'_B 和 I_{AB} 分别表示 A、B 两位点的基因型效应以及二者的上位性效应，则 A、B 两个位点的聚合基因型效应 G'_{AB} 为：

$$G'_{AB} = G'_A + G'_B + I_{AB} \tag{2-13}$$

$$I_{AB} = G'_{AB} - G'_A - G'_B \tag{2-14}$$

式中：I_{AB} 为位点 A 和位点 B 之间的互作效应，含位点间加性×加性、加性×显性、显性×加性和显性×显性等所有非等位基因间交互作用效应的总和。若式(2-14)等于0，表明位点间不存在互作效应，则多位点综合的基因型效应等于各位点单独的基因型效应之和。

若以 A、D、I 分别表示多位点总的育种值、显性效应和上位性效应，则总的基因型效应 G' 又可表示为：

$$G' = A + D + I \tag{2-15}$$

随机交配平衡群体内上位性效应 I 的均值为零，方差为 σ_I^2，其分布为 $N(0, \sigma_I^2)$。上位性作用不仅是互作基因型的特性，也是有关群体的特性。认识基因作用方式，对于了解数量性状的遗传控制和实际育种具有重要意义。下面例 2.6 说明如何计算基因型的互作总效应，例 2.7 说明如何把总基因型效应剖分为加性育种值、显性效应和上位性效应。

例 2.6 某植物茎秆色素颗粒大小受 B、b 和 C、c 两对等位基因控制，已知某随机交配平衡大群体内基因型 B_C_、B_cc、bbC_和 bbcc 茎秆色素颗粒大小依序为 2.16、1.41、1.15 和 1.14 mm，且知基因型频率 $p(bb) = 0.4$，$p(cc) = 0.3$，试判断两位点间是否存在互作效应，如果存在，试估计各基因型的互作效应。

表 2-7 某植物的基因型及其型值和频率

C位点 \ B位点	B_	bb	频率
C_	2.16	1.15	0.7
cc	1.41	1.14	0.3
频率	0.6	0.4	

解：(1) 判断位点 B 和 C 之间是否存在互作效应。

由于 $2.16 - 1.15 = 1.01$，$1.41 - 1.14 = 0.27$，$1.01 \neq 0.27$（或 $2.16 - 1.41 \neq 1.15 - 1.14$），所以二位点彼此不独立，位点 B 和 C 之间存在互作效应。

(2) 计算各基因型的互作效应。

第一步：计算基因型频率。

因为：$p(bb) = 0.4$，$p(B\_) = 1 - 0.4 = 0.6$；$p(cc) = 0.3$，$p(C\_) = 1 - 0.3 = 0.7$

所以：$p(bbcc) = p(bb) \times p(cc) = 0.4 \times 0.3 = 0.12$

$p(B\_cc) = p(B\_) \times p(cc) = 0.6 \times 0.3 = 0.18$

$p(bbC\_) = p(bb) \times p(C\_) = 0.4 \times 0.7 = 0.28$

$p(B\_C\_) = p(B\_) \times p(C\_) = 0.6 \times 0.7 = 0.42$

第二步：计算群体平均。

$$M = \sum p_i G_i = 0.42 \times 2.16 + 0.18 \times 1.41 + 0.28 \times 1.15 + 0.12 \times 1.14 = 1.6198(\text{mm})$$

第三步：计算各基因型效应 $G-M$。

$$G(\text{B\_C\_})-M=2.16-1.6198=0.5402$$
$$G(\text{B\_cc})-M=1.41-1.6198=-0.2098$$
$$G(\text{bbC\_})-M=1.15-1.6198=-0.4698$$
$$G(\text{bbcc})-M=1.14-1.6198=-0.4798$$

第四步：计算两位点的加性效应值 a_B 和 a_C。

B 位点：$2a_B=(2.16-1.15)\times0.7+(1.41-1.14)\times0.3=0.788$，$a_B=0.394$

C 位点：$2a_C=(2.16-1.41)\times0.6+(1.15-1.14)\times0.4=0.454$，$a_C=0.227$

第五步：计算单位点基因型效应。

根据本例题意，两位点均为完全显性，$d_B=a_B$，$d_C=a_C$，因而B位点和C位点的基因型效应为：

$$G'_{B\_}=a_B-M=2q(a_B-pd_B)=2qa_B-2pqa_B=2a_Bq(1-p)=2aq^2$$
$$=2\times0.394\times0.4=0.3152$$
$$G'_{bb}=-a_B-M=-2p(a_B+qd_B)=-2a_B(1-q)-2a_Bq(1-q)$$
$$=-2a(1-q^2)=-2\times0.394\times(1-0.4)=-0.4728$$
$$G'_{C\_}=a_C-M=2\times0.227\times0.3=0.1362$$
$$G'_{cc}=-a_C-M=-2\times0.227\times(1-0.3)=-0.3178$$

第六步：计算位点 B 和位点 C 两个单位点基因型效应之和。

$$\text{B\_C\_}:G'_{B\_}+G'_{C\_}=0.3152+0.1362=0.4514$$
$$\text{B\_cc}:G'_{B\_}+G'_{cc}=0.3152-0.3178=-0.0026$$
$$\text{bbC\_}:G'_{bb}+G'_{C\_}=-0.4728+0.1362=-0.3366$$
$$\text{bbcc}:G'_{bb}+G'_{cc}=-0.4728-0.3178=-0.7906$$

第七步：计算两位点的互作效应 I。

$$G(\text{B\_C\_})-M-(G'_{B\_}+G'_{C\_})=0.5402-0.4514=0.0888$$
$$G(\text{B\_cc})-M-(G'_{B\_}+G'_{cc})=-0.2098-(-0.0026)=-0.2072$$
$$G(\text{bbC\_})-M-(G'_{bb}+G'_{C\_})=-0.4698-(-0.3366)=-0.1332$$
$$G(\text{bbcc})-M-(G'_{bb}+G'_{cc})=-0.4798-(-0.7906)=0.3108$$

以上计算结果汇总于表2-8。可以看出，B_C_基因型值之所以大，是由于它不仅具有大的单位点效应(0.4514)，而且具有正向位点间互作效应(0.0888)。

表 2-8　例 2.5 两位点间互作效应的计算结果

基因型	B_C_	B_cc	bbC_	bbcc	群体平均
频率	0.42	0.18	0.28	0.12	
基因型值(G)	2.16	1.41	1.15	1.14	$M=1.6198$
$G-M$	0.5402	−0.2098	−0.4698	−0.4798	
$G'_B+G'_C$	0.4514	−0.0026	−0.3366	−0.7906	
I_{BC}	0.0888	−0.2072	−0.1332	0.3108	

例 2.7　已知某植物叶片厚度受B、b和C、c两对等位基因控制，某随机交配平衡大群体内基因频率为 $p(B)=0.2, p(b)=0.8, p(C)=0.6, p(c)=0.4$，并有如表2-9观测资料。(1) 试判断B和C两位点是否彼此独立作用；(2) 若彼此不独立，试对各基因型作加性育种值、显性偏差和互作效应的完全剖分。

表 2-9　某群体内控制叶片厚度的基因型及其型值　mm

C位点 \ B位点	$B\_$	bb
$C\_$	10	5
cc	8	4

解：(1) 判断位点间是否存在互作效应。

因为 $10-5\neq 8-4$，或 $10-8\neq 5-4$，说明位点间存在互作效应，可按 $G'=A+D+I$ 的模式进行遗传效应分解。

(2) 遗传效应剖分。

第一步：计算基因型频率和群体平均。

基因型频率计算过程详见表2-12的第2列。

群体平均　$M=0.0144\times10+0.0192\times10+0.0064\times8+\cdots+0.1024\times4$

$=6.5824$ (按9项加权)

或　$M=0.3024\times10+0.5376\times5+0.0576\times8+0.1024\times4=6.5824$(按4项加权)

第二步：计算基因型效应 $G-M$，详见表2-12的第4列。

第三步：计算各位点的育种值和显性偏差。

由表2-12的第2列和第3列计算B，b位点的基因型值及其基因的平均效应：

BB的平均基因型值 $=(0.0144\times10+0.0192\times10+0.0064\times8)/0.04=9.68$

Bb的平均基因型值 $=(0.1152\times10+0.1536\times10+0.0512\times8)/0.32=9.68$

bb的平均基因型值 $=(0.2304\times5+0.3072\times5+0.1024\times4)/0.64=4.84$

$M=9.68\times0.04+9.68\times0.32+4.84\times0.64=6.5824$

$a=(9.68-4.84)/2=2.42, d=2.42$

$\alpha=a+(q-p)d=2.42+(0.8-0.2)\times2.42=3.872$

$\alpha_B=q\alpha=0.8\times3.872=3.0976$

$\alpha_b=-p\alpha=-0.2\times3.872=-0.7744$

于是有表2-10：

表 2-10　表 2-9 资料中 B，b 位点基因型效应的剖分

基因型	型值(G)	频率	$G-M$	育种值(A)	显性偏差(D)
BB	9.68	0.04	3.0976	$2\alpha_B=6.1952$	$3.0976-6.1952=-3.0976$
Bb	9.68	0.32	3.0976	$\alpha_B+\alpha_b=2.3232$	$3.0976-2.3232=0.7744$
bb	4.84	0.64	-1.7424	$2\alpha_b=-1.5488$	$-1.7424+1.5488=-0.1936$

由表2-12的第2和第3列计算C，c位点的基因型值及其基因的平均效应：

CC的基因型值 $=6.8$，Cc的基因型值 $=6.8$，cc的基因型值 $=5.44$

$M = 6.8 \times 0.36 + 6.8 \times 0.48 + 5.44 \times 0.16 = 6.5824$

$a = (6.8 - 5.44)/2 = 0.68, d = 0.68, \alpha = 0.68 + (0.4 - 0.6) \times 0.68 = 0.544$

$\alpha_C = q\alpha = 0.4 \times 0.544 = 0.2176$

$\alpha_c = -p\alpha = -0.6 \times 0.544 = -0.3264$

于是有表 2-11：

表 2-11　表 2-9 资料中 C,c 位点基因型效应的剖分

基因型	型值(G)	频率	$G-M$	育种值(A)	显性偏差(D)
CC	6.8	0.36	0.2176	$2\alpha_C = 0.4352$	−0.2176
Cc	6.8	0.48	0.2176	$\alpha_C + \alpha_c = -0.1088$	0.3264
cc	5.44	0.16	−1.1424	$2\alpha_C = -0.6528$	−0.4896

把如上单位点分别剖分的结果依式(2-12)和式(2-14)汇总为两位点综合的结果，列于表 2-12。

表 2-12　例 2.7 两对等位基因情况下 9 种基因型遗传效应的剖分

基因型	频率	G	$G-M$	A	D	I
BBCC	$0.2^2 \times 0.6^2 = 0.0144$	10	3.4176	$2\alpha_B + 2\alpha_C = 6.6304$	$D_{BB} + D_{CC} = -3.3152$	0.1024
BBCc	$2 \times 0.2^2 \times 0.6 \times 0.4 = 0.0192$	10	3.4176	$2\alpha_B + \alpha_C + \alpha_c = 6.0864$	$D_{BB} + D_{Cc} = -2.7712$	0.1024
BBcc	$0.2^2 \times 0.4^2 = 0.0064$	8	1.4176	$2\alpha_B + 2\alpha_c = 5.5424$	$D_{BB} + D_{cc} = -3.5872$	−0.5376
BbCC	$2 \times 0.2 \times 0.8 \times 0.4^2 = 0.1152$	10	3.4176	$\alpha_B + \alpha_b + 2\alpha_C = 2.7584$	$D_{Bb} + D_{CC} = 0.5568$	0.1024
BbCc	$4 \times 0.2 \times 0.8 \times 0.6 \times 0.4 = 0.1536$	10	3.4176	$\alpha_B + \alpha_b + \alpha_C + \alpha_C = 2.2144$	$D_{Bb} + D_{Cc} = 1.1008$	0.1024
Bbcc	$2 \times 0.2 \times 0.8 \times 0.4^2 = 0.0512$	8	1.4176	$\alpha_B + \alpha_b + 2\alpha_c = 1.6704$	$D_{Bb} + D_{cc} = 0.2848$	−0.5376
bbCC	$0.8^2 \times 0.6^2 = 0.2304$	5	−1.5824	$2\alpha_b + 2\alpha_C = -1.1136$	$D_{bb} + D_{CC} = -0.4112$	−0.0576
bbCc	$2 \times 0.8^2 \times 0.6 \times 0.4 = 0.3072$	5	−1.5824	$2\alpha_b + \alpha_C + \alpha_c = -1.6576$	$D_{bb} + D_{Cc} = 0.1328$	−0.0576
bbcc	$0.8^2 \times 0.4^2 = 0.1024$	4	−2.5824	$2\alpha_b + 2\alpha_c = -2.2016$	$D_{bb} + D_{cc} = -0.6832$	0.3024
合计	1.0000					

表 2-12 实现了两位点基因型效应的正交剖分，其遗传模型为 $G-M = A+D+I$，G 为基因型值，M 为群体均值，A 为育种值，D 为显性偏差，I 为两位点间互作偏差。由这些遗传效应可进一步获得相应遗传方差的估值。基因效应的剖分十分有助于认识性状表达和杂种优势的遗传基础。

三、双亲后代系谱化群体的世代均值与遗传效应

群体遗传学表明，随机交配平衡群体在无选择、无突变、无迁移和无随机漂变的情况下，其

基因和基因型频率不会在世代间发生变化，群体平均值和群体方差也将在世代间保持稳定不变。而群体内个体间交配方式的改变却会影响群体的遗传结构而使世代平均值、遗传效应和相应方差发生变化。交配方式的恰当选择（含植物天然繁殖方式的利用）是育种家培育新品种的重要手段之一。本章第二部分介绍了随机交配群体的均值与遗传效应，下面介绍双亲后代系谱化群体的均值与遗传效应。

（一）自交世代的世代平均值与遗传效应

自交是最严格的近亲交配。自交世代可产生于双亲杂种的自交，也可产生于随机交配群体的连续自交，育种中最常见的是两纯系杂交后代的连续自交。自交过程中若不施加选择且忽略突变，则后代群体的基因频率不发生变化，其基因型频率却因自交次数的不同而改变，从而使世代均值发生变化。下面分述单位点和多位点的情况。

1. 单位点

设单位点一对等位基因情况下的两个纯系亲本，P_1 为 A_1A_1，P_2 为 A_2A_2，A_1 为增效等位基因。双亲杂交产生杂种 F_1，F_1 个体连续自交得 F_2、F_3，…，F_n 世代群体，各自交世代的基因型频率如表 2-13 所列。

表 2-13 单位点一对等位基因情况下各自交世代的基因型频率

基因型	F_1	F_2	F_3	…	F_{n+1}	…	F_∞
A_1A_1	0	1/4	3/8	…	$(2^n-1)/(2^{n+1})$	…	1/2
A_1A_2	1	1/2	1/4	…	$1/2^n$	…	0
A_2A_2	0	1/4	3/8	…	$(2^n-1)/(2^{n+1})$	…	1/2

注：n 表示自交次数。

由于 A_1A_1、A_1A_2 和 A_2A_2 三种基因型的型值分别为 $+a$，d 和 $-a$（图 2-1），因此以 0 为原点的各世代均值为：

$$\left.\begin{aligned}
\overline{P}_1 &= m + a \\
\overline{P}_2 &= m - a \\
\overline{F}_1 &= m + d \\
\overline{F}_2 &= m + \frac{1}{4}a + \frac{1}{2}d - \frac{1}{4}a = m + \frac{1}{2}d \\
\overline{F}_3 &= m + \frac{3}{8}a + \frac{1}{4}d - \frac{3}{8}a = m + \frac{1}{4}d \\
&\vdots \\
\overline{F}_n &= m + \frac{1}{2^{n-1}}d
\end{aligned}\right\} \tag{2-16}$$

由此可见，在一对等位基因情况下，只有加性效应贡献于双亲均值，且只有显性效应贡献于杂种世代均值，杂种世代均值中不包含加性效应。

需要注意的是，双亲杂种 F_1 自交产生的 F_2 群体相当于随机交配的平衡群体，其后的各自交世代等同于随机交配群体的自交世代，所不同的只是自交世代的表示法。前者的 F_2，F_3，F_4，…，F_n 群体相当于后者的 S_0，S_1，S_2，…，S_{n-2} 群体。后者常见于玉米自交系的选育过程。

2. 多位点无互作

如果某基因型由多位点控制且位点间不存在互作，则多位点聚合的基因型效应等于各位点基因型效应的累加值，多位点聚合的基因效应等于各位点基因效应的累加值。如多位点聚合的加性效应等于各位点基因加性效应的累加值，并以[a]表示，多位点聚合的显性效应等于各位点基因显性效应的累加值，并以[d]表示。因此可依表 2-13 或直接由式(2-16)改写出多位点无互作情况下，两纯系杂种自交世代的群体平均值如下：

$$\left.\begin{aligned}\bar{P}_1 &= m+[a]\\ \bar{P}_2 &= m-[a]\\ \bar{F}_1 &= m+[d]\\ \bar{F}_2 &= m+\frac{1}{2}[d]\\ \bar{F}_3 &= m+\frac{1}{4}[d]\\ &\vdots\\ \bar{F}_n &= m+\frac{1}{2^{n-1}}[d]\end{aligned}\right\}\qquad(2\text{-}17)$$

$[a]$ 表示各位点综合的加性效应，是加性效应的代数和，$[a]=\sum a_{+}+\sum a_{-}$，$\sum a_{+}$ 表示增效位点的加性效应之和，$\sum a_{-}$ 表示减效位点的加性效应之和。只有当增效等位基因集中于一个亲本时，$[a]$ 才等于总加性效应，否则会由于增减效加性效应的相互抵消而使 $[a]$ 小于总加性效应。$[d]$ 表示各位点综合的显性效应，$[d]=\sum d_{+}+\sum d_{-}$，$\sum d_{+}$ 表示正向显性效应之和，$\sum d_{-}$ 表示负向显性效应之和，只有当各位点的显性方向相同时，$[d]$ 才等于总显性效应，否则会由于正负显性效应的相互抵消而使 $[d]$ 小于总显性效应。总之，$[a]$ 和 $[d]$ 并非各位点 a 和 d 的绝对值之和，而是累加值，是代数和。数量遗传分析中往往用 d/a 度量某位点基因的显性度，却不能用 $[d]/[a]$ 度量显性度。后者被称为势能比(potence ratio)或显性势。在此应该指出，基因的增效(或减效)与显性(或隐性)是两个概念，不可混淆。如 A 对 a 为增效，但 A 对 a 不一定为显性。

由上可知，与只有一对等位基因的情况相同，当有多对等位基因且位点间无互作时，只有加性效应贡献于双亲均值，且只有显性效应贡献于杂种世代均值，杂种世代均值中不包含加性效应。

3. 多位点有互作

当基因型由多个位点构成且位点间存在上位性互作时，世代平均值的遗传组分中还应包括位点间上位性互作效应。若只考虑两两位点间而不考虑更多位点间交互作用时，各自交世代平均值的遗传组成如下：

$$\left.\begin{aligned}\bar{P}_1 &= m+[a]+[aa]\\ \bar{P}_2 &= m-[a]+[aa]\\ \bar{F}_1 &= m+[d]+[dd]\\ \bar{F}_2 &= m+\frac{1}{2}[d]+\frac{1}{4}[dd]\\ &\vdots\\ \bar{F}_n &= m+\frac{1}{2^{n-1}}[d]+\frac{1}{2^{2n-2}}[dd]\end{aligned}\right\}\quad(2\text{-}18)$$

式中:$[aa]$表示两位点间加性×加性互作效应的代数和,$[dd]$表示两位点间显性×显性互作效应的代数和。

由上可知,当位点间存在互作时,加性遗传效应$[a]$和加性与加性互作效应$[aa]$贡献于纯合子亲本均值,显性效应$[d]$和显性与显性互作效应$[dd]$贡献于杂种世代均值,杂种世代均值中不包含加性效应,也不包括含有加性的互作效应。

4. 双亲杂种 F_2 世代的遗传效应

由式(2-10)知,一对等位基因时,随机交配平衡群体内基因代换的平均效应为 $\alpha = a + d(q-p)$。可以看出,当 $p=q=\frac{1}{2}$ 时,$\alpha = a$,而这正是双亲杂种自交 F_2 代群体的情况。把 $p=q=\frac{1}{2}$ 代入式(2-11),可得 F_2 群体内增效等位基因的平均效应 $\alpha_1 = q\alpha = \frac{1}{2}a$,减效等位基因的平均效应 $\alpha_2 = -p\alpha = -\frac{1}{2}a$。在两纯系杂种 F_2 代群体内,对于有差异的基因位点,其基因的平均效应为:

$$\left.\begin{aligned}&\text{基因代换的平均效应 } \alpha = a\\ &\text{增效等位基因的平均效应 } \alpha_1 = \frac{1}{2}a\\ &\text{减效等位基因的平均效应 } \alpha_2 = -\frac{1}{2}a\end{aligned}\right\}\quad(2\text{-}19)$$

式中 a 为增效等位基因纯合子的基因型值(图 2-1)。

F_2 代各基因型的育种值为:

$$\left.\begin{aligned}&A_1A_1\text{ 纯合基因型的育种值为 } 2\alpha_1 = a\\ &A_2A_2\text{ 纯合基因型的育种值为 } 2\alpha_2 = -a\\ &A_1A_2\text{ 杂合基因型的育种值为 } \alpha_1+\alpha_2 = 0\end{aligned}\right\}\quad(2\text{-}20)$$

多位点无互作情况下的育种值为各单位点育种值的累加。如果从 F_2 代起实施随机交配,则后继世代群体内基因的平均效应和个体的育种值同上且保持不变。

(二)回交世代的世代平均值与遗传效应

回交过程中由于把一个等位基因不断注入群体,使另一个等位基因的频率不断降低,因而不同回交世代的基因频率和基因型频率均发生变化。

1. 单位点

考虑某单位点的一对等位基因 A_1 和 A_2,A_1 为增效等位基因。纯系亲本 P_1 的基因型为

A_1A_1，P_2 的基因型为 A_2A_2，把杂种 F_1 向 A_1A_1 连续回交得 B_{1L}，B_{2L}，…，B_{nL} 回交世代群体，把 F_1 向 A_2A_2 连续回交得 B_{1S}，B_{2S}，…，B_{nS} 回交世代群体，B 表示回交(backcross)，下标中的 L 和 S 分别表示向大值和小值亲本回交，n 表示回交次数(回交世代数)。向大值和小值亲本回交时各回交世代的基因和基因型频率列于表 2-14。

表 2-14　单位点一对等位基因情况下各回交世代的基因频率和基因型频率

基因或基因型	世代				
	F_1	B_1	B_2	…	B_n
		向大值亲本回交			
A_1	1/2	3/4	7/8	…	$(2^{n+1}-1)/2^{n+1}$
A_2	1/2	1/4	1/8	…	$1/2^{n+1}$
A_1A_1	0	1/2	3/4	…	$(2^n-1)/2^n$
A_1A_2	1	1/2	1/4	…	$1/2^n$
		向小值亲本回交			
A_1	1/2	1/4	1/8	…	$1/2^{n+1}$
A_2	1/2	3/4	7/8	…	$(2^{n+1}-1)/2^{n+1}$
A_2A_2	0	1/2	3/4	…	$(2^n-1)/2^n$
A_1A_2	1	1/2	1/4	…	$1/2^n$

注：n 表示回交次数

各回交世代的世代平均值为：

$$\left.\begin{aligned}
\bar{B}_{1L} &= m+\frac{1}{2}a+\frac{1}{2}d, & \bar{B}_{1S} &= m-\frac{1}{2}a+\frac{1}{2}d\\
\bar{B}_{2L} &= m+\frac{3}{4}a+\frac{1}{4}d, & \bar{B}_{2S} &= m-\frac{3}{4}a+\frac{1}{4}d\\
\bar{B}_{nL} &= m+\frac{2^n-1}{2^n}a+\frac{1}{2^n}d, & \bar{B}_{nS} &= m-\frac{2^n-1}{2^n}a+\frac{1}{2^n}d
\end{aligned}\right\} \tag{2-21}$$

式中：下标 n 为回交次数，L 表示向大值亲本 A_1A_1 回交，S 表示向小值亲本 A_2A_2 回交。

2. 多位点无互作

分别以 $[a]$ 和 $[d]$ 替换式(2-21) 中的 a 和 d 即可得到多位点无互作情况下相应回交世代的世代均值。

3. 多位点有互作

仅包括两两位点间互作时，回交世代的均值如下：

$$\left.\begin{aligned}
\bar{B}_{1L} &= m+\frac{1}{2}[a]+\frac{1}{2}[d]+\frac{1}{4}[aa]+\frac{1}{4}[ad]+\frac{1}{4}[dd]\\
\bar{B}_{2L} &= m+\frac{3}{4}[a]+\frac{1}{4}[d]+\frac{9}{16}[aa]+\frac{3}{16}[ad]+\frac{1}{16}[dd]\\
\bar{B}_{nL} &= m+\frac{2^n-1}{2^n}[a]+\frac{1}{2^n}[d]+\left(\frac{2^n-1}{2^n}\right)^2[aa]+\left(\frac{2^n-1}{2^n}\right)\left(\frac{1}{2^n}\right)[ad]+\left(\frac{1}{2^n}\right)^2[dd]\\
\bar{B}_{1S} &= m-\frac{1}{2}[a]+\frac{1}{2}[d]+\frac{1}{4}[aa]-\frac{1}{4}[ad]+\frac{1}{4}[dd]\\
\bar{B}_{2S} &= m-\frac{3}{4}[a]+\frac{1}{4}[d]+\frac{9}{16}[aa]-\frac{3}{16}[ad]+\frac{1}{16}[dd]\\
\bar{B}_{nS} &= m-\frac{2^n-1}{2^n}[a]+\frac{1}{2^n}[d]+\left(\frac{2^n-1}{2^n}\right)^2[aa]-\left(\frac{2^n-1}{2^n}\right)\left(\frac{1}{2^n}\right)[ad]+\left(\frac{1}{2^n}\right)^2[dd]
\end{aligned}\right\} \tag{2-22}$$

若通过试验获得双亲后代多世代的世代均值，可通过多元回归分析得到效应$[a]$、$[d]$、$[aa]$、$[ad]$和$[dd]$等的估值，并可进行遗传模型检验(详见第五章)。

(三)互作基因的存在状态与群体平均值

前面以$[a]$、$[d]$、$[aa]$、$[ad]$和$[dd]$等表示了各项遗传效应多位点的综合作用，Mather和Jinks(1982)分析了亲本中增减效基因分布方式与群体均值的关系，简要介绍如下。

如果考虑两对等位基因(Aa和Bb)的杂交，有关基因在双亲的分布有两种可能，一种为基因集中型(increasing genes and decreasing genes are associated in different parents，或association of genes)，即两个增效等位基因集中于一个亲本，减效等位基因集中于另一亲本(AABB×aabb)；另一种为每一亲本均携带一个增效等位基因和一个减效等位基因(AAbb×aaBB)，称为基因分散(the genes are dispersed，或dispersion of genes)。Mather和Jinks(1982)给出了两对互作基因对双亲后代各类家系均值的贡献(表2-15)，下面具体介绍。当单个基因的作用可被追踪记录时如下的分解是十分有用的。

表2-15 两亲本基因集中和基因分散杂交的上位性与世代均值(Mather和Jinks，1982)

世代	m	a_A	a_B	d_A	d_B	aa_{AB}	ad_{AB}	ad_{BA}	dd_{AB}
				基因集中型杂交(AABB×aabb)					
P_1	1	1	1	0	0	1	0	0	0
P_2	1	-1	-1	0	0	1	0	0	0
F_1	1	0	0	1	1	0	0	0	1
F_2	1	0	0	$\frac{1}{2}$	$\frac{1}{2}$	0	0	0	$\frac{1}{4}$
B_{1L}	1	$\frac{1}{2}$	$\frac{1}{2}$	$\frac{1}{2}$	$\frac{1}{2}$	$\frac{1}{4}$	$\frac{1}{4}$	$\frac{1}{4}$	$\frac{1}{4}$
B_{1S}	1	$-\frac{1}{2}$	$-\frac{1}{2}$	$\frac{1}{2}$	$\frac{1}{2}$	$\frac{1}{4}$	$-\frac{1}{4}$	$-\frac{1}{4}$	$\frac{1}{4}$
				基因分散型杂交(AAbb×aaBB)					
P_1	1	1	-1	0	0	-1	0	0	0
P_2	1	-1	1	0	0	-1	0	0	0
F_1	1	0	0	1	1	0	0	0	1
F_2	1	0	0	$\frac{1}{2}$	$\frac{1}{2}$	0	0	0	$\frac{1}{4}$
B_{1L}	1	$\frac{1}{2}$	$-\frac{1}{2}$	$\frac{1}{2}$	$\frac{1}{2}$	$-\frac{1}{4}$	$\frac{1}{4}$	$-\frac{1}{4}$	$\frac{1}{4}$
B_{1S}	1	$-\frac{1}{2}$	$\frac{1}{2}$	$\frac{1}{2}$	$\frac{1}{2}$	$-\frac{1}{4}$	$-\frac{1}{4}$	$\frac{1}{4}$	$\frac{1}{4}$

1. 两位点基因集中型杂交

两位点基因集中型杂交如AABB×aabb，其双亲和F_1的基因型值分别为$m+a_A+a_B+aa_{AB}$、$m-a_A-a_B+aa_{AB}$和$m+d_A+d_B+dd_{AB}$。其F_2有9种基因型，其频率见表2-16。

表 2-16　两位点基因集中型杂交 F_2 的 9 种基因型及其频率

B位点 \ A位点	$\frac{1}{4}$AA	$\frac{1}{2}$Aa	$\frac{1}{4}$aa
$\frac{1}{4}$BB	$\frac{1}{16}$AABB	$\frac{1}{8}$AaBB	$\frac{1}{16}$aaBB
$\frac{1}{2}$Bb	$\frac{1}{8}$AABb	$\frac{1}{4}$AaBb	$\frac{1}{8}$aaBb
$\frac{1}{4}$bb	$\frac{1}{16}$AAbb	$\frac{1}{8}$Aabb	$\frac{1}{16}$aabb

$$\bar{F}_2 = [(m + a_A + a_B + aa_{AB}) + 2(m + a_A + d_B + ad_{AB}) + \cdots + (m - a_A - a_B + aa_{AB})]/16 = m + \frac{1}{2}d_A + \frac{1}{2}d_B + \frac{1}{4}dd_{AB}$$

回交世代 B_{1L}(AaBb×AABB) 由 4 种基因型组成(AABB、AABb、AaBB、AaBb),各占$\frac{1}{4}$,其世代均值为:

$$\begin{aligned}\bar{B}_{1L} &= \frac{1}{4}(m + a_A + a_B + aa_{AB}) + \frac{1}{4}(m + a_A + d_B + ad_{AB}) + \\ &\quad \frac{1}{4}(m + d_A + a_B + ad_{BA}) + \frac{1}{4}(m + d_A + d_B + dd_{AB}) \\ &= m + \frac{1}{2}a_A + \frac{1}{2}a_B + \frac{1}{2}d_A + \frac{1}{2}d_B + \frac{1}{4}aa_{AB} + \\ &\quad \frac{1}{4}ad_{AB} + \frac{1}{4}ad_{BA} + \frac{1}{4}dd_{AB} \end{aligned} \qquad (2\text{-}23a)$$

同理,回交世代 B_{1S}(AaBb×aabb) 由 4 种基因型组成(AaBb、Aabb、aaBb、aabb),各占$\frac{1}{4}$,其世代均值为:

$$\bar{B}_{1S} = m - \frac{1}{2}a_A - \frac{1}{2}a_B + \frac{1}{2}d_A + \frac{1}{2}d_B + \frac{1}{4}aa_{AB} - \frac{1}{4}ad_{AB} - \frac{1}{4}ad_{BA} + \frac{1}{4}dd_{AB} \qquad (2\text{-}23b)$$

2. 两位点基因分散型杂交

两位点分散型杂交如 AAbb×aaBB,AAbb 为大值亲本。双亲和 F_1 的基因型值分别为 $m + a_A - a_B - aa_{AB}$、$m - a_A + a_B - aa_{AB}$ 和 $m + d_A + d_B + dd_{AB}$,其 F_2 平均值同于基因集中型。

向大值亲本的回交 1 代 B_{1L}(AaBb×AAbb) 由 4 种基因型组成(AABb、Aabb、AaBb、Aabb),各占$\frac{1}{4}$,其世代均值改变为:

$$\bar{B}_{1L} = m + \frac{1}{2}a_A - \frac{1}{2}a_B + \frac{1}{2}d_A + \frac{1}{2}d_B - \frac{1}{4}aa_{AB} + \frac{1}{4}ad_{AB} - \frac{1}{4}ad_{BA} + \frac{1}{4}dd_{AB} \qquad (2\text{-}24a)$$

回交世代 B_{1S}(AaBb×aaBB) 由 4 种基因型组成(AaBB、AaBb、aaBB、aaBb)，各占$\frac{1}{4}$，其世代均值改变为：

$$\bar{B}_{1S}=m-\frac{1}{2}a_A+\frac{1}{2}a_B+\frac{1}{2}d_A+\frac{1}{2}d_B-\frac{1}{4}aa_{AB}-\frac{1}{4}ad_{AB}+\frac{1}{4}ad_{BA}+\frac{1}{4}dd_{AB} \tag{2-24b}$$

由此可见，在基因自由组合的情况下(连锁不存在)，基因在双亲中的集中或分散分布不仅使双亲的基因型值发生变化，而且使回交世代的均值发生变化；而 F_1 和 F_2 世代的均值却与基因的分布状态无关。

(四) 连锁与群体平均值

基因间的连锁是普遍存在的遗传现象。连锁分析对于揭示数量性状遗传基础和从各种种质资源中寻找对人类有用的优良基因具有非常重要的作用。为叙述方便起见，本书将在第四章介绍连锁对群体均值和方差的影响和其他有关连锁的内容。

四、环境偏差和基因型与环境互作

本章第一部分指出，基因型值(G)、环境效应(E) 和基因型与环境互作($G \times E$) 效应是动植物性状表达的三大组成部分，是农业增产的三大重要来源。从实质上讲，动植物育种选育的是优良基因所组成的优良基因型，实际利用的却是优良的表现型。在详细理解基因型及其遗传构成的基础上，充分认识构成表现型的非遗传因素的性质及其量的估计，对于科学准确地评价基因型具有重要意义。一般说来，构成表现型的非遗传因素包括环境效应和基因型与环境互作两大部分。

(一) 环境偏差

前面给出了环境偏差(environmental deviation) 的定义。从广义的角度讲，环境偏差包括大范围的环境效应(macro environmental effect) 和微域环境效应(micro environmental effect) 两部分，前者主要由土壤和气候因素引起，如试验年份间、地点间、栽培措施处理的效应等，后者由试验设计控制后剩余的环境效应、母体效应和个体发育上的差异等因素引起。试验的规模和范围不同，导致环境偏差的原因也有差异。从狭义的角度讲，环境偏差主要是指试验设计未能控制的微域环境变异、个体发育和母体效应所引起的差异。微域环境变异通常是试验误差的主要来源，常利用遗传上同质群体(个体间基因型相同) 内个体间的变异进行估算。

(二) 基因型与环境互作

基因型与环境互作(genotype × environment interaction) 是指一定的环境差异对不同基因型产生不同的效果，或一定的基因型在不同环境下表现不同的现象。基因型与环境互作反映的是一个基因型或一组基因型利用环境能力的强弱。有利的基因型环境互作是农业增产的重要来源之一。

下面举例说明表型值中非基因型因素的理论构成及其效应估计。

例 2.8　水稻的 3 种基因型 G_1、G_2 和 G_3 各一株，经茎蘖分离单本插植于 E_1 和 E_2 两种不同土肥条件的花盆内，构成 6 个试验处理。每个试验处理各种植 2 盆，除基因型和花盆土肥处理外其余条件和管理措施均严格控制相同。定期观测株高(cm)，得到表 2-17 的观测结果。(1) 试依据表 2-17 的结果判断：供试水稻基因型的株高是否因试验环境而异，即是否存在基因型与环境的互作？(2) 试以 G_1 在 E_2 环境下第 Ⅰ 重复的观测值 $P_{121}=45$ 为例进行表型数据的完全剖分。

表 2-17　3 种水稻基因型在两种土肥条件下的苗高　cm

基因型	E_1			E_2			基因型平均 $P_{i\cdot}$	基因型效应 G_i
	Ⅰ	Ⅱ	平均	Ⅰ	Ⅱ	平均		
G_1	76	78	77	45	49	47	62	−2
G_2	58	62	60	54	50	52	56	−8
G_3	41	39	40	109	107	108	74	10
重复平均	58.3	59.7		69.3	68.7			
环境平均 $P_{\cdot j}$			59			69	总平均 = 64	
环境效应 E_j			−5			5		

解：(1) 为帮助判断是否存在基因型与环境的交互作用，将各基因型在不同环境下的均值示于图 2-3。由图 2-3 可见，在 E_1 环境下 G_1 表现最好，在 E_2 环境下 G_3 表现最好，G_1 和 G_2 在两种环境下的表现也互有高低，这种现象说明本试验存在着基因型与环境的交互作用(关于基因型与环境互作的统计假设测验见附录 Ⅰ 和第七章的有关内容)。

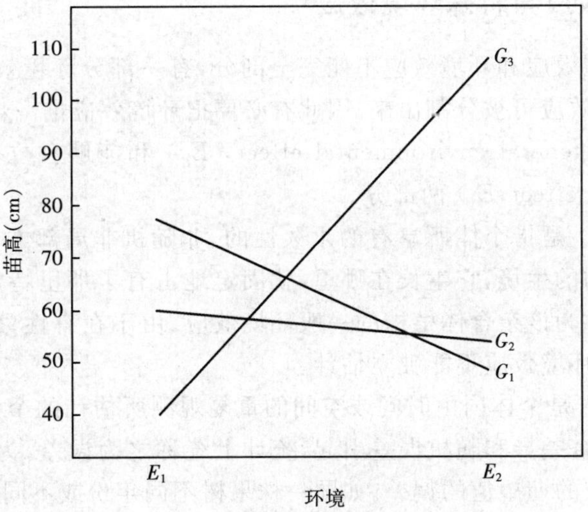

图 2-3　例 2.8 数据的基因型与环境互作

(2) 由表 2-17 的数据，可写出单株株高的数据模型：

$$P_{ijk}=M+G_i+E_j+(GE)_{ij}+e_{ijk} \tag{2-25}$$

式中：P_{ijk} 为第 i 个基因型在第 j 环境下第 k 次重复的观测值；$i=1,2,3$；$j=1,2$；$k=1,2$；M

为总均值；G_i 为第 i 个基因型效应，$G_i = P_{i.} - M$；E_j 为第 j 个环境的环境效应，$E_j = P_{.j} - M$；$(GE)_{ij}$ 为第 i 个基因型与第 j 个环境的交互作用效应，$(GE)_{ij} = P_{ij} - P_{i.} - P_{.j} + M$；$e_{ijk}$ 为第 i 个基因型在第 j 个环境的第 k 次重复的随机误差效应，$e_{ijk} = P_{ijk} - M - G_i - E_j - (GE)_{ij}$ 或 $e_{ijk} = P_{ijk} - P_{ij}$。若把如上各项效应的具体算式代入式(2-25)，则有：

$$P_{ijk} = M + (P_{i.} - M) + (P_{.j} - M) + (P_{ij} - P_{i.} - P_{.j} + M) + e_{ijk} \qquad (2\text{-}26)$$

依式(2-26)可对表 2-17 的观测值 $P_{121} = 45$ 作效应剖分(表 2-18)。

表 2-18 观测值 P_{121} 的效应剖分

效 应	算 法	$P_{121} = 45$ 的剖分
基因型效应	$G_i = P_{i.} - M$	$G_1 = 62 - 64 = -2$
环境效应	$E_j = P_{.j} - M$	$E_2 = 69 - 64 = 5$
基因型与环境互作效应	$(GE)_{ij} = P_{ij} - P_{i.} - P_{.j} + M$	$(GE)_{12} = 47 - 62 - 69 + 64 = -20$
随机误差	$e_{ijk} = P_{ijk} - M - G_i - E_j - (GE)_{ij}$ 或 $e_{ijk} = P_{ijk} - P_{ij}$	$e_{121} = 45 - 64 - (-2) - 5 - (-20) = -2$ 或 $e_{121} = P_{121} - P_{12} = 45 - 47 = -2$
总	$P_{ijk} = M + G_i + E_j + (GE)_{ij} + e_{ijk}$	$45 = 64 - 2 + 5 - 20 - 2$

计算结果说明，该试验第1个基因型在第2个环境中第1重复的观测值之所以为45 cm，是由总体平均64、基因型效应－2、环境效应5、基因型与环境的互作效应－20和随机误差－2等4个效应线性组合而成的。同理，可对其余所有观测值进行线性剖分，并由此构成对总变异作方差分析的基础。对比基因型效应、环境效应和基因型与环境互作效应的相对大小可启示人类从不同的途径开发和利用性状的表型值，以获得最大的收益。

(三)一般环境效应与特殊环境效应

有些情况下基因型效应和环境效应不能完全剖分，有一部分环境效应与基因型效应相互混杂，只有一部分环境效应可被分割出来。因此有必要把环境效应进一步分解为不能与基因型分开的一般环境效应(general environmental effect, E_g)和能够独立估计的特殊环境效应(special environmental effect, E_s)两部分。

一般环境效应(E_g)是指个体所享有的永久性的、非随机非局部方位的环境效应。如自然群体中一株杂合体植物的生境，它生长在哪里，就固定地占有了那里特定的时间和空间环境，由此产生的环境效应称为该杂合体植株的一般环境效应。由于在有性繁殖情况下该杂合个体没有重复观测值，一般环境效应不能独立估计。

特殊环境效应(E_s)是个体内由时间或空间的重复观测所估计的个体内变异，由微小的局部的环境变异、随机发育差异和随机误差引起，统计上统称之为误差，为实际表型值与其基于基因型和一般环境效应的期望值的偏差。如同一株果树不同年份或不同果枝的产果量、无性系同一繁殖批的株间生产量、乳牛不同胎次的产乳量等。由于特殊环境效应可通过重复观测得到估计，因此可从总表型值中剖分出来。

在一些情况下，一般环境效应(E_g)和基因型(G)以及基因型与一般环境效应的互作效应($G \times E_g$)相互混杂而不能剖分开来，只能得到($G + E_g + G \times E_g$)的混合估计值，特殊环境效应 E_s 却可得到单独估计。这种情况主要出现在同一基因型不能重复出现，而只能在一个固定的环境下表现，在试验设计上无法做到基因型与一般环境因素相互正交的情况。如对果树产果量的研究，同一植株不同果枝间的变异可提供特殊环境效应的估计，而单株基因型与其所占有的一般环境效应却混在一起。又如，对玉米综合种光合性能的研究，由于其基本株为杂合体不能重复，在单株光合速率比较时，所测得的单株表型值既包含基因型效应，又包含一般环境效应及基因型与一般环境的互作效应，而其单株内叶片间变异则为特殊环境效应。在此种情况下，个体表型值的数据模型变为：

表型值 = 群体均值 +（基因型效应 + 一般环境效应 + 基因型与一般环境互作效应）+ 特殊环境效应，即

$$P_{ij} = M + [G_i + (E_g)_i + (GE_g)_i] + (E_s)_{ij}$$
$$= M + G_i^* + E_{ij} \qquad (2\text{-}27)$$

式中：$G_i^* = G_i + (E_g)_i + (GE_g)_i$，$G_i$ 为基因型效应，$(E_g)_i$ 为基因型 i 的一般环境效应，$(GE_g)_i$ 为基因型 i 与其一般环境互作效应，简称基因型与环境互作效应。

式(2-27) 所表达的性状表型值代表了一类性状类型，这类表型值的数据模型提供了有关效应和重复率(repeatability) 估计的模式。当基因型与一般环境效应不能分开时，无法得到性状遗传率的估计，而只能估计重复率。遗传率和重复率的有关内容见第七章。下面举例说明何时需要以及怎样依式(2-27) 对表型值进行效应剖分。

例 2.9　为了对某玉米综合种群体内的基本株作叶片光合速率的选择，对初选单株作穗上三片叶（从穗位叶起向上倒 1 叶、倒 2 叶和倒 3 叶）测定其光合速率（CO_2：$\mu mol \cdot m^{-2} \cdot s^{-1}$），表 2-19 所列为其中 2 株的测定结果。(1) 试写出观测值的数据模型；(2) 试对第 1 株倒 2 叶的观测值 51 进行效应剖分。

表 2-19　玉米某综合种中基本株的光合速率　$\mu mol \cdot m^{-2} \cdot s^{-1}$

	第一株 G_1^*	第二株 G_2^*	总平均
倒 1 叶	47	55	
倒 2 叶	51	61	
倒 3 叶	54	68	
总和	152	184	336
株平均	50.67	61.33	56
株效应	−5.33	5.33	

解：(1) 单叶测定表型值的数据模型为：

$$P_{ij} = M + G_i^* + (E_s)_{ij}, \quad G_i^* = G_i + (E_g)_i + (GE_g)_i$$

式中：P_{ij} 为第 i 株第 j 叶的测定值，M 为总均值，G_i^* 为第 i 株的效应，G_i 为第 i 株真正的基因型效应，$(E_g)_i$ 为第 i 株生长所占一般环境的效应，$(GE_g)_i$ 为 G_i 与 $(E_g)_i$ 的交互作用效应。$(E_s)_{ij}$ 为第 i 株内第 j 叶与株平均的偏差即特殊环境效应。在此模型中 G_i^* 的三个组分相互混杂而不能区分。

(2) 第一株倒 2 叶的实测值 51 的理论组成为：

$$P_{12} = M + G_1^* + (E_s)_{12},$$
$$G_1^* = 50.67 - 56 = -5.33, \quad (E_s)_{12} = 51 - 50.67 = 0.33$$
$$51 = 56 + (50.67 - 56) + (51 - 50.67) = 56 - 5.33 + 0.33$$

在此效应剖分基础上的方差分析将可完成相应变异来源的方差分析。遗传方差(V_G)与表型方差之比被定义为广义遗传率，基因型与其一般环境以及基因型环境互作相混杂的方差(V_{G^*})与表型方差之比被定义为重复率。有关内容见第七章。本例将在第七章用于计算重复率。

复习思考题

1. 理解基本概念：表现型与表现型值、基因型与基因型值、度量基因型值的尺度、基因的平均效应、基因代换的平均效应、育种值、显性偏差、上位性偏差、加性效应、显性效应、上位性效应、环境效应、一般环境效应、特殊环境效应。阐述它们之间的相互联系。

2. 已知 A_1 对 A_2 为增效等位基因，试推导以 A_2 代换 A_1 基因的平均效应。

3. 何谓育种值?它在育种工作中有何重要性?

4. 已知控制某植物籽粒重量的数量性状位点 A 有一对等位基因和三种基因型 A_1A_1、A_1A_2 和 A_2A_2，其基因型值(对表型作大量测定的平均值)分别是：14 g，12 g 和 6 g，群体内 A_1 基因的频率 $p = 0.9$，A_2 基因的频率 $q = 0.1$，试计算它们的育种值和显性偏差。

(答案：$m = 10(g)$，$a = 4(g)$，$d = 2(g)$，$M = 13.56(g)$，$\alpha = 2.4(g)$，$\alpha_1 = 0.24(g)$，$\alpha_2 = -2.16(g)$

$A(A_1A_1) = 0.48(g)$，$A(A_1A_2) = -1.92(g)$，$A(A_2A_2) = -4.32(g)$

$D(A_1A_1) = -0.04(g)$，$D(A_1A_2) = 0.36(g)$，$D(A_2A_2) = -3.24(g)$)

5. 写出无位点间互作情况下 P_1，P_2，F_1，F_2，F_n 及回交世代 B_{1L}，B_{2L}，B_{nL} 的群体平均值构成。

6. 某作物单位茎秆重(g)受两对等位基因控制，经大量测定获得各表现型的平均值及有关频率如下：

C位点 \ B位点	B_	bb	
C_	40	25	$p(C\_) = 0.8$
cc	30	25	$p(cc) = 0.2$
	$p(B\_) = 0.6$	$p(bb) = 0.4$	

试估算 B _ C _，B _ cc，bbC _和 bbcc 4 类基因型的位点间互作偏差 I。

(答案：0.80，－3.20，－1.20，4.80)

7. 二纯系杂交得 F_1，由 F_1 连续自交得各自交世代，已知 $\bar{P}_1 = 30$，$\bar{P}_2 = 10$，$\bar{F}_1 = 25$。试在加-显模型下估计 $F_2 \sim F_5$ 代的世代均值的期望值。

(答案：$\bar{F}_2 = 22.5$，$\bar{F}_3 = 21.25$，$\bar{F}_4 = 20.625$，$\bar{F}_5 = 20.3125$)

8. 试依式(2-25)对例 2.8 的表型值 $P_{212} = 62$ 进行相应效应的剖分。

9. 试依式(2-27)对表 2-19 的表型值 $P_{23} = 68$ 进行相应效应的剖分。

参考文献

1 高之仁. 数量遗传学. 成都：四川大学出版社，1986

2 郭平仲. 数量遗传分析. 北京：首都师范学院出版社，1987

3 Liang G H. 植物遗传学. 顾铭洪，黄铁城等译. 北京：北京农业大学出版社，1991

4　马育华.植物育种的数量遗传学基础.南京:江苏科学技术出版社,1982
5　莫惠栋.随机交配群体的遗传分析.江苏农学院学报,1986,7(2):61～66
6　吴仲贤.统计遗传学.北京:科学出版社,1979
7　Bulmer M G. The mathematical theory of quantitative genetics. Oxford:Clarendon Press,1980
8　Falconer D S,Markay T F C. Introduction to quantitative genetics. 4th edn. London:Longman,1996
9　Kearsey J K,Pooni H S. The genetical analysis of quantitative traits. London:Chapman and Hall,1996
10　Kempthorne O. An introduction to genetic statistics. Ames:The Iowa State University Press,1969
11　Li C C. First course in population genetics. Pacific Grove Cal: Boxwood Press,1976
12　Lynch M,Walsh B. Genetics and Analysis of quantitative traits. Massachusetts: Sinauer Associates Inc,1998
13　Mather K,Jinks J L. Biometrical genetics. 3rd edn. London:Chapman and Hall,1982
14　Simmonds N W. Principles of crop improvement. London:Longman,1979

第三章 群体方差和协方差

内容提要 数量性状遗传群体重要的特性和利用价值在于其变异性。度量数量性状遗传变异最重要的指标是方差和协方差。如同把表型值剖分为基因型值和环境偏差然后再把基因型值剖分为各种遗传效应一样，研究数量性状的遗传变异首先要把表型方差剖分为遗传方差和非遗传方差两部分，然后再把遗传方差细分为各种不同来源的遗传方差组分。本章的第一部分介绍随机交配平衡群体的方差，从表型方差的构成、遗传方差的理论组分和环境方差等3个层次讲解。由于数量遗传学家和育种家们通常利用亲属间相似（以亲属间协方差为指标）来估计遗传方差，本章的第二部分介绍亲属间相似和衡量亲属间相似的统计数亲属间协方差，讲解各类协方差的理论构成与计算。第三部分介绍双亲后代群体的遗传方差和遗传协方差的理论组成，包括自交世代的遗传方差和遗传协方差、回交世代的遗传方差。本章的第四部分以实例说明遗传方差的应用。

数量遗传学以研究变异为核心。研究变异的基本思想是把群体的总变异剖分为由不同原因引起的变异组分。正是这些变异组分的相对大小决定着群体的遗传特性和利用价值，如加性遗传组分的相对大小决定着亲属间的相似程度。遗传群体的变异组分通常用方差表示。数量遗传分析中要用到两类方差组分，一类是实测方差组分（observational component of variance），用σ^2表示。如把个体按家系分组，方差分析时把实测总方差剖分为组间方差σ_B^2和组内方差σ_W^2两部分，σ_B^2和σ_W^2就是实测方差组分；另一类为原因（或理论）方差组分（causal component of variance），用V表示，例如，在不存在基因型与环境间互作的前提下，表型方差V_P可被分剖为遗传方差V_G和环境方差V_E两部分，遗传方差V_G又可被剖分为不同原因引起的遗传方差组分：加性方差V_A、显性方差V_D和上位性方差V_I，V_A、V_D、V_I和V_E等即为原因方差组分。实际应用中往往以σ^2和V表示群体的实测和理论方差，而以$\hat{\sigma}^2$和$\hat{V}$表示样本的实测和原因方差。方差组分又称方差成分。本章介绍遗传群体内方差和协方差的理论组成（对于样本资料还需增加抽样误差），第六章重点介绍方差和协方差的实际估计。

一、随机交配平衡群体的方差

为便于理解群体内总方差是怎样被剖分为不同组分的，首先介绍如下基本概念。

(一) 定义与概念

(1) 表型方差：遗传群体内由试验单位（个体、家系或小区等）表型值间的差异所引起的方差称为表型方差（phenotypic variance），通常以V_P表示。

(2) 遗传方差、加性遗传方差、显性遗传方差和上位性遗传方差：遗传群体内由试验单位的基因型值之间的差异所引起的方差称为基因型方差（genotypic variance），基因型方差构成了群体内总的遗传方差（genetic variance），通常以V_G表示。由育种值差异（来自基因的平均效应）引起的方差称为加性遗传方差（additive variance），以 V_A 表示；由显性效应的变异所引起的方差称为显性遗传方差（dominance variance），以 V_D 表示；由位点间互作效应的差异所引起的方差称为互作方差（interaction variance），亦称上位性遗传方差（epistatic variance），通常以 V_I 表示。

（3）环境方差：由环境因素（大环境如年份、地点、栽培管理条件等，小环境如株间微域环境的差异）引起的方差称为环境方差（environmental variance），通常以 V_E 表示。

（4）基因型与环境协方差（covariance between genotype and environment）：表示试验单位间基因型效应与环境因素平行变异的统计量，以 cov_{GE} 表示。由试验单位间基因型与环境因素的平行变异引起，如在环境条件存在明显趋势变异的情况下采用顺序排列，优良基因型施于优良营养等情况下会产生基因型与环境相关。基因型与环境的相关为科学的遗传试验所不允许，需通过科学合理的试验设计尽量避免。

（5）基因型与环境互作方差（variance of genotype by environment interaction）：一定的环境差异对不同基因型产生不同效果的现象，或一定的基因型在不同环境下表现不同效果的现象称为基因型与环境互作，由基因型与环境互作的效应引起的方差称为基因型与环境互作方差，通常以 V_{GE} 表示。

（二）表型方差的组分

对式（2-1a）求方差（方法参见附录 Ⅰ 统计学基础）可得到表型方差的遗传组成：

$$V_P = V_G + V_E + 2cov_{GE} + V_{GE} + V_e \tag{3-1}$$

式中：V_P、V_G、V_E 和 V_e 依次为表型方差、遗传方差、环境方差和误差项方差，cov_{GE} 为基因型与环境的协方差，V_{GE} 为基因型与环境的互作方差。cov_{GE} 需通过良好的试验设计和试验实施加以控制。若忽略不计 cov_{GE}，则式（3-1）简化为：

$$V_P = V_G + V_E + V_{GE} + V_e \tag{3-2}$$

式（3-2）说明表型方差中除误差项方差外，主要由基因型方差、环境方差和基因型环境互作方差三部分构成。式（3-2）是对数量性状进行方差剖分的最基本公式，因为任何数量性状的表达都是由该式中的三个基本组分构成，这三个组分也是人类从事动植物业生产获取最高收益的三条基本途径。

为了方便讲解和理解，若暂时不考虑基因型与环境互作（假设 $V_{GE} = 0$），则式（3-2）可简化为：

$$V_P = V_G + V_E + V_e \tag{3-3}$$

下面首先按式（3-3）介绍表型方差的剖分，然后逐步引入基因型环境互作并按式（3-2）对表型方差进行剖分。

（三）基因型方差及其组分

1. 基因型方差

（1）基因型方差构成了群体的总遗传方差，是群体内不同基因型值之间的方差，可由下式计算：

$$V_G = \sum_i f_i (G_i - M)^2 \tag{3-4}$$

式中：G_i 为第 i 个基因型的基因型值，M 为群体均值，f_i 为第 i 个基因型的频率，i 为群体内第 i 个基因型。式(3-4) 计算基因型方差不受位点数的影响。

(2) 由表 2-6 可获得随机交配平衡群体内 1 对等位基因情况下的基因型方差(以下的计算均省略下标)。该表的第 3 列给出了随机交配平衡群体内一对等位基因情况下 3 种基因型的频率，第 4 列为相应的 3 种基因型效应。

$$\begin{aligned}V_G &= \sum f(G-M)^2 = p^2[2q(\alpha-qd)]^2 + 2pq[(q-p)\alpha+2pqd]^2 + q^2[-2p(\alpha+pd)]^2 \\ &= p^2(4q^2\alpha^2 - 8q^3\alpha d + 4q^4d^2) + 2pq(q^2\alpha^2 + p^2\alpha^2 + 4p^2q^2d^2 - \\ &\quad 2pq\alpha^2 + 4pq^2\alpha d - 4p^2q\alpha d) + q^2(4p^2\alpha^2 + 8p^3\alpha d + 4p^4d^2) \\ &= 4p^2q^2\alpha^2 - 8p^2q^3\alpha d + 4p^2q^4d^2 + 2pq^3\alpha^2 + 2p^3q\alpha^2 + 8p^3q^3d^2 - \\ &\quad 4p^2q^2\alpha^2 + 8p^2q^3\alpha d - 8p^3q^2\alpha d + 4p^2q^2\alpha^2 + 8p^3q^2\alpha d + 4p^4q^2d^2 \\ &= 2pq\alpha^2(q^2+p^2+2pq) + 4p^2q^2d^2(q^2+2pq+p^2) \\ &= 2pq\alpha^2 + 4p^2q^2d^2 \end{aligned} \tag{3-5a}$$

式中：p、q、α 和 d 依次为增效等位基因频率、减效等位基因频率、基因代换的平均效应和杂合子的基因型值。

(3) 多位点无位点间互作情况下的基因型方差为各位点基因型方差之和：

$$V_G = \sum V_{G_i} = 2\sum pq\alpha^2 + 4\sum p^2q^2d^2 \tag{3-5b}$$

式中 V_{G_i} 为第 i 个位点的基因型方差。

2. 加 - 显遗传模型下基因型方差的组分

(1) 基因型方差：第二章给出了一对等位基因情况下基因型效应的组成(式(2-12))：$G' = A + D$，对其求方差可得：$V_G = V_A + V_D + cov_{AD}$，利用表 2-6 的第 3、5 和 6 列可以证明 $cov_{AD} = 0$，即

$$\begin{aligned}cov_{AD} &= p^2 \times 2q\alpha \times (-2dq^2) + 2pq \times (q-p)\alpha \times 2dpq + q^2 \times (-2p\alpha) \times (-2dp^2) \\ &= -4p^2q^3\alpha d + 4p^2q^3\alpha d - 4p^3q^2\alpha d + 4p^3q^2\alpha d = 0\end{aligned}$$

因而有：

$$V_G = V_A + V_D \tag{3-6}$$

很容易把式(2-12) 推广到多个独立位点的情况：$\sum G'_i = \sum A_i + \sum D_i$，在加-显遗传模型假设下，对其求方差得到 $\sum V_{G'_i} = \sum V_{A_i} + \sum V_{D_i}$，说明在加-显模型下各位点总的基因型方差等于各位点基因型方差之和，同样符合式(3-6)。

(2)加性遗传方差：加性遗传方差 V_A(简称加性方差)是重要的遗传方差组分，由群体内育种值的差异引起。加性遗传方差是群体遗传特性的主要决定因子，是亲属间相似的遗传原因；是群体对选择产生响应的主要决定因子，是选择育种的基本依据。V_A 是根据群体实测值较易估计的遗传方差成分。

由表 2-6 的第 3 列和第 5 列，可计算单位点一对等位基因的加性遗传方差。

由于育种值的平均 $\overline{A} = \sum fA \Big/ \sum f$

$$= \sum fA = p^2 \times 2q\alpha + 2pq \times (q-p)\alpha + q^2 \times (-2p\alpha)$$

$$= 2p^2q\alpha + 2pq^2\alpha - 2p^2q\alpha - 2pq^2\alpha = 0$$

$$V_A = \sum f(A-\overline{A})^2 \Big/ \sum f = \sum fA^2 \tag{3-7a}$$

$$= p^2(2q\alpha)^2 + 2pq(q-p)^2\alpha^2 + q^2(-2p\alpha)^2 = 2pq\alpha^2 \tag{3-7b}$$

当 $p = q = 1/2$ 时，$\alpha = a, V_A = (1/2)\alpha^2 = (1/2)a^2$；当 $d = 0$ 时，$\alpha = a, V_A = 2pqa^2$。

多个独立位点情况下，群体的加性遗传方差等于各位点加性遗传方差之和：

$$V_A = 2\sum_{i=1}^{n} p_i q_i \alpha_i^2$$

式中：p_i, q_i 为位点 i 的基因频率；α_i 为位点 i 基因代换的平均效应；n 为基因位点数。通常省略关于基因的标注 i 和 n，得多位点的加性遗传方差表达式：

$$V_A = 2\sum pq\alpha^2 \tag{3-7c}$$

(3) 显性遗传方差：显性遗传方差 V_D 是由位点内等位基因间互作效应的差异引起的方差。由于显性度 d/a 的取值不同（$-1 \sim +1$），V_D 可为任何显性度下的显性方差。

由表 2-6 的第 3 列和第 6 列可计算单位点、2 个等位基因时的显性方差。

由于 $\overline{D} = \sum fD = 0$，所以

$$V_D = \sum f(D-\overline{D})^2 \Big/ \sum f = \sum fD^2 \tag{3-8a}$$

$$= p^2(-2dq^2)^2 + 2pq(2dpq)^2 + q^2(-2dp^2)^2 = 4p^2q^2d^2 \tag{3-8b}$$

当 $p = q = 1/2$ 时，$V_D = (1/4)d^2$。

多个独立位点（无互作）的显性方差为各位点显性方差之和：

$$V_D = 4\sum p^2q^2d^2 \tag{3-8c}$$

对比式(3-7)、式(3-8) 和式(3-5) 可以看出，加-显遗传模型下单位点的总遗传方差等于加性遗传方差与显性遗传方差之和，该结果与式(3-6) 相符。

通过以上公式推导（式(3-5) 至式(3-8)）可以看出，群体的遗传方差及其方差组分都不仅依赖于基因效应，而且依赖于群体的基因频率。遗传方差是群体的特性，任何方差成分的估值都只对其特定的参照群体（reference population）有效。育种家必须不断研究自己手中材料的遗传变异并评价其利用价值和利用方式，当群体内所研究性状以加性遗传方差为主时，宜采用选择为主的育种方式；当显性方差为主时应采用杂种优势利用的育种方式；当性状的遗传以上位性为主时，可能系统选择是重要的。

例 3.1　试利用例 2.2 的资料和例 2.3、例 2.4 和例 2.5 的计算结果，计算所研究位点的加性、显性和总遗传方差。

解：方法 1　利用基因的平均效应（例 2.3 的结果）计算：

依式(3-7b)，$V_A = 2pq\alpha^2 = 2 \times 0.8 \times 0.2 \times 7^2 = 15.68$

依式(3-8b)，$V_D = 4p^2q^2d^2 = 4 \times 0.8^2 \times 0.2^2 \times 5^2 = 2.56$

依式(3-4)，$V_G = p^2(a-M)^2 + 2pq(d-M)^2 + q^2(-a-M)^2$

$$= 0.8^2 \times 2.4^2 + 2 \times 0.8 \times 0.2 \times (-2.6)^2 + 0.2^2 \times (-17.6)^2$$
$$= 18.24$$
$$V_A + V_D = 15.68 + 2.56 = 18.24 = V_G$$

方法 2 利用育种值(例 2.4 的结果) 和显性偏差(例 2.5 的结果) 计算:

依式(3-7a) 和例 2.4 的结果,$V_A = \sum fA^2 = 15.68$

依式(3-8a) 和例 2.5 的结果,$V_D = \sum fD^2 = 2.56$

两种方法的计算结果相同。从结果可以看出,该性状的遗传以加性方式为主,这启示对该性状的遗传改良应以基因累加和选择育种为主要手段。

3. 加-显-上遗传模型下基因型方差的组分

如果不同基因位点间存在交互作用,则总遗传方差中除了 V_A 和 V_D 外,还应包括互作方差 V_I。此时基因型效应 $G' = A + D + I$(式 2.15),对此线性函数求方差,可得:

$$V_G = V_A + V_D + V_I \tag{3-9}$$

式中 V_G、V_A、V_D 和 V_I 依次为总遗传方差、加性方差、显性方差和位点间互作方差。由于 cov_{AD}、cov_{AI} 和 cov_{DI} 均为 0,故遗传方差中不包括这些协方差(前面已证明 $cov_{AD} = 0$,另外,利用表 2-12 的数据可证明 cov_{AD}、cov_{AI} 和 cov_{DI} 均等于 0)。

加性和显性方差的性质和计算前面已介绍,下面介绍上位性方差的计算。式(3-9) 中的互作方差 V_I 是位点间的总互作方差,如果考虑到育种值和显性偏差,则两位点间的总互作方差 V_I 还可进一步剖分为两位点育种值间互作方差 V_{AA},第一位点的育种值与第二位点显性偏差间的互作方差 V_{AD}、第一位点的显性偏差与第二位点育种值间的互作方差 V_{DA} 以及两位点显性偏差间互作方差 V_{DD} 四部分:

$$V_I = V_{AA} + V_{AD} + V_{DA} + V_{DD} \tag{3-10}$$

Cockerhan(1954) 给出了把两位点基因型方差剖分为两位点各自的加性、两位点各自的显性、第 1 位点加性 × 第 2 位点加性、第 1 位点加性 × 第 2 位点显性、第 1 位点显性 × 第 2 位点加性和第 1 位点显性 × 第 2 位点显性等 8 项遗传方差的正交剖分方法,本书将于第六章"两位点遗传方差的正交剖分" 部分介绍。

下面用例 2-7 的资料说明总互作方差的计算。

例 3.2 试利用表 2-12 的计算结果对例 2.7 植物叶片厚度性状的遗传控制进行分析:(1) 计算 B_和 C_两位点间的加性、显性和互作方差;(2) 试对该群体叶片厚度性状的遗传控制作简要讨论。

解:(1) 依表 2-12 的第 2 列和第 4 列可计算总遗传方差:$V_G = \sum f(G-M)^2 = 5.67681$

依表 2-12 的第 2 列和第 5 列可计算加性遗传方差:$V_A = \sum fA^2 = 4.939612$

依表 2-12 的第 2 列和第 6 列可计算显性遗传方差:$V_D = \sum fD^2 = 0.706232$

依表 2-12 的第 2 列和第 7 列可计算上位性遗传方差:$V_I = \sum fI^2 = 0.030966$

验算如上计算结果:$V_A + V_D + V_I = 4.939612 + 0.706232 + 0.030966$

$$= 5.67681 = V_G$$

总遗传方差中，加性、显性和上位性遗传方差所占的比例分别为：

$$V_A/V_G = 4.939\,612/5.676\,81 = 0.870\,1$$
$$V_D/V_G = 0.706\,232/5.676\,81 = 0.124\,4$$
$$V_I/V_G = 0.030\,966/5.676\,81 = 0.005\,5$$

(2) 对如上计算结果的简要讨论：① 如上结果说明该性状的遗传主要由基因的加性作用控制，显性作用次之，上位性作用极小；② 从遗传方差的大小看，该性状的遗传可能符合加-显遗传模型。但要最后下此结论，还需通过遗传模型检验（有关遗传模型检验的方法参见第五章和第十一章）；③ 对该性状的改良主要应考虑选择育种的方式。

(四) 环境方差和基因型与环境互作方差

环境方差 V_E 和基因型与环境互作方差 V_{GE} 的估计对于判断基因型方差的相对重要性是必不可少的。各种试验设计情况下 V_E 和 V_{GE} 的估计参见第六章、第七章和附录Ⅰ。

二、亲属间相似与遗传协方差

本章第一部分从理论上介绍了遗传方差的构成与计算。当人类掌握了所研究性状的分子遗传基础能以基因位点为单位(需借助大量遗传标记)考察数量性状时，可以通过标记指示的手段采用上面所介绍的公式直接计算各项遗传方差。当这些条件不完全具备时，数量遗传学家和育种家们常利用亲属间相似(以亲属间协方差为指标)来估计遗传方差。下面先介绍亲属间相似和衡量亲属间相似的统计数——亲属间协方差，然后讲解各类协方差的计算与利用。

(一) 亲属间协方差和亲属间相似

1. 亲属间相似(resemblance between relatives)

有亲缘关系的亲属个体由于携带有共同基因而表现出不同程度相似的现象称为亲属间相似。

亲属个体的相似反映出遗传基础的相似。亲属间相似是数量性状所表现的基本遗传现象之一，是人类从事遗传和育种工作所利用的一种重要的遗传现象(另一种重要的遗传现象是近交衰退和杂种优势)。一方面，由于亲属间相似，人类的动植物育种才能得以实施，性状选择与鉴定的遗传学依据是亲属间相似。另一方面，亲属间相似程度提供了估算加性遗传方差的方式，而加性方差的比例对于确定适合的育种方法起决定作用。因而，理解亲属间相似的原因对于数量性状的实际改良和育种应用十分重要。

2. 度量亲属间相似的统计指标

常用的表示亲属间相似的统计指标有如下两类。

(1) 组内相关系数(intraclass correlation coefficient) t：

$$t = \frac{\sigma_B^2}{\sigma_B^2 + \sigma_W^2} \tag{3-11}$$

式中：t 为组内相关系数，σ_B^2 和 σ_W^2 分别为组间方差和组内方差(均为实测方差)。组间方差是组内个体共享的变异，也就是组内个体间的协方差；表型方差为组间方差和组内方差之和，即$\sigma_P^2 = \sigma_B^2 + \sigma_W^2$。组内个体间的协方差(即组间方差)占总表型方差的比例,反映了组内个体的相似程度。

(2)亲子回归系数(regression coefficient of offspring on parent) b:

$$b = \frac{cov_{OP}}{\sigma_P^2} \tag{3-12}$$

式中:b为亲子回归系数,cov_{OP}为子代与亲代的协方差,σ_P^2为亲代的表型方差(随机交配平衡群体内亲代总表型方差与子代总表型方差相同)。亲子之间的协方差在表型方差中所占的比例表示了亲子间的相似程度。

(二)表型协方差(phenotypic covariance)

定义:个体表型值之间的协方差称为表型协方差,以cov_P表示。

遗传因素是亲属间相似的重要原因,但并非亲属间相似的惟一原因,亲属间共同的环境因素、母体效应和生长竞争等是影响亲属间协方差的外在因素,会构成环境协方差。因此表型协方差由遗传协方差cov_G和环境协方差cov_E两部分构成,下面证明之。

假设有特定亲属关系的两个成员X和Y,其表型值分别为:

$$P_X = G_X + E_X + e_X, \quad P_Y = G_Y + E_Y + e_Y$$

式中P、G、E和e分别为个体的表型值、基因型值、一般环境效应和特殊环境效应。依附录中计算线性函数协方差的方法,可以求得亲属成员X与Y间的表型协方差如下:

$$\begin{aligned} cov_P(X,Y) &= cov[(G_X + E_X + e_X),(G_Y + E_Y + e_Y)] \\ &= cov_G(X,Y) + cov_{GE}(X,Y) + cov_{Ge}(X,Y) + cov_{GE}(Y,X) + cov_E(X,Y) + \\ &\quad cov_{Ee}(X,Y) + cov_{eG}(X,Y) + cov_{eE}(X,Y) + cov_e(X,Y) \end{aligned}$$

由于:①e属随机误差,在个体间彼此独立,$cov_e(X,Y) = 0$;② 随机误差与基因型值间不存在协方差,$cov_{eG}(X,Y) = cov_{Ge}(X,Y) = 0$;③ 一般环境效应与特殊环境效应间不存在协方差,$cov_{Ee}(X,Y) = cov_{eE}(X,Y) = 0$;④$cov_{GE}(X,Y)$和$cov_{GE}(Y,X)$为一个亲属成员的基因型值与另一个亲属成员的环境效应的协方差,一般情况下可忽略不计或假设为0;⑤$cov_E(X,Y)$为一对亲属个体的环境效应间的协方差,一般可通过试验设计使之为0,但有些情况下,亲属个体共同的环境因素、母体效应和生长竞争等因素会引起个体间环境协方差(属于试验控制之列),因而有:

$$cov_P(X,Y) = cov_G(X,Y) + cov_E(X,Y) \tag{3-13a}$$

式中$cov_G(X,Y)$为两亲属个体间遗传协方差,$cov_E(X,Y)$为两亲属个体间环境协方差。

如果环境协方差能得到合理的控制或可被忽略,则

$$cov_P(X,Y) = cov_G(X,Y) \tag{3-13b}$$

所以,当环境协方差得以充分控制的情况下,可由表型协方差直接得到遗传协方差的估计值,并以亲子回归和组内相关的形式表示亲属间的相似程度。

(三)遗传协方差

1. 遗传协方差基本概念

定义:有亲属关系的个体因继承血缘等同基因(identical by descent alleles)而在遗传特性

上彼此相似。亲属间遗传协方差(genetic covariance between relatives)是一种描述群体内个体间因携带血缘等同基因而彼此相似的统计指标，以 $cov_G(X,Y)$ 或 $\sigma_G(X,Y)$ 表示，或直接简写为 cov。亲属间遗传协方差属于群体的遗传特性。

亲属间遗传协方差由亲属间血缘关系引起，并由原因方差(casual variance) 成分构成。亲属类型不同，原因方差成分对协方差的贡献也不同。如同遗传方差被剖分为各种遗传方差组分一样，亲属间的遗传协方差也可被剖分为来自加性、显性和上位性等效应的方差组分。各项组分以不同系数加权，而这些系数则描述成对亲属遗传效应的联合分布。实践中就是利用原因方差成分与亲属间协方差的这种关系，通过亲属间协方差来估算原因方差成分的(详见第六章)。常用的亲属关系有亲子、半同胞、全同胞和双胞胎等。下面具体介绍在随机交配群体内，当不考虑位点间互作时，各类亲属的遗传协方差与原因方差成分的关系。首先考虑随机交配，位点间无连锁和配子相平衡的状况。然后介绍连锁和配子相不平衡的状况，也会涉及选型交配。

2. 几种常见亲属关系的遗传协方差

(1) 子代与单亲(offspring and one parent)：子代与单亲的遗传协方差即亲本个体的基因型值(G) 与其在群体内随机交配产生的子代平均基因型值($\bar{O}$) 之间的协方差，以 cov_{OP} 表示。$cov_{OP}=\frac{1}{2}V_A$。推导如下。

方法 1　由育种值和显性偏差计算。若亲子两代均以离均差形式表示，则利用育种值的实际定义和线性函数间协方差的计算规则(附录 Ⅰ)，可获得子代与单亲的协方差：

$$\begin{aligned}cov_{OP} &= cov(\bar{O}-M,G-M)=cov\left(\frac{1}{2}A,A+D\right)\\ &= cov\left(\frac{1}{2}A,A\right)+cov\left(\frac{1}{2}A,D\right)=\frac{1}{2}V_A \qquad (3\text{-}14a)\end{aligned}$$

式中 A 和 D 分别为亲代个体的育种值和显性偏差。亲子协方差不受子代个体数的影响。一般说来，一个个体与许多亲属平均值的协方差等于该个体与这些亲属中任一个体的协方差。

方法 2　由基因型值和基因效应计算。

表 3-1　子代与单亲的协方差

亲代			子代
基因型	频率	$G-M$	$\bar{O}-M=\frac{1}{2}A$①
A_1A_1	p^2	$2q(\alpha-qd)$	$q\alpha$
A_1A_2	$2pq$	$(q-p)\alpha+2pqd$	$\frac{1}{2}(q-p)\alpha$
A_2A_2	q^2	$-2p(\alpha+pd)$	$-p\alpha$

注：① 子代平均值以离均差形式表示即为$\frac{1}{2}$ 育种值 A。

$$\begin{aligned}cov_{OP} &= \sum f(\bar{O}-M)(G-M)-\frac{\sum f(\bar{O}-M)\sum f(G-M)}{\sum f}\\ &= \sum f(\bar{O}-M)(G-M)\\ &= 2p^2q^2(\alpha-qd)\alpha+pq[(q-p)\alpha+2pqd](q-p)\alpha+2p^2q^2(\alpha+pd)\alpha\\ &= 2p^2q^2\alpha^2-2p^2q^3\alpha d+pq(q-p)^2\alpha^2+2p^2q^2(q-p)\alpha+2p^2q^2\alpha^2+2p^3q^2\alpha d\end{aligned}$$

$$= pq^3\alpha^2 + 2p^2q^2\alpha^2 + p^3q\alpha^2 = pq\alpha^2(q^2 + 2pq + p^2) = pq\alpha^2 = \frac{1}{2}V_A$$

多位点时，$cov_{OP} = \sum(pq\alpha^2) = \frac{1}{2}V_A$ (3-14b)

子代与单亲的相似程度用子代对单亲的回归系数 b_{OP} 表示：

$$b_{OP} = \frac{cov_{OP}}{V_P} = \frac{\frac{1}{2}V_A}{V_P} \tag{3-15}$$

(2)子代与中亲(offspring and mid-parent)：子代与中亲的遗传协方差为子代平均值与其双亲平均值的协方差，以 $cov_{O\bar{P}}$ 表示。$cov_{O\bar{P}} = \frac{1}{2}V_A$，推导如下。

方法1 在随机交配平衡群体内，亲代方差 $V_{P_1} = V_{P_2}$，则 $cov_{OP_1} = cov_{OP_2}$，根据线性函数求协方差的规则可得到子代与中亲的协方差为：

$$cov_{O\bar{P}} = cov\left(O, \frac{1}{2}(P_1 + P_2)\right) = \frac{1}{2}(cov_{OP_1} + cov_{OP_2}) = cov_{OP} = \frac{1}{2}V_A \tag{3-16a}$$

方法2 由基因型值和基因效应计算。

表 3-2 子代与中亲的协方差

亲代			子代				XY
双亲基因型	交配频率	中亲值 (X)	A_1A_1 a	A_1A_2 d	A_2A_2 $-a$	平均值 (Y)	
$A_1A_1 \times A_1A_1$	p^4	a	1	0	0	a	a^2
$A_1A_1 \times A_1A_2$	$4p^3q$	$\frac{1}{2}(a+d)$	$\frac{1}{2}$	$\frac{1}{2}$	0	$\frac{1}{2}(a+d)$	$\frac{1}{4}(a+d)^2$
$A_1A_1 \times A_2A_2$	$2p^2q^2$	0	0	1	0	d	0
$A_1A_2 \times A_1A_2$	$4p^2q^2$	d	$\frac{1}{4}$	$\frac{1}{2}$	$\frac{1}{4}$	$\frac{1}{2}d$	$\frac{1}{2}d^2$
$A_1A_2 \times A_2A_2$	$4pq^3$	$\frac{1}{2}(-a+d)$	0	$\frac{1}{2}$	$\frac{1}{2}$	$\frac{1}{2}(-a+d)$	$\frac{1}{4}(-a+d)^2$
$A_2A_2 \times A_2A_2$	q^4	$-a$	0	0	1	$-a$	a^2
	$\sum f = 1$						

$$cov_{O\bar{P}} = cov(X,Y) = \sum fXY - M_XM_Y$$

$$= p^4a^2 + p^3q(a^2 + 2ad + d^2) + 2p^2q^2d^2 + pq^3(a^2 - 2ad + d^2) + q^4a^2 - [a(p-q) + 2pqd]^2$$

$$= a^2(p^4 + p^3q + pq^3 + q^4) + 2adpq(p^2 - q^2) + d^2pq(p^2 + 2pq + q^2) - [a^2(p^2 - 2pq + q^2) + 4pqad(p-q) + 4p^2q^2d^2]$$

$$= a^2(p^3 + q^3) + 2adqp(p-q) + d^2pq - a^2(p^2 - 2pq + q^2) - 4pqad(p-q) - 4p^2q^2d^2$$

$$= a^2[p^2(p-1) + q^2(q-1) + 2pq] - 2adpq(p-q) + d^2pq(1-4pq)$$

$$= a^2(-p^2q - pq^2 + 2pq) - 2adpq(p-q) + d^2pq(p-q)^2$$

$$= a^2pq(-p-q+2)+2adpq(p-q)+d^2pq(p-q)^2$$
$$= pq[a^2+2ad(q-p)+d^2(q-p)^2]$$
$$= pq[a+(q-p)d]^2 = pq\alpha^2 = \frac{1}{2}V_A$$

多位点时，$cov_{O\bar{P}} = \sum pq\alpha^2 = \frac{1}{2}V_A$ (3-16b)

子代与中亲值的相似程度用子代对中亲的回归系数 $b_{O\bar{P}}$ 表示：

$$b_{O\bar{P}} = \frac{cov_{O\bar{P}}}{V_{\bar{P}}} = \frac{\frac{1}{2}V_A}{\frac{1}{2}V_P} = \frac{V_A}{V_P} \tag{3-17}$$

关于子代与亲本的关系有三点需注意：

①$cov_{OP} = cov_{O\bar{P}}$，而 $b_{OP} \neq b_{O\bar{P}}$，$b_{O\bar{P}} > b_{OP}$，说明子代与中亲比子代与单亲更相似。

② 由于 $cov(\bar{O},P) = cov\left(\frac{1}{n}\sum O,P\right) = \frac{1}{n}\sum cov(O,P)$ (3-18)

说明亲本与子代平均的协方差等于亲本与子代个体协方差的平均。推而广之，一个个体与一系列亲属个体平均值的协方差等于这个个体与亲属个体协方差的平均。

③ 亲子回归是衡量亲子相似程度的重要指标，它与原因方差成分 V_A 的关系十分简单，由亲子回归可以直接得到 V_A 的估值。亲子回归不受子代个体数影响，因为子代个体数不进入回归计算，而亲子相关的算式中包含了子代个体数，在子代个体数未作良好控制的情况下，一般不用亲子相关表示亲子间关系。

(3) 半同胞(half sib，HS)：具有一个共同亲本(如图 3-1 的亲本个体 B)的一组后代个体构成一个半同胞家系(half sib family)，其中的成员 X 和 Y 彼此称为半同胞，如图 3-1 所示。半同胞协方差是半同胞个体 X 和 Y 之间的协方差，用 cov_{HS} 表示。随机交配平衡群体内，$cov_{HS} = \frac{1}{4}V_A$。下面推导这一关系。

方法 1　根据育种值的实际定义，一组半同胞个体平均的基因型值距群体均值的离差等于其亲本个体育种值的 1/2，即 $\frac{1}{2}A$，而半同胞家系均值间的方差正好等于半同胞家系内个体间的协方差，因此

$$cov_{HS} = cov(X,Y) = V\left(\frac{1}{2}A\right) = \frac{1}{4}V_A \tag{3-19a}$$

方法 2　从半同胞家系间方差计算家系内协方差。

表 3-3　半同胞协方差

亲代		子代
基因型	频率	平均值 $= \frac{1}{2}A$
A_1A_1	p^2	$q\alpha$
A_1A_2	$2pq$	$\frac{1}{2}(q-p)\alpha$
A_2A_2	q^2	$-p\alpha$

$$
\begin{aligned}
cov_{HS} &= p^2q^2\alpha^2 + 2pq\left[\frac{1}{2}(q-p)\alpha\right]^2 + p^2q^2\alpha^2 \\
&= pq\alpha^2\left(pq + \frac{1}{2}q^2 - pq + \frac{1}{2}p^2 + pq\right) \\
&= \frac{1}{2}pq\alpha^2(q^2 + p^2 + 2pq) = \frac{1}{2}pq\alpha^2 = \frac{1}{4}V_A \qquad (3\text{-}19b)
\end{aligned}
$$

方法 1 用半同胞家系内协方差证明，方法 2 用半同胞家系间方差证明，得到同样结果，说明家系内协方差等于家系间方差。

多位点时，$cov_{HS} = \sum\left(\frac{1}{2}pq\alpha^2\right) = \frac{1}{4}V_A$ (3-19c)

半同胞间的相似程度用半同胞的组内相关表示：

$$t_{HS} = \frac{\frac{1}{4}V_A}{V_P} \qquad (3\text{-}20)$$

(4) 全同胞(full sib，*FS*)：享有共同双亲的一组后代个体称为全同胞家系，其中的成员称为全同胞，如图 3-2 所示。全同胞个体间的遗传协方差以 cov_{FS} 表示，随机交配平衡群体内 $cov_{FS} = \frac{1}{2}V_A + \frac{1}{4}V_D$。下面推导这一关系。

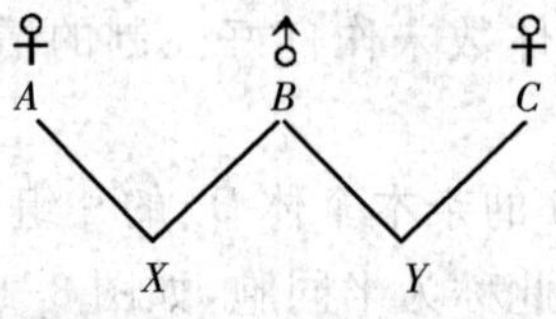

图 3-1 半同胞关系图示

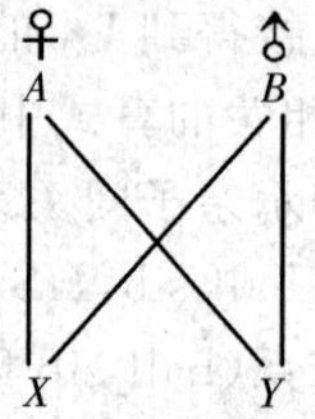

图 3-2 全同胞关系图示

方法 1 设随机交配平衡群体内有双亲个体 A 和 B，其子代 X 和 Y 的基因型效应(基因型值 G 与群体均值的离差）分别为：

$$G_X = \frac{1}{2}A_1 + \frac{1}{2}A_2 + D_1, \quad G_Y = \frac{1}{2}A_1 + \frac{1}{2}A_2 + D_2$$

式中：A_1 和 A_2 分别为双亲的育种值，D_1 和 D_2 分别为子代基因型值的显性偏差。全同胞个体间的协方差为：

$$
\begin{aligned}
cov_{FS} &= cov(G_X, G_Y) = cov\left(\frac{1}{2}A_1 + \frac{1}{2}A_2 + D_1, \frac{1}{2}A_1 + \frac{1}{2}A_2 + D_2\right) \\
&= cov\left(\frac{1}{2}A_1, \frac{1}{2}A_1\right) + 2cov\left(\frac{1}{2}A_1, \frac{1}{2}A_2\right) + cov\left(\frac{1}{2}A_2, \frac{1}{2}A_2\right) + cov(D_1, D_2) \\
&= \frac{1}{4}V_{A_1} + \frac{1}{4}V_{A_2} + \frac{1}{4}V_D \\
&= \frac{1}{2}V_A + \frac{1}{4}V_D \qquad (3\text{-}21a)
\end{aligned}
$$

上式中，A_1 和 A_2 彼此独立时，$cov\left(\frac{1}{2}A_1, \frac{1}{2}A_2\right) = 0$，且 $V_{A_1} = V_{A_2}$。若双亲基因型分别为 A_1A_2 和 A_3A_4，则子代有 4 种基因型且各占 1/4，若一对全同胞的某一个体具某种基因型，则第二个个体具有相同基因型的概率为 1/4，即一对全同胞具有相同显性偏差(D) 的概率为 1/4，所以 $cov(D_1, D_2) = \frac{1}{4}V_D$。

方法 2　从全同胞家系间方差计算全同胞家系内协方差。由表 3-4 得：

$$\begin{aligned} cov_{FS} = V_{\overline{FS}} &= p^4a^2 + 4p^3q \cdot \frac{1}{4}(a+d)^2 + 2p^2q^2d^2 + 4p^2q^2 \cdot \frac{1}{4}d^2 + \\ &\quad 4pq^3 \cdot \frac{1}{4}(-a+d)^2 + q^4(-a)^2 - M^2 \\ &= pq[a + d(q-p)]^2 + p^2q^2d^2 \\ &= pq\alpha^2 + p^2q^2d^2 = \frac{1}{2}V_A + \frac{1}{4}V_D \end{aligned} \tag{3-21b}$$

多位点时，$cov_{FS} = \sum pq\alpha^2 + \sum p^2q^2d^2 = \frac{1}{2}V_A + \frac{1}{4}V_D$　(3-21c)

表 3-4　全同胞协方差

亲代		子代			
亲本基因型	交配频率	A_1A_1 a	A_1A_2 d	A_2A_2 $-a$	子代平均
$A_1A_1 \times A_1A_1$	p^4	1	0	0	a
$A_1A_1 \times A_1A_2$	$4p^3q$	$\frac{1}{2}$	$\frac{1}{2}$	0	$\frac{1}{2}(a+d)$
$A_1A_1 \times A_2A_2$	$2p^2q^2$	0	1	0	d
$A_1A_2 \times A_1A_2$	$4p^2q^2$	$\frac{1}{4}$	$\frac{1}{2}$	$\frac{1}{4}$	$\frac{1}{2}d$
$A_1A_2 \times A_2A_2$	$4pq^3$	0	$\frac{1}{2}$	$\frac{1}{2}$	$\frac{1}{2}(-a+d)$
$A_2A_2 \times A_2A_2$	q^4	0	0	1	$-a$

全同胞间相似程度由全同胞的组内相关表示：

$$t_{FS} = \frac{\frac{1}{2}V_A + \frac{1}{4}V_D}{V_P} \tag{3-22}$$

(5) 双胞胎：双合子(异卵) 双胞胎(dizygotic twins) 相当于全同胞，单合子(同卵) 双胞胎(monozygotic twins) 相当于全等基因型。因此有：

双合子双胞胎间的协方差 $cov_{DZ} = \frac{1}{2}V_A + \frac{1}{4}V_D$　(3-23)

单合子双胞胎间的协方差 $cov_{MZ} = V_G$　(3-24)

例 3.3 研究一种异花授粉野生药材植物遗传群体的遗传变异，获得花柱长度性状的遗传方差成分估值：$V_A = 44.71, V_D = 84.74, V_I = 0, V_E = \frac{1}{3}V_G$。试由这些原因方差成分估算如下亲属间相似系数：(1) 子代与中亲的回归系数 $b_{O\bar{P}}$；(2) 子代与单亲的回归系数 b_{OP}；(3) 全同胞组内相关系数 t_{FS}；(4) 半同胞组内相关系数 t_{HS}。

解：假设亲代个体无近交，$F = 0$。依据已知条件：

$$V_P = V_A + V_D + V_E = 44.71 + 84.74 + (44.71 + 84.74)/3 = 172.6$$

(1) $cov_{O\bar{P}} = \frac{1}{2}V_A = \frac{1}{2}(44.71) = 22.355$

$$b_{O\bar{P}} = \frac{\frac{1}{2}V_A}{\frac{1}{2}V_P} = \frac{22.355}{\frac{1}{2}(172.6)} = 0.2590$$

(2) $cov_{OP} = \frac{1}{2}V_A = 22.355$

$$b_{OP} = \frac{\frac{1}{2}V_A}{V_P} = \frac{22.355}{172.6} = 0.1295$$

(3) $cov_{FS} = \frac{1}{2}V_A + \frac{1}{4}V_D = \frac{1}{2}(44.71) + \frac{1}{4}(84.74) = 43.54$

$$t_{FS} = \frac{cov_{FS}}{V_P} = \frac{43.54}{172.6} = 0.2523$$

(4) $cov_{HS} = \frac{1}{4}V_A = \frac{1}{4}(44.71) = 11.1775$

$$t_{HS} = \frac{cov_{HS}}{V_P} = \frac{11.1775}{172.6} = 0.0648$$

把如上亲属间相似系数排序，可看出子代与中亲关系最密切，其次为全同胞，再次为子代与单亲，然后才是半同胞。

3. 遗传协方差的一般式

上面给出了几种常用亲属系谱关系的遗传协方差计算式，育种或遗传研究中可能会遇到其他类型或更复杂的亲属关系。下面介绍计算亲属间协方差的一般式(general form for genetic covariance)，可用来计算任何类型的亲属间协方差。

(1) 定义：

参照群体：实测系谱的基础世代称为参照群体(reference population)，又称基准群体。在此以前的亲缘关系不被追溯。例如，如果亲代以前的个体不被追溯，则视亲本世代为参照群体并假设其中个体彼此独立无关。

血缘等同与状态等同：群体内的基因若来自参照群体内某个祖先个体所携带的特定基因的直接后裔或拷贝，则称这些基因为血缘等同(identity by descent)。所有亲属间关系的度量都以血缘等同为基础。状态等同(identity by state)是基因的核苷酸序列相同甚至功能相同，但来自参照群体不同基因的拷贝。当然，血缘等同的基因必然也是状态等同的。

近交系数与共祖度：一个个体携带一对血缘等同基因的现象称为近交(inbreeding)，一个个体携带一对血缘等同基因的概率称为近交系数(inbreeding coefficient)，通常用 F 表示。随机抽自两个个体的一对等位基因为血缘等同的现象称之为共祖(coancestry)。随机抽自两个个体的一对等位基因为血缘等同的概率称之为共祖系数(coefficient of coancestry) 或共祖度，或共组率，又称血缘系数(coefficient of consanguinity，或 coefficient of kinship)，通常用 f_{XY} 或 ϕ_{XY} 表示。如果具有共祖关系的两个个体相互交配，则这两个个体的共祖度 f 等于其后代个体的近交系数 F。

(2) 亲属间遗传协方差的一般式。首先考虑 2 个非近交亲属个体(X 和 Y) 的一个位点，此 2 个体可有任何程度的亲属关系，其双亲之间却没有任何血缘关系而彼此独立。设个体 X 携有等位基因 x 和 x'，个体 Y 携带等位基因 y 和 y'，如图 3-3 所示：

$$\begin{matrix} X & \qquad & Y \\ (x,\ x') & \qquad & (y,\ y') \end{matrix}$$

(X 和 Y 表示 2 个非近交亲属个体，x 和 x' 表示个体 X 携带的等位基因，y 和 y' 表示个体 Y 携带的等位基因)

图 3-3　非近交亲属个体图示

假定群体处于平衡状态，随机交配情况下群体内基因型频率不发生变化，但因一次交配的后代为全同胞，有亲属关系，所以有可能在 H-W 平衡群体内获得非近交的亲属个体。

$$\text{个体 } X \text{ 的基因型值 } G_{xx'} = \mu + \alpha_x + \alpha_{x'} + \delta_{xx'}$$
$$\text{个体 } Y \text{ 的基因型值 } G_{yy'} = \mu + \alpha_y + \alpha_{y'} + \delta_{yy'}$$

$\alpha_x + \alpha_{x'} = A_x$，为个体 X 的育种值；$\delta_{xx'} = D_x$，为个体 X 的显性偏差；$\alpha_y + \alpha_{y'} = A_y$，为个体 Y 的育种值；$\delta_{yy'} = D_y$，为个体 Y 的显性偏差。

由于 α 和 D 均为距群体均值的离差(第二章)，依据附录 Ⅰ 中求数学期望的公式：

$$E(\alpha_x) = E(\alpha_{x'}) = E(\delta_{xx'}) = 0$$
$$E(\alpha_y) = E(\alpha_{y'}) = E(\delta_{yy'}) = 0$$

个体 $X_{xx'}$ 与 $Y_{yy'}$ 间的遗传协方差为：

$$\begin{aligned} cov(X_{xx'}, Y_{yy'}) &= E[(X_{xx'} - \mu)(Y_{yy'} - \mu)] \\ &= E(\alpha_x + \alpha_{x'} + \delta_{xx'})(\alpha_y + \alpha_{y'} + \delta_{yy'}) \\ &= {}^{①} E(\alpha_x\alpha_y) + E(\alpha_x\alpha_{y'}) + E(\alpha_{x'}\alpha_y) + E(\alpha_{x'}\alpha_{y'}) + \\ &\quad {}^{②} E(\alpha_x\delta_{yy'}) + E(\alpha_{x'}\delta_{yy'}) + E(\delta_{xx'}\alpha_y) + E(\delta_{xx'}\alpha_{y'}) + \\ &\quad {}^{③} E(\delta_{xx'}\delta_{yy'}) \end{aligned}$$

因为 α 与 δ 彼此独立，所以 $E(\alpha_x\delta_{yy'}) = E(\alpha_x)E(\delta_{yy'}) = 0$，同理有：$E(\alpha_{x'}\delta_{yy'}) = E(\delta_{xx'}\alpha_y) = E(\delta_{xx'}\alpha_{y'}) = 0$，说明上式中的第 ② 部分为 0。

考虑上式中 ① 的内容 $E(\alpha_x\alpha_y)$，如果基因 x 与 y 为血缘等同，则 $E(\alpha_x\alpha_y) = E(\alpha^2)$。若考虑到基因 x 与 y 血缘等同的概率(共祖度 f_{xy})，则 $E(\alpha_x\alpha_y) = f_{xy}E(\alpha_x^2)$。由于 $E(\alpha_x\alpha_y) = E(\alpha_x\alpha_{y'}) = E(\alpha_{x'}\alpha_y) = E(\alpha_{x'}\alpha_{y'})$，所以 $E(\alpha_x\alpha_y) + E(\alpha_x\alpha_{y'}) + E(\alpha_{x'}\alpha_y) + E(\alpha_{x'}\alpha_{y'}) = 4f_{xy}E(\alpha_x^2)$。根据加性遗传方差的定义，$V_A = E[(\alpha_x + \alpha_{x'})^2] = E(\alpha_x^2) + E(\alpha_{x'}^2) + 2E(\alpha_x\alpha_{x'})$，而 $E(\alpha_{x'}\alpha_{x'}) = 0$ (因为假设群体内个体为非近交)，所以有：

$$V_A = 2E(\alpha_x^2)$$

$$E(\alpha_x^2) = \frac{1}{2}V_A$$

$$E(\alpha_x\alpha_y) + E(\alpha_x\alpha_{y'}) + E(\alpha_{x'}\alpha_y) + E(\alpha_{x'}\alpha_{y'})$$
$$= 4f_{xy}E(\alpha_x^2) = 4f_{xy} \cdot \frac{1}{2}V_A = 2f_{xy}V_A = rV_A$$

这里 V_A 的系数为 $2f_{xy}$，该系数通常以 r 表示，其含义是亲属个体育种值间的相关。

再考虑上式中③的内容 $E(\delta_{xx'}\delta_{yy'})$。如果 $x = y$ 且 $x' = y'$ 或 $x = y'$ 且 $x' = y$，且 ③ $\neq 0$，则

$$E(\delta_{xx'}\delta_{yy'}) = [p(x = y, x' = y') + p(x = y', x' = y)] \cdot E(\delta_{xx'}^2)$$
$$= (f_{xy}f_{x'y'} + f_{xy'}f_{x'y})V_D = uV_D$$

$u = f_{xy}f_{x'y'} + f_{xy'}f_{x'y}$，为亲属个体间因共同血缘关系而具相同基因型的概率。若 X 与 Y 无亲缘关系，则 $u = 0$。

把 ① 和 ③ 的内容结合起来，可得亲属个体间（X 与 Y）遗传协方差的一般式：

$$cov(X_{xx'}, Y_{yy'}) = rV_A + uV_D \quad (3\text{-}25a)$$

r 为亲属个体育种值间的相关，又叫亲缘系数（coefficient of relationship），或理论相关（theoretical correlation）。u 表示因血缘关系而具有等同基因型的概率。如亲属个体间无共祖关系，则 $u = 0$。

$$\left.\begin{aligned} r &= 2f_{xy} \\ u &= f_{xy}f_{x'y'} + f_{xy'}f_{x'y} \end{aligned}\right\} \quad (3\text{-}25b)$$

式中 f_{xy} 为基因 x 与 y 的共祖度。

该结果表明，单位点情况下，遗传群体内任何 2 个非近交的个体间的遗传协方差由群体的加性与显性方差的线性组合构成，其中加性与显性遗传方差的系数分别为 $r = 2f_{xy}$ 和 $u = f_{xy}f_{x'y'} + f_{xy'}f_{x'y}$。

若为多个独立位点且位点间不存在互作时，V_A = 各位点育种值方差之和，V_D = 各位点显性偏差的方差之和，且各位点的 r 和 u 均相同，仍为 $r = 2f_{xy}$，$u = f_{xy}f_{x'y'} + f_{xy'}f_{x'y}$。

若为多位点且位点间存在互作，在亲属个体为非近交的情况下，亲属个体间协方差的一般式为：

$$cov = rV_A + uV_D + r^2V_{AA} + ruV_{AD} + u^2V_{DD} + \cdots \quad (3\text{-}25c)$$

式中：V_A、V_D、V_{AA}、V_{AD} 和 V_{DD} 分别为加性、显性、加性×加性、加性×显性和显性×显性遗传方差，r、u、r^2、ru 和 u^2 分别为亲缘系数、因血缘关系而具相同基因型的概率、亲缘系数的平方、亲缘系数与相同基因型概率的乘积和相同基因型概率的平方。式(3-25c) 中省略了更多位点的互作及其系数。更多位点间互作方差的系数均由 V_A 和 V_D 的系数相乘而得。

另外，亲属间协方差通式可缩写为：$cov(X,Y) = \sum r^i u^j V_{ij}$ ($i = j = 0, 1, 2, \cdots, n$，分别为 r 和 u 的幂)（Kempthorne，1969）。

4. 常用遗传协方差中原因方差成分的系数

由式(3-25) 知，遗传协方差中原因方差成分的系数 r 和 u 均由共祖度 f 构成。为了正确地

由实测方差成分估计原因方差成分,必须首先计算特定亲属关系的共祖度及 r 和 u。

(1) 共祖度的计算。由图 3-4 的一般化系谱,共祖度的一般计算规则为:

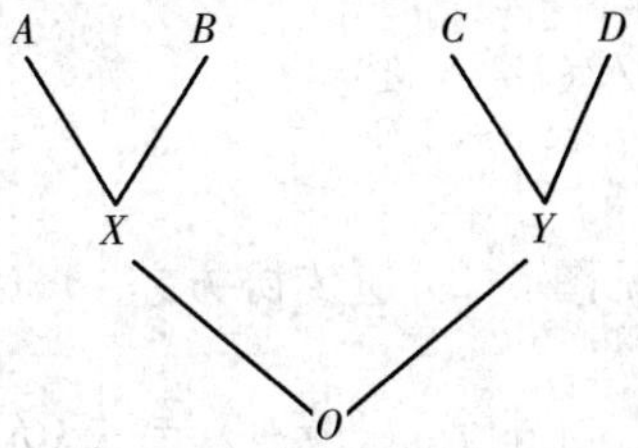

图 3-4　一般化系谱

自身共祖度:
$$f_{AA}=\frac{1}{2}(1+F_A) \tag{3-26}$$

式中:f 表示共祖度,F 表示近交系数,下同。

共祖度的平均规则:

$$\left.\begin{aligned}&f_{XC}=\frac{1}{2}(f_{AC}+f_{BC}),f_{XD}=\frac{1}{2}(f_{AD}+f_{BD})\\&f_{XY}=\frac{1}{2}(f_{XC}+f_{XD})\\&f_{XY}=\frac{1}{4}(f_{AC}+f_{AD}+f_{BC}+f_{BD})\end{aligned}\right\} \tag{3-27}$$

共祖度与近交系数的关系:
$$f_{XY}=F_O \tag{3-28}$$

亲子共祖度:
$$f_{XA}=\frac{1}{2}(f_{AA}+f_{AB}) \tag{3-29}$$

半同胞共祖度(设 B 为共同亲本,见图 3-1):

$$f_{XY}=\frac{1}{4}(f_{AB}+f_{AC}+f_{BB}+f_{BC}) \tag{3-30}$$

全同胞共祖度 (设 A 和 B 为共同亲本,见图 3-2):

$$f_{XY}=\frac{1}{4}(f_{AA}+2f_{AB}+f_{BB}) \tag{3-31}$$

(2) 理论相关 r 与等同基因型概率 u 的计算。利用上面介绍的共祖度计算式(3-26) 至式(3-31) 和亲属间协方差中 r 和 u 计算的一般式(3-25a) 和式(3-25b),可以计算出几种常见亲属关系的理论相关 r 与等同基因型概率 u。

子代与单亲(如图 3-4 中 X 与 A) 遗传协方差 $cov(X,A)$ 中 r 和 u 的计算:

$$\left.\begin{aligned}&r=2f_{AX}=2\times\frac{1}{2}(f_{AA}+f_{AB})=f_{AA}=\frac{1+F_A}{2}=\begin{cases}1/2(F_A=0)\\1(F_A=1)\end{cases}\\&u=f_{AA}f_{AB}+f_{AB}f_{AA}=0\end{aligned}\right\} \tag{3-32}$$

半同胞(B 为共同亲本,见图 3-1) 遗传协方差 $cov(X,Y)$ 中 r 和 u 的计算:

$$\left.\begin{aligned} r &= 2f_{XY} = 2\times\frac{1}{4}(f_{AB}+f_{AC}+f_{BC}+f_{BB}) = \frac{1}{2}(f_{BB}) = \frac{1}{2}\left[\frac{1}{2}(1+F_B)\right] \\ &= \frac{1+F_B}{4} = \begin{cases}1/4(F_B=0)\\1/2(F_B=1)\end{cases} \\ u &= f_{AB}f_{BC}+f_{AC}f_{BB} = 0 \end{aligned}\right\}\quad(3\text{-}33)$$

全同胞(A 和 B 为共同亲本,见图 3-2)遗传协方差 $cov(X,Y)$ 中 r 和 u 的计算:

$$\left.\begin{aligned} r &= 2f_{XY} = 2\times\frac{1}{4}(f_{AA}+f_{AB}+f_{AB}+f_{BB}) = \frac{1}{2}(f_{AA}+f_{BB}) \\ &= \frac{1}{2}\left[\frac{1}{2}(1+F_A)+\frac{1}{2}(1+F_B)\right] = \frac{2+F_A+F_B}{4} = \begin{cases}1/2(F_A=F_B=0)\\1(F_A=F_B=1)\end{cases} \\ u &= f_{AA}f_{BB}+f_{AB}f_{BA} = \frac{1}{2}(1+F_A)\cdot\frac{1}{2}(1+F_B) = \begin{cases}1/4(F_A=F_B=0)\\1(F_A=F_B=1)\end{cases} \end{aligned}\right\}\quad(3\text{-}34)$$

几种常用的亲属间协方差中原因方差成分的系数列于表 3-5。

表 3-5 亲属间协方差中原因方差成分的系数

亲属关系	遗传协方差中 V_A 系数 r	V_D 系数 u	V_{AA} 系数 r^2	V_{AD} 系数 ru	V_{DD} 系数 u^2
单合子双胞胎	1	1	1	1	1
一级:亲子	$\frac{1+F}{2}$	0	r^2	0	0
全同胞	$\frac{2+F_A+F_B}{4}$	$\frac{(1+F_A)(1+F_B)}{4}$	r^2	ru	u^2
二级:半同胞	$\frac{1+F}{4}$	0	$\frac{(1+F)^2}{16}$	0	0
祖孙	$\frac{1+F}{4}$	0	$\frac{(1+F)^2}{16}$	0	0
叔侄	$\frac{2+F_N+F_U}{8}$	0	$\left(\frac{2+F_N+F_U}{8}\right)^2$	0	0
双一级堂表亲	$\frac{4+F_A+F_B+F_C+F_D}{16}$	$\frac{(2+F_A+F_B)(2+F_C+F_D)}{64}$	r^2	ru	u^2
三级:后代与曾祖亲	$\frac{1+F}{8}$	0	$\frac{(1+F)^2}{64}$	0	0
单一级堂表亲	$\frac{2+F_A+F_B}{16}$	0	$\left(\frac{2+F_A+F_B}{16}\right)^2$	0	0

注:U 表示叔,N 表示侄。

例 3.4 试写出近交系数 $F=0.5$ 时含二位点互作的 cov_{FS} 和 cov_{HS} 的表达式。

解:由表 3-5 的公式,当 $F=0.5$ 时,

(1) 全同胞的 $r=\frac{2+F_A+F_B}{4}=\frac{2+0.5+0.5}{4}=\frac{3}{4}$

$$u=\frac{(1+F_A)(1+F_B)}{4}=\frac{(1+0.5)(1+0.5)}{4}=\frac{9}{16}$$

$$cov_{FS}=\frac{3}{4}V_A+\frac{9}{16}V_D+\frac{9}{16}V_{AA}+\frac{27}{64}V_{AD}+\frac{81}{256}V_{DD}$$

(2) 半同胞的 $r=\frac{1+F}{4}=\frac{1+0.5}{4}=\frac{3}{8}$, $u=0$

$$cov_{HS}=\frac{3}{8}V_A+\frac{9}{64}V_{AA}$$

5. 近交与遗传协方差

由上面的推导可以看出，如果亲属系谱中某共同亲本存在近交(其近交系数 $F\neq 0$)，则遗传协方差中原因方差成分的系数 r 和 u 会受近交的影响：近交使 r 和 u 增大，从而增大遗传协方差。如共同亲本的近交系数 $F=0$ 时，半同胞的 $r=\frac{1}{4}$，$cov_{HS}=\frac{1}{4}V_A+\frac{1}{16}V_{AA}+\cdots$；而当 $F=1$ 时，$r=\frac{1}{2}$，$cov_{HS}=\frac{1}{2}V_A+\frac{1}{4}V_{AA}+\cdots$，显然后者大于前者。

6. 位点间互作、连锁与遗传协方差

(1) 位点间互作：式(3-25c) 给出了亲属间遗传协方差的一般式：

$cov=rV_A+uV_D+r^2V_{AA}+ruV_{AD}+u^2V_{DD}+\cdots$，当共同亲本的近交系数 $F=0$ 时，

$$cov_{HS}=\frac{1}{4}V_A+\frac{1}{16}V_{AA}+\frac{1}{64}V_{AAA}+\cdots$$

$$cov_{FS}=\frac{1}{2}V_A+\frac{1}{4}V_D+\frac{1}{4}V_{AA}+\frac{1}{8}V_{AD}+\frac{1}{16}V_{DD}+\cdots$$

纵观表 3-5 的公式可以看出：①位点间互作方差成分对遗传协方差的贡献小于主效方差，二位点互作是遗传协方差的重要组分，三位点以上的互作贡献很小；② 育种值的互作方差对所有亲属间协方差都有贡献，全同胞协方差还含有加性与显性和显性与显性的互作方差；③ 对比亲属间协方差可得到互作方差成分的估值。当然，这需要多种能提供不同类型协方差的高精度复杂试验。

(2) 连锁的作用. 连锁对亲属间协方差的影响有如下几点：① 亲子协方差不受连锁的影响。②同胞协方差会受连锁的影响：存在连锁时，V_A 和 V_D 的系数不受影响，上位性方差的系数却会变化。但若不存在位点间互作($V_I=0$)，则连锁无影响。③ 当数量性状受若干位点控制时，两两随机抽取的位点间的平均连锁预期很小(Wriche 等，1985；Cockerham，1956；Weir，Cockerham 等，1980)。

连锁对群体均值与方差的影响参见第四章。

(四) 环境协方差和表型相似(environmental covariance and phenotypic resemblance)

前面已指出，遗传因素并非亲属间相似的惟一原因，亲属间共同的环境因素、母体效应和生长竞争等是影响亲属间协方差的外在因素。表型协方差由遗传协方差和环境协方差两部分构成。由于动物和少量植物的基因型不能复制，其环境协方差不好控制，而大多数植物的同一基因型可以大量繁殖并重复种植，可以通过随机排列和重复等科学的试验设计方法把环境协方差控制到最小。当环境协方差得以充分控制的情况下，可由表型协方差直接得到遗传协方差的估计值，并以亲子回归和组内相关表示亲属间的相似程度。在遗传协方差和环境协方差相互混杂的情况下，遗传协方差不能独立估计，会严重影响遗传方差成分的估计。

三、双亲后代群体的方差和协方差

随机交配群体内，双亲交配产生的全同胞家系，其遗传特性已如上述。动植物育种中，亲本个体是经特定选择的，它们可能处于不同的近交水平，如果双亲为完全近交的（如自花授粉植物的纯系品种，或异花授粉植物的自交系），则双亲交配会产生一系列双亲后代群体。在双亲后代群体中采用不同的交配方式，如自交或回交，又会使不同的后代群体具有不同的遗传特性。第一章从均值和效应的侧面介绍了育种中最常用的双亲后代自交世代群体和回交世代群体的遗传特性，下面在加-显遗传模型下介绍这两类群体的变异特性。引入位点间互作时只需把主效项有关系数相乘即可得到互作项方差的系数，并能很容易地写出包括互作项的世代遗传方差的构成。

（一）自交世代群体的方差

单位点二等位基因情况下，两纯系杂交后代各自交世代群体的遗传结构（genetic structure）示于图 3-5。

亲本	P_1			P_2
亲本基因型	AA		×	aa
亲本基因型值	a		↓	$-a$
F_1 基因型			Aa	
F_2 单株	$\frac{1}{4}$AA		$\frac{1}{2}$Aa	$\frac{1}{4}$aa
	↓		↓	↓
F_3 系统	$\frac{1}{4}$AA		$\frac{1}{2}\left(\frac{1}{4}\text{AA}+\frac{1}{2}\text{Aa}+\frac{1}{4}\text{aa}\right)$	$\frac{1}{4}$aa
F_3 系统均值	↓ a		↓ $\frac{1}{2}d$	$-a$ ↓
F_4 系统群	$\frac{1}{4}$AA		$\frac{1}{2}\left\{\frac{1}{4}\text{AA}+\frac{1}{2}\left[\frac{1}{4}\text{AA}+\frac{1}{2}\text{Aa}+\frac{1}{4}\text{aa}\right]+\frac{1}{4}\text{aa}\right\}$	$\frac{1}{4}$aa
F_4 系统均值	a	a	$\frac{1}{2}d$　　$-a$	$-a$
F_4 系统群均值	a		$\frac{1}{4}d$	$-a$
F_4 基因型频率	$\frac{7}{16}$AA		$\frac{1}{8}$Aa	$\frac{7}{16}$AA　$\bar{F}_4=\frac{1}{8}d$

图 3-5　双亲后代 F_1 ～ F_4 群体遗传结构示意图

根据如上各自交世代群体的遗传结构即可给出各世代方差的理论构成。可以看出，两纯系亲本杂交后代群体可分为两类：① 同质群体（homogeneous population）或不分离世代（non-segregation generation）P_1、P_2 和 F_1；② 异质群体（heterogeneous population）或分离世代（segregation generation）F_2、F_3 及后续的有限自交世代。

1. 不分离世代 P_1、P_2 和 F_1

两纯系亲本 P_1、P_2 和杂种 F_1 群体，各只含有一种基因型，属同质群体，为不分离世代。同质群体内不存在遗传变异，$V_G = 0$。其表型方差纯属环境变异，故其 $V_P = V_E$。当不分离世代与分离世代处于同一环境时，可用前者的方差估算后者的环境方差。可能的估计方法是：

(1)用 3 个不分离世代方差的平均估计：$V_E = \frac{1}{3}(V_{P_1} + V_{P_2} + V_{F_1})$ (3-35a)

(2)用双亲世代方差的平均估计：$V_E = \frac{1}{2}(V_{P_1} + V_{P_2})$ (3-35b)

(3) 依各世代的遗传结构估计，如 F_2 代的环境方差可用下式估计：

$$V_E = \frac{1}{4}(V_{P_1} + V_{P_2} + 2V_{F_1}) \tag{3-35c}$$

(4) 仅用 F_1 的方差估计：$V_E = V_{F_1}$ (3-35d)

具体采用哪种公式估算常因作物种类和群体对象的不同而有所差异。

2. 分离世代

若不考虑基因型与环境互作，且基因型与环境协方差得到很好控制的条件下，由于各世代的表型方差均等于其遗传方差与环境方差之和，$V_P = V_G + V_E$，根据图 3-5 的遗传结构和式 (2-16) 的世代均值可算出加-显遗传模型下各自交世代的遗传方差。

(1)F_2 代方差：

遗传方差：

单位点 $$V_{GF_2} = \frac{1}{4}a^2 + \frac{1}{2}d^2 + \frac{1}{4}a^2 - \left(\frac{1}{2}d\right)^2 = \frac{1}{2}a^2 + \frac{1}{4}d^2 \tag{3-36a}$$

多位点无互作 $$V_{GF_2} = \frac{1}{2}\sum a^2 + \frac{1}{4}\sum d^2 \tag{3-36b}$$

若令 $V_a = \sum a^2, V_d = \sum d^2$，则有：

$$V_{GF_2} = \frac{1}{2}V_a + \frac{1}{4}V_d \tag{3-36c}$$

需要特别提起注意的是 V_a、V_d 与前面定义的加性方差 V_A 和显性方差 V_D 的关系，由 V_A 和 V_D 的定义可知，当 $p = q = 1/2$ 时，$V_A = 2pq\alpha^2 = \frac{1}{2}\alpha^2 = \frac{1}{2}V_a$，$V_D = 4p^2q^2d^2 = \frac{1}{4}d^2 = \frac{1}{4}V_d$，因此有：

$$\left.\begin{aligned} V_a &= 2V_A \\ V_d &= 4V_D \end{aligned}\right\} \tag{3-36d}$$

环境方差： $$V_{EF_2} = \frac{1}{4}(V_{P_1} + V_{P_2} + 2V_{F_1}) \tag{3-36e}$$

表型方差： $$V_{PF_2} = \frac{1}{2}V_a + \frac{1}{4}V_d + V_{EF_2} \tag{3-36f}$$

(2)F_3 代方差：

遗传方差：

单位点 $$V_{GF_3} = \frac{3}{8}a^2 + \frac{1}{4}d^2 + \frac{3}{8}a^2 - \left(\frac{1}{4}d\right)^2 = \frac{3}{4}a^2 + \frac{3}{16}d^2 \tag{3-37a}$$

多位点无互作 $$V_{GF_3}=\frac{3}{4}\sum a^2+\frac{3}{16}\sum d^2=\frac{3}{4}V_a+\frac{3}{16}V_d \tag{3-37b}$$

环境方差: $$V_{EF_3}=\frac{3}{8}V_{P_1}+\frac{1}{4}V_{F_1}+\frac{3}{8}V_{P_2} \tag{3-37c}$$

表型方差: $$V_{PF_3}=\frac{3}{4}V_a+\frac{3}{16}V_d+V_{EF_3} \tag{3-37d}$$

可见:F_3 代的加性遗传方差大于 F_2 代($V_{aF_3}>V_{aF_2}$),F_3 代的显性遗传方差却小于 F_2 代($V_{dF_3}<V_{dF_2}$),这是因为 F_3 比 F_2 纯合率提高而杂合率减小的原因。随着自交代数增加,$V_{dF_\infty}\to 0$,$V_{GF_\infty}=V_a=2V_A$。

(3)F_3 群体总方差的进一步剖分。若以 V_{1PF_3} 和 V_{1GF_3} 分别表示该组合第一次分离(即 F_1 代的配子分离)所产生的 F_3 家系间表型方差和遗传方差;以 V_{2PF_3} 和 V_{2GF_3} 分别表示第二次分离(即 F_2 代的配子分离)所产生的 F_3 家系内表型方差和遗传方差;以 V_{Eb} 和 V_{Ew} 表示家系间和家系内非遗传方差;以 n 表示家系内个体数,依表 3-6 可推导出:

表 3-6 F_3 代遗传方差的剖分

基因型	F_3 个体		F_3 家系		F_3 家系内方差
	频率	型值	家系频率	家系均值	
AA	3/8	a	1/4	a	0
Aa	1/4	d	1/2	$\frac{1}{2}d$	$\frac{1}{2}a^2+\frac{1}{4}d^2$
aa	3/8	$-a$	1/4	$-a$	0

$$\left.\begin{aligned} V_{1GF_3}&=\frac{1}{4}a^2+\frac{1}{2}\left(\frac{1}{2}d\right)^2+\frac{1}{4}(-a)^2-\left(\frac{1}{4}d\right)^2=\frac{1}{2}a^2+\frac{1}{16}d^2=\frac{1}{2}V_a+\frac{1}{16}V_d\\ +)\ V_{2GF_3}&=\frac{1}{4}(0)+\frac{1}{2}\left(\frac{1}{2}a^2+\frac{1}{4}d^2\right)+\frac{1}{4}(0)=\frac{1}{4}a^2+\frac{1}{8}d^2=\frac{1}{4}V_a+\frac{1}{8}V_d\end{aligned}\right\} \tag{3-38}$$

$$V_{GF_3}=\frac{3}{4}V_a+\frac{3}{16}V_d$$

可见,从 F_2 到 F_3,系间保留了 F_2 株间的 $\frac{1}{2}V_a$,又增加了系内的 $\frac{1}{4}V_a$,由 F_2 单株(杂合体)的分离,使系间 V_d 减少 $\frac{3}{16}$,系内又产生了 $\frac{1}{8}V_d$。系内系间总 V_a 比 F_2 代增加了 $\frac{1}{4}$,系内系间总 V_d 比 F_2 代减少了 $\frac{1}{16}$。

上面 V_{1GF_3} 表示因 F_1 代基因分离所产生的 F_3 代家系平均数间的方差,称为一级方差。F_1 基因分离产生 F_2 株间变异和 F_3 系间变异。V_{2GF_3} 表示因 F_2 代基因分离而产生的遗传方差,为 F_3 系内方差的平均。

V_{EF_3} 又可分剖为两个部分 $\begin{cases} V_{\mathrm{Eb}}+\frac{1}{n}V_{2F_3}\text{(为家系间非遗传方差+抽样方差)}\\ V_{\mathrm{Ew}}\text{(为家系内非遗传方差)}\end{cases}$

$n=$ 家系内个体数,如各家系内个体数不相等,则应取其调和平均数 n_{h}(harmonic mean),具体可参阅附录Ⅰ。

$$\left.\begin{aligned} 汇总:V_{1PF_3} &= \frac{1}{2}V_a+\frac{1}{16}V_d+V_{Eb}+\frac{1}{n}V_{2F_3} \\ V_{2PF_3} &= \frac{1}{4}V_a+\frac{1}{8}V_d+V_{Ew} \end{aligned}\right\} \tag{3-39}$$

(4)F_4 代方差：

$$\left.\begin{aligned} 遗传方差\ V_{GF_4} &= \frac{7}{16}a^2+\frac{1}{8}d^2+\frac{7}{16}a^2-\left(\frac{1}{8}d\right)^2 \\ &= \frac{7}{8}a^2+\frac{7}{64}d^2=\frac{7}{8}V_a+\frac{7}{64}V_d \\ 环境方差\ V_{EF_4} &= \frac{7}{16}V_{P_1}+\frac{1}{8}V_{F_1}+\frac{7}{16}V_{P_2} \\ 表型方差\ V_{PF_4} &= V_{GF_4}+V_{EF_4} \end{aligned}\right\} \tag{3-40}$$

(5)F_4 总方差的进一步剖分：对照图 3-5 的系谱，F_4 代总遗传方差 $V_{GF_4}=\frac{7}{8}V_a+\frac{7}{64}V_d$ 又可剖分为如下 3 部分：

V_{1GF_4}(由 F_1 代基因分离而造成的 F_4 系群间的遗传变异)

$$=\frac{1}{4}a^2+\frac{1}{2}\left(\frac{1}{4}d\right)^2+\frac{1}{4}(-a)^2-\left(\frac{1}{8}d\right)^2=\frac{1}{2}a^2+\frac{1}{64}d^2=\frac{1}{2}V_a+\frac{1}{64}V_d$$

V_{2GF_4}(由 F_2 代基因分离造成 F_4 系群内各系统均值间的遗传变异)

$$=\frac{1}{2}\left[\frac{1}{4}a^2+\frac{1}{2}\left(\frac{1}{2}d\right)^2+\frac{1}{4}a^2-\left(\frac{1}{4}d\right)^2\right]=\frac{1}{4}a^2+\frac{1}{32}d^2=\frac{1}{4}V_a+\frac{1}{32}V_d$$

V_{3GF_4}(由 F_3 代杂合体的基因分离而增加的遗传变异，为 F_4 家系内方差)

$$=\frac{1}{2}\cdot\frac{1}{2}\left[\frac{1}{4}a^2+\frac{1}{2}d^2+\frac{1}{4}a^2-\left(\frac{1}{2}d\right)^2\right]=\frac{1}{8}a^2+\frac{1}{16}d^2=\frac{1}{8}V_a+\frac{1}{16}V_d$$

汇总以上：

$$V_{1GF_4}=\frac{1}{2}V_a+\frac{1}{64}V_d \qquad V_{1PF_4}=\frac{1}{2}V_a+\frac{1}{64}V_d+\frac{1}{n'}V_{2F_4}\quad (n'=群内家系数)$$

$$V_{2GF_4}=\frac{1}{4}V_a+\frac{1}{32}V_d \qquad V_{2PF_4}=\frac{1}{4}V_a+\frac{1}{32}V_d+V_{Eb}+\frac{1}{n}V_{3F_4}\quad (n=系内株数)$$

$$+)V_{3GF_4}=\frac{1}{8}V_a+\frac{1}{16}V_d \qquad +)V_{3PF_4}=\frac{1}{8}V_a+\frac{1}{16}V_d+V_{Ew}\quad (V_{Ew}=系内变异)$$

$$V_{GF_4}=\frac{7}{8}V_a+\frac{7}{64}V_d \qquad V_{PF_4}=\frac{7}{8}V_a+\frac{7}{64}V_d+V_{EF_4} \tag{3-41}$$

(6)双亲后代自交世代 t 方差组成的一般式(加 - 显模型下)：

F_t 代总表型方差： $$V_{PF_t}=V_{GF_t}+V_{EF_t} \tag{3-42a}$$

F_t 代总遗传方差： $$V_{GF_t}=\frac{2^{t-1}-1}{2^{t-1}}V_a+\frac{2^{t-1}-1}{4^{t-1}}V_d \tag{3-42b}$$

q 代分离导致 F_t 代的遗传方差： $V_{qGF_t} = \left(\frac{1}{2}\right)^q V_a + \left(\frac{1}{2}\right)^{2t-q-1} V_d$ (3-42c)

F_t 代环境方差： $V_{EF_t} = \frac{2^{t-1}-1}{2^t}(V_{P_1} + V_{P_2}) + \frac{1}{2^{t-1}} V_{F_1}$ (3-42d)

式中：t 表示世代，$t =$ 自交次数 $+1$，$V_a = \sum a^2$，$V_d = \sum d^2$，$V_a = 2V_A$，$V_d = 4V_D$。

由式(3-42b)V_{GF_t} 的计算式可以看出，随着自交次数增多，V_a 不断增大而 V_d 不断减少。当双亲后代群体自交无穷多次时($t \to \infty$)，群体内将不存在显性遗传方差，而全部变为加性遗传方差。且有 $V_G = 2V_A$。

例 3.5 试利用式(3-42)计算 F_4 代有关的遗传方差。

F_4 代的 $t = 4$，由式(3-42)得：

F_4 代总遗传方差 $V_{GF_4} = \frac{2^{4-1}-1}{2^{4-1}} V_a + \frac{2^{4-1}-1}{4^{4-1}} V_d = \frac{7}{8} V_a + \frac{7}{64} V_d$

F_4 系群间遗传方差 $V_{1GF_4} = \left(\frac{1}{2}\right) V_a + \left(\frac{1}{2}\right)^{8-1-1} = \frac{1}{2} V_a + \frac{1}{64} V_d$

F_4 系群内系间遗传方差 $V_{2GF_4} = \left(\frac{1}{2}\right)^2 V_a + \left(\frac{1}{2}\right)^{8-2-1} = \frac{1}{4} V_a + \frac{1}{32} V_d$

F_4 系群内系内株间遗传方差 $V_{3GF_4} = \left(\frac{1}{2}\right)^3 V_a + \left(\frac{1}{2}\right)^{8-3-1} = \frac{1}{8} V_a + \frac{1}{16} V_d$

所得结果与式(3-40)和式(3-41)推导的结果相一致。

(二)自交世代间协方差

1. F_2 单株与 F_3 系统平均值间的协方差 $cov_{1F_2\bar{F}_3}$(或 $W_{1F_2\bar{F}_3}$)

由表 3-7 可得到 F_2 单株与 F_3 系统均值的协方差：

$$cov_{1F_2\bar{F}_3} = \frac{1}{4}a^2 + \frac{1}{4}d^2 + \frac{1}{4}a^2 - \left(\frac{1}{2}d\right)\left(\frac{1}{4}d\right)$$

$$= \frac{1}{2}a^2 + \frac{1}{8}d^2 = \frac{1}{2}V_a + \frac{1}{8}V_d \tag{3-43}$$

$cov_{1F_2\bar{F}_3}$ 又记作 $W_{1F_2\bar{F}_3}$，表示由第一次分离所引起的 F_2 单株和 F_3 系统均值间的遗传协方差(=表型协方差)。因为亲子代独立随机，不存在环境的协同变异，上下代协方差不包括环境差异。

表 3-7 F_2 单株与 F_3 系统平均值

F_2 基因型	F_2 频率	F_2 型值	F_3 系统均值
AA	$\frac{1}{4}$	a	a
Aa	$\frac{1}{2}$	d	$\frac{1}{2}d$
aa	$\frac{1}{4}$	$-a$	$-a$
		$\bar{F}_2 = \frac{1}{2}d$	$\bar{F}_3 = \frac{1}{4}d$

2. F_3 系统均值与 F_4 系群均值间的协方差 $cov_{1F_3\bar{F}_4}$（或 $W_{1F_3F_4}$）

该协方差由 F_1 代的分离引起。可由表 3-8 推导：

$$cov_{1\bar{F}_3\bar{F}_4} = \frac{1}{4}\cdot a\cdot a+\frac{1}{2}\left(\frac{1}{2}d\right)\left(\frac{1}{4}d\right)+\frac{1}{4}(-a)(-a)-\left(\frac{1}{4}d\right)\left(\frac{1}{8}d\right)$$

$$=\frac{1}{2}a^2+\frac{1}{32}d^2=\frac{1}{2}V_a+\frac{1}{32}V_d \tag{3-44}$$

表 3-8　F_3 系统平均值与 F_4 系群平均值

F_2			F_3 系统平均	F_4 系群平均
基因型	频率	型值		
AA	1/4	a	a	a
Aa	1/2	d	$\frac{1}{2}d\begin{cases}\frac{1}{4}AA, a\\ \frac{1}{2}Aa, d\\ \frac{1}{4}aa, -a\end{cases}$	$\frac{1}{4}d\begin{cases}\frac{1}{4}AA, a\\ \frac{1}{2}Aa, \frac{1}{2}d\\ \frac{1}{4}aa, -a\end{cases}$
aa	1/4	$-a$	$-a$	$-a$
		$\bar{F}_2=\frac{1}{2}d$	$\bar{F}_3=\frac{1}{4}d$	$\bar{F}_4=\frac{1}{8}d$

3. 由 F_2 基因分离引起 F_3 单株与 F_4 系统均值间协方差 $cov_{2F_3\bar{F}_4}$

该协方差可由表 3-8 的最后两列推导：

$$cov_{2F_3\bar{F}_4}=\frac{1}{2}\left[\frac{1}{4}a\cdot a+\frac{1}{2}d\cdot\frac{1}{2}d+\frac{1}{4}(-a)(-a)-\left(\frac{1}{2}d\right)\left(\frac{1}{4}d\right)\right]$$

$$=\frac{1}{2}\left(\frac{1}{2}a^2+\frac{1}{4}d^2-\frac{1}{8}d^2\right)=\frac{1}{4}a^2+\frac{1}{16}d^2=\frac{1}{4}V_a+\frac{1}{16}V_d \tag{3-45}$$

4. 世代 $(t-1)$ 和世代 t 的 q 级协方差一般式

$$cov_{qF_{(t-1)}\bar{F}_{(t)}}=\left(\frac{1}{2}\right)^qV_a+\left(\frac{1}{2}\right)^{2t-q-2}V_d \tag{3-46}$$

例 3.6　试依据式(3-46)写出：(1)F_2 单株与 F_3 系统均值间的协方差 $cov_{1F_2\bar{F}_3}$；(2)源于 F_1 配子分离的 F_3 系统均值与 F_4 系群均值间协方差 $cov_{1F_3\bar{F}_4}$；(3) 源于 F_2 配子分离的 F_3 单株与 F_4 系统均值的协方差 $cov_{2F_3\bar{F}_4}$。

解：由式(3-46) 可得：

(1)$cov_{1F_2\bar{F}_3}=\left(\frac{1}{2}\right)^1V_a+\left(\frac{1}{2}\right)^{2\times3-1-2}V_d=\frac{1}{2}V_a+\frac{1}{8}V_d$

(2)$cov_{1F_3\bar{F}_4}=\frac{1}{2}V_a+\left(\frac{1}{2}\right)^{2\times4-1-2}V_d=\frac{1}{2}V_a+\frac{1}{32}V_d$

(3)$cov_{2F_3\bar{F}_4}=\left(\frac{1}{2}\right)^2V_a+\left(\frac{1}{2}\right)^{2\times4-2-2}V_d=\frac{1}{4}V_a+\frac{1}{16}V_d$

（三）回交世代的方差

1. 回交一代的世代方差

设有单位点二等位基因，F_1 向大值亲本（A_1A_1）和小值亲本（A_2A_2）回交一次分别产生

B_{1L} 和 B_{1S} 世代，其遗传结构如图 3-6 所示：

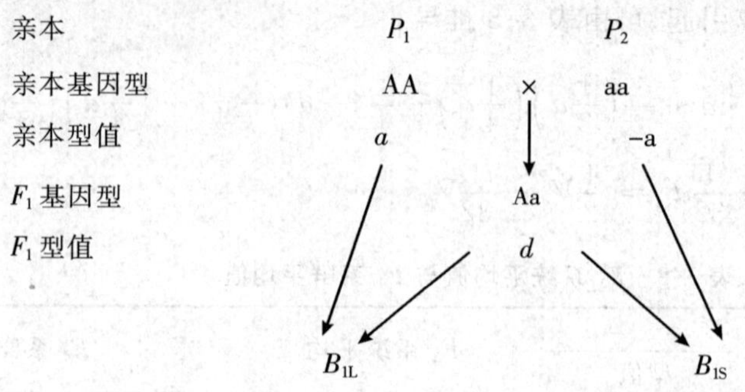

B_{1L} 基因型	AA	Aa	Aa	aa	B_{1S} 基因型
B_{1L} 型值	a	d	d	$-a$	B_{1S} 型值
频率	1/2	1/2	1/2	1/2	频率

注：B_{1L} 表示向大值亲本的回交一代，B_{1S} 表示向小值亲本的回交一代。

图 3-6　回交世代示意图

依据图 3-6 下方关于 B_{1L} 和 B_{1S} 的信息，可以计算回交一代的世代方差。

由第二章可知，$\bar{B}_{1L}=\frac{1}{2}(a+d)$，$\bar{B}_{1S}=\frac{1}{2}(-a+d)$

$$\left.\begin{aligned} &B_{1L}\text{ 世代遗传方差 } V_{GB_{1L}}=\frac{1}{2}a^2+\frac{1}{2}d^2-\frac{1}{4}(a+d)^2=\frac{1}{4}a^2-\frac{1}{2}ad+\frac{1}{4}d^2 \\ &B_{1S}\text{ 世代遗传方差 } V_{GB_{1S}}=\frac{1}{2}a^2+\frac{1}{2}d^2-\frac{1}{4}(d-a)^2=\frac{1}{4}a^2+\frac{1}{2}ad+\frac{1}{4}d^2 \\ &V_{GB_{1L}}+V_{GB_{1S}}=\frac{1}{2}a^2+\frac{1}{2}d^2=\frac{1}{2}V_a+\frac{1}{2}V_d \end{aligned}\right\} \quad (3\text{-}47)$$

多位点无互作时，$V_a=\sum a^2$，$V_d=\sum d^2$，所以

$$V_{GB_{1L}}+V_{GB_{1S}}=\frac{1}{2}\sum a^2+\frac{1}{2}\sum d^2=\frac{1}{2}V_a+\frac{1}{2}V_d \quad (3\text{-}48)$$

环境方差：

$$\left.\begin{aligned} V_{EB_{1L}}&=\frac{1}{2}V_{F_1}+\frac{1}{2}V_{P_1} \\ V_{EB_{1S}}&=\frac{1}{2}V_{F_1}+\frac{1}{2}V_{P_2} \\ V_{EB_1}+V_{EB_2}&=2V_{EF_2} \end{aligned}\right\} \quad (3\text{-}49)$$

表型方差：

$$V_{B_{1L}}+V_{B_{1S}}=\frac{1}{2}V_a+\frac{1}{2}V_d+2V_{EF_2} \quad (3\text{-}50)$$

2. 回交世代方差一般式

根据如上回交系统的群体结构和第二章的回交均值公式$\left(\bar{B}_{nL}=m+\frac{2^n-1}{2^n}a+\frac{1}{2^n}d,\ \bar{B}_{nS}=m-\frac{2^n-1}{2^n}a+\frac{1}{2^n}d\right)$可推导出回交世代方差的一般式：

$$\left.\begin{aligned} V_{GB_{nL}} &= \frac{2^n-1}{2^n}a^2+\frac{1}{2^n}d^2-\left(\frac{2^n-1}{2^n}a+\frac{1}{2^n}d\right)^2=\frac{2^n-1}{4^n}(a-d)^2 \\ &= \frac{2^n-1}{4^n}(V_a-2ad+V_d) \\ V_{GB_{nS}} &= \frac{2^n-1}{2^n}a^2+\frac{1}{2^n}d^2-\left(\frac{1}{2^n}d-\frac{2^n-1}{2^n}a\right)^2 \\ &= \frac{2^n-1}{4^n}(a+d)^2=\frac{2^n-1}{4^n}(V_a+2ad+V_d) \end{aligned}\right\} \tag{3-51}$$

式中 n 为回交次数。若回交世代方差中包括位点间互作方差，互作方差项系数可由 V_a、V_d 的系数相乘而得。

四、世代方差的应用举例

不同类型遗传群体的方差组成描述的是各类群体遗传变异的特点，这为进一步认识和判断群体的利用价值奠定了理论基础。判断群体利用价值的一种重要手段是通过特定的遗传交配设计，创造特定的亲属关系，利用亲属群体遗传方差成分的线性组合求解遗传方差成分，估算群体内各类方差成分的绝对值和相对值，获得所需要的遗传参数，进而判断群体的利用价值和利用方式。有关这方面的内容将在第六章详细介绍。下面仅举一简单例子说明利用双亲后代群体估算遗传方差成分及其简单应用。

例 3.7　为研究玉米籽粒含油量的遗传，曾以 A 和 B 两自交系杂交组合 A(P_1)×B(P_2) 获得杂种一代，F_1 自交产生 F_2，回交于 P_1 产生 B_{1L}，回交于 P_2 产生 B_{1S} 世代。将 P_1、P_2、F_1、F_2、B_{1L} 和 B_{1S} 6 个世代的种子依完全随机试验设计种于田间，收获后测定各世代籽粒含油量(%)，得表 3-9 的数据。(1) 若假定该性状的遗传符合加-显遗传模型，试估计该遗传群体的加性和显性遗传方差；(2) 就所估计的方差成分作简单应用分析。

表 3-9　玉米 A(P_1)×B(P_2)6 世代籽粒含油量世代平均及方差

世代	世代平均	世代方差 (V)
P_1	15.96	1.97
P_2	1.13	0.21
F_1	8.47	1.27
F_2	9.17	54.30
B_{1L}	14.33	26.70
B_{1S}	12.84	37.70

解：(1) 估计遗传方差成分。

首先估算 F_2 群体和回交群体的环境方差，然后估算 F_2 和回交群体的世代遗传方差，再利用 F_2 和回交世代遗传方差估算遗传方差成分。

① 估计 F_2 代环境方差 V_{EF_2}。

由于 P_1、P_2 和 F_1 世代为不分离世代，其世代方差系环境方差，可依据 F_2 代的遗传组成估计其环境方差：

$$V_{EF_2} = \frac{1}{4}(V_{P_1} + V_{P_2}) + \frac{1}{2}V_{F_1} = \frac{1}{4}(1.97 + 0.21) + \frac{1}{2}(1.27) = 1.18$$

② 估计 F_2 代遗传方差 V_{GF_2} 和两个回交世代的遗传方差之和 $V_{GB_{1L}} + V_{GB_{1S}}$。

由式(3-36c) 和式(3-47) 可得：

$$V_{GF_2} = \frac{1}{2}V_a + \frac{1}{4}V_d = V_{F_2} - V_{EF_2} = 54.30 - 1.18 = 53.12$$

$$V_{GB_{1L}} + V_{GB_{1S}} = \frac{1}{2}V_a + \frac{1}{2}V_d = V_{B_{1L}} + V_{B_{1S}} - 2V_{EF_2}$$
$$= 26.70 + 37.70 - 2 \times 1.18 = 62.04$$

③ 求解加性和显性遗传方差。

由上面 V_{GF_2} 和 $V_{GB_{1L}} + V_{GB_{1S}}$ 的组成可建立如下联立方程组：

$$\begin{cases} \frac{1}{2}V_a + \frac{1}{4}V_d = 53.12 \\ \frac{1}{2}V_a + \frac{1}{2}V_d = 62.04 \end{cases}$$

解得：$\hat{V}_a = 88.4$，$\hat{V}_d = 35.68$

④ 结果评判。

此结果为在加-显模型假设下对 V_a 和 V_d 的估值。当上位性不存在时，为 V_a 和 V_d 的无偏估计，当位点间存在上位性互作时，此 V_a 和 V_d 的估计有偏。对比 $\hat{V}_a$ 和 $\hat{V}_d$ 的大小可知，该遗传群体中加性遗传方差占总遗传方差的比例为：$\frac{\hat{V}_a}{\hat{V}_a + \hat{V}_d} = \frac{88.4}{88.4 + 35.68} = 71.24\%$，说明所研究性状的遗传以加性作用方式为主，但也存在显性作用，显性遗传方差在总遗传方差中占 28.76%。

(2) 方差估计值的利用。

下面以本例说明遗传方差成分估计值可能应用的几个方面：

① 基因的平均显性 $\bar{d}$ 估计。

详见第六章，此处略。

② 基因分布状态估计。

设有 k 对等位基因控制所研究性状，各位点 a 值相等或不等，d 值也相等或不等，但假设具有相同的显性度$\left(\frac{d}{a} = c\right)$，则

$$\sqrt{V_a \cdot V_d} = \sqrt{\sum a^2 \cdot \sum d^2} = \sqrt{\sum a^2 \cdot \sum (ca)^2}$$
$$= \sqrt{c^2\left(\sum a^2\right)^2} = c\sum a^2 = \sum (a \cdot ca) = \sum ad$$

若令 $\sum ad = F$，由于 d 的正负反映显性方向，可用如下关系判断各位点显性基因分布是否集中：

若实际的 $F = \sqrt{V_a V_d}$，则各位点显性基因分布集中；

若实际的 $F < \sqrt{V_a \cdot V_d}$，则各位点显性基因分布不集中(分散)。

对于本例，$V_{GB_{1L}} = 26.70 - \frac{1}{2}(1.97 + 1.27) = 25.08$

$$V_{GB_{1S}} = 37.70 - \frac{1}{2}(0.21 + 1.27) = 36.96$$

$$F = \sum ad = V_{GB_{1S}} - V_{GB_{1L}} = 36.96 - 25.08 = 11.88$$

$$\sqrt{V_a V_d} = \sqrt{88.4 \times 35.68} = 56.16$$

$F < \sqrt{V_a V_d}$，表明各位点显性基因分布不集中(各位点 d 值符号不相同)。

③遗传率估计。

F_2 代遗传方差在表型方差中所占比例即 F_2 代的广义遗传率：

$$h_B^2 = \frac{V_{GF_2}}{V_{F_2}} = \frac{53.12}{54.30} = 97.83\%$$

F_2 代加性遗传方差在表型方差中所占比例即 F_2 代的狭义遗传率：

$$h_N^2 = \frac{V_{AF_2}}{V_{F_2}} = \frac{\frac{1}{2}V_a}{V_{F_2}} = \frac{\frac{1}{2} \times 88.4}{54.30} = 81.40\%$$

关于遗传率的详细内容将于第七章介绍。

④选择响应预测。

利用遗传率和有关方差的估计值可以预测对遗传群体实施选择的响应。有关选择的内容将于第八章介绍。

⑤实施选择的最适世代估计。

在加-显遗传模型下，利用自交世代遗传方差组成的一般式可以估计适合选择的世代。

若令加性遗传方差在总遗传方差中的比例为 α，即

$$\frac{\text{世代 } t \text{ 的加性方差}}{\text{世代 } t \text{ 总遗传方差}} = \frac{\left(\frac{2^{t-1}-1}{2^{t-1}}\right)V_a}{\left(\frac{2^{t-1}-1}{2^{t-1}}\right)V_a + \left(\frac{2^{t-1}-1}{4^{t-1}}\right)V_d} = \alpha$$

由此式可求解出 $\frac{V_a}{V_G} \geqslant \alpha$ 的世代 t 为：

$$t \geqslant \frac{\lg\{V_d \cdot \alpha / [V_a \cdot (1-\alpha)]\}}{\lg 2} + 1 \quad (3\text{-}52)$$

对于本例，若令 $\alpha = 0.9$，则

$$\hat{t} \geqslant \frac{\lg\{V_d \cdot \alpha / [V_a \cdot (1-\alpha)]\}}{\lg 2} + 1 = \frac{\lg \frac{35.68 \times 0.9}{88.4 \times (1-0.9)}}{\lg 2} + 1 = 2.867$$

计算结果表明，该组合自交两次到 F_3 时，群体内加性遗传方差已占总遗传方差的 90% 以上，此时进行选择是十分有把握的。如果位点间互作方差是重要的，则如上估计有偏。

⑥分离极限估计。

两纯系杂交后代群体连续自交分离的结果必然产生一系列纯合的重组自交系(recombined inbreeding lines，RILs)，整个群体趋于以 m 为中心，以 V_a 为方差的正态分布，即 $N(m, V_a)$，所以该群体中 $m \pm 2\sigma$ 的分离极限可近似地估计为：

$$L_1 = m - 2\sqrt{V_a} = 13.26 - 2\sqrt{88.4} = -5.54(\%)$$

$$L_2 = m + 2\sqrt{V_a} = 13.26 + 2\sqrt{88.4} = 32.06(\%)$$

这说明在后代群体中将有 95% 以上的重组近交系的含油量处于 0 ～ 32.06% 范围内。13.26 为以最小平方法估计的群体均值。籽粒含油量高于高亲的概率为：

$$p\left(u > \frac{15.96 - 13.26}{\sqrt{88.4}}\right) = p(u > 0.29) = 0.385$$

籽粒含油量低于低亲的概率为：

$$p\left(u < \frac{1.13 - 13.26}{\sqrt{88.4}}\right) = p(u < -1.29) = 0.0985$$

所以，从该组合后代中选出含油量高于高亲的重组自交系的概率达 38.5%，选出低于低亲的重组系也有一定可能（一般认为，出现概率 $p > 0.1$ 的重组系是不容易因遗传漂变(genetic drift)而丢失的）。高油玉米育种已经育成了比高亲含油量高的品种。

上面的例子说明估计群体遗传方差成分是很有用的。有关遗传交配设计和遗传方差成分估计的内容将于第六章介绍。

复习思考题

1. 何谓表型方差？何谓遗传方差？

2. 遗传方差的组分有哪些？试写出随机交配平衡群体中遗传方差、加性方差和显性方差的计算公式。

3. 加性遗传方差的实质是什么？其在遗传与育种中有什么重要意义？

4. 何谓亲属间协方差？表示亲属间协方差的一般式是什么？

5. 常用的亲属间关系有哪些？表达这些亲属间协方差的公式如何，其中原因方差成分的系数各是什么？

6. 什么是共祖度？什么是近交系数？二者关系如何？

7. 什么是理论相关？什么是两亲属个体具等同基因型的概率？

8. 何谓亲属间相似？用什么指标表示亲属间相似？其计算公式与含义如何？

9. 群体内交配方式（近交或杂交）与亲属间相似和遗传方差成分估计有何关系？

10. 亲属间相似与遗传方差成分估计的关系是怎样的？

11. 什么是基因型与环境的互作？什么是基因型与环境相关？二者有何不同？如何利用与控制？

12. 双亲后代群体中，何为不分离世代，何为分离世代？分离世代与不分离世代方差的组分有何异同？

13. B_{1L}、B_{1S}各世代群体的遗传方差和环境方差组分如何？各有什么利用价值？

14. 如何计算 F_2 代单株与 F_3 代系统均值的协方差？F_3 代系统均值与 F_4 代系统群均值的协方差怎样计算？

15. 试对第二章第 4 题的资料估算该遗传群体的加性遗传方差 V_A 和显性遗传方差 V_D。（答案：$V_A = 1.0368$，$V_D = 0.1296$）。

16. 试在加性遗传模型的假设下，对第二章第 7 题的资料作如下估算：(1) $F_2 \sim F_4$ 代的遗传方差；(2) F_2 单株与 F_3 系统均值的协方差；(3) F_2 单株与 F_4 系统群均值的协方差。

(答案：$m=20$，$a=10$，$d=5$，$V_{GF_2}=56.25$，$V_{GF_3}=79.6875$，$V_{1GF_3}=51.5625$，

$V_{2GF_3}=28.125$，$V_{GF_4}=90.234375$，$V_{1GF_4}=50.390625$，$V_{2GF_4}=25.78125$，

$V_{3GF_4}=14.0625$；$cov_{1F_2\bar{F}_3}=53.125$；$cov_{1F_2\bar{F}_4}=51.5625$)。

17. 双亲后代群体中估计的遗传方差可能有哪些实际应用，试举例说明。

参 考 文 献

1　高之仁. 数量遗传学. 成都：四川大学出版社，1986

2　郭平仲. 数量遗传分析. 北京：首都师范学院出版社，1987

3　Liang G H. 植物遗传学. 顾铭洪，黄铁城等译. 北京：北京农业大学出版社，1991

4　马育华. 植物育种的数量遗传学基础. 南京：江苏科学技术出版社，1982

5　莫惠栋. 世代方差的遗传分析(上)，江苏农学院学报，1985，6(2)：48～53

6　莫惠栋. 世代方差的遗传分析(下)，江苏农学院学报，1985，6(3)：59～64

7　莫惠栋. 随机交配群体的遗传分析. 江苏农学院学报，1986，7(2)：61～66

8　荣廷昭，潘光堂，黄玉碧. 数量遗传学. 北京：中国科学技术出版社，2003

9　盛志廉，陈瑶生. 数量遗传学. 北京：科学出版社，1998

10　吴仲贤. 统计遗传学. 北京：科学出版社，1979

11　Wricke G，Weber W G. 植物育种的选择原理. 张爱民，郭平仲，等译. 北京：北京农业大学出版社，1990

12　翟虎渠. 应用数量遗传. 北京：中国农业出版社，1991

13　Bulmc M G. The mathematical theory of quantitative genetics. Oxford：Clarendon Press，1980

14　Falconer D S，Markay T F C. Introduction to quantitative genetics. 4th edn. London：Longman，1996

15　Kempthorne O. An introduction to genetic statistics. Ames：The Iowa State University Press，1969

16　Kearsey J K，Pooni H S. The genetical analysis of quantitative traits. London：Chapman and Hall，1996

17　Li C C. First course in population genetics. Pacific Grove Cal.：Boxwood Press，1976

18　Lynch M，Walsh B. Genetics and analysis of quantitative traits. Massachusetts：Sinauer Associates Inc，1998

19　Mather K，Jinks J L. Biometrical genetics，3rd edn. London：Chapman and Hall，1982

第四章 连锁效应

内容提要 连锁是重要的遗传现象，认识连锁对群体均值、方差以及有关遗传现象的影响，对于正确理解数量性状遗传分析的方法和原理，特别是理解连锁分析对于发掘优良基因、遗传图谱构建和数量性状基因定位具有重要意义。本章介绍加-显模型和加-显-上遗传模型下相引相和相斥相连锁对群体均值和方差的影响，基因分散排列时连锁对群体方差的影响，F_2 和任意群体在随机交配情况下连锁对群体方差的作用，连锁平衡、连锁不平衡、F_2 自交下的连锁和连锁存在性及存在方式的检测等内容。

在很多数量遗传研究中，人们假设控制数量性状的基因是独立作用(无互作)和独立分布(无连锁)的。实际上，控制数量性状的基因间普遍存在着互作和连锁。位点间互作对群体均值和方差的影响已在第二和第三章介绍，本章介绍数量基因间的连锁，探讨连锁对群体均值和方差的作用以及有关连锁不平衡的其他遗传现象。

一、加-显遗传模型下的连锁与遗传变异

(一)两位点

1. F_2 基因型值及其频率

由于连锁对不分离家系及其杂种 F_1 不产生影响，研究连锁必须从 F_2 开始。下面讨论有连锁情况下两近交系杂种 F_2 的均值与方差。根据 Kearsey(1996)，假设两连锁位点，相引相和相斥相杂种 F_1(图 4-1)的分离重组导致表 4-1 的配子比例，F_1 配子随机重组形成 F_2 的 16 种基因型如表 4-2 所列。

表 4-1 A、B 两位点连锁情况下 F_1 的配子频率

配子	配子频率		
	相引相	相斥相	一般化
AB	$\frac{1}{2}(1-r)$	$\frac{1}{2}r$	$\frac{1}{2}p$
ab	$\frac{1}{2}(1-r)$	$\frac{1}{2}r$	$\frac{1}{2}p$
Ab	$\frac{1}{2}r$	$\frac{1}{2}(1-r)$	$\frac{1}{2}q$
aB	$\frac{1}{2}r$	$\frac{1}{2}(1-r)$	$\frac{1}{2}q$

注：对于相引相，$p=1-r$，$q=r$；对于相斥相，$p=r$，$q=1-r$，$p+q=1$，r 为重组率。

图 4-1 F_1 相引相和相斥相连锁示意图

表 4-2 中 16 种基因型可进一步合并为 9 种基因型(若区分相引相和相斥相双杂合子,则有 10 种基因型),其合子频率与基因型值列于表 4-3。

表 4-2 A、B 两连锁位点的 F_2 基因型及其频率

雌配子 / 雄配子	AB $\frac{1}{2}p$	Ab $\frac{1}{2}q$	aB $\frac{1}{2}q$	ab $\frac{1}{2}p$
AB $\frac{1}{2}p$	AABB $\frac{1}{4}p^2$	AABb $\frac{1}{4}pq$	AaBB $\frac{1}{4}pq$	AaBb $\frac{1}{4}p^2$
Ab $\frac{1}{2}q$	AABb $\frac{1}{4}pq$	AAbb $\frac{1}{4}q^2$	AaBb $\frac{1}{4}q^2$	Aabb $\frac{1}{4}pq$
aB $\frac{1}{2}q$	AaBB $\frac{1}{4}pq$	AaBb $\frac{1}{4}q^2$	aaBB $\frac{1}{4}q^2$	aaBb $\frac{1}{4}pq$
ab $\frac{1}{2}p$	AaBb $\frac{1}{4}p^2$	Aabb $\frac{1}{4}pq$	aaBb $\frac{1}{4}pq$	Aabb $\frac{1}{4}p^2$

注:对于相引相,$p=1-r$,$q=r$;对于相斥相,$p=r$,$q=1-r$,$p+q=1$,r 为重组率。

对表 4-3 计算横行和纵列的频率之和可以看出,连锁既不影响单一位点的基因频率,也不影响单一位点的基因型频率。连锁只影响一个等位基因与其他基因联合出现时的频率。

表 4-3 A、B 两连锁位点的 F_2 合子频率与基因型值

A 位点 / B 位点	AA	Aa	aa	B 位点基因型频率
BB	$\frac{1}{4}p^2$ a_A+a_B	$\frac{1}{2}pq$ d_A+a_B	$\frac{1}{4}q^2$ $-a_A+a_B$	$\frac{1}{2}$
Bb	$\frac{1}{2}pq$ a_A+d_B	$\frac{1}{2}(p^2+q^2)$ d_A+d_B	$\frac{1}{2}pq$ $-a_A+d_B$	$\frac{1}{4}$
bb	$\frac{1}{4}q^2$ a_A-a_B	$\frac{1}{2}pq$ d_A-a_B	$\frac{1}{4}p^2$ $-a_A-a_B$	$\frac{1}{2}$
A 位点基因型频率	$\frac{1}{2}$	$\frac{1}{4}$	$\frac{1}{2}$	1

注:对于相引相,$p=1-r$,$q=r$;对于相斥相,$p=r$,$q=1-r$,$p+q=1$,r 为重组率。

2. F_2 群体均值

由表 4-3 可推导出两位点情况下 F_2 的均值:

$$\overline{F}_2=m+\frac{1}{4}p^2(a_A+a_B)+\frac{1}{2}pq(d_A+a_B)+\cdots+\frac{1}{4}p^2(-a_A-a_B)$$

$$=m+\frac{1}{2}[(p+q)^2(d_A+d_B)]=m+\frac{1}{2}d_A+\frac{1}{2}d_B \tag{4-1}$$

把式(4-1)与第二章两个独立位点 F_2 的均值对比，可以看出，两位点加-显模型下有连锁的 F_2 均值与无连锁的 F_2 均值相同。均为$\overline{F}_2=m+\frac{1}{2}d_A+\frac{1}{2}d_B$.

例 4.1 已知某数量性状受 A,a 和 B,b 两对相引相连锁基因控制，两位点间重组率 $r=0.2$。表 4-4 所列为某两纯系杂交 F_2 群体内植株大量测定所得两位点的基因型值。若忽略位点间互作，试估算该 F_2 群体的群体平均。

表 4-4 两纯系杂交 F_2 群体的基因型值

B位点 / A位点	B_	bb
A_	10	6
aa	8	4

解：由所给资料知，A 和 B 两位点均属完全显性。依表 4-2 的格式可写出 F_1 配子和 F_2 基因型的频率，连同表 4-4 的基因型值，一并列入表 4-5。下面用两种方法计算群体平均。

表 4-5 A、B 两连锁位点的 F_2 基因型值及其频率(相引相连锁)

雌配子 / 雄配子	AB $\frac{1}{2}p=0.4$	Ab $\frac{1}{2}q=0.1$	aB $\frac{1}{2}q=0.1$	ab $\frac{1}{2}p=0.4$
AB 0.4	AABB 10(0.16)	AABb 10(0.04)	AaBB 10(0.04)	AaBb 10(0.16)
Ab 0.1	AABb 10(0.04)	AAbb 6(0.01)	AaBb 10(0.01)	Aabb 6(0.04)
aB 0.1	AaBB 10(0.04)	AaBb 10(0.01)	aaBB 8(0.01)	aaBb 8(0.04)
ab 0.4	AaBb 10(0.16)	Aabb 6(0.04)	aaBb 8(0.04)	aabb 4(0.16)

方法 1 由式(4.1)计算。由表 4-4，两位点纯合子的中值 $m=(10+4)/2=7$，$a_A=d_A=1$，$a_B=d_B=2$(d_A 和 d_B 的计算详见例 4.2)，该 F_2 群体的均值

$$\overline{F}_2=m+\frac{1}{2}d_A+\frac{1}{2}d_B=7+\frac{1}{2}\times1+\frac{1}{2}\times2=8.5$$

方法 2 直接由表 4-5 计算。

$$\overline{F}_2=0.16\times10+0.04\times10+0.04\times10+\cdots+0.16\times4=8.5(\text{相引相连锁},r=0.2)$$

若不考虑位点间连锁，两纯系杂交 F_1 的 4 种配子频率均为$\frac{1}{4}$，F_2 群体内 16 种基因型的频

率均为$\frac{1}{16}$，群体平均为：

$$\bar{F}_2=\frac{1}{16}(10\times9+8\times3+4\times3+4\times1)=8.5\text{(位点间无连锁)}$$

小结：①两种方法计算结果相同，连锁导致杂合子所产生的配子频率发生变化，并由此引起双位点基因型频率发生变化，但在加-显遗传模型下，连锁不会使群体均值发生变化；②连锁不改变单位点的基因型频率，但会引起单位点基因型值发生变化，例如，由表4-5可计算 A 位点 AA 的基因型值$=(10\times0.16+2\times10\times0.04+6\times0.01)/(0.16+0.04+0.04+0.01)=9.84$（连锁情况下），而无连锁情况下的 AA 基因型值$=\frac{1}{16}(10\times3+6\times1)\Big/\frac{4}{16}=9.0$。连锁使单位点基因型均值发生变化为当今广泛应用的遗传标记- QTL 连锁分析和 QTL 定位提供了理论依据，具体应用见第十三章。

3. F_2 的遗传方差

(1)F_2 的总遗传方差：由表 4-3 可推导出两位点情况下 F_2 的遗传方差：

$$V_{GF_2}=\frac{1}{4}p^2(a_A+a_B)^2+\frac{1}{2}pq(d_A+a_B)^2+\cdots+\frac{1}{4}p^2(-a_A-a_B)^2-\left(\frac{1}{2}d_A+\frac{1}{2}d_B\right)^2$$
$$=\frac{1}{2}a_A^2+\frac{1}{2}a_B^2+(p-q)\ a_Aa_B+\frac{1}{4}d_A^2+\frac{1}{4}d_B^2+\frac{1}{2}(p-q)^2d_Ad_B$$

对于相引相，$p=1-r$，$q=r$，$p-q=+(1-2r)$；对于相斥相，$p=r$，$q=1-r$，$p-q=-(1-2r)$。结合相引相和相斥相，F_2 代遗传方差的一般式为：

$$V_{GF_2}=\frac{1}{2}a_A^2+\frac{1}{2}a_B^2+\delta(1-2r)\ a_Aa_B+\frac{1}{4}d_A^2+\frac{1}{4}d_B^2+\frac{1}{2}(1-2r)^2d_Ad_B \qquad (4\text{-}2)$$

位点间为相引相连锁时，$\delta=1$；相斥相连锁时，$\delta=-1$。

(2)F_2 的总遗传方差(V_{GF_2})中，加性和显性遗传方差组分分别为：

$$\left.\begin{aligned}V_{AF_2}&=\frac{1}{2}a_A^2+\frac{1}{2}a_B^2+\delta(1-2r)\ a_Aa_B\\V_{DF_2}&=\frac{1}{4}d_A^2+\frac{1}{4}d_B^2+\frac{1}{2}(1-2r)^2d_Ad_B\end{aligned}\right\}\qquad(4\text{-}3)$$

如上结果表明：① 连锁会影响 F_2 的遗传方差。由第三章，在无连锁情况下，V_{GF_2}(无连锁)$=\frac{1}{2}a_A^2+\frac{1}{2}a_B^2+\frac{1}{4}d_A^2+\frac{1}{4}d_B^2$，而如上推导表明，$V_{GF_2}$(有连锁)$=\frac{1}{2}a_A^2+\frac{1}{2}a_B^2+\delta(1-2r)\ a_Aa_B+\frac{1}{4}d_A^2+\frac{1}{4}d_B^2+\frac{1}{2}(1-2r)^2d_Ad_B$。这说明当 a_Aa_B 和 d_Ad_B 乘积项不为 0 时连锁会影响 F_2 的遗传方差。② 有连锁时加性遗传方差 V_A 和显性遗传方差 V_D 中均增加了乘积项。V_A 因 δ 的取值正负而波动，相引相连锁 $\delta=+1$，会使 V_A 增大，相斥相连锁 $\delta=-1$ 会使 V_A 减小。③ 重组率 r 的不同取值会影响遗传方差 V_A 和 V_D 的大小。④ 在定向显性情况下，无论相引相或相斥相连锁，均会使 V_D 增大。⑤ 连锁对加性和显性方差的不同影响最终使显性势发生很大变化，如图 4-2 所示。

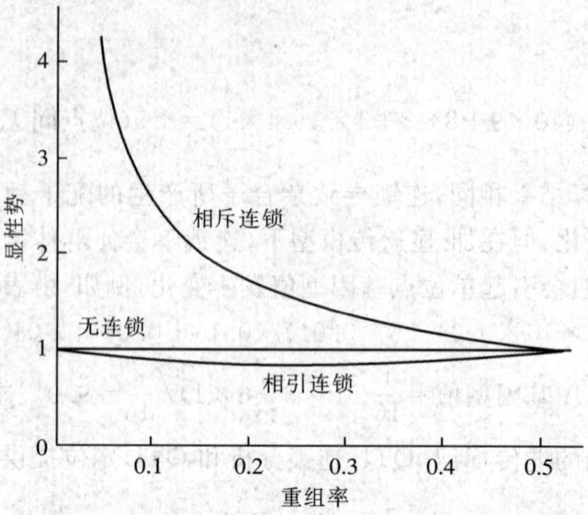

（两位点相引相或相斥相连锁，假设所有基因效应相等且为完全显性）

图 4-2 连锁对显性势的影响

（Kearsey，1996）

例 4.2 试依例 4.1 的数据估算该 F_2 群体的遗传方差。

解：方法 1 由式(4-2) 和式(4-3) 计算。

A 位点：

A_的平均基因型值 = (10 × 9 + 6 × 3)/12 = 9

aa 的平均基因型值 = (8 × 3 + 4)/4 = 7

$a_{\mathrm{A}} = d_{\mathrm{A}} = (9 - 7)/2 = 1$

B 位点：

B_的平均基因型值 = 9.5

bb 的平均基因型值 = 5.5

$a_{\mathrm{B}} = d_{\mathrm{B}} = (9.5 - 5.5)/2 = 2$

依式(4-2) 和式(4-3)

$$V_{AF_2} = \frac{1}{2}a_{\mathrm{A}}^2 + \frac{1}{2}a_{\mathrm{B}}^2 + \delta(1-2r)a_{\mathrm{A}}a_{\mathrm{B}}$$

$$= \frac{1}{2}(1)^2 + \frac{1}{2}(2)^2 + 0.6 \times 1 \times 2 = 3.7$$

$$V_{DF_2} = \frac{1}{4}d_{\mathrm{A}}^2 + \frac{1}{4}d_{\mathrm{B}}^2 + \frac{1}{2}(1-2r)^2 d_{\mathrm{A}}d_{\mathrm{B}}$$

$$= \frac{1}{4}(1)^2 + \frac{1}{4}(2)^2 + \frac{1}{2}(0.6)^2 \times 1 \times 2 = 1.61$$

$$V_{GF_2} = V_{AF_2} + V_{DF_2} = 3.7 + 1.61 = 5.31$$

方法 2 直接由表 4-5 计算 F_2 群体的遗传方差。

$$V_{GF_2} = 0.16 \times 10^2 + 0.04 \times 10^2 + \cdots + 0.16 \times 4^2 - (0.6 \times 10 + 0.04 \times 10 + \cdots + 0.06 \times 4)^2$$

$$= 77.56 - (8.5)^2 = 5.31$$

评注：① 无连锁情况下该 F_2 群体的遗传方差 $V_{AF_2}=\frac{1}{2}a_A^2+\frac{1}{2}a_B^2=2.5$，$V_{DF_2}=\frac{1}{4}d_A^2+\frac{1}{4}d_B^2=1.25$，$V_{GF_2}=V_{AF_2}+V_{DF_2}=2.5+1.25=3.75$。$r=0.2$ 的连锁使加性遗传方差增加了 $\delta(1-2r)a_Aa_B=1\times0.6\times1\times2=1.2$，使显性遗传方差增加了 $\frac{1}{2}(1-2r)^2d_Ad_B=\frac{1}{2}\times(0.6)^2\times1\times2=0.36$。连锁使 F_2 的总遗传方差增加了 $1.2+0.36=1.56$。② 该 F_2 群体内加性遗传方差大于显性遗传方差，说明该性状的遗传以加性作用方式为主。

4. 连锁与 F_2 的随机交配

上面介绍了两连锁位点 F_2 代的遗传方差，现在介绍 F_2 个体随机交配情况下的遗传方差（Kearsey，1996）。两纯系亲本杂交产生的 F_2 世代，其个体间随机交配的遗传方差为：

$$V_{GF_2(\text{随机交配})}=V_A^++V_D^+ \tag{4-4a}$$

$$V_A^+=\frac{1}{2}a_A^2+\frac{1}{2}a_B^2+\delta_{AB}(1-2r_{AB})(1-r_{AB})a_Aa_B \tag{4-4b}$$

$$V_D^+=\frac{1}{4}d_A^2+\frac{1}{4}d_B^2+\frac{1}{2}[(1-2r_{AB})(1-r_{AB})]^2d_Ad_B \tag{4-4c}$$

式中：V_A^+ 和 V_D^+ 分别为 F_2 随机交配产生的加性和显性遗传方差；r_{AB} 为 A 和 B 两位点间的重组率，$0\leqslant r\leqslant0.5$，$1\geqslant(1-r)\geqslant0.5$。相引相连锁 $\delta=1$，相斥相连锁 $\delta=-1$。可见连锁会影响 F_2 群体随机交配的方差。

5. 连锁与 F_2 自交

连锁不平衡对遗传方差的影响因自交而减少，但连续自交导致的快速纯合会影响连锁平衡的实现。在无连锁的情况下，如果一个群体采用单粒传（SSD）自交，最终的自交系均值间方差将为 $2V_A$。两位点连锁且连续自交的情况下，后续世代群体的遗传方差为 $a_A^2+a_B^2+2\delta_{AB}[(1-2r_{AB})/(1+2r_{AB})]a_Aa_B$。可见，有连锁且连续自交的系间方差要小于无自交的 F_2，其减小因子为 $1/(1+2r_{AB})$（Kearsey，1996）。

（二）多位点

两位点连锁只能有完全相引和完全相斥两种情况，是位点间连锁的特殊情况。多于两个位点时，位点间连锁会出现多种组合情况，而且都会对遗传方差产生影响（Kearsey，1996）。

1. 三位点连锁时 F_2 代遗传方差 V_A 和 V_D

$$\left.\begin{aligned}2V_A=&a_A^2+a_B^2+a_C^2+2\delta_{AB}(1-2r_{AB})a_Aa_B+\\&2\delta_{AC}(1-2r_{AC})a_Aa_C+2\delta_{BC}(1-2r_{BC})\,a_Ba_C\\4V_D=&d_A^2+d_B^2+d_C^2+2(1-2r_{AB})^2d_Ad_B+\\&2(1-2r_{AC})^2d_Ad_C+2(1-2r_{BC})^2d_Bd_C\end{aligned}\right\} \tag{4-5}$$

可见，在加-显模型下，三位点比二位点加、显遗传方差中各增加两项乘积项。

2. k 个连锁位点时 F_2 代遗传方差 V_A 和 V_D 的一般式

$$\left.\begin{aligned}2V_A&=\sum_{i=1}^{k}a_i^2+2\sum_{i=1}^{k-1}\sum_{j=i+1}^{k}\delta_{ij}(1-2r_{ij})a_ia_j\\4V_D&=\sum_{i=1}^{k}d_i^2+2\sum_{i=1}^{k-1}\sum_{j=i+1}^{k}(1-2r_{ij})^2d_id_j\end{aligned}\right\} \tag{4-6}$$

3. k 个连锁位点情况下，F_2 代连续自交的系间方差

多对基因时，F_2 代连续自交导致的自交系均值间方差为：

$$2V_A^{\#} = \sum_{i=1}^{k} a_i^2 + 2\left\{\sum_{i=1}^{k-1}\sum_{j=i+1}^{k}\delta_{ij}\left[(1-2r_{ij})/(1+2r_{ij})\right]a_i a_j\right\}$$

4. 多位点的基因排列与显性势

仅由这些公式很难直观地看出连锁基因的排列(分布)对遗传方差的影响。在相斥相连锁的情况下，由于其基因间的排列和结合会有多种情况，对遗传方差的影响也就各不相同。直观看来，多位点分散排列情况下，相引相和相斥相会互相抵消，实际上并非如此简单。表 4-6 的结果说明，染色体上分散的等位基因＋和－的实际排列对加性遗传方差有显著影响，但在定向显性情况下，分散基因的不同排列对显性方差没有影响。在非定向显性情况下，显性方差同样会受到分散基因不同排列顺序的影响，因为乘积项 $d_i d_j$ 会取＋、－不同的符号。

表 4-6 5 个连锁位点不同基因分布对遗传方差和显性势的影响(Kearsey, 1996)

基因分布	$2V_A$	$4V_D$	$\sqrt{4V_D/2V_A}$
＋ ＋ ＋ ＋ ＋	11.13	7.45	0.82
＋ － ＋ － ＋	2.13	7.45	1.87
＋ ＋ － － ＋	3.63	7.45	1.43
－ ＋ ＋ ＋ －	4.13	7.45	1.34
＋ ＋ ＋ － －	5.88	7.45	1.27

注：假设各位点所有基因效应均相等且为完全显性，即 $a_A=d_A=a_B=d_B=1$，等位基因序列在双亲 P_1 和 P_2 中正好相反，如 P_1 为＋ － ＋ － ＋，则 P_2 为－ ＋ － ＋ －。

由表 4-6 可以看出：①连锁基因的分散排列会降低加性遗传方差，完全分散时(＋ － ＋ － ＋)加性遗传方差最小。②连锁基因的分布状态对加性遗传方差的影响永远大于对显性方差的影响。③连锁基因的分散排列总是使显性势提高。显性势被夸大的程度决定于连锁基因在染色体上的分布状态，基因的完全分散导致最高的显性势。在 5 个基因完全相引分布的情况下，显性势降为其真值的 82%，其降低程度显著大于两基因的情况(图 4-1)。④实际育种中基因在染色体上的分散排列显然会夸大显性程度，甚至使育种者过分相信超显性。

关于连锁情况下其他世代遗传方差和协方差的遗传组成可参阅 Mather(1949, 1982)，高之仁(1986)。

二、加-显-上遗传模型下的连锁

加-显-上遗传模型下基因的连锁即互作基因的连锁。

(一)F_2 基因型频率及其表型均值

假设一对有交互作用的基因 Aa 和 Bb 以相引相连锁值 $p(=1-q)$ 相互连锁着(对于相引相杂交，$p=1-r$，$q=r$；对于相斥相杂交，$p=r$，$q=1-r$，r 为重组率)。若考虑相引相杂交

AABB×aabb,其杂种 F_2 的 10 种基因型的频率和表型均值(基因型值)列于表 4-7。

表 4-7　F_2 世代两对互作基因处于相引相连锁时 10 种基因型的频率和表型均值

A位点 / B位点	AA	Aa		aa
BB	$\frac{1}{4}p^2$ $a_A+a_B+i_{AB}$	$\frac{1}{2}pq$ $d_A+a_B+j_{BA}$		$\frac{1}{4}q^2$ $-a_A+a_B-i_{AB}$
Bb	$\frac{1}{2}pq$ $a_A+d_B+j_{AB}$	$\frac{1}{2}p^2$ $d_A+d_B+l_{AB}$	$\frac{1}{2}q^2$ $d_A+d_B+l_{AB}$	$\frac{1}{2}pq$ $-a_A+d_B-j_{AB}$
bb	$\frac{1}{4}q^2$ $a_A-a_B-i_{AB}$	$\frac{1}{2}pq$ $d_A-a_B-j_{BA}$		$\frac{1}{4}p^2$ $-a_A-a_B+i_{AB}$

注：i 为加-加上位，j 为加-显上位，l 为显-显上位。

(二)F_2 代及其衍生世代均值

由表 4-7 可得相引相杂交的 F_2 均值：

$$\overline{F}_2 = m + \frac{1}{2}d_A^2 + \frac{1}{2}d_B^2 + \frac{1}{2}(1-2p)i_{AB} + \frac{1}{2}(1-2pq)l_{AB} \quad \text{(相引相)} \qquad (4\text{-}7a)$$

对于相斥相杂交 AAbb × aaBB,$q = 1 - p$,则

$$\overline{F}_2 = m + \frac{1}{2}d_A^2 + \frac{1}{2}d_B^2 - \frac{1}{2}(1-2p)i_{AB} + \frac{1}{2}(1-2pq)l_{AB} \quad \text{(相斥相)} \qquad (4\text{-}7b)$$

以同样方式可计算含两连锁互作基因的其他分离世代均值的遗传组成,结果列于表 4-8。

表 4-8 表明,①在基因位点间存在上位性互作的情况下,基因间连锁会引起杂种群体的均值发生变化(F_1 除外)。②位点间上位性互作对分离群体均值的贡献依赖于连锁值的大小。

表 4-8　含有两连锁互作基因的世代平均数(Mather 和 Jinks,1982)

世代	相引相	相斥相
P_1	$m+a_A+a_B+i_{AB}$	$m+a_A-a_B-i_{AB}$
P_2	$m-a_A-a_B+i_{AB}$	$m-a_A+a_B-i_{AB}$
F_1	$m+d_A+d_B+l_{AB}$	$m+d_A+d_B+l_{AB}$
F_2	$m+\frac{1}{2}d_A+\frac{1}{2}d_B+\frac{1}{2}(1-2p)i_{AB}$ $+\frac{1}{2}(1-2pq)l_{AB}$	$m+\frac{1}{2}d_A+\frac{1}{2}d_B-\frac{1}{2}(1-2p)\ i_{AB}$ $+\frac{1}{2}(1-2pq)l_{AB}$
F_3	$m+\frac{1}{4}d_A+\frac{1}{4}d_B+\left[\frac{1}{2}(1-2p)+\frac{1}{4}(1-2p)^2\right]i_{AB}$ $+\frac{1}{4}(1-2pq)^2l_{AB}$	$m+\frac{1}{4}d_A+\frac{1}{4}d_B-\left[\frac{1}{2}(1-2p)+\frac{1}{4}(1-2p)^2\right]i_{AB}$ $+\frac{1}{4}(1-2pq)^2l_{AB}$
B_1	$m+\frac{1}{2}a_A+\frac{1}{2}a_B+\frac{1}{2}d_A+\frac{1}{2}d_B+\frac{1}{2}(1-p)i_{AB}$ $+\frac{1}{2}pj_{AB}+\frac{1}{2}pj_{BA}+\frac{1}{2}(1-p)l_{AB}$	$m+\frac{1}{2}a_A-\frac{1}{2}a_B+\frac{1}{2}d_A+\frac{1}{2}d_B-\frac{1}{2}(1-p)i_{AB}$ $+\frac{1}{2}pj_{AB}-\frac{1}{2}pj_{BA}+\frac{1}{2}(1-p)l_{AB}$

续表 4-8

世代	相引相	相斥相
B_2	$m-\frac{1}{2}a_A-\frac{1}{2}a_B+\frac{1}{2}d_A+\frac{1}{2}d_B+\frac{1}{2}(1-p)i_{AB}$ $-\frac{1}{2}pj_{AB}-\frac{1}{2}pj_{BA}+\frac{1}{2}(1-p)l_{AB}$	$m-\frac{1}{2}a_A+\frac{1}{2}a_B+\frac{1}{2}d_A+\frac{1}{2}d_B-\frac{1}{2}(1-p)i_{AB}$ $-\frac{1}{2}pj_{AB}+\frac{1}{2}pj_{BA}+\frac{1}{2}(1-p)i_{AB}$
B_{11}	$m+\frac{3}{4}a_A+\frac{3}{4}a_B+\frac{1}{4}d_A+\frac{1}{4}d_B+\frac{1}{4}(2+q^2)i_{AB}$ $+\frac{1}{4}(1-q^2)j_{AB}+\frac{1}{4}(1-q^2)j_{BA}+\frac{1}{4}q^2l_{AB}$	$m+\frac{3}{4}a_A-\frac{3}{4}a_B+\frac{1}{4}d_A+\frac{1}{4}d_B-\frac{1}{4}(2+q^2)i_{AB}$ $+\frac{1}{4}(1-q^2)j_{AB}-\frac{1}{4}(1-q^2)j_{BA}+\frac{1}{4}q^2l_{AB}$
B_{12}	$m-\frac{1}{4}a_A-\frac{1}{4}a_B+\frac{3}{4}d_A+\frac{3}{4}d_B+\frac{1}{4}q^2i_{AB}$ $-\frac{1}{4}(1-q^2)j_{AB}-\frac{1}{4}(1-q^2)j_{BA}+\frac{1}{4}(2+q^2)l_{AB}$	$m-\frac{1}{4}a_A+\frac{1}{4}a_B+\frac{3}{4}d_A+\frac{3}{4}d_B-\frac{1}{4}q^2i_{AB}$ $-\frac{1}{4}(1-q^2)j_{AB}+\frac{1}{4}(1-q^2)j_{BA}+\frac{1}{4}(2+q^2)l_{AB}$
B_{21}	$m+\frac{1}{4}a_A+\frac{1}{4}a_B+\frac{3}{4}d_A+\frac{3}{4}d_B+\frac{1}{4}q^2i_{AB}$ $+\frac{1}{4}(1-q^2)j_{AB}+\frac{1}{4}(1-q^2)j_{BA}+\frac{1}{4}(2+q^2)l_{AB}$	$m+\frac{1}{4}a_A-\frac{1}{4}a_B+\frac{3}{4}d_A+\frac{3}{4}d_B-\frac{1}{4}q^2i_{AB}$ $+\frac{1}{4}(1-q^2)j_{AB}-\frac{1}{4}(1-q^2)j_{BA}+\frac{1}{4}(2+q^2)l_{AB}$
B_{22}	$m-\frac{3}{4}a_A-\frac{3}{4}a_B+\frac{1}{4}d_A+\frac{1}{4}d_B+\frac{1}{4}(2+q^2)i_{AB}$ $-\frac{1}{4}(1-q^2)j_{AB}-\frac{1}{4}(1-q^2)j_{BA}+\frac{1}{4}q^2l_{AB}$	$m-\frac{3}{4}a_A+\frac{3}{4}a_B+\frac{1}{4}d_A+\frac{1}{4}d_B-\frac{1}{4}(2+q^2)i_{AB}$ $-\frac{1}{4}(1-q^2)j_{AB}+\frac{1}{4}(1-q^2)j_{BA}+\frac{1}{4}q^2l_{AB}$

注：与本章第一部分的符号对比：对于相引相杂交，$p=1-r,q=r$；对于相斥相杂交，$p=r,q=1-r,r$ 为重组率。本章中 B_1、B_2、B_{11}、B_{12}、B_{21}、B_{22} 分别表示 $F_1\times P_1$、$F_1\times P_2$、$(F_1\times P_1)\times P_1$、$(F_1\times P_1)\times P_2$、$(F_2\times P_2)\times P_1$、$(F_1\times P_2)\times P_2$。

(三)任意对两互作基因相互连锁的世代平均值

由于受植物授粉习性和试验条件的限制，表 4-8 中用于描述连锁的互作基因对世代均值贡献的参数的数目往往会大于可供利用的世代平均值的数目。为简化起见，Jinks 和 Perkins(1969)已把这些均值的参数改写为 p 的升幂形式。例如，两纯合子结合的两位点互作表示为：i_{AB}、pi_{AB}、p^2i_{AB}、p^3i_{AB} 等。采用这种表示法可把两位点互作下任意对连锁基因的世代均值表示为表 4-9 的形式。该表示系统中，由于 m、d 和 l 完全相关，m 和 i 也完全相关，因此在作参数估计时可把 $m+d+l$ 和 $m+i$ 各看作一个参数。采用升幂形式和联合参数之后，模型内需估计的参数数目大大减少，因而可通过适当的试验设计进行估计。表 4-9 所列为以 p 的升幂形式表示的任意对两互作基因相互连锁的世代平均值(Mather 和 Jinks，1982)。

三、任意随机交配群体的均值与方差

对于一个任意的随机交配群体(而非仅仅考虑两纯合子杂交再自交的 F_2 群体)的世代 t，考虑 A,a 和 B,b 两位点，并以 $c_{i(t)}$ 表示世代 t 群体内 4 种配子的频率($i=1,2,3,4$)：

配子	AB	Ab	aB	ab
频率	$c_{1(t)}$	$c_{2(t)}$	$c_{3(t)}$	$c_{4(t)}$

表 4-9　任意对两互作基因相互连锁的世代平均值(Mather 和 Jinks，1982)

世代	a	$m+d+l$	$m+i$	pi	p^2i	pj	p^2j	pl	p^2l	p^3l	p^4l
P_1	1	0	1	0	0	0	0	0	0	0	0
P_2	-1	0	1	0	0	0	0	0	0	0	0
F_1	0	1	0	0	0	0	0	0	0	0	0
F_2	0	$\frac{1}{2}$	$\frac{1}{2}$	-1	0	0	0	-1	1	0	0
B_1	$\frac{1}{2}$	$\frac{1}{2}$	$\frac{1}{2}$	$-\frac{1}{2}$	0	$\frac{1}{2}$	0	$-\frac{1}{2}$	0	0	0
B_2	$-\frac{1}{2}$	$\frac{1}{2}$	$\frac{1}{2}$	$-\frac{1}{2}$	0	$-\frac{1}{2}$	0	$-\frac{1}{2}$	0	0	0
F_3	0	$\frac{1}{4}$	$\frac{3}{4}$	-2	1	0	0	-1	2	-2	1
$F_2\times P_1(L_1)$	$\frac{1}{2}$	$\frac{1}{2}$	$\frac{1}{2}$	$-\frac{3}{4}$	$\frac{1}{2}$	$\frac{3}{4}$	$-\frac{1}{2}$	$-\frac{3}{4}$	$\frac{1}{2}$	0	0
$F_2\times P_2(L_2)$	$-\frac{1}{2}$	$\frac{1}{2}$	$\frac{1}{2}$	$-\frac{3}{4}$	$\frac{1}{2}$	$-\frac{3}{4}$	$\frac{1}{2}$	$-\frac{3}{4}$	$\frac{1}{2}$	0	0
$F_2\times F_1(L_3)$	0	$\frac{1}{2}$	$\frac{1}{2}$	$-\frac{5}{4}$	$\frac{1}{2}$	0	0	$-\frac{5}{4}$	2	-1	0
F_2 bip	0	$\frac{1}{2}$	$\frac{1}{2}$	$-\frac{3}{2}$	1	0	0	$-\frac{3}{2}$	$\frac{13}{4}$	-3	1
B_{11}	$\frac{3}{4}$	$\frac{1}{4}$	$\frac{3}{4}$	$-\frac{1}{2}$	$\frac{1}{4}$	$\frac{1}{2}$	$-\frac{1}{4}$	$-\frac{1}{2}$	$\frac{1}{4}$	0	0
B_{12}	$-\frac{1}{4}$	$\frac{3}{4}$	$\frac{1}{4}$	$-\frac{1}{2}$	$\frac{1}{4}$	$-\frac{1}{2}$	$\frac{1}{4}$	$-\frac{1}{2}$	$\frac{1}{4}$	0	0
B_{22}	$-\frac{3}{4}$	$\frac{1}{4}$	$\frac{3}{4}$	$-\frac{1}{2}$	$\frac{1}{4}$	$-\frac{1}{2}$	$\frac{1}{4}$	$-\frac{1}{2}$	$\frac{1}{4}$	0	0
B_{21}	$\frac{1}{4}$	$\frac{3}{4}$	$\frac{1}{4}$	$-\frac{1}{2}$	$\frac{1}{4}$	$\frac{1}{2}$	$-\frac{1}{4}$	$-\frac{1}{2}$	$\frac{1}{4}$	0	0
$B_1\times F_1$	$\frac{1}{4}$	$\frac{1}{2}$	$\frac{1}{2}$	-1	$\frac{1}{4}$	$\frac{1}{4}$	0	-1	$\frac{5}{4}$	$-\frac{1}{2}$	0
$B_2\times F_1$	$-\frac{1}{4}$	$\frac{1}{2}$	$\frac{1}{2}$	-1	$\frac{1}{4}$	$-\frac{1}{4}$	0	-1	$\frac{5}{4}$	$-\frac{1}{2}$	0
B_1 bip	$\frac{1}{2}$	$\frac{3}{8}$	$\frac{5}{8}$	-1	$\frac{1}{2}$	$\frac{1}{2}$	$-\frac{1}{4}$	-1	$\frac{3}{2}$	-1	$\frac{1}{4}$
B_2 bip	$-\frac{1}{2}$	$\frac{3}{8}$	$\frac{5}{8}$	-1	$\frac{1}{2}$	$-\frac{1}{2}$	$\frac{1}{4}$	-1	$\frac{3}{2}$	-1	$\frac{1}{4}$
B_{1S}	$\frac{1}{2}$	$\frac{1}{4}$	$\frac{3}{4}$	$-\frac{5}{4}$	$\frac{1}{2}$	$\frac{1}{4}$	0	$-\frac{3}{4}$	1	$-\frac{1}{2}$	0
B_{2S}	$-\frac{1}{2}$	$\frac{1}{4}$	$\frac{3}{4}$	$-\frac{5}{4}$	$\frac{1}{2}$	$-\frac{1}{4}$	0	$-\frac{3}{4}$	1	$-\frac{1}{2}$	0

注：B_1、B_2、B_{11}、B_{12}、B_{21}、B_{22}分别表示 $F_1\times P_1$、$F_1\times P_2$、$(F_1\times P_1)\times P_1$、$(F_1\times P_1)\times P_2$、$(F_1\times P_2)\times P_1$、$(F_1\times P_2)\times P_2$；bip 指群体内随机地成对交配后代；$B_{1S}$和 B_{2S}分别表示 B_1 和 B_2 的自交后代。

$c_{i(t)}$取值范围：$0\leqslant c_{i(t)}\leqslant 1$，且 $\sum c_{i(t)}=1$。显然，群体中基因 A 的频率 $p_A=c_{1(t)}+c_{2(t)}$，基因 B 的频率 $p_B=c_{1(t)}+c_{3(t)}$。$c_{i(t)}$的实际值可能反映了过去对群体的选择，基因突变，或者连锁。一般情况下 $c_{i(t)}$的取值并不相等。

世代 t 的配子随机交配产生下一代，其合子频率列于表 4-10，对表 4-10 合并同类项整理成表 4-11 的形式。

表 4-10　任意群体世代 t 两位点的配子频率与世代 $t+1$ 的合子频率

雄配子＼雌配子	AB $c_{1(t)}$	Ab $c_{2(t)}$	aB $c_{3(t)}$	ab $c_{4(t)}$
AB $c_{1(t)}$	AABB $c_{1(t)}^2$	AABb $c_{1(t)}c_{2(t)}$	AaBB $c_{1(t)}c_{3(t)}$	AaBb $c_{1(t)}c_{4(t)}$
Ab $c_{2(t)}$	AABb $c_{2(t)}c_{1(t)}$	AAbb $c_{2(t)}^2$	AaBb $c_{2(t)}c_{3(t)}$	Aabb $c_{2(t)}c_{4(t)}$
aB $c_{3(t)}$	AaBB $c_{3(t)}c_{1(t)}$	AaBb $c_{3(t)}c_{2(t)}$	aaBB $c_{3(t)}^2$	aaBb $c_{3(t)}c_{4(t)}$
ab $c_{4(t)}$	AaBb $c_{4(t)}c_{1(t)}$	Aabb $c_{4(t)}c_{2(t)}$	aaBb $c_{4(t)}c_{3(t)}$	Aabb $c_{4(t)}^2$

表 4-11　任意群体世代 $t+1$ 两位点的基因型值与合子频率

B位点＼A位点	AA	Aa	aa
BB	c_1^2 a_A+a_B	$2c_1c_3$ d_A+a_B	c_3^2 $-a_A+a_B$
Bb	$2c_1c_2$ a_A+d_B	$2(c_1c_4+c_2c_3)$ d_A+d_B	$2c_3c_4$ $-a_A+d_B$
bb	c_2^2 a_A-a_B	$2c_2c_4$ d_A-a_B	c_4^2 $-a_A-a_B$

由表 4-11 可得到群体的均值和方差：

$$M=m+a_A(p_A-q_A)+a_B(p_B-q_B)+2p_Aq_Ad_A+2p_Bq_Bd_B \tag{4-8a}$$

$$\begin{aligned}V_G=&2p_Aq_Aa_A^2+2p_Bq_Ba_B^2+4(c_1c_4-c_2c_3)a_Aa_B+2p_Aq_A(1-2p_Aq_A)d_A^2+\\&2p_Bq_B(1-2p_Bq_B)d_B^2+4[(c_1c_4+c_2c_3)-2(p_Aq_Ap_Bq_B)]d_Ad_B-\\&4p_Aq_A(p_A-q_A)a_Ad_A-4p_Bq_B(p_B-q_B)a_Bd_B+\\&(p_B-q_B)[(p_B-q_B)(p_A-q_A)-(c_1-c_2-c_3+c_4)]a_Ad_B-\\&(p_A-q_A)[(p_B-q_B)(p_A-q_A)-(c_1-c_2-c_3+c_4)]a_Bd_A\end{aligned} \tag{4-8b}$$

式中：$p_A=c_1+c_2$，$p_B=c_1+c_3$

由此可见，任意群体的方差随配子频率的变化改变着。c_1c_4 和 c_2c_3 分别为相引相和相斥相杂合子频率的乘积。其作用类似于影响 F_2 方差的 $p-q=1-2r$。

四、群体内的连锁不平衡

下面介绍不考虑选择、突变、迁移和近交的情况下，随机交配群体内由位点间连锁引起的不平衡(孔繁玲等，1993)。

(一)平衡群体的配子比例

根据群体遗传学，随机交配的平衡群体在世代间的基因频率和基因型频率都保持不变，世代间的配子频率也保持不变。两对非连锁基因在随机交配平衡群体内的配子比例等于该配子所含基因频率的乘积：

$$\left.\begin{aligned} c_1 &= p_A p_B \\ c_2 &= p_A p_b \\ c_3 &= p_a p_B \\ c_4 &= p_a p_b \end{aligned}\right\} \tag{4-9}$$

由此 $c_1c_4=p_Ap_Bp_ap_b$，$c_2c_3=p_Ap_Bp_ap_b$，p_A、p_B、p_a 和 p_b 分别表示基因 A、B、a 和 b 的频率。可见，平衡群体内 $c_1c_4=c_2c_3$。通过检测群体内实际的配子频率是否等于其所携带的基因频率的乘积可判断群体是否平衡。

(二)任意群体世代的配子产出

由表 4-11 可以很容易地写出任意群体随机交配情况下两基因位点(相引相连锁)在世代 $t+1$的配子产出(表 4-12)。

表 4-12　两位点相引连锁情况下世代 $t+1$ 各基因型产生的配子

$t+1$ 代基因型	$t+1$ 代基因型频率	$t+1$ 代配子			
		AB	Ab	aB	ab
AB/AB	$c_{1(t)}^2$	1			
AB/Ab	$2c_{1(t)}c_{2(t)}$	1/2	1/2		
AB/aB	$2c_{1(t)}c_{3(t)}$	1/2		1/2	
AB/ab	$2c_{1(t)}c_{4(t)}$	$(1-r)/2$	$r/2$	$r/2$	$(1-r)/2$
Ab/Ab	$c_{2(t)}^2$		1		
Ab/aB	$2c_{2(t)}c_{3(t)}$	$r/2$	$(1-r)/2$	$(1-r)/2$	$r/2$
Ab/ab	$2c_{2(t)}c_{4(t)}$		1/2		1/2
aB/aB	$c_{3(t)}^2$			1	
aB/ab	$2c_{3(t)}c_{4(t)}$			1/2	1/2
ab/ab	$c_{4(t)}^2$				1

由表 4-12 的各配子列可计算出世代 $t+1$ 各种配子的总产出：

AB 配子的频率：
$$\begin{aligned} c_{1(t+1)} &= c_{1(t)}^2+c_{1(t)}c_{2(t)}+c_{1(t)}c_{3(t)}+(1-r)c_{1(t)}c_{4(t)}+r(c_{2(t)}c_{3(t)}) \\ &= c_{1(t)}(c_{1(t)}+c_{2(t)}+c_{3(t)}+c_{4(t)})-r(c_{1(t)}c_{4(t)}-c_{2(t)}c_{3(t)}) \\ &= c_{1(t)}-r(c_{1(t)}c_{4(t)}-c_{2(t)}c_{3(t)}) \end{aligned} \tag{4-10a}$$

同理可算出其余 3 种配子的频率：

$$\text{Ab}: c_{2(t+1)}=c_{2(t)}+r(c_{1(t)}c_{4(t)}-c_{2(t)}c_{3(t)}) \tag{4-10b}$$

$$\text{aB}: c_{3(t+1)}=c_{3(t)}+r(c_{1(t)}c_{4(t)}-c_{2(t)}c_{3(t)}) \tag{4-10c}$$

$$\text{ab}: c_{4(t+1)}=c_{4(t)}-r(c_{1(t)}c_{4(t)}-c_{2(t)}c_{3(t)}) \tag{4-10d}$$

由此可见，在世代 $t+1$，某一种配子的频率等于同一种配子在世代 t 的频率加上或减去重组率乘以世代 t 相引配子频率乘积和相斥配子频率乘积之差。

(三)衡量群体内连锁不平衡的指标

式(4-10)表明，配子频率的乘积之差$(c_{1(t)}c_{4(t)}-c_{2(t)}c_{3(t)})$为世代 $t+1$ 所有配子频率的共同因子。若令

$$d_t = c_{1(t)}c_{4(t)} - c_{2(t)}c_{3(t)} \tag{4-11}$$

则世代 $t+1$ 的配子频率为：

$$\left.\begin{aligned} c_{1(t+1)} &= c_{1(t)} - rd_t \\ c_{2(t+1)} &= c_{2(t)} + rd_t \\ c_{3(t+1)} &= c_{3(t)} + rd_t \\ c_{4(t+1)} &= c_{4(t)} - rd_t \end{aligned}\right\} \tag{4-12}$$

可见，rd_t 度量着世代 t 与世代 $t+1$ 间配子频率的改变量。相引配子减去这个量，相斥配子加上这个量。$0 \leqslant r \leqslant 0.5$，$r$ 的取值永不为负。d_t 的值可正可负。所以式(4-12)并不意味相引配子总是减少，相斥配子总是增加。

当 $c_{i(t+1)} = c_{i(t)}$ 时，意味着 $rd_t = 0$，群体内配子频率和合子频率不再变化，群体达到平衡状态。与此相反，如果 $c_{i(t+1)} \neq c_{i(t)}$，则意味着 $rd_t \neq 0$，说明群体仍未达到平衡状态。

根据式(4-11)关于 d_t 的定义和式(4-12)，可以求得 d_{t+1}：

$$\begin{aligned} d_{t+1} &= c_{1(t+1)}c_{4(t+1)} - c_{2(t+1)}c_{3(t+1)} \\ &= (c_{1(t)} - rd_t)(c_{4(t)} - rd_t) - (c_{2(t)} + rd_t)(c_{3(t)} + rd_t) \\ &= d_t - rd_t = (1-r)d_t \end{aligned}$$

同理可得：$d_{t+2} = (1-r)d_{t+1} = (1-r)^2 d_t$

随机交配至 $t+n$ 代，$d_{t+n} = (1-r)^n d_t$

由于 $0 \leqslant r \leqslant 0.5$，$0.5 \leqslant (1-r) \leqslant 1$，所以当 n 增大时，d_{t+n} 逐渐减小并趋近于 0。$d_{t+n} = 0$ 时群体达到平衡，此时 $c_1c_4 = c_2c_3 = p_A p_B p_a p_b$。

图 4-3 表示了不同连锁水平下实施随机交配群体趋近连锁平衡的速度。可见，连锁越紧密(r 值越小)，群体趋于平衡的速度越慢，相反，连锁越松散(r 值越大)，群体趋于平衡的速度越快。

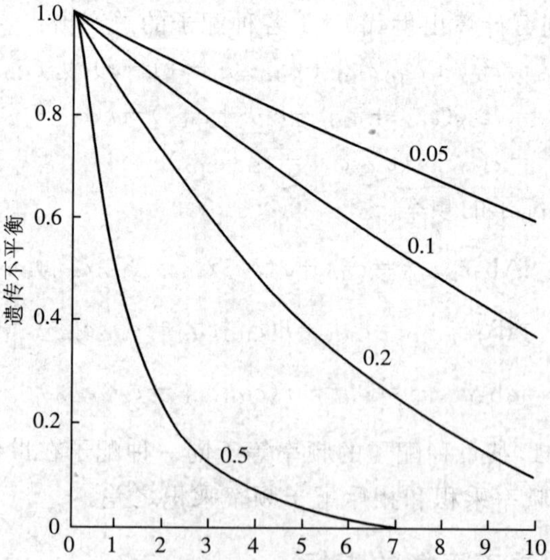

(每条线代表不同的重组率)

图 4-3 不同连锁水平下实施随机交配群体趋近连锁平衡的速度

当 $d=c_1c_4-c_2c_3=0$ 时，群体将达到一种状态：群体均值不再因连锁而引起偏差，此时的群体被称为处于连锁平衡状态(linkage equilibrium)。事实上有关的基因仍然如以前一样连锁着，但相引相杂合子的频率 $\left(\frac{1}{2}p^2\right)$ 已等于相斥相杂合子的频率 $\left(\frac{1}{2}q^2\right)$。在达到连锁平衡以前的群体被称为处于连锁不平衡状态(linkage disequilibrium，LD)。

对于野生的或天然群体(natural population)而言，连锁不平衡是一个普遍的现象。由于某种原因(如选择、突变、迁移和交配方式的改变)或试验设计(如携带连锁基因的亲本间杂交等)会使两个连锁的基因处于连锁不平衡($p^2 \neq q^2$)。该类群体在随机交配下连锁不平衡的降低速度为每代($1-r$)。由于重组率的取值为：$0 \leqslant r \leqslant 0.5$，即使基因间无连锁($r=0.5$)，每随机交配一代也只能使不平衡偏差降低 1/2。

群体内 $d_t \neq 0$ 表示了相引相配子频率不等于相斥相配子频率($c_1c_4 \neq c_2c_3$)。群体遗传学中把 $d=c_1c_4-c_2c_3$ 称作配子相不平衡系数(coefficient of gametic phase disequilibrium)或连锁不平衡系数(coefficient of linkage disequilibrium)。在排除了选择、突变和迁移等因素后，$c_1c_4-c_2c_3$ 的大小说明连锁引起的不平衡程度。群体的不平衡将随着每次的随机交配减少为原来的($1-r$)。

五、连锁的检测

位点间连锁存在性的检测受连锁程度的影响，连锁越紧密，越容易检测。对于动植物遗传育种来说，检测连锁的目的主要在于认识基因间关系和发掘利用优良基因。植物群体内，位点间连锁的检测是在严格的遗传交配设计下，采用特定的统计方法进行的。下面介绍几种有关的方法。

(一)χ^2 测验

当数量性状位点可以用遗传标记代表(或可直接操纵)时，检测位点间连锁的存在性具有实际的遗传和育种学意义。具体作法是，首先利用两纯系杂交 F_2 群体的试验资料或随机交配群体资料作成两位点或多位点基因型的联合次数分布，构成相应的列联表(contingency table)然后采用 χ^2 测验法检验位点间是否存在连锁。

1. χ^2 的独立性测验

具体方法和实例见第十三章例 13.6 方法 2。对于两位点(1∶2∶1)-(1∶2∶1)的连锁测验，各项变异来源的剖分列于表 4-13。

表 4-13 A、B 两位点连锁 χ^2 测验的变异剖分

变异来源	自由度	χ^2 值
A 位点	2	χ^2_A
B 位点	2	χ^2_B
A、B 两位点连锁	4	χ^2_L
总	8	χ^2_T

注：χ^2_A、χ^2_B、χ^2_L 和 χ^2_T 分别表示 A 位点 χ^2 值、B 位点 χ^2 值、A、B 两位点连锁的 χ^2 值和总 χ^2 值。

涉及 3 位点(1∶2∶1)-(1∶2∶1)-(3∶1)的连锁测验，各项变异来源的剖分列于表 4-14。

表 4-14 A、B、C 三位点连锁 χ^2 测验的变异部分

变异来源	自由度	χ^2 值
A 位点	2	χ^2_A
B 位点	2	χ^2_B
C 位点	1	χ^2_C
A、B 连锁	4	χ^2_{AB}
A、C 位点	2	χ^2_{AC}
B、C 连锁	2	χ^2_{BC}
A、B、C 连锁	4	χ^2_{ABC}
总	17	χ^2_T

注：χ^2_A、χ^2_B、χ^2_C、χ^2_{AB}、χ^2_{AC}、χ^2_{BC}和 χ^2_{ABC}分别表示 A 位点，B 位点，C 位点，A、B 连锁，A、C 连锁，B、C 连锁和 A、B、C 三位点连锁的 χ^2 值。

2. χ^2 的适合性测验

按两位点随机独立分配情况下的基因型比例计算联合分布的理论次数，与实际的次数分布作适合性测验，可以检验位点间是否相关。例如两位点均为完全显性情况下的理论分布为 9/16：3/16：3/16：1/16，按此比例配合理论次数，与实际次数比较计算 χ^2 值，按 $df=3$ 即可检验两位点是否独立分布。

表 13-8 提供了不同连锁形式下两位点的分离比例，依 $r=0.5$ 即可算出不同显性情况下两位点的分离比例，用以配合理论分布，并进行相应的适合性测验。

χ^2 测验只能在排除选择、突变、随机漂变的前题下判断连锁的存在性，且不能估计重组率的大小。

(二)极大似然法

利用极大似然值估计重组率，进而测验重组率的显著性。该法既能检验连锁的存在性，又能判断位点间连锁的程度。具体作法是在两纯系杂交的 F_2 群体或回交群体内，依一定的分离比例写出位点间连锁时的分离比例，同时给出个体基因型的似然函数，进而求解重组率 r 并对其作显著性检验。第十三章将以例 13.7 和例 13.8 加以演示。

当两个相互连锁的基因之一为分子标记时采用如上的极大似然分析可判断标记是否与控制性状的目标基因相互连锁。

(三)世代方差对比与连锁检测

据 Kearsey(1996)，无连锁情况下 F_1 与 F_2 的配子比例相等，连锁情况下 F_2 的配子比例将不同于 F_1。配子比例的变化将导致合子比例的不同，从而使 F_2（随机交配）的基因型比例不同于 F_1，并使群体的不平衡程度降低。

考虑如下两纯系间杂交组合不同世代的 3 组相互杂交：

第一组：ⓐ$F_1\times P_1$，ⓑ$F_2\times P_1$

第二组：ⓐ$F_1\times P_2$，ⓑ$F_2\times P_2$

第三组：ⓐ$F_1\times F_1$，ⓑ$F_2\times F_1$

由于每一组的ⓑ比ⓐ有更多的重组机会，ⓑ和ⓐ遗传方差的变化必来自连锁。并有如下结果：

(1)无连锁或连锁平衡情况下：

$$V(F_1\times P_1)=V(F_2\times P_1)$$
$$V(F_1\times P_2)=V(F_2\times P_2)$$
$$V(F_1\times F_1)=V(F_2\times F_1)$$

(2)相引相连锁为主时：

$$V(F_1\times P_1)>V(F_2\times P_1)$$
$$V(F_1\times P_2)>V(F_2\times P_2)$$
$$V(F_1\times F_1)>V(F_2\times F_1)$$

(3)相斥相连锁为主时：

$$V(F_1\times P_1)<V(F_2\times P_1)$$
$$V(F_1\times P_2)<V(F_2\times P_2)$$
$$V(F_1\times F_1)<V(F_2\times F_1)$$

因而可通过一系列 F 测验判断位点间有无连锁及主要的连锁形式。

(四)单位点基因型均值的比较

例 4.1 已经证明，在两位点连锁的情况下，单位点的基因型均值会发生变化。例如，由表 4-5 的数据可以得知，当 A、B 两位点以重组率 $r=0.2$ 相互连锁时，A 位点 A_基因型均值 $\bar{\mathrm{A}}\_(r=0.2)=(0.16\times10\times3+0.04\times10\times4+0.04\times6\times2+0.01\times6+0.01\times10\times2)/0.75=9.52$，$aa$ 基因型均值 $\overline{aa}(r=0.2)=(0.01\times8+0.04\times8\times2+0.16\times4)/0.25=5.44$，而当两位点不连锁($r=0.5$)时，$\bar{\mathrm{A}}\_(r=0.5)=9$，$\overline{aa}(r=0.5)=7$，因此在固定一个位点(不产生性状效应，如中性的分子标记)的情况下，可通过 t 测验或 F 测验检验被固定位点基因型的性状均值间的差异显著性，从而检测被固定位点与控制性状表达的基因之间的连锁是否存在。表 13-11 和表 13-14 将从理论上说明用 t 测验和方差分析检验连锁存在性的原理，并给出实例。

同样是根据连锁会使标记位点型值发生变化的原理，可以采用线性回归模型，以中性的遗传标记为自变量，以欲检测是否与之连锁的基因为依变量，通过回归分析来检测目标基因是否与标记连锁，从而发现新基因。第十三章中将介绍根据回归分析原理检测连锁进而实施数量性状基因定位的数种方法，并给出应用实例。

(五)基因的关联分析

如上所介绍的检测连锁(linkage detecting)的方法均是在随机交配平衡大群体或严格遗传交配的群体内进行的。其实质是检测位点间分布的独立性。事实上，构成位点间分布不独立的原因除连锁外，还可能有其他原因，如人工和自然选择、突变、迁移(造成群体的混合)时，都会造成位点间的关联(association)，但并非连锁。在严格的遗传交配方式控制且没有选择(或对已有选择进行估计)、没有突变和迁移发生的情况下，通过位点间关联性分析才能检测位点间是否存在连锁。

因此，关联分析(association analysis)并不等同于连锁分析。连锁是引起位点间分布关联的一个原因(有时是惟一的原因)，但不是全部原因。如果群体的遗传结构不明确或随机交配群体内样本的随机性得不到保证，关联分析可能会得到假阳性的连锁结果。人类群体由于难以进行遗传控制，大量研究采用关联分析，但为弥补关联分析的以上缺点，往往也通过在随机样本的基础上适当利用家系信息来控制。植物易于进行遗传交配设计，所以目前多数采用有控制的连锁分析。

近年来，为了扩大寻找优良基因的范围，从事植物遗传研究的人们开始采用人类遗传研究中广泛采用的关联分析(association analysis)程序，从大量种质资源(自然群体)中发掘和利用“隐蔽”基因(hidden gene)。有关方法可参阅文献 Flint-Garcia 等(2001)和 Thornsberry 等(2001)。

复习思考题

1. 加-显模型下连锁的作用何在？连锁对群体均值有何影响？对群体方差有何作用？其作用是如何体现的？

2. 相引相和相斥相连锁对群体均值的影响有何不同？F_2 代遗传方差的一般式 $V_{GF_2}=\frac{1}{2}a_A^2+\frac{1}{2}a_B^2+\delta(1-2r)\ a_Aa_B+\frac{1}{4}d_A^2+\frac{1}{4}d_B^2+\frac{1}{2}(1-2r)^2d_Ad_B$ 中 δ 和 r 的含义各是什么？

3. 比较无连锁和有连锁况下两位点的加性和显性遗传方差，试分析其异同及原因。

$$V_{AF_2}=\frac{1}{2}a_A^2+\frac{1}{2}a_B^2+\delta(1-2r)\ a_Aa_B,\quad V_{DF_2}=\frac{1}{4}d_A^2+\frac{1}{4}d_B^2+\frac{1}{2}(1-2r)^2d_Ad_B$$

4. 多位点情况下基因的连锁，特别是分散排列的相斥相连锁会对群体的遗传方差产生怎样的影响？

5. 为什么连锁基因的分散排列会对基因的显性势产生显著影响？

6. 加-显-上模型下基因的连锁对群体均值有何影响？对群体方差有何影响？与加-显模型下的作用有何不同？

7. 存在连锁时检测加-显模型是否适合的关系式有哪些？

8. 何谓连锁平衡？何谓连锁不平衡？什么是连锁不平衡系数？连锁不平衡系数还有哪些名称？这些名称各自说明事物的哪个不同侧面？

9. 连锁情况下 F_2 代自交对群体方差有何影响？

10. 怎样检测连锁的存在？怎样检测连锁的存在形式？

11. 借助分子标记探测数量基因的连锁对于数量性状的遗传改良有何作用？

12. 试复算例 4.1 和例 4.2。

13. 参阅第十三章，了解检测遗传标记与数量性状间关系的方法有哪些。

参 考 文 献

1 孔繁玲，韩立新．群体遗传学导论．北京：北京农业大学出版社，1993

2 荣廷昭，潘光堂，黄玉碧．数量遗传学．北京：中国科学技术出版社，2003

3 翟虎渠．应用数量遗传．北京：农业出版社，1991

4 莫惠栋．农业试验统计．第 2 版．上海：上海科学技术出版社，1992

5 Buckler ES IV, Thornsberry J M. Plant molecular diversity and applications to genomics. Curr Opin Plan Biol, 2002, 5: 107～111

6 Clark RM, Linton E, Messing J, Doebley J F. Pattern of diversity in the genomic region near the maize domestication gene *tb*1. Proc Natl Acad Sci USA, 2004, 101: 700～707

7 Flint-Garcia S A, Thornsberry J M, Buckler E S IV. Structure of linkage disequilibrium in plants. Annu Rev Plant Biol, 2003, 54: 357～374

8 Kearsey J K, Pooni H S. The genetical analysis of quantitative traits. London: Chapman and Hall, 1996

9 Kempthorne O. An introduction to genetic statistics. Ames: The Iowa State University Press, 1969

10 Li C C. First course in population genetics. Pacific Grove Cal: Boxwood Press, 1976

11 Mather K, Jinks J L. Biometrical genetics. 3rd edn. London: Chapman and Hall, 1982

12 Pritchard J K, Stephens M, Rosenberg N A, Donnelly P. Association mapping in structured populations. Am J Hum Genet, 2000, 67: 170～181

13 Thornsberry J M, Goodman M M, Doebley J, Kresovich S, Nielsen D, Buckler E S IV. *Dwarf* 8 polymorphisms associate with variation in flowering time. Nat Genet, 2001, 28: 286～289

14 Van der Veen J H. Tests of Non-allelic interaction and linkage for quantitative characters in generations derived from two diploid pure lines. Genetics, 1959, 30: 201～232

15 Weir B S. Genetic data analysis. Sunderland, Massachusetts: Sinauer Associates Inc, 1990

第五章　遗传模型检验和基因效应分析

内容提要　建立和检验遗传模型是研究数量性状的重要手段。本章在简要介绍植物性状表达基本属性的基础上，重点讲解二倍体植株性状的遗传模型，然后讲解有关遗传模型检验和遗传效应分析的具体方法，包括单一尺度检验、联合尺度检验、世代平均值的回归分析、加权世代平均值的方差剖分、增广 NCⅡ设计和三重测交分析(TTC)等。分析比较了各种方法的特点。建议采用联合尺度检验法的同时，再增加加权后方差成分的剖分，以补充效应变异的信息。其分析步骤可分为：遗传效应估计→方差成分剖分→遗传模型检验。同样的思路和方法可用于更复杂的遗传模型分析，如 $3N$ 胚乳模型和自身基因型-母体效应遗传模型等。

一、植物数量性状的表达特征和遗传模型

(一)数量性状的表达特征

正如前言中所指出的，数量遗传研究的基本目的在于探索数量性状的表现(亲属相似和近交衰退与杂种优势)是如何受有关基因效应(及其综合效应)控制和环境作用的影响，以便根据这些表达特征有效地制定育种方案，进而提高动植物遗传改良的成效。为此，必须首先弄清性状表达的基本属性：生物体的生命周期中，不同部位的器官或组织可能存在世代和倍性差异。植物的根、茎、叶、花、果皮和种皮均属于孢子体，其性状属二倍体($2N$)遗传，相对于配子和种子性状，它们属于母体性状。因此，根、茎、叶、花、果皮和种皮的性状属性为：亲代(或 t 代)，$2N$；种胚和胚乳属于子代，其中胚性状属于二倍体子代性状，其性状属性为：子代(或 $t+1$ 代)，$2N$；而胚乳性状属于三倍体子代性状，其性状属性为：子代(或 $t+1$ 代)，$3N$。还需特别注意的是，子代性状表达时，不仅受自身基因型的控制，还会受到母体基因型和细胞质效应的影响。这些因素都会增加性状表达及遗传模型研究的复杂性。因此我们在研究性状遗传时，应针对不同的研究对象(性状)选择正确的遗传模型(genetic model)。只有在正确模型下估计的遗传参数才是对育种有意义的。常见植物数量性状的性状属性与表达特征归纳于表 5-1。

表 5-1　植物数量性状的性状属性与表达特征

性状				性状属性：倍性	性状属性：世代	表达特征：自身遗传	表达特征：母体遗传	表达特征：细胞质遗传
植株性状(含根、茎、叶、花、果、果皮和种皮)				$2N$	t	自身 $2N$		
种子性状	被子植物	单子叶	胚	$2N$	$t+1$	自身 $2N$	母体 $2N$	胞质效应
			胚乳	$3N$	$t+1$	自身 $3N$	母体 $2N$	胞质效应
		双子叶	胚(含子叶)	$2N$	$t+1$	自身 $2N$	母体 $2N$	胞质效应
			胚乳(如有，例：蓖麻)	$3N$	$t+1$	自身 $3N$	母体 $2N$	胞质效应
	裸子植物		胚	$2N$	$t+1$	自身 $2N$	母体 $2N$	胞质效应
			胚乳(如有，例：油松)	$1N$	$t+1$	自身 $1N$	母体 $2N$	胞质效应

对不同植物类型及不同作物品种来说，其种子性状的表达究竟受几套遗传系统(自身、母体和细胞质)控制，各套遗传系统作用的强度如何，需通过一定的试验设计和统计分析加以鉴别和估计。

(二)数量性状的遗传模型

遗传模型通常是指观测值数据的遗传表达式。数量性状遗传研究通常采用线性可加模型。建立线性可加遗传模型的基本前提是：①各项遗传效应的可加性；②遗传成分与非遗传成分的相互独立性。遗传模型的通常形式是：表型值＝均值＋遗传效应＋环境效应＋基因型环境互作效应＋随机误差，如第二章所述。为方便叙述，暂忽略环境和基因型环境互作，则简化的遗传模型通式成为：表型效应＝遗传效应＋随机误差。对于植株性状，单基因位点一对等位基因情况下基因的效应有加性效应 a 和显性效应 d，如果考虑多个位点，除了加性、显性效应之外，性状的表达还可能包括不同位点的非等位基因互作，即上位性效应。根据位点互作性质的不同，上位性效应又可分为加性×加性(aa 型)，加性×显性(ad 型)和显性×显性(dd 型)3种类型。具体遗传模型中，由于所包含的基因效应类型和比例不同，遗传模型也有不同的类型。一般可大体分为加性-显性模型(简称加-显模型)和加性-显性-上位性模型(简称加-显-上模型)两大类。如：加-显模型，$P=A+D+E$；加-显-上模型，$P=A+D+I+E$；等。对于种子性状，自身的遗传可分为加-显模型和加-显-上模型，除此之外，其遗传模型中还可能包括细胞质效应和母体效应，因而其遗传效应＝自身遗传效应＋胞质效应＋母体效应。另外，不同遗传群体内性状的遗传模型会有差异。无外界因素干扰的情况下，随机交配平衡群体的遗传模型在世代间不发生变化。双亲后代群体中，不同世代的遗传组成不同(第二章和第三章)，其遗传模型也不同。实际研究中，所涉及的性状可能为亲代或子代，可能属于不同分离世代，可能具有不同倍性，因而不同表型值中所包含的基因效应种类和比例可能有所不同，应根据具体情况选用符合需要的遗传模型。需要特别强调的是，实际研究中，只有在适合的模型下估计的遗传参数才有应用价值。

下面介绍遗传模型的检验和遗传效应的估算方法，即针对实际资料，首先考查包含不同基因效应的遗传模型是否适合实验资料，并作出适合模型的选择，然后在适合的模型下，根据实测的表型值估算相应的基因效应及其所引起的遗传方差。在实际分析操作过程中，参数估计和模型检验往往是结合进行的。为了叙述的方便，本章重点介绍二倍体植株性状遗传模型的检验和效应估计。第十一章介绍种子性状遗传模型的有关内容。

二、二倍体植株性状的遗传模型

植物的绝大部分性状(根、茎、叶、花、果实中除去胚乳的部分)属二倍体性状。种子的胚虽属二倍体，但可能还受母体和细胞质效应的影响。若以两纯合子的中值为原点，并以图 2-1 的尺度表示基因型值，由两个纯系亲本杂交组合衍生的自交和回交世代的非种子二倍体性状(植株性状)的遗传模型和效应介绍如下。

(一)单基因位点加-显遗传模型

根据第二章，单基因位点加-显遗传模型下 6 世代均值、加性和显性效应的系数列于表 5-2。表 5-2 以系数矩阵的形式表达了两纯系杂交衍生的 6 世代均值的加-显遗传模型。

表 5-2 单基因位点加-显遗传模型

世代平均值	m	a	d
$\bar{P}_1$	1	1	0
$\bar{P}_2$	1	−1	0
$\bar{F}_1$	1	0	1
$\bar{F}_2$	1	0	1/2
$\bar{B}_{1L}$	1	1/2	1/2
$\bar{B}_{1S}$	1	−1/2	1/2

注：m、a、d 分别表示群体均值、加性效应和显性效应。

(二)两基因位点加-显-上遗传模型(仅含两位点互作)

两纯系杂交衍生 6 世代平均值的加-显-上遗传模型(仅含两位点互作)列于表 5-3。

表 5-3 两基因位点加-显-上遗传模型(仅含两位点互作)

世代平均值	m	$[a]$	$[d]$	$[aa]$	$[ad]$	$[dd]$
$\bar{P}_1$	1	1	0	1	0	0
$\bar{P}_2$	1	−1	0	1	0	0
$\bar{F}_1$	1	0	1	0	0	1
$\bar{F}_2$	1	0	1/2	0	0	1/4
$\bar{B}_1$	1	1/2	1/2	1/4	1/4	1/4
$\bar{B}_2$	1	−1/2	1/2	1/4	−1/4	1/4

注：m、$[a]$、$[d]$分别表示群体均值、加性效应和显性效应，$[aa]$表示两位点间加加互作，$[ad]$表示两位点间加显互作，$[dd]$表示两位点间显显互作。

更多基因位点间互作项系数可从上表各列有关系数相乘获得，如三位点加性互作项$[aaa]$的系数可由上表$[a]$的系数和$[aa]$的系数相乘获得。

三、尺度检验

(一)基本原理

加-显遗传模型下，两纯系后代群体中，各世代均值间存在如下简单期望关系(Mather 和 Jinks，1982)：

$$\left.\begin{aligned}
&\bar{S}_2=\bar{F}_2=\frac{1}{4}\bar{P}_1+\frac{1}{2}\bar{F}_1+\frac{1}{4}\bar{P}_2\\
&\bar{F}_3=\frac{1}{4}\bar{P}_1+\frac{1}{4}\bar{P}_2+\frac{1}{2}F_2=\frac{3}{8}\bar{P}_1+\frac{3}{8}\bar{P}_2+\frac{1}{4}\bar{F}_1\\
&\bar{F}_n=\frac{2^{n-1}-1}{2^n}\bar{P}_1+\frac{2^{n-1}-1}{2^n}\bar{P}_2+\frac{1}{2}\bar{F}_{n-1}=\left(\frac{2^{n-1}-1}{2^n}\right)(\bar{P}_1+\bar{P}_2)+\left(\frac{1}{2}\right)^{n-1}\bar{F}_1\\
&\bar{B}_{1L}=\frac{1}{2}\bar{P}_1+\frac{1}{2}\bar{F}_1,\bar{B}_{1S}=\frac{1}{2}\bar{P}_2+\frac{1}{2}\bar{F}_1\\
&\bar{B}_{2L}=\frac{3}{4}\bar{P}_1+\frac{1}{4}\bar{F}_1,\bar{B}_{2S}=\frac{3}{4}\bar{P}_2+\frac{1}{4}\bar{F}_1\\
&\bar{F}_2=\frac{1}{2}\bar{B}_{1L}+\frac{1}{2}\bar{B}_{1S},\bar{F}_3=\frac{1}{2}\bar{B}_{2L}+\frac{1}{2}\bar{B}_{2S}
\end{aligned}\right\}\tag{5-1}$$

式中:n 为世代,$\bar{S}_2$ 为 F_1 单株间姊妹交(sib-mating)产生的二代群体的均值,$\bar{B}_{1L}$、$\bar{B}_{1S}$分别为 F_1 向大值和小值亲本回交一代的均值,$\bar{B}_{2L}$、$\bar{B}_{2S}$分别为 F_1 向大值和小值亲本回交二代的均值。

依据这些关系,可以用双亲及 F_1 代均值写出其他世代的预测值,并根据世代均值的简单对比进行遗传模型检验,即检验加-显遗传模型是否符合实际资料。该法称为尺度检验(scaling test),又称单一尺度检验(Mather 和 Jinks,1982)。

(二)检验加-显模型的 3 个尺度

A 尺度:$A=2\bar{B}_{1L}-\bar{P}_1-\bar{F}_1=0$ (5-2a)

证明式(5-2a):在加-显遗传模型下,

$2\bar{B}_{1L}-\bar{P}_1-\bar{F}_1=2\left(m+\frac{1}{2}[a]+\frac{1}{2}[d]\right)-(m+[a])-(m+[d])=0$,式 5-2a 成立。

A 尺度式(5-2a)的方差:$V_A=4V_{\bar{B}_{1L}}+V_{\bar{P}_1}+V_{\bar{F}_1}$ (5-2b)

因此可进行 t 测验:

$$t_A=\frac{A}{\sqrt{V_A}},\quad df_A=(n_{B_{1L}}-1)+(n_{P_1}-1)+(n_{F_1}-1) \tag{5-2c}$$

B 尺度:$B=2\bar{B}_{1S}-\bar{P}_2-\bar{F}_1=0$ (5-3a)

$$V_B=4V_{\bar{B}_{1S}}+V_{\bar{P}_2}+V_{\bar{F}_1} \tag{5-3b}$$

$$t=\frac{B}{\sqrt{V_B}},\quad df_B=(n_{B_{1S}}-1)+(n_{P_2}-1)+(n_{F_1}-1) \tag{5-3c}$$

C 尺度:$C-4\bar{F}_2-\bar{P}_1-\bar{P}_2-2\bar{F}_1=0$(或 $C=2\bar{F}_1-\bar{B}_{1L}-\bar{B}_{1S}-0$) (5-4a)

$$V_C=16V_{\bar{F}_2}+V_{\bar{P}_1}+V_{\bar{P}_2}+4V_{\bar{F}_1} \tag{5-4b}$$

$$t=\frac{C}{\sqrt{V_C}},df_C=(n_{F_2}-1)+(n_{P_1}-1)+(n_{P_2}-1)+(n_{F_1}-1) \tag{5-4c}$$

若有 F_3 代试验数据,有时也用如下的 D 尺度。

D 尺度:$D=8\bar{F}_3-2\bar{F}_1-3\bar{P}_1-3\bar{P}_2=0$

$$V_D=64V_{\bar{F}_3}+4V_{\bar{F}_1}+9V_{\bar{P}_1}+9V_{\bar{P}_2}$$

$$t=\frac{D}{\sqrt{V_D}},df_D=(n_{F_3}-1)+(n_{F_1}-1)+(n_{P_1}-1)+(n_{P_2}-1)$$

(三)单一尺度检验的应用

(1)如上的单一尺度检验仅适合作 $2N$ 遗传的植株性状的遗传模型检验。

(2)单一尺度检验通常仅作前三个尺度,其中任一尺度不符合即可否定无效假设(H_O:该性状遗传符合加-显模型),从而认为所研究的性状不符合加-显遗传模型。

(3)在否定无效假设时,意味着位点间可能存在着上位性互作。因为在加-显-上遗传模型下,

$$A=2\bar{B}_{1L}-\bar{P}_1-\bar{F}_1=2\left(m+\frac{1}{2}[a]+\frac{1}{2}[d]+\frac{1}{4}[aa]+\frac{1}{4}[dd]+\frac{1}{4}[ad]\right)-$$

$$(m+[a]+[aa])-(m+[d]+[dd])$$

$$=-\frac{1}{2}[aa]-\frac{1}{2}[dd]+\frac{1}{2}[ad]$$

表明在否定 A 尺度的情况下，该尺度提供$[aa]$、$[ad]$ 和$[dd]$ 型互作的信息。同样可证明，在否定 B 尺度的情况下，B 尺度也提供$[aa]$、$[ad]$ 和 $[dd]$ 型互作的信息。而在否定 C 尺度和 D 尺度的情况下 C 尺度和 D 尺度均提供$[dd]$型互作的信息。因为在加-显-上遗传模型下，

$$C=4\bar{F}_2-\bar{P}_1-\bar{P}_2-2\bar{F}_1=4\left(m+\frac{1}{2}[d]+\frac{1}{4}[dd]\right)-(m+[a]+[aa])-(m-[a]+[aa])-2(m+[d]+[dd])=-[dd]$$

$$D=8\bar{F}_3-2\bar{F}_1-3\bar{P}_1-3\bar{P}_2=8\left(m+\frac{1}{4}[d]+\frac{1}{16}[dd]\right)-2(m+[d]+[dd])-3(m+[a]+[aa])-3(m-[a]+[aa])=-\frac{3}{2}[dd]$$

(4)单一尺度检验方法只能检验加-显遗传模型的适合性，不能估计遗传参数。

(5)判断如上遗传模型是否适合的基本条件是：①基因效应的可加性；②遗传成分对环境成分的独立性。

例 5.1 用番茄 D.×J. 组合研究小室数/果(mean number of loculi/fruit)的遗传。该组合经杂交、自交和回交获得如表 5-4 的试验数据(数据引自 Mather 和 Jinks，1982)，试采用单一尺度检验法检验所研究性状的遗传是否符合加-显遗传模型。

表 5-4 番茄小室数/果 6 世代数据

世代	$\bar{Y}\pm s_{\bar{Y}}$
$\bar{P}_1$	9.125±0.091
$\bar{P}_2$	5.475±0.057
$\bar{F}_1$	5.500±0.086
$\bar{F}_2$	6.595±0.118
$\bar{B}_{1L}$	7.500±0.100
$\bar{B}_{1S}$	5.575±0.064

注：$\bar{Y}$ 表示世代均值，$s_{\bar{Y}}$ 表示世代平均值标准差。

解：该试验已获得如表 5-4 的世代均值，可用式 5-1 至式 5-4 进行分析。由于各世代的样本容量均超过 30，属于大样本，因此可采用 u 测验的标准。具体测验如下：

(1)$A=2\bar{B}_{1L}-\bar{P}_1-\bar{F}_1=2\times7.5-9.125-5.500=0.375$

$$V_A=4V_{\bar{B}_{1L}}+V_{\bar{P}_1}+V_{\bar{F}_1}=4\times0.100^2+0.091^2+0.086^2=0.0557$$

$t_A=\dfrac{A}{\sqrt{V_A}}=\dfrac{0.375}{\sqrt{0.0557}}=1.589^{NS}$，$t_A<1.96$，符合加-显模型。

(2)$B=2\bar{B}_{1S}-\bar{P}_2-\bar{F}_1=2\times5.575-5.475-5.500=0.175$

$$V_B=4\times(0.064)^2+(0.057)^2+(0.086)^2=0.0270$$

$t_B=\dfrac{B}{\sqrt{V_B}}=\dfrac{0.175}{\sqrt{0.027}}=1.064^{NS}$，$t_B<1.96$，符合加-显模型。

(3)$C=4\bar{F}_2-\bar{P}_1-\bar{P}_2-2\bar{F}_1=4\times6.595-9.125-5.475-2\times5.5=0.78$

$$V_C=16\times(0.118)^2+(0.091)^2+(0.057)^2+4\times(0.086)^2=0.2639$$

$$t_C=\frac{C}{\sqrt{V_C}}=\frac{0.78}{\sqrt{0.2639}}=1.52^{\mathrm{NS}},t_C<1.96,\text{符合加-显模型。}$$

结论：该资料以 A、B、C 三个尺度检验，均无充分理由否定加-显模型，因此认为可用加-显遗传模型研究该组合该性状的遗传。

四、联合尺度检验

用上述 A、B、C、D 四式进行尺度检验，每次只检验一个尺度，每个尺度又只包含少数世代群体的数值，因而，这种检验不够全面，而且，不能估算基因效应的具体值。为弥补单一尺度检验的不足，可采用联合尺度检验(joint scaling test，Mather 和 Jinks，1982)。其特点是：①可同时综合利用全部观测世代群体的信息进行分析；②根据加权最小二乘法估算模型的遗传参数，进行基因效应分析；③采用 χ^2 测验法检验遗传模型的适合性。

联合尺度检验分为求解参数(遗传效应)和模型检验两部分。下面以三参数模型为例说明方法。

(一)求解参数

1. 建立多元回归方程

根据多元线性回归的原理，有如下三参数回归方程：

$$Y_i=\beta_0+\beta_1X_{1i}+\beta_2X_{2i} \tag{5-5}$$

Y_i＝世代 i 的平均值，对于例 5.1，$i=1,2,3,4,5,6$，$\beta_0=m$，$\beta_1=[a]$，$\beta_2=[d]$，X_{1i}＝世代 i 参数 $[a]$ 的系数，X_{2i}＝世代 i 参数 $[d]$ 的系数。

求解参数 m、$[a]$ 和 $[d]$ 时，还需考虑不同世代的权量(weight)W_i。对于 6 个基本世代 P_1，P_2，F_1，F_2，B_{1L}，B_{1S}，如上信息可用矩阵形式表达：

$$\boldsymbol{Y}-6\times1\text{ 的世代平均值向量，}\quad \boldsymbol{Y}^{\mathrm{T}}=(\bar{P}_1,\bar{P}_2,\bar{F}_1,\bar{F}_2,\bar{B}_{1L},\bar{B}_{1S}) \tag{5-6}$$

式中 $\boldsymbol{Y}^{\mathrm{T}}$ 表示向量 $\boldsymbol{Y}$ 的转置，下同。

$$\boldsymbol{\beta}=3\times1\text{ 的参数向量，}\quad \boldsymbol{\beta}^{\mathrm{T}}=(m,[a],[d]) \tag{5-7}$$

$\boldsymbol{X}$＝6×3 的系数矩阵，

$\boldsymbol{\Lambda}$＝6×6 的主对角线权量矩阵，其中主对角线元素 W_i 为世代平均值方差的倒数。

$$\boldsymbol{X}=\begin{bmatrix}1 & 1 & 0\\ 1 & -1 & 0\\ 1 & 0 & 1\\ 1 & 0 & \frac{1}{2}\\ 1 & \frac{1}{2} & \frac{1}{2}\\ 1 & -\frac{1}{2} & \frac{1}{2}\end{bmatrix},\quad \boldsymbol{\Lambda}=\begin{bmatrix}\frac{1}{V_{\bar{P}_1}} & & & & & \\ & \frac{1}{V_{\bar{P}_2}} & & 0 & & \\ & & \frac{1}{V_{\bar{F}_1}} & & & \\ & & & \frac{1}{V_{\bar{F}_2}} & & \\ & & 0 & & \frac{1}{V_{\bar{B}_{1L}}} & \\ & & & & & \frac{1}{V_{\bar{B}_{1S}}}\end{bmatrix} \tag{5-8}$$

所需求解的正规方程组为：

$$(\boldsymbol{X}^{\mathrm{T}}\boldsymbol{\Lambda X})\boldsymbol{\beta}=\boldsymbol{X}^{\mathrm{T}}\boldsymbol{\Lambda Y} \tag{5-9}$$

2. 求解多元回归方程

根据加权最小二乘法(weighted least squares)求解多元线性回归的原理，$\boldsymbol{\beta}$ 的加权最小二乘估值为：

$$\hat{\boldsymbol{\beta}}=(\boldsymbol{X}^{\mathrm{T}}\boldsymbol{\Lambda X})^{-1}\boldsymbol{X}^{\mathrm{T}}\boldsymbol{\Lambda Y} \tag{5-10}$$

$\boldsymbol{X}^{\mathrm{T}}\boldsymbol{\Lambda X}$ 为 3 × 3 的信息矩阵，其中 9 个元素的计算式为：

元素 1,1= $\sum(m\text{ 的系数})^2\times W_i$，$W_i$ 为各世代的权量，为 $\boldsymbol{\Lambda}$ 中的对角线元素。

元素 1,2 = 元素 2,1 = $\sum(m\text{ 的系数})([a]\text{ 的系数})\times W_i$

元素 1,3 = 元素 3,1 = $\sum(m\text{ 的系数})([d]\text{ 的系数})\times W_i$

元素 2,2 = $\sum([a]\text{ 的系数})^2\times W_i$

元素 2,3 = 元素 3,2 = $\sum([a]\text{ 的系数})([d]\text{ 的系数})\times W_i$

元素 3,3 = $\sum([d]\text{ 的系数})^2\times W_i$

$\boldsymbol{X}^{\mathrm{T}}\boldsymbol{\Lambda Y}$ 为 3 × 1 向量，其中元素计算式如下：

元素 1,1= $\sum(m\text{ 的系数})\times W_i\times Y_i$

元素 2,1 = $\sum([a]\text{ 的系数})\times W_i\times Y_i$

元素 3,1 = $\sum([d]\text{ 的系数})\times W_i\times Y_i$

$(\boldsymbol{X}^{\mathrm{T}}\boldsymbol{\Lambda X})^{-1}$为矩阵 $\boldsymbol{X}^{\mathrm{T}}\boldsymbol{\Lambda X}$ 的逆矩阵，通常称之为方差-协方差矩阵，可由标准的统计程序(如高斯消元法，伴随矩阵法等)求得。

参数估计值的方差为：

$$\boldsymbol{V}_{\hat{\boldsymbol{\beta}}}=(\boldsymbol{X}^{\mathrm{T}}\boldsymbol{\Lambda X})^{-1}s_E^2 \tag{5-11}$$

即所估计参数的方差 $\boldsymbol{V}_{\hat{\boldsymbol{\beta}}}$ =方差-协差阵的主对角线元素 c_{ii} ×离回归均方 MS_E(需要指出的是，Mather(1982)的书中略去了 MS_E)。

离回归平方和

$$SS_E=\boldsymbol{Y}^{\mathrm{T}}\boldsymbol{\Lambda Y}-\boldsymbol{\beta}^{\mathrm{T}}\boldsymbol{X}^{\mathrm{T}}\boldsymbol{\Lambda Y} \tag{5-12}$$

式中 $\boldsymbol{\beta}^{\mathrm{T}}\boldsymbol{X}^{\mathrm{T}}\boldsymbol{\Lambda Y}$ 为未矫正的回归平方和。

(二)模型检验

(1)根据表 5-2 中各世代的理论组成，利用所估计的参数，求解各世代在加-显遗传模型下的期望值：

$$\bar{P}_1=m+[a],\quad \bar{P}_2=m-[a],\quad \bar{F}_1=m+[d],$$

$$\bar{F}_2=m+\frac{1}{2}[d],\quad \bar{B}_{1L}=m+\frac{1}{2}[a]+\frac{1}{2}[d],\quad \bar{B}_{1S}=m-\frac{1}{2}[a]+\frac{1}{2}[d]$$

(2)通过模型的 χ^2 测验和参数的 t 测验判断模型的适合性。

模型的 χ^2 测验：
$$\chi^2 = \sum (O-E)^2 \times W_i \tag{5-13}$$
式中：O 为实测世代均值，E 为期望世代均值，W_i 为世代权量，该测验的自由度 df＝世代数－所估参数数＝6－3＝3。

如果该 χ^2 值不显著，说明含有 m、$[a]$和$[d]$的三参数模型适合（或能较好地解释）该组资料。如果该 χ^2 值差异显著，则表明含有 m、$[a]$和$[d]$三参数的遗传模型不适合该资料，需要配合新的遗传模型。

参数的 t 测验：

$$s_m = \sqrt{(\boldsymbol{X}^{\mathrm{T}}\boldsymbol{\Lambda}\boldsymbol{X})^{-1}\text{中的元素 }1,1 \times MS_E}$$
$$s_{[a]} = \sqrt{(\boldsymbol{X}^{\mathrm{T}}\boldsymbol{\Lambda}\boldsymbol{X})^{-1}\text{中的元素 }2,2 \times MS_E}$$
$$s_{[d]} = \sqrt{(\boldsymbol{X}^{\mathrm{T}}\boldsymbol{\Lambda}\boldsymbol{X})^{-1}\text{中的元素 }3,3 \times MS_E}$$

由此可提供对各参数估计值的 t 测验：

$$\left.\begin{array}{l} t_m = \dfrac{m}{s_m}, \quad t_{[a]} = \dfrac{[a]}{s_{[a]}}, \quad t_{[d]} = \dfrac{[d]}{s_{[d]}} \\ df = n-k, k\text{ 为所估参数的个数} \end{array}\right\} \tag{5-14}$$

(3)最适遗传模型选择。χ^2 测验不显著且模型中所含参数都显著的模型为适合模型。

例 5.2　番茄小室数/果 6 世代数据的联合尺度检验。资料同于例 5-1（表 5-5 的 1 和 2 列），W_i 为各世代的权量，$W_i=\dfrac{1}{V_{\bar{Y}}}$，$V_{\bar{Y}}=s_{\bar{Y}}^2$，为世代平均值方差。

表 5-5　番茄小室数/果的 6 世代联合尺度检验

世代	$\bar{Y} \pm s_{\bar{Y}}$	W_i
$\bar{P}_1$	9.125±0.091	120.758 4
$\bar{P}_2$	5.475±0.057	307.787 0
$\bar{F}_1$	5.500±0.086	135.208 2
$\bar{F}_2$	6.595±0.118	71.818 4
$\bar{B}_{1L}$	7.500±0.100	100.000 0
$\bar{B}_{1S}$	5.575±0.064	244.140 6

注：$\bar{Y}$ 和 $s_{\bar{Y}}$ 分别表示世代均值和世代平均数标准差，$W_i=\dfrac{1}{s_{\bar{Y}}^2}=\dfrac{1}{V_{\bar{Y}}}$，为世代权量。

为说明模型配合与选择模型的过程，依据联合尺度检验的原理和方法分别按二参数模型、三参数模型和四参数模型进行计算演示。

(1)配合二参数遗传模型，检验加性遗传模型（$y=m+[a]$）是否适合该资料。

$$\boldsymbol{X}=\begin{bmatrix} 1 & 1 \\ 1 & -1 \\ 1 & 0 \\ 1 & 0 \\ 1 & \frac{1}{2} \\ 1 & -\frac{1}{2} \end{bmatrix}, \quad \boldsymbol{\Lambda}=\begin{bmatrix} 120.758\,4 & & & & & \\ & 307.787\,0 & & & 0 & \\ & & 135.208\,2 & & & \\ & & & 71.818\,4 & & \\ & 0 & & & 100.000 & \\ & & & & & 244.140\,6 \end{bmatrix}, \quad \boldsymbol{Y}=\begin{bmatrix} 9.125 \\ 5.475 \\ 5.500 \\ 6.595 \\ 7.500 \\ 5.575 \end{bmatrix}$$

$$\boldsymbol{X}^{\mathrm{T}}\boldsymbol{\Lambda X}=\begin{bmatrix}1 & 1 & 1 & 1 & 1 & 1\\ 1 & -1 & 0 & 0 & \frac{1}{2} & -\frac{1}{2}\end{bmatrix}\begin{bmatrix}120.7584 & & & & & \\ & 307.7870 & & & & 0\\ & & 135.2082 & & & \\ & & & 71.8184 & & \\ & 0 & & & 100.000 & \\ & & & & & 244.1406\end{bmatrix}\begin{bmatrix}1 & 1\\ 1 & -1\\ 1 & 0\\ 1 & 0\\ 1 & \frac{1}{2}\\ 1 & -\frac{1}{2}\end{bmatrix}$$

$$=\begin{bmatrix}979.7127 & -259.0990\\ -259.0990 & 514.5805\end{bmatrix}$$

$$(\boldsymbol{X}^{\mathrm{T}}\boldsymbol{\Lambda X})^{-1}=\begin{bmatrix}0.001178 & 0.000593\\ 0.000593 & 0.002242\end{bmatrix}$$

$$(\boldsymbol{X}^{\mathrm{T}}\boldsymbol{\Lambda Y})=\begin{bmatrix}1 & 1 & 1 & 1 & 1 & 1\\ 1 & -1 & 0 & 0 & \frac{1}{2} & -\frac{1}{2}\end{bmatrix}\begin{bmatrix}120.7584 & & & & & \\ & 307.7870 & & & & 0\\ & & 135.2082 & & & \\ & & & 71.8184 & & \\ & 0 & & & 100.0000 & \\ & & & & & 244.1406\end{bmatrix}\begin{bmatrix}9.125\\ 5.475\\ 5.500\\ 6.595\\ 7.500\\ 5.575\end{bmatrix}$$

$$=\begin{bmatrix}6115.4258\\ -888.7558\end{bmatrix}$$

$$\hat{\boldsymbol{\beta}}=\begin{bmatrix}m\\ [a]\end{bmatrix}=(\boldsymbol{X}^{\mathrm{T}}\boldsymbol{\Lambda X})^{-1}\boldsymbol{X}^{\mathrm{T}}\boldsymbol{\Lambda Y}=\begin{bmatrix}6.6740\\ 1.6333\end{bmatrix}（\hat{\boldsymbol{\beta}}\text{ 为 }\boldsymbol{\beta}\text{ 的估计值}）$$

离回归均方 $MS_E=(\boldsymbol{Y}^{\mathrm{T}}\boldsymbol{\Lambda Y}-\boldsymbol{\beta}^{\mathrm{T}}X^{\mathrm{T}}\boldsymbol{\Lambda Y})/(6-2)=86.27$

$$\begin{bmatrix}V_m\\ V_{[a]}\end{bmatrix}=\begin{bmatrix}0.001178\\ 0.002242\end{bmatrix}\times 86.27$$

$$s_m=\sqrt{0.001178\times 86.27}=0.3188$$

$$s_{[a]}=\sqrt{0.002242\times 86.27}=0.4398$$

$t_m=\frac{[m]}{s_m}=20.94^{**}$，$t_{[a]}=\frac{[a]}{s_{[a]}}=3.71^{*}$，$t$ 测验表明 m 和$[a]$两个参数估值均达显著标准。

根据 $\hat{m}$ 和$[\hat{a}]$估值计算 6 世代群体期望值：

$$E(\bar{P}_1)=m+[a]=6.6740+1.6333=8.3073$$

$$E(\bar{P}_2)=m-[a]=6.6740-1.6333=5.0407$$

$$E(\bar{F}_1)=m=6.6740$$

$$E(\bar{F}_2)=m=6.6740$$

$$E(\bar{B}_{1\mathrm{L}})=m+\frac{1}{2}[a]=6.6740+\frac{1}{2}(1.6333)=7.4907$$

$$E(\bar{B}_{1\mathrm{S}})=m-\frac{1}{2}[a]=6.6740-\frac{1}{2}(1.6333)=5.8574$$

$\chi^2 = \sum[(O-E)^2 \cdot W_i] = 345.0712, df = 6-2=4, \chi^2 > \chi^2_{0.01,4} = 13.28$，该测验结果表明，加性遗传模型不适合该资料，不能用加性遗传模型解释所研究性状的遗传特点。

(2)配合三参数遗传模型，检验加-显遗传模型（$y=m+[a]+[d]$）是否适合该资料。

$$\boldsymbol{X}=\begin{bmatrix} 1 & 1 & 0 \\ 1 & -1 & 0 \\ 1 & 0 & 1 \\ 1 & 0 & \frac{1}{2} \\ 1 & \frac{1}{2} & \frac{1}{2} \\ 1 & -\frac{1}{2} & \frac{1}{2} \end{bmatrix}，\quad \boldsymbol{\Lambda} \text{ 和 } \boldsymbol{Y} \text{ 矩阵同上}$$

$$\boldsymbol{X}^{\mathrm{T}}\boldsymbol{\Lambda X}=\begin{bmatrix} 979.7127 & -259.0990 & 343.1878 \\ -259.0990 & 514.5805 & -36.0352 \\ 343.1878 & -36.0352 & 239.1980 \end{bmatrix}$$

$$(\boldsymbol{X}^{\mathrm{T}}\boldsymbol{\Lambda X})^{-1}=\begin{bmatrix} 0.0025 & 0.0010 & -0.0034 \\ 0.0010 & 0.0024 & -0.0011 \\ -0.0034 & -0.0011 & 0.0089 \end{bmatrix}，\quad \boldsymbol{X}^{\mathrm{T}}\boldsymbol{\Lambda Y}=\begin{bmatrix} 6115.4258 \\ -888.7558 \\ 2036.0085 \end{bmatrix}$$

$$\hat{\boldsymbol{\beta}}=\begin{bmatrix} m \\ [a] \\ [d] \end{bmatrix}=(\boldsymbol{X}^{\mathrm{T}}\boldsymbol{\Lambda X})^{-1}\boldsymbol{X}^{\mathrm{T}}\boldsymbol{\Lambda Y}=\begin{bmatrix} 7.3408 \\ 1.8471 \\ -1.7420 \end{bmatrix}$$

离回归均方 $MS_E=(\boldsymbol{Y}^{\mathrm{T}}\boldsymbol{\Lambda Y}-\boldsymbol{\beta}^{\mathrm{T}}X^{\mathrm{T}}\boldsymbol{\Lambda Y})/(6-3)=1.46, df_E=3$

$$\begin{bmatrix} s_m \\ s_{[a]} \\ s_{[d]} \end{bmatrix}=\begin{bmatrix} \sqrt{0.002482} \\ \sqrt{0.002376} \\ \sqrt{0.008907} \end{bmatrix}\times\sqrt{1.46}=\begin{bmatrix} 0.0602 \\ 0.0589 \\ 0.1140 \end{bmatrix}，\quad \begin{bmatrix} t_m \\ t_{[a]} \\ t_{[d]} \end{bmatrix}=\begin{bmatrix} 121.95^{**} \\ 31.36^{**} \\ -15.28^{**} \end{bmatrix}$$

t 测验表明 m、$[a]$和$[d]$三个参数估值均极显著。

根据 $\hat{m}$,$[\hat{a}]$,$[\hat{d}]$估值计算 6 世代群体期望值：

$$E(\bar{P}_1)=m+[a]=7.3408+1.8470=9.1878$$
$$E(\bar{P}_2)=m-[a]=7.3408-1.8470=5.4937$$
$$E(\bar{F}_1)=m+[d]=7.3408+(-1.7420)=5.5987$$
$$E(\bar{F}_2)=m+\frac{1}{2}[d]=7.3408+\frac{1}{2}(-1.7420)=6.4697$$
$$E(\bar{B}_{1L})=m+\frac{1}{2}[a]+\frac{1}{2}[d]$$
$$=7.3408+\frac{1}{2}(1.8470)-\frac{1}{2}(1.7420)=7.3933$$
$$E(\bar{B}_{1S})=m-\frac{1}{2}[a]+\frac{1}{2}[d]$$

$$= 7.3408 - \frac{1}{2}(1.8470) - \frac{1}{2}(1.7420) = 5.5462$$

$$\chi^2 = \sum[(O-E)^2 \cdot W_i] = 4.3702,\quad df = 6-3 = 3,\quad \chi^2 < \chi^2_{0.05,3} = 7.81$$

χ^2 不显著。可以在95%的概率水平上认为加-显遗传模型适合该资料。

(3)配合四参数遗传模型,检验加-显-加加遗传模型($y=m+[a]+[d]+[aa]$)是否适合该资料。

$$\boldsymbol{X}=\begin{bmatrix} 1 & 1 & 0 & 1 \\ 1 & -1 & 0 & 1 \\ 1 & 0 & 1 & 0 \\ 1 & 0 & \frac{1}{2} & 0 \\ 1 & \frac{1}{2} & \frac{1}{2} & \frac{1}{4} \\ 1 & -\frac{1}{2} & \frac{1}{2} & \frac{1}{4} \end{bmatrix},\quad \boldsymbol{\Lambda}\text{ 和 }\boldsymbol{Y}\text{ 矩阵同上}$$

$$\boldsymbol{X}^{\mathrm{T}}\boldsymbol{\Lambda}\boldsymbol{X}=\begin{bmatrix} 979.7127 & -259.0990 & 343.1878 & 514.5805 \\ -259.0990 & 514.5805 & -36.0352 & -205.0462 \\ 343.1878 & -36.0352 & 239.1980 & 43.0176 \\ 514.5805 & -205.0462 & 43.0176 & 450.0542 \end{bmatrix}$$

$$(\boldsymbol{X}^{\mathrm{T}}\boldsymbol{\Lambda}\boldsymbol{X})^{-1}=\begin{bmatrix} 0.042319 & 0.000413 & -0.052896 & -0.043142 \\ 0.000413 & 0.002385 & -0.000350 & 0.000648 \\ -0.052896 & -0.000350 & 0.070382 & 0.053593 \\ -0.043143 & 0.000648 & 0.053593 & 0.046722 \end{bmatrix}$$

$$\boldsymbol{X}^{\mathrm{T}}\boldsymbol{\Lambda}\boldsymbol{Y}=\begin{bmatrix} 6115.4258 \\ -888.7558 \\ 2036.0085 \\ 3314.8249 \end{bmatrix},\quad \hat{\boldsymbol{\beta}}=\begin{bmatrix} m \\ [a] \\ [d] \\ [aa] \end{bmatrix}=\begin{bmatrix} 7.7257 \\ 1.8413 \\ -2.2202 \\ -0.4169 \end{bmatrix},\quad MS_E=0.33$$

$$\begin{bmatrix} V_m \\ V_{[a]} \\ V_{[d]} \\ V_{[aa]} \end{bmatrix}=\begin{bmatrix} 0.042319 \\ 0.002385 \\ 0.070382 \\ 0.046722 \end{bmatrix}\times 0.33,\quad \begin{bmatrix} s_m \\ s_{[a]} \\ s_{[d]} \\ s_{[aa]} \end{bmatrix}=\begin{bmatrix} 0.1182 \\ 0.0281 \\ 0.1524 \\ 0.1242 \end{bmatrix},\quad \begin{bmatrix} t_m \\ t_{[a]} \\ t_{[d]} \\ t_{[aa]} \end{bmatrix}=\begin{bmatrix} 65.36^{**} \\ 65.17^{**} \\ -14.57^{**} \\ -3.36 \end{bmatrix}$$

t 测验表明 m、$[a]$和$[d]$三个参数估值显著,而$[aa]$的参数估值不显著,所以加-显-加加四参数遗传模型不适合该资料。

四参数遗传模型还可配合加-显-加显、加-显-显显、加-加加-加显、加-加加-显显等多种效应组合的模型,五参数模型也有多种效应组合,如加-显-加加-加显等,其计算过程从略。从理论上讲应配合各种可能的模型,通过检验选择合适的模型。但实际经验也很重要,它可以使人们少走很多弯路。

如上计算结果和一个五参数模型配合结果列于表5-6。

表 5-6　番茄 D.×J. 组合联合尺度检验的参数估值和模型检验

参数	二参数模型 $m+[a]$	三参数模型 $m+[a]+[d]$	四参数模型 $m+[a]+[d]+[aa]$	五参数模型 $m+[a]+[d]+[aa]+[dd]$
m	$6.674^{**}\pm0.319$	$7.341^{**}\pm0.060$	$7.726^{**}\pm0.1182$	$7.753^{**}\pm0.0965$
$[a]$	$1.633^{*}\pm0.440$	$1.847^{**}\pm0.059$	$1.841^{**}\pm0.0281$	$1.827^{**}\pm0.0245$
$[d]$		$-1.742^{**}\pm0.114$	$-2.220^{**}\pm0.1524$	$-2.244^{*}\pm0.1225$
$[aa]$			-0.417 ± 0.1242	-0.449 ± 0.1014
$[ad]$				0.166 ± 0.1143
$\chi^2(df)$	$345.08^{**}(4)$	$4.37^{NS}(3)$	$0.65^{NS}(2)$	$0.21^{NS}(1)$

注：该表未包括所有可能的模型配合结果，只是一个示例。

结论与讨论：①由表 5-6 的最后一行可以看出，加性遗传模型 χ^2 测验达极显著水平，不适合本资料。其余模型的 χ^2 测验结果均不显著，但所配合的四参数和五参数模型中都有不显著的参数，因此不能认为四参数和五参数模型是适合的。三参数模型的 χ^2 值不显著且模型中每个参数都显著，因此认为加-显遗传模型适合该资料。说明不同基因位点间的关系为相互累加的关系，位点内既存在加性作用，也存在显性作用。②在加-显遗传模型下，该组合遗传群体中背景均值 m 为 $7.341^{**}\pm0.060$（小室数/果），加性效应$[a]$的估值为 $1.847^{**}\pm0.059$（小室数/果），显性效应$[d]$的估值为$-1.742^{**}\pm0.114$（小室数/果），表明果实内小室数少为显性。③$|[\hat{d}]/[\hat{a}]|<1$，说明该组合群体内果实内小室数少为部分负向显性，但不能说明每个位点均为部分显性。④实际进行联合尺度检验时，应该采用逐步回归的方法，对所有可能的遗传模型（加性，加-显，加-显-加加，加-显-加显，加-显-显显，加-加加，加-加显，加-显显等）一一进行检验，然后从中选择最适合的模型。本例仅为说明方法和过程，未作所有计算。三位点及更多位点的互作效应一般很小，一般情况下暂不包括。

五、世代平均值分析的回归方法

利用逐步增加参数(forward)的方式对双亲后代各衍生世代作回归分析，可以求得有关基因效应及相应变异的估值，同时可利用 χ^2 测验法进行遗传模型检验。其一般原理和分析步骤如下（郭平仲，1985）。

(一)获取世代均值建立遗传模型

选定适宜的双亲杂交组合（一般要求双亲差异大）及相应的世代平均值，如 $\bar{P}_1$、$\bar{P}_2$、$\bar{F}_1$、$\bar{F}_2$、$\bar{B}_{1L}$和 $\bar{B}_{1S}$等，并按相应遗传模型构建各世代平均值方程。如二参数模型下 $\bar{P}_1=m+[a]$，三参数模型下 $\bar{P}_1=m+[a]+[d]$等。

(二)以矩阵形式表达正规方程组(以 6 参数模型为例)并求解正规方程组

世代均值矩阵：$\boldsymbol{X\beta}=\boldsymbol{Y}$

$$\boldsymbol{Y}=\begin{bmatrix}\bar{P}_1\\ \bar{P}_2\\ \bar{F}_1\\ \bar{F}_2\\ \bar{B}_1\\ \bar{B}_2\end{bmatrix},\quad \boldsymbol{\beta}=\begin{bmatrix}m\\ [a]\\ [d]\\ [aa]\\ [ad]\\ [dd]\end{bmatrix},\quad \boldsymbol{X}=\begin{bmatrix}1 & 1 & 0 & 1 & 0 & 0\\ 1 & -1 & 0 & 1 & 0 & 0\\ 1 & 0 & 1 & 0 & 0 & 1\\ 1 & 0 & \frac{1}{2} & 0 & 0 & \frac{1}{4}\\ 1 & \frac{1}{2} & \frac{1}{2} & \frac{1}{4} & \frac{1}{4} & \frac{1}{4}\\ 1 & -\frac{1}{2} & \frac{1}{2} & \frac{1}{4} & -\frac{1}{4} & \frac{1}{4}\end{bmatrix}$$

正规方程组： $(\boldsymbol{X}^{\mathrm{T}}\boldsymbol{X})\boldsymbol{\beta}=\boldsymbol{X}^{\mathrm{T}}\boldsymbol{Y}$ (5-15)

$\boldsymbol{\beta}$ 的最小二乘估值： $\hat{\boldsymbol{\beta}}=(\boldsymbol{X}^{\mathrm{T}}\boldsymbol{X})^{-1}\boldsymbol{X}^{\mathrm{T}}\boldsymbol{Y}$ (5-16)

参数值计值的方差： $V_{\hat{\boldsymbol{\beta}}}=(\boldsymbol{X}^{\mathrm{T}}\boldsymbol{X})^{-1}$的主对角线元素$\times s_E^2$ (5-17)

式中 s_E^2 为离回归均方 MS_E。

离回归平方和为： $SS_{\mathrm{r}}=\boldsymbol{Y}^{\mathrm{T}}\boldsymbol{Y}-\boldsymbol{\beta}^{\mathrm{T}}\boldsymbol{X}^{\mathrm{T}}\boldsymbol{Y}$ (5-18)

式中：$\boldsymbol{\beta}^{\mathrm{T}}\boldsymbol{X}^{\mathrm{T}}\boldsymbol{Y}$ 为未矫正的回归平方和。

(三)根据如上回归分析结果进行相应的方差分析和各基因效应平方和的分解

第 i 个模型的回归平方和为： $SS_{\mathrm{R}_i}=\boldsymbol{\beta}_i^{\mathrm{T}}\boldsymbol{X}^{\mathrm{T}}\boldsymbol{Y}-n\bar{Y}^2$ (5-19)

相应的回归剩余平方和为： $SS_{\mathrm{r}_i}=\boldsymbol{Y}^{\mathrm{T}}\boldsymbol{Y}-\boldsymbol{\beta}_i^{\mathrm{T}}\boldsymbol{X}^{\mathrm{T}}\boldsymbol{Y}$ (5-20)

基因效应 i 的遗传变异平方和为：$SS_i=SS_{\mathrm{R}_i}-SS_{\mathrm{R}_{i-1}}$，即

$$\left.\begin{array}{l}SS_{[a]}=SS_{\mathrm{R}_2},\quad SS_{[d]}=SS_{\mathrm{R}_3}-SS_{\mathrm{R}_2},\quad SS_{[aa]}=SS_{\mathrm{R}_4}-SS_{\mathrm{R}_3}\\ SS_{[ad]}=SS_{\mathrm{R}_5}-SS_{\mathrm{R}_4},\quad SS_{[dd]}=SS_{\mathrm{R}_6}-SS_{\mathrm{R}_5}\end{array}\right\}\quad(5\text{-}21)$$

由此得到各类基因效应及其相应平方和(＝均方，因为 $df=1$)的估值。

利用 F 测验可检验各效应均方值的显著性：

$$F=MS_i/MS_{\mathrm{r}}\quad(5\text{-}22)$$

世代平均值回归分析的全部计算过程汇总于表 5-7 至表 5-9。

表 5-7 世代平均值回归分析计算公式汇总(6 世代分析为例)

遗传模型	回归方程	参数估值	回归平方和 SS_{R_i}	基因效应平方和 SS_i
二参数	$y_i=m+[a]x_{1i}$	$\boldsymbol{\beta}_2^{\mathrm{T}}=(m,[a])$	$SS_{\mathrm{R}_2}=\boldsymbol{\beta}_2^{\mathrm{T}}\boldsymbol{X}^{\mathrm{T}}\boldsymbol{Y}-n\bar{Y}^2$	$SS_{[a]}=SS_{\mathrm{R}_2}$
三参数	$y_i=m+[a]x_{1i}+[d]x_{2i}$	$\boldsymbol{\beta}_3^{\mathrm{T}}=(m,[a],[d])$	$SS_{\mathrm{R}_3}=\boldsymbol{\beta}_3^{\mathrm{T}}\boldsymbol{X}^{\mathrm{T}}\boldsymbol{Y}-n\bar{Y}^2$	$SS_{[d]}=SS_{\mathrm{R}_3}-SS_{\mathrm{R}_2}$
四参数	$y_i=m+[a]x_{1i}+[d]x_{2i}+[aa]x_{3i}$	$\boldsymbol{\beta}_4^{\mathrm{T}}=(m,[a],[d],[aa])$	$SS_{\mathrm{R}_4}=\boldsymbol{\beta}_4^{\mathrm{T}}\boldsymbol{X}^{\mathrm{T}}\boldsymbol{Y}-n\bar{Y}^2$	$SS_{[aa]}=SS_{\mathrm{R}_4}-SS_{\mathrm{R}_3}$
五参数	$y_i=m+[a]x_{1i}+[d]x_{2i}+[aa]x_{3i}+[ad]x_{4i}$	$\boldsymbol{\beta}_5^{\mathrm{T}}=(m,[a],[d],[aa],[ad])$	$SS_{\mathrm{R}_5}=\boldsymbol{\beta}_5^{\mathrm{T}}\boldsymbol{X}^{\mathrm{T}}\boldsymbol{Y}-n\bar{Y}^2$	$SS_{[ad]}=SS_{\mathrm{R}_5}-SS_{\mathrm{R}_4}$
一般式	$SS_Y=\boldsymbol{Y}^{\mathrm{T}}\boldsymbol{Y}$ (未矫正)	$\hat{\boldsymbol{\beta}}=(\boldsymbol{X}^{\mathrm{T}}\boldsymbol{X})^{-1}(\boldsymbol{X}^{\mathrm{T}}\boldsymbol{Y})$	$SS_{\mathrm{R}}=\boldsymbol{\beta}^{\mathrm{T}}\boldsymbol{X}^{\mathrm{T}}\boldsymbol{Y}-n\bar{Y}^2$	$SS_{\mathrm{r}}=SS_Y-SS_{\mathrm{R}}$

注：SS_{R} 为回归平方和，离回归平方和 $SS_{\mathrm{r}}=SS_Y-S_{\mathrm{R}}$。

表 5-8 世代平均值回归分析的方差分析表(三参数模型)

变异来源	DF	SS	MS	F
$[a]$	1	$SS_{[a]}$	$MS_{[a]}$	$MS_{[a]}/MS_r$
$[d]$	1	$SS_{[d]}$	$MS_{[d]}$	$MS_{[d]}/MS_r$
剩余	3	SS_r	MS_r	
总	5	$SS_Y=\boldsymbol{Y}^T\boldsymbol{Y}-n\bar{Y}^2$		

注:三参数模型为加-显遗传模型:$y_i=m+[a]x_{1i}+[d]x_{2i}$

表 5-9 世代平均值回归分析的方差分析表(五参数模型)

变异来源	DF	SS	F
$[a]$	1	$SS_{[a]}$	$SS_{[a]}/SS_r$
$[d]$	1	$SS_{[d]}$	$SS_{[d]}/SS_r$
$[aa]$	1	$SS_{[aa]}$	$SS_{[aa]}/SS_r$
$[ad]$	1	$SS_{[ad]}$	$SS_{[ad]}/SS_r$
剩余	1	SS_r	
总	5	$SS_Y=\boldsymbol{Y}^T\boldsymbol{Y}-n\bar{Y}^2$	

注:五参数模型为加-显-加加-加显模型:$y_i=m+[a]x_{1i}+[d]x_{2i}+[aa]x_{3i}+[ad]x_{4i}$;单一自由度下,$MS=SS$。

例 5.3 番茄每果小室数数据的世代平均值回归分析。试验数据同于例 5.1。(1)试以世代平均值的回归分析法进行遗传参数估计;(2)试以世代平均值的回归分析法进行遗传模型检验。

解:(1)根据表 5-7 的公式估算遗传参数。

二参数遗传模型

$$\boldsymbol{X}=\begin{bmatrix}1 & 1\\ 1 & -1\\ 1 & 0\\ 1 & 0\\ 1 & \frac{1}{2}\\ 1 & -\frac{1}{2}\end{bmatrix},\quad \boldsymbol{Y}=\begin{bmatrix}9.125\\ 5.475\\ 5.500\\ 6.595\\ 7.500\\ 5.575\end{bmatrix},\quad \boldsymbol{X}^T\boldsymbol{X}=\begin{bmatrix}6.0 & 0\\ 0 & 2.5\end{bmatrix},\quad (\boldsymbol{X}^T\boldsymbol{X})^{-1}=\begin{bmatrix}0.1667 & 0\\ 0 & 0.4000\end{bmatrix},$$

$$\boldsymbol{X}^T\boldsymbol{Y}=\begin{bmatrix}39.7700\\ 4.6125\end{bmatrix},\quad \hat{\boldsymbol{\beta}}_2=\begin{bmatrix}\hat{m}\\ [\hat{a}]\end{bmatrix}=(\boldsymbol{X}^T\boldsymbol{X})^{-1}\boldsymbol{X}^T\boldsymbol{Y}=\begin{bmatrix}6.6283\\ 1.8450\end{bmatrix},$$

$$s_E^2=(\boldsymbol{Y}^T\boldsymbol{Y}-\hat{\boldsymbol{\beta}}_2^T\boldsymbol{X}^T\boldsymbol{Y})/4=0.5493,\quad \begin{bmatrix}V_{\hat{m}}\\ V_{[\hat{a}]}\end{bmatrix}=\begin{bmatrix}0.1667\\ 0.4000\end{bmatrix}\times 0.5493,$$

$$s_{\hat{m}}=\sqrt{0.1667\times 0.5493}=0.3026,\quad s_{[\hat{a}]}=\sqrt{0.4000\times 0.5493}=0.4687,$$

$$t_m=\frac{\hat{m}}{s_{\hat{m}}}=21.90^{**},\quad t_{[a]}=\frac{[\hat{a}]}{s_{[\hat{a}]}}=3.94^{*},\quad t_{0.05,4}=2.776,\quad t_{0.01,4}=4.604$$

世代平均数期望值：

$$\boldsymbol{E}(\boldsymbol{Y})=\boldsymbol{X}\hat{\boldsymbol{\beta}}_2=\begin{bmatrix}1 & 1\\ 1 & -1\\ 1 & 0\\ 1 & 0\\ 1 & \frac{1}{2}\\ 1 & -\frac{1}{2}\end{bmatrix}\begin{bmatrix}6.628\,3\\ 1.845\,0\end{bmatrix}=\begin{bmatrix}8.473\,3\\ 4.783\,3\\ 6.628\,3\\ 6.628\,3\\ 7.550\,8\\ 5.750\,8\end{bmatrix}$$

χ^2 测验：

$$\chi^2=\sum\{[Y-E(Y)]^2\times W_i\}=2.197\,0^{\mathrm{NS}},\quad 此处\ W_i=1$$

$$df=4,\ \chi^2_{0.05,4}=9.49$$

三参数遗传模型

$$\boldsymbol{X}=\begin{bmatrix}1 & 1 & 0\\ 1 & -1 & 0\\ 1 & 0 & 1\\ 1 & 0 & \frac{1}{2}\\ 1 & \frac{1}{2} & \frac{1}{2}\\ 1 & \frac{1}{2} & \frac{1}{2}\end{bmatrix},\ (\boldsymbol{X}^{\mathrm{T}}\boldsymbol{X})^{-1}=\begin{bmatrix}0.411\,8 & 0 & -0.588\,2\\ 0 & 0.400\,0 & 0\\ -588\,2 & 0 & 1.411\,8\end{bmatrix},\ \boldsymbol{X}^{\mathrm{T}}\boldsymbol{Y}=\begin{bmatrix}39.770\,0\\ 4.612\,5\\ 15.335\,0\end{bmatrix},$$

$$\hat{\boldsymbol{\beta}}_3=\begin{bmatrix}\hat{m}\\ [\hat{a}]\\ [\hat{d}]\end{bmatrix}=(\boldsymbol{X}^{\mathrm{T}}\boldsymbol{X})^{-1}\boldsymbol{X}^{\mathrm{T}}\boldsymbol{Y}=\begin{bmatrix}7.355\,3\\ 1.845\,0\\ -1.744\,7\end{bmatrix},\quad s_E^2=0.013\,6,\quad df_E=3,$$

$$\begin{bmatrix}s_{\hat{m}}\\ s_{[\hat{a}]}\\ s_{[\hat{d}]}\end{bmatrix}=\begin{bmatrix}0.074\,8\\ 0.073\,8\\ 0.138\,6\end{bmatrix},\quad \begin{bmatrix}t_m\\ t_{[a]}\\ t_{[d]}\end{bmatrix}=\begin{bmatrix}98.33^{**}\\ 25.00^{**}\\ 12.59^{**}\end{bmatrix},\quad t_{0.05,3}=3.182,\quad t_{0.01,3}=5.841$$

$$平均数世代期望值\ \boldsymbol{E}(\boldsymbol{Y})=\boldsymbol{X}\hat{\boldsymbol{\beta}}_3=\begin{bmatrix}9.200\,3\\ 5.510\,3\\ 5.610\,6\\ 6.482\,9\\ 7.405\,4\\ 5.560\,4\end{bmatrix}$$

χ^2 测验：$\chi^2=\sum\{[Y-E(Y)]^2\times W_i\}=0.040\,9$，此处 $W_i=1$，$\chi^2_{0.05,3}=7.81$

计算所得各遗传参数估计值及其显著性测验的结果列于表 5-10。

表 5-10　番茄 D.×J. 组合世代平均值回归分析的参数估值

参数	二参数模型 $m+[a]$	三参数模型 $m+[a]+[d]$	四参数模型 $m+[a]+[d]+[aa]$	五参数模型 $m+[a]+[d]+[aa]+[dd]$
m	6.628 3**	7.355 3**	7.725 6**	7.725 6**
$[a]$	1.845 0**	1.845 0**	1.845 0**	1.825 0**
$[d]$		−1.744 7**	−2.213 7**	−2.213 7**
$[aa]$			−0.419 6	−0.419 6
$[ad]$				0.200 0
$\chi^2(df)$	2.197^{NS}(4)	0.041^{NS}(3)	0.006^{NS}(2)	0.004^{NS}(1)

(2)方差剖分。

二参数遗传模型

$$SS_Y=\boldsymbol{Y}^T\boldsymbol{Y}-n\bar{Y}^2=274.315\,9-263.608\,8=10.707\,1$$

$$SS_{R_2}=\hat{\boldsymbol{\beta}}_2^T\boldsymbol{X}^T\boldsymbol{Y}-n\bar{Y}^2=[6.628\,3\quad 1.845\,0]\begin{bmatrix}1 & 1 & 1 & 1 & 1 & 1\\ 1 & -1 & 0 & 0 & \frac{1}{2} & -\frac{1}{2}\end{bmatrix}\begin{bmatrix}9.125\\5.475\\5.500\\6.595\\7.500\\5.575\end{bmatrix}-263.608\,8=8.510\,1$$

$$SS_{[a]}=MS_{[a]}=8.510\,1$$

$$SS_{r_2}=SS_Y-SS_{R_2}=10.710\,1-8.510\,1-2.197\,0$$

$$MS_{r_2}=SS_{r_2}/df_{r_2}=2.197\,0/4=0.549\,3$$

$$F_{[a]}=MS_{[a]}/MS_{r_2}=8.510\,1/0.549\,3=15.49^*$$

三参数遗传模型

$$SS_Y=10.707\,1(\text{同上})$$

$$SS_{R_3}=\hat{\boldsymbol{\beta}}_3^T\boldsymbol{X}^T\boldsymbol{Y}-n\bar{Y}^2=10.666\,2$$

$$SS_{[d]}=SS_{R_3}-SS_{R_2}=2.156\,2$$

$$SS_{r_3}=SS_Y-SS_{R_3}=10.707\,1-10.666\,2=0.040\,9$$

$$MS_{r_3}=SS_{r_3}/df_{r_3}=0.040\,9/3=0.013\,6$$

$$F_{[a]}=MS_{[a]}/MS_{r_3}=8.510\,1/0.013\,6=624.90^{**}$$

$$F_{[d]}=MS_{[d]}/MS_{r_3}=2.156\,2/0.013\,6=158.33^{**}$$

五参数遗传模型

$$SS_Y=10.707\,1(\text{同上})$$

$$SS_{R_5}=\hat{\boldsymbol{\beta}}_5^T\boldsymbol{X}^T\boldsymbol{Y}-n\bar{Y}^2=10.705\,2$$

$$SS_{[ad]}=SS_{R_5}-SS_{R_4}=10.705\,2-10.701\,2=0.004\,0$$

$$SS_{r_5}=SS_Y-SS_{R_5}=10.707\,1-10.705\,2=0.001\,9$$

$$MS_{r_5}=SS_{r_5}/df_{r_5}=0.0019/1=0.0019$$

$$F_{[a]}=MS_{[a]}/MS_{r_5}=8.5101/0.0019=4479^{**}$$

$$F_{[d]}=MS_{[d]}/MS_{r_5}=2.1562/0.0019=1134^{*}$$

$$F_{[aa]}=MS_{[aa]}/MS_{r_5}=0.0350/0.0019=18.42^{NS}$$

$$F_{[ad]}=MS_{[ad]}/MS_{r_5}=0.0040/0.0019=2.11^{NS}$$

$$F_{0.05,1,1}=161.45,F_{0.01,1,1}=4052.18$$

方差分析及相应显著性测验结果汇总列入表 5-11。

表 5-11　番茄 D.×J. 组合 6 世代平均值的方差剖分及显著性测验

变异来源	二参数模型		三参数模型		四参数模型		五参数模型	
	DF	*MS*	*DF*	*MS*	*DF*	*MS*	*DF*	*MS*
[*a*]	1	8.510 1*	1	8.510 1**	1	8.510 1**	1	8.510 1**
[*d*]			1	2.156 2**	1	2.156 2**	1	2.156 2 *
[*aa*]					1	0.035 0	1	0.035 0
[*ad*]							1	0.004 0
剩余	4	0.549 3	3	0.013 6	2	0.002 9	1	0.001 9
总	5	SS_Y=10.707 1	5	SS_Y=10.707 1	5	SS_Y=10.707 1	5	SS_Y=10.707 1
r^2		0.794 8		0.996 2		0.999 4		0.999 8

注：r^2 表示决定系数，r^2=回归平方和/总平方和。* 表示在 $\alpha=0.05$ 水平上差异显著，** 表示在 $\alpha=0.01$ 水平上差异显著。

结果讨论：①表 5-10 和表 5-11 都表明加-显遗传模型能较好地描述所研究性状的遗传，表 5-11 中加显遗传平方和在总平方和中的比例（决定系数）达 99.62%，说明所研究性状的遗传以加性和显性作用为主；②加性和显性作用方式中又以加性作用更重要，表 5-11 中加性遗传的决定系数 R^2 达 79.38%，显性作用的决定系数约为 20%；上位性作用极小，其决定系数不到 1%；③虽然表 5-10 的 χ^2 测验表明加-显-加加和加-显-加加-加显模型都未达显著标准，似乎加-显-上遗传模型也适合该资料，但加性×加性和加性×显性的效应和方差均极小且都不显著，所以仅用 χ^2 测验的符合性还不足以作出模型适合性的结论，必须从 χ^2 测验、参数显著性测验、方差显著性测验和决定系数等多方面判断遗传模型的适合性；④从所研究性状的遗传特性看，该性状的遗传改良应以系谱选择育种为主，兼顾杂种优势利用（有关内容详见第八章和第十章）。

六、世代平均值的加权方差剖分

上面世代平均值的回归分析仅利用了世代均值间的差异，而未考虑不同世代平均值的代表性差异，即各世代变异程度的差异。为此，考虑把各世代平均值用各自平均数标准误的倒数加权，然后用本章第五部分中的程序作世代平均值的回归分析。全部计算公式可在表 5-7 的公式中增加权量矩阵 **Λ** 而获得，此处不另列。下面举例说明。

例 5.4　试对例 5.1 的数据作加权世代平均值的方差剖分。

(1)参数估计。

世代平均值加权后的遗传参数（遗传效应）估计结果与第四部分中表 5-6 所列完全相同，此处从略。

(2)方差剖分。

加权后的正规方程组为：$\boldsymbol{X}^{T}\boldsymbol{\Lambda X}\hat{\boldsymbol{\beta}}=\boldsymbol{X}^{T}\boldsymbol{\Lambda Y}$，参数解 $\hat{\boldsymbol{\beta}}=(\boldsymbol{X}^{T}\boldsymbol{\Lambda X})^{-1}(\boldsymbol{X}^{T}\boldsymbol{\Lambda Y})$。世代均值平方和 $SS_Y=\boldsymbol{Y}^{T}\boldsymbol{\Lambda Y}-\left(\sum W_iY_i\right)^2/\sum W_i=1\,535.00$，其中矫正项 $C=\left(\sum W_iY_i\right)^2/\sum W_i=38\,172.857\,3$。

回归平方和 $SS_R=\boldsymbol{\beta}^{T}\boldsymbol{X}^{T}\boldsymbol{\Lambda Y}-C$，离回归平方和为 $SS_r=SS_Y-SS_R$。对加权平均值方差的遗传剖分结果列入如表 5-12。

表 5-12　番茄 D.×J. 组合 6 世代加权平均值的方差剖分及模型检验

变异来源	二参数模型		三参数模型		四参数模型		五参数模型	
	DF	MS	DF	MS	DF	MS	DF	MS
[a]	1	1 190.0*	1	1 190.0**	1	1 190.0**	1	1 190.0*
[d]			1	340.70**	1	340.70**	1	340.70*
[aa]					1	3.72	1	3.72
[ad]							1	0.06
剩余	4	86.27	3	1.46	2	0.33	1	0.59
总	5	$SS_Y=1\,535.00$	5	$SS_Y=1\,535.00$	5	$SS_Y=1\,535.00$	5	$SS_Y=1\,535.00$
R^2		0.775 0		0.997 2		0.999 6		0.999 9

注：R^2 表示决定系数

结果与讨论：① 该番茄组合群体中果实小室数的遗传主要受加性和显性基因作用方式控制，加性遗传作用的决定系数达 77.5%，显性作用达 22%，上位性作用基本不存在；② 例 5.3 和例 5.4 的结果基本一致。说明对本组资料来说，世代平均值方差的加权剖分和不加权剖分结果一致；③ 如果把权量转换为相对值 $W_i/\sum W_i=f_i$，用 f_i 的倒数为权量作分析，会使方差的数量级大大减小，但效应估计值不变，模型检验的结果也不变。

七、增广 NCⅡ设计

莫惠栋和李志民(1991)提出用增广 NCⅡ设计(Augmented NCⅡ Design)进行遗传模型检验。所谓增广 NCⅡ设计就是在 NCⅡ设计中增加其亲本的设计(NCⅡ设计见第六章)。采用该设计进行遗传模型检验的基本方法是采用 Hayman 的 V_r-W_r 分析法对增广 NCⅡ设计的 $fm+f+m$ 个家系的观测数据进行分析，方法如下。

(一)增广 NCⅡ设计的亲本及其杂交后裔的遗传关系

设一对等位基因，A 为增效，a 为减效，其频率在雌亲中为 p 和 q，在雄亲中为 u 和 v。由于亲本为纯系，这些频率也是亲本基因型的频率。两纯系杂交的后继世代均为自交。在这些假设基础上，增广 NCⅡ 设计的亲本及其杂交后裔的遗传关系列于表 5-13。

表 5-13　一对等位基因增广 NCⅡ设计的亲本和杂种的基因型、基因型频率和基因型值

父本(M) / 母本(F)	(A) u, a	(a) v, $-a$	平均 $(u-v)a$
(A)p, a	(AA) pu, a	(Aa) pv, cd	$ua+vcd$
(a)q, $-a$	(Aa) qu, cd	(aa) qv, $-a$	$-va+ucd$
平均 $(p-q)a$	$pa+qcd$	$-qa+pcd$	

注：p,q,u,v 表示基因频率，a，$-a$ 表示基因型值，A，a 表示等位基因，也代表亲本基因型 AA 和 aa，c 表示显性世代系数，$c=(1/2)^{n-1}$，为显性效应在 F_n 代的系数，F_1 的 $c=1$。

根据表 5-13 可作如下计算：

亲本平均：

$$\left.\begin{aligned}\mu_F &= pa + q(-a) = (p-q)a \\ \mu_M &= ua + v(-a) = (u-v)a\end{aligned}\right\} \tag{5-23}$$

雌公共亲本的系列平均：

$$\left.\begin{aligned}\mu_{r(A)F} &= (pua + pvcd)/(pu + pv) = ua + vcd \\ \mu_{r(a)F} &= (qucd - qva)/(qu + qv) = -va + ucd\end{aligned}\right\} \tag{5-24}$$

雄公共亲本的系列平均：

$$\left.\begin{aligned}\mu_{r(A)M} &= pa + qcd \\ \mu_{r(a)M} &= -qa + pcd\end{aligned}\right\} \tag{5-25}$$

雌公共亲本的系列方差及其平均：

$$\left.\begin{aligned}V_{r(A)F} &= ua^2 + v(cd)^2 - \mu^2_{r(A)F} = uv(a-cd)^2 \\ V_{r(a)F} &= u(cd)^2 + va^2 - \mu^2_{r(a)F} = uv(a+cd)^2 \\ \bar{V}_{rF} &= pV_{r(A)F} + qV_{r(a)F} = uv[a^2 - 2(p-q)acd + (cd)^2]\end{aligned}\right\} \tag{5-26}$$

雄公共亲本的系列方差及其平均：

$$\left.\begin{aligned}V_{r(A)M} &= pa^2 + qcd^2 - \mu^2_{r(A)F} = pq(a-cd)^2 \\ V_{r(a)M} &= qa^2 + pcd^2 - \mu^2_{r(a)M} = pq(a+cd)^2 \\ \bar{V}_{rM} &= uV_{r(A)M} + vV_{r(a)M} = pq[a^2 - 2(u-v)acd + (cd)^2]\end{aligned}\right\} \tag{5-27}$$

雌公共亲本的后裔与其雄亲的系列协方差(半同胞协方差) 及其平均：

$$\left.\begin{aligned}W_{r(A)F} &= ua^2 - vacd - \mu_{r(A)F}\mu_M = 2uva(a-cd) \\ W_{r(a)F} &= uacd + va^2 - \mu_{r(a)F}\mu_M = 2uva(a+cd) \\ \overline{W}_{rF} &= pW_{r(A)F} + qW_{r(a)F} = 2uva[a-(p-q)cd]\end{aligned}\right\} \tag{5-28}$$

雄公共亲本的后裔与其雌亲的系列协方差及其平均：

$$\left.\begin{aligned}W_{r(A)M} &= pa^2 - qacd - \mu_{r(A)M}\mu_F = 2pqa(a-cd) \\ W_{r(a)M} &= qa^2 + pacd - \mu_{r(a)M}\mu_F = 2pqa(a+cd) \\ \overline{W}_{rM} &= uW_{r(A)M} + vW_{r(a)M} = 2pqa[a-(u-v)cd]\end{aligned}\right\} \tag{5-29}$$

(二)增广 NCⅡ设计中亲本及其杂交后裔遗传关系的利用

以上推导所得的结果描述了增广 NCⅡ设计中亲本及其杂交后裔的遗传关系。这些结果可应用于遗传模型的统计推断。

1. 协方差分析

由式(5-26) 和式(5-27) 可得雌雄亲本系列方差的差量 ΔV_{rF} 和 ΔV_{rM} 及差量之和($\Delta V_{rF} + \Delta V_{rM}$)：

$$\left.\begin{aligned}\Delta V_{rF} &= V_{r(a)F} - V_{r(A)F} = 4uvacd \\ \Delta V_{rM} &= V_{r(a)M} - V_{r(A)M} = 4pqacd \\ \Delta V_{rF} + \Delta V_{rM} &= 4(pq + uv)acd\end{aligned}\right\} \tag{5-30}$$

由式(5-28)和式(5-29)可得雌雄亲本系列协方差的差量 ΔW_{rF} 和 ΔW_{rM} 及差量之和($\Delta W_{rF} + \Delta W_{rM}$):

$$\left.\begin{aligned}\Delta W_{rF} &= W_{r(a)F} - W_{r(A)F} = 4uvacd \\ \Delta W_{rM} &= W_{r(a)M} - W_{r(A)M} = 4pqacd \\ \Delta W_{rF} + \Delta W_{rM} &= 4(pq + uv)acd\end{aligned}\right\} \tag{5-31}$$

利用如上差值可得雌亲、雄亲和雌雄亲合并情况下 W_r 依 V_r 的斜率 β:

$$\left.\begin{aligned}&\text{对于雌亲:}\beta_F = \Delta W_{rF}/\Delta V_{rF} = 4uvacd/4uvacd = 1 \\ &\text{对于雄亲:}\beta_M = \Delta W_{rM}/\Delta V_{rM} = 4pqacd/4pqacd = 1 \\ &\text{对于雌+雄:}\beta_{F+M} = (\Delta W_{rF} + \Delta W_{rM})/(\Delta V_{rF} + \Delta V_{rM}) = 1\end{aligned}\right\} \tag{5-32}$$

W_r 依 V_r 的相应截距 α 为:

$$\left.\begin{aligned}\alpha_F &= \overline{W}_{rF} - \beta_F \overline{V}_{rF} = uv(a^2 - c^2d^2) \\ \alpha_M &= \overline{W}_{rM} - \beta_M \overline{V}_{rM} = pq(a^2 - c^2d^2)\end{aligned}\right\} \tag{5-33}$$

以上结果说明,如果某性状的遗传属于加-显模型,则:① W_r 与 V_r 必呈线性关系,其斜率为1,它与基因频率 p、q、u、v 无关,与供试杂种的世代系数 c 也无关;②其截距随 p、q 和 u、v 的不同而改变;③该结论也适合于多个独立位点的多基因系统,因为 V_r 和 W_r 为多个位点累加时,其相对关系不变,只是 p、q、u、v 已成为相应等位基因的平均频率。所以增广 NCⅡ 设计的试验结果可用协方差分析来测验遗传模型,具体方法如下:

设 V_r 为 x 变数,W_r 为 y 变数,对雌亲内和雄亲内系列间合并的回归系数 b_{F+M} 作 H_O: $\beta_{F+M}=0$ 和 H_O: $\beta_{F+M}=1$ 的统计测验,如果 H_O: $\beta_{F+M}=0$ 被否定(线性回归显著)而 H_O: $\beta_{F+M}=1$ 被接受(与1差异不显著),则推断性状遗传符合加-显模型。如果 H_O: $\beta_{F+M}=0$ 被接受和(或) H_O: $\beta_{F+M}=1$ 被否定,则判断被研究性状不符合加-显模型。此时有两种可能:①不存在显性效应;②除加-显效应外,还有上位性效应。可用($W_r + V_r$)和($W_r - V_r$)的方差分析作这种区分(详见下面方差分析部分)。

需要提起注意的是:显性世代系数 c 虽不影响回归系数 β,但却影响 $4pqacd$ 和 $4uvacd$ 的绝对值。F_1 的 $c=1$,为最大,因而是最理想的研究世代。F_2 及其以后的世代虽仍可研究,但因 c 变小,回归分析的灵敏度将下降。

2. 方差分析

由式(5-26)至式(5-29)可计算各公共亲本系列的协方差与方差之和:

$$\left.\begin{aligned}W_{r(A)F} + V_{r(A)F} &= uv(3a - cd)(a - cd) \\ W_{r(a)F} + V_{r(a)F} &= uv(3a + cd)(a + cd)\end{aligned}\right\} \tag{5-34}$$

$$\left.\begin{aligned}W_{r(A)M} + V_{r(A)M} &= pq(3a - cd)(a - cd) \\ W_{r(a)M} + V_{r(a)M} &= pq(3a + cd)(a + cd)\end{aligned}\right\} \tag{5-35}$$

协方差与方差之差:

$$\left.\begin{aligned} W_{r(A)F} - V_{r(A)F} &= uv(a^2 - c^2d^2) \\ W_{r(a)F} - V_{r(a)F} &= uv(a^2 - c^2d^2) \end{aligned}\right\} \tag{5-36}$$

$$\left.\begin{aligned} W_{r(A)M} - V_{r(A)M} &= pq(a^2 - c^2d^2) \\ W_{r(a)M} - V_{r(a)M} &= pq(a^2 - c^2d^2) \end{aligned}\right\} \tag{5-37}$$

上述式(5-34)和式(5-35)的($W_r + V_r$)说明，若显性效应 $d = 0$ 而只有加性效应 a，则雌亲内或雄亲内的($W_r + V_r$)均为同质($= uv3a^2$ 或 $pq3a^2$)。因此将($W_r + V_r$)看作一个变数作方差分析，以雌雄亲本内系列间变异的合并均方和误差均方之比可测验是否存在显性(测验 $H_O: d = 0$)。

上述式(5-36)和式(5-37)说明，若上位性效应 i 不存在，即只有加性 a 和显性效应 d，则雌亲内或雄亲内的($W_r - V_r$)均为同质($= uv(a^2 - c^2d^2)$ 或 $pq(a^2 - c^2d^2)$)，由此可测验是否存在上位性。方法是将($W_r - V_r$)看作一个变数作方差分析，其雌、雄亲内系列间变异的合并均方与误差均方之比可测验 $H_O: I = 0$。

例 5.5 11 个玉米自交系，其中 4 个大粒亲本(百粒重 > 28 g)和 7 个中小粒亲本(百粒重 < 25 g)杂交获得正反交 F_1 组合共 56 个，另加 11 个亲本共计 67 种基因型。以 3 次重复的随机完全区组试验测得其中两重复内各小区的平均抽丝期(播种至抽丝天数)数据。t 测验表明，正反交 F_1 之间在该性状上差异不显著，故对正反交 F_1 求平均获得如表 5-14 所列数据，表 5-15 为组合总和。试据此资料分析所研究性状的遗传属于那种遗传模型。

表 5-14 增广 NCⅡ 设计试验数据(玉米抽丝期)

基因型		区组			基因型	区组		
		Ⅰ	Ⅱ	总		Ⅰ	Ⅱ	总
1	Co37	82.7	83.1	165.8	2×7	77.5	78.5	156
2	Dc145	83.42	84.5	167.92	2×8	77.5	77	154.5
3	Syn3	81.28	82.0	163.28	2×9	79	79	158
4	Co32	81.45	82.2	163.65	2×10	79	79.5	158.5
5	京系 01	85.75	85.5	171.25	2×11	80	80.5	160.5
6	黄野 4	75.25	74.75	150	3×5	76.5	77	153.5
7	Pa871	81.50	82.00	163.5	3×6	70.5	70.5	141
8	白瑞埃	85.00	85.50	170.5	3×7	75	76.5	151.5
9	正黄 100	84.80	85.60	170.4	3×8	74.5	75	149.5
10	墨改 7	88.30	87.33	175.63	3×9	73.5	75	148.5
11	42-1	83.37	84.00	167.37	3×10	77.5	76	153.5
总				1 829.3	3×11	76	75	151
	1×5	80.5	81.0	161.5	4×5	78	77.5	155.5
	1×6	72	72	144	4×6	71.5	72.0	143.5
	1×7	74.5	75.5	150	4×7	73.5	73	146.5
	1×8	79	79.5	158.5	4×8	76.5	75.5	152
	1×9	77.5	79	156.5	4×9	74.5	75.5	150
	1×10	75.5	76	151.5	4×10	75	76	151
	1×11	79.5	80.5	160	4×11	79.5	78.5	158
	2×5	76.5	77	153.5				
	2×6	74	73	147	总和	3 046.82	3 057.48	$T = 6\,104.3$

表 5-15　表 5-14 的亲本及组合总和

母本 \ 父本		5	6	7	8	9	10	11	总
		171.25	150	163.5	170.5	170.4	175.63	167.37	1 168.65
1	165.8	161.5	144	150	158.5	156.5	151.5	160	1 082
2	167.92	153.5	147	156	154.5	158	158.5	160.5	1 088
3	163.28	153.5	141	151.5	149.5	148.5	153.5	151	1 048.5
4	163.65	155.5	143.5	146.5	152	150	151	158	1 056.5
总	660.65	624	575.5	604	614.5	613	614.5	629.5	4 275

解：(1) 对表 5-14 的数据作方差分析。

①总平方和分解：

$$C=\frac{T^2}{78}=477\ 724.083\ 2,\quad SS_T=\sum x^2-C=1\ 352.157\ 4$$

$$SS_r=\frac{1}{39}(3\ 046.82^2+3\ 057.48^2)-C=1.456\ 8$$

$$SS_G=\frac{1}{2}(165.8^2+\cdots+158^2)-C=1\ 339.058\ 6$$

$$SS_E=SS_T-SS_r-SS_g=11.642$$

②把基因型平方和 SS_g 进一步分解为亲本间、杂种间和亲本对杂种三项：

亲本间：$SS_{亲本}=\frac{1}{2}(165.8^2+167.92^2+\cdots+167.37^2)-\frac{1\ 829.3^2}{22}=219.846\ 8$

把亲本间平方和再进一步分解为母本间、父本间和母本对父本三项：

$$\begin{cases} SS_F=\frac{1}{2}(165.8^2+167.92^2+163.28^2+163.65^2)-\frac{(660.65)^2}{8}=6.920\ 8 \\ SS_M=\frac{1}{2}(171.25^2+\cdots+167.37^2)-\frac{(1\ 168.65)^2}{14}=208.859\ 4 \\ SS_{F对M}=\frac{(660.65)^2}{8}+\frac{(1\ 168.65)^2}{14}-\frac{(1\ 829.3)^2}{22}=4.066\ 6 \end{cases}$$

杂种间：由表 5-15，$SS_{F_1}=\frac{1}{2}(161.5+\cdots+158^2)-\frac{(4\ 275)^2}{56}=386.553\ 6$

把杂种间平方和再进一步分解为母本间、父本间和母本×父本间三项：

$$\begin{cases} SS_F=\frac{1}{2\times 7}(1\ 082^2+\cdots+1\ 056.5^2)-\frac{(4\ 275)^2}{56}=79.017\ 9 \\ SS_M=\frac{1}{2\times 4}(624^2+575.5^2+\cdots+629.5^2)-\frac{(4\ 275)^2}{56}=231.053\ 6 \\ SS_{FM}=SS_{F_1}-SS_F-SS_M=76.482\ 1 \end{cases}$$

亲本对杂种：$SS_{P对F_1}=\frac{1}{22}(1\ 829.3)^2+\frac{1}{56}(4\ 275)^2-C=732.658\ 2$

③方差分析结果汇总于表 5-16。

F 测验表明，各项变异均极显著，遗传差异普遍存在，可进一步作遗传模型分析。

表 5-16 增广 NCⅡ 设计的方差分析(玉米抽丝期)

变异来源	DF	SS	MS	F
区组	1	1.456 8	1.456 8	4.75*
基因型	38	1 339.058 6	35.238 4	115.01**
亲本	10	219.846 8	21.984 7	71.75**
母本 F	3	6.920 8	2.306 9	7.53**
父本 M	6	208.859 4	34.809 9	113.61**
母对父	1	4.066 6	4.066 6	13.27**
杂种	27	386.553 6	14.316 8	46.73**
母本	3	79.017 9	26.339 3	85.96**
父本	6	231.053 6	38.508 9	125.68**
母×父	18	76.482 1	4.249 0	13.87**
亲本对杂种	1	732.658 2	732.658 2	2 391.18**
误差	38	11.642	0.306 4	
总	77	1 352.157 4		

(2)W_r 对 V_r 的协方差分析。

① 由表 5-15 计算各公共亲本的系列方差 V_r 和协方差 W_r,列于表 5-17。

表 5-17 表 5-15 各公共系列亲本的方差(V_r)和协方差(W_r)

	雌亲系列			雄亲系列	
系列号	$V_r=X$	$W_r=Y$	系列号	$V_r=X$	$W_r=Y$
1	39.785 7	36.828 3	5	14.333 3	0.691 7
2	19.616 9	27.827 5	6	6.062 5	4.892 1
3	18.488 1	31.045 8	7	15.50	6.338 3
4	24.619 6	27.506 7	8	14.729 2	5.247 9
			9	22.08	9.675 8
			10	11.729 2	5.959 6
			11	19.229 2	7.115 4
单亲系列总	102.510 3	123.208 3		103.663 4	39.920 8
双亲系列总				206.173 7	163.129 1

$$V_{r(1)F}=\frac{1}{6}\left[161.5^2+\cdots+160^2-\frac{1\,082^2}{7}\right]=39.785\,7$$

$$V_{r(2)F}=\frac{1}{6}\left[153.5^2+\cdots+160.5^2-\frac{1\,088^2}{7}\right]=19.619\,0$$

$$\vdots$$

$$W_{r(1)F}=\frac{1}{6}\left[161.5\times171.25+\cdots+160\times167.37-\frac{1\,082\times1\,168.65}{7}\right]=36.828\,3$$

$$W_{r(2)F}=\frac{1}{6}\left[153.5\times171.25+\cdots+160\times167.37-\frac{1\,088\times1\,168.65}{7}\right]=27.827\,5$$

$$\vdots$$

$$V_{r(1)M}=\frac{1}{3}\left[161.5^2+\cdots+155.5^2-\frac{624^2}{4}\right]=14.333\,3$$

$$\vdots$$

$$W_{r(1)M}=\frac{1}{3}\left[161.5\times165.8+\cdots+155.5\times163.65-\frac{624\times660.65}{4}\right]$$
$$=0.6917$$
$$\vdots$$

②W_r 对 V_r 的协方差分析,结果汇总于表 5-18 的左半部分。

表 5-18 表 5-17 资料的协方差分析

变异来源	DF	SS_X	SS_Y	SP	离回归分析			
					DF	SS_r	MS_r	F
总	10	745.5918	1703.8549	840.2519	9	756.9249		
F对M	1	297.9208	1603.5473	691.1803				
F+M	9	447.6710	100.3076	149.0716	8	50.6677	6.3335	
		测验 $H_O:pq=uv$			1	706.2572	706.2572	111.5114**

注:SS_r 是离回归平方和。当符合加-显模型且 $a\neq cd$ 时,可对 $H_O:pq=uv$ 进行测验。

由表 5-17 可计算各项变异来源的 SS_X 和 SS_Y(略)和 SP

$$SP_T=39.7857\times36.8283+\cdots+19.2292\times7.1154-\frac{206.1737\times163.1291}{11}=840.2519$$

$$SP_{F对M}=\frac{1}{4}\times102.5103\times123.2083+\frac{1}{7}\times103.6634\times39.9208-\frac{206.1737\times163.1291}{11}=691.1803$$(此为父母本间乘积和)

$SP_{F+M}=840.2519-691.1803=149.0716$(此为父母本内乘积和。该乘积和可以从雌性系列和雄性系列单独分别计算再合并,这里的 $SP_{F内}=104.7808$,$SP_{M内}=44.2908$,$104.7808+44.2908=149.0716$,与此相等)

③测验 W_r 和 V_r 是否有直线回归关系。

测验 $H_O:\beta_{F+M}=0$

由表 5-18 的 F+M 项计算处理内离回归平方和 SS_r:

$$SS_r=100.3076-\frac{149.0716^2}{447.6710}=50.6677,\quad df_r=8$$

$$b=\frac{149.0716}{447.6710}=0.3330$$

$$s_b=\sqrt{\frac{50.6677}{8\times447.6710}}=0.1189$$

$$t=\frac{b}{s_b}=2.7996,t_{0.05,8}=2.306,p<0.05$$

测验 $H_O:\beta=1$

$$t=\frac{1-b}{s_b}=\frac{1-0.3333}{0.1189}=5.6072,t_{0.01,8}=3.355,p<0.01$$

差异极显著,$H_O:\beta=1$ 被否定。说明该性状不符合加-显遗传模型。为此需进一步判断是不存在显性效应,还是除加-显效应外,还有上位性效应。

(3)(W_r+V_r)和(W_r-V_r)的方差分析。

①按区组计算 V_r 和 W_r。为此需由表 5-14 整理出表 5-19 的格式,并按区组计算 V_r 和 W_r(表 5-20)。

表 5-19 表 5-14 数据按区组列成 F×M 格式

区组	F \ M		5	6	7	8	9	10	11	总
			85.75	75.25	81.50	85.00	84.8	88.3	83.37	583.97
Ⅰ	1	82.7	80.5	72	74.5	79	77.5	75.5	79.5	538.5
	2	83.42	76.5	74	77.5	77.5	79	79	80	543.5
	3	81.28	76.5	70.5	75	74.5	73.5	77.5	76	523.5
	4	81.45	78	71.5	73.5	76.5	74.5	75	79.5	528.5
	总	328.85	311.5	288	300.5	307.5	304.5	307	315	2 134
	F \ M		5	6	7	8	9	10	11	总
			85.5	74.75	82	85.5	85.6	87.33	84	584.68
Ⅱ	1	83.1	81.0	72	75.5	79.5	79	76	80.5	543.5
	2	84.5	77	73	78.5	77	79	79.5	80.5	544.5
	3	82.0	77	70.5	76.5	75	75	76	75	525
	4	82.2	77.5	72	73	75.5	75.5	76	78.5	528
	总	331.8	312.5	287.5	303.5	307	308.5	307.5	314.5	2 141

表 5-20 两区组的 W_r 和 V_r

系列	区组 Ⅰ		区组 Ⅱ	
	W_r	V_r	W_r	V_r
1	8.368 7	9.369	10.167 4	10.642 9
2	5.921 0	3.976 2	8.022 3	6.071 4
3	8.259 4	5.321 4	7.492 5	4.583 3
4	6.650 8	7.416 7	6.967 1	5.285 7
5	0.268 8	3.562 5	0.075	3.729 2
6	1.398 3	2.166 7	0.991 7	1.062 5
7	1.416 7	2.895 8	1.858 3	5.229 2
8	1.430 4	3.562 5	1.133 3	4.083 3
9	2.366 7	6.562 5	2.141 7	4.729 2
10	0.914 2	3.416 7	1.808 3	3.062 5
11	1.289 2	3.416 7	2.241 7	6.729 2

②计算各区组的 W_r+V_r 和 W_r-V_r,列于表 5-21,并对 W_r+V_r 和 W_r-V_r 作方差分析。

对 W_r+V_r 作平方和分解:

$C=1\ 607.547\ 1$,$SS_T=554.119\ 0$, $SS_r=3.024\ 2$

$$SS_{\text{F对M}}(\text{♀亲对♂亲})=\frac{114.515\ 8^2}{8}+\frac{73.542\ 8^2}{14}-C=418.011\ 0$$

$$SS_{\text{F+M}}(\text{♀内和♂内之和})=\frac{1}{2}(38.548^2+\cdots+26.320\ 3^2)-\frac{114.515\ 8^2}{8}+$$

$$\frac{1}{2}(7.635\ 5^2+5.619\ 2^2+\cdots+13.676\ 8^2)-\frac{73.542\ 8^2}{14}$$

$$=67.0319+36.3952$$

$$=103.4271$$

$$SS_E=SS_T-SS_{\text{F对M}}-SS_{\text{F+M}}-SS_r=29.6567$$

表 5-21　W_r+V_r 和 W_r-V_r

系列号	W_r+V_r			W_r-V_r		
	Ⅰ	Ⅱ	和	Ⅰ	Ⅱ	和
1	17.7377	20.8103	38.548	−1.0003	−0.4755	−1.4758
2	9.8972	14.0937	23.9909	1.9448	1.9509	3.8957
3	13.5808	12.0758	25.6566	2.938	2.9092	5.8472
4	14.0675	12.2528	26.3203	−0.7659	1.6814	0.9155
5	3.8313	3.8042	7.6355	−3.2937	−3.6542	−6.9479
6	3.565	2.0542	5.6192	−0.7684	−0.0708	−0.8392
7	4.3125	7.0875	11.4	−1.4791	−3.3709	−4.85
8	4.9929	5.2166	10.2095	−2.1321	−2.95	−5.0821
9	8.9292	6.8709	15.8001	−4.1958	−2.5875	−6.7833
10	4.3309	4.8708	9.2017	−2.5025	−1.2542	−3.7567
11	4.7059	8.9709	13.6768	−2.1275	−4.4875	−6.615
总和	89.9509	98.1077	188.0586	−13.3825	−12.3091	−25.6916

对 W_r-V_r 作平方和分解：

$$C=\frac{(-25.6916)^2}{22}=30.0027,\ SS_T=107.7168,\quad SS_r=0.0523$$

$$SS_{\text{F对M}}=\frac{9.1826^2}{8}+\frac{(-34.8742)^2}{14}-C=67.4094$$

$$SS_{\text{F+M}}=\frac{1}{2}[(-1.4758)^2+\cdots+0.9155^2]-\frac{9.1826^2}{8}+\frac{1}{2}[(-6.9479)^2+\cdots+(-6.615)^2]-\frac{(-34.8742)^2}{14}$$

$$=15.6512+14.2339=29.8851$$

$$SS_E=SS_T-SS_r-SS_{\text{M对F}}-SS_{\text{F+M}}=10.37$$

表 5-22　表 5-21 资料的方差分析

变异来源	DF	W_r+V_r			W_r+V_r		
		SS	MS	F	SS	MS	F
区组	1	3.0242	3.0242		0.0523	0.0523	
F 对 M	1	418.011	418.011	140.95**	67.4094	67.4094	65.00**
F＋M	9	103.4271	11.4919	3.87*	29.8851	3.3206	3.20*
误差	10	29.6567	2.9657		10.37	1.037	
总	21	554.1190			107.7168		

(4) 结论。

由前，W_r 对 V_r 的回归与 1 比较差异显著，说明不符合加-显模型；W_r+V_r 的 F＋M 项均方差异显著，说明存在着显性效应；W_r-V_r 的 F＋M 项均方差异显著，说明除加性和显性外，还存在着上位性效应。因此该遗传群体中性状抽丝期的遗传符合加-显-上遗传模型。另外，若假设该组资料符合加-显遗传模型且 $a^2 = c^2d^2$，由于F对M项均方显著，说明双亲间增效等位基因频率不相等（表 5-18 的最后一行）。关于基因频率的测验这里不作详细介绍，有关内容可参阅莫惠栋和李志民（1991）。

八、三重测交

三重测交（triple test crosses，TTC）是一种能检验上位性是否存在的遗传交配设计方法，有关内容将在第六章介绍。根据其设计原理，三重测交可用于遗传模型检测。若对和差式的检验已说明存在上位性效应，则加-显遗传模型是不适合的，需要用加-显-上模型来研究问题。在加-显-上模型下，三重测交不能估计遗传效应，只有在不存在上位性的前提下，即在加-显遗传模型下，才能无偏地估计加性和显性遗传方差。

九、关于基因效应分析和遗传模型检验的讨论

（1）关于遗传效应估计。在线性模型下采用联合尺度检验（加权最小二乘法）和世代平均值分析（不对世代均值加权的最小二乘法）可获得遗传效应的估计值。前者利用了世代均值和方差两方面的信息，而后者仅利用了世代均值的信息。当不同世代的方差差异不很大时二者所估结果相差不会很大，当世代方差相差大时遗传效应的估计结果会有较大差异。建议采用加权最小二乘法的联合尺度检验。

（2）关于世代均值方差的剖分。世代平均值的回归分析（第五部分）提供了利用逐步回归方法剖分世代方差的有效途径，但该法未考虑双亲后代各世代变异性的差异，为其不足之处。本章第六部分中对第五部分的方法增加了加权的内容，提出了世代平均值方差的加权剖分，使其更为合理。建议采用联合尺度检验法估计参数，并进行模型检验，再增加加权后方差成分的剖分，以补充效应变异的信息。其分析步骤可分为：遗传效应估计 → 方差成分剖分 → 遗传模型检验（详见第六部分）。同样的方法可用于更复杂的遗传模型分析，如 $3N$ 胚乳模型、自身基因型-母体效应模型等。

（3）关于遗传模型检验。联合尺度检验采用 χ^2 测验和 t 测验法检验遗传模型的适合性。只有当 χ^2 测验不显著且模型中所有参数都显著的情况下才能认为模型是适合的。世代平均值的回归分析法采用 F 测验来检验模型的适合性。只有在模型内每个依变数的回归均方都显著的情况下才能认为所配合的模型是适合的。采用世代平均值方差的加权剖分时（例 5.4）可以同时采用 χ^2 测验、t 测验和 F 测验法检验遗传模型的适合性，还可借助决定系数帮助判断遗传参数的相对重要性，把联合尺度检验和世代平均值方差的加权剖分结合起来可以有效地估计遗传效应和方差，还可有效地进行遗传模型检验。单一尺度检验法虽不能估计基因效应，但在检验模型时利用了均值和方差两方面的信息，是遗传模型检验的最简便的方法。

（4）增广 NCⅡ 设计和三重测交设计一样，可进行遗传模型检验。当检验说明上位性不存在时，二者均可无偏地获得加性和显性遗传方差等遗传信息（增广 NCⅡ 设计需去掉亲本依通常的 NCⅡ 设计分析），具体方法见第六章。

复习思考题

1. 什么是植物性状表达的基本属性或表达特征？它与正确选择数量性状遗传模型有何关

系？与植物育种有何关系？

2. 什么是遗传模型？建立遗传模型的基本前提是什么？什么是遗传模型的通常形式？

3. 何为遗传模型检验，其目的何在？

4. 哪些性状属于动植物二倍体性状？若以两纯合子的中值为原点，试写出两纯系杂交后代中自交和回交各世代的加-显和加-显-上遗传模型。

5. 单一尺度检验的基本原理是什么？该检验有哪些具体尺度？

6. 为研究某性状的遗传，采用两纯系亲本杂交，并采用自交和回交方式获得 6 世代的平均数和标准误如下表所列，试采用单一尺度检验法检验该性状的遗传是否符合加-显遗传模型。（答案：$A=-2.5, V_A=3.6, B=1.9, V_B=4.41, C=2.6, V_C=12.61$，符合加-显遗传模型）。

世代	$\bar{Y}\pm s_Y$
$\bar{P}_1$	81.4 ± 1.0
$\bar{P}_2$	67.0 ± 1.1
$\bar{F}_1$	83.1 ± 0.8
$\bar{F}_2$	79.3 ± 0.7
$\bar{B}_{1L}$	81.0 ± 0.7
$\bar{B}_{1S}$	76.0 ± 0.8

7. 什么是联合尺度检验？其基本特点何在？联合尺度检验的基本步骤有哪些？

8. 联合尺度检验中如何进行参数估计？如何进行模型检验？如何从分析结果得出结论？

9. 试就第 6 题的数据进行联合尺度检验，并对所研究性状的遗传特点进行统计推断。

答案：

遗传模型	*m*	[*a*]	[*d*]	[*aa*]	[*ad*]	卡方值
二参数	78.595 1**	6.185 2*				69.688 2
三参数	74.295 8**	6.448 6**	8.832 7**			3.929 0
四参数	75.089 9**	6.457 9**	7.811 3**	−0.989 4		3.610 4
五参数	75.173 1**	7.213**	7.768 4**	−1.109 9	−4.574 6**	0.470 6

10. 何为世代平均值的回归分析？其特点何在？怎样进行世代平均值分析？

11. 试以第 6 题的资料进行世代平均值的回归分析，并对所研究性状的遗传特点进行讨论。

答案：方差剖分

变异来源	二参数模型		三参数模型		四参数模型		五参数模型	
	DF	*MS*	*DF*	*MS*	*DF*	*MS*	*DF*	*MS*
[*a*]	1	103.613 4	1	103.613 4	1	103.613 4	1	103.613 4
[*d*]			1	65.759 3	1	65.759 3	1	65.759 3
[*aa*]					1	0.318 7	1	0.318 7
[*ad*]							1	3.139 7
剩余	4	69.688 2	3	3.929	2	3.610 2	1	0.470 5
总	5		5		5		5	
$SS_Y=173.301\,6\quad C=56\,200.622\,80$								

12. 何为世代方差剖分？其作用何在？

13. 什么是增广 NCⅡ 设计?其分析特点与功能如何?

14. 能用三重测交设计进行遗传模型检验吗?如何进行?能用三重测交设计进行遗传参数估计吗?怎样估计?

15. 你认为本章最后"关于基因效应分析和遗传模型检验的讨论"中的第 2 和第 3 点建议合理吗,为什么?

参考文献

1 郭平仲. 世代平均值分析的多元回归程序. 作物学报,1985,11(4):217～226

2 郭平仲. 数量遗传分析. 北京:首都师范学院出版社,1987

3 高之仁. 数量遗传学. 成都:四川大学出版社,1986

4 莫惠栋. 世代平均数的遗传分析 Ⅰ. 江苏农学院学报,1984,5(4):43～49

5 莫惠栋. 世代平均数的遗传分析 Ⅱ. 江苏农学院学报,1985,6(1):53～59

6 莫惠栋. 三重测验杂交的遗传分析. 江苏农学院学报,1987,8(2):59～64

7 莫惠栋,李志民. 增广 NCⅡ 设计和遗传模型测验. 作物学报,1991,17(1):1～9

8 莫惠栋. 农业试验统计. 第 2 版. 上海:科学技术出版社,1992

9 祁新,赵颖君,等. 玉米品质性状的遗传模型分析. 吉林农业科学,2001,26(3):32～35

10 Cavally C C. An analysis of linkage in quantitative inheritance. In: Reeve ECR, Waddington C H eds. Quantitative inheritance. London: HMSO, 1952. 135～144

11 Draper N, Smith H. Applied regression analysis. 2nd edn. New York: John Wiley & Sons Inc, 1981

12 Hayman B I. The theory and analysis of diallel crosses Ⅰ. Genetics, 1954, 39: 789～809

13 Hayman B I. The theory and analysis of diallel crosses Ⅱ. Genetics, 1958, 43: 63～85

14 Hayman B I. The theory and analysis of diallel crosses Ⅲ. Genetics, 1960, 45: 155～172

15 Kearsey J K, Pooni H S. The genetical analysis of quantitative traits. London: Chapman and Hall, 1996

16 Mather K, Jinks J L. Biometrical genetics. 3rd edn. London: Chapman and Hall. 1982

第六章 遗传交配设计与遗传方差成分估计

内容提要 第三和第四章介绍了遗传群体内方差的理论组成，第五章介绍了适合实际群体的遗传模型的建立和检验，本章介绍遗传方差的实际估算方法。遗传群体的方差组成需通过遗传交配设计和实施相应的试验来完成。本章介绍的遗传交配设计包括单因素遗传方差分析、两纯系交配自交回交设计、NCⅠ设计、NCⅡ设计、NCⅢ设计、TTC设计、双列杂交设计和永久F_2遗传交配设计等。对于每一种方法，先介绍设计特点，再介绍设计中实测方差成分估计，然后介绍如何把实测方差成分转换成遗传方差成分，以及群体内方差组成的实际意义。对群体遗传方差组成的实际估计有助于评价群体的利用价值和利用方式。

优良基因的利用给人类的动植物生产带来了巨大利益。优良基因的载体是动植物的遗传群体。人类通过研究遗传群体内优良基因的含量及其存在方式来决定其利用价值和利用途径。衡量某遗传群体利用价值的指标有二：一为目标性状的平均水平，二为目标性状的变异程度。从生产利用的角度看，高平均值低变异性是优良的；而从育种利用的角度看，高平均值和高变异性才是符合要求的。第二章从均值与效应的层面上介绍了群体的遗传特性，第三章从理论的角度说明了群体遗传变异的组分。对于遗传育种家来说，仅了解群体遗传变异的理论组成还不够，最重要的是实际评价手中的遗传群体，以确定其利用价值和利用方式。本章介绍评价群体遗传变异的理论与方法：遗传交配设计（genetic matting design）与遗传方差成分估计（genetic variance estimation）。实际估算遗传方差成分以评价群体利用价值是目的，遗传交配设计是手段。所谓遗传交配设计就是为创造特定的亲属结构（以估计遗传方差为目的）而设计的人工控制交配系统。如为创造全同胞和半同胞关系的NCⅠ和NCⅡ遗传交配设计等。

估计遗传方差的一般过程是：① 由参照遗传群体（即要估计其遗传方差的群体）内随机抽取其有代表性的样本，直接或经人工组配形成一定的亲属关系；② 设计并实施一定的试验（田间或室内）考察这些亲属的性状值，对试验资料进行分析获得亲属关系的实测方差；③ 通过亲属间协方差把实测方差成分转换为遗传方差成分；④ 根据群体表型方差的遗传组成评价群体的利用价值和利用方式。

遗传交配设计方法有多种，但一个合理的交配设计必须合乎遗传学基本原理，便于统计分析且所得结果易于解释。由于生物现象的多样性和遗传表达的特殊性，一般来说对某群体估计的方差成分只是所研究的有关参照群体（reference population）的样本结果，该结果一般只能用来推断和评价该参照群体。参照群体可有多种：由两纯系杂交而得，由许多纯系综合而成，也可为一个天然异交群体或多个品种的混合群体，甚至不同倍性的群体，如单倍体群体等。参照群体可具有不同程度的近交水平（$0 \leqslant F \leqslant 1$，$F$为近交系数）。本章介绍几种常用的遗传交配设计和相应的分析方法。

一、单因素遗传设计

1. 供试材料

为参照群体的随机样本(n 个基因型或品种)。一般以 r 次重复的完全随机区组设计实施试验。试验资料以表 6-1 的格式整理,方差分析依式 6-1a 的数据模型和表 6-2 的格式进行。

2. 数据模型

$$y_{ij}=\mu+\tau_i+\beta_j+\varepsilon_{ij} \tag{6-1a}$$

式中:y_{ij} 为第 i 个基因型在第 j 次重复的观测值,$i=1,2,\cdots,n$;$j=1,2,\cdots,r$;μ 为总体均值;τ_i 为第 i 个基因型的效应;β_j 为第 j 个区组的效应;ε_{ij} 为 y_{ij} 的随机误差,具有分布 $N(0,\sigma^2)$。

3. 数据整理与方差分析

表 6-1 单因素遗传设计数据整理

基因型	1	2	3	4	5	…	n
重复 1	y_{11}	y_{21}	y_{31}	y_{41}	y_{51}	…	y_{n1}
重复 2	y_{12}	y_{22}	y_{32}	y_{42}	y_{52}	…	y_{n2}
重复 3	y_{13}	y_{23}	y_{33}	y_{43}	y_{53}	…	y_{n3}
⋮	⋮	⋮	⋮	⋮	⋮	…	⋮
重复 r	y_{1r}	y_{2r}	y_{3r}	y_{4r}	y_{5r}	…	y_{nr}

表 6-2 单因素随机区组设计的方差分析

变异来源	自由度(DF)	均方(MS)	期望均方(EMS)	期望均积(EMP)
区组	$r-1$			
基因型	$n-1$	MS_2	$\sigma^2+r\sigma_G^2$	cov_E+rcov_G
误差	$(r-1)(n-1)$	MS_1	σ^2	cov_E
总	$rn-1$			

4. 实测方差成分估计及估计标准误

依表 6-2 的期望均方估计实测方差成分:

$$\left.\begin{array}{l}\text{误差方差 } \sigma^2=MS_1 \\ \text{基因型方差 } \sigma_G^2=(MS_2-MS_1)/r\end{array}\right\} \tag{6-1b}$$

方差估计标准误:根据 Kempthorne(1969),由于方差成分估计值是多个独立均方值的线性函数,可采用求线性函数方差的方法求得方差成分估计值的方差,并给出了如下计算式。

(1)如果 X 为基于 $df=k$ 的均方 MS,则 X 的方差的无偏估计值为:

$$V(X)=\frac{2X^2}{k+2} \tag{6-1c}$$

(2)如果有方差成分估计值 $\sigma_f^2=\dfrac{MS_2-MS_1}{rs}$,则

$$V(\sigma_f^2)=\frac{2}{r^2s^2}\left(\frac{MS_2^2}{df_2+2}+\frac{MS_1^2}{df_1+2}\right) \quad (6\text{-}1d)$$

根据以上原理和公式，这里的方差估计值的方差为：

$$V(\hat{\sigma}_G^2)=\frac{2}{r^2}\left[\frac{MS_2^2}{(n-1)+2}+\frac{MS_1^2}{(n-1)(r-1)+2}\right]$$

5. 遗传方差成分估计

若忽略位点间互作不计，可依 $\sigma_G^2=cov_G$（组间方差＝组内协方差）把实测方差成分 σ_G^2 转换为遗传方差：

(1)当试验材料为纯系或无性繁殖系时，实测方差 σ_G^2 等于总遗传方差 V_G，即 $\sigma_G^2=V_G$。

(2)当供试材料为异花授粉作物的半同胞家系时，依据第三章半同胞协方差的计算式 $\sigma_G^2=cov_{HS}=\frac{1+F}{4}V_A$，可得到加性遗传方差估值 $V_A=\frac{4\sigma_G^2}{1+F}$，$F$ 为参照群体的近交系数，若 $F=0$，$V_A=4\sigma_G^2$。

(3)当供试材料为自花授粉作物的半同胞家系时，其近交系数 $F=1$，$\sigma_G^2=cov_{HS}=\frac{1+1}{4}V_A=\frac{1}{2}V_A$，所以加性方差 $V_A=2\sigma_G^2$。

(4)当试验材料为开放授粉群体间全同胞家系时，$\sigma_G^2=\frac{1}{2}V_A+\frac{1}{4}V_D$。

(5)当试验材料为自花授粉品系间全同胞家系时，$\sigma_G^2=V_A+V_D$。

由此可见，参照群体不同，供试材料间变异所估计的遗传方差成分其含义是不同的。

例 6.1　为了评价某玉米自交系群体的遗传变异情况，从该群体中随机抽取了 8 个有代表性的自交系，以 4 次重复的随机完全区组设计作田间试验考察小区产量，试验结果如表 6-3 所示。试据此资料估计该自交系群体的遗传方差。

表 6-3　8 个玉米自交系随机区组试验的小区产量　kg

基因型	Ⅰ	Ⅱ	Ⅲ	Ⅳ	T_i
1	30.0	29.8	31.5	31.6	122.9
2	25.0	24.0	26.0	26.5	101.5
3	27.5	25.0	26.3	26.4	105.2
4	20.0	19.8	22.0	21.1	82.9
5	29.8	28.0	30.2	30.5	118.5
6	40.0	39.0	42.3	41.1	162.4
7	38.0	36.9	39.9	38.9	153.7
8	39.0	37.6	40.0	39.5	156.1
T_r	249.3	240.1	258.2	255.6	T=1 003.2

解：(1)试验精确度评价。

该试验的误差项均方 $\sigma_E^2=0.30$（表 6-4），试验总平均 $\bar{y}=\frac{1\,003.2}{32}=31.35$，试验精确度 $EP(\%)=\frac{\sqrt{0.3}}{31.35}=0.017\,5=1.75\%$，说明该试验的试验误差控制得很好（孔繁玲等，2001）。

(2)方差分析。

依式(6-1)的模式有：

$$C=\frac{T^2}{nr}=\frac{1\,003.2^2}{8\times 4}$$

$$SS_T=(30.0^2+29.8^2+\cdots+39.5^2)-C=1\,518.60$$

$$SS_G=\sum\frac{T_i^2}{r}-C=\frac{122.9^2+101.5^2+\cdots+156.1^2}{4}-C=1\,487.94$$

$$SS_r=\sum\frac{T_r^2}{n}-C=\frac{249.3^2+240.1^2+258.2^2+255.6^2}{7}-C=24.32$$

$$SS_E=SS_T-SS_G-SS_r=6.34$$

表 6-4 例 6.1 数据方差分析表

变异来源	DF	SS	MS	F	EMS
区组	3	24.32	8.11		
基因型	7	1 487.94	212.56	708.53**	$\sigma^2+4\sigma_G^2$
误差	21	6.34	0.30		σ^2
总	31	1 518.60			

由于该研究的参照群体由自交系构成，基因型间方差估计了全部遗传方差，故有总遗传方差 $\hat{V}_G=\hat{\sigma}_G^2=(212.56-0.30)/4=53.065$。该遗传方差全部为加性遗传方差。

$$\hat{V}(\hat{\sigma}_G^2)=\frac{2}{r^2}\left[\frac{MS_2^2}{(n-1)+2}+\frac{MS_1^2}{(n-1)(r-1)+2}\right]$$

$$=\frac{2}{4^2}\left[\frac{(212.56)^2}{7+2}+\frac{(0.30)^2}{21+2}\right]=627.52$$

遗传方差成分估计标准误 $\hat{\sigma}(\hat{\sigma}_G^2)=25.050$。

小结：$\hat{V}_G\pm\hat{\sigma}(\hat{V}_G)=53.065\pm25.050$。说明该试验以小区为单位的试验误差小，品种比较精确度也较高。

二、两纯系交配自交回交设计

根据第三章关于两纯系杂交衍生各世代遗传方差的组成，可采用杂交、自交和回交等人工控制授粉方式产生多种双亲后代群体(如 P_1、P_2、F_1、F_2、B_{1L} 和 B_{1S} 等)，然后通过多世代方差的对比估计遗传方差(详见例 3.7)。也可利用世代平均值的回归分析估计遗传方差(具体方法详见例 5.3 和 5.4)。还可通过对 P_1、P_2、F_1、F_2 和由 F_2 随机交配产生的 F_3 等 5 个家系遗传方差的对比估计遗传方差成分，方法参见 Mather 和 Jinks(1982)。本章不再重复。

三、NCⅠ设计

NCⅠ(north carolina design Ⅰ)遗传交配设计又称双因素巢式遗传设计(nested design)，由 Comstock 和 Robinson(1948)提出。

1. 交配设计与试验数据整理

该设计采用巢式交配构建供试材料。具体做法是，从参照群体中随机抽取 $m+mf$ 株（或系），随机地令其中 m 株（或系）为父本，mf 株（或系）为母本，把每个父本随机地交配于不同的 f 株（或系）母本，形成 m 个半同胞家系（HS），mf 个全同胞家系（FS），如图 6-1 所示。

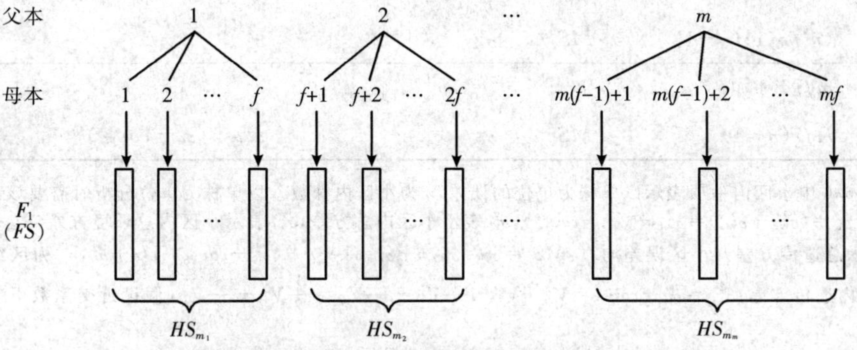

（m 个父本，mf 个母本，mf 个全同胞家系，m 个半同胞家系）

图 6-1　NCⅠ交配设计示意图

若以全同胞家系为单位进行 r 次重复的随机完全区组试验，试验数据可依表 6-5 的格式进行整理。

表 6-5　NCⅠ遗传交配设计试验数据整理

父本		m_1			m_2			$\cdots m_i \cdots$	m_m		
母本		f_1	f_2	f_3	f_4	f_5	f_6	$\cdots f_{ij} \cdots$	$f_{m(f-2)}$	$f_{m(f-1)}$	f_{mf}
重复	1	y_{111}	y_{121}	y_{131}	y_{241}	y_{251}	y_{261}	$\cdots y_{ij1} \cdots$	$y_{m(f-2)1}$	$y_{m(f-1)1}$	y_{mf1}
	2	y_{112}	y_{122}	y_{132}	y_{242}	y_{252}	y_{262}	$\cdots y_{ij2} \cdots$	$y_{m(f-2)2}$	$y_{m(f-1)2}$	$y_{m(f-1)2}$
	⋮	⋮	⋮	⋮	⋮	⋮	⋮	⋮	⋮	⋮	⋮
	k	y_{11k}	y_{12k}	y_{13k}	y_{24k}	y_{25k}	y_{26k}	$\cdots y_{ijk} \cdots$	$y_{m(f-2)k}$	$y_{m(f-1)k}$	y_{mfk}
	⋮	⋮	⋮	⋮	⋮	⋮	⋮	⋮	⋮	⋮	⋮
	r	y_{11r}	y_{12r}	y_{13r}	y_{24r}	y_{25r}	y_{26r}	$\cdots y_{ijr} \cdots$	$y_{m(f-2)r}$	$y_{m(f-1)r}$	y_{mfr}
亲属关系		FS_{11}	FS_{12}	FS_{13}	FS_{24}	FS_{25}	FS_{26}	$\cdots FS_{ij} \cdots$	$FS_{m(f-2)}$	$FS_{m(f-1)}$	FS_{mf}
			HS_{m_1}			HS_{m_2}		$\cdots HS_{m_i} \cdots$		HS_{m_m}	

2. 数据模式与方差分析

NCⅠ数据模式：

$$y_{ijk}=\mu+m_i+f_{ij}+r_k+\varepsilon_{ijk} \tag{6-2}$$

式中：y_{ijk} 为第 i 个父本与第 j 个母本交配的全同胞家系在第 k 次重复的性状值；μ 为总体均值；m_i 为第 i 个父本的效应，具分布 $N(0,\sigma_m^2)$；f_{ij} 为第 i 个父本内第 j 个母本的效应，具分布 $N(0,\sigma_{f/m}^2)$；r_k 为第 k 次重复的效应；ε_{ijk} 为第 ij 个全同胞家系在第 k 次重复的随机误差效应，具分布 $N(0,\sigma^2)$。

依式(6-2)可对试验结果作方差分析（表 6-6）。

表 6-6 NCⅠ 设计的方差分析

变异来源	DF	MS	EMS	EMP
区组	$r-1$			
父本	$m-1$	MS_4	$\sigma^2+r\sigma_{f/m}^2+rf\sigma_m^2$	$\sigma^2+r(cov_{FS}-cov_{HS})+rfcov_{HS}$
父本内母本	$m(f-1)$	MS_3	$\sigma^2+r\sigma_{f/m}^2$	$\sigma^2+r(cov_{FS}-cov_{HS})$
小区误差	$(mf-1)(r-1)$	MS_2	σ^2	σ^2
总	$mfr-1$			
小区内①	$mfr(n-1)$	MS_1	σ_w^2	$\sigma_{wE}^2+(\sigma_G^2-cov_{FS})$

注:①表 6-6 中小区内一项表示以单株为单位的误差,n 为小区内株数。以单株为单位分析时需要该项计算。小区内均方:$MS_1=\sigma_w^2=(\sigma_{wE}^2+\sigma_{wG}^2)=\sigma_{wE}^2+(\sigma_G^2-cov_{FS})$,$\sigma_w^2$ 表示小区内总方差,σ_{wE}^2 表示小区内总环境方差,σ_{wG}^2 表示小区内遗传方差,σ_G^2 表示总遗传方差。小区误差均方:$MS_2=\sigma^2=\sigma_w^2/n+\sigma_b^2=[\sigma_{wE}^2+(\sigma_G^2-cov_{FS})]/n+\sigma_b^2$,$\sigma_b^2$ 为区组内试验小区间误差。小区内遗传方差:$\sigma_{wG}^2=\sigma_G^2-cov_{FS}=V_A+V_D-\frac{1}{2}V_A-\frac{1}{4}V_D=\frac{1}{2}V_A+\frac{3}{4}V_D$(假设近交系数 $F=0$,上位性方差$V_I=0$)。

由 $F=\frac{MS_4}{MS_3}$ 测验父本间均方显著性,由 $F=\frac{MS_3}{MS_2}$ 测验父本内母本间均方显著性。

3. 实测方差成分估计

依表 6-6 的期望均方 EMS 可估算实测方差成分 σ_m^2 和 $\sigma_{f/m}^2$。

$$\sigma_m^2=\frac{MS_4-MS_3}{rf},\sigma_{f/m}^2=\frac{MS_3-MS_2}{r},\sigma_E^2=MS_2\text{(以小区为单位)}$$

4. 遗传方差成分估计

估计 NCⅠ遗传交配设计的遗传方差成分前,应首先了解该设计实测方差成分的遗传组成,即其遗传模型(表 6-7)。

表 6-7 NCⅠ 设计的实测方差组成

实测方差	F=0					F=1				
	V_A	V_D	V_{AA}	V_{AD}	V_{DD}	V_A	V_D	V_{AA}	V_{AD}	V_{DD}
σ_m^2	$\frac{1}{4}$	0	$\frac{1}{16}$	0	0	$\frac{1}{2}$	0	$\frac{1}{4}$	0	0
$\sigma_{f/m}^2$	$\frac{1}{4}$	$\frac{1}{4}$	$\frac{3}{16}$	$\frac{1}{8}$	$\frac{1}{16}$	$\frac{1}{2}$	1	$\frac{3}{4}$	1	1
σ^2	$\frac{1}{2}$	$\frac{3}{4}$	$\frac{3}{4}$	$\frac{7}{8}$	$\frac{15}{16}$	0	0	0	0	0

注:该表由亲属间协方差的一般式推导而来:$cov=rV_A+uV_D$(假设上位性不存在),对于全同胞关系,$r=\frac{1+F}{2}$,$u=\frac{(1+F)^2}{4}$;对于半同胞关系,$r=\frac{1+F}{4}$,$u=0$

由下面的应用可帮助理解上表中实测方差与遗传方差的关系。

当假设上位性不存在时,依据表 6-6 的期望均积 EMP 可估计遗传方差成分 V_A 和 V_D。

$$\left.\begin{aligned}\sigma_m^2&=cov_{HS}=\frac{1+F}{4}V_A\\\sigma_{f/m}^2&=cov_{FS}-cov_{HS}=\frac{1+F}{2}V_A+\frac{(1+F)^2}{4}V_D-\frac{1+F}{4}V_A\\&=\frac{1+F}{4}V_A+\frac{(1+F)^2}{4}V_D\end{aligned}\right\}\tag{6-3}$$

$$\text{当 }F=0,\left.\begin{aligned}\sigma_m^2&=\frac{1}{4}V_A\\\sigma_{f/m}^2&=\frac{1}{4}V_A+\frac{1}{4}V_D\end{aligned}\right\}\longrightarrow\left.\begin{aligned}\hat{V}_A&=4\sigma_m^2\\\hat{V}_D&=4(\sigma_{f/m}^2-\sigma_m^2)\end{aligned}\right\}\tag{6-4a}$$

$$\text{当 }F=1,\left.\begin{aligned}\sigma_m^2&=\frac{1}{2}V_A\\\sigma_{f/m}^2&=\frac{1}{2}V_A+V_D\end{aligned}\right\}\longrightarrow\left.\begin{aligned}\hat{V}_A&=2\sigma_m^2\\\hat{V}_D&=\sigma_{f/m}^2-\sigma_m^2\end{aligned}\right\}\tag{6-4b}$$

5. 遗传方差成分估计值标准误

当 $F=0$ 时，加性遗传方差的方差为：

$$\begin{aligned}\hat{V}(\hat{V}_A)&=V(4\sigma_m^2)=V\left(4\times\frac{MS_4-MS_3}{rf}\right)\\&=\frac{16\times2}{r^2f^2}\left(\frac{MS_4^2}{(m-1)+2}+\frac{MS_3^2}{m(f-1)+2}\right)\end{aligned}\tag{6-5a}$$

显性遗传方差的方差为：

$$\begin{aligned}\hat{V}(\hat{V}_D)&=V[4(\sigma_{f/m}^2-\sigma_m^2)]=V\left[4\left(\frac{MS_3-MS_2}{r}-\frac{MS_4-MS_3}{rf}\right)\right]\\&=\frac{16\times2}{r^2}\left[\frac{MS_3^2}{m(f-1)+2}+\frac{MS_2^2}{(mf-1)(r-1)+2}+\right.\\&\qquad\left.\frac{1}{f^2}\left(\frac{MS_4^2}{(m-1)+2}+\frac{MS_3^2}{m(f-1)+2}\right)\right]\end{aligned}\tag{6-5b}$$

对比如上加性和显性遗传方差的估计误差可知，采用 NCⅠ设计估计的加性遗传方差其精度要高于显性遗传方差的估计精度。

6. 平均显性

以 $F=0$ 为例。假设参照群体处于平衡状态，$p=q=1/2$，且 $V_I=0$，则参照群体的平均显性：

$$\bar{d}=\sqrt{\frac{2(\sigma_{f/m}^2-\sigma_m^2)}{\sigma_m^2}}=\sqrt{\frac{2V_D}{V_A}}=\sqrt{\frac{V_d}{V_a}}\tag{6-6}$$

例 6.2　M. J. Kearsey 曾采用 NCⅠ设计研究某罂粟群体开花期的遗传。从群体中随机抽取 48 个品系，任取其中 4 个为父本，每个父本分别交配于不同的 11 个母本品系，共得 4 个半同胞家系，44 个全同胞家系，2 次重复的随机完全区组试验得观测资料如表 6-8 所示，试据此资料估计参照群体的遗传方差。

解：依式(6-2)对表 6-8 中数据作方差分析，得方差分析表 6-9。

表 6-8　NCⅠ设计罂粟开花期试验资料(马育华,1982)

父本	母本	重复 1	重复 2	$Y_{ij.}$	$Y_{i..}$
1	1	21.6	23.2	44.8	
	2	30.8	19.0	49.8	
	⋮	⋮	⋮	⋮	
	11	19.0	20.3	39.2	568.1
2	1	33.0	35.6	68.6	
	2	29.8	28.0	57.8	
	⋮	⋮	⋮	⋮	
	11	29.2	26.0	55.2	666.3
3	1	18.4	26.4	44.8	
	2	19.8	23.8	43.8	
	⋮	⋮	⋮	⋮	
	11	23.2	21.0	44.2	573.2
4	1	33.6	33.8	67.4	
	2	36.0	31.0	67.0	
	⋮	⋮	⋮	⋮	
	11	32.5	31.6	64.1	675.0
总和		1 241.3	1 241.3	2 482.6	2 482.6

表 6-9　NCⅠ设计罂粟开花期资料的方差分析表

变异来源	*DF*	*SS*	*MS*	*EMS*	*F*
区组	1	0			
父本	3	456.86	152.29	$\sigma^2+2\sigma^2_{f/m}+22\sigma^2_m$	5.49**
父本内母本	40	1 109.02	27.72	$\sigma^2+2\sigma^2_{f/m}$	4.07**
误差	43	292.73	6.81	σ^2	
总变异	87				

试验精确度评价:小区平均=2 482.6/88=28.21,以小区为单位的试验精确度:$EP(\%)=\sqrt{6.81}/28.21=9.25\%$,试验误差较大。

实测方差成分:

$$\sigma^2_m=\frac{152.29-27.72}{2\times 11}=5.662$$

$$\sigma^2_{f/m}=\frac{27.72-6.81}{2}=10.455$$

遗传方差成分估值:因为 $F=0$,所以

$$\hat{V}_A=4\sigma^2_m=4\times 5.662=22.648$$

$$\hat{V}_D=4(\sigma^2_{f/m}-\sigma^2_m)=4(10.455-5.662)=19.172$$

估计标准误:

$$V(\hat{V}_A)=\frac{2\times 4^2}{2^2\times 11^2}\left[\frac{(152.29)^2}{3+2}+\frac{(27.72)^2}{40+2}\right]=307.884$$

$$\hat{\sigma}(\hat{V}_A)=\sqrt{307.884}=17.547$$

$$V(\hat{V}_D)=\frac{2\times 4^2}{2^2}\left[\frac{27.72^2}{40+2}+\frac{6.81^2}{43+2}+\frac{1}{11^2}\left(\frac{152.29^2}{3+2}+\frac{27.72^2}{40+2}\right)\right]=462.49$$

$$\hat{\sigma}(\hat{V}_D)=\sqrt{462.49}=21.506$$

因此有：

$$\begin{cases}\hat{V}_A \pm \sigma(\hat{V}_A) = 22.648 \pm 17.547 \\ \hat{V}_D \pm \sigma(\hat{V}_D) = 17.172 \pm 21.506\end{cases}$$

由此可以看出，该试验遗传方差的估计误差均很大。值得注意的是，该试验父本仅抽取了4个品系($m=4$)，数量太少，影响了 σ_f^2 的估计精度，使显性遗传方差的估计误差大于加性遗传方差的，这属于 NCⅠ设计的特点，需在应用时注意。

平均显性：
$$\bar{d} = \sqrt{\frac{2V_D}{V_A}} = \sqrt{\frac{2 \times 19.172}{22.648}} = 1.30$$

结论：该参照群体内开花期的遗传以加性作用为主，位点内等位基因间互作可能具超显性，其前提是位点间不存在上位性。

总表型方差：　$V_P = \sigma_m^2 + \sigma_{f/m}^2 + \sigma_E^2 = 5.662 + 10.455 + 6.81 = 22.927$

四、NCⅡ设计

NCⅡ遗传交配设计(north carolina designⅡ)又称双因素交叉式设计、pq 设计等，是一种应用十分广泛的遗传交配设计方法。由 Comstock 和 Robinson(1948)提出。

1. 设计与试验

采用交叉式组配的方式将两组亲本相互杂交，构建供试材料。具体做法是，从参照群体内随机抽取 $m+f$ 株(或系)，随机地以其中 m 株(或系)作父本，另外 f 株(或系)作母本，交叉式组配成 mf 个全同胞家系(每个父本均与同一组 f 个母本交配。每个母本均与同一组 m 个父本交配)，如图 6-2 所示。

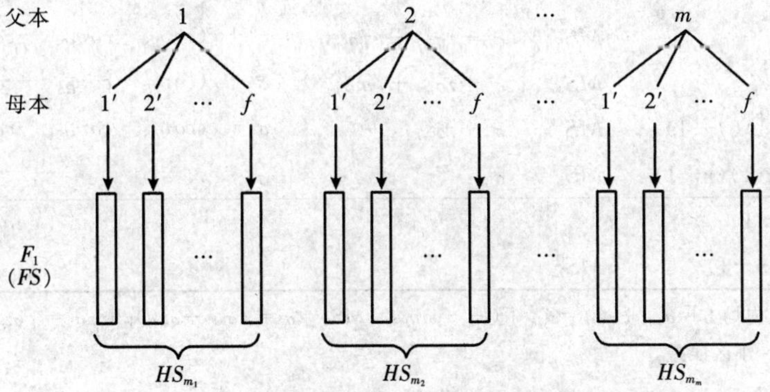

(m 个父本，f 个母本，mf 个全同胞家系，m 个父系半同胞家系，f 个母系半同胞家系)

图 6-2　NCⅡ交配设计示意图

若以全同胞家系为供试单位，r 次重复实施随机区组试验，数据整理如表 6-10 的格式。

2. 数据模式与方差分析

(1)以小区为单位的数据模式为：

$$y_{ijk} = \mu + m_i + f_j + (mf)_{ij} + r_k + \varepsilon_{ijk} \tag{6-7a}$$

$$(i=1,2,\cdots,m;j=1,2,\cdots,f;k=1,2\cdots,r)$$

式中：y_{ijk} 为第 i 个父本与第 j 个母本交配的全同胞家系在第 k 次重复的性状值；μ 为总体均值；m_i 为第 i 个父本的效应，具分布 $N(0,\sigma_m^2)$；f_j 为第 j 个母本的效应，具分布 $N(0,\sigma_f^2)$；r_k 为第 k 次重复的效应；ε_{ijk} 为第 ij 个全同胞家系在第 k 次重复的随机误差效应，具分布 $N(0,\sigma^2)$。表 6-10 格式的数据应采用式(6-7a)的模式分析。

表 6-10　NCⅡ遗传交配设计数据整理

父本	m_1			m_2			$\cdots m_i \cdots$	m_m			亲属关系
重复	R_1	R_2	R_3	R_1	R_2	R_3	$\cdots\ \cdots\ \cdots$	R_1	R_2	R_3	
母本 f_1	y_{111}	y_{112}	y_{113}	y_{211}	y_{212}	y_{213}	$\cdots\ y_{i1k} \cdots$	y_{m11}	y_{m12}	y_{m13}	HS_{f1}
f_2	y_{121}	y_{122}	y_{123}	y_{221}	y_{222}	y_{223}	$\cdots\ y_{i2k} \cdots$	y_{m21}	y_{m22}	y_{m23}	HS_{f2}
$\vdots$	$\vdots$	$\vdots$	$\vdots$	$\vdots$	$\vdots$	$\vdots$	$\vdots$	$\vdots$	$\vdots$	$\vdots$	$\vdots$
f_j	y_{1j1}	y_{1j2}	y_{1j3}	y_{2j1}	y_{2j2}	y_{2j3}	$\cdots\ y_{ijk} \cdots$	y_{mj1}	y_{mj2}	y_{mj3}	HS_{fj}
$\vdots$	$\vdots$	$\vdots$	$\vdots$	$\vdots$	$\vdots$	$\vdots$	$\vdots$	$\vdots$	$\vdots$	$\vdots$	$\vdots$
f_f	y_{1f1}	y_{1f2}	y_{1f3}	y_{2f1}	y_{2f2}	y_{2f3}	$\cdots\ y_{ifk} \cdots$	y_{mf1}	y_{mf2}	y_{mf3}	HS_{ff}
亲属关系	HS_{m11}	HS_{m12}	HS_{m13}	HS_{m21}	HS_{m22}	HS_{m23}	$\cdots\ HS_{mik} \cdots$	HS_{mm1}	HS_{mm2}	HS_{mm3}	

(2)以小区内单株为单位的数据模式为：

$$y_{ijkl}=\mu+m_i+f_j+(mf)_{ij}+r_k+\varepsilon_{ijkl} \tag{6-7b}$$

式中：y_{ijkl} 为第 ij 个全同胞家系在第 k 个区组的第 l 个单株的观测值($i=1,2,\cdots,m;j=1,2,\cdots,f;k=1,2,\cdots,r;l=1,2,\cdots,n$)，$\varepsilon_{ijkl}$ 为随机误差。

NCⅡ设计作两向分组的方差分析，格式见表 6-12。

表 6-11　NCⅡ设计的方差分析表

变异来源	DF	MS	EMS	EMP
区组	$r-1$			
父本	$m-1$	MS_5	$\sigma_t^2+r\sigma_{mf}^2+rf\sigma_m^2$	$\sigma^2+r(cov_{FS}-cov_{HS_f}-cov_{HS_m})+rfcov_{HS_m}$
母本	$f-1$	MS_4	$\sigma^2+r\sigma_{mf}^2+rm\sigma_f^2$	$\sigma^2+r(cov_{FS}-cov_{HS_f}-cov_{HS_m})+rmcov_{HS_f}$
父×母	$(m-1)(f-1)$	MS_3	$\sigma^2+r\sigma_{mf}^2$	$\sigma^2+r(cov_{FS}-cov_{HS_f}-cov_{HS_m})$
误差	$(mf-1)(r-1)$	MS_2	σ^2	σ^2
总变异	$mfr-1$			
小区内	$mfr(n-1)$	$MS_1$①		

注：①MS_1＝小区内均方＝$\sigma_{wE}^2+\sigma_{wG}^2=\sigma_{wE}^2+(\sigma_G^2-cov_{FS})$，$MS_2=\sigma^2=(\sigma_{wG}^2+\sigma_{wE}^2)/n+\sigma_b^2=[\sigma_{wE}^2+(\sigma_G^2-cov_{FS})]/n+\sigma_b^2$，$n$＝小区内株数，$\sigma_b^2$＝小区误差。

3. 实测方差成分估计

$$\sigma_m^2=\frac{MS_5-MS_3}{rf},\quad \sigma_f^2=\frac{MS_4-MS_3}{rm},\quad \sigma_{mf}^2=\frac{MS_3-MS_2}{r} \tag{6-8}$$

4. 遗传方差成分估计

对 NCⅡ遗传交配设计作遗传方差成分估计前，需首先了解该设计中实测方差成分的遗传组成，即其遗传模型(表 6-12)。

表 6-12　NCⅡ遗传交配设计的实测方差组成

实测方差	F=0					F=1				
	V_A	V_D	V_{AA}	V_{AD}	V_{DD}	V_A	V_D	V_{AA}	V_{AD}	V_{DD}
σ_m^2	$\frac{1}{4}$	0	$\frac{1}{16}$	0	0	$\frac{1}{2}$	0	$\frac{1}{4}$	0	0
σ_f^2	$\frac{1}{4}$	0	$\frac{1}{16}$	0	0	$\frac{1}{2}$	0	$\frac{1}{4}$	0	0
σ_{mf}^2	0	$\frac{1}{4}$	$\frac{1}{8}$	$\frac{1}{8}$	$\frac{1}{16}$	0	1	$\frac{1}{2}$	1	1
σ^2	$\frac{1}{2}$	$\frac{3}{4}$	$\frac{3}{4}$	$\frac{7}{8}$	$\frac{15}{16}$	0	0	0	0	0

(1)加性遗传方差成分估计及其估计标准误。

$$\left.\begin{aligned}\sigma_m^2=cov_{HS_m}=\frac{1+F}{4}V_A&=\frac{1}{4}V_A(\text{当 }F=0)\\&=\frac{1}{2}V_A(\text{当 }F=1)\end{aligned}\right\}\rightarrow\begin{cases}V_A=4\sigma_m^2(F=0)\\V_A=2\sigma_m^2(F=1)\end{cases}\tag{6-9a}$$

$$\left.\begin{aligned}\sigma_f^2=cov_{HS_f}=\frac{1+F}{4}V_A&=\frac{1}{4}V_A(\text{当 }F=0)\\&=\frac{1}{2}V_A(\text{当 }F=1)\end{aligned}\right\}\rightarrow\begin{cases}V_A=4\sigma_f^2(F=0)\\V_A=2\sigma_f^2(F=1)\end{cases}\tag{6-9b}$$

实际应用中，可用 MS_m 和 MS_f 的平均来估计 V_A，具体做法是：

$$\frac{SS_m+SS_f}{df_m+df_f}=MS_{\text{平均}}\text{，若 }df_m=df_f\text{，则}\frac{MS_m+MS_f}{2}=MS_{\text{平均}}\tag{6-10a}$$

$$\hat{V}_A=4\left(\frac{MS_{\text{平均}}-MS_3}{rm}\right)=4\left(\frac{MS_{\text{平均}}-MS_3}{rf}\right)\quad(F=0)\tag{6-10b}$$

加性遗传方差估计标准误：

$$\hat{V}(\hat{V}_{A_m})=\frac{2\times4^2}{r^2f^2}\left[\frac{MS_5^2}{(m-1)+2}+\frac{MS_3^2}{(m-1)(f-1)+2}\right]\quad(F=0)\tag{6-11a}$$

$$\hat{V}(\hat{V}_{A_f})=\frac{2\times4^2}{r^2m^2}\left[\frac{MS_4^2}{(f-1)+2}+\frac{MS_3^2}{(m-1)(f-1)+2}\right]\quad(F=0)\tag{6-11b}$$

所以，NCⅡ设计可得到两个独立的加性遗传方差估计值，二者具有相同的估计精度。

(2)显性遗传方差估计及其估计标准误。

$$\sigma_{mf}^2=\frac{MS_3-MS_2}{r}=cov_{FS}-cov_{HS_m}-cov_{HS_f}\tag{6-12a}$$

$$\left.\begin{aligned}&=\frac{1}{2}V_A+\frac{1}{4}V_D-\frac{1}{4}V_A-\frac{1}{4}V_A=\frac{1}{4}V_D\quad(F=0)\\&=V_A+V_D-\frac{1}{2}V_A-\frac{1}{2}V_A=V_D\quad(F=1)\end{aligned}\right\}\rightarrow\begin{cases}\hat{V}_D=4\sigma_{mf}^2\quad(F=0)\\\hat{V}_D=\sigma_{mf}^2\quad(F=1)\end{cases}\tag{6-12b}$$

显性遗传方差估计标准误：

$$\hat{V}(\hat{V}_D)=\frac{2\times4^2}{r^2}\left[\frac{MS_3^2}{(m-1)(f-1)+2}+\frac{MS_2^2}{(r-1)(mf-1)+2}\right]\quad(\text{当 }F=0)\tag{6-13}$$

5. 平均显性估计

假设群体处于平衡状态，$p=q=\frac{1}{2}$，且无上位性互作($V_I=0$)，则平均显性为：

$$\bar{d}=\left[\frac{V_d}{V_a}\right]^{1/2}=\left[\frac{4V_D}{2V_A}\right]^{1/2} \tag{6-14}$$

如果存在上位性互作($V_I \neq 0$),会使$\bar{d}$的估计偏高,这可由NCⅡ的遗传模型推导出来。

例6.3 曾采用8×8的NCⅡ遗传交配设计研究某高油玉米群体中胚油分含量的遗传,得到表6-13的试验结果,试作分析。

表6-13 8×8 NCⅡ遗传交配设计玉米胚油分含量(姜海鹰,2003) %

组合	区组			组合	区组		
♀×♂	Ⅰ	Ⅱ	Ⅲ	♀×♂	Ⅰ	Ⅱ	Ⅲ
D2100 × GNK8	59.17	61.62	58.15	SD13 × GNK8	58.14	58.79	59.95
D2100 × GY115	48.87	55.48	54.83	SD13 × GY115	53.92	53.56	51.41
D2100 × GY202	42.40	49.77	33.17	SD13 × GY202	54.90	50.43	54.16
D2100 × GY298	50.11	54.32	53.22	SD13 × GY298	52.94	56.42	52.78
D2100 × m3145	56.65	57.10	54.65	SD13 × m3145	51.75	59.60	54.26
D2100 × m4678	59.88	56.53	56.61	SD13 × m4678	58.00	57.77	55.34
D2100 × m6145	54.76	53.08	53.67	SD13 × m6145	57.13	50.79	50.94
D2100 × m90	57.38	54.40	56.69	SD13 × m90	51.06	49.88	51.01
LD29 × GNK8	62.91	53.01	64.46	SD16 × GNK8	63.68	58.34	56.34
LD29 × GY115	58.22	56.27	58.57	SD16 × GY115	53.97	55.47	51.46
LD29 × GY202	56.60	54.54	53.85	SD16 × GY202	56.58	53.81	52.25
LD29 × GY298	53.79	55.61	55.68	SD16 × GY298	53.06	53.48	48.80
LD29 × m3145	61.02	60.96	61.03	SD16 × m3145	59.58	56.96	60.14
LD29 × m4678	60.00	53.52	59.26	SD16 × m4678	60.86	56.32	58.30
LD29 × m6145	53.76	46.61	58.29	SD16 × m6145	55.58	55.02	51.56
LD29 × m90	47.31	52.77	61.94	SD16 × m90	58.23	54.44	51.23
ND108 × GNK8	58.87	65.11	58.06	TD12 × GNK8	53.86	55.11	60.03
ND108 × GY115	55.96	51.40	58.03	TD12 × GY115	49.87	51.48	53.82
ND108 × GY202	54.96	60.02	56.61	TD12 × GY202	49.16	54.06	50.36
ND108 × GY298	54.17	54.15	58.13	TD12 × GY298	52.12	54.20	49.25
ND108 × m3145	60.52	62.46	58.84	TD12 × m3145	56.97	62.05	55.19
ND108 × m4678	57.26	53.68	60.17	TD12 × m4678	58.48	62.02	59.47
ND108 × m6145	53.06	53.06	59.24	TD12 × m6145	55.04	49.22	49.10
ND108 × m90	56.77	56.68	56.55	TD12 × m90	54.36	57.58	56.15
ND3138 × GNK8	55.13	58.62	59.94	TY10 × GNK8	62.66	56.81	62.65
ND3138 × GY115	51.36	51.72	51.19	TY10 × GY115	55.93	52.39	53.36
ND3138 × GY202	57.24	56.51	47.34	TY10 × GY202	53.92	54.60	58.13
ND3138 × GY298	53.91	45.87	46.42	TY10 × GY298	61.43	60.07	62.73
ND3138 × m3145	54.87	48.44	57.68	TY10 × m3145	58.56	61.16	63.08
ND3138 × m4678	53.82	54.00	59.13	TY10 × m4678	58.84	63.61	64.50
ND3138 × m6145	50.31	54.76	46.14	TY10 × m6145	59.09	59.84	57.96
ND3138 × m90	52.98	52.50	45.40	TY10 × m90	55.04	58.22	59.21

解:依数据模式(6-7a)对表6-13的资料作方差分析,得到表6-14的结果。

表 6-14　8×8 NCⅡ设计方差分析(玉米胚油分含量)

变异来源	DF	SS	MS	F	$p>F$	EMS
区组	2	1.206 3	0.603 2	0.06	0.941 7	
母本	7	687.622 1	98.231 7	9.79	<0.000 1	$\sigma_t^2+3\sigma_{mf}^2+24\sigma_f^2$
父本	7	1 102.095 0	157.442 1	15.69	<0.000 1	$\sigma^2+3\sigma_{mf}^2+24\sigma_m^2$
母本×父本	49	767.672 9	15.666 9	1.56	0.025 2	$\sigma^2+3\sigma_{mf}^2$
误差	126	1 264.256 0	10.033 8			σ^2
总	191	3 822.852 0				

方差分析表明,母本间、父本间、母本×父本互作项均方均达极显著或显著水平,因此可进一步估计遗传方差成分如下。

实测方差成分估计:

$$\sigma_f^2=\frac{98.231\,7-15.666\,9}{24}=3.44$$

$$\sigma_m^2=\frac{157.442\,1-15.666\,9}{24}=5.91$$

$$\sigma_{mf}^2=\frac{15.666\,9-10.033\,8}{3}=1.88$$

遗传方差成分估计(本研究的参照群体为玉米自交系群体,其近交系数 $F=1$):

$$\hat{V}_{A_m}=2\sigma_m^2=2\times3.44=6.88$$

$$\hat{V}_{A_f}=2\sigma_f^2=2\times5.91=11.82$$

$$\hat{V}_D=\sigma_{mf}^2=1.88$$

估计值标准误:

$$V(\hat{V}_{A_f})=\frac{2\times2^2}{r^2m^2}\times\left[\frac{MS_5^2}{(f-1)+2}+\frac{MS_3^2}{(m-1)(f-1)+2}\right]$$

$$=\frac{2\times4}{3^2\times8^2}\left[\frac{98.231\,7^2}{(8-1)+2}+\frac{15.666\,9^2}{(8-1)(8-1)+2}\right]$$

$$=14.958\,0$$

$$\hat{\sigma}(\hat{V}_{A_f})=\sqrt{14.958\,0}=3.87$$

$$V(\hat{V}_{A_m})=\frac{2\times2^2}{r^2f^2}\times\left[\frac{MS_4^2}{(m-1)+2}+\frac{MS_3^2}{(m-1)(f-1)+2}\right]$$

$$=\frac{2\times4}{3^2\times8^2}\left[\frac{157.442\,1^2}{(8-1)+2}+\frac{15.666\,9^2}{(8-1)(8-1)+2}\right]=38.319\,9$$

$$\hat{\sigma}(\hat{V}_{A_m})=\sqrt{38.319\,9}=6.19$$

$$V(\hat{V}_D)=\frac{2}{r^2}\left[\frac{MS_3^2}{(m-1)(f-1)+2}+\frac{MS_2^2}{(r-1)(mf-1)+2}\right]$$

$$=\frac{2}{9}\left(\frac{15.666\,9^2}{51}+\frac{10.033\,8^2}{128}\right)=1.254\,9$$

$$\hat{\sigma}(\hat{V}_D)=1.120\,2$$

平均显性：　$\bar{d}=\left[\frac{V_d}{V_a}\right]^{1/2}=\left[\frac{4V_D}{2V_A}\right]^{1/2}=\sqrt{\frac{4\times1.88}{9.35}}=0.8968$

评价分析结果：①本研究父本和母本的自由度相等，故可用 V_{A_f} 和 V_{A_m} 的平均值获得参照群体的加性遗传方差估计值：$\hat{V}_A=\frac{1}{2}(6.88+11.82)=9.35$。②加性遗传方差在总遗传方差中的比例为：$\hat{V}_A/(\hat{V}_A+\hat{V}_D)=9.35/(9.35+1.88)=0.8326$，可见本遗传群体中胚中油分含量的遗传以加性作用为主，且加性遗传方差估计精度较高。显性方差较小，且为部分显性。③若存在上位性方差，则本估计结果有偏。

例 6.4　曾采用 NCⅡ遗传交配设计研究某高油玉米群体中胚油分含量的遗传，并把所组配的全同胞家系（即单交组合）种子分于三个试点进行田间评价（例 6.3 数据为其中一个试点的结果），三点联合方差分析的结果列于表 6-15，试作方差成分估计。

表 6-15　NCⅡ设计三试点联合方差分析（玉米胚油分含量）

变异来源	DF	SS	MS	F	EMS
区组/试点	6	162.4169	27.0695		
试点	2	2340.0793	1170.0397	77.29**	$\sigma^2+r\sigma_{sc}^2+rfm\sigma_s^2$
组合	63	4419.1755	70.1456	4.63**	$\sigma^2+r\sigma_{sc}^2+rs\sigma_c^2$
母本	7	932.4413	133.2059	12.36**	$\sigma^2+r\sigma_{sfm}^2+rs\sigma_{fm}^2+rsm\sigma_f^2$
父本	7	2958.4599	422.6371	39.20**	$\sigma^2+r\sigma_{sfm}^2+rs\sigma_{fm}^2+rsf\sigma_m^2$
母×父	49	528.2742	10.7811	0.98	$\sigma^2+r\sigma_{sfm}^2+rs\sigma_{fm}^2$
组合×试点	126	3433.4985	27.2500	1.78**	$\sigma^2+r\sigma_{sc}^2$
母×试点	14	495.3398	35.3814	3.21**	$\sigma^2+r\sigma_{sfm}^2+rm\sigma_{sf}^2$
父×试点	14	331.3188	23.6656	2.15*	$\sigma^2+r\sigma_{sfm}^2+rf\sigma_{sm}^2$
母×父×试点	98	1080.6335	11.0269	0.99	$\sigma^2+r\sigma_{sfm}^2$
误差	378	4224.1694	11.1751		

解：表 6-15 的方差分析结果表明：

(1)组合间差异极显著，试点间差异极显著，组合与试点互作极显著。说明全同胞家系的表现不仅有基因型效应，而且受环境和基因型与环境互作的影响。这提示因环境选用组合的必要性。

(2)组合间差异极显著，说明可以进一步估计遗传方差。父本间、母本间差异均极显著，但父本与母本互作项不显著，说明加性方差可得到较好估计，而显性方差不存在。

(3)可依据表 6-15 的期望均方估算实测方差成分：

$$\sigma_f^2=\frac{133.2059-10.7811}{24\times3}=1.70,\quad \sigma_m^2=\frac{422.6371-10.7811}{24\times3}=5.72$$

$$\sigma_{mf}^2=\frac{10.7811-11.0269}{3\times3}=-0.03\text{，可视为 0。}$$

由母本方差估计加性遗传方差及其估计标准误：

$$\hat{V}_{A_f}=2\sigma_f^2=2\times1.70=3.40$$

$$V(\hat{V}_{A_f})=\frac{2\times2^2}{r^2m^2s^2}\times\left[\frac{MS_f^2}{(f-1)+2}+\frac{MS_{mf}^2}{(m-1)(f-1)+2}\right]$$

$$=\frac{2\times4}{3^2\times8^2\times3^2}\left[\frac{133.205\,9^2}{(8-1)+2}+\frac{10.781\,1^2}{(8-1)(8-1)+2}\right]=3.046\,0$$

$$\hat{\sigma}(\hat{V}_{A_f})=\sqrt{3.046\,0}=1.745\,3$$

由父本方差估计加性遗传方差及其估计标准误：

$$\hat{V}_{A_m}=2\sigma_m^2=2\times5.72=11.44$$

$$V(\hat{V}_{A_m})=\frac{2\times2^2}{r^2f^2s^2}\times\left[\frac{MS_m^2}{(m-1)+2}+\frac{MS_{mf}^2}{(m-1)(f-1)+2}\right]$$

$$=\frac{2\times4}{3^2\times8^2\times3^2}\left[\frac{422.637\,1^2}{(8-1)+2}+\frac{10.781\,1^2}{(8-1)(8-1)+2}\right]=30.631\,4$$

$$\hat{\sigma}(\hat{V}_{A_m})=\sqrt{30.631\,4}=5.534\,6$$

由父母本互作方差估计显性遗传方差及其估计标准误：

$\hat{V}_D=\sigma_{mf}^2\approx0$，为练习起见，进一步估计显性方差估计标准误如下：

$$V(\hat{V}_D)=\frac{2}{r^2s^2}\left[\frac{MS_{mf}^2}{(m-1)(f-1)+2}+\frac{MS_{mfs}^2}{(r-1)(m-1)(f-1)+2}\right]$$

$$=\frac{2}{3^3\times3^2}\left(\frac{10.781\,1^2}{51}+\frac{11.026\,9^2}{100}\right)=0.086\,3$$

$$\hat{\sigma}(\hat{V}_D)=0.294$$

结果评注：①加性遗传方差 $V_A=1/2(V_{A_f}+V_{A_m})=1/2(3.40+11.44)=7.42$，$V_D=0$。说明该玉米群体中胚的油分含量呈加性遗传方式，杂交组合的胚油分含量基本为双亲累加的结果，这与前人研究结果相一致；②由于本试验的父本和母本数相同，可以先把 MS_f 和 MS_m 平均起来，计算一个 V_A 和一个 $\sigma(V_A)$，不必像上面那样分开父母本计算；③表 6-15 显示，组合×试点的均方达极显著水平，说明玉米胚的油分含量存在基因型与环境互作，需要在多环境下评价组合，需要利用多环境的数据估计遗传参数，对生产实践来说，则需在不同环境下选用在当地表现最优的组合；④本研究单点试验（例 6.3）和多点试验（例 6.4）的遗传方差估值比较如下：

方差	单点试验（例 6.3）	三点试验（例 6.4）
$\hat{V}_A\pm\hat{\sigma}(\hat{V}_A)$	6.88±3.87	3.40±1.75
	11.82±6.19	11.44±5.53
$\hat{V}_D\pm\hat{\sigma}(\hat{V}_D)$	1.88±1.12	不存在

可以看出，利用单点试验数据估计的结果与多点试验数据估计的结果存在一定差异。其重要的原因是：①单点试验结果中不可避免地混杂着基因型与环境的互作效应；②单点试验的精度不及多点试验的精度高，因为三点试验中所有效应的重复数是单点试验的 3 倍。

五、NCⅢ设计

1. 交配设计与数据整理

NCⅢ遗传交配设计（north carolina design Ⅲ）是一种回交类型的设计，由 Comstock 和

Robinson(1952)提出。通常用于研究 F_2 群体的遗传方差组成和显性情况。其方法是把 P_1 和 P_2 两亲本杂交和自交得到 F_2 群体,再随机选择 m 个 F_2 单株回交于双亲,产生 m 个半同胞家系,$2m$ 个全同胞家系(即 $2m$ 个回交 1 代)。NCⅢ设计如图 6-3 所示。若以 $2m$ 个回交 1 代为供试材料,以 r 次重复作试验获得性状观测值的数据整理于表 6-16,把各重复同一全同胞家系求平均可得 NCⅢ设计家系平均值列于表 6-17。

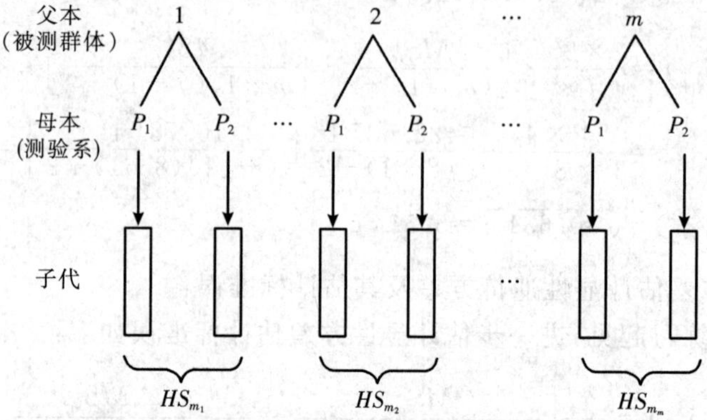

(m 个父本,2 个测验系,$2m$ 个回交 1 代家系,m 个父系半同胞家系)

图 6-3 NCⅢ交配设计示意图

表 6-16 NCⅢ遗传交配设计试验原始数据结构

F_2	R_1		R_2		…		R_r		总		总
	P_1	P_2	P_1	P_2	P_1	P_2	P_1	P_2	P_1	P_2	
1	y_{111}	y_{121}	y_{112}	y_{122}	…	…	y_{11r}	y_{12r}	$y_{11\cdot}$	$y_{12\cdot}$	$y_{1\cdot\cdot}$
2	y_{211}	y_{221}	y_{212}	y_{222}	…	…	y_{21r}	y_{22r}	$y_{21\cdot}$	$y_{22\cdot}$	$y_{2\cdot\cdot}$
⋮	⋮	⋮	⋮	⋮	⋮	⋮	⋮	⋮	⋮	⋮	⋮
i	y_{i11}	y_{i21}	y_{i12}	y_{i22}	…	…	y_{i1r}	y_{i2r}	$y_{i1\cdot}$	$y_{i2\cdot}$	$y_{i\cdot\cdot}$
⋮	⋮	⋮	⋮	⋮	⋮	⋮	⋮	⋮	⋮	⋮	⋮
m	y_{m11}	y_{m21}	y_{m12}	y_{m22}	…	…	y_{m1r}	y_{m2r}	$y_{m1\cdot}$	$y_{m2\cdot}$	$y_{m\cdot\cdot}$
总	$y_{\cdot\cdot1}$		$y_{\cdot\cdot2}$		…		$y_{\cdot\cdot r}$		$y_{\cdot1\cdot}$	$y_{\cdot2\cdot}$	$y_{\cdot\cdot\cdot}$

注:表中 R 表示重复,P_1 和 P_2 表示测验系亲本。

表 6-17 NCⅢ遗传交配设计的家系平均值

F_2	L_{1i}	L_{2i}
1	L_{11}	L_{21}
2	L_{12}	L_{22}
3	L_{13}	L_{23}
⋮	⋮	⋮
i	L_{1i}	L_{2i}
⋮	⋮	⋮
m	L_{1m}	L_{2m}

注:L 表示家系平均,$L_{1i}=P_1\times F_2$ 的家系平均,$L_{2i}=P_2\times F_2$ 的家系平均。

2. 数据模式与方差分析

数据模式:

$$y_{ijk}=\mu+m_i+l_j+(ml)_{ij}+r_k+\varepsilon_{ijk} \tag{6-15}$$

式中：y_{ijk} 为第 i 株 F_2 回交于第 j 个亲本测验系（$i=1,2,\cdots,m$；$j=1,2$）的全同胞家系在第 k 次重复（$k=1,2\cdots r$）的观测值，μ 为总平均，r_k 为第 k 次重复的效应，l_j 为第 j 个亲本的效应，m_i 为第 i 个 F_2 父本株的效应（$j=1,2\cdots,m$），$(ml)_{ij}$ 为第 i 株 F_2 与第 j 个测验系的交互效应，ε_{jik} 为随机误差。

由于亲本在该设计中为固定的测验系，其效应属固定效应，而其余效应均为随机效应，NCⅢ遗传交配设计的数据模型为混合模型。依式（6-15）对表 6-16 的数据作方差分析结果列于表 6-18。

表 6-18 NCⅢ遗传交配设计的方差分析表

变异来源	DF	MS	F	EMS
区组	$r-1$			
测验系（L）	1			
F_2（M）	$m-1$	MS_3	MS_3/MS_1	$\sigma^2+2r\sigma_m^2$
L×M	$m-1$	MS_2	MS_2/MS_1	$\sigma^2+r\sigma_{ml}^2$
误差	$(r-1)(2m-1)$	MS_1		σ^2
总	$2mr-1$			

3. 方差成分估计

（1）实测方差成分：

$$\sigma_m^2=(MS_3-MS_1)/2r \tag{6-16a}$$

$$\sigma_{ml}^2=(MS_2-MS_1)/r \tag{6-16b}$$

（2）遗传方差成分：为理解 NCⅢ设计中遗传方差成分如何估计，首先需了解其实测方差的理论组成，表 6-19 所列为各测验家系的均值（以离均差形式表示）。

表 6-19 NCⅢ设计各测验家系均值（以离均差表示，假设不存在上位性）

F_2	测验系		和式	差式
	P_1(AA)	P_2(aa)	$L_{1i}+L_{2i}$	$L_{1i}-L_{2i}$
$\frac{1}{4}$AA	a	d	$a+d$	$a-d$
$\frac{1}{2}$Aa	$\frac{1}{2}(a+d)$	$\frac{1}{2}(d-a)$	d	a
$\frac{1}{4}$aa	d	$-a$	$-a+d$	$d+a$
平均	$\frac{1}{2}(a+d)$	$\frac{1}{2}(d-a)$	d	a

$$V(\text{和式})=V(L_{1i}+L_{2i})=\frac{1}{4}a^2+\frac{1}{2}(0)^2+\frac{1}{4}(-a)^2=\frac{1}{2}a^2$$

$$\sigma_m^2=V(\text{同一 } F_2 \text{ 后代平均})=V[(L_{1i}+L_{2i})/2]=\frac{1}{4}\cdot\frac{1}{2}a^2=\frac{1}{8}a^2=\frac{1}{8}V_a=\frac{1}{4}V_A$$

$V(\text{差式})=V(L_{1i}-L_{2i})=\frac{1}{4}(-d)^2+\frac{1}{2}(0)^2+\frac{1}{4}d^2=\frac{1}{2}d^2$

$$\sigma_{ml}^2=V(\text{同一 } F_2 \text{ 后代差值的平均})=V[(L_{1i}-L_{2i})/2]=\frac{1}{4}\cdot\frac{1}{2}d^2$$
$$=\frac{1}{8}d^2=\frac{1}{8}V_d=\frac{1}{2}V_D$$

若不存在连锁，且无上位性，则

$$\sigma_m^2=\frac{1}{4}V_A\rightarrow\hat{V}_A=4\sigma_m^2 \tag{6-17a}$$

$$\sigma_{ml}^2=\frac{1}{2}V_D\rightarrow\hat{V}_D=2\sigma_{ml}^2 \tag{6-17b}$$

4. 平均显性

平均显性：

$$\bar{d}=\sqrt{\frac{\sigma_{ml}^2}{\sigma_m^2}}=\sqrt{\frac{V_d}{V_a}} \tag{6-18}$$

5. NCⅢ方法评判

(1)NCⅢ设计可提供显性是否存在的测验。所测验的假设是：$H_O:d=0$ 对 $H_A:d\neq0$，该测验通过 $F=MS_2/MS_1$（见模型）实现。

(2)NCⅢ设计以相同的精度估计 V_A 和 V_D，但据 Gardner(1953)研究，NCⅢ设计对 F_2 代显性的估计会受连锁的影响而出现超显性的估值，其原因是相斥相连锁会使 V_D 的估计偏高，而使 V_A 的估计偏低。相引相连锁无影响。

(3)由于 F_2 向 P_1 回交后代的平均等于 B_{1L}，F_2 向 P_2 回交后代的平均等于 B_{1S}，NCⅢ设计的测交家系可供进一步遗传研究使用。

例 6.5 某种药用植物的穗颈长对其药用价值至关重要。为了育种的目的，特选用穗颈长差异较大的一对亲本相互杂交形成 F_1 和 F_2 群体，并采用 NCⅢ设计作该性状的遗传研究。在 F_2 群体中随机抽取 16 株作父本回交于双亲，共产生了 32 个全同胞组合，即 32 个回交家系（16 个 B_{1L} 家系，16 个 B_{1S} 家系）以 2 次重复的随机完全区组设计进行田间试验，获得表 6-20 的资料（该组数据引自刘来福，因采用 2N 遗传模型分析，故把原性状视为穗颈长），试作分析。

解：矫正项 $C=\frac{248.8^2}{2\times2\times16}=967.21$，总平方和 $SS_T=77.27$

区组间平方和 $SS_r=\frac{1}{32}(127.6^2+121.2^2)-C=0.64$

测验系间平方和 $SS_l=\frac{1}{32}(128.6^2+120.2^2)-C=1.1025$

F_2 株间平方和 $SS_m=\frac{1}{4}(15.1^2+14.5+\cdots+17.5^2)-C=23.765$

F_2 和测验系互作间平方和 $SS_{ml}=\frac{1}{2}(9.6^2+5.5^2+\cdots+8.8^2)-C-1.1025-23.265$

$$=1020.87-967.21-1.1025-23.765=28.7925$$

随机误差 $SS_E=SS_T-SS_r-SS_l-SS_m-SS_{ml}=22.97$

表 6-20　某药用植物 NCⅢ遗传交配设计资料(穗颈长)　cm

F_2	R_1		R_2		总		总
	P_1	P_2	P_1	P_2	P_1	P_2	
1	5.0	3.0	4.6	2.5	9.6	5.5	15.1
2	3.7	4.0	1.8	5.0	5.5	9.0	14.5
3	3.3	5.0	4.2	3.4	7.5	8.4	15.9
4	4.0	2.5	3.6	3.2	7.6	5.7	13.3
5	4.2	3.8	3.8	6.0	8.0	9.8	17.8
6	5.7	3.7	5.0	3.5	10.7	7.2	17.9
7	5.3	3.3	4.3	2.8	9.6	6.1	15.7
8	2.2	5.8	1.0	1.8	3.2	7.6	10.8
9	4.7	4.8	4.4	4.8	9.1	9.6	18.7
10	3.7	3.5	4.6	3.2	8.3	6.7	15.0
11	4.8	3.0	4.6	2.5	9.4	5.5	14.9
12	5.4	4.7	4.2	4.7	9.6	9.4	19.0
13	4.2	5.0	4.0	5.0	8.2	10.0	18.2
14	4.5	2.2	3.8	2.1	8.3	4.3	12.6
15	2.5	3.0	2.8	3.6	5.3	6.6	11.9
16	4.3	2.8	4.4	6.0	8.7	8.8	17.5
总	127.6		121.2		128.6	120.2	248.8

将以上平方和汇总得方差分析表 6-21。

表 6-21　方差分析表

变异来源	DF	SS	MS	F	EMS
区组	1	0.64	0.64		
测验系(L)	1	1.10	1.10		
F_2(M)	15	23.77	1.58	2.14*	$\sigma^2+4\sigma_m^2$
L×M	15	28.79	1.92	2.59*	$\sigma^2+2\sigma_{ml}^2$
误差	31	22.97	0.74		σ^2
总	63	77.27			

实测方差成分估计：$\sigma_m^2=\dfrac{1.58-0.74}{4}=0.21$，　$\sigma_{ml}^2=\dfrac{1.92-0.74}{2}=0.59$

遗传方差成分估计及其估计标准误：

若假设 $V_I=0$ 且无连锁，则

$$\hat{V}_A=4\sigma_m^2=4\times0.21=0.84$$

$$V(\hat{V}_A)=\frac{4^2\times2}{4^2}\left(\frac{1.58^2}{15+2}+\frac{0.74^2}{31+2}\right)=0.3269,\quad \hat{\sigma}(\hat{V}_A)=0.57$$

$$\hat{V}_D=2\sigma_m^2=2\times0.59=1.18$$

$$V(\hat{V}_D)=\frac{2^2\times2}{2^2}\left(\frac{1.92^2}{15+2}+\frac{0.74^2}{31+2}\right)=0.4669,\quad \hat{\sigma}(\hat{V}_D)=0.68$$

汇总遗传方差估计结果：$\begin{cases}\hat{V}_A \pm \hat{\sigma}(\hat{V}_A) = 0.84 \pm 0.57 \\ \hat{V}_D \pm \hat{\sigma}(\hat{V}_D) = 1.18 \pm 0.68\end{cases}$

平均显性：$\bar{d}=\sqrt{\frac{\sigma_{ml}^2}{\sigma_m^2}}=\sqrt{\frac{\frac{1}{8}V_d}{\frac{1}{8}V_a}}=\sqrt{\frac{0.59}{0.21}}=1.68$，可能为超显性。

结果评判：加性和显性遗传方差的估计标准误均较大，可能的原因是 F_2 株数较少。该 F_2 群体内该性状的平均显性可能会受连锁的影响，另外，无上位性的假设也值得进一步验证。

六、三重测交

三重测验杂交（triple test crosses，TTC）设计，简称三重测交，由 NCⅢ设计增加一个测验系 F_1 改进而成（Kearsey 和 Jinks，1968）。其方法是采用两个纯系亲本及其杂种 F_1 为测验系，研究被测群体（基础群体）的遗传变异情况，并评价被测群体的利用价值。被测群体可以是测验系亲本的杂种 F_2 群体，也可以是其他类型的变异群体。TTC 的突出特点是可以灵敏地检测基因位点间是否存在上位性，经检验不存在上位性的情况下，该方法可准确地估计加性和显性遗传方差。该方法还可结合育种应用。高之仁（1986）和荣廷昭等（2003）以热带种质群体 Suwen-1 为被测群体，以配合力高且抗病的优良自交系自 330 和合二及其杂种 F_1 为测验系进行 TTC 试验，把玉米遗传研究、群体改良、自交系选育和杂交种选配有机地结合在一起。

1. 交配设计与数据整理

从 F_2 群体（或其他类型被测群体）中随机抽取 m 株作为父本，每株父本同时回交于 P_1、P_2 和 F_1，产生 m 个半同胞家系，$3m$ 个全同胞亲系。TTC 设计如图 6-4 所示。TTC 设计家系平均值整理于表 6-22。

2. 数据模型与方差分析

数据模型同 NCⅢ（式 6-15），方差分析依数据模型进行（详见例 6.6）。

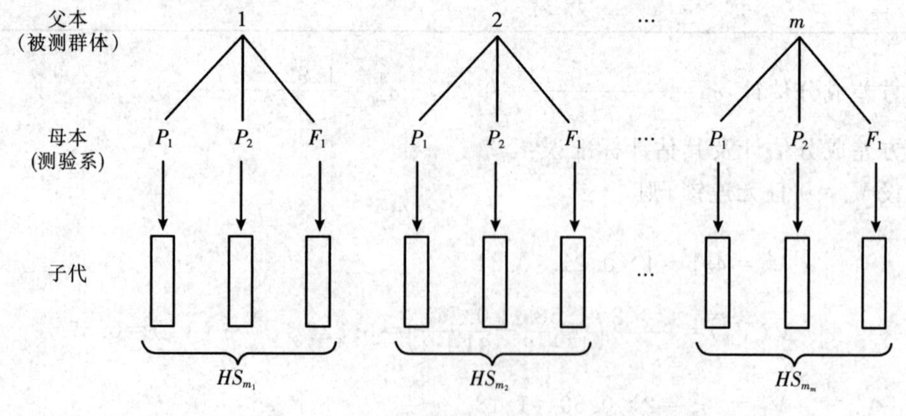

（m 个父本，3 个测验系，$3m$ 个回交 1 代家系，m 个父系半同胞家系）

图 6-4 TTC 交配设计示意图

表 6-22　三重测交的家系平均

F_2	L_{1i}	L_{2i}	L_{3i}
1	L_{11}	L_{21}	L_{31}
2	L_{12}	L_{22}	L_{32}
3	L_{13}	L_{23}	L_{33}
⋮	⋮	⋮	⋮
i	L_{1i}	L_{2i}	L_{3i}
⋮	⋮	⋮	⋮
m	L_{1m}	L_{2m}	L_{3m}

注：$L_{1i}=P_1\times F_2$ 的家系平均，$L_{2i}=P_2\times F_2$ 的家系平均，$L_{3i}=F_1\times F_2$ 的家系平均。

3. 方差成分估计

在加-显遗传模型下，实测方差成分的遗传组成推导见表 6-23（莫惠栋，1987；Kearsey，1996）。

表 6-23　TTC 遗传交配设计的遗传组成

测验系	F_2 基因型及其频率			平均
	AA(1/4)	Aa(1/2)	aa(1/4)	
P_1(AA) L_{1i}	a	$\frac{1}{2}(a+d)$	d	$\frac{1}{2}(a+d)$
P_2(aa) L_{2i}	d	$\frac{1}{2}(d-a)$	$-a$	$\frac{1}{2}(d-a)$
F_1(Aa) L_{3i}	$\frac{1}{2}(a+d)$	$\frac{1}{2}d$	$\frac{1}{2}(d-a)$	$\frac{1}{2}d$
$L_{1i}+L_{2i}+L_{3i}$	$\frac{3}{2}(a+d)$	$\frac{3}{2}d$	$\frac{3}{2}(d-a)$	$\frac{3}{2}d$
$L_{1i}-L_{2i}$	$a-d$	a	$a+d$	a
$L_{1i}+L_{2i}-2L_{3i}$	0	0	0	0

由表 6-23 看出，在加-显模型下，和式 $s_i=L_{1i}+L_{2i}+L_{3i}$之间的差异来自加性效应 a；差式 $d_i=L_{1i}-L_{2i}$之间的变异来自显性效应 d；而和差式 $sd_i=L_{li}+L_{2i}-2L_{3i}$之间不存在遗传变异。

和式的方差：

$$V(L_{1i}+L_{2i}+L_{3i})=\frac{1}{4}\left(\frac{3}{2}a+\frac{3}{2}d\right)^2+\frac{1}{2}\left(\frac{3}{2}d\right)^2+\frac{1}{4}\left(-\frac{3}{2}a+\frac{3}{2}d\right)^2-\left(\frac{3}{2}d\right)^2=\frac{9}{8}a^2$$

$$\sigma_s^2(\text{以小区为单位})=V\left[\frac{1}{3}(L_{1i}+L_{2i}+L_{3i})\right]=\frac{1}{8}a^2=\frac{1}{8}V_a=\frac{1}{4}V_A$$

$$\hat{V}_A=4\sigma_s^2 \tag{6-19a}$$

差式的方差：

$$V(L_{1i}-L_{2i})=\frac{1}{4}(a-d)^2+\frac{1}{2}a^2+\frac{1}{4}(a+d)^2-a^2=\frac{1}{2}d^2$$

$$\sigma_d^2(\text{以小区为单位})=V\left[\frac{1}{2}(L_{1i}-L_{2i})\right]=\frac{1}{4}\times\frac{1}{2}d^2=\frac{1}{8}d^2=\frac{1}{8}V_d=\frac{1}{2}V_D$$

$$\hat{V}_D=2\sigma_d^2 \tag{6-19b}$$

和差式的方差：

$$V(L_{1i}+L_{2i}-2L_{3i})=0$$

$$\sigma_{sd}^2=V\left[\frac{1}{6}(L_{1i}+L_{2i}-2L_{3i})\right]=0 \qquad (6\text{-}19c)$$

4. 统计假设测验和参数估计

根据以上推导，可在 $H_O:V_I=0$ 对 $H_A:V_I\neq0$ 的假设下检验上位性是否存在。若不能否定无效假设，则可由和式与差式方差无偏地估计 V_A 和 V_D。若无效假设被否定，表明所研究性状的遗传不符合加-显遗传模型而符合加-显-上遗传模型。下面以莫惠栋(1987)的原例说明 TTC 的应用。

例 6.6 采用三重测交(TTC)法研究某黑绿豆 F_2 群体百粒重的遗传方差，以随机抽取的 10 株 F_2 回交于双亲 P_1、P_2 和 F_1，得到如下数据和分析结果（引自莫惠栋，1987）。

表 6-24 黑绿豆三重测验杂交试验结果(百粒重) g

F_2	区组Ⅰ			区组Ⅱ			区组Ⅲ			家系总和		
	L_{1i}	L_{2i}	L_{3i}	L_{1i}	L_{2i}	L_{3i}	L_{1i}	L_{2i}	L_{3i}	T_{1i}	T_{2i}	T_{3i}
1	3.6	3.2	3.7	3.6	4.0	3.4	3.6	3.3	3.8	10.8	10.5	10.9
2	4.5	3.6	3.6	4.4	3.7	3.8	4.3	3.6	4.1	13.2	10.9	11.5
3	3.7	3.7	4.0	3.8	3.8	4.2	3.9	3.7	4.4	11.4	11.2	12.6
4	4.2	3.6	3.9	3.8	3.8	4.0	4.1	3.8	4.2	12.1	11.2	12.1
5	4.3	3.8	4.2	5.0	3.9	4.7	5.0	3.9	4.0	14.3	11.6	12.9
6	4.2	3.1	3.3	4.1	3.2	3.4	4.2	3.0	4.0	12.5	9.3	10.7
7	3.7	3.5	4.0	4.2	3.7	4.2	3.8	3.7	4.0	11.7	10.9	12.2
8	3.9	3.8	3.7	3.9	3.9	4.3	4.2	3.7	3.7	12.0	11.4	11.7
9	4.5	4.2	4.2	4.8	4.1	3.8	4.7	4.2	4.4	14.0	12.5	12.4
10	4.9	4.0	4.6	4.30	5.0	5.2	5.2	4.4	5.1	15.3	12.7	14.7
T_R		117.2			122.0			122.0			$T=361.2$	

(1)对随机区组试验全资料作基因型(组合)与区组的两向方差分析：

$$C=361.2^2/90=1\,449.616\,0$$

$$SS_T=\sum y_{ijk}^2-C=19.544\,0 \quad (i=1,2,\cdots,10;j=1,2,3;k=1,2,3),df=89$$

$$SS_r=\frac{1}{ml}(T_{\cdot\cdot k})^2-C=0.512\,0,\ df=2$$

$$SS_G=\frac{1}{r}(T_{ij\cdot})^2-C=16.710\,7,\ df=29$$ （全试验有 10×3=30 个基因型）

$$SS_E=SS_T-SS_r-SS_G=2.321\,3, df=89-2-29=58$$

表 6-25 随机区组方差分析表

变异来源	DF	SS	MS	F	EMS
区组	2	0.512 0	0.256		
组合	29	16.710 7	0.576	14.4**	$\sigma^2+3\sigma_{ml}^2$
误差	58	2.321 3	0.040		σ^2
总	89	19.544 0			

组合间差异极显著，表明三个测验系与 F_2 测交的 30 个测交组合间差异极显著，因此可进一步对数据作 TTC 结果分析。

(2)TTC 分析：令 $s_i=(L_{1i}+L_{2i}+L_{3i})$，$d_i=(L_{1i}-L_{2i})$，$sd_i=(L_{1i}+L_{2i}-2L_{3i})$，全部数据整理于表 6-26。

表 6-26　TTC 分析的数据格式

F_2	$s_i=(L_{1i}+L_{2i}+L_{3i})$				$d_i=(L_{1i}-L_{2i})$				$sd_i=(L_{1i}+L_{2i}-2L_{3i})$			
	Ⅰ	Ⅱ	Ⅲ	T_{is}	Ⅰ	Ⅱ	Ⅲ	T_{id}	Ⅰ	Ⅱ	Ⅲ	T_{isd}
1	10.5	11.0	10.7	32.2	0.4	−0.4	0.3	0.3	−0.6	0.8	−0.7	−0.5
2	11.7	11.9	12.0	35.6	0.9	0.7	0.7	2.3	0.9	0.5	−0.3	1.1
3	11.4	11.8	12.0	35.2	0.0	0.0	0.2	0.2	−0.6	−0.8	−1.2	−2.6
4	11.7	11.6	12.1	35.4	0.6	0.0	0.3	0.9	0.0	−0.4	−0.5	−0.9
5	12.3	13.6	12.9	38.8	0.5	1.1	1.1	2.7	−0.3	−0.5	0.9	0.1
6	10.6	10.7	11.2	32.5	1.1	0.9	1.2	3.2	0.7	0.5	−0.8	0.4
7	11.2	12.1	11.5	34.8	0.2	0.5	0.1	0.8	−0.8	−0.5	−0.5	−1.8
8	11.4	12.1	11.6	35.1	0.1	0.0	0.5	0.6	0.3	−0.8	0.5	0.0
9	12.9	12.7	13.3	38.9	0.3	0.7	0.5	1.5	0.3	1.3	0.1	1.7
10	13.5	14.5	14.7	42.7	0.9	0.9	0.8	2.6	−0.3	−0.5	−0.6	−1.4
总	117.2	122.0	122.0	361.2	5.0	4.4	5.7	15.1	−0.4	−0.4	−3.1	−3.9

对和式作方差分析：

$$C=\frac{361.2^2}{90}=1\,449.616\,0$$

$$SS_{T_s}=\frac{1}{3}(10.5^2+11.7^2+\cdots+14.7^2)-C=11.204\,0, df=29$$

$$SS_{rs}=\frac{1}{30}(117.2^2+122^2+122^2)-C=0.512\,0, df=2$$

$$SS_{Gs}=\frac{1}{9}(32.2^2+35.6^2+\cdots+42.7^2)-C=10.121\,8, df=9$$

$$SS_{Es}=SS_{Ts}-SS_{rs}-SS_{Gs}=0.570\,2, df=18$$

对差式作方差分析：

$$SS_{Td}=\frac{1}{2}(0.4^2+0.9^2+\cdots+0.8^2)=6.235\,0$$，为未矫正的差式平方和，$df=30$

$$SS_{Tod}=15.1^2/(10\times3\times2)=3.800\,2$$，为差式矫正项平方和，$df=1$

$$SS_{rd}=\frac{1}{20}(5.0^2+4.4^2+5.7^2)-SS_{Tod}=0.042\,3, df=2$$

$$SS_{Gd}=\frac{1}{6}(0.3^2+2.3^2+\cdots+2.6^2)-SS_{Tod}=1.828\,2, df=9$$

$$SS_{Ed}=SS_{Td}-SS_{Tod}-SS_{rd}-SS_{Gd}=0.564\,3, df=18$$

对和差式作方差分析：

$$SS_{Tsd}=\frac{1}{6}[(-0.6)^2+\cdots+(-0.6)^2]$$

$=2.105$，为未矫正的和差式平方和，$df=30$

$$SS_{rsd}=\frac{1}{60}[(-0.4)^2+(-0.4)^2+(-3.1)^2]-\frac{(-3.9)^2}{180}=0.081,df=2$$

$$SS_{Gsd}=\frac{1}{18}[(-0.5)^2+\cdots+(-1.4)^2]$$

$=0.9605$，为未矫正的和差式均值平方和，$df=10$

$$SS_{Esd}=SS_{Tsd}-SS_{rsd}-SS_{Gsd}=1.0635,df=18$$

对 SS_{Gsd} 作进一步剖分：

$$SS_{G(sd)_1}=\frac{(-3.9)^2}{10\times3\times6}=0.0845\text{(矫正项)},df=1$$

$SS_{G(sd)_2}=SS_{Gsd}-SS_{G(sd)_1}=0.8760$，为矫正的和差式均值平方和，$df=9$

以上分析汇总于表 6-27。

表 6-27 黑绿豆百粒重 TTC 方差分析表

变异来源	*DF*	*SS*	*MS*	*F*	*EMS*
品系 s_i 间	9	10.121 8	1.124 6	35.50**	$\sigma^2_{E(s)}+3r\sigma^2_{G(s)}$
$E(s)$	18	0.570 2	0.031 7		$\sigma^2_{E(s)}$
品系 d_i 间	9	1.828 2	0.203 1	6.47**	$\sigma^2_{E(d)}+2r\sigma^2_{G(d)}$
$E(d)$	18	0.564 3	0.031 4		$\sigma^2_{E(d)}$
品系 sd_i 间	10	0.960 5	0.096 1	1.63NS	$\sigma^2_{E(sd)}+6r\sigma^2_{G(sd)}$
i 型互作	1	0.084 5	0.084 5	1.43NS	$\sigma^2_{E(sd)}+6r\sigma^2_{G(sd)_1}+60rk_i^2$
j 和 l 型互作	9	0.876 0	0.097 3	1.65NS	$\sigma^2_{E(sd)}+6r\sigma^2_{G(sd)_2}$
$E(sd)$	18	1.063 5	0.059 1		$\sigma^2_{E(sd)}$
试验误差①	58	2.321 3	0.040 0		

注：①表中试验误差来自表 6-25。

该 TTC 方差分析结果表明：品系的和式(s_i)和差式(d_i)间皆有极显著的差异，而和差式$(sd)_i$ 间、i 型互作以及 j 型和 l 型互作均不显著。所以，该被测群体百粒重的遗传属加-显遗传模型，且可得到如下方差成分估计：

实测方差成分估计：

$$\sigma^2_{Gs}=\frac{1.1246-0.0317}{9}=0.1214$$

$$\sigma^2_{Gd}=\frac{0.2031-0.0314}{6}=0.0286,\quad \sigma^2_E=0.04$$

遗传方差成分估计：

$$\hat{V}_a=8\times\sigma^2_{Gs}=8\times0.1214=0.9712\qquad \hat{V}_A=\frac{1}{2}V_a=0.4856$$

$$\hat{V}_d=8\times\sigma^2_{Gd}=8\times0.0286=0.2288\qquad \hat{V}_D=\frac{1}{4}V_d=0.0572$$

平均显性：

$$\bar{d}=\sqrt{\frac{V_d}{V_a}}=\sqrt{\frac{0.2288}{0.9712}}=0.4854\text{，为部分显性}$$

$$\hat{V}_P=\hat{V}_A+\hat{V}_D+\hat{V}_E=0.4856+0.0572+0.04=0.5828\text{（以小区为单位）}$$

评注：①豆类百粒重性状作 $2N$ 模型（仅含自身基因型）分析，必须首先检测母体和胞质效应的存在性，若未经证明不存在母体效应，而直接采用自身遗传模型分析是不妥的；② $m=10$，样本容量太小，以上分析仅为练习。一般以 $m=20\sim40$ 为宜；③如果忽略以上两条不计，本分析结果表明所研究性状的遗传符合加-显遗传模型，且以加性遗传方式为主，显性方差很小。该性状的改良应首先考虑优良基因的累加和选择育种。

七、双列杂交设计

（一）交配设计

双列杂交设计（diallel design）是指对所选用的一组 p 个亲本（从参照群体中选取的一组自交系、纯系或品种）进行各种可能的单交交配（single crosses）。这种交配包括亲本最多可产生 p^2 个杂交和自交组合。依据其遗传特性，这 p^2 份材料可分为三组：① p 个亲本（即 p 个亲本的自交组合）；②所有可能的正交 F_1 组合，共 $p(p-1)/2$ 个；③所有可能的反交 F_1 组合，共 $p(p-1)/2$ 个。这三类材料示于图 6-5。

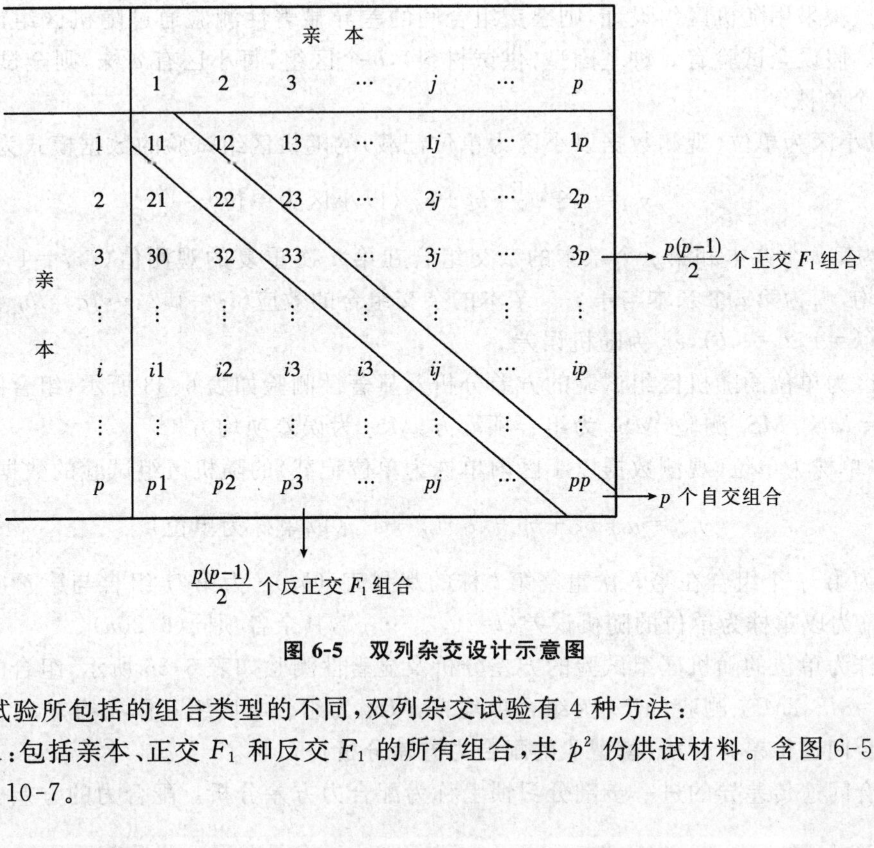

图 6-5　双列杂交设计示意图

根据试验所包括的组合类型的不同，双列杂交试验有 4 种方法：

方法 1：包括亲本、正交 F_1 和反交 F_1 的所有组合，共 p^2 份供试材料。含图 6-5 的所有元素，另见图 10-7。

方法 2：包括亲本和正交 F_1，共 $\frac{p(p+1)}{2}\left(=p+\frac{p(p-1)}{2}\right)$ 份供试材料。含图 6-5 的上三角和主对角线元素。

方法 3：包括正交 F_1 和反交 F_1，不包括亲本，共 $p(p-1)$ 份供试材料。含图 6-5 的上三角和下三角元素。

方法 4：仅包括正交 F_1，共 $\frac{p(p-1)}{2}$ 个供试组合。只含图 6-5 的上三角元素。

(二)双列杂交统计分析概述

双列杂交分析的理论与方法有两大体系（马育华，1982），一个体系由 Yates(1947)提出，后发展为以 Griffing(1956)为代表的统计方法；另一体系由 Mather 提出，后发展为以 Hayman 为代表的遗传分析方法。统计分析又因对组合效应的假设而有不同。若假设组合效应是固定的称之为固定效应模型，又称模型Ⅰ，若假设组合效应是随机的称之为随机效应模型，又称模型Ⅱ（关于固定效应和随机效应模型的定义和解释可参阅盖钧镒(2000)和莫惠栋(1992)）。固定模型下的双列杂交主要用于配合力效应的分析，将在第十章介绍。随机模型下的双列杂交主要用于遗传方差的估计，由本章和下一章介绍，所以下面所介绍的全部都是模型Ⅱ下的双列分析。

双列杂交的统计分析分为两步：第一步是杂交组合间的差异显著性测验。当试验采用随机区组设计时通过随机区组的方差分析鉴别组合间是否存在真实的遗传差异。第二步是当组合间差异显著时，对组合间方差进一步作遗传剖分，并估计遗传方差成分。

1. 杂交组合间的差异显著性测验

如果试验采用随机区组设计，则杂交组合间的差异显著性测验通过随机区组试验的方差分析实现。假设全试验有 a 种基因型（供试材料），b 个区组，每小区有 c 株，则全试验有 ab 个小区，abc 个单株。

(1)以小区为单位（观测数据以小区为单位记载）的随机区组试验的数据模式为：

$$y_{ijk}=\mu+v_{ij}+b_k+e_{ijk}\text{（以小区为单位）} \quad (6\text{-}20a)$$

式中：y_{ijk} 为第 i 个亲本和第 j 个亲本的杂交组合在第 k 次重复的观测值（$i,j=1,2,\cdots,p$），μ 为总体平均，v_{ij} 为第 i 个亲本与第 j 个亲本的杂交组合的效应（$ij=1,2,\cdots,a$），b_k 为第 k 次重复的效应（$k=1,2,\cdots,b$），e_{ijk} 为随机误差。

以小区为单位的随机区组试验的方差分析及显著性测验如表 6-33 所示，组合间的差异显著性用 $F=MS_v/MS_e$ 测验，MS_v 为组合项均方，MS_e 为误差项均方。

(2)以单株为单位（观测数据以小区内单株为单位记载）的随机区组试验的数据模式为：

$$y_{ijkl}=\mu+v_{ij}+b_k+(bv)_{ijk}+e_{ijkl}\text{（以单株为单位）} \quad (6\text{-}20b)$$

式中：y_{ijkl} 为第 ij 个组合在第 k 次重复第 l 株的观测值，$(bv)_{ijk}$ 为第 ij 组合与第 k 次重复的互作效应，e_{ijkl} 为以单株为单位的随机误差（$l=1,2,\cdots,c$），其余各项同(6-20a)。

以单株为单位的随机区组试验的方差分析及显著性测验如表 6-36 所示，组合间的差异显著性用 $F=MS_v/MS_{bv}$ 测验，MS_v 为组合项均方，MS_{bv} 为组合与区组互作项均方。

2. 组合间遗传差异分析（模型Ⅱ的配合力方差分析）

对组合间遗传差异的进一步剖分习惯上称为配合力方差分析。配合力的方差分析也分两步走，第一步为通过配合力方差分析获得配合力方差组分（实测方差）估计值，第二步为把实测方差组分转换为遗传方差。

（1）配合力方差分析与配合力方差组分估计：式（6-20a）和式（6-20b）中组合效应的剖分模式为：

$$v_{ij} = g_i + g_j + s_{ij} + r_{ij}\text{（方法 1 和方法 3）} \tag{6-21a}$$

$$v_{ij} = g_i + g_j + s_{ij}\text{（方法 2 和方法 4）} \tag{6-21b}$$

式中：v_{ij} 为第 i 个亲本与第 j 个亲本杂交组合的效应，g_i 为第 i 个亲本的效应（又称第 i 个亲本的一般配合力效应，general combining ability，g_i），g_j 为第 j 个亲本的效应（又称第 j 个亲本的一般配合力效应），s_{ij} 为第 i 个亲本与第 j 个亲本的相互组配效应（又称特殊配合力效应，special combining ability，s_{ij}），r_{ij} 为反交效应。

依如上模式可进行配合力方差分析，具体方法将在下面介绍。双列杂交数据涉及到不平衡数据的分析，比较复杂，这里不作推导。有关双列杂交分析公式的推导可参阅 Griffing（1956），耿旭、林德光（1984），刘来福等（1984）。

（2）遗传方差组分估计：随机模型下，实测方差 σ_g^2（一般配合力方差）和 σ_s^2（特殊配合力方差）与遗传方差的关系为（根据亲属间协方差）：

$$\sigma_g^2 = \frac{1+F}{4}V_A + \frac{(1+F)^2}{16}V_{AA} + \frac{(1+F)^3}{64}V_{AAA} + \cdots$$

$$\sigma_s^2 = \frac{(1+F)^2}{4}V_D + \frac{(1+F)^2}{8}V_{AA} + \frac{(1+F)^3}{8}V_{AD} + \frac{(1+F)^4}{16}V_{DD} + \cdots$$

若假设上位性不存在，以上关系可简化为：

$$\left.\begin{array}{ll} \text{当 } F=0 & \sigma_g^2 = \frac{1}{4}V_A,\ \hat{V}_A = 4\sigma_g^2 \\ & \sigma_s^2 = \frac{1}{4}V_D,\ \hat{V}_D = 4\sigma_s^2 \\ \text{当 } F=1 & \sigma_g^2 = \frac{1}{2}V_A,\ \hat{V}_A = 2\sigma_g^2 \\ & \sigma_s^2 = V_D,\ \hat{V}_D = \sigma_s^2 \end{array}\right\} \tag{6-22}$$

由此可得到遗传方差成分 V_A 和 V_D 的估计。下面具体介绍随机模型（模型Ⅱ）下双列杂交的统计分析方法，并以实例说明双列杂交中不同观测单位下误差的计算和不同近交水平下方差成分的估计。

（三）双列杂交试验的统计分析方法

双列杂交统计分析的基本数据结构见第十章图 10-7。下面分述随机模型下双列杂交 4 种试验的统计分析方法。

1. 试验方法 1

双列杂交方法 1 包括图 6-5 的全部组合：亲本、正交 F_1 和反交 F_1，共 p^2 份试验材料。其方差分析示于表 6-28。

表 6-28　双列杂交方法 1 的方差分析表(模型 Ⅱ)

变异来源	自由度	平方和	均方	EMS
一般配合力	$p-1$	SS_g	MS_g	$\sigma^2+\frac{2(p-1)}{p}\sigma_s^2+2p\sigma_g^2$
特殊配合力	$p(p-1)/2$	SS_s	MS_s	$\sigma^2+\frac{2(p^2-p+1)}{p^2}\sigma_s^2$
反交效应	$p(p-1)/2$	SS_r	MS_r	$\sigma^2+2\sigma_r^2$
误差	$(a-1)(b-1)$	SS_e	$MS'_e=\frac{MS_{bv}}{bc}$	σ^2

注：p 为亲本数，a 表示组合数，b 表示区组数，c 表示小区内株数。MS_{bv} 为随机区组方差分析的区组与组合互作项均方。

(1)平方和的计算公式：

$$\left.\begin{aligned}&\text{一般配合力 } SS_g=\frac{1}{2p}\sum_i(y_{i\cdot}+y_{\cdot i})^2-\frac{2}{p^2}y_{\cdot\cdot}^2\\&\text{特殊配合力 } SS_s=\frac{1}{2}\sum_i\sum_j y_{ij}(y_{ij}+y_{ji})-\frac{1}{2p}\sum_i(y_{i\cdot}+y_{\cdot i})^2+\frac{1}{p^2}y_{\cdot\cdot}^2\\&\text{反交效应 } SS_r=\frac{1}{2}\sum_{i<j}\sum(y_{ij}-y_{ji})^2\end{aligned}\right\}\tag{6-23a}$$

式中：p 为亲本数，y_{ij} 为亲本 i 与亲本 j 杂交组合的均值，$y_{i\cdot}$ 为包括亲本 i 的所有组合均值的总和，$y_{\cdot j}$ 为包括亲本 j 的所有组合均值的总和，$y_{\cdot\cdot}$ 为所有组合均值的总和(下面试验方法 2、3、4 均如此，不另注)。

(2)测验有关方差组分的假设(F 测验)：

①测验一般配合力方差，$H_O:\sigma_g^2=0$。采用如下近似的 F 值：

$$F=\frac{MS_g}{MS^*},\text{自由度 } \upsilon_1=p-1,\upsilon_2=f\tag{6-23b}$$

式中：$MS^*=(1-A)MS'_e+AMS_s$，$A=\frac{p(p-1)}{p^2-p+1}$；

$$f=\frac{mp^2(p-1)[p+2(p-1)k]^2}{p^2(p-1)(1-A)^2+2mA^2(p^2+2c'k)}$$

$$k=\frac{p^2}{2c'}\left(\frac{MS_s-MS'_e}{MS'_e}\right)$$

式中：$c'=p^2-p+1$；m 为误差自由度，$m=(a-1)(b-1)$。

②测验特殊配合力方差，$H_O:\sigma_s^2=0$。

$$F=\frac{MS_s}{MS'_e},\upsilon_1=\frac{p(p-1)}{2},\upsilon_2=(a-1)(b-1)\tag{6-23c}$$

③测验反交效应方差，$H_O:\sigma_r^2=0$。

$$F=\frac{MS_s}{MS'_e},\upsilon_1=\frac{p(p-1)}{2},\upsilon_2=(a-1)(b-1)\tag{6-23d}$$

(3)实测方差组分及其方差的估计：

①一般配合力方差组分：

$$\left.\begin{aligned}\hat{\sigma}_g^2&=\frac{1}{2p}\left[MS_g-\frac{MS_e'+p(p-1)MS_s}{p^2-p+1}\right]\\ \hat{V}(\hat{\sigma}_g^2)&\approx\frac{1}{2p^2(P-1)}MS_g^2+\frac{p-1}{pc'^2}MS_s^2+\frac{1}{2p^2c'^2m}(MS_e')^2\end{aligned}\right\}\quad(6\text{-}23e)$$

②特殊配合力方差组分：

$$\left.\begin{aligned}\hat{\sigma}_s^2&=\frac{p^2}{2(p^2-p+1)}(MS_s-MS_e')\\ \hat{V}(\hat{\sigma}_s^2)&\approx\frac{p^3}{(p-1)c'^2}MS_s^2+\frac{p^4}{2c'^2m}(MS_e')^2\end{aligned}\right\}\quad(6\text{-}23f)$$

③反交效应方差组分：

$$\left.\begin{aligned}\hat{\sigma}_r^2&=\frac{1}{2}(MS_r-MS_e')\\ \hat{V}(\hat{\sigma}_r^2)&\approx\frac{1}{p(p-1)}(MS_r^2)+\frac{1}{2m}(MS_e')^2\end{aligned}\right\}\quad(6\text{-}23g)$$

④误差项方差 $\hat{\sigma}^2$： $\hat{V}(\hat{\sigma}^2)\approx\frac{2}{m}(MS_e')^2$

例 6.7 研究某黄瓜自交系群体中低温发芽能力的遗传潜势。从中随机抽取 8 个品系($p=8$)，以方法 1 作双列杂交共产生 $p^2=64$ 份供试材料(包括 8 个亲本自交组合，28 个正交 F_1 组合，28 个反交 F_1 组合)，以培养皿为试验单位和 2 次重复的随机区组设计，在培养箱内作发芽试验。试验指标为各材料在 13℃的发芽指数 GI(每日发芽粒数)。方差分析表明，组合材料间差异极显著，于是进一步作配合力分析，得到表 6-29 所列的自由度和均方值。(1)试对各项均方作显著性测验；(2)估计各项实测方差组分；(3)在无上位性假设下估计遗传方差；(4)对分析结果作简要讨论。

解：依方法 1 所作配合力方差分析结果如下：

表 6-29 黄瓜发芽指数的配合力方差分析表

变异来源	DF	SS	MS	F
一般配合力(gca)	7	169.76	24.25	3.39**
特殊配合力(sca)	28	203.63	7.27	3.30**
反交效应(r)	28	61.76	2.2	2.5**
误差(e)	63	55.44	0.88	

注：$F_{0.05,7,14851}=2.1$，$F_{0.01,7,14851}=2.64$。

(1)测验 $H_O:\sigma_g^2=0$ 对 $H_A:\sigma_g^2\neq0$。

$$c'=8^2-8+1=57,A=\frac{8\times7}{64-8+1}=0.9825,$$

$$k=\frac{8^2}{2\times57}\left(\frac{7.27-0.88}{0.88}\right)=4.0766$$

$$f=\frac{63(8^3)(8-1)(8+2\times7\times4.0766)^2}{8^5\times7\times(1-0.9825)^2+2\times63\times(0.9825)^2(64+2\times57\times4.0766)}$$
$$=14\,851.03$$

$$MS^{*}=(1-0.9825)(0.88)+(0.9825)(7.27)=7.1582$$

$$F=\frac{MS_g}{MS^{*}}=\frac{24.25}{7.1582}=3.3877,\quad \upsilon_1=p-1=7,\quad \upsilon_2=f=14\,851.03$$

测验 $H_O:\sigma_s^2=0$ 对 $H_A:\sigma_s^2\neq 0$

$$F=\frac{MS_s}{MS_e'}=\frac{7.27}{2.2}=3.30,\quad \upsilon_1=\frac{p(p-1)}{2}=28,\quad \upsilon_2=(a-1)(b-1)=64$$

(2)实测方差成分(σ_g^2,σ_s^2 和 σ_r^2)估计:

因为 $EMS(r)=\sigma^2+2\sigma_r^2, EMS(s)=\sigma^2+\frac{2(p^2-p+1)}{p^2}\sigma_s^2$,

$$EMS(g)=\sigma^2+\frac{2(p-1)}{p}\sigma_s^2+2p\sigma_g^2$$

所以 $\sigma_r^2=\frac{MS_r-MS_e'}{2}=\frac{2.2-0.88}{2}=0.66$

$$\sigma_s^2=\frac{(MS_s-MS_e')p^2}{2(p^2-p+1)}=\frac{(7.27-0.88)(64)}{2(64-8+1)}=3.5874$$

关于 σ_g^2 的求取:

因为 $\frac{2(p-1)}{p}-\frac{2p^2-2p+2}{p^2}=\frac{2p^2-2p-2p^2+2p-2}{p^2}=\frac{-2}{p^2}$

所以 $\sigma_g^2=\frac{1}{2p}\left[MS_g-MS_s-\left(\frac{-2}{p^2}\right)\sigma_s^2\right]$

$$=\frac{1}{16}\left[24.25-7.27+\frac{1}{32}(3.5874)\right]=1.0683$$

或直接用前面的公式计算,结果相同。

(3)方差组分的方差:

$$V(\sigma_g^2)\approx\frac{1}{2p^2(p-1)}MS_g^2+\frac{p-1}{pc'^2}MS_s^2+\frac{1}{2p^2c'^2m}(MS_e')^2$$

$$=\frac{(24.25)^2}{2\times64\times7}+\frac{7\times(7.27)^2}{8\times57^2}+\frac{(0.88)^2}{2\times64\times57^2\times63}$$

$$=0.6563+0.0142+0=0.6705$$

$$\hat{\sigma}(\sigma_g^2)=\sqrt{0.6705}=0.8188$$

所以 $\hat{\sigma}_g^2+\hat{\sigma}(\hat{\sigma}_g^2)=1.0683\pm0.8188$

$$V(\sigma_s^2)\approx\frac{p^3}{(p-1)c'^2}MS_s^2+\frac{p^4}{2c'^2m}(MS_e')^2$$

$$=\frac{512}{7\times57^2}(7.27)^2+\frac{4\,096}{2\times57^2\times63}(0.88)^2$$

$$=1.1898+0.0077=1.1975$$

$$\hat{\sigma}(\sigma_s^2)=\sqrt{1.1975}=1.0943$$

所以 $\hat{\sigma}_s^2+\hat{\sigma}(\hat{\sigma}_s^2)=3.5874\pm1.0943$

可见特殊配合力方差的估计精度要高于一般配合力方差的估计精度。

$$V(\sigma_r^2)\approx\frac{1}{p(p-1)}MS_r^2+\frac{1}{2m}(MS_e')^2$$

$$=\frac{1}{8\times7}(2.2)^2+\frac{1}{2\times63}(0.88)^2=0.0926$$

$$\hat{\sigma}(\sigma_r^2)=\sqrt{0.0926}=0.3043$$

所以 $$\hat{\sigma}_r^2\pm\hat{\sigma}(\hat{\sigma}_r^2)=0.66\pm0.3043$$

$$V(\sigma^2)\approx\frac{2}{m}(MS_e')=\frac{2}{63}(0.88)^2=0.0246$$

(4)遗传方差成分估计：

若假设 $V_I=0$,则 $\hat{V}_A=2\sigma_g^2=2\times0.6057=1.2114$， $\hat{V}_D=\sigma_s^2=3.5874$

小结：①正反交效应差异显著；②显性方差大于加性方差。这提示育种者在所研究性状上对于该遗传群体的利用需以杂种优势利用为主，且在亲本选配上应注意正反交的差异。

2. 试验方法 2

表 6-30　双列杂交方法 2 的方差分析表

变异来源	DF	SS	MS	EMS
一般配合力	$p-1$	SS_g	MS_g	$\sigma^2+\sigma_s^2+(p+2)\sigma_g^2$
特殊配合力	$p(p-1)/2$	SS_s	MS_s	$\sigma^2+\sigma_s^2$
误差	$(a-1)(b-1)$	SS_e	$MS_e'=\frac{MS_{bw}}{bc}$	σ^2

注：p 表示亲本数，a 表示组合数，b 表示区组数，c 表示小区内株数。

平方和计算公式：

$$\left.\begin{aligned}&\text{一般配合力 } SS_g=\frac{1}{p+2}\left\{\sum_i(y_{i\cdot}+y_{ii})^2-\frac{4}{p}y_{\cdot\cdot}^2\right\}\\&\text{特殊配合力 } SS_s=\sum_{i\leqslant j}\sum y_{ij}^2-\frac{1}{p+2}\sum_i(y_{i\cdot}+y_{ii})^2+\frac{2}{(p+1)(p+2)}y_{\cdot\cdot}^2\end{aligned}\right\}\quad(6\text{-}24a)$$

实测方差组分估计及其估计方差：

$$\left.\begin{aligned}&\hat{\sigma}_g^2=\frac{1}{p+2}(MS_g-MS_s)\\&V(\hat{\sigma}_g^2)=\frac{2}{(p+1)(p+2)^2}MS_g^2+\frac{4}{p(p+1)(p+2)}MS_s^2\\&\hat{\sigma}_s^2=MS_s-MS_e'\\&V(\hat{\sigma}_s^2)=\frac{4}{p(p-1)}MS_s^2+\frac{2}{(a-1)(b-1)}(MS_e')^2\\&\hat{\sigma}^2=MS_e'\\&V(\hat{\sigma}^2)=\frac{2}{(a-1)(b-1)}(MS_e')^2\end{aligned}\right\}\quad(6\text{-}24b)$$

遗传方差组分估计见式(6-22)。

3. 试验方法 3

表 6-31 双列杂交方法 3 的方差分析表

变异来源	DF	SS	MS	EMS
一般配合力	$p-1$	SS_g	MS_g	$\sigma^2+2\sigma_s^2+2(p-2)\sigma_g^2$
特殊配合力	$p(p-3)/2$	SS_s	MS_s	$\sigma^2+2\sigma_s^2$
反交效应	$p(p-1)/2$	SS_r	MS_r	$\sigma^2+2\sigma_r^2$
误差	$(a-1)(b-1)$	SS_e	$MS_e'=\frac{MS_{bv}}{bc}$	σ^2

注：p 表示亲本数，a 表示组合数，b 表示区组数，c 表示小区内株数。

平方和计算公式：

$$\left.\begin{aligned}SS_g&=\frac{1}{2(p-2)}\sum(y_{i\cdot}+y_{\cdot i})^2-\frac{2}{p(p-2)}y_{\cdot\cdot}^2\\SS_s&=\frac{1}{2}\sum_{i<j}\sum(y_{ij}+y_{ji})^2-\frac{1}{2(p-2)}\sum(y_{i\cdot}+y_{\cdot i})^2+\frac{2}{(p-1)(p-2)}y_{\cdot\cdot}^2\\SS_r&=\frac{1}{2}\sum_{i<j}\sum(y_{ij}-y_{ji})^2\end{aligned}\right\}\qquad(6\text{-}25a)$$

实测方差组分及其估计方差：

$$\left.\begin{aligned}\hat{\sigma}_g^2&=\frac{1}{2(p-2)}(MS_g-MS_s)\\V(\hat{\sigma}_g^2)&=\frac{1}{2(p-1)(p-2)^2}MS_g^2+\frac{1}{p(p-3)(p-2)^2}MS_s^2\\\hat{\sigma}_s^2&=\frac{1}{2}(MS_s-MS_e')\\V(\hat{\sigma}_s^2)&=\frac{1}{p(p-1)}MS_s^2+\frac{1}{2(a-1)(b-1)}(MS_e')^2\\\hat{\sigma}_r^2&=\frac{1}{2}(MS_r-MS_e')\\V(\hat{\sigma}_r^2)&=\frac{1}{p(p-1)}MS_r^2+\frac{1}{2(a-1)(b-1)}(MS_e')^2\end{aligned}\right\}\qquad(6\text{-}25b)$$

遗传方差成分估计方法见式(6-22)。

4. 试验方法 4

双列杂交方法 2 和方法 4 是在假设不存在反交效应的前提下进行的，当已知存在反交效应时不宜采用方法 2 和方法 4。

表 6-32 双列杂交方法 4 的方差分析表

变异来源	DF	SS	MS	EMS
一般配合力	$p-1$	SS_g	MS_g	$\sigma^2+\sigma_s^2+(p-2)\sigma_g^2$
特殊配合力	$p(p-3)/2$	SS_s	MS_s	$\sigma^2+\sigma_s^2$
误差	$(a-1)(b-1)$	SS_e	$MS_e'=\frac{MS_{bv}}{bc}$	σ^2

注：p 表示亲本数，a 表示组合数，b 表示区组数，c 表示小区内株数。

平方和计算公式：

$$
\left.\begin{aligned}
&\text{一般配合力 } SS_g=\frac{1}{p-2}\sum_i y_{i\cdot}^2-\frac{4}{p(p-2)}y_{\cdot\cdot}^2\\
&\text{特殊配合力 } SS_s=\sum_{i<j}\sum y_{ij}^2-\frac{1}{p-2}\sum y_{i\cdot}^2+\frac{2}{(p-1)(p-2)}y_{\cdot\cdot}^2
\end{aligned}\right\}\quad(6\text{-}26a)
$$

实测方差成分估计及其估计方差：

$$
\left.\begin{aligned}
&\hat{\sigma}_g^2=\frac{1}{p-2}(MS_g-MS_s)\\
&V(\hat{\sigma}_g^2)=\frac{2}{(p-1)(p-2)^2}MS_g^2+\frac{4}{p(p-3)(p-2)^2}MS_s^2\\
&\hat{\sigma}_s^2=(MS_s-MS_e')\\
&V(\hat{\sigma}_s^2)=\frac{4}{p(p-3)}MS_s^2+\frac{2}{(a-1)(b-1)}(MS_e')^2\\
&\hat{\sigma}^2=MS_e'\\
&V(\hat{\sigma}^2)=\frac{2}{(a-1)(b-1)}(MS_e')^2
\end{aligned}\right\}\quad(6\text{-}26b)
$$

例 6.8　为研究某玉米群体抗倒伏性利用前景，曾以双列杂交方法 4 进行研究。从参照群体中随机抽取 6 个不同抗倒程度的自交系为亲本，以双列杂交方法 4 配制 F_1 组合 15 个。以 3 次重复的随机完全区组设计(RCBD)作田间试验，每小区取 10 株，以基部第一、二节间抗倒指标(g/单位长)度量抗倒伏程度。随机区组试验的方差分析结果和组合均值分别列于表 6-33 和表 6-34。若把这 6 个自交系视为某类玉米自交系群体的随机代表，试在无上位性、无正反交差异的假设下，对其参照总体的 V_A 和 V_D 作出估计。

解：本研究的观测数据以小区为单位，其组合间差异检验应依据数据模式(6-20a)进行。其组合间方差的进一步剖分应依数据模型(6-21)进行。

(1)由随机区组设计的方差分析表 6-33 知，组合间存在着真实的遗传差异，因此可进一步进行组合间方差剖分和遗传方差估计。

表 6-33　随机区组试验的方差分析

变异来源	DF	SS	MS	F
区组	2	171.90		
组合	14	8 223.15	587.37	4.83**
误差	28	3 406.94	121.68	

(2)组合间方差剖分。

对随机区组试验的小区数据按组合求平均(3 个区组的平均)，列入表 6-34，并计算配合力平方和如下：

①一般配合力平方和：

$$
SS_g=\frac{1}{p-2}\sum y_{i\cdot}^2-\frac{4}{p(p-2)}y_{\cdot\cdot}^2=\frac{1}{4}(544.18^2+541.53^2+\cdots+465.71^2)-
$$

$$
\frac{4}{6\times4}\times1\,530.69^2=392\,113.59-390\,501.98=1\,611.61
$$

表 6-34 玉米自交系双列杂交组合均值(抗倒伏指标)

亲本自交系	2	3	4	5	6	$y_{i\cdot}$
1	105.18	114.29	113.43	102.05	109.23	544.18
2		133.08	100.55	94.09	108.63	541.53
3			97.25	111.50	85.35	541.47
4				93.56	81.15	485.94
5					81.35	482.55
6						465.71
						$2y_{\cdot\cdot}=3\,061.38$，$y_{\cdot\cdot}=1\,530.69$

②特殊配合力平方和：

$$
\begin{aligned}
SS_s &= \sum_{i<j} y_{ij}^2 - \frac{1}{p-2}\sum y_{i\cdot}^2 + \frac{2}{(p-1)(p-2)}y_{\cdot\cdot}^2 \\
&=(105.18^2+114.29^2+\cdots+81.35^2)-392\,113.59+ \\
&\quad \frac{2}{5\times 4}\times 1\,530.69^2 \\
&=158\,941.84-392\,113.59+234\,301.19=1\,129.44
\end{aligned}
$$

表 6-35 玉米抗倒伏配合力方差分析表(随机模型)

变异来源	DF	SS	MS	F	EMS
gca	5	1 611.61	322.32	2.56	$\sigma^2+\sigma_s^2+(p-2)\sigma_g^2$
sca	9	1 129.44	125.49	3.10*	$\sigma^2+\sigma_s^2$
误差	28	1 135.65①	40.56		σ^2

注：①SS_e＝随机区组方差分析中的 SS_e/区组数＝3 406.94/3＝1 135.65

由表 6-35 知，MS_g 不显著，说明亲本品系的一般配合力效应差异不显著，其原因可能是样本容量太小，或误差大。MS_s 显著，说明亲本间特殊配合效应差异显著。

(3)方差成分估计。

从理论上讲，MS_g 不显著就不必估计 σ_g^2 了。为练习起见，本例对 σ_g^2 和 σ_s^2 都作估计。

$$\hat{\sigma}_g^2=\frac{MS_g-MS_s}{p-2}=\frac{322.32-125.49}{4}=49.21$$

$$\hat{\sigma}_s^2=MS_s-MS_e=125.49-40.55=84.94$$

依式(6-22)，自交系 $F=1$，所以 $\hat{V}_A=2\hat{\sigma}_g^2=2\times 49.21=98.42$，$\hat{V}_D=\sigma_s^2=84.94$

依式(6-1c)和式(6-1d)：

$$
\begin{aligned}
V(\hat{V}_A) &= V(2\sigma_g^2)=4V(\sigma_g^2)=4\times V\left(\frac{MS_g-MS_s}{p-2}\right) \\
&=4\times\frac{2}{(p-2)^2}\left(\frac{MS_g^2}{df_g+2}+\frac{MS_s^2}{df_s+2}\right) \\
&=4\times\frac{2}{(6-2)^2}\left(\frac{332.32^2}{5+2}+\frac{125.49^2}{9+2}\right)=8\,136.68
\end{aligned}
$$

$$\hat{\sigma}(\hat{V}_A)=\sqrt{8\,136.68}=90.20$$

$$V(\hat{V}_D)=V(\sigma_s^2)=V(MS_s-MS_e)=2\left(\frac{MS_s^2}{df_g+2}+\frac{MS_e^2}{df_e+2}\right)$$

$$=2\left(\frac{125.49^2}{9+2}+\frac{40.56^2}{28+2}\right)=2\ 972.90$$

$$\hat{\sigma}(\hat{V}_D)=\sqrt{2\ 972.90}=54.52$$

(4)平均显性：

$$\bar{d}=\sqrt{\frac{\sigma_s^2}{\sigma_g^2}}=\sqrt{\frac{V_d/4}{V_a/4}}=\sqrt{\frac{84.94}{49.21}}=1.31$$

(5)结果讨论。本研究得到：①$V_A\pm\hat{\sigma}(V_A)=98.42\pm90.20$，$V_D\pm\hat{\sigma}(V_D)=84.54\pm54.52$。加性遗传方差不存在；显性遗传方差的估计精度也不高。其可能的原因是：参照群体内所研究性状的遗传变异程度小；供试亲本数少，影响了遗传方差的估计精度；田间试验误差和室内测定误差。②一年一地的试验很可能使方差成分的估计中混有基因型与环境互作的影响。③如果存在上位性效应，则采用双列杂交方法估计的方差成分是有偏的。

本例是以小区为单位，近交系数 $F=1$ 的情况。下例为以单株为观测单位，近交系数 $F\neq0$ 的情况。

例 6.9　采用双列杂交试验(方法 4) 研究某玉米群体(近交水平为 $F=0.875$)籽粒产量的遗传，亲本数 $p=9$，组合数 $a=9(9-1)/2=36$，随机区组设计，重复数 $b=6$，每小区测量株数 $c=13$。由于本试验以单株为观测单位，需采用式(6-20b)和式(6-21b)分析。其随机区组试验结果的方差分析见表 6-36(马育华，1982)。

表 6-36　玉米籽粒产量随机区组设计的方差分析(单株为单位)

变异来源	*DF*	*MS*	*F*	*EMS*
区组	5	257 943.53		$\sigma^2+c\sigma_{ab}^2+ac\sigma_b^2$
组合	35	61 889.36**	5.24	$\sigma^2+c\sigma_{ab}^2+bc\sigma_a^2$
组合×区组	175	11 803.61	7.17	$\sigma^2+c\sigma_{ab}^2$
试验误差	2 558	1 642.48		σ^2

解：(1)组合间差异显著性测验。

$F=61\ 889.36/11\ 803.61=5.24$，$p<0.01$，极显著。可进一步估计方差成分。依试验方法 4 的公式对组合平均值作进一步分析，结果见表 6-37。

表 6-37　玉米籽粒产量双列杂交配合力方差分析

变异来源	*DF*	*MS*	*EMS*
一般配合力	8	2 325.75**	$\sigma^2+\sigma_s^2+(p-2)\sigma_g^2$
特殊配合力	27	339.44**	$\sigma^2+\sigma_s^2$
试验误差①	175	151.33	σ^2

注：①这里以组合为单位分析的误差均方为表 6-36 的"组合×区组"项均方除以 bc，即 $MS_e'=\frac{MS_{bv}}{bc}=1\ 803.61/(13\times6)=151.33$。

(2)实测方差成分估值：

$$\sigma_g^2=(2\ 325.75-339.44)/(9-2)=283.76$$

$$\sigma_s^2=339.44-151.33=188.11$$

遗传方差成分估值：本例 $F=0.875$，在无上位性的假设下：

$$\sigma_g^2=\frac{1+0.875}{4}V_A,\quad \hat{V}_A=\frac{4}{1.875}\times 283.76=605.35$$

$$V(\hat{V}_A)=\frac{2}{(9-2)^2}\left[\frac{(2\,325.75)^2}{8+2}+\frac{(339.44)^2}{27+2}\right]\left(\frac{4}{1.875}\right)^2=101\,217.53$$

$$\hat{\sigma}(\hat{V}_A)=\sqrt{101\,217.53}=318.15$$

$$\sigma_s^2=\frac{(1+0.875)^2}{4}V_D,\quad \hat{V}_D=\frac{4}{(1+0.875)^2}\times 188.11=214.03$$

$$V(\hat{V}_D)=2\left[\frac{(339.44)^2}{27+2}+\frac{(151.33)^2}{175+2}\right]=8\,204.94,\quad \hat{\sigma}(\hat{V}_D)=90.58$$

评注：①种子性状需采用种子性状遗传模型分析；②如果不存在或假设不存在胞质和母体效应，且不存在上位性效应，则本研究结果表明，所研究性状以加性遗传为主，也存在显性作用；③本研究中遗传方差的估计精确度要高于例 6.8；④例 6.8 的近交系数 $F=1$，σ_g^2 估计了 $\frac{1}{2}$ 的 V_A，本例的 $F=0.875$，σ_g^2 估计了 $\frac{4}{1.875}=0.468\,75$ 的 V_A，当 $F=0$ 时，σ_g^2 仅估计了 $\frac{1}{4}$ 的 V_A。可见，参照群体的近交水平越高，配合力方差越大。

关于双列杂交的设计，莫惠栋，黄祖六等（1997）曾在“种子性状双列资料遗传分析的新方法”一文中提出了改良的双列设计并予以应用，有关方法可参阅该参考文献。

八、永久 F_2 遗传交配设计

采用永久 F_2 遗传交配设计可实现两位点遗传方差的正交剖分。

（一）构建永久 F_2 遗传群体（immotalized F_2 population）

自交系（或纯系）间杂交的 F_2 世代能为数量遗传分析提供全息群体，可由其进行最完全的遗传分析（Allard，1956），但由于 F_2 群体是以单株为单位彼此分离的，在自然繁殖过程中每种基因型只能表现一次，不能进行重复试验，因而无法获得可资分析比较的 F_2 单株的表型数据，分析结果无法验证。20 世纪 80 年代后期在数量性状基因（QTL）定位研究中开始采用 $F_{2:3}$ 家系群体，即由 F_2 单株自交获得的 F_3 家系群体，以期获得重复数据。但 $F_{2:3}$ 群体存在如下缺点：①F_3 家系为异质群体，无法做到精确重复；②F_3 比 F_2 多了一次减数分裂和自交，使 F_3 的基因型不能与 F_2 准确一一对应；③由于自交，F_3 的杂合度比 F_2 降低了一半，会使显性和显性类型上位性效应的估计偏低。采用单粒传（SSD）和花粉培养方法创造的重组近交系（RIL）和加倍单倍体（DH）群体可以保证遗传研究的可重复性，但这类群体只能分析加性和加-加互作效应，使其在数量遗传分析中的应用受到限制。采用永久 F_2 群体可以克服如上缺点并实现基本全息且可重复的遗传研究。

所谓永久 F_2 遗传交配设计是利用高代重组近交系或加倍单倍体群体创造近似于纯系间杂种 F_2 但可重复获得完全相同基因型的遗传交配设计方法。构建永久 F_2 群体的具体方法是：首先创造两纯系杂种的高代重组近交系群体 RILs（F_8 以上）。然后把重组近交系随机排列并从中随机抽取两个相等容量（$n=400\sim600$）的样本，使之随机配对杂交产生 n 个单交 F_1

组合(这一过程也可分几次重复抽样完成)群体,称之为永久 F_2 群体,如图 6-6 所示。

		第二组重组近交系							
		$n+1$	$n+2$	$n+3$	…	…	$2n-2$	$2n-1$	$2n$
第一组重组近交系	1	×							
	2		×						
	3			×					
	⋮				⋱				
	⋮					⋱			
	$n-2$						×		
	$n-1$							×	
	n								×

图 6-6　用 RILs 构建永久 F_2 群体示意图

该群体的特点是:①群体内单位点和多位点基因型的组成和频率类似于 F_2,因为当自交代数为无穷时,重组近交系间基因型的分布理论上等同于 F_1 的配子比例,由 RIL 成对杂交产生的杂种相当于 F_2。例如当有一对等位基因 A-a 时,F_1 产生$\frac{1}{2}A$:$\frac{1}{2}a$ 两种配子,RIL 有$\frac{1}{2}$AA:$\frac{1}{2}$aa 两种基因型,F_2 有$\frac{1}{4}$AA:$\frac{1}{4}$Aa:$\frac{1}{4}$aA:$\frac{1}{4}$aa 4 种基因型,RIL 成对杂交也产生$\frac{1}{4}$AA:$\frac{1}{4}$Aa:$\frac{1}{4}$aA:$\frac{1}{4}$aa 4 种基因型。又如有两对基因 A-a 和 B-b 时,F_1 和 RIL 产生的配子比例均为$\frac{1}{4}$AB:$\frac{1}{4}$Ab:$\frac{1}{4}$aB:$\frac{1}{4}$ab,F_2 和 RIL 间杂交产生的基因型均为 16 种(AABB,AABb,…,aabb),且各占$\frac{1}{16}$。当自交代数为 10 时,RIL 中杂合子的比例为$\frac{1}{2^9}=0.001\,95$,两个杂合子相遇的概率极小。②所有亲本 RIL 的种子可精确繁殖且永久保存,RIL 间杂交组合可被重复构建(以完全相同或不同的排列方案)和利用。故把这 n 个单交 F_1 组合构成的群体称之为永久 F_2 群体。借助于分子标记可研究永久 F_2 群体内单位点和位点间基因的作用方式。Yu 等(1997),Hua 等(1997,1998)曾以水稻优良杂交组合珍汕 97×明恢 63(曾在中国大面积推广种植)经单粒传(SSD)获得的 240 个 F_9 重组近交系(RILs)群体为材料,对其进行随机排序并随机分为 2 组,每组 120 系,两组随机配对组配成 120 个 F_1 组合。如此重复 3 轮共产生 360 个组合(每组合至少 200 粒杂交种子),构成永久 F_2 试验群体进行了一系列的杂种优势遗传基础研究(部分研究结果引用于第十章)。

(二)两位点遗传方差的正交剖分

Fisher(1918)采用正交剖分的方法把两位点遗传方差剖分为加性、显性和两位点互作方差 3 部分。Cockerham(1954)进一步把两位点互作方差剖分为加性×加性、加性×显性、显性×加性和显性×显性 4 部分,实现了对两位点互作方差的完全剖分,每组分一个自由度。该方法的特点是根据遗传学和统计学的原理给出相应于每一变异来源的正交剖分尺度(orthogonal scales),通过计算基因型值对正交剖分尺度的回归平方和(由于基因型频率之和为 1,所计算的平方和等于相应变异来源的方差)实现对总遗传方差的正交剖分。

若考虑两基因位点 B_1 和 B_2，每位点两个等位基因，其 9 种基因型值、基因型频率、线性(加性)和二次(显性)的正交剖分尺度列于表 6-38。

表 6-38 两位点 9 种基因型的基因型值、基因型频率、线性和二次正交剖分尺度

基因型	B_2B_2	B_2b_2	b_2b_2	平均数	频率	线性 w_1	二次 w_2
B_1B_1	$y_{22}(f_{22})$	$y_{21}(f_{21})$	$y_{20}(f_{20})$	$y_{2\cdot}$	$f_{2\cdot}=p^2$	$2q$	$1/p^2$
B_1b_1	$y_{12}(f_{12})$	$y_{11}(f_{11})$	$y_{10}(f_{10})$	$y_{1\cdot}$	$f_{1\cdot}=2pq$	$q-p$	$-1/pq$
b_1b_1	$y_{02}(f_{02})$	$y_{01}(f_{01})$	$y_{00}(f_{00})$	$y_{0\cdot}$	$f_{0\cdot}=q^2$	$-2p$	$1/q^2$
平均数	$y_{\cdot 2}$	$y_{\cdot 1}$	$y_{\cdot 0}$	$y_{\cdot\cdot}$	—	—	—
频率	$f_{\cdot 2}=r^2$	$f_{\cdot 1}=2rs$	$f_{\cdot 0}=s^2$	—	$f_{\cdot\cdot}=1$	—	—
线性 w_3	$2s$	$s-r$	$-2r$	—	—	—	—
二次 w_4	$1/r^2$	$-1/rs$	$1/s^2$	—	—	—	—

注：y_{22} 表示基因型 $B_1B_1B_2B_2$ 的基因型值，f_{22} 是 y_{22} 的频率，$y_{2\cdot}=\sum_j f_{2j}y_{2j}$，$f_{2\cdot}=\sum_j f_{2j}$，$j=2,1,0$，余类推。$w_1$、$w_2$、$w_3$、$w_4$ 依次为 B_1 位点的线性、二次、B_2 位点的线性和二次正交剖分尺度。

9 种基因型的总遗传方差可被剖分为以下几个部分：

(1)由于 B_1 位点的分离所引起的方差，即 $y_{2\cdot}$，$y_{1\cdot}$ 和 $y_{0\cdot}$ 之间的变异，这部分还可分为加性方差(基因型值依有利基因数目的回归方差)和显性方差(回归离差方差)，其正交剖分尺度为 w_1 和 w_2。

(2)B_2 位点分离所引起的方差，即 $y_{\cdot 1}$，$y_{\cdot 2}$ 和 $y_{\cdot 0}$ 之间的变异，这部分也可分为加性遗传方差和显性遗传方差，相应的正交剖分尺度为 w_3 和 w_4。

(3)由于 B_1 和 B_2 位点的非等位基因互作所引起的方差。总互作方差又可剖分为加性×加性、加性×显性、显性×加性和显性×显性 4 部分，相应的正交剖分尺度依次为 $w_1\times w_3$、$w_1\times w_4$、$w_2\times w_3$、$w_2\times w_4$。

相应于任一特定正交剖分尺度 w_t 的方差 σ_t^2 的算式为：

$$\sigma_t^2=\left(\sum_{i,j} f_{ij}y_{ij}w_{tij}\right)^2\Big/\sum_{i,j} f_{ij}w_{tij}^2=(cov_{yw_t})^2/\sigma_{w_t}^2=\beta_{yw_t}^2\sigma_{w_t}^2 \tag{6-27}$$

式中：cov_{yw_t} 为性状基因型值与正交剖分尺度的协方差，β_{yw_t} 为性状基因型值对正交剖分尺度的回归系数，$\sigma_{w_t}^2$ 为正交剖分尺度的方差。

依式(6-27)可把两位点间总遗传方差剖分为相应于如上 8 种基因效应的遗传方差成分，从而得到方差分析表 6-39。

表 6-39 两位点正交剖分的方差分析表

变异来源	正交剖分尺度	*DF*
B_1 位点		
加性	w_1	1
显性	w_2	1
B_2 位点		
加性	w_3	1
显性	w_4	1
$B_1\times B_2$ 互作		
加性×加性	$w_1\times w_3$	1
加性×显性	$w_1\times w_4$	1
显性×加性	$w_2\times w_3$	1
显性×显性	$w_2\times w_4$	1

例如，B_1 位点的加性遗传方差为：

$$\sigma_{A_1}^2=\frac{[p^2y_2.(2q)+2pqy_1.(q-p)+q^2y_0.(-2p)]^2}{p^2(2q)^2+2pq(q-p)^2+q^2(-2p)^2}$$
$$=\frac{[2pq(py_2.+qy_1.-py_1.-qy_0.)]^2}{2pq[2pq+q^2-2pq+2pq+p^2]}$$
$$=\frac{4p^2q^2[p(y_2.-y_1.)+q(y_1.-y_0.)]^2}{2pq}$$
$$=2pq[p(y_2.-y_1.)+q(y_1.-y_0.)]^2$$
$$=2pq[a+(q-p)d]^2=2pq\alpha^2 \tag{6-28a}$$

式中 α 是基因代换的平均效应，为 B 与 b 基因的平均效应之差。

同样，B_2 位点的加性遗传方差可用下式计算：

$$\sigma_{A_2}^2=2rs[r(y_{\cdot 2}-y_{\cdot 1})+s(y_{\cdot 1}-y_{\cdot 0})]^2=2rs\alpha^2 \tag{6-28b}$$

于是可得总加性遗传方差：$\sigma_A^2=\sigma_{A_1}^2+\sigma_{A_2}^2$ (6-28c)

按二次尺度计算的 B_1 位点的显性方差：

$$\sigma_{D_1}^2=\frac{[p^2y_2.(1/p^2)+2pqy_1.(-1/pq)+q^2y_0.(1/q^2)]^2}{p^2(1/p^2)^2+2pq(-1/pq)^2+q^2(1/q^2)^2}$$
$$=\frac{[(y_2.-y_1.)-(y_1.-y_0.)]^2}{\frac{1}{p^2}+\frac{2}{pq}+\frac{1}{q^2}}$$
$$=\frac{[(y_2.-y_1.)-(y_1.-y_0.)]^2}{(q^2+2pq+p^2/(p^2\times q^2)}$$
$$=p^2q^2[(y_2.-y_1.)-(y_1.-y_0.)]^2 \tag{6-29a}$$

同理可计算 B_2 位点的显性方差：$\sigma_{D_2}^2=r^2s^2[(y_{\cdot 2}-y_{\cdot 1})-(y_{\cdot 1}-y_{\cdot 0})]^2$ (6-29b)

并有 $\sigma_D^2=\sigma_{D_1}^2+\sigma_{D_2}^2$ (6-29c)

可见，位点内等位基因间的互作(即显性)可用两个差数间的差异的方差来估算。

如果两个位点间无上位性，每个位点的模型如表 6-38 那样，则

$$y_{22}-y_{21}=y_{12}-y_{11}=y_{02}-y_{01},\ y_{21}-y_{20}=y_{11}-y_{10}=y_{01}-y_{00}$$
$$y_{22}-y_{12}=y_{21}-y_{11}=y_{20}-y_{10},\ y_{12}-y_{02}=y_{11}-y_{01}=y_{10}-y_{00}$$

但是，如果一个位点的基因效应因另一位点基因的存在状况的不同而不同，则两位点间存在着上位性互作成分。

若用 e 表示如下基因型值间的比较：

$$\left.\begin{aligned}e_{22}&=(y_{22}-y_{21})-(y_{12}-y_{11})\\e_{21}&=(y_{21}-y_{20})-(y_{11}-y_{10})\\e_{12}&=(y_{12}-y_{11})-(y_{02}-y_{01})\\e_{11}&=(y_{11}-y_{10})-(y_{01}-y_{00})\end{aligned}\right\} \tag{6-30}$$

则只要上述各比较不都为零，就说明存在上位性方差，且 4 种上位性方差成分都是这 4 种比较的函数。例如 e_{22} 相当于$(B_1B_1B_2B_2-B_1B_1B_2b_2)-(B_1b_1B_2B_2-B_1b_1B_2b_2)$，这个减式只有

当 B_2 位点的 $B_2B_2-B_2b_2$ 的基因效应不随 B_1 位点基因的存在状况(B_1B_1 或 B_1b_1)而变化时才等于零。对另外几个比较式的解释也相似,并且每个 e 不等于 0 都表示在一个位点上的基因替代效应,当另一位点发生了基因替代时产生了变化。

依据这些 e 值,4 种类型的上位性方差的计算式如下:

$$\sigma_{AA}^2(\text{加性}\times\text{加性})=4pqrs[pr(e_{22})+ps(e_{21})+qr(e_{12})+qs(e_{11})]^2 \quad (6\text{-}31a)$$

$$\sigma_{AD}^2(\text{加性}\times\text{显性})=4pqr^2s^2[p(e_{22}-e_{21})+q(e_{12}-e_{11})]^2 \quad (6\text{-}31b)$$

$$\sigma_{DA}^2(\text{显性}\times\text{加性})=2p^2q^2rs[r(e_{22}-e_{12})+s(e_{21}-e_{11})]^2 \quad (6\text{-}31c)$$

$$\sigma_{DD}^2(\text{显性}\times\text{显性})=p^2q^2r^2s^2(e_{22}-e_{21}-e_{12}+e_{11})^2 \quad (6\text{-}31d)$$

如果存在着一定程度的自交($F\neq0$),可以利用 Cockerham(1954)提出来的方法分解上位性方差。

两个位点的模型可以引申到 3 个或更多位点的情况。对 3 个位点来说有 3 种加性成分,3 种显性成分和 20 种上位性成分(3 个 $a\times a$、6 个 $a\times d$、3 个 $d\times d$、1 个 $a\times a\times a$,3 个 $a\times a\times d$,3 个 $a\times d\times d$,1 个 $d\times d\times d$)。若有 n 个位点,就有 3^n-1 个方差成分,其中两个因子的成分有 $2n(n-1)$ 个,包括 1/4 的 $a\times a$,1/2 的 $a\times d$ 和 1/4 的 $d\times d$;3 个因子的成分有 $\frac{4}{3}n(n-1)(n-2)$ 个,包括 1/8 的 $a\times a\times a$ 类型,3/8 的 $a\times a\times d$ 类型,3/8 的 $a\times d\times d$ 类型和 1/8 的 $d\times d\times d$ 类型。复等位基因虽然没有包括在这个模型里,但是对于具有任何数目等位基因的一个位点来说,把该位点的方差分解为加性部分和显性部分是可行的(Fisher,1918)。

当基因位点有 n 个($n>2$)时,两位点模型可扩展为下式:

$$\sigma_A^2=\sigma_{A_1}^2+\sigma_{A_2}^2+\sigma_{A_3}^2+\cdots+\sigma_{A_n}^2=\sum_{i=1}^{n}\sigma_{A_i}^2 \quad (6\text{-}32a)$$

$$\sigma_D^2=\sigma_{D_1}^2+\sigma_{D_2}^2+\sigma_{D_3}^2+\cdots+\sigma_{D_n}^2=\sum_{i=1}^{n}\sigma_{D_i}^2 \quad (6\text{-}32b)$$

例 6.10 以 RFLP 分子标记对某重组近交系群体 RILs 作分析,发现标记 1 和标记 2 两标记位点(彼此独立)的基因频率均为$\frac{1}{2}:\frac{1}{2}$,且均与所研究性状的 QTL 紧密连锁,表明该性状受两位点控制。假若以此 2 标记代表这两个 QTL 位点,并依此二标记在亲本 RIL 系的存在状态推断由其产生的永久 F_2 群体中的基因型,把所有杂交 F_1 归入 9 种基因型并计算各基因型的平均值。经整理,两位点 9 种基因型的基因型值和基因型频率列于表 6-40,试对两位点总遗传方差进行正交剖分。

解:首先列出两位点的基因型值、基因型频率(括弧内)和各位点的平均值于表 6-40。

总遗传方差:

$$\sigma_G^2=\sum f_{ij}y_{ij}^2-\mu_y^2=\frac{1}{16}(10)^2+\frac{2}{16}(6.69)^2+\frac{1}{16}(4.47)^2+\frac{2}{16}(6.69)^2+\frac{4}{16}(4.47)^2+\frac{2}{16}(2.99)^2+\frac{1}{16}(4.47)^2+\frac{2}{16}(2.99)^2+\frac{1}{16}(2.00)^2-\left(\frac{77.54}{16}\right)^2=3.930\,748\,4$$

表 6-40　两位点的基因型值、基因型频率(括弧内)和各位点的平均值

B₂ 位点 / B₁ 位点	$B_2B_2\left(\frac{1}{4}\right)$	$B_2b_2\left(\frac{1}{2}\right)$	$b_2b_2\left(\frac{1}{4}\right)$	B₁ 位点均值
$B_1B_1\left(\frac{1}{4}\right)$	$10.00\left(\frac{1}{16}\right)$	$6.69\left(\frac{2}{16}\right)$	$4.47\left(\frac{1}{16}\right)$	$\frac{27.85}{4}$
$B_1b_1\left(\frac{1}{2}\right)$	$6.69\left(\frac{2}{16}\right)$	$4.47\left(\frac{4}{16}\right)$	$2.99\left(\frac{2}{16}\right)$	$\frac{37.24}{8}$
$b_1b_1\left(\frac{1}{4}\right)$	$4.47\left(\frac{1}{16}\right)$	$2.99\left(\frac{2}{16}\right)$	$2.00\left(\frac{1}{16}\right)$	$\frac{12.45}{4}$
B₂ 位点均值	$\frac{27.85}{4}$	$\frac{37.24}{8}$	$\frac{12.45}{4}$	$\bar{y}_{..}=\mu=\frac{77.54}{16}$

依式(6-28a)、式(6-28b)、式(6-28c)、式(6-29a)、式(6-29b)和式(6-29c)计算加性和显性遗传方差。

B_1 位点加性遗传方差：

$$\sigma_{A_1}^2=2pq[p(y_{2.}-y_{1.})+q(y_{1.}-y_{0.})]^2$$
$$=\frac{1}{2}\left[\frac{1}{2}\left(\frac{27.85}{4}-\frac{37.24}{8}\right)+\frac{1}{2}\left(\frac{37.24}{8}-\frac{12.45}{4}\right)\right]^2$$
$$=1.852\,812\,5$$

B_2 位点加性遗传方差：

$$\sigma_{A_2}^2=2rs[r(y_{.2}-y_{.1})+s(y_{.1}-y_{.0})]^2=1.852\,812\,5$$

两位点总加性遗传方差：

$$\sigma_A^2=\sigma_{A_1}^2+\sigma_{A_2}^2=3.705\,625$$

B_1 位点显性遗传方差：

$$\sigma_{D_1}^2=p^2q^2[(y_{2.}-y_{1.})-(y_{1.}-y_{0.})]^2=0.036\,576\,5$$

B_2 位点显性遗传方差：

$$\sigma_{D_2}^2=r^2s^2[(y_{.2}-y_{.1})-(y_{.1}-y_{.0})]^2=0.036\,576\,5$$

两位点总显性遗传方差：

$$\sigma_D^2=\sigma_{D_1}^2+\sigma_{D_2}^2=0.073\,153$$

依式(6-30)和式(6-31)计算两位点互作方差：

$$e_{22}=(y_{22}-y_{21})-(y_{12}-y_{11})=1.09$$
$$e_{21}=(y_{21}-y_{20})-(y_{11}-y_{10})=0.74$$
$$e_{12}=(y_{12}-y_{11})-(y_{02}-y_{01})=0.74$$
$$e_{11}=(y_{11}-y_{10})-(y_{01}-y_{00})=0.49$$

加性×加性上位性遗传方差：

$$\sigma_{AA}^2=4pqrs[pr(e_{22})+ps(e_{21})+qr(e_{12})+qs(e_{11})]^2$$
$$=\frac{4}{16}\left(\frac{1}{4}\right)^2(1.09+0.74+0.74+0.49)^2=0.146\,306\,2$$

加性×显性上位性遗传方差：

$$\sigma_{AD}^2=2pqr^2s^2[p(e_{22}-e_{12})+q(e_{12}-e_{11})]^2$$
$$=\frac{2}{256}(1.09-0.74+0.74-0.49)^2=0.002\ 812\ 5$$

显性×加性上位性遗传方差：

$$\sigma_{DA}^2=2p^2q^2rs[r(e_{22}-e_{12})+s(e_{21}-e_{11})]^2$$
$$=\frac{2}{256}(1.09-0.74+0.74-0.49)^2=0.002\ 812\ 5$$

显性×显性上位性遗传方差：

$$\sigma_{DD}^2=p^2q^2r^2s^2(e_{22}-e_{21}-e_{12}+e_{11})^2$$
$$=\frac{1}{256}(1.09-0.74-0.74+0.49)^2=0.000\ 039\ 1$$

总上位性遗传方差 $\sigma_I^2=\sigma_{AA}^2+\sigma_{AD}^2+\sigma_{DA}^2+\sigma_{DD}^2=0.151\ 970\ 3$

表 6-41 表 6-40 数据的方差分析表

变异来源	DF	S_t^2	$S_t^2\times n_h$①	F
B_1 位点				
加性	1	1.852 812 5	66.701 25	676.77**
显性	1	0.036 576 5	1.315 76	13.35**
B_2 位点				
加性	1	1.852 812 5	66.701 25	676.77**
显性	1	0.036 576 5	1.315 76	13.35**
$B_1\times B_2$ 互作				
加性×加性	1	0.146 306 2	5.267 02	53.44**
加性×显性	1	0.002 812 5	0.101 25	1.03
显性×加性	1	0.002 812 5	0.101 25	1.03
显性×显性	1	0.000 039 1	0.001 41	0.01
总	8	3.930 748 4		
基因型内	$df_e=391$	$SS_e=38.536$	$\sigma_e^2=0.098\ 56$	

注：①n_h 为各基因型所含 RILs 的调和平均数(harmonic mean)，$S_t^2\times n_h$ 为以 RIL 为单位的处理方差，与基因型内误差相匹配，以进行 F 测验。

结论：控制该性状的两对基因对性状的作用大小相等，均以加性作用为主，显性作用较小；两位点间加性×加性互作极显著，其余类型的互作方差不显著，说明两位点间互作以加×加互作方式最重要。

九、应用如上遗传交配设计估计遗传方差的基本假设

合理的假设是进行科学研究的重要前提。本章所介绍的利用遗传交配设计估计遗传方差的方法需满足如下基本假设条件。

(1)供试材料为参照群体的随机样本。随机抽样为遗传参数估计所必须。以上所介绍的

任一交配设计的亲本材料均需从参照群体中随机抽取。

(2)研究性状符合 $2N$(含二倍体和多倍体)遗传行为。动植物的大多数性状是 $2N$ 遗传组成。关于 $3N$ 遗传的性状,如禾本科作物的胚乳性状,本章暂不涉及,有关 $3N$ 性状的遗传参数估计可参阅莫惠栋(1987)、朱军(1997)和本书遗传模型部分(第十一章)。

(3)多数遗传交配设计假设无母体效应。非种子性状均能满足此项假设。关于母体效应遗传方差的估计可参阅莫惠栋(1995)和朱军(1997)和本教材第十一章。在研究种子性状($2N$ 或 $3N$)时假设不存在母体效应似不尽合理。

(4)无复等位基因。在有分子标记能跟踪亲本基因型的情况时该项假设能满足。

(5)在许多情况下假设不存在基因型与环境的交互作用,即假设 G、E 彼此独立。这在利用单试点资料估计方差成分时是必要的假设,但 $G \times E$ 是广泛存在的,由单试点资料估计的遗传方差不可避免地会混杂有 $G \times E$ 互作效应。克服的办法是通过多环境试验使遗传方差得到独立估计(如例 6.4)。

(6)位点间无连锁。该项假设不易满足。只有在确定位点间不存在连锁或经研究确无影响时,方差成分估计才能满足此项假设。

(7)许多遗传交配设计假设位点间无互作。该项假设不易满足。TTC 设计和永久 F_2 设计可鉴别位点间是否存在互作。若存在位点间互作,利用 NCⅠ、NCⅡ 、NCⅢ和双列杂交等遗传交配设计估计的遗传方差成分均可能有偏。

十、关于方差成分估计方法

本章讲解方差成分估计时,假设全部试验数据齐全没有丢失,全部采用了方差分析方法。实际应用中除了方差分析方法外,还可采用极大似然法(maximum likelihood,ML)和最小范数二阶无偏估计(minimum norm quadratic unbiased estimate,MINQUE)等方法。方差分析的应用会受到数据不均衡和复杂遗传模型下非整数系数的限制,而 ML 和 MINQUE 等方法能在不均衡数据和复杂遗传模型下估算遗传方差。有关内容将在以后相关章节及附录Ⅱ中介绍。

复习思考题

1. 何为遗传交配设计?常用的遗传交配设计有哪些?各有何特点?如何利用各种遗传交配设计估计方差组分?各自的要点是什么?
2. 估计遗传方差成分的一般原理及过程是什么?
3. 何谓参照群体?参照群体与遗传交配设计的关系何在?
4. 何谓实测方差成分?何谓遗传方差成分?各自的含义如何?试举例说明。
5. 应用遗传交配设计估计遗传方差时有哪些基本条件?实践中应如何注意?
6. 如何应用所估计的遗传方差成分?
7. 对比同一设计在不同近交系数下各项实测方差成分的理论构成,理解参照群体的近交水平对遗传方差成分估计的影响。
8. 如何衡量遗传方差的估计精度?试以 NCⅠ和 NCⅡ为例说明之。
9. 样本容量对遗传方差成分估计的影响如何?

10. 试理解各遗传交配设计的数据模式及其实际应用。

11. 试结合数据模式具体分析单试点试验估计遗传方差的局限性。如何克服？

12. 为什么 NCⅡ设计得到最广泛应用？试从其可能包括的亲本数量和遗传方差估计特点等方面分析理解。

13. 为什么 TTC 设计可以判断位点间是否存在上位性互作？

14. 试复算本章各例题。

15. 已知作物的净光合速率(*PHR*)和蒸腾速率(*TRR*)属数量性状。为提高甘蔗品种的育种效率，曾研究品种的 *PHR* 和 *TRR* 的遗传，得到如下方差分析表：

变异来源	*DF*	*MS*		*F*	
		PHR	*TRR*	*PHR*	*TRR*
区组	2				
基因型	151	58.058	3.538		
误差	302	5.111	0.069		

(1)试据此结果估计参照群体基因型间的实测方差成分；

(2)试估计该试验参照群体的遗传方差。

(答案：$V_G(PHR)=17.649$，$V_G(TRR)=1.156$，因为甘蔗为无性繁殖，实测方差=遗传方差)。

16. 已知某随机交配群体有如下方差成分估值：$V_A=18$，$V_D=12$，$V_{AA}=4$，$V_{AD}=3$，$V_{DD}=1$，两位点以上互作不存在，近交系数 $F=0$。试估算：

(1)同胞协方差 cov_{HS}；(2)全同胞协方差 cov_{FS}；

(3)父本内母本间方差 $\sigma^2_{f/m}$；(4)NCⅠ设计剩余项 σ^2_E 中遗传方差的总量。

(答案：$cov_{HS}=4.75$，$cov_{FS}=13.4375$，$\sigma^2_{f/m}=8.6875$，$V_G=38$，σ^2_E 中遗传方差总量=24.5625)。

17. 试以本章表 6-13 的前 5 个母本和前 5 个父本杂种 F_1 三次重复的数据练习 NCⅡ遗传交配设计的分析计算，并对计算结果作简要讨论。

参考文献

1 高之仁. 数量遗传学. 成都：四川大学出版社，1986

2 郭平仲. 数量遗传分析. 北京：首都师范学院出版社，1987

3 耿旭，林德光. 双列杂交育种法中一般配合力和特殊配合力的统计分析. 热带作物学报，1983，4(2)：39～81

4 孔繁玲，张群远，葛知男，杨付新，张德贵，刘文欣. 作物品种区域试验的试验精确度和品种比较精确度. 中国农业科学，2001，34(3)：266～271

5 孔繁玲，张树光，等. 高赖氨酸玉米自交系的遗传潜势及其利用. 中国农业科学，1991，24(6)：11～19

6 刘来福，等. 作物数量遗传学. 北京：农业出版社，1984

7 马育华. 植物育种的数量遗传学基础. 南京：江苏科学技术出版社，1982

8 莫惠栋. 世代方差的遗传分析(上). 江苏农学院学报，1985，6(2)：48～53

9 莫惠栋. 世代方差的遗传分析(上). 江苏农学院学报，1985，6(3)：59～64

10 莫惠栋，李志民. 增广 NCⅡ设计和遗传模型测验. 作物学报，1991，17(1)：1～9

11 莫惠栋. 三重测验杂交的遗传体系. 江苏农学院学报，1987，8(2)：59～64

12 莫惠栋，黄祖六，朱红岩．种子性状双列资料遗传分析的新方法．江苏农学院学报，1997，18(1)：25～30

13 荣廷昭，等．数量遗传学．北京：中国科学技术出版社，2003

14 Comstock R E，Robinson H F. Estimation of average dominance of genes. In：Gowen J W eds. Heterosis. Ames：Iowa State College Press，1952，494～516

15 Comstock R E，Robinson H F. The components of genetic variance in populations. Biometric，1948，4：254～266

16 Cockerham C C. An extension of the concept of partitioning hereditary variance for analysis of covariance among relatives when epistasis is present. Genetics，1954，39：859～882

17 Falconer D S，Markay T F C. Introduction to quantitative genetics. 4th edn. London：Longman，1996

18 Griffing B. A generalized treatment of the use of diallel crosses in quantitative inheritance. Heredity，1956，10：31～50

19 Griffing B. Concept of general and specific combining ability in relation to diallel crossing systems. Aust J Bio Sci，1956，9：463～493

20 Hallauer A R，Miranda J B. Quantitative genetics in maize breeding. Ames：Iowa State University Press，1981

21 Kearsey M J，Jinks J L. A general method of detecting additive，dominance and epistatic variation for metrical traits I. Theory. Heredity，1968，23：403～409

22 Kearsey J K，Pooni H S. The genetical analysis of quantitative traits. London：Chapman and Hall，1996

23 Liang G H，植物遗传学．顾铭洪，等译．北京：北京农业大学出版社，1991

24 Mather K，Jinks J L. Biometrical genetics. London：Chapman and Hall，1982

25 Steel R G D，Torie J H. Principles and procedures of statistics，a biometrical approch，2nd. edn. New York：McGraw Hill，1980

第七章　遗传率分析

内容提要　遗传率(heritability,h^2)表示遗传方差与非遗传方差的相对重要性,对育种方略有重要指导意义。遗传率的概念和应用是数量遗传学对动植物育种的最重要贡献之一。由于繁殖方式、遗传交配设计、试验实施与抽样单位等特点,遗传率估计有一些具体技术问题。本章介绍遗传率的概念与定义、遗传率估算原理、估算方法及遗传率的应用,最后简要介绍重复率(repeatability,r)的概念、定义与应用。

一、概念和定义

遗传率是表示数量性状遗传过程中遗传决定与环境影响相对重要性的数量指标。Knight把遗传率定义为"观测方差中归属于遗传变异的部分"。由于对实测方差中遗传变异部分的理解和定义不同,遗传率的定义也随之而异。

(一)广义遗传率 h_B^2

1. 定义

广义遗传率(broad sense heritability)是指基因型方差(总遗传方差)在表型方差中所占的比例(Lush,1937),以 h_B^2 表示:

$$h_B^2=\frac{V_G}{V_P}=\frac{V_A+V_D+V_I}{V_P} \tag{7-1}$$

2. 对 h_B^2 的理解

(1)由定义看出,h_B^2 表示了个体的表型值由基因型值所决定的程度。故又称之为遗传决定度(degree of genetic determination,Falconer,1981)。

(2)h_B^2 说明性状表达系统中遗传(或基因型)与环境(若略去误差不计)的相对重要程度。因为,在基因型与环境互作等于零的假设下,$P=G+E$,$V_P=V_G+V_E$(G 与 E 彼此独立),等式两边均除以 V_P,可得$\frac{V_G}{V_P}+\frac{V_E}{V_P}=1$。显然,$\frac{V_G}{V_P}=h_B^2$,若令 $e^2=\frac{V_E}{V_P}$并称之为环境率,则有 $h_B^2+e^2=1$,$h_B^2=1-e^2$。因此 h_B^2 表达了性状表达中总遗传效应(或基因型效应)和环境效应的相对重要性。例如,若某性状的 h_B^2 为 0.72,则其环境率为 1-0.72=0.28。

(3)由于总遗传方差除包括加性遗传方差外,还包括后代中难以固定的非加性遗传方差 V_D 和 V_I,h_B^2 在有性繁殖作物的实际选择育种中意义不大,在无性繁殖植物(含人工控制下有性繁殖植物的无性繁殖过程)育种中有指导意义。

(二)狭义遗传率 h_N^2

1. 定义

狭义遗传率(narrow sense heritability)是指加性遗传方差(育种值方差)在表型方差中所

占的比例(Lush,1937),以 h_N^2 表示:

$$h_N^2=\frac{V_A}{V_P} \tag{7-2}$$

2. 对 h_N^2 的理解

(1)定义说明,h_N^2 表示了个体的表型值由育种值所决定的程度。

(2)h_N^2 说明性状表达系统中育种值和非育种值的相对重要程度。因为:$P=A+D+I+E+e$,若单独把育种值 A 分离出来,并令 $R=D+I+E+e$,则有 $P=A+R$,且有 $V_P=V_A+V_R$(A 与 R 彼此独立),等式两边均除以 V_P,可得$\frac{V_A}{V_P}+\frac{V_R}{V_P}=1$。显然,$\frac{V_A}{V_P}=h_N^2$,若令 $e'^2=\frac{V_R}{V_P}$并称之为环境率(注意,该环境率中包含了非加性的遗传方差),则有 $h_N^2+e'^2=1$,$h_N^2=1-e'^2$,因此 h_N^2 表达了性状表达中育种值和非育种值的相对重要性。例如,若某性状的 h_N^2 为 0.58,则其环境率为 1－0.58＝0.42。

(3)h_N^2 是个体的育种值对表型值的回归系数 b_{AP}。这是因为 $b_{AP}=\frac{cov(A,P)}{V_P}=\frac{cov(A,A)}{V_P}=\frac{V_A}{V_P}=h_N^2$。因此,$h_N^2$ 的一个重要意义在于,可通过狭义遗传率由表型值预测育种值。育种值的预测式为:$\hat{A}=h_N^2P$(P 为以离差形式表示的表型值,育种值的平均 $\overline{A}=0$)。对于有性繁殖的动植物来说,无论采用何种育种方式,h_N^2 均包括于育种值的预测式中。

(4)狭义遗传率还可表示为育种值对表型值的决定系数。

依据通径分析(path analysis)的原理(C. C. Li,1975),由原因变量育种值 A 到结果变量表型值 P 的通径系数可表示为 $p_{P\cdot A}=\frac{\sigma_A}{\sigma_P}$,而育种值对表型值的决定系数 $d_{P\cdot A}$ 是通径系数的平方,说明原因变量 A 对结果变量 P 的决定程度。则有:$d_{P\cdot A}=p_{P\cdot A}^2=\left(\frac{\sigma_A}{\sigma_P}\right)^2=\frac{V_A}{V_P}=h_N^2$。由此也可以得到:$p_{P\cdot A}=h_N$,即育种值到表型值的通径系数等于狭义遗传率的平方根 h_N。

在统计分析中,决定系数是相关系数的平方,说明自变量对因变量的决定程度。若以 r_{AP} 表示育种值与表型值的相关,则有 $r_{AP}^2=\frac{[cov(A,P)]^2}{V_AV_P}=\frac{(V_A)^2}{V_AV_P}=\frac{V_A}{V_P}=h_N^2$。

以上是遗传率的多种表达形式。无论哪种表达形式都说明了狭义遗传率的实质是育种值对表型值的决定程度。

(三)实现遗传率 h_R^2

实现遗传率(realized heritability,Falconer,1981)定义为选择响应与选择差的比值,以 h_R^2 表示:

$$h_R^2=\frac{R}{S} \tag{7-3}$$

R 为选择响应(又称遗传进度),S 为选择差。h_R^2 是用单位选择差所取得的遗传进度来衡量选择效果。是由实际的选择结果来估算已实现的遗传率。由于实际选择中选择响应 R 的估计会受许多条件或因素的影响(Falconer,1996),因此一般不用这种方法估算遗传率。h_R^2 只有描述功能而无预测功能。有关实现遗传率的内容见第八章。

二、遗传率概念的推广

20 世纪 80 年代以来，随着遗传模型研究的进展，人们对遗传率的理解也不断深入和发展。其中最主要的是把遗传率的概念拓宽至主基因遗传率和微效多基因遗传率，自身、胞质和母体遗传率等，又因基因型与环境互作而使遗传率的划分更为复杂。关于主基因和多基因遗传率将在主-多基因分析部分(第十二章)介绍。下面介绍朱军(1997)提出的自身遗传率、胞质遗传率、母体遗传率以及基因型环境互作遗传率。

(一)普通遗传率和互作遗传率定义

群体的表型变异由遗传的、环境的和基因型与环境互作 3 部分变异构成。朱军把遗传原因引起的变异称为“普通遗传变异”(general genetic variation)，把基因型与环境互作引起的变异称为“互作遗传变异”(interaction variation, GE)，认为遗传率也可分解为 2 个分量：普通遗传率(general heritability)和互作遗传率(interaction heritability)。并把这种分解应用于广义遗传率(h_{B}^2)和狭义遗传率(h_{N}^2)的分解。

1. 广义遗传率(h_{B}^2)的分解

广义遗传率(h_{B}^2)可分解为普通广义遗传率($h_{\mathrm{B}G}^2$)和互作广义遗传率($h_{\mathrm{B}(GE)}^2$)两部分，$h_{\mathrm{B}}^2 = h_{\mathrm{B}G}^2 + h_{\mathrm{B}(GE)}^2$。

普通广义遗传率 h_{B}^2(general heritability in the broad sense)定义为遗传方差占表型方差的比率；互作广义遗传率 $h_{\mathrm{B}(GE)}^2$(interaction heritability in the broad sense)定义为基因型×环境的互作方差占表型方差的比率。

2. 狭义遗传率(h_{N}^2)的分解

狭义遗传率(h_{N}^2)可分解为普通狭义遗传率($h_{\mathrm{N}G}^2$)和互作狭义遗传率($h_{\mathrm{N}(GE)}^2$)两部分，$h_{\mathrm{N}}^2 = h_{\mathrm{N}G}^2 + h_{\mathrm{N}(GE)}^2$。

普通狭义遗传率 $h_{\mathrm{N}G}^2$(general heritability in the narrow sense)定义为累加性遗传效应的方差占表型方差的比率；互作狭义遗传率 $h_{\mathrm{N}(GE)}^2$(interaction heritability in the narrow sense)定义为累加性遗传效应与环境效应互作的方差占表型方差的比率。累加性的遗传效应是可以被选择所固定的遗传效应，除了包括加性效应外，还可根据基因效应遗传模型的不同，包括加性×加性的上位性效应、母体加性效应等。

对于选择而言，普通狭义遗传率和互作狭义遗传率都是有效的。根据普通狭义遗传率 $h_{\mathrm{N}G}^2$ 而预测的选择效益适用于不同环境条件下的选择，有较为广泛的应用价值；而根据互作狭义遗传率 $h_{\mathrm{N}(GE)}^2$ 预测的选择效果，只度量了在某一特定环境条件下的选择效益偏差。如果需要估计在某一环境下进行选择的总效益，应该采用总的狭义遗传率($h_{\mathrm{N}}^2 = h_{\mathrm{N}G}^2 + h_{\mathrm{N}(GE)}^2$)进行预测。

(二)植株性状的普通遗传率和互作遗传率

由于估算遗传方差分量的遗传模型和分析方法常不同，遗传率的估算方法也因此而异。

1. 加-显模型下植株性状的普通遗传率和互作遗传率

如果遗传方差主要由加性和显性方差分量所组成，可以采用 NCⅠ、NCⅡ或双列杂交等遗传交配设计的遗传试验来估算加性和显性方差分量和遗传率：

$$h^2_{BG}=(V_A+V_D)/V_P \tag{7-4a}$$

$$h^2_{B(GE)}=(V_{AE}+V_{DE})/V_P \tag{7-4b}$$

$$h^2_{NG}=V_A/V_P \tag{7-5a}$$

$$h^2_{N(GE)}=V_{AE}/V_P \tag{7-5b}$$

式中表型方差 $V_P=(V_A+V_D)+(V_{AE}+V_{DE})+V_e$。如果不存在基因型×环境的互作，所有互作方差分量将为零，互作遗传率也为零。此时总遗传率与普通遗传率相等：

$$h^2_{BG}=h^2_B,\quad h^2_{NG}=h^2_N$$

2. 加-显-上遗传模型下的植株性状的普通遗传率和互作遗传率

生物成熟个体的一些性状常不受母体遗传效应影响，但可能受到上位性效应的影响。在上位性效应的变异中，加性与加性的上位性效应是可以遗传并经选择被固定的变异。在估算狭义遗传率时应包括这一部分的方差分量。当用简单的加性和显性遗传模型分析数量性状时，估算所得到的加性方差分量可能已包含加性与加性的上位性方差分量。如果能够估算得到全部上位性效应的方差分量，遗传率的估算公式是：

$$h^2_{BG}=(V_A+V_D+V_{AA}+V_{DD}+V_{AD})/V_P \tag{7-6a}$$

$$h^2_{B(GE)}=(V_{AE}+V_{DE}+V_{AAE}+V_{DDE}+V_{ADE})/V_P \tag{7-6b}$$

$$h^2_{NG}=(V_A+V_{AA})/V_P \tag{7-7a}$$

$$h^2_{N(GE)}=(V_{AE}+V_{AAE})/V_P \tag{7-7b}$$

存在基因型与环境互作效应时，表现型方差的计算公式是：

$$V_P=(V_A+V_D+V_{AA}+V_{DD}+V_{AD})+(V_{AE}+V_{DE}+V_{AAE}+V_{DDE}+V_{ADE})+V_e$$

当基因型与环境互作效应不存在时，所有与环境互作的分量均为零，表现型方差的计算公式是：

$$V_P=V_A+V_D+V_{AA}+V_{DD}+V_{AD}+V_e$$

在实际应用时，有时假设显性×显性、加性×显性的上位性效应可以忽略不计，只估算上位性效应中加性×加性的分量，这时遗传率的估算公式是：

$$h^2_{BG}=(V_A+V_D+V_{AA})/V_P \tag{7-8a}$$

$$h^2_{B(GE)}=(V_{AE}+V_{DE}+V_{AAE})/V_P \tag{7-8b}$$

$$h^2_{NG}=(V_A+V_{AA})/V_P \tag{7-9a}$$

$$h^2_{N(GE)}=(V_{AE}+V_{AAE})/V_P \tag{7-9b}$$

表现型方差的计算公式是：

$$V_P=(V_A+V_D+V_{AA})+(V_{AE}+V_{DE}+V_{AAE})+V_e$$

如果基因型与环境互作效应不存在，表现型方差的计算公式是：

$$V_P=V_A+V_D+V_{AA}+V_e$$

(三)种子性状的遗传率

如果植物种子(动物幼畜同)同时受自身直接遗传效应和母体遗传效应控制,则对自身基因型的选择和对母体基因型的选择都是有效的。因而遗传率的估算应同时考虑直接基因效应、母体基因效应以及它们之间的相互关系。由于植物种子和动物幼畜性状同时受到 3 套遗传体系(种子或幼畜核基因、细胞质基因和母体核基因)的控制,而且这些遗传效应可能存在不同程度的环境互作效应,因此遗传率的计算较为复杂。

1. 种子性状的广义遗传率分量

$$\begin{aligned} h_{\mathrm{BG}}^2 &= h_{\mathrm{B(O)}}^2 + h_{\mathrm{B}(C)}^2 + h_{\mathrm{B(M)}}^2 \\ &= (V_{\mathrm{Go}} + C_{\mathrm{Go}\cdot \mathrm{Gm}})/V_P + V_C/V_P + (V_{\mathrm{Gm}} + C_{\mathrm{Go}\cdot \mathrm{Gm}})/V_P \\ &= (V_A + V_D + C_{A\cdot \mathrm{Am}} + C_{D\cdot \mathrm{Dm}})/V_P + V_C/V_P + \\ &\quad (V_{\mathrm{Am}} + V_{\mathrm{Dm}} + C_{A\cdot \mathrm{Am}} + C_{D\cdot \mathrm{Dm}})/V_P \end{aligned} \tag{7-10a}$$

$$\begin{aligned} h_{\mathrm{B}(GE)}^2 &= h_{\mathrm{B(O}E)}^2 + h_{\mathrm{B}(CE)}^2 + h_{\mathrm{B(M}E)}^2 \\ &= (V_{\mathrm{Go}E} + C_{\mathrm{Go}E\cdot \mathrm{Gm}E})/V_P + V_{CE}/V_P + V_{\mathrm{Gm}E} + C_{\mathrm{Go}E\cdot \mathrm{Gm}E})/V_P \\ &= (V_{AE} + V_{DE} + C_{AE\cdot \mathrm{Am}E} + C_{DE\cdot \mathrm{Dm}E})/V_P + V_{CE}/V_P + \\ &\quad (V_{\mathrm{Am}E} + V_{\mathrm{Dm}E} + C_{AE\cdot \mathrm{Am}E} + C_{DE\cdot \mathrm{Dm}E})/V_P \end{aligned} \tag{7-10b}$$

式中:$h_{\mathrm{B(O)}}^2$ 是归因于直接遗传效应的普通广义直接遗传率,$h_{\mathrm{B}(C)}^2$ 是归因于细胞质遗传效应的普通细胞质遗传率,$h_{\mathrm{B(M)}}^2$ 是归因于母体植株遗传效应的普通广义母体遗传率。$h_{\mathrm{B(O}E)}^2$ 是归因于直接遗传效应×环境效应的互作广义直接遗传率,$h_{\mathrm{B}(CE)}^2$ 是归因于细胞质遗传效应×环境效应的互作细胞质遗传率,$h_{\mathrm{B(M}E)}^2$ 是归因于母体植株遗传效应的互作广义母体遗传率。V 表示方差,C 表示协方差,下同。存在环境互作效应时,表现型方差的计算公式是:

$$\begin{aligned} V_P &= (V_{\mathrm{Go}} + V_{\mathrm{Co}} + V_{\mathrm{Gm}} + 2C_{\mathrm{Go}\cdot \mathrm{Gm}}) + (V_{\mathrm{Go}E} + V_{\mathrm{Co}E} + V_{\mathrm{Gm}E} + 2C_{\mathrm{Go}E\cdot \mathrm{Gm}E}) + V_e \\ &= (V_A + V_D + V_C + V_{\mathrm{Am}} + V_{\mathrm{Dm}} + 2C_{A\cdot \mathrm{Am}} + 2C_{D\cdot \mathrm{Dm}}) + (V_{AE} + V_{DE} + V_{CE} + \\ &\quad V_{\mathrm{Am}E} + V_{\mathrm{Dm}E} + 2C_{AE\cdot \mathrm{Am}E} + 2C_{DE\cdot \mathrm{Dm}E}) + V_e \end{aligned}$$

2. 种子性状的狭义遗传率分量

$$\begin{aligned} h_{\mathrm{N}G}^2 &= h_{\mathrm{N(O)}}^2 + h_{\mathrm{N}(C)}^2 + h_{\mathrm{N(M)}}^2 \\ &= (V_A + C_{A\cdot \mathrm{Am}})/V_P + V_C/V_P + (V_{\mathrm{Am}} + C_{A\cdot \mathrm{Am}})/V_P \end{aligned} \tag{7-11a}$$

$$\begin{aligned} h_{\mathrm{N}(GE)}^2 &= h_{\mathrm{N(O}E)}^2 + h_{\mathrm{N}(CE)}^2 + h_{\mathrm{N(M}E)}^2 \\ &= (V_{AE} + C_{AE\cdot \mathrm{Am}E})/V_P + V_{CE}/V_P + (V_{\mathrm{Am}E} + C_{AE\cdot \mathrm{Am}E})/V_P \end{aligned} \tag{7-11b}$$

式中:$h_{\mathrm{N(O)}}^2$ 是归因于直接加性效应的普通狭义直接遗传率,$h_{\mathrm{N}(C)}^2$ 是归因于细胞质遗传效应的普通细胞质遗传率,$h_{\mathrm{N(M)}}^2$ 是归因于母体植株加性效应的普通狭义母体遗传率,$h_{\mathrm{N(O}E)}^2$ 是归因于直接加性效应×环境效应的互作狭义直接遗传率,$h_{\mathrm{N}(CE)}^2$ 是归因于细胞质遗传效应×环境效应的互作细胞质遗传率,$h_{\mathrm{N(M}E)}^2$ 是归因于母体植株加性效应与环境的互作狭义母体遗传率。如果不存在环境互作效应,所有与环境互作的分量均为零,此时表型方差的计算公式是:

$$\begin{aligned} V_P &= V_{\mathrm{Go}} + V_C + V_{\mathrm{Gm}} + 2C_{\mathrm{Go}\cdot \mathrm{Gm}} + V_e \\ &= V_A + V_D + V_C + V_{\mathrm{Am}} + V_{\mathrm{Dm}} + 2C_{A\cdot \mathrm{Am}} + 2C_{D\cdot \mathrm{Dm}} + V_e \end{aligned}$$

三、遗传率估计的原理

由于遗传率是遗传方差组分与表型方差的比值，其估计的核心在于估算这些方差组分。可利用组内相关(intraclass correlation)和亲子回归(regression of offspring on parent)等方法估计遗传率。

(一)组内相关

利用基因型组内相关估计广义遗传率，利用同胞家系组内相关估计狭义遗传率。估计原理如下：若以 P_{ij} 和 P_{ik} 分别表示第 i 个基因型(或家系)内第 j 个和第 k 个个体的表型值，则这两个个体的协方差表示为 $cov(P_{ij},P_{ik})=cov[(G_i+e_{ij}),(G_i+e_{ik})]=V_G$($e$ 为随机误差，基因型与环境彼此独立)，这证明了组内协方差等于组间方差。因此可利用组内相关 t 估算遗传率：

$$t=\frac{cov(P_{ij},P_{ik})}{\sqrt{V_{P_{ij}}V_{P_{ik}}}}=\frac{V_G}{\sqrt{V_P V_P}}=\frac{V_G}{V_P} \tag{7-12}$$

组内相关 t 与遗传率的关系如下：①若供试材料为品种，则组内相关估计了广义遗传率，$h_{\mathrm{B}}^2=t$，因为其组内协方差等于总遗传方差。②若供试材料为半同胞家系，则组内相关 t 估计了 $r_{HS}\times h_{\mathrm{N}}^2$，因为半同胞家系间方差等于 $r_{HS}V_A$。因此有 $h_{\mathrm{N}}^2=t/r_{HS}$，这里 $r_{HS}=\frac{1+F}{4}$ 为半同胞家系的亲缘系数(详见第三章)，F 为参照群体的近交系数。③若从全同胞家系估计(当试验设计允许得到独立的加性方差估计时)，则有 $h_{\mathrm{N}}^2=t/r_{FS}$，$r_{FS}=\frac{1+F}{2}$ 为全同胞家系的亲缘系数。根据 Falconer(1996)，组内相关系数 t 的方差为：

$$\sigma_t^2=\frac{2(1-t)^2[1+(n-1)t]^2}{n(n-1)(N-1)} \tag{7-13}$$

式中：n 为家系内个体数或重复数，N 为家系或品种数。当 $n=\frac{1}{t}$ 时，σ_t^2 最小。

(二)亲子回归

利用亲子协方差与 V_A 的关系(第三章)可估计遗传率。

1. 随机交配平衡群体

(1)子代与单亲的回归：近交系数 $F=0$ 时，$cov(O,P)=\frac{1}{2}V_A$，$b_{OP}=\frac{\frac{1}{2}V_A}{V_P}=\frac{1}{2}h_{\mathrm{N}}^2$，所以，狭义遗传率及其标准误(Falconer，1981)为：

$$h_{\mathrm{N}}^2=2b_{OP} \tag{7-14a}$$

$$\hat{\sigma}(h_{\mathrm{N}}^2)\approx 2\sqrt{\frac{1-b_{OP}^2}{n-2}} \tag{7-14b}$$

式中 n 为亲子对数。

(2)子代与中亲的回归:$F=0$ 时,$b_{O\bar{P}}=\dfrac{\frac{1}{2}V_A}{\frac{1}{2}V_P}=\dfrac{V_A}{V_P}=h_N^2$,所以,狭义遗传率及其估计标准误为:

$$h_N^2=b_{O\bar{P}} \quad (7\text{-}15a)$$

$$\hat{\sigma}(h_N^2)\approx\sqrt{\frac{2-b_{O\bar{P}}^2}{n-2}} \quad (7\text{-}15b)$$

式中 n 为亲子对数。

b_{OP} 或 $b_{O\bar{P}}$ 大时,由其估计的 h_N^2 精度也高。相同样本容量和相同遗传率水平下,用 $b_{O\bar{P}}$ 比用 b_{OP} 估算的遗传率精度高。

2. 双亲后代群体中,自交世代 t 对世代 $t-1$ 的回归

$$h_N^2=b_{t/(t-1)}=\frac{cov(F_t,F_{t-1})}{V_{t-1}} \quad (7\text{-}16a)$$

$$\hat{\sigma}(h_N^2)=\sqrt{\frac{SS_{F_t}-b_{t/t-1}^2SS_{F_{t-1}}}{(n-2)SS_{F_{t-1}}}} \quad (7\text{-}16b)$$

(三)世代对比

可利用双亲后代不同世代方差的对比求得遗传方差组分,进而估算遗传率(马育华,1982)。有关内容详见本章第四部分。此时,

$$\hat{\sigma}(h^2)=(1-h^2)\sqrt{2(1/N_u+1/N_v)} \quad (7\text{-}17)$$

式中 N_u 和 N_v 分别为两对比组的自由度。

四、遗传率的估算方法

依据遗传率估算的基本原理,利用遗传交配设计估算的遗传方差,下面举例说明遗传率估算的具体方法。

(一)广义遗传率的估算

1. 组内相关法

例 7.1 某小麦遗传研究的 8 品系 4 重复随机区组试验,其方差分析见表 7-1,试估计所研究性状的广义遗传率。

表 7-1 随机完全区组试验方差分析表

变异来源	DF	MS	EMS
区组	3	0.39	
品系	7	2.48**	$\sigma^2+4\sigma_G^2$
误差	21	0.28	σ^2
总	31		

解:方差分析结果表明品系间差异极显著,品系间存在真实遗传差异,进而估算方差成分。

$$V_E=\sigma^2=0.28,\quad V_G=\sigma_G^2=(2.48-0.28)/4=0.55$$

若假设 $V_{GE}=0$，则以小区为单位的表型方差为：$V_P=\sigma^2+\sigma_G^2=0.28+0.55=0.83$，依式(7-12)和式 (7-13)，以小区为单位的广义遗传率及其标准误为：

$$h_B^2=\frac{V_G}{V_P}=\frac{0.55}{0.83}=0.66$$

$$\hat{\sigma}(h_B^2)=\frac{(1-0.66)[1+(4-1)(0.66)]}{\sqrt{\frac{1}{2}(4)(4-1)(8-1)}}=0.16$$

以品系均值为单位的表型方差为：

$$V_P=V_G+\frac{1}{r}V_E=0.55+\frac{1}{4}\times0.28=0.62,\text{或 } V_P=\frac{MS_G}{r}=\frac{2.48}{4}=0.62$$

以品系均值为单位的广义遗传率为：

$$h_B^2=\frac{V_G}{V_G+\frac{1}{r}V_E}=\frac{0.55}{0.62}=0.89$$

2. 世代对比法

把 F_2 和两纯系亲本 P_1、P_2 及其 F_1 群体同时种植于均匀一致的田内进行观测记载，估算 4 个群体的表型方差，用 V_{P_1}、V_{P_2} 和 V_{F_1} 估算 F_2 的环境方差 V_E，进而估计 F_2 的遗传方差 V_G，公式如下：

$$V_{EF_2}=\frac{1}{4}(V_{P_1}+V_{P_2})+\frac{1}{2}V_{F_1},\text{或 } V_{EF_2}=\frac{1}{3}(V_{P_1}+V_{P_2}+V_{F_1}),\text{或 } V_{EF_2}=\frac{1}{2}(V_{P_1}+V_{P_2}),$$

$$V_{GF_2}=V_{F_2}-V_{EF_2}$$

F_2 代的广义遗传率及其标准误为：

$$h_B^2=\frac{V_{GF_2}}{V_{PF_2}}$$

$$\hat{\sigma}(h_B^2)=(1-h_B^2)\sqrt{2\left(\frac{1}{N_u}+\frac{1}{N_v}\right)}$$

式中：$N_u=df_{P_1}+df_{P_2}+df_{F_1}$，$N_v=df_{F_2}$。

例 7.2 玉米抽丝期遗传研究，在均匀一致的试验地上种植并记载某组合 P_1、P_2、F_1 和 F_2 单株的生育期。以 6 月 20 日为起点的抽丝期资料如下，试估算其广义遗传率。

表 7-2 玉米某组合 P_1、P_2，F_1 和 F_2 的抽丝期

抽丝期	0①	1	2	3	4	5	6	7	8	9	10	11	12	株数	方差	EMS
P_1										3	4	11	2	20	0.778 9	σ_E^2
P_2	3	18	2	1										24	0.389 5	σ_E^2
F_1				2	3	8	8	4	1					26	1.538 5	σ_E^2
F_2		1	1	13	16	9	17	16	10	6	9	6	4	108	7.028 6	$\sigma_E^2+\sigma_G^2$

注：①以 6 月 20 日为起点，$\bar{P}_1=10.6$，$\bar{P}_2=1.04$，$\bar{F}_1=5.46$，$\bar{F}_2=6.51$

解：F_2 代的环境方差：

$$V_{EF_2}=\frac{1}{4}(V_{P_1}+V_{P_2})+\frac{1}{2}V_{F_1}=\frac{1}{4}(0.778\,9+0.389\,5)+\frac{1}{2}(1.538\,5)=1.061\,4$$

F_2 代的遗传方差 $V_{GF_2}=V_{F_2}-V_{EF_2}=7.0286-1.0614=5.9672$

F_2 代的广义遗传率 $h_B^2=\dfrac{V_{GF_2}}{V_{PF_2}}=\dfrac{5.9672}{7.0286}=0.8490$

$$\hat{\sigma}(h_B^2)=(1-h_B^2)\sqrt{2\left(\frac{1}{N_u}+\frac{1}{N_v}\right)}$$

$$=(1-0.8490)\sqrt{2\left(\frac{1}{20+24+26-3}+\frac{1}{108-1}\right)}=0.0332$$

该玉米组合 F_2 代抽丝期的 $h_B^2\pm\hat{\sigma}(h_B^2)=0.8490\pm0.0332$。

(二)狭义遗传率估算

1. 亲子回归法

(1)双亲后代自交世代。自花授粉作物(或异花授粉作物人工控制自交)可利用 F_2 单株和 F_3 系统均值的协方差 $cov_{F_2\bar{F}_3}$ 估算狭义遗传率 h_N^2。当 $V_I=0$ 时,

$$h_N^2=\frac{cov_{F_2\bar{F}_3}}{V_{F_2}}=\frac{\frac{1}{2}V_a+\frac{1}{8}V_d}{\frac{1}{2}V_a+\frac{1}{4}V_d+V_{EF_2}}=\frac{V_A+\frac{1}{2}V_D}{V_A+V_D+V_{EF_2}} \quad (7\text{-}18a)$$

$$\hat{\sigma}(h_N^2)=\hat{\sigma}(b_{F_3/F_2})=\sqrt{\frac{SS_{F_3}-b_{F_3/F_2}^2 SS_{F_2}}{(n-2)SS_{F_2}}} \quad (7\text{-}18b)$$

由于 $cov_{F_2\bar{F}_3}$ 中包含了 $V_D/2$,该遗传率实际上介于 h_N^2 和 h_B^2 之间。

例 7.3 某亚麻杂种 F_2 群体内随机抽取 10 株测量其株高(cm),种植 F_3 系统后测量系统内单株的平均株高(cm),得表 7-3 资料,试估计其株高的遗传率。

表 7-3 亚麻某组合 F_2 单株与相应 F_3 系统的平均株高 cm

	F_2 单株株高	F_3 系统平均株高
	102	78.33
	94	74.00
	92	79.00
	95	80.11
	101	89.00
	104	99.78
	90	81.33
	76	69.22
	92	80.33
	101	80.20
平均	94.7	81.13
SS	606.1	617.41
cov	47.90	

解:$V_{F_2}=\dfrac{606.1}{9}=67.34$

$$h_N^2=b_{F_3/F_2}=\frac{47.9}{67.34}=0.7113$$

$$\hat{\sigma}(h_N^2)=\hat{\sigma}(b_{F_3/F_2})=\sqrt{\frac{SS_{F_3}-b^2SS_{F_2}}{(n-2)SS_{F_2}}}=\sqrt{\frac{617.41-0.711\,3^2\times 606.1}{(10-2)\times 606.1}}=0.253\,2$$

该亚麻 F_2 群体株高的遗传率为：$h_N^2\pm\hat{\sigma}(h_N^2)=0.711\,3\pm0.253\,2$。

评注：①应用以上方法时，若上下代种于不同年份，年份间表型变异可能差异较大，会影响遗传率估计，且 F_2 单株间变异一般大于 F_3 系统均值间变异。为了矫正，可用 F_3 均值的标准差 $\sigma_{\bar{F}_3}$ 和 F_2 单株的标准差 σ_{F_2} 对 b_{F_3/F_2} 进行标准化，因而有：

$$h_N^2=\frac{cov_{F_2\bar{F}_3}}{V_{F_2}}\times\sqrt{\frac{V_{F_2}}{V_{\bar{F}_3}}}=\frac{cov_{F_2\bar{F}_3}}{\sqrt{V_{F_2}V_{\bar{F}_3}}}=r_{\bar{F}_3F_2} \tag{7-19}$$

此时，h_N^2 为 F_2 单株和 F_3 系统均值间的相关系数，故该法亦称亲子相关法。②本例样本容量 $n=10$，太小，仅为说明方法。

(2)随机交配群体。根据前面所介绍的遗传率估算原理，在随机交配群体内，由亲子回归推断遗传率的系数不同于自花授粉作物。

例 7.4 已知玉米茎秆中某物质含量的遗传属多基因控制。据研究该物质含量影响其加工利用的品质。为了解其遗传特性，曾以极高含量和极低含量自交系配成单交 F_1，F_1 植株间随机交配(或自交)得 F_2 群体，在 F_2 群体内随机抽取 75 株作为父本，散粉时，取每株父本的花粉分别授予群体内随机抽取的 5 株母本，成熟时依♂株编号分别混收各 5 株的种子，共得 75 个半同胞家系的种子。次年，把 75 份种子随机分成 15 组，组内随机排列做田间试验，每份种子种 20 株。F_2 和 F_3 均依单株测定茎秆中该物质含量，计得 F_2(♂株)单株与 F_3 系统平均值成对数据，并有方差协方差分析结果如下：

$SS_{F_2}=1.989\,1$，$SS_{F_3\text{系统}}=1.002\,8$(以系统均值减去区组效应参加计算)，

$SP_{F_2\bar{F}_3}=0.670\,9$，则有：

$$b_{\bar{F}_3F_2}=\frac{0.670\,9}{1.989\,1}=0.337\,3$$

$$h_N^2=2b_{\bar{F}_3F_2}=2\times0.337\,3=0.674\,6$$

$$\hat{\sigma}(b_{\bar{F}_3F_2})=\sqrt{\frac{1.002\,8-(0.337\,3)^2(1.989\,1)}{(75-2)(1.989\,1)}}=\pm0.073\,1$$

$$\hat{\sigma}(h_N^2)=2\times0.073\,1=0.146\,2$$

该性状的 $h_N^2\pm\hat{\sigma}(h_N^2)=0.674\,6\pm0.146\,2$。

2. 世代对比法

(1)利用双回交和 F_2 世代。由第三章，在 $V_I=0$ 的假设下，$V_{F_2}=\frac{1}{2}V_a+\frac{1}{4}V_d+V_{EF_2}$，$V_{B_{1L}}+V_{B_{1S}}=\frac{1}{2}V_a+\frac{1}{2}V_d+2V_{EF_2}$，$2V_{F_2}-(V_{B_{1L}}+V_{B_{1S}})=\frac{1}{2}V_a=V_A$。故 F_2 代的狭义遗传率及其标准误为：

$$h_N^2=\frac{2V_{F_2}-(V_{B_{1L}}+V_{B_{1S}})}{V_{F_2}}=\frac{V_A}{V_P} \tag{7-20}$$

$$\hat{\sigma}(h_N^2)=(1-h_N^2)\sqrt{2\left(\frac{1}{N_u}+\frac{1}{N_v}\right)},N_u=df_{B_{1L}}+df_{B_{1S}},N_v=df_{F_2}$$

该方法优点：不必用不分离世代估算环境方差，直接用分离世代的对比估算遗传率。较适合于玉米等异花授粉作物用自交系所做的遗传率研究。因为自交系对环境较敏感，用之估算的 V_E 往往偏高。

例 7.5　冬小麦抽穗期资料。同年种植 F_2、B_1 和 B_2 三个杂合群体，得表 7-4 资料，试估计所研究组合抽穗期的狭义遗传率。

表 7-4　小麦某杂交组合 F_2、B_1 和 B_2 三个杂合群体的抽穗期

抽穗期	0[①]	1	2	3	4	5	6	7	8	9	10	11	12	株数	均值	方差
F_2		1	1	13	16	9	17	10	6	16	9	6	4	108	6.657 4	7.479 7
B_1	1			5	9	8	6	10	5	13	4		2	63	6.634 9	6.171 0
B_2		6	11	14	13	1	6	3	1					55	3.490 9	3.069 4

注：①以 5 月 4 日为起点。

解：
$$h_N^2=\frac{2V_{F_2}-(V_{B_1}+V_{B_2})}{V_{F_2}}=\frac{2\times7.479\,7-(6.171\,0+3.069\,4)}{7.479\,7}=0.764\,6$$

$$\hat{\sigma}(h^2)=(1-h^2)\sqrt{2\left(\frac{1}{N_u}+\frac{1}{N_v}\right)}=(1-0.764\,6)\sqrt{2\left(\frac{1}{62+54}+\frac{1}{107}\right)}=\pm0.044\,6$$

(2)利用集团混种的两杂种群体和不分离世代。

由第三章知：$V_{F_3}=\frac{3}{4}V_a+\frac{3}{16}V_d+V_{EF_3}$，　$V_{EF_3}=\frac{3}{8}V_{P_1}+\frac{1}{4}V_{F_1}+\frac{3}{8}V_{P_2}$

$$V_{F_4}=\frac{7}{8}V_a+\frac{7}{64}V_d+V_{EF_4},\quad V_{EF_4}=\frac{7}{16}V_{P_1}+\frac{1}{8}V_{F_1}+\frac{7}{16}V_{P_2}$$

去除 V_E 后，有如下联立方程：

$$\begin{cases}V_{GF_3}=\frac{3}{4}V_a+\frac{3}{16}V_d\\ V_{GF_4}=\frac{7}{8}V_a+\frac{7}{64}V_d\end{cases}$$

解之可得 V_a 和 V_d，从而进一步计算 F_3 和 F_4 的狭义遗传率为：

$$h^2_{N(F_3)}=\frac{\frac{3}{4}V_a}{V_{F_3}} \tag{7-21a}$$

$$h^2_{N(F_4)}=\frac{\frac{7}{8}V_a}{V_{F_4}} \tag{7-21b}$$

同理，可用 F_2 和 F_3 混种群体估算 F_2 的狭义遗传率为：

$$h^2_{N(F_2)}=\frac{\frac{1}{2}V_a}{V_{F_2}}$$

3. NC Ⅰ 设计

有关的设计与分析方法见第六章。下面举例说明如何利用其分析结果估算狭义遗传率。

例 7.6　由例 6.2 的罂粟花期资料，已知 $\sigma_m^2=5.66$，$\sigma_{f/m}^2=10.46$，$V_E=\sigma^2=6.81$，由此可进一步计算以小区为单位的表型方差：

$$V_P=5.66+10.46+6.81=22.93$$

组内相关：

$$t_{HS}=\frac{\sigma_m^2}{V_P}=\frac{5.66}{22.93}=0.2468$$

近交系数 $F=0$，理论相关 $r=1/4$，故以小区为单位的狭义遗传率及其标准误为：

$$h_N^2=4t_{HS}=4\times0.2468=0.9872$$

$$\hat{\sigma}(h^2)=4\hat{\sigma}(t)=4\times\frac{(1-0.2468)[1+(2-1)(0.2468)]}{\sqrt{\frac{1}{2}(2)(2-1)(44-1)}}=4\times0.1432=0.5728$$

评注：该例父本的样本容量太小，仅作练习。例 7.7 有代表性。

例 7.7 不完全随机区组设计实施例。曾以高油玉米群体 IHO 和 Alexho 相互杂交获得 F_2（近交水平为 $F=0.37$），采用 NCⅠ交配设计研究该 F_2 群体的遗传潜势并估算其遗传率。参加分析的雄株数 $m=32$，每雄株交配于 4 株雌株，$f/m=4$，共产生 32 个半同胞家系，$32\times4=128$ 个全同胞家系。田间试验采用不完全随机区组设计，8 个区组，每区组 4 套 HS，16 套 FS，区组内重复两次。测量油分含量和穗粗等多个性状，其中穗粗性状的方差分析汇总于表 7-5（由各区组试验结果汇总而来：单一区组自由度乘以区组数 8 得各项自由度，各区组平方和相加得总平方和）。试估算穗粗性状的遗传率。

表 7-5 玉米不完全随机区组设计方差分析表（穗粗性状）

变因	DF	MS	EMS	F
区组	$8-1$			
重复/区组	$8(2-1)=8$	0.0559		
父本	$8(4-1)=24$	0.1273	$\sigma^2+2\sigma_{f/m}^2+8\sigma_m^2$	2.38**
母本/父本	$8\times4\times(4-1)=96$	0.0534	$\sigma^2+2\sigma_{f/m}^2$	2.35**
误差	$8(16-1)(2-1)=120$	0.0227	σ^2	
总	$256-1=255$			

解：方差分析表明父本间和父本内母本间差异均极显著，故进一步估算遗传方差成分。

$$\sigma^2=0.0227,\ \sigma_{f/m}^2=\frac{0.0534-0.0227}{2}=0.01535,\ \sigma_m^2=\frac{0.1273-0.0534}{8}=0.00924$$

$$V_P=\sigma_m^2+\sigma_{f/m}^2+\sigma^2=0.00924+0.01535+0.0227=0.04729$$

$$t_{HS}=\frac{\sigma_m^2}{V_P}=\frac{0.00924}{0.04729}=0.1954,\quad 理论相关\ r=\frac{1+0.37}{4}=\frac{1.37}{4}$$

$$h_N^2=\frac{4}{1.37}\times0.1954=0.5705$$

$$\hat{\sigma}(h_N^2)=\frac{4}{1.37}\times\frac{(1-0.1954)[1+(2-1)(0.1954)]}{\sqrt{\frac{1}{2}(2)(2-1)(128-1)}}=0.2492$$

所以该 F_2 群体中穗粗的 $h_N^2\pm\hat{\sigma}(h_N^2)=0.5705\pm0.2492$。

评注：①本例给出了一个典型的利用不完全随机区组设计进行遗传试验的实例。从理论上讲，估计参照群体的遗传方差应有较大样本容量。而实际工作中，由于受试验条件的限制，特别是随机完全区组设计中局部控制效力的影响，一个完全区组内不可能容纳很多供试材料，因此当供试材料很多时，不可能采用完全区组设计完成试验。解决此困难的有效方法是采用不完全随机区组设计。具体做法是，把所有材料按半同胞家系随机分为若干组。所分组数等于区组数，区组内供试材料随机排列。本例共有 32 个半同胞家系 128 个全同胞家系，分为 8 个区组，每区组 4 个半同胞家系，含 16 个全同胞家系，区组内设重复实施试验。这样做大大减小了局部控制的范围，提高了局部控制的效率。分析时，把每个不完全区组单独按随机区组进行分析，然后把各区组分析结果汇总起来即可。汇总的方法是，单一区组的各项自由度均乘以区组数获得全资料分析的各项自由度，各区组的平方和相加获得总平方和，其余分析步骤如常。详见本例方差分析表。该法可用于各种遗传交配设计的试验与分析。②穗粗包括轴粗和粒长两部分，轴粗属 F_2 性状，而粒长的遗传则可能同时受 F_2 植株、F_3 籽粒自身基因型和(或)胞质效应控制。笼统地把穗粗当一个性状对待实际上可能欠妥。

4. NCⅡ设计

例 7.8 曾以 4×7 的 NCⅡ设计研究某棉花品种粒重群体的遗传。两次重复的随机完全区组试验结果的方差分析表明，父本间、母本间和父本×母本互作间均达极显著水平，并获得实测方差成分估值：$\sigma_m^2=4.5448$，$\sigma_f^2=1.5395$，$\sigma_{mf}^2=2.277$，$V_E=\sigma^2=2.0062$。纯系的近交系数 $F=1$，σ_m^2 和 σ_f^2 各估计 $V_A/2$，所以，$V_D=\sigma_{mf}^2=2.277$，$V_A=\sigma_m^2+\sigma_f^2=4.5448+1.5395=6.0843$。试依此结果估计所研究性状的狭义遗传率。

解：(1)以小区为单位的表型方差和狭义遗传率及其标准误估值：

$$V_P=V_A+V_D+V_E=6.0843+2.277+2.0062=10.3675$$

$$h_N^2=\frac{V_A}{V_P}=\frac{6.0843}{10.3675}=0.5869$$

$$\hat{\sigma}(h_N^2)=\frac{(1-0.5869)[1+(2-1)(0.5869)]}{\sqrt{\frac{1}{2}(2)(2-1)(28-1)}}=0.1262$$

(2)以全同胞家系(组合)为单位的表型方差和遗传率：

$$V_P=V_A+V_D+\frac{1}{r}V_E=6.0843+2.277+\frac{2.0062}{2}=9.3644$$

$$h_N^2=\frac{6.0843}{9.3644}=0.6497$$

例 7.9 为研究白松树参照群体树苗基部节间长度的遗传，曾从其中随机抽出 4 个父本品系和 7 个母本品系作 NCⅡ设计，获得表 7-6 方差分析结果(马育华，1982)。试估算参照群体内该性状的狭义遗传率。

表 7-6a NCⅡ设计方差分析表(性状：白松树树苗基部节间长，以小区为单位)

变异来源	DF	SS	MS	F	EMS
区组	3	1.822	0.607		
父本	3	12.354	4.118	5.505**	$\sigma^2+r\sigma_{mf}^2+rf\sigma_m^2$
母本	6	6.498	1.083	1.448	$\sigma^2+r\sigma_{mf}^2+rm\sigma_f^2$
父×母	18	13.461	0.748	3.74**	$\sigma^2+r\sigma_{mf}^2$
误差	81	16.234	0.200		σ^2
总	111	50.369			

表 7-6b NCⅡ设计方差分析表(性状:白松树树苗基部节间长,以单株为单位)

变异来源	DF	SS	MS	EMS
小区间	$rmf-1=111$	1 215.87		
株间/小区	2 654−111=2 542	2 818.61	1.109	σ_w^2

由表 7-6 可获得遗传方差估值:$\sigma_m^2=0.120$,$\sigma_f^2=0.020\ 9$,$\sigma_{mf}^2=0.137$,$\sigma^2=0.200$,$\sigma_w^2=1.109$。假设 $F=0$,$V_I=0$,

(1)V_P(以小区为单位)$=\sigma_m^2+\sigma_f^2+\sigma_{mf}^2+\sigma^2=0.12+0.020\ 9+0.137+0.2=0.48$

父系半同胞组内相关 $t_m=\dfrac{0.12}{0.48}=0.25$

从父系方向估算遗传率:$h_N^2=4\times0.25=1$

$$\hat{\sigma}(h_N^2)=4\times\frac{(1-0.25)[1+(4-1)(0.25)]}{\sqrt{\frac{1}{2}(4)(4-1)(28-1)}}=\frac{5.25}{12.727\ 9}=0.41$$

所以 $h_N^2\pm\hat{\sigma}(h_N^2)=1.00\pm0.41$。

(2)以单株为单位:

已知小区内植株间方差 $\sigma_w^2=\sigma_{wE}^2+\sigma_{wG}^2=\sigma_{wE}^2+(\sigma_G^2-cov_{FS})=1.109$,$\sigma_{wE}^2$为小区内环境方差,$\sigma_{wg}^2$为小区内遗传方差。

以小区为单位的试验误差 $\sigma^2=\sigma_w^2/n_h+\sigma_b^2$,$\sigma_b^2$ 为区组内小区间环境方差

$$n_h=\frac{1}{\frac{1}{rmf}\sum_i\sum_j\sum_k\frac{1}{n_{ijk}}}=\frac{1}{\frac{1}{4\times4\times7}\left(\frac{1}{27}+\cdots+\frac{1}{5}\right)}=\frac{1}{0.046\ 1}=21.69$$ (小区内株数 n_{ijk} 的调和平均数)

所以区组内小区间的环境方差:$\sigma_b^2=\sigma^2-\sigma_w^2/n_h=0.200-\dfrac{1.109}{21.69}=0.149$

以单株为单位的表型方差:

$$V_P(\text{以单株为单位})=\sigma_m^2+\sigma_f^2+\sigma_{mf}^2+\sigma_b^2+\sigma_w^2$$
$$=0.120+0.020\ 9+0.137+0.149+1.109=1.535\ 9$$

$$h_N^2(\text{以单株为单位})=\frac{V_A}{V_P}=\frac{0.48}{1.535\ 9}=0.183\ 5$$

评注:试验单位越大,遗传率越高,因为大的单位抽样误差小。

5. NCⅢ设计

由 NCⅢ原理(F_2 单株回交于纯系双亲)。若假设 $V_I=0$ 且无连锁,则

$$\sigma_m^2=\frac{1}{4}V_A,\ \sigma_{ml}^2=\frac{1}{2}V_D \tag{7-22a}$$

$$V_P(\text{以小区为单位})=\sigma_m^2+\sigma_{ml}^2+\sigma_E^2 \tag{7-22b}$$

例 7.10 由例 6.5 资料已知:$\sigma_m^2=0.21$,$\sigma_{ml}^2=0.59$,$V_E=\sigma^2=0.74$。进一步计算可得:

以小区为单位的表型方差:

$$V_P=\sigma_m^2+\sigma_{ml}^2+\sigma_E^2=0.21+0.59+0.74=1.54$$

以小区为单位的狭义遗传率：

$$h_N^2=V_A/V_P=(4\times0.21)/1.54=0.55$$

以组合为单位的表型方差：

$$V_P=0.21+0.59+(0.74/2)=1.17$$

以组合为单位的狭义遗传率：

$$h_N^2=4\times0.21/1.17=0.72$$

评注：对比例 7.9 和例 7.10 中不同计算单位的结果可知，遗传率的大小随着计算单位的不同而不同，其数值随计算单位的增大而增大，而表型方差则随计算单位增大而减小。

6. TTC 设计

由第六章，对于两纯系杂种 F_2 群体，或随机交配平衡群体，当检验 V_I 不显著时，TTC 设计可无偏地估计 V_A 和 V_D，进而估算 h_N^2。此时，

$$V_A=4\sigma_s^2,\quad V_D=2\sigma_d^2 \tag{7-23a}$$

$$V_P(\text{以小区为单位})=4\sigma_s^2+2\sigma_d^2+\sigma_E^2 \tag{7-23b}$$

例 7.11 用三重测验杂交(TTC)设计研究玉米籽粒的油分含量，以两自交系杂交自交的 30 株 F_2 单株回交于 P_1、P_2 和 F_1 得到 30 套回交后代，(30 套父系半同胞家系)，以 3 次重复的随机完全区组设计做田间试验得到以小区为单位的油分测定结果。经分析组合间差异极显著，进一步作 TTC 分析显示，和差式方差不显著，i 型和 i、j 型互作方差也不显著，而和式和差式方差却极显著，表明所研究性状的遗传符合加-显遗传模式，并有和式方差 $\hat{\sigma}_s^2=0.1814$，差式方差 $\hat{\sigma}_d^2=0.0386$，以及以小区为单位的环境方差 $V_E=\sigma_E^2=0.04$，由此得到如下方差估值：

$$V_A=4\sigma_s^2=4\times0.1814=0.7256\qquad V_D=2\hat{\sigma}_d^2=2\times0.0386=0.772$$

故以小区为单位的表型方差和狭义遗传率为：

$$V_P=V_A+V_D+V_E=0.7256+0.0772+0.04=0.8428$$

$$h_N^2=\frac{V_A}{V_P}=\frac{0.7256}{0.8428}=0.8609$$

该结果表明玉米籽粒油分含量的狭义遗传率是高的，与前人报道一致。

7. 双列杂交

由式(6-22)，若假设 $V_I=0$，一般配合力方差 $\sigma_g^2=cov_{HS}=\dfrac{1+F}{4}V_A=\begin{cases}\dfrac{1}{4}V_A & (F=0)\\ \dfrac{1}{2}V_A & (F=1)\end{cases}$

特殊配合力方差

$$\sigma_s^2=cov_{FS}-2cov_{HS}=\frac{1+F}{2}V_A+\frac{(1+F)^2}{4}V_D-\frac{2(1+F)}{4}V_A=\frac{(1+F)^2}{4}V_D$$

$$=\begin{cases}\dfrac{1}{4}V_D & (F=0)\\ V_D & (F=1)\end{cases}$$

当 $F=0$ 时，V_P（以小区为单位）$=4(\sigma_g^2+\sigma_s^2)+\sigma_E^2$

$$V_P(\text{以组合为单位})=4(\sigma_g^2+\sigma_s^2)+\frac{\sigma_E^2}{r}$$

当 $F=1$ 时，V_P（以小区为单位）$=2\sigma_g^2+\sigma_s^2+\sigma_E^2$

$$V_P(\text{以组合为单位})=2\sigma_g^2+\sigma_s^2+\frac{\sigma_E^2}{r}$$

有小区内单株记载且 $F_1=1$ 时，V_P（以单株为单位）$=2\sigma_g^2+\sigma_s^2+\sigma_{ab}^2+\sigma_{\mathrm{w}}^2$，$\sigma_{ab}^2$ 为组合与区组互作方差组分，σ_{w}^2 为小区内误差。

$$h_{\mathrm{N}}^2=\begin{cases}\dfrac{4\sigma_g^2}{4(\sigma_g^2+\sigma_s^2)+\sigma_E^2} & (F=0,\text{以小区为单位})\\[2ex] \dfrac{4\sigma_g^2}{4(\sigma_g^2+\sigma_s^2)+\dfrac{\sigma_E^2}{r}} & (F=0,\text{以组合为单位})\\[2ex] \dfrac{2\sigma_g^2}{2\sigma_g^2+\sigma_s^2+\sigma_E^2} & (F=1,\text{以小区为单位})\\[2ex] \dfrac{2\sigma_g^2}{2\sigma_g^2+\sigma_s^2+\dfrac{\sigma_E^2}{r}} & (F=1,\text{以组合为单位})\\[2ex] \dfrac{2\sigma_g^2}{2\sigma_g^2+\sigma_s^2+\sigma_{ab}^2+\sigma_{\mathrm{w}}^2} & (F=1,\text{以单株为单位})\end{cases} \tag{7-24}$$

例 7.12　由例 6.9 的玉米双列杂交籽粒产量资料，已知一般配合力方差 $\sigma_g^2=283.76$，特殊配合力方差 $\sigma_s^2=188.11$，$MS_{ab}=11\,803.61$，$\sigma_{\mathrm{w}}^2=1\,642.48$，试估算遗传率。

解：若假设 $F=1$，则 $V_A=2\sigma_g^2$，$V_D=\sigma_s^2$，$\sigma_{ab}^2=\dfrac{MS_{ab}-MS_{\mathrm{w}}}{C}=\dfrac{11\,803.61-1\,642.48}{13}=781.63$

V_P（单株为单位）$=2\times283.76+188.11+781.63+1\,642.48=3\,179.74$

h_{N}^2（单株为单位）$=\dfrac{2\times283.76}{3\,179.74}=0.178\,4$

V_P（小区为单位）$=2\sigma_g^2+\sigma_s^2+\sigma_{ab}^2+\dfrac{\sigma_{\mathrm{w}}^2}{n}=2\times283.76+188.11+781.63+1\,642.48/13$

$=1\,663.6$

h_{N}^2（小区为单位）$=\dfrac{2\times283.76}{1\,663.6}=0.341\,1$

V_P（组合为单位）$=2\sigma_g^2+\sigma_s^2+\dfrac{\sigma_{ab}^2}{r}+\dfrac{\sigma_{\mathrm{w}}^2}{rn}$

$=2\times283.76+188.11+781.63/6+1\,642.48/(6\times13)$

$=906.96$

h_{N}^2（组合为单位）$=\dfrac{2\times283.76}{906.96}=0.625\,7$

小结：①参照群体内籽粒性状的遗传率 h_{N}^2（单株为单位）低（$=0.178\,4$），与前人结果相近；②增大计算单位使表型方差减小，使 h_{N}^2 提高。这是因为大的计算单位使抽样误差减少。

例 7.13　表 11-15（例 11.6）的最后一列给出了由 5×5NCⅡ设计估计的玉米百粒重的遗传方差和表型方差估计值。试利用这组数据估计其遗传率。

解:依式(7-10a)和式(7-11a)可完成如下计算:

自身广义遗传率 $h^2_{B(O)}=(V_A+V_D+C_{A\cdot Am}+C_{D\cdot Dm})/V_P$

$=(2.91+1.16-0.825+0.582)/16.788=0.228$

自身狭义遗传率 $h^2_{N(O)}=(V_A+C_{A\cdot Am})/V_P=(2.91-0.825)/16.788=0.1242$

母体广义遗传率 $h^2_{B(M)}=(V_{Am}+V_{Dm}+C_{A\cdot Am}+C_{D\cdot Dm})/V_P$

$=(4.825+5.25-0.825+0.582)/16.788=0.5857$

母体狭义遗传率 $h^2_{N(M)}=(V_{Am}+C_{A\cdot Am})/V_P=(4.825-0.825)/16.788=0.2382$

细胞质遗传率 $h^2_C=V_C/V_P=2.009/16.778=0.1197$

总广义遗传率 $h^2_B=h^2_{B(O)}+h^2_{B_C}+h^2_{B(M)}=0.228+0.1197+0.5857=0.9334$

总狭义遗传率 $h^2_N=h^2_{N(O)}+h^2_{N_C}+h^2_{N(M)}=0.1242+0.1197+0.2382=0.4821$

小结:①利用种子性状遗传模型(第十一章)可估计自身、胞质和母体遗传对总表型方差的贡献,有利于分析形成性状的遗传原因;②从本分析结果看,母体效应对于百粒重是十分重要的;③对比广义和狭义遗传率可知,对于百粒重的形成,加性和非加性遗传效应都十分重要;④与前人关于玉米百粒重遗传率的研究结果比较:秦泰辰等(1991)$h^2_B=0.887$,$h^2_N=0.676$;郑有良,赖仲铭等(1985)$h^2_B=0.935$,$h^2_N=0.845$;王克胜(1992)$h^2_B=0.861$,$h^2_N=0.558$;Halleuer(1981)百粒重 $h^2_N=0.418$。本结果与前人结果有相当的可比性。

五、遗传率在育种中的应用

遗传率是说明遗传变异和非遗传变异相对重要性的重要指标,是重要的遗传和育种参数,应该充分认识遗传率的表现及其在育种中的应用特点。

(一)遗传率的表达具有一定的规律性可供育种利用

在相同环境条件下不同性状遗传率的高低相对稳定:株高、生育期等性状的遗传率较高,粒重、籽粒品质性状遗传率中等,产量性状遗传率一般较低。遗传率随近交世代的递增而提高,随估算单位的增大而提高。遗传率高低随环境和误差的控制水平而变化,有效的环境和误差控制可提高遗传率。

(二)遗传率在育种中的应用

(1)遗传率分析有助于育种方法的决策。h^2_N 高时,表现型与基因型的相关程度高,采用混合选择较好;h^2_N 低时,表现型不能很好地说明上下代的相似程度,重点应放在系谱法及后裔鉴定上,必要时也可采用间接选择法或综合选择法;h^2_B 和 h^2_N 均高时,应培育自交系利用杂种优势;当 h^2_B 高而 h^2_N 低时,应优先考虑利用杂种优势;当上位性方差 V_I 高时,应采用家系选择固定上位性方差所产生的效应。如果基因型与环境互作的方差相当大,则育种计划应该是为每个生态区培育不同的具有特殊适应性的品种。

(2)遗传率高低标志着选择的难易程度。由 h^2_N 定义知,在有性繁殖植物中 h^2_N 决定着亲属间相似程度,决定着由表型值预测(或判断)育种值的可靠程度,h^2_B 在无性繁殖作物中决定着亲属间相似和由表型值预测基因型值的可靠性,因而遗传率不仅有描述的功能,而且有预测的功能。遗传率是数量性状遗传与育种的重要参数指标。当某性状的遗传率高时,这不仅说明该性状的遗传受环境影响小，而且说明上下代的相似程度高，因而由表现型判断基因型及由上代判断下代的命中效率高，因而选择容易见效。反之，若遗传率低，则选择不易见效。

(3)遗传率高低有助于确定性状选择的世代早晚和种植规模的大小。h^2 高时可在早代选择，且种植规模可较小，h^2 低时宜在较晚世代选择且种植规模宜较大。具体可参考有关育种书。

(4)遗传率可用于估计选择响应。任何育种方法的选择响应预测式中都包括遗传率。有关内容详见第八章。

(三)遗传率应用中需注意的几个问题

1. 对遗传率的理解

遗传率是个很有用的遗传参数，但其应用也是有条件的。正如许多作者所指出的，遗传率不仅是某一遗传群体中某一个性状的特性，而且是其所处环境的特性。遗传率是个相对值，其取值大小决定于群体内所有方差成分的相对大小，群体内任何方差成分的变化都会影响遗传率的大小。而所有遗传方差成分的大小都受基因频率的影响。不同群体基因频率的差异会造成遗传方差的不同。特别是保持了很久的小群体，由于基因固定的不断发生，会使其遗传率低于大群体。环境方差在很大程度上决定于种植和栽培管理条件，变化很大的条件会降低遗传率，而均匀一致的条件会提高遗传率。因此必须把某一具体的遗传率理解为特定遗传群体在特定环境条件下的遗传率。还应特别提起注意的是，由于遗传率是个相对值，应用遗传率指导育种时，不仅要看到所估计遗传率数值的大小，还需特别注意各项方差的绝对值大小，因为很小的方差成分有时会产生很大的相对比值。另外，不同供试材料(如半同胞、全同胞、无性系等)和不同世代(如 F_2，F_3 等不同世代)所估计的遗传率也是不同的，应用时同样需加以注意。

2. 关于遗传变异的性质

区分遗传率中遗传变异的性质对育种工作有重要意义。h_{N}^2 说明由表型值预测育种值的可靠程度，对有性繁殖植物有意义，h_{B}^2 是基因型对表型的决定程度，在无性繁殖植物上可用于选择效果的预测。充分注意各项遗传方差的具体情况还有助于合理利用各种遗传信息，指导育种工作。

3. 估算遗传率所采用的单位

遗传率这一参数最早用于动物育种，定义 $h_{\mathrm{N}}^2=V_A/V_P$ 时，其方差是个体值的方差。动物中选择单位和遗传率单位一致。而在植物中，育种的选择单位有多种(单株，小区，多次重复的小区平均或多年多点的平均等)，来自不同计算单位的遗传率缺乏可比性，给应用带来困难。实际应用时要使遗传率具有可比性必须对所用单位作明确定义。从本章遗传率计算实例中可以很好地理解这一点。为了实际应用的方便，计算遗传率的单位与实际选择的单位应保持一致。

4. 遗传率估计中的环境方差和基因型与环境互作方差

应通过合理的试验设计(如随机排列)避免基因型与环境的相关；通过多年多点试验使基因型与环境互作方差得以合理估计，多年多点试验中以家系为单位的遗传率为：

$$h_{\mathrm{N}}^2=\frac{V_A}{\sigma_G^2+\frac{\sigma_{GS}^2}{s}+\frac{\sigma_{GY}^2}{y}+\frac{\sigma_{GSY}^2}{sy}+\frac{\sigma_E^2}{rsy}}=\frac{V_A}{V_P} \tag{7-25}$$

式中：s 为试点数，y 为年份数，r 为试点内重复数，V_A 为加性遗传方差，σ_G^2，σ_{GS}^2，σ_{GY}^2，σ_{GSY}^2 和 σ_E^2 分别为遗传方差，基因型×试点互作方差，基因型×年份互作方差，基因型地点年份互作方差以及试验误差。

若得不到加性遗传方差估计值,可以下式估算广义遗传率：

$$h_B^2=\frac{V_G}{\sigma_G^2+\frac{\sigma_{GS}^2}{s}+\frac{\sigma_{GY}^2}{y}+\frac{\sigma_{GSY}^2}{sy}+\frac{\sigma_E^2}{rsy}}=\frac{V_G}{V_P} \tag{7-26}$$

该式对于无性繁殖作物的选择和杂种优势的利用有指导意义。在试验误差已充分控制且 $G\times S$ 很大,致使多年多点的遗传率低的情况下,应考虑针对不同地区的条件制定不同的育种目标,加强特殊适应性的选择,培育特殊适应性的品种。

六、重复率

当个体的基因型值仅出现一次而不能重复时,无法得到基因型值和遗传方差的独立估计。在此情况下也得不到遗传率的估计。常见的情况如随机交配群体、无性繁殖群体等。这类群体中每个个体的基因型与其所占有的永久性环境(如一棵树所占有的空间)相互混杂而不能分离,个体间变异包括了基因型方差 V_G 和一般环境方差 V_{E_g}(由个体间永久性环境变异引起)两部分,而个体内的重复测量值(如果树的每年产果量,多年生牧草的每季产草量等)的变异则提供了特殊环境方差中 V_{E_s} 的估值,重复率 r(repeatability)即为遗传方差与一般环境方差之和在总表型方差的比例。

$$r=\frac{V_G+V_{E_g}}{V_P}=\frac{V_G+V_{E_g}}{V_G+V_{E_g}+V_{E_s}} \tag{7-27}$$

$V_P=V_G+V_{E_g}+V_{E_s}$(以个体内重复测量值为单位)。V_{E_g} 为一般环境方差,V_{E_s} 为特殊环境方差。

重复率为广义遗传率 h_B^2 的近似值,为 h_B^2 的高限。其实质是个体内重复测量值间的相关。重复率估计可用于个体后(晚)期表现的预测(如奶牛产奶量,果树产果量等)。下面举例说明重复率的计算与应用。

例 7.14 以第二章例 2.9 的数据估算该玉米综合种群体内的基本株叶片光合速率的重复率 r。

解:根据其单叶测定表现型值的线性函数:$P_{ij}=M+G_i^*+Es_{ij}$,$G_i^*=G_i+E_{gi}+(GE_g)_i$,该组数据可作方差分析如表 7-7 所示。

表 7-7 表 2-19 数据的方差分析

变异来源	DF	SS	MS	EMS
株间	1	170.67	170.67	$\sigma^2+3\sigma_{G^*}^2$
株内	4	109.33	27.33	σ^2
总	5	280.00		

$$V_{G^*}=\sigma_{G^*}^2=\frac{170.67-27.33}{3}=47.78, V_{E_s}=\sigma_{E_s}^2=27.33$$

$$r=\frac{V_{G^*}}{V_{G^*}+V_{E_s}}=\frac{47.78}{47.78+27.33}=0.6361$$

此结果表明,基本株内不同叶片间光合速率的相似程度,或不同基本株间光合速率的相异程度为 0.636 1,该相异来自株间基因型、一般环境以及基因型与一般环境交互作用的共同作用。

复习思考题

1. 遗传率有几种？分别是何含义？写出各自定义的公式。

2. 广义遗传率与狭义遗传率的区别何在？各在什么情况下应用？

3. 如何估计广义和狭义遗传率？具体方法有那些？估计值的标准误如何？

4. 什么是普通广义遗传率？什么是互作广义遗传率？什么是普通狭义遗传率？什么是互作狭义遗传率？

5. 普通广义遗传率、互作广义遗传率、普通狭义遗传率和互作狭义遗传率的估计公式如何？如果不存在基因型与环境互作，这些遗传率的估计公式如何？

6. 实际应用中如何正确理解遗传率？不同群体、不同环境、不同性状的遗传率如何才能相互比较？

7. 不同计算单位下性状遗传率有何变化？遗传率计算单位的变化有何实际意义？实际应用时应如何选择遗传率的计算单位？

8. 何为重复率？什么情况下应用？

9. 为什么实现遗传率和重复率并不是遗传率的真正估值？

10. 为估计某地区某种自花授粉作物品种群体的遗传潜势，采用 NCⅠ遗传交配设计做试验得到如下结果：

变异来源	*DF*	*MS*	*EMS*
重复	2	—	
父本	6	1 264	
母本/父本	14	702	
误差	40	440	

(1)已知 $V_I=0$，试估算该遗传群体的加性和显性遗传方差 V_A 和 V_D；

(2)试估算半同胞相关 t_{HS} 和全同胞相关 t_{FS}；

(3)试估算广义遗传率和狭义遗传率；

(4)试对该遗传群体的遗传潜势和利用前景作简要讨论。

(答案：$EMS_m=\sigma^2+3\sigma^2_{f/m}+9\sigma^2_m$，该试验属完全随机设计。$\sigma^2_m=62.44$，$\sigma^2_{f/m}=87.33$，$V_A=124.89$，$V_D=24.89$，$V_P=589.77$，$t_{HS}=0.105\,9$，$t_{FS}=0.254$，$h^2_B=0.254$，$h^2_N=0.211\,8$)。

11. 为研究某玉米自交系群体的遗传潜势，从该群体中随机抽取 4 个自交系为母本，7 个自交系为父本，依 NCⅡ遗传交配设计获得试验材料，以 RCBD 设计做田间试验，得如下结果。

NCⅡ遗传交配设计方差分析表

变异来源	*DF*	*MS*	*EMS*	*F*
区组	1	1.78		
组合	27	17.03		
父本	6	28.11		4.29
母本	3	42.92		6.54
母本×父本	18	6.56		3.26
误差	27	2.01		

(1)试完成表中的期望均方；

(2)试估计以小区和组合为单位的表型方差；

(3)试估计以组合为单位的狭义遗传率；

(4)对计算结果作简要讨论。

(答案：$EMS_m=\sigma^2+2\sigma_{mf}^2+8\sigma_m^2$，$\sigma_m^2=2.694$，$\sigma_f^2=2.597$，$\sigma_P^2$(小区)$=9.576$，$\sigma_P^2$(组合)$=8.571$，$V_A=5.291$，$h_N^2$(组合)$=0.617$，$\hat{\sigma}(h_N^2)=0.119$)。

12. 为研究某玉米随机交配群体茎秆的遗传变异与利用价值，从该群体内随机抽取了15个单株，以双列杂交方法4的交配方式配成了105个单交组合，以3次重复做随机完全区组设计的田间试验，每小区取5株考种，获得如下方差分析表。

检验基因型间差异的方差分析表

变异来源	*DF*	*SS*	*MS*	*F*
区组	2	257 943	128 971.7	25.97**
基因型	104	2 444 084	23 500.8	4.73**
区组×基因型	208	1 032 815	4 965.5	29.68**
误差	1 260	210 731	167.3	

(1)该方差分析表告诉我们些什么？

(2)对基因型间差异进一步分析得到如下方差分析表。试完成该方差分析表中空缺部分并估计实测方差成分 σ_g^2 和 σ_s^2。

配合力方差分析表

变异来源	*DF*	*SS*	*MS*	*EMS*	*F*
gca	(　)	65 860.1	(　)	$\sigma^2+\sigma_s^2+(p-2)\sigma_g^2$	(　)
sca	(　)	(　)	(　)	$\sigma^2+\sigma_s^2$	(　)
误差	(　)	(　)	(　)	σ^2	

(3)已知该群体的近交系数 $F=0$，且不存在上位性遗传方差，试估计所研究性状的加性和显性遗传方差。

(4)试估计以小区为单位的狭义遗传率。

(5)试估计以组合为单位的狭义遗传率。

(6)试对分析结果作简要讨论。

(答案：该试验的组合数 $a=105$，区组数 $b=3$，小区内株数 $c=5$，$SS_s=97\,078.9$，$F_s=3.26$，$\sigma_g^2=278.9$，$\sigma_s^2=747.62$，$V_A=1\,115.58$，$V_D=2\,990.48$，V_P(小区)$=2\,298.52$，h_N^2(小区)$=0.485\,3$，V_P(组合)$=1\,636.45$，h_N^2(组合)$=0.681\,7$)。

参 考 文 献

1 高之仁. 数量遗传学. 成都：四川大学出版社，1986

2 郭平仲. 数量遗传分析. 北京：首都师范学院出版社，1987

3 孔繁玲，张群远，葛知男，杨付新，张德贵，刘文欣. 作物品种区域试验的试验精确度和品种比较精确度. 中国农业科学，2001，34(3)：266～271

4 孔繁玲，韩立新，张树光. 奥帕克-2玉米籽粒品质性状的遗传变异与基因型×环境互作. 见：莫惠栋等编. 谷类作物品质性况遗传研究进展. 南京：南京科学技术出版社，1990，193～196

5 刘来福，等. 作物数量遗传. 北京：农业出版社，1984

6 马育华. 植物育种的数量遗传学基础. 南京：江苏科学技术出版社，1982

7　莫惠栋.三重测验杂交的遗传体系.江苏农学院学报,1987,8(2):59～64
8　荣廷昭,潘光堂,黄玉璧.数量遗传学.北京:中国科学技术出版社,2003
9　盛志廉,吴昌信.数量遗传学.北京:中国农业出版社,1995
10　盛志廉,陈瑶生.数量遗传学.北京:科学出版社,1999
11　吴仲贤.统计遗传学.北京:科学出版社,1979
12　朱军.遗传模型分析方法.北京:中国农业出版社,1997
13　朱军,许馥华.谷类作物胚乳品种性状的遗传模型及其分析方法.作物学报,1994,20(3):264～270
14　Comstock R E, Robinson H F. The components of genetic variance in populations. Biometrics, 1948, 4:254～266
15　Comstock R E, Robinson H F. Estimation of average dominance of genes. In: Heterosis. Ames: Iowa State College Press, 1952, 494～516
16　Falconer D S, Markay T F C. Introduction to quantitative genetics. 4th edn. London: Longman, 1996
17　Griffing B. Concept of general and specific combining ability in relation to diallel crossing systems. Aust J Biol Sci, 1956, 9:463～493
18　Griffing B. A generalized treatment of the use of diallel crosses in quantitative inheritance. Heredity, 1956, 10:31～50
19　Hallauer A R, Miranda J B. Quantitative genetics in maize breeding. Ames: Iowa State University Press, 1981
20　Kempthorne O. An introduction to genetic statistics. Ames: The Iowa State University Press, 1969
21　Kearsey J K, Pooni H S. The genetical analysis of quantitative traits. London: Chapman and Hall, 1996
22　Kearsey M J, Jinks J L. A genetical method of detecting additive, dominance and epistatic variation for metrical traits. theory. Heredity, 1968, 23:403～409
23　Kong F L, Zhang Q Y, Ge Z N, Yang F X, Zhang D G, Liu W X. Experimental Precision and Variety Comparison Precision in Regional Crop Trials. Agricultural Sciences in China, 2002, 1(2):149～154
24　Lush J L . Animal breeding plan . Ames : Aowa State Univ Press, 1937
25　Li C C. First course in population genetics. Pacific Grove Cal : Boxwood Press, 1976
26　Mather K, Jinks J L. Biometrical genetics. London: Chapman and Hall, 1982
27　Steel R G D, Torie J H. Principles and procedures of statistics, a biometrical approach. 2nd edn. New York: McGraw Hill, 1980

第八章　选择及其响应

内容提要　选择是人类从事动植物育种最主要的手段之一。数量性状选择响应的有效预测是数量遗传学对育种学的重要贡献。本章以选择引起群体均值的改变为主线，介绍有关选择的基本内容和基本方法。内容包括：选择的基本效应；选择差、选择强度、选择响应及其预测；基础选择方法的预测响应及其比较；作物改良的轮回选择方法及其预期响应；提高选择响应的途径；长期选择响应的度量等，最后介绍选择引起群体方差的改变。

前面第二章至第七章的主要内容是数量性状群体遗传特性的描述和群体遗传变异的剖分及其应用。本章、第九章的第二、三部分和第十章讨论育种者对群体的改变。除了人工诱变创造新基因外，人类以两种途径改变着群体的遗传特性：一为选择亲本个体，二为控制交配方式。人工选择的根本作用在于从一组个体中决定其中的多少以及哪些个体可以繁衍后代。人类通过选择亲本而控制群体的基因组成(即基因库的内容)，通过采用不同的交配方式而控制群体基因型比例(即群体的遗传结构)。本章和下章介绍有关选择的内容，第十章介绍有关交配效应的内容。

选择是动植物育种最主要的手段，在人类生存历史上发挥了重要作用。自然选择和人工选择创造了并改良着动植物品种。科学的选择技术可以帮助育种者作出有效而正确的决策。这些选择技术包括基于遗传学概念的选择程序(如后裔测验和家系评价等)和旨在尽量减少环境对基因型表达产生影响的试验程序。广义的选择包括群体间选择和群体内基因型间选择。狭义的选择专指群体内的选择。育种家必须首先决定哪些群体有利用价值。中选群体或直接用于生产或用于育种目的。若干中选群体可综合产生基础群体供育种应用，或两个中选群体相互杂交产生杂种一代供生产使用。群体的遗传潜势可通过直接观察其表现来评价，也可通过分析其系谱来源和以往的选择记录来评价，还可借助分子标记手段直接评价其遗传组成。通常情况下，一个群体的遗传特性需通过遗传交配设计来评价。品种或群体间杂交可提供杂种优势和配合力的信息，这类信息对于群体的选择也同样十分重要。群体内基因型间选择含义广泛，从选择改良的对象看，有单一性状改良和多性状综合改良；从利用的信息看，有直接选择和间接选择(含遗传标记辅助选择改良)；从选择的时期看，有短期选择和中长期选择。本章将从单性状的直接选择改良介绍选择的基本概念，进而介绍利用亲属信息改良单性状，以及单性状的长期选择(轮回选择)。下一章介绍多性状选择改良。

选择是数量遗传学最重要的应用方面。数量遗传学对选择的指导作用在于：①提示如何选择具有最优育种值的个体或品系；②预期选择响应(response to selection)。

一、选择的基本效应

选择的基本效应是改变群体的基因频率，进而改变基因型频率。群体内改良时，群体本身是惟一的基因库，通过增加群体内有利基因频率改良该基因库。群体内基因频率的改变随着选择的进行是一个动态变化的过程。育种者通过对亲代个体的选择，把亲代群体分为基因频率不同的两组(中选组和淘汰组)。中选组内控制目标性状的基因频率高而淘汰组内控制目标性状的基因频率低。如果中选个体的育性和子代个体的生活力不存在差异,则子代群体的基因频率和亲代中选组相同。如果中选个体的育性和子代个体的生活力存在差异,则意味着自然选择使群体基因频率进一步发生变化。所以选择引起基因频率改变有两类作用在三个阶段上产生影响:①对亲代个体的人工选择;②对亲代个体育性的自然选择;③对后代个体生活力的自然选择。

几乎在所有育种过程中,人工选择的同时均有自然选择在起作用,当自然选择与人工选择方向相同时,性状的改良相对较易,当自然选择与人工选择方向相反时,育种家必须尽可能地防止自然选择的发生,例如,籽粒小而多的基因型有利于自然选择,这与人类的育种方向(如一定多的粒数和大粒高产)往往相反。育种家需要具体分析自然条件的性质,并尽量加以利用。特别是在选育特殊适应性品种时,尤其如此。如要选育出适合盐碱地的品种,就应在盐碱地条件下进行育种材料的鉴定选择,或创造相应条件进行诱发鉴定。

由第二章和第三章知,群体均值和群体方差是群体的特性,不仅受其中所含基因效应的影响,而且受群体内基因频率的影响,因此,群体内基因频率的改变必然导致群体均值和方差的变化。利用各种遗传标记可以跟踪基因频率的变化,从而估计单基因情况下群体均值和方差的变化,但在不能跟踪所有基因踪迹的情况下,所能观察到的选择效果主要表现在选择后某性状群体均值和方差的改变上。从动植物育种的角度看,选择的主要目标在于改进群体的均值水平,这就是选择响应(或选择进度)。估计选择响应是数量遗传学家对动植物育种的重要贡献之一。估计选择进度的直接应用是评价某个群体是否适合在某种环境或某些环境下的育种应用;估计选择进度的另一重要应用是通过估算预期响应,对不同选择方法进行比较,这有助于育种家针对具体育种群体,选择最优育种方案。

二、选择响应

人类依照既定的育种目标所实施的选择实际上是一种定向选择,如选择矮秆、大穗、高产、优质、抗病虫等均属定向选择(directional selection)。从理论分布或个体依性状值排序的角度看,定向选择又称截开式或截断式选择(truncational selection)。实施这种选择时,亲本群体内优于一定标准的个体全部保留,劣于既定标准的一律淘汰。

人类实施选择并非只以个体为单位,还有以其他单位进行选择的。为此,必须首先定义选择单位。所谓选择单位(selection unit)是指实施选择时选择压所施加的对象。单株选择的选择单位是单株,家系选择的选择单位是家系,结合家系均值和家系内离差实施综合选择时综合选择指数是选择单位。改良穗行法选择时有两个选择单位:半同胞家系和系内个体。下面由简单的以个体为单位的选择逐步过渡到采用复杂选择单位的选择。

(一)选择差与选择响应

1. 选择差

在遗传群体的选择改良过程中,对亲本群体所施加的选择压(selection pressure)通常以选择差(selection differential, S)来度量。

选择差(S)的定义是:亲本群体内中选组的表型均值与选择前亲代群体表型均值之差,用公式表示为：

$$选择差\ S=\mu'_0-\mu_0 \tag{8-1}$$

式中：μ'_0 为亲本群体内中选组的表型均值，μ_0 为亲代总体表型均值。

2. 选择响应

实施选择后群体平均值的改变量，以选择响应（response to selection，R）来度量。

选择响应（R）的实际定义是：中选组子代群体的表型均值与选择前亲代群体表型均值之差。

(1)采用一个选择单位时的选择响应

$$R=\mu_1-\mu_0 \tag{8-2a}$$

式中：μ_1 为中选组子代群体的表型均值，μ_0 为选择前亲代群体的表型均值。

(2)采用多个选择单位时的选择响应

$$R=\sum_i R_i \tag{8-2b}$$

式中：R 为总选择响应，R_i 为第 i 个选择单位的选择响应。

选择响应又称遗传进度（genetic progress），通常以 GS 或 ΔG 或 Δg 表示。

3. 选择响应 R 与选择差 S 的关系

由如上分析可以看出，选择差是原因，选择响应是结果，选择差与选择响应间存在着因果关系。在对中亲值实施选择并以子代均值衡量选择效果的情况下，选择差与选择响应的关系可用如下回归方程表示：

$$R=b_{OP}\cdot S \tag{8-3}$$

式中：R 为选择响应；S 为选择差；b_{OP} 为子代均值对中亲值的回归系数，其含义是中亲值每改变一个单位子代均值的平均改变量。此种回归关系如图 8-1 所示。

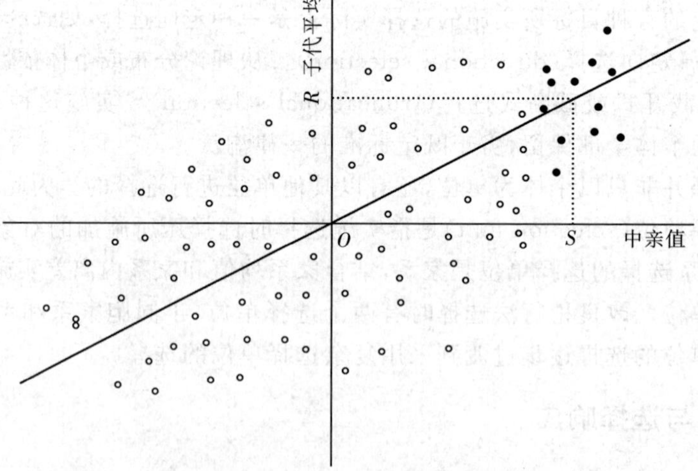

（S 表示选择差，R 表示选择响应，● 表示群体内中选个体，○ 表示群体内未中选个体）

图 8-1 选择响应与选择差的关系图示

需要特别提起注意的是，在植物育种中，选择响应必须考虑不同的育种方式。图 8-1 所表示是对双亲以相等选择差进行混合选择的情况，选择单位是单株。还有以家系平均为单位进行选择的，也有以多性状表型值构建的指数为单位进行选择的。其改良目标也不尽相同，有以自身基因型为改良目标的，有以相关性状基因型为改良目标的，或以多个性状的综合基因型为改良目标。不同育种方案估算选择响应的基本道理同上，都通过亲代基因型值对其表现型值的回归来估计，而亲代育种值体现在子代均值上。有关内容将在本章和下一章逐步介绍。

(二)选择响应的预测

式(8-3)描述了选择响应与选择差的关系。但由于回归系数要在获得子代数据后才能算出，仅有式(8-3)还不能满足育种中由亲代选择差预测子代选择响应的需要，因此有必要寻找能满足预测需要的公式。

由第七章，当亲子间的相似不存在非遗传原因，且无自然选择(即所研究性状的表型值与亲代的育性和子代的生活力之间不存在相关)时，子代对中亲值的回归恰好等于狭义遗传率，即 $b_{O\bar{P}}=h_N^2$，于是

$$R=h_N^2 \cdot S \tag{8-4}$$

式中 h_N^2 是狭义遗传率。由第七章，该遗传率是育种值 A 对表型值 P 的回归，即 $h_N^2=b_{AP}$，S 是表型值差异，R 为亲代育种值，也就是选择响应的理论预测值。可以这样来理解此处的选择响应 R 就是亲代的育种值：由第二章，对于单亲来说，子代均值距群体平均值的离差等于该亲代个体育种值的 1/2。而在雌雄同体的随机交配群体内，同一亲代个体的子代要从父本、母本方向各计算一次离均差，其子代离差从父本和母本方向上各估计了 1/2 育种值，因此选择响应 R 等同于亲代的育种值。雌雄异体的中亲值的选择响应等同于中亲的育种值。因此式(8-4)提供了由表型选择差预测亲代育种值的方法，而亲代育种值正是子代的期望值，因为只有基因的加性效应和基因间加性类型的互作才能在选择中被固定，而个体的育种值就是他所携带的全部基因的该类效应的总和。

式(8-3)不是预测公式而只具描述功能，而式(8-4)提供了预测选择响应的手段，因为遗传率可在选择前以多种方式获得。选择差 S 虽然只能在选择亲本之后得知，但其期望值可进行预测(见本章第一部分的(三))，下面举例说明选择响应的计算。

例 8.1 某黑麦群体穗长的改良。由基本群体估计得 $h_N^2=0.62$，亲代群体中对主穗长度(cm)作单株选择。已知群体平均穗长为 28.3 cm，中选组的穗长为 32.5 cm，由中选组繁殖得下一代群体的平均值为 30.7 cm，试问实际的和预期的选择响应各为多少？

解：由式(8-1)，实施的选择差 $S=\mu'_0-\mu_0=32.5-28.3=4.2$(cm)

由式(8-2)，实际的选择响应 $R=\mu_1-\mu_0=30.7-28.3=2.4$(cm)

由式(8-4)，预期的选择响应 $E(R)=h_N^2 \cdot S=0.62\times4.2=2.6$(cm)

如上计算结果汇总于表 8-1。

表 8-1 某黑麦群体穗长的改良

世代	群体平均 μ_0	中选组平均 μ'_0	选择差 S	选择响应	
				预期 $E(R)$	实际 R
亲代	28.3	32.5	4.2	2.6	—
子代	30.7	—	—	—	2.4

需要注意的是,要想获得有实际应用价值的选择响应预测值,除基础群体和中选群体需满足育种与统计要求外,遗传率的估计必须准确可靠。另外,多代选择时尚需考虑基因频率和遗传方差变化对 R 的影响。理论上讲,选择响应的预测只对一代选择有效,因为遗传率会随着选择的进展在世代间变化。其原因是:①选择会引起基因频率变化。②选择会降低遗传方差。但一般说来,除非位点数很少,一般来说,基因频率每代变化很小;实践也已证明,选择不会在短期内引起遗传率的很大变化(详见本章第七部分)。有实验表明,数量性状的选择响应可在5代、10代甚至更多世代变化很小。有些受多基因控制的性状可在几十代甚至上百代保持选择响应,如玉米籽粒油分含量的选择(Dudley 和 Lambert,1992)。

(三)选择强度

1. 影响选择差的因素

如果被选择的性状呈正态分布,且按照个体表型值的优劣顺序实行截断式选择(truncational selection),优于一定标准的个体全部中选,不符合标准的一律淘汰(图 8-2),则由正态分布的性质可知,选择差只取决于两个因素:一为中选组占总体的比例 p,另一为性状的表型标准差 σ_P。对于既定的群体,σ_P 是一定的,在此情况下(正态分布且已知 σ_P)选择差 S 可由中选比例 p 事先预测。由图 8-2(a)和图 8-2(b)可知,在 σ_P 一定的情况下,中选比例越小,选择差越大;反之,中选比例越大,选择差越小。对比图 8-2(b)和图 8-2(c)可知,对于既定的中选比例,群体的 σ_P 越大,选择差越大。

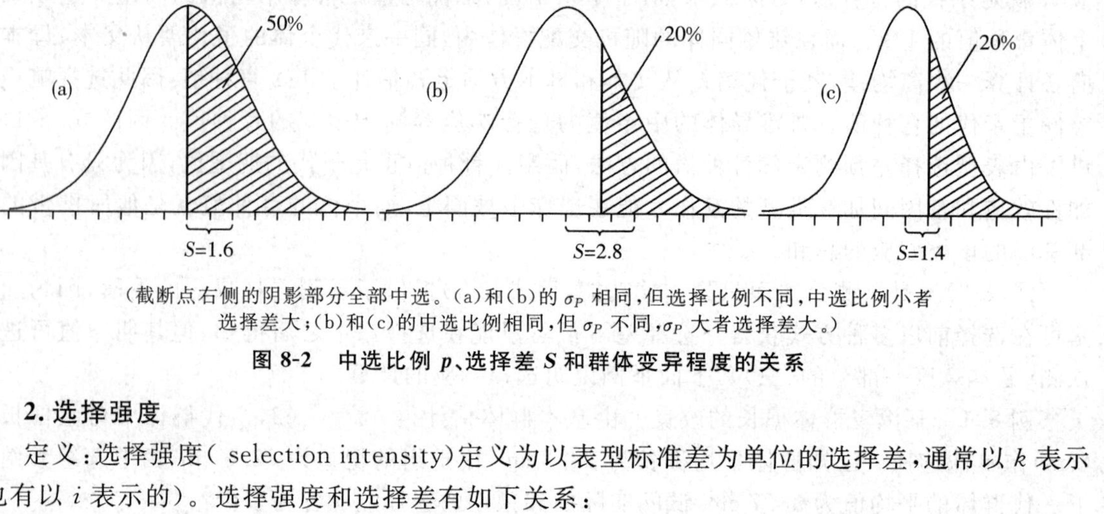

(截断点右侧的阴影部分全部中选。(a)和(b)的 σ_P 相同,但选择比例不同,中选比例小者选择差大;(b)和(c)的中选比例相同,但 σ_P 不同,σ_P 大者选择差大。)

图 8-2 中选比例 p、选择差 S 和群体变异程度的关系

2. 选择强度

定义:选择强度(selection intensity)定义为以表型标准差为单位的选择差,通常以 k 表示(也有以 i 表示的)。选择强度和选择差有如下关系:

$$k=\frac{S}{\sigma_P},\quad S=k\sigma_P \tag{8-5}$$

式中:k 为选择强度,S 为选择差,σ_P 为表型标准差。

由上可知,选择强度 k 就是中选组平均值超过群体平均值的标准差数。根据标准化正态分布的性质,只要给出中选比例 p,就可以计算出选择强度 k,并可把 p 和 k 的对应关系制成表格供使用。附表 1A 和 1B 分别给出了大样本和小样本情况下中选比例 p 与选择强度 k 的对应关系。表 8-2 是大样本时的部分 p 与 k。可以看出,中选比例 p 和选择强度 k 的关系与中选比例 p 和选择差的关系一样,都为反向关系:中选比例 p 越小,选择强度 k 越大;反之中选比例 p 越大,选择强度 k 越小。

表 8-2　正态分布下的部分中选比例 p 与选择强度 k(大样本)

p(%)	1	2	3	4	5	10	30
k	2.665	2.421	2.268	2.154	2.063	1.775	1.159

例 8.2　某玉米综合种果穗长度的选择改良。已知 $h_N^2=0.52$,表型标准差 $\sigma_P=3.35$ cm,试计算预期中选比例为(1)5%、(2)10%、(3)20%时的选择响应。

解:(1)中选比例 $p=0.05$ 时,由附表 1A 可查得,选择强度 $k=2.063$,预期选择响应 $R=h_N^2\times\sigma_P\times k=0.52\times3.35\times2.063=3.594$(cm),同理可作如下计算:

(2)中选比例 $p=0.10$ 时,选择强度 $k=1.775$,预期选择响应 $R=0.52\times3.35\times1.775=3.092$(cm)。

(3)中选比例 $p=0.20$ 时,选择强度 $k=1.40$,预期选择响应 $R=0.52\times3.35\times1.40=2.439$(cm)。

以上计算结果连同实测结果汇总于表 8-3。

表 8-3　某玉米综合种果穗长度选择改良的预期选择响应

中选比例 p	选择强度 k	每代平均预期选择响应 R(cm)
0.05	2.063	3.594
0.10	1.775	3.092
0.20	1.40	2.439

结果表明:①减小中选比例即提高了选择强度,其结果是增大了选择响应。反之亦然。但在实际育种中并非选择强度越大越好。②实际的选择响应与预期响应间往往存在差异,其原因有待学习后面的内容来理解。

3. 雌雄两性分别选择时的选择差和选择强度

(1)两性中选比例不同时,由于有性繁殖过程中雌雄两性对后代贡献等量的遗传物质,计算选择响应时应采用两性选择差(选择强度)的平均值:

$$S=\frac{1}{2}(S_m+S_f) \tag{8-6a}$$

式中 S_m 和 S_f 分别为雄亲和雌亲的选择差。

$$k=\frac{1}{2}(k_m+k_f) \tag{8-6b}$$

式中 k_m 和 k_f 分别为雄亲和雌亲的选择强度。

(2)选择只对单一性别实施时,同样由于有性繁殖过程中雌雄两性对后代贡献等量的遗传物质,计算选择响应需采用 1/2 的单亲选择差和选择强度:

选择只对♀进行,　$S=\frac{1}{2}S_f$,　$R=\frac{1}{2}h^2S_f$,　$k=\frac{1}{2}k_f$　(8-7a)

选择只对♂进行,　$S=\frac{1}{2}S_m$,　$R=\frac{1}{2}h^2S_m$,　$k=\frac{1}{2}k_m$　(8-7b)

式中:S_f、k_f、S_m 和 k_m 依次为雌亲的选择差、雌亲的选择强度、雄亲的选择差和雄亲的选择强度,R 为选择响应。

(四)选择响应一般式

依据遗传率的计算式和选择差与选择强度的关系,选择响应的计算公式可依次变换为如下几种常用的表达式：

$$R=h_{\mathrm{N}}^{2}\cdot S=b_{AP}\cdot S=\frac{cov(A,P)}{\sigma_{P}^{2}}\cdot S \tag{8-8a}$$

$$R=h_{\mathrm{N}}^{2}\cdot k\cdot\sigma_{P}=kh_{\mathrm{N}}^{2}\sigma_{P} \tag{8-8b}$$

$$R=k\cdot\frac{\sigma_{A}^{2}}{\sigma_{P}^{2}}\sigma_{P}=k\frac{\sigma_{A}^{2}}{\sigma_{P}} \tag{8-8c}$$

$$R=k\cdot\frac{\sigma_{A}}{\sigma_{P}}\cdot\sigma_{A}=kh\sigma_{A} \tag{8-8d}$$

以上各式适合于随机交配的(采用细胞核不育的原理可将非随机交配变为随机交配的群体)有性繁殖物种的选择预测，如果是对无性繁殖物种进行选择预测，如上各式中的 h_{N}^{2} 需改为 h_{B}^{2}，σ_{A}^{2} 需改为 σ_{G}^{2}。以上公式可用于不同选择方法的比较。

例 8.3 已知某块根植物的淀粉有药用价值，欲对其实施选择改良。经估计，某杂交后代实生苗群体中块根淀粉含量(%)的 $h_{\mathrm{B}}^{2}=0.69$，其表型方差 $V_{P}=0.89$，若对该遗传群体以 5% 的比例作单株选择，试估计其经一代选择的预期选择响应。

解：已知其块根淀粉含量呈正态分布，为提高淀粉含量实施的选择为截断式选择。从附表 1A 查出，选择比例为 5%时的选择强度 k 为 2.063，表型标准差 $\sigma_{P}=\sqrt{V_{P}}=\sqrt{0.89}=0.94$，根据式(8-8b)可估算经一代选择的预期选择响应 $R=kh_{\mathrm{B}}^{2}\sigma_{P}=2.063\times0.69\times0.94=1.34(\%)$。

例 8.4 某玉米随机交配群体内性状 T 的加性遗传方差 $V_{A}=242$，以单株为单位的 $V_{P}=760.3$，试在如下两种情况下估计其遗传进度：(1)500 株的群体，授粉前把不符合要求的单株全部去雄，只收获未去过雄的单株共 50 株；(2)事先不去雄，收获时选收 10%的单株，并由此繁殖产生下一代。

解：(1)此种情况为对雌雄两性均实施相同中选比例 10%的选择，由附表 1A，大样本情况下对应于 $p=0.10$ 的 $k=1.775$，依式(8-8c)，预期的选择响应为：

$$R=k\frac{\sigma_{A}^{2}}{\sigma_{P}}=1.775\times\frac{242}{\sqrt{760.3}}=15.578(\mathrm{g})$$

(2)此种情况为只对雌亲实施中选比例为 10%的选择，而对雄亲并未实施选择，因而预期选择响应时应采用的选择强度为雌亲选择强度的 $\frac{1}{2}$，即：$k=\frac{1}{2}k_{f}=\frac{1.775}{2}=0.8875$，预期的选择响应 $R=k_{f}\frac{\sigma_{A}^{2}}{\sigma_{P}}=0.8875\times\frac{242}{\sqrt{760.3}}=7.789(\mathrm{g})$。

可见，尽管不改变中选比例，只对单亲实施选择的预期响应仅为对双亲实施选择的一半，因为仅对单亲实施选择只控制了一半的遗传物质。

三、基础选择方法及其比较

选择是人类进行动植物遗传改良的基本手段。实施选择的过程中，往往因改良目标、所用材料和选择程序的不同而构成不同的选择方法。各种选择方法对群体的作用及选择效果也彼此不同。根据具体情况，对不同选择方法的效果进行比较，有助于育种方案的有效决策。下面先介绍三种简单的选择方法及其比较，包括个体选择(individual selection)、家系选择(family selection)和家系内选择(within-family selection)，然后介绍综合选择(combined selection)。

(一)简单选择方法

实施选择需要事先规定选择标准，即决定选择单位取舍的依据。由于选择响应等于亲代的育种值或部分育种值，要提高选择效果，有赖于对育种值的准确了解和判断。由于个体表型值并非是其亲代育种值惟一的信息来源，要想准确估计育种值以便提高选择效果，必须适当考虑育种值的其他信息来源。对于有家系结构的群体(如双亲后代的 F_3 群体)，若以离差形式表示表型值，则有：

$$(P_{ij}-\bar{P})=(P_{ij}-\bar{P}_i)+(\bar{P}_i-\bar{P}) \tag{8-9}$$

式中 P_{ij}、$\bar{P}_i$ 和 $\bar{P}$ 分别为第 i 个家系内第 j 个个体(单株)的表型值、第 i 个家系的表型均值和群体均值。

若令 $P=(P_{ij}-\bar{P})$，$P_W=(P_{ij}-\bar{P}_i)$，$P_F=(\bar{P}_i-\bar{P})$，则式(8-9)可改写为：

$$P=P_W+P_F \tag{8-10}$$

式中：P 为以离差形式表示个体值，P_W 为家系内离差，P_F 为家系平均值离差。在具体选择过程中，选择标准或依据于上述不同的部分，或给不同部分以不同的权量，则形成不同的选择方法。

1. 个体(单株)选择

仅以个体(单株)自身的表现为选择标准的选择方法称为个体选择(individual selection)，或者说，个体选择是仅以 P 为选择标准的选择方法。其特点是简单易行，在动植物改良的较多场合都能得到最快的响应；混合选择法(个体选择，混合繁殖)是其最普遍的形式。

2. 家系选择

仅以家系平均值(P_F)为选择标准，而给系内偏差(P_W)的权值为 0 的选择方法称之为家系选择(family selection)。这时以整个家系为选择单位，个体值只用于计算家系平均值。此法在环境偏差大、遗传率低、基因型环境互作方差小且家系较大的情况下更为有效。但在系内成员具有较大的共同环境变异时，效果不理想。家系选择需要空间大，会给提高选择强度和避免近交带来困难。此法在育种实践中有同胞选择(sib selection)和后裔鉴定(progeny testing)两种衍生类型。所谓同胞选择是指依据家系内其余个体的表型对个体进行选择，被选择个体的表型值并未被测量。后裔鉴定是根据中选个体后代群体的表型判断中选个体的优劣与取舍，同胞选择和后裔鉴定在植物育种中广泛应用，有关内容见本章第四部分。

3. 家系内选择

仅以个体值与家系平均值的离差(P_W)为选择标准，而家系平均值(P_F)的权量为 0 的选择方法称之为家系内选择(within-family selection)。当家系内成员间具有较大的共同环境方差时，此法有效；另外，可用于保持最低限度近交的场合。

(二)三种简单选择方法的比较

依据 Falconer(1996)，下面介绍个体选择、家系选择和家系内选择三种简单选择方法的预期选择响应及其比较。

1. 各自的预期响应

由式(8-8b)可知，个体选择响应的预测式为：

$$R = k\sigma_P h^2 \tag{8-11}$$

式中 R、k、σ_P 和 h^2 分别为个体选择响应、个体选择强度、以个体为单位的标准差和以个体为单位的遗传率。

家系选择响应的预测式为：
$$R_F = k\sigma_F h_F^2 \tag{8-12}$$
式中 R_F、k、σ_F 和 h_F^2 分别为家系选择响应、家系选择强度、家系均值标准差和以家系均值为单位的遗传率。

家系内选择响应的预测式为：
$$R_W = k\sigma_W h_W^2 \tag{8-13}$$
式中 R_W、k、σ_W 和 h_W^2 分别为家系内选择响应、家系内选择强度、家系内个体间标准差和家系内遗传率。

为了预先了解不同选择方法的改良效果，需要比较它们的预期选择响应，以便科学决策。若把各种选择方法的遗传率和标准差都转换为以个体选择为基础来表达，则可很容易地比较 R、R_F 和 R_W 的相对大小，达到比较3种选择方法的目的，并能分析比较各种选择方法获取最优效果的最佳利用条件。

根据 Falconer(1996)先作遗传率转换，再作表型标准差转换，即可得到可以相互比较的选择响应式。

2. 遗传率的转换

为实现以个体值的遗传率 h^2 来表示 h_F^2 和 h_W^2，需首先对加性方差和表型方差作系间和系内方差成分的双重剖分。

(1)样本容量 n 为无限大时，对总表型方差和总加性方差进行家系间和家系内方差的双重剖分。

对表型方差的剖分：

已知表型组内相关 t 的计算式为：

$$t = \frac{\sigma_B^2}{\sigma_T^2} = \frac{\sigma_B^2}{\sigma_B^2 + \sigma_W^2} \tag{8-14}$$

式中：t 为组内相关，σ_T^2 为总表型方差，σ_B^2 为家系间表型方差，σ_W^2 为家系内表型方差。由式(8-14)，$\sigma_B^2 = t\sigma_T^2$，$\sigma_W^2 = \sigma_T^2 - \sigma_B^2 = \sigma_T^2 - t\sigma_T^2 = \sigma_T^2(1-t)$，从而有 $\sigma_W^2 = (1-t)\sigma_T^2$。
同理，可对原因方差作如下剖分(以理论相关表示)：

$$\text{家系间加性方差 } \sigma_{F(A)}^2 = rV_A$$
$$\text{家系内加性方差 } \sigma_{W(A)}^2 = (1-r)V_A$$

式中 $\sigma_{F(A)}^2$、$\sigma_{W(A)}^2$、r 和 V_A 分别表示家系间加性遗传方差、家系内加性遗传方差、理论相关(即亲属间育种值的相关，例如，当近交系数 $F=0$ 时，全同胞家系内个体间的理论相关 $r_{FS}=1/2$，半同胞家系内个体间的理论相关 $r_{HS}=1/4$)和加性遗传方差。如上剖分结果汇总于表8-4。

表 8-4 样本容量无限大时表型方差和加性遗传方差的双重剖分(Falconer，1996)

实测方差成分	加性遗传方差	表型方差
家系间 $\sigma_B^2(=\sigma_F^2)$	rV_A	tV_P
家系内 σ_W^2	$(1-r)V_A$	$(1-t)V_P$

由上可得，家系均值间遗传率 $h_F^2=\frac{rV_A}{tV_P}=\frac{r}{t}h^2$

家系内离差的遗传率 $h_W^2=\frac{(1-r)V_A}{(1-t)V_P}=\frac{1-r}{1-t}h^2$

(2)家系容量 n 为有限时，对总表型方差和总加性方差进行家系间和家系内方差的双重剖分。

若每个家系有 n 个个体，则家系均值的方差为 σ_W^2/n，实测家系均值间方差要在表 8-4 σ_B^2 基础上增大 σ_W^2/n。实测家系内方差则要在表 8-4 σ_W^2 的基础上减小 σ_W^2/n。家系容量为 n 的实测方差由其实测方差组分构成(表 8-5 的第 2 列)。

利用表 8-4，可把实测方差成分转变为原因方差成分，例如，对于家系间方差有：

家系间加性遗传方差：

$$\left[\sigma_B^2+\frac{1}{n}\sigma_W^2\right]_{\text{加性}}=rV_A+\frac{1-r}{n}V_A=\left(r+\frac{1-r}{n}\right)V_A=\frac{1+(n-1)r}{n}V_A$$

家系间表型方差：

$$\left[\sigma_B^2+\frac{1}{n}\sigma_W^2\right]_{\text{表型}}=tV_P+\frac{1-r}{n}V_P=\left(t+\frac{1-t}{n}\right)V_P=\frac{1+(n-1)t}{n}V_P$$

对于家系内方差有：

$$\text{家系内加性遗传方差}=(1-r)V_A-\frac{1-r}{n}V_A=\frac{n-nr-1+r}{n}V_A$$

$$=\frac{n(1-r)-(1-r)}{n}V_A=\frac{(n-1)(1-r)}{n}V_A$$

$$\text{家系内表型方差}=(1-t)V_P-\frac{1-t}{n}V_P=\frac{(n-1)(1-t)}{n}V_P$$

如上结果汇总于表 8-5 的右面两列。

表 8-5　样本容量 n 为有限大时表型方差和加性遗传方差的双重剖分(Falconer，1996)

实测方差	实测方差组分	原因方差组分	
		加性遗传方差	表型方差
σ_F^2	$\sigma_B^2+\frac{1}{n}\sigma_W^2$	$\frac{1+(n-1)r}{n}V_A$	$\frac{1+(n-1)t}{n}V_P$
σ_W^2	$\sigma_B^2-\frac{1}{n}\sigma_W^2$	$\frac{(n-1)(1-r)}{n}V_A$	$\frac{(n-1)(1-t)}{n}V_P$

由表 8-5 的右面两列可进一步计算家系均值遗传率和家系内离差的遗传率：

$$\text{家系平均值的遗传率 } h_F^2=\frac{1+(n-1)r}{1+(n-1)t}h^2 \tag{8-15a}$$

$$\text{家系内离差的遗传率 } h_W^2=\frac{1-r}{1-t}h^2 \tag{8-15b}$$

式中：n 为家系容量，t 为同胞表型相关，r 为亲属间育种值相关。

(3)同胞选择(中选个体不被测量)时，家系均值间遗传率 h_S^2 的推导。

当性状测量有破坏性时，可采用同胞选择。同胞选择下家系平均的遗传率 h_S^2 可看作未被测量个体的育种值对其被测同胞表型值的回归 b_{AP}。计算该回归的协方差是 cov_{FS} 或 $cov_{HS}=rV_A$，该回归不受被测或未测个体数的影响。

$$b_{AP}=\frac{rV_A}{\sigma_P^2}$$

式中 $\sigma_{\bar{P}}^2$ 为被测个体的家系平均的实测表型方差，由表 8-5，

$$\sigma_{\bar{P}}^2=\frac{1+(n-1)t}{n}V_P$$

因此有同胞选择下家系平均的遗传率：

$$h_S^2=\frac{rV_A}{\frac{1+(n-1)t}{n}V_P}=\frac{nr}{1+(n-1)t}h^2 \tag{8-16}$$

式中：n 为家系容量，t 为同胞相关，r 为亲属间育种值相关。

3. 表型标准差的转换

为了比较不同的选择方法，上面已把各种遗传率表示为单株遗传率 h^2 的形式。依据表 8-5 可把各种表型标准差转换为以个体标准差 σ_P 表示的形式。由表 8-5 的最后一列，家系均值间标准差 σ_F 和家系内的表型标准差 σ_W 分别为：

$$\sigma_F=\sqrt{\frac{1+(n-1)t}{n}V_P}=\sqrt{\frac{1+(n-1)t}{n}}\sigma_P \tag{8-17a}$$

$$\sigma_W=\sqrt{\frac{(n-1)(1-t)}{n}V_P}=\sqrt{\frac{(n-1)(1-t)}{n}}\sigma_P \tag{8-17b}$$

4. 可比较的预期选择响应

把如上推导的结果代入式(8-12)和式(8-13)，即可得到以个体遗传率和标准差表示的家系选择和家系内选择的预期响应式：

$$R_F=k\sigma_F h_F^2=k\sqrt{\frac{1+(n-1)t}{n}}\sigma_P\frac{1+(n-1)r}{1+(n-1)t}h^2=k\sigma_P h^2\frac{1+(n-1)r}{\sqrt{n[1+(n-1)t]}} \tag{8-18a}$$

$$R_W=k\sigma_W h_W^2=k\sqrt{\frac{(n-1)(1-t)}{n}}\sigma_P\frac{1-r}{1-t}h^2=k\sigma_P h^2(1-r)\sqrt{\frac{n-1}{n(1-t)}} \tag{8-18b}$$

汇总以上推导结果，不同选择方法的遗传率和预期响应(包括综合选择响应)公式列于表 8-6。

表 8-6　不同选择方法的遗传率和选择响应(Falconer，1996)

选择方法	遗传率	预期响应
个体选择(individual)	h^2	$R=k\sigma_P h^2$
家系选择(family)	$h_F^2=h^2\frac{1+(n-1)r}{1+(n-1)t}$	$R_F=k\sigma_P h^2\frac{1+(n-1)r}{\sqrt{n[1+(n-1)t]}}$
同胞选择(sib)	$h_S^2=h^2\frac{nr}{1+(n-1)t}$	$R_S=k\sigma_P h^2\frac{nr}{\sqrt{n[1+(n-1)t]}}$
家系内选择(within family)	$h_W^2=h^2\frac{1-r}{1-t}$	$R_W=k\sigma_P h^2(1-r)\sqrt{\frac{n-1}{n(1-t)}}$
综合选择(combined)①		$R_C=k\sigma_P h^2\sqrt{1+\frac{(r-t)^2}{(1-t)}\cdot\frac{(n-1)}{1+(n-1)t}}$

注：① 综合选择将在下面(三)中介绍。综合选择的预期响应 R_C 引自 Falconer(1996)。

由表 8-6 可以明确看出，各种选择方法可通过其预期响应相互比较。各种方法选择响应的比较因子是 $k\sigma_P h^2$ 的系数。个体选择、家系选择和家系内选择响应 R、R_F 和 R_W 的比较因子

是 $1:\frac{1+(n-1)r}{\sqrt{n[1+(n-1)t]}}:(1-r)\sqrt{\frac{n-1}{n(1-t)}}$。可以看出，比较因子只与 3 个变量有关：①家系容量 n；②理论相关 r；③表型组内相关（即同胞相关）t。变动这 3 个变量的组合，会使不同选择方法的预期响应发生变化。

(三)利用家系间家系内信息的综合选择

上述 3 种简单选择方法都只是分别利用了有关育种值信息来源的一部分，如果能将 P、P_F 和 P_W 3 者或其中两者综合到一起形成选择指数(selection index)，实行综合选择(combined selection)或称指数选择(index selection)，则能更好地估计育种值，并取得最佳选择效果。根据遗传率是育种值 A 对表型值 P 的回归这一观念，可得到综合家系间与家系内两方面育种值信息的选择方案：

$$E(A)=h_F^2P_F+h_W^2P_W \tag{8-19}$$

式中 $E(A)$、h_F^2、h_W^2、P_F 和 P_W 分别为期望的育种值、家系均值遗传率、家系内离差遗传率、家系均值和家系内离差。把表 8-6 中的 h_F^2 和 h_W^2 代入式(8-19)并作适当变换可得如下综合选择指数 I：

$$I=P+\left[\frac{(r-t)}{(1-r)}\frac{n}{[1+(n-1)t]}\right]P_F \tag{8-20}$$

式中 I、P、r、t、n 和 P_F 分别为综合选择指数、个体表型值、亲属间理论相关、表型组内相关、家系容量和家系均值离差。

针对具体的目标群体的实际测量值，设计适宜的 r、t、n 值，利用式(8-20)即可求得每个供选个体的具体指数 I，并将其用作育种值的指标实施选择（详见例 8.5）。依据综合选择指数实施选择的预期响应见表 8-6 的最后一行。

(四)以综合选择为基础的选择方法比较图示

任何一种选择方法与其他方法的比较可从表 8-6 的选择响应算出。但是，由于任何一种选择方法的预期响应均以复杂的关系依赖于表型相关 t、家系容量 n 和不同同胞类型（FS 或 HS）的理论相关 r，计算比较繁杂。为直观起见，Falconer(1996)以形象的图示对各种选择方法进行了比较(图 8-3)。因为指数选择综合了更多的育种值信息，必然总是最好的方法，图中

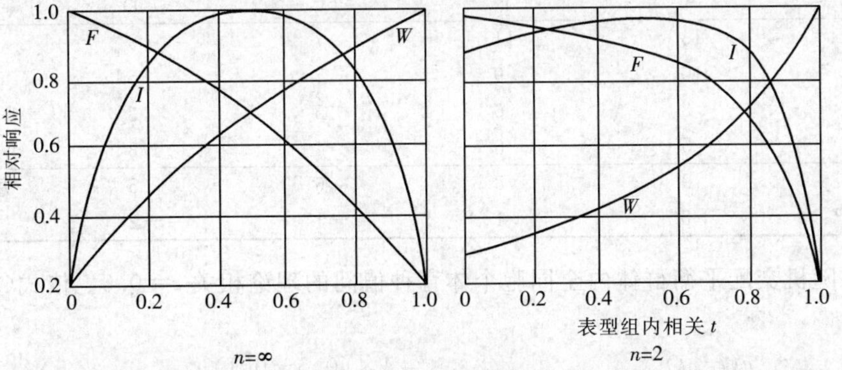

（纵坐标表示相对于综合选择的预期响应，横坐标表示表型组内相关 t，I 表示个体选择，$I=R/R_C$，F 表示家系选择，$F=R_F/R_C$，W 代表家系内选择，$W=R_W/R_C$，n 代表家系容量）

图 8-3　全同胞家系不同选择方法的相对响应

（引自 Falconer，1996）

所示为在两种极端的家系容量(左图为 $n=\infty$,右图为 $n=2$)情况下,假设选择强度对各种方法均相同,3 种简单选择方法相对于综合选择的相对预期响应对表型相关 t 的点图。

由图 8-3 可以得出如下几点结论:

(1)3 种简单选择方法和综合选择相比较,在不同 t 值范围内总有一种或两种简单选择方法的预期响应接近于综合选择,其预期响应的相差很少超过 10%且从不超过 20%。

(2)对比 3 种简单的选择方法:①在大部分的 t 值范围内个体选择是最好的。其原因是个体选择作用于整个加性遗传方差,而家系选择仅作用于家系均值间方差,家系内选择仅作用于家系内方差。②当表型组内相关 t 低时,家系选择比个体选择好。低的组内相关表明遗传率低,而且由共同的环境引起的环境相似较小。这些正是家系选择优于个体选择的条件。需要考虑的另一个因素是选择差,群体容量既定的情况下,家系选择的选择差要比个体选择为小。为了降低近交率,家系数不能少于一定数量。③同胞相关很高时,家系内选择优于个体选择。很大的组内相关只能来自很大的共同环境方差 V_{EC},这是使家系内选择优于个体选择的条件,但是这种情况很少发生。还有另一种原因需要进行家系内选择,那就是为了降低群体的近交率。对于随机交配群体的选择来说,降低近交可能要比提高选择响应更重要。

育种实践中,综合选择既需要个体表现的记录,又需要系谱的记录。对动物育种来说,个体记录容易获得而系谱记录却耗资较大。在这种情况下,实际的权衡是在个体选择和综合选择之间,而且关键在于综合选择的效益是否能补偿系谱记载的花费。植物育种家系的差异较易区分而单株的记录却比较费工,但家系的收获考种等工作量大于单株。植物育种中最常用的选择方法是优良家系内选优株。

(五)选择方法比较例

例 8.5 随机交配平衡群体内随机选取 8 株两两随机配对得到 4 个单交组合(全同胞家系)A、B、C 和 D,每家系随机抽取 4 株测量其苗期株高如表 8-7 所列,已知其全同胞家系的表型相关 $t=0.1$。(1)若对这 16 个个体依综合选择法进行选择,试计算各个个体的选择指数;(2)若依 1/4 的比例进行选择,试比较个体选择、家系选择、家系内选择和综合选择的优劣。

表 8-7 盐碱地上的苗期株高 cm

	A	B	C	D	
	13	11	7	9	
	10	9	7	5	
	8	6	5	3	
	5	6	4	3	
家系平均	9	8	6	5	总均值 $\bar{P}=7$
家系离差 P_F	+2	+1	−1	−2	

解:(1)随机交配平衡群体内全同胞个体育种值间的理论相关 $r=0.5$。依式(8-20)可计算选择指数:

$$I=P+\frac{n(r-t)}{(1-r)[1+(n-1)t]}P_F=P+\frac{4\times(0.5-0.1)}{(1-0.5)[1+(4-1)\times0.1]}P_F=P+2.46P_F$$

所以 A_1 个体的选择指数 $I_{A_1}=13+2.46\times2=17.92$,$B_1$ 个体的选择指数 $I_{B_1}=11+2.46\times1=13.46$。

依同法计算其余所有个体的选择指数，列于表 8-8。

表 8-8　16 个个体的选择指数 I

A	B	C	D
17.92	13.46	4.54	4.08
14.92	11.46	4.54	0.08
12.92	8.46	2.54	−1.92
9.92	8.46	1.54	−1.92

(2)4 种选择方法的比较。

个体选择的选择响应：

$$R=kh^2\sigma_P$$

家系选择的选择响应：

$$R_F=k\sigma_Ph^2\ \frac{1+(n-1)r}{\sqrt{n[1+(n-1)t]}}=k\sigma_Ph^2\ \frac{1+(4-1)(0.5)}{\sqrt{4\times[1+(4-1)(0.1)]}}=1.096kh^2\sigma_P$$

家系内选择的选择响应：

$$R_W=k\sigma_Ph^2(1-r)\sqrt{\frac{n-1}{n(1-t)}}=k\sigma_Ph^2(1-0.5)\sqrt{\frac{4-1}{4(1-0.1)}}=0.456kh^2\sigma_P$$

综合选择的选择响应：$R_C=k\sigma_Ph^2\sqrt{1+\frac{(r-t)^2}{(1-t)}\cdot\frac{(n-1)}{1+(n-1)t}}=1.244kh^2\sigma_P$

表 8-9　4 种选择方法的结果比较

选择方法	中选个体	选择响应
个体选择	A_1 B_1 A_2 B_2（或 D_1）	$kh^2\sigma_P$
家系选择	A_1 A_2 A_3 A_4	$1.096kh^2\sigma_P$
家系内选择	A_1 B_1 C_1（或 C_2）D_1	$0.456kh^2\sigma_P$
综合选择	A_1 A_2 B_1 A_3	$1.244kh^2\sigma_P$

结论：①由如上各项选择响应的比较因子可以看出，对本组资料来说综合选择最优，家系选次之，个体选择又次，系内选最差。②究其原因，可能是由于低的表型组内相关（$t=0.1$）反映了低的遗传率和低的共同环境效应，使家系选择变得有利。③综合选择利用了家系间和家系内信息，表现最优。

例 8.6　选择方案和基本数据列于表 8-10，试比较同胞选择与个体选择的相对效果。

表 8-10　选择方案及基本数据

	全同胞选择	半同胞选择	个体选择
k	1.33	1.27	1.40
n	12.00	20.00	
r	0.50	0.275	
t	0.265	0.121	
相对预期响应 R_S/R	0.832	0.614	

依据表 8-10 的各项参数和表 8-6 的公式，

(1)全同胞选择预期响应的比较因子为：

$$k\frac{nr}{\sqrt{n[1+(n-1)t]}}=1.33\frac{(12)(0.5)}{\sqrt{12[1+(11)(0.265)]}}=1.1643$$

全同胞选择对个体选择的相对响应为：1.164 3/1.40＝ 0.832

(2)半同胞选择预期响应的比较因子为：

$$k\frac{nr}{\sqrt{n[1+(n-1)t]}}=1.27\frac{(20)(0.275)}{\sqrt{20[1+(19)(0.121)]}}=0.8599$$

半同胞选择对个体选择的相对响应为：

$$0.8599/1.40=0.614$$

结论：若依据表 8-10 中所给的方案实施选择，全同胞选择和半同胞选择均不如个体选择效果好，但全同胞选择略优于半同胞选择。

四、作物群体改良的选择响应

所谓作物群体，是指同一种作物内通过相互交流基因(随机交流)而繁衍后代的一群个体的总和。如天然异交作物(玉米、黑麦等)开放授粉的品种、杂交种、综合种和混合种等。自花授粉作物通常采用雄性不育技术实现个体间基因的随机交流，如小麦、大豆、棉花等作物引入雄性不育的杂合群体。对于能进行基因随机交流的遗传群体，可通过群体改良的技术来提高其中优良基因的频率和目标性状的水平。

作物群体改良是通过综合运用各种交配方式、测验手段和选择程序来逐轮提高被改良群体内有利基因和基因组合的频率，从而对群体的表型进行周期性地改进。根据育种目标和所用方法的不同，作物群体改良可分为两大类。一类是对群体本身的表型进行改良，以获得高产、优质及其他优良特性的群体，称为群体内改良。群体内改良的方法包括混合选择和多种具有后裔测验的家系选择。另一类以改良群体的配合力为主，以便从中分离出自身表现较好和高配合力的自交系，从而获得强优势的杂交组合，称之为群体间改良。群体间改良的方法包括多种形式的交互轮回选择。作物群体改良技术的核心是基于遗传学概念的选择程序(如后裔测验、家系评价和基因重组)和旨在尽量减少环境对基因型表达产生影响的试验程序。试验误差控制对于选择效果的评价至关重要。依据 Hallauer(1981)，Wrike(张爱民等译，1990)和张启发(1991)等，下面重点介绍作物群体改良的选择程序及其预期响应。作物群体改良的具体技术可参阅有关育种教材。

(一)群体间选择和群体内选择

1. 群体间选择

育种家必须首先判断哪些群体有育种潜势和利用价值，并以这些群体作为日后工作的基础。为此需进行群体间选择。中选群体或直接用于生产或用于育种目的。当用于育种目的时，若干个中选群体可综合产生基础群体供育种应用，或中选群体相互杂交产生杂种一代供生产使用。

可通过直接观察其表型、分析其系谱来源和以往的选择记录等措施初步评价一个群体的遗传潜势。群体数量性状的遗传特性需通过遗传交配设计来评价。评价的主要遗传参数为均值(第二章)、遗传方差(第三章、第十一章)、遗传率(第七章)和重要性状间的遗传相关(第九章)等。具有丰富的遗传变异、高(或较高)的平均水平和良好的配合力是理想的育种群体。品种或群体间杂交(如利用双列杂交)可提供杂种优势和配合力的信息(第十章),这类信息对于群体的选择利用十分重要。杂种优势群的划分和优良杂交模式的选择属群体间选择的范畴。

2. 群体内选择改良

群体内选择包括群体内杂种间选择和群体内轮回选择改良两部分。

(1)群体内杂种间选择。从某一群体内选择的若干品系被视为一个样本。但是,被抽出的品系一旦与来自其他群体的品系相互杂交产生杂种并供杂交组合测验,这些亲本和杂交组合就形成了一组固定的基因型。群体内杂种间选择是在由一组固定的亲本品系所产生的所有可能杂种组合间进行。如有 n 个自交系,选择在 $\frac{n(n-1)}{2}$ 个单交组合间进行,中选的最优杂种组合直接用于生产。搜集、培育、创造育种的原始材料;根据育种目标选择亲本、配置杂交组合并形成组合群体;在一定条件下进行组合选择鉴定是育种家最主要的育种实践。

Cockerham 曾比较来自同一玉米群体的品系间的单交种、三交种和双交种选择的效果。以未经选择的品系为参照群体,对试验结果作方差分析并把组合间实测方差组分(以亲属间协方差表示)转换为遗传方差组分,然后对三类杂交种的遗传方差进行比较。结果表明:①对单交种的选择其遗传方差组分总是两倍于对双交种的选择。对三交种作选择其遗传方差组分居于单交与双交之间。单交、三交和双交的加性遗传方差的比例依序为 1∶3/4∶1/2;②如果非加性遗传方差在三者差异的表达上是重要的,则对单交种选择的相对优势更大。所以,如果非加性遗传方差重要,则对单交种进行选择效果更好。虽然 Cockerham 的研究为来自同一群体的品系间杂交,该结果同样适用于来自不同群体的品系间杂交并已被育种实践广泛证明。式 8-21 表示了对来自不同群体的自交系间杂种实施选择的理论进度(Comstock,1964):

$$\Delta G=k(\sigma_G^2/\sigma_{\bar{P}})+V \tag{8-21}$$

式中:k 为有效选择强度,σ_G^2 为杂种间总遗传方差,$\sigma_{\bar{P}}$ 为选择单位表型均值的表型标准差(故提高试验精度会增加选择响应),V 表示品系间杂种优势。

从理论上讲,从同一群体内多次抽样然后杂交,再对杂种进行选择,不同次抽样间获取优良基因型的概率相同。但是,若对该群体进行轮回选择改良,则可增加从中获得优良杂交种的概率。

(2)群体的轮回选择改良。育种家通常采用轮回选择(recurrent selection)的方法进行数量性状的群体内改良。顾名思义,轮回选择就是在一定时期内反复不断地对育种群体重复使用一个选择方案,目的在于不断提高群体内优良基因的频率。群体内改良时,群体本身是惟一的基因库,通过增加群体内有利基因的频率来改良该基因库。群体内基因频率的改变随着轮回选择的进行是一个动态变化的过程。轮回选择的进程以"轮(cycle)"表示,一轮包括选择、试验评价和重组(selection,evaluation and recombination)三个阶段。若以 X 表示选择单位,

Re 表示重组单位,W 表示改良后群体内的某个个体,则选择响应需通过评价 W(改良后群体内个体)对 X(选择单位)的回归来衡量。在一些情况下,W 是 X 的直接后裔,但在多数情况下,W 通过重组单位 Re 与 X 发生关系(图 8-5)。

用于增加群体内有利基因频率的轮回选择可分为群体内改良和群体间改良两个主要类型(Moll 和 Stuber,1974)。下面介绍这两种类型的选择系统。

(二)群体内轮回选择改良

用于玉米数量性状群体内改良的常用选择方法可作如下划分:

群体内改良方法
- 1. 混合选择
- 2. 家系选择
  - (1)半同胞家系选择
  - (2)全同胞家系选择
  - (3)自交(S_1 或 S_2)家系选择
- 3. 综合选择

1. 混合选择

混合选择法(mass selection)的简单描述是:单株选择,混合繁殖。只根据单株的表型值实施选择,除自身表型外,不考虑任何其他外来信息,是最古老也是最简单的选择方法,一年完成一轮。

选择单位 X 是个体的表型值,重组单位也是个体表型值,改良后的群体 W 直接由 X 依如下形式获得:

$$X \longrightarrow W$$

选择单位　　　　改良后的群体

(1)只对一个性别实施选择。有两种情况为只对一个性别实施选择:①中选单株开放授粉(由来自整个群体的随机花粉授粉),选择只对雌配子进行,而对雄配子未加控制。②授粉前把不符合要求的单株一律去雄,只对雄配子实施选择,而对雌配子不加控制。X 和 W 间的相似来自子代与单亲的关系。

$$cov(X,W)=cov_{OP}=\frac{1}{2}V_A \tag{8-22a}$$

个体表型方差:$\sigma_P^2=V_G+V_E$

对一个性别实施混合选择的预期选择响应:

$$R=\frac{k\left(\frac{1}{2}\right)V_A}{\sigma_P}=\frac{k\left(\frac{1}{2}\right)V_A}{(V_A+V_D+\sigma_E^2)^{1/2}} \quad (\text{若假设 } V_I=0) \tag{8-22b}$$

V_A 可由遗传交配设计估计,σ_P^2 也可通过多重复试验对家系进行评价后获得。混合选择通常没有特定的试验设计,一般可视为 RCBD 试验的一个区组。

(2)对两个性别以相同选择强度同时实施选择。方法是在开花前选择,并对中选单株实行自交,然后在隔离区内进行重组。若冬季完成重组,则一年完成一轮;若次年重组,则 2 年完成一轮。

$$cov(X,W)=cov(P,A)=V_A \tag{8-23a}$$

对两性配子以相同选择强度进行混合选择的预期响应为：

$$R=\frac{kV_A}{\sigma_P}=\frac{kV_A}{(V_A+V_D+\sigma_E^2)^{1/2}} \quad (若假设\ V_I=0) \tag{8-23b}$$

由上可知，混合选择可以利用很大比例的加性遗传方差。当 h_N^2 高（加性遗传方差在总表型方差中所占比例大）的情况下，混合选择会十分有效。混合选择的一大特点是其有效群体容量(effective population size)可以很大，能接受较高的选择压，能在较长时期内保持群体遗传变异，适合长期选择响应。混合选择的最大缺点是没有后裔鉴定，没有环境与误差控制，使其选择单位间（单株）的表型方差大于任何其他选择方法，从而影响选择效果。Gardner(1961)建议的田间分层方法（先把全田等面积分区，然后在各区内实施选择），可以减少田间表型变异，增加预期选择进度。采用有效的籽粒品质检测手段可以在相当程度上克服环境误差的干扰，提高对于籽粒品质性状混合选择的效果。

例 8.7　宋同明等从 1983 年以来先后对 5 个玉米群体（KYHO、BHO、Syn. D. O、R. Y. D 和 AIHO）的籽粒油分含量实施表型轮回混合选择，进展十分显著。方法是：用核磁共振脉冲仪测定单粒含油量。从基础群体中选择 100 个果穗，每穗测定 100 粒，从中选择 3～5 粒含油量最高的籽粒混合（共 300～500 粒）繁殖下一轮。田间的重组方式为：全部植株分为 A、B 两区，并对全部雌雄穗套袋，取 A 区所有植株的花粉混合后授予 B 区，取 B 区所有植株的花粉混合后授予 A 区。成熟后收获全部健康株。表 8-11 和图 8-4 所示为其选择进展。

表 8-11　玉米群体籽粒含油量遗传改良进展(Song 和 Chen, 2004)　　%

轮次	KYHO	BHO	Syn. D. O	R. Y. D	AIHO
0	3.73	4.71	7.60	7.16	13.5
1	3.81	5.38	8.14	7.90	13.56
2	4.85	5.96	8.64	8.62	13.85
3	5.35	6.10	8.61	8.99	14.54
4	8.82	7.28	9.78	8.95	14.82
5	9.30	7.96	10.50	9.79	15.90
6	10.62	8.44	11.44	10.53	14.57
7	11.57	9.26	13.90	10.88	14.73
8		9.40	15.21	11.52	15.27
9		9.55	15.10	12.08	16.52
10		10.52		13.11	17.86
11		11.25		13.41	18.98
12		11.79			20.43
13		11.05			
14		11.39			
15		12.46			
16		13.90			
17		14.13			

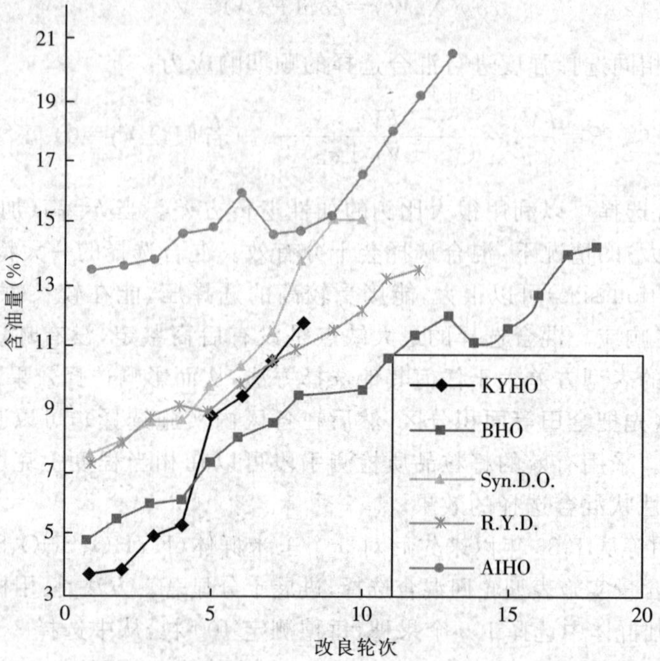

图 8-4　5 个玉米群体籽粒含油量轮回选择改良进展图

(Song 和 Chan,2004)

2. 家系选择

家系选择(family selection)与混合选择的主要区别(也是家系选择的主要优点)在于,家系选择要进行后裔测验(progeny test),即根据其后代的平均表现来评价其亲代当选单株的基因型。若在多环境下进行重复试验,可使基因型与环境互作得到估计,使 $G\times E$ 互作方差较少影响选择效果。家系选择的选择单位是家系平均,其表型方差要低于单株的表型方差。家系选择响应中加性遗传方差的系数可能小于混合选择,因此要求家系选择中表型方差的减小能补偿预期响应中 V_A 系数的减小,使家系选择的预期响应得到提高。对于遗传率低的性状(如产量)实施家系选择比混合选择更有利。家系选择方案如图 8-5 所示:

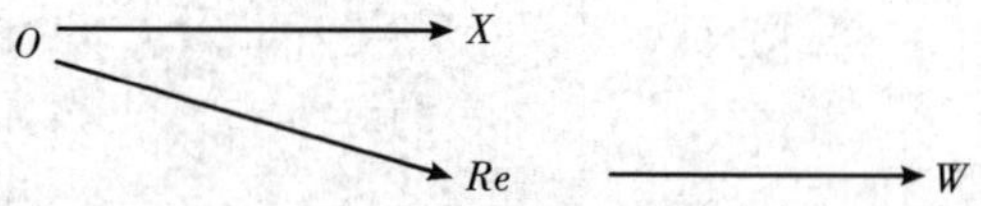

(O 表示参照群体内的亲本植株,X 为选择单位,Re 为重组单位,W 为改良后群体内的单株。W 通过 Re 和 O 与 X 在遗传上产生关系)

图 8-5　家系选择的关系图示

家系值(以单株为单位)的数据模式为:

$$y_{ijkl}=m+F_i+b_{j/k}+E_k+(FE)_{ik}+e_{ij/k}+\varepsilon_{ijkl} \tag{8-24}$$

式中:m 为总平均,F_i 为家系效应($i=1,2,\cdots,p$),$b_{j/k}$ 为环境内重复效应($j=1,2,\cdots,r$),E_k

为环境效应($k=1,2,\cdots,e$)，$e_{ij/k}$ 为第 i 个家系在第 k 个环境内第 j 次重复的试验误差，ε_{ijkl} 为小区内单株间变异($l=1,2,\cdots,n$)。

家系均值的表型方差为：

$$\sigma_P^2=\sigma_F^2+\frac{\sigma^2}{r}+\frac{\sigma_W^2}{nr}\quad(\text{单环境})\tag{8-25a}$$

$$\sigma_P^2=\sigma_{F'}^2+\frac{\sigma_{FE}^2}{e}+\frac{\sigma^2}{er}+\frac{\sigma_W^2}{ern}\quad(\text{多环境})\tag{8-25b}$$

式中：σ_F^2 为单环境下家系均值的遗传方差，$\sigma_{F'}^2$ 为多环境下家系均值间遗传方差，σ_{FE}^2 为家系与环境互作方差，σ^2 为小区间环境方差(误差方差)，σ_W^2 为家系内表型方差。

家系选择预期选择响应的一般式为：$R=kcV_A/\sigma_{\bar{P}}$　(8-26)

式中：k 为选择强度，c 为加性遗传方差的系数，V_A 为加性遗传方差，$\sigma_{\bar{P}}$ 为家系平均的标准差。

单环境下随机完全区组试验的方差分析的格式列于表 8-12。

表 8-12　一个环境下评价家系的方差分析(随机完全区组设计，以单株为单位)

变异来源	DF	MS	EMS
区组	$r-1$		
家系	$v-1$	MS_1	$\sigma_W^2+n\sigma^2+nr\sigma_F^2$
误差	$(r-1)(v-1)$	MS_2	$\sigma_W^2+n\sigma^2$
小区内	$vr(n-1)$	MS_3	σ_W^2

(1)半同胞家系选择。在不控制授粉的情况下，从一个果穗上收获的种子互为半同胞(母系半同胞)，由这些种子形成一个半同胞家系。对半同胞家系实施的选择称为半同胞家系选择(half-sib family selection)。常用于群体内改良的半同胞家系选择有如下几种方式：

①穗行法。分单一性别控制和两性别控制两种情况。

单一性别控制：又分为两种方法。一种是从基础群体(C_0)内选择单株，按单株收取自由授粉的种子，然后把各个单株上收取的种子种成株行(或穗行)进行比较，选留其中最优株行的种子混合供下一轮选择之用。另一种做法是把各个单株上收取的种子一半留种，一半进行穗行比较，评选出最优穗行，但混合的是当选株系的保留种子供下一轮选择之用。这两种方法的预期的选择响应相同，均为：

$$R=\frac{k\left(\frac{1}{4}\right)V_A}{\sigma_{\overline{HS}}}\tag{8-27}$$

两性别控制：利用多穗型玉米可增加半同胞(HS)家系选择的增益。同一植株的一个果穗开放授粉，另一果穗自交，用开放授粉的种子在重复试验内评价 HS 家系，用自交种子(S_1)作重组。如果只用中选的 S_1 家系作重组，则选择是对两个性别进行。利用 S_1 种子进行重组的半同胞家系选择的预期响应：

$$R=\frac{k\left(\frac{1}{2}\right)V_A}{\sigma_{\overline{HS}}}\tag{8-28}$$

②测交法。该法的特点是利用测交后代的表现来确定基础群体内哪些单株当选。基础群体与测验种杂交获得测交家系，测验种可为自交系、单交种、品种或群体。重复试验中评价测交家系，优良亲本的自交种子用于重组。

在有测验种的情况下，除非对基因频率或遗传模型作限制，否则被测验的半同胞家系间的方差以及亲属间协方差（X 与 W 间）均不能表示为基础群体遗传方差的线性函数，因为测交组合间的遗传方差不仅决定于被测群体，而且依赖于测验种群体的遗传结构。为此需使用不同的方法来解释遗传方差、协方差和预期选择进度。根据 Hallauer 和 Miranda(1981)，在单位点水平上组合间遗传方差（σ_F^2）为：

$$\sigma_F^2=\frac{1}{2}pq[a+(s-r)d]^2 \tag{8-29a}$$

式中：p 和 q 为基础群体内等位基因的频率，r 和 s 为测验种中同一位点等位基因的频率，a 和 d 分别为这一位点的加性和显性效应。因此，新群体中个体 W 与基础群体中个体 X 的协方差为(Empig 等，1972)：

$$cov\ (X,W)=\frac{1}{2}pq[a+(q-p)d][a+(s-r)d] \tag{8-29b}$$

如果亲本群体用作测验系，则 $p=r,q=s$，家系间方差 $\sigma_F^2=\frac{1}{4}V_A$，$cov\ (X,W)=\frac{1}{4}V_A$。如果以最优家系自由授粉的种子进行重组构建新一代群体，则期望的遗传进展为：

$$R=\frac{k\left(\frac{1}{4}\right)V_A}{\sigma_{\overline{HS}}} \tag{8-29c}$$

该结果同于式(8-27)。

以亲本群体为测验种，以最优家系的自交种子进行重组来构建新一代群体，则期望的遗传进展为：

$$R=\frac{k\left(\frac{1}{2}\right)V_A}{\sigma_{\overline{HS}}} \tag{8-29d}$$

这与式(8-28)所述 HS 选择用自交种子重组的情况完全相同。

③改良穗行法 1(modified ear-to-row)。该法由 Ionnquist(1964)提出，是一种最常用的群体内改良方式，又称家系间家系内半同胞家系选择法，或“穗-行-穗”法。该法有两条明显的优点：第一，考虑到了环境的可能差异，把后裔测验置于不同环境下进行，可以在相当程度上减小环境以及基因型与环境互作的影响。第二，采用了两种水平的同时选择：按多环境家系的平均值选择优良家系，在优良的家系内又选择优良单株。这样就利用了家系间和家系内的有利遗传变异。下面先分析家系间和家系内的预期选择响应，进而给出总响应。

家系间选择响应：设 Y_{ijk} 为第 i 个家系在第 j 次重复内第 k 株的表型值，依据半同胞家系均值进行选择，选择单位 $X=\overline{Y}_{i..}-\overline{Y}_{...}$，$\overline{Y}_{i..}$ 为家系平均，$\overline{Y}_{...}$ 为总平均。Re 和 W 为亲子关系，同时，Re 与第 i 个家系的 nr 个植株的每一株间均为半同胞关系，所以 W 与 X 中的每个植株为半叔侄(half-uncle-nephew)关系，因此

$$cov(X,W)=cov[(\bar{Y}_{i..}-\bar{Y}_{...}),W]=\frac{1}{nr}\sum_{jk}cov(Y_{ijk},W)$$
$$=\frac{1}{8}V_A,\ (cov(\bar{Y},W)=0)$$

在此情况下，$cov(X,W)=\frac{1}{2}cov_{HS}$，$\sigma_F^2=\sigma_{HS}^2=\frac{1}{4}V_A$，于是，

改良穗行法家系间选择的预期响应为：

$$R_1=\frac{k_1\left(\frac{1}{8}\right)V_A}{\sigma_{\bar{P}}} \tag{8-30a}$$

表型方差 $\sigma_{\bar{P}}^2=\sigma_{\overline{HS}}^2=\sigma_F^2+\frac{\sigma^2}{r}+\frac{\sigma_W^2}{nr}$，可直接由相应均方值估计(表 8-12)，估计式为 MS_1/nr。当 HS 家系在多环境下评价时，表型方差为：

$$\sigma_{\bar{P}}^2=\sigma_{\overline{HS}}^2=\sigma_F^2+\frac{\sigma_{FE}^2}{e}+\frac{\sigma^2}{er}+\frac{\sigma_W^2}{enr}$$

当环境数 $e=1$ 时，σ_F^2 为偏高估值，因为此时的 σ_F^2 为 $\sigma_F^2+\sigma_{FE}^2$，并由此引起选择响应发生偏差。如果由 $V_A=4\sigma_F^2$ 估计 V_A，则 V_A 亦为偏高估计，从而使预期选择进度大于实际进度。由于该法是播种所有家系用于重组，故可保证较高的有效群体容量。

家系内选择响应：在重组区(recombination block)内进行。重组区内所有家系均种成穗行(ear-to-row)作为母本，全部去雄，授以相间种植的父本行的花粉(为所有家系的混合)，选择在最优家系内进行，但中选植株授以整个群体的花粉，故家系间选择仅对单性配子进行。家系内选择本质上是表型选择，通常也仅对单性配子选择，该选择可用 $Re\rightarrow W$ 表示。Re 为 HS 家系内的一株，本身就是供家系选择的重组单位，选择单位是个体表型值间的差异，这些个体表型值属于家系均值。然而，家系均值仅能在 个区组观察到，所以选择单位为 $Y_{ijk}-\bar{Y}_{ij.}$。亲子关系存在于 W 和家系内一个单株间，家系内其余植株与 W 为半叔侄(HUN)关系。

$cov(W,Y_{ijk}-\bar{Y}_{ij.})=cov(W,Y_{ijk})-cov(W,\bar{Y}_{ij.})$，其中

$$cov(W,Y_{ijk})=cov_{OP}=\frac{1}{2}V_A$$
$$cov(W,\bar{Y}_{ij.})=\frac{1}{n}cov_{OP}+\frac{n-1}{n}cov_{HUN}$$
$$=\frac{1}{2n}V_A+\frac{n-1}{8n}V_A=\frac{1}{8}V_A+\frac{3}{8n}V_A$$

当 n 大时，可略去$\frac{3}{8n}V_A$，得到 $cov(W,\bar{Y}_{ij.})=\frac{1}{8}V_A$，于是有：

$$cov(W,Y_{ijk}-\bar{Y}_{ij.})=\frac{1}{2}V_A-\frac{1}{8}V_A=\frac{3}{8}V_A$$

由此得到改良穗行法家系内选择的预期响应：

$$R_2=\frac{k_2\left(\frac{3}{8}\right)V_A}{\sigma_W} \tag{8-30b}$$

式中 σ_W^2 为半同胞家系内的表型方差。

由式(8-30a)和式(8-30b)相加，可得到半同胞家系间和家系内选择总的预期选择响应：

$$R=R_1+R_2=\frac{k_1\left(\frac{1}{8}\right)V_A}{\sigma_{\overline{HS}}}+\frac{k_2\left(\frac{3}{8}\right)V_A}{\sigma_W} \tag{8-30c}$$

④改良穗行法 2。该法由 Compton 和 Comstock(1976)提出，是对 Lonnquist(1964)方法的改进。重复试验评比家系后，只对最优家系进行重组。在此情况下，剩余种子必须保存于良好条件下备来年播种。在重组区内，父本和母本配子均来自中选家系，于是家系间选择导致对两性配子选择。重组区内的家系内选择则通常仅依据母本表型，故家系内选择的预期响应同前，仍为$\frac{3}{8}V_A$。利用剩余种子进行重组的半同胞家系选择的预期响应为：

$$R=R_1+R_2=\frac{k_1\left(\frac{1}{4}\right)V_A}{\sigma_{\overline{HS}}}+\frac{k_2\left(\frac{3}{8}\right)V_A}{\sigma_W} \tag{8-31}$$

若重组在冬季进行，也不进行家系内选择，则该法变为只在半同胞家系间选择，通常称之为半同胞选择。

如上各种半同胞选择方法中，穗行法的效果较差，现今在群体改良中已很少应用。主要是由于未能采用合理的试验设计控制试验误差，干扰了选择效果。改良穗行法的效果最好，一是采用了二级选择，二是有效地控制了环境误差。

关于 $G\times E$ 互作，与前面讨论的情况相同。若 $G\times E$ 互作方差大，且在多环境下评价品系，其 V_A 估值会比一个环境下的估值小，换句话说，多环境估计有利于降低 $G\times E$ 互作效应对家系均值表型方差的影响。例如，Paterniani 等(1973)曾对 Centralmex 群体的辐射与对照处理分别组配半同胞家系，并在 2 年作家系评价，有如下结果：

表 8-13 Centralmex 群体的辐射与对照处理分别组配半同胞家系

处理	$V_A(\times10^{-4})$			$\overline{X}$			$R(\%)$		
	1971	1972	联合	1971	1972	联合	1971	1972	联合
辐射	1.29	1.06	0.13	7.05	6.28	6.66	7.7	6.6	1.1
对照	0.70	0.72	0.71	7.12	6.17	6.65	7.4	3.9	6.3

可以看出，辐照群体内，单年的 V_A 要大于对照群体的，但两年综合分析却表明，$G\times E$ 互作方差很大，导致很小的 V_A 估值和小的选择响应 R。说明多环境试验的重要性。

如上各种半同胞选择的操作要点汇总于表 8-14。

表 8-14　半同胞家系选择程序

方法	基础群体 C_0	后裔测验				新一代 C_1
		种植	授粉	选择	收获,形成重组群体	
穗行法 1	①欲改良的随机交配群体,自由授粉,按株收获(第一代)	②种植株系(第二代)	开放	选最优家系	混合收获自由授粉种子,形成 C_1	③(第三代)
穗行法 2	①欲改良的随机交配群体,自由授粉,按株收获,一半留种(第一代)	②种植株系	开放	选最优家系	混合当选株系的另一半种子,形成 C_1	③(第二代)
穗行法 3	①欲改良的随机交配群体,自由授粉,同时自交,按株收获(第一代)	②用开放授粉的种子评价 *HS* 家系	开放	选最优家系	用自交种子(S_1)作重组,形成 C_1	③(第二代)
测交法 1	①当选株与测验种杂交;同时保留自由授粉种子(第一代)	②种植测交种子	开放	选最优家系	混合最优被测单株自由授粉的种子,形成 C_1	③(第二代)
测交法 2	①当选株与测验种杂交;同时自交(第一代)	②种植测交种子	开放	选最优家系	混合最优被测单株的自交种子形成 C_1	③(第二代)
改良穗行法 1	①自由授粉按株收获(第一代)	②多环境评价株系	开放	选最优株系	重组区内种植所有家系,最优家系内选最优株。去除非中选株花粉,授以群体混合花粉	③混合最优单株的种子形成 C_1(第二代)
改良穗行法 2	①自由授粉按株收获,一半留种(第一代)	②多环境评价株系	开放	选最优株系	重组区内种植中选家系,开放授粉,只对最优家系进行重组	③混合最优单株的种子形成 C_1(第二代)

注:①②③为所需生长季的序号。

(2)全同胞家系选择。全同胞家系选择(full-sib family selection)的一般程序如图 8-6 所示。

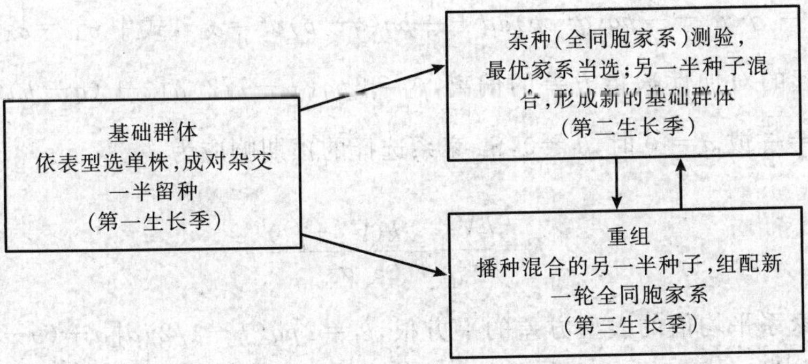

图 8-6　全同胞家系选择的基本程序

全同胞家系来自随机植株间控制的成对杂交。选择单位 X 为全同胞家系(full-sib family),于重复试验内评价选择效果,重组单位 Re 为当选家系所保留的另一部分种子。每轮 2 年,在重组区内获得新一轮全同胞家系。若考虑对一个性别进行选择,则

$$cov(X,W)=cov[(\bar{Y}_{i..}-\bar{Y}_{...}),W]=cov(W,\bar{Y}_{i..})-cov(W,\bar{Y}_{...})$$

因为 $cov(W,\bar{Y}_{...})=0$, $cov(W,Y_{ijk})=cov$(叔,侄)

所以 $cov(W,X)=cov(W,\bar{Y}_{i..})=\frac{1}{nr}\sum_j\sum_k cov(W,Y_{ijk})=\frac{1}{4}V_A$

在无上位性假设条件下，$\sigma_F^2=\frac{1}{2}V_A+\frac{1}{4}V_D$，$cov(X,W)$不能直接由全同胞家系间方差估计。预期遗传进度应为：

$$R=\frac{k\left(\frac{1}{4}\right)V_A}{\sigma_{\overline{FS}}} \tag{8-32a}$$

式中 $\sigma_{\overline{FS}}^2$ 为全同胞家系均值间表型方差。

如果对杂交的双亲进行选择，则预期响应中加性遗传方差的系数 $c=2\times\frac{1}{4}=\frac{1}{2}$，此时的预期遗传进度(即以最优家系进行重组的全同胞家系选择的预期响应)为：

$$R=\frac{k\left(\frac{1}{2}\right)V_A}{\sigma_{\overline{FS}}} \tag{8-32b}$$

全同胞家系选择也可用多穗型植株，同一植株的一个果穗用于配置全同胞家系并作多重复试验比较，另一果穗自交并用于最优家系的重组。如果选择施加于雌雄两性，其预期响应和采用全同胞剩余种子进行重组相同。由此可见以 S_1 重组并不比以全同胞剩余种子重组增加选择效果。

研究表明，当 h_N^2 低时，FS 选择比 HS 选择更有效。

(3)S_1 家系选择。选择单位为 S_1 家系均值，自交穗上的剩余种子用于重组。由于自交的影响，除非对基因频率或遗传模型进行限制，$cov(X,W)$不能直接表达为方差成分的线性函数。在单位点情况下，如果对两个性别进行选择，则

$cov(X,W)=2pqa^2+\frac{3}{2}pq(q-p)ad+\frac{1}{2}pq(q-p)d^2=\sigma_{A_1}^2$，式中 $\sigma_{A_1}^2=\sigma_A^2+\beta_1$，$\beta_1$ 为主要由显性效应引起的对加性遗传方差的偏离，$\beta_1=2pq(p-1/2)d[a+(q-p)d]$ (Empig 等，1972)，当 $p=q=\frac{1}{2}$或 $d=0$ 时，$\beta_1=0$，S_1 家系选择的预期响应为：

$$R=\frac{kV_{A_1}}{\sigma_{\bar{S}_1}}=\frac{k(V_A+\beta_1)}{\sigma_{\bar{S}_1}} \tag{8-33}$$

式中：$\sigma_{\bar{S}_1}$ 为 S_1 家系平均值的表型方差的平方根，$\beta_1=2pq(p-1/2)d[a+(q-p)d]$。需要特别提起注意的是，$V_{A_1}=V_A+\beta_1$ 不能从 S_1 家系试验中得到估计，因为 S_1 家系间的方差估计了 $V_{A_1}+\frac{1}{4}V_D=V_A+\beta_1+\frac{1}{4}V_D$，$S_1$ 家系选择的遗传进度只有在 $p=q=\frac{1}{2}$或 $d=0$ 的假设下才能以 V_A 表示。

S_1 家系选择的优点是可以有效地淘汰群体中的隐性不良基因，积累有利基因，能有效地减轻近交衰退程度，提高群体水平。缺点是遗传方差下降太快，不利于长期响应。针对这种情况，彭泽彬等(1992)提出了改良 S_1 家系选择法。其具体做法是：在进行 S_1 穗行鉴定时，用参试穗行的等量种子混合播种父本行。母本去雄后开放授粉，从母本优良穗行中选择优良单株组成下一轮群体。由于合成新群体的父本为综合种，遗传基础广泛，保留了 S_1 家系选择法主要优点的同时，克服了遗传方差下降快的缺点。

(4)S_2 家系选择。S_1 植株自交产生 S_2 家系，S_2 家系选择的选择单位为 S_2 家系均值，用自交穗上的剩余种子进行重组。和 S_1 选择情况相同，如果不对基因频率或遗传模型作限制，则 $cov(X,W)$ 不能直接表达为方差成分的线性函数。在单位点两性别选择情况下有如下关系式：

$$cov(X,W)=3pqa^2+\frac{7}{2}pq(q-p)ad+\frac{1}{2}(q-p)^2d^2$$

若定义 $V_{A_2}=\frac{2}{3}cov(X,W)$，则 $cov(X,W)=\frac{3}{2}V_{A_2}=\frac{3}{2}(V_A+\beta_2)$，$\beta_2$ 为由显性效应引起的对 V_A 的偏差。$\beta_2=\frac{10}{3}pq(p-1/2)d[a+(q-p)d]$，当 $p=q=\frac{1}{2}$ 或 $d=0$ 时，$\beta_2=0$。

S_2 家系选择的预期选择响应：

$$R=\frac{k\left(\frac{3}{2}\right)V_{A_2}}{\sigma_{\bar{S}_2}}=\frac{k\left(\frac{3}{2}\right)(V_A+\beta_2)}{\sigma_{\bar{S}_2}} \tag{8-34}$$

式中：$\beta_2=\frac{10}{3}pq\left(p-\frac{1}{2}\right)d[a+(q-p)d]$，$\sigma_{\bar{S}_2}$ 为 S_2 家系均值表型方差的平方根。

与 S_1 家系选择情况相同，$V_{A_2}=V_A+\beta_2$ 也不能估计，因为 S_2 家系均值方差估计的是 $\frac{3}{2}(V_A+\beta_2)+\frac{3}{16}V_D$，该式只有在 $p=q=\frac{1}{2}$ 或 $d=0$ 时才等于 $\frac{3}{2}V_A$。

自交家系选择(S_1 或 S_2 家系)的主要优点是家系间遗传变异大。对于 S_1 家系，$c=1$；对于 S_2 家系，$c=3/2$。但需要时间长，每完成一轮需要 2～3 年，又影响其应用。若可在冬季完成重组，则每轮所需年数可缩短。在选择同样后代数的情况下，自交家系选择的有效群体容量最小(与所有其他方法相比)。建议 S_1 和 S_2 家系选择用于遗传率很低的性状，以便于发挥其家系间变异大，有利于选择的优点。利用自交家系还有利于淘汰不利隐性基因，也就提供了一种获取有利于选育优良自交系的群体的方法。

3. 应用多种选择方法的综合选择

两种或多种选择方法用于同一选择方案称之为应用多种选择方法的综合选择(combined selection)。该综合选择可分为如下两类：

(1)交替使用两种或多种选择方法。改良穗行法属此类，该法交替使用家系间(后代选择)和家系内(混合选择)选择。又如结合 S_1、混合选择和交互轮回选择(见本节(三))的综合选择。综合选择的预期响应等于各方法预期响应之和。从广义概念上讲，大多数育种方法均可被认为是一种综合选择。

(2)同时采用两种或多种方法。如半同胞家系和 S_1 家系的同时应用。该法从同一多穗植株上获取 HS 和 S_1 家系，二类家系同时评价比较并提供有关优良个体的信息，如果选择标准是二类家系的均值，并可获得方差成分估值，则可估算预期选择进度。其试验评价可采用裂区设计。

结合 HS 和 S_1 的综合选择方法，所利用的加性遗传方差的量介于单纯利用 HS 和单纯利用 S_1 之间。利用两类家系所提供的信息，其优点在于不同类型的家系可以提供关于基因作用方式的不同信息。对半同胞家系的评价中更容易选到贡献于杂种优势的基因，而在对自交后代评价中，有利的加性效应会受到更大重视。所以，利用 HS 和 S_1 家系的综合选择提供了更多地获得有利等位基因及其综合的机会。

(三)群体间轮回选择改良

改良两群体间杂交组合的选择方案称为交互轮回选择(reciprocal recurrent selection,RRS)。RRS的特点是:以直接或间接的方式改变基因频率,使所有不同类型的基因作用和基因间互作最大限度地保留在杂交群体内。RRS的构思是最大限度地利用一般配合力和特殊配合力,通过选择既改良群体本身,同时又增加杂交组合的杂种优势,两个群体被改良的同时,其杂种 F_1 可直接用于生产。常用的RRS方案及其特点概括于表8-15。

表 8-15 常用的交互轮回选择方案及其特征

RRS方案	选择单位	重组单位	被改良的群体(A_1 和 B_1)
1.半同胞RRS	HS,FS	S_1 家系	$S_1 \times S_1$ 的后裔
2.全同胞RRS	FS	S_1 家系	$S_1 \times S_1$ 的后裔
3.改良的半同胞RRS-1	HS	HS 家系	重组 HS
4.改良的半同胞RRS-2	HS	HS 家系	重组 HS

在所有方案中,杂交所得家系在重复试验中评价,并由方差分析获取方差成分估值。如果 n_1 和 n_2 分别为从群体A和B获得的家系数,并以随机完全区组设计(RCBD)评价,方差成分的估计见表8-16。

表 8-16 单试点随机区组试验评价杂种家系的方差分析(单试点)

变异来源	群体A为父本		群体B为父本	
	MS	EMS①	MS	EMS②
区组	MS_A	$\sigma^2_{W_1}+n\sigma^2_1+nf\sigma^2_{b_1}$	MS_B	$\sigma^2_{W_2}+n\sigma^2_2+nf\sigma^2_{b_2}$
家系	MS_{1A}	$\sigma^2_{W_1}+n\sigma^2_1+nr\sigma^2_{F_{12}}$	MS_{1B}	$\sigma^2_{W_2}+n\sigma^2_2+nr\sigma^2_{F_{21}}$
误差	MS_{2A}	$\sigma^2_{W_1}+n\sigma^2_1$	MS_{2B}	$\sigma^2_{W_2}+n\sigma^2_2$
小区内	MS_{3A}	$\sigma^2_{W_1}$	MS_{3B}	$\sigma^2_{W_2}$

注:①和②中下标1和2指群体A和B,n 为小区内株数,r 为区组数。

1.半同胞家系交互轮回选择(half-sib RRS,Comstock 等,1949)

基本做法是:基础群体 A_0 中的一株作为父本授粉给 B_0 中的一组(f 株)母本植株,形成一个 HS 家系,其中含 f 个 FS 家系;与此同时,基础群体 B_0 中的一株作为父本授粉给 A_0 中的一组(f 株)母本植株,也形成一个 HS 家系,其中含 f 个 FS 家系。同时对父本株实施自交获得自交种子。半同胞家系交互轮回选择的试验程序如图8-7所示。

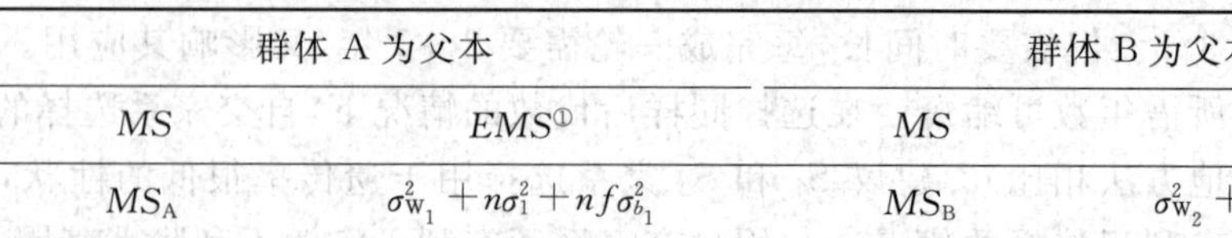

A_0 和 B_0 表示基础群体(C_0),A_1 和 B_1 表示经过一轮改良的群体(C_1)

图 8-7 半同胞家系 RRS 图示

半同胞家系 RRS 的预期响应：

$$R=\frac{k_1\sigma^2_{\bar{F}_{12}}}{\sigma_{\bar{F}_{12}}}+\frac{k_2\sigma^2_{\bar{F}_{21}}}{\sigma_{\bar{F}_{21}}}=\frac{k_1\left(\frac{1}{4}\right)V_{A_{12}}}{\sigma_{\bar{F}_{12}}}+\frac{k_2\left(\frac{1}{4}\right)V_{A_{21}}}{\sigma_{\bar{F}_{21}}} \tag{8-35}$$

式中：$V_{A_{12}}$ 和 $V_{A_{21}}$ 为从表 8-16 的家系间实测方差成分估计的遗传方差，$\sigma^2_{\bar{F}_{12}}$ 和 $\sigma^2_{\bar{F}_{21}}$ 为家系均值的表型方差，可由 $\frac{MS_{1A}}{nr}$ 和 $\frac{MS_{1B}}{nr}$ 估计。单环境试验时，表型方差中混杂有 $G\times E$ 互作。

如果两个群体的基因频率相同，则 $V_{A_{12}}=V_{A_{21}}=V_A$，且上式等同于群体内改良的半同胞家系改良法（*HS* 选择，S_1 种子重组）的情况。

2. 全同胞家系交互轮回选择（full-sib RRS，Comstock 等，1949）

全同胞家系交互轮回选择的试验程序如图 8-8 所示。

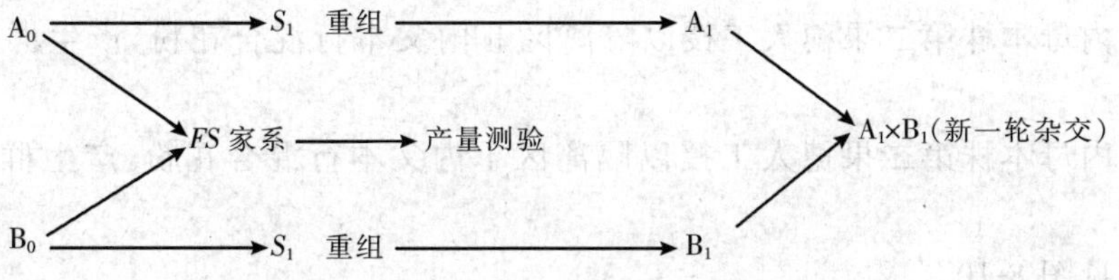

图 8-8　全同胞家系 RRS 图示

全同胞家系 RRS 与半同胞家系 RRS 配置组合的方式完全相同，所不同的是，前者仅对 *FS* 家系做产量试验而不评价 *HS*。全同胞 RRS 与半同胞 RRS 评价了相同数目的后代家系，前者却可抽取双倍于后者的单株，这是全同胞 RRS 的主要优点。利用多穗型玉米作全同胞 RRS 会十分方便，一个果穗自交产生 S_1，另一果穗配置 *FS*。

在方差分析表中，$\sigma^2_{\bar{F}_{12}}$ 和 $\sigma^2_{\bar{F}_{21}}$ 估计同样的方差，均为 $\frac{1}{4}(V_{A_{12}}+V_{A_{21}})+\frac{1}{4}V_{D_{12}}$。

全同胞家系 RRS 的预期响应：

$$R=\frac{k\left(\frac{1}{4}\right)(V_{A_{12}}+V_{A_{21}})}{\sigma_{\bar{F}}} \tag{8-36}$$

3. 改良的半同胞家系交互轮回选择-1（modified RRS-1，又称 HS-RRS1，Paterniani，1967）

改良之处在于群体 A 的开放授粉果穗（*HS* 家系）在隔离区内播种为穗行作母本，去雄，开放授粉，父本行来自群体 B；在另一隔离区内，群体 B 的半同胞家系为母本去雄，开放授粉，父本行来自群体 A。两个隔离区内母本行开放授粉的果穗依 *HS* 收获，作重复试验评价。群体 A 和 B 内剩余的半同胞家系种子用于重组，形成 A_1 和 B_1。*HS*-RRS1 方案如图 8-9 所示。

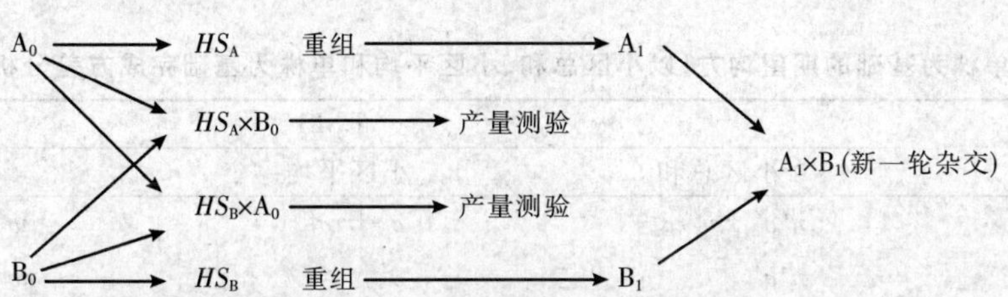

图 8-9　改良的半同胞 RRS-1 图示

改良的半同胞 RRS-1 的预期响应：

$$R=\frac{k_1\left(\frac{1}{16}\right)V_{A_{12}}}{\sigma_{\bar{F}_{12}}}+\frac{k_2\left(\frac{1}{16}\right)V_{A_{21}}}{\sigma_{\bar{F}_{21}}} \tag{8-37}$$

该法完成一轮需 3 年。

4. 改良的半同胞家系交互轮回选择-2（modified RRS-2，又称 HS-RRS2，Paterniani，1967）

其改良之处为在半同胞 RRS 中利用多穗型玉米。

隔离区Ⅰ内种植基础群体 A_0 为母本行（去雄），基础群体 B_0 为父本行，母本株的第一果穗实施开放授粉产生 $A_0\times B_0$ 的 HS 家系，供产量试验。

隔离区Ⅱ内种植基础群体 B_0 为母本行（去雄），基础群体 A_0 为父本行，母本株的第一果穗实施开放授粉产生 $B_0\times A_0$ 的 HS 家系，供产量试验。

隔离区Ⅰ内母本株第二果穗人工授以隔离区Ⅱ内父本行混合花粉，产生群体 A_0 内 HS，供重组形成 A_1。

隔离区Ⅱ内母本株第二果穗人工授以隔离区Ⅰ内父本行混合花粉，产生群体 B_0 内 HS，供重组形成 B_1。

具体程序见图 8-10。

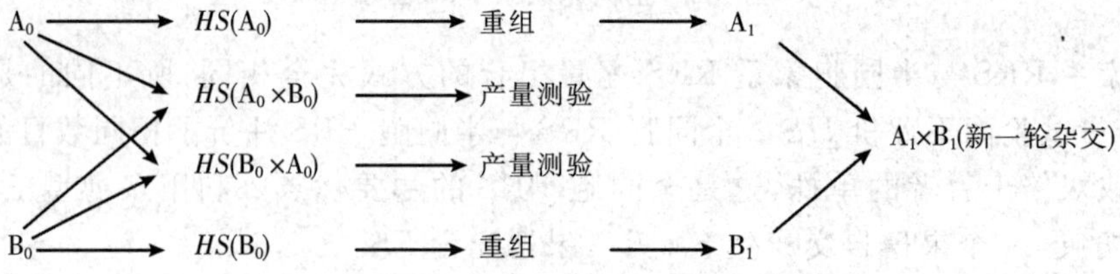

图 8-10　改良的半同胞 RRS-2 图示

该法相对较简单，完成一轮需要 2 年。其预期响应为：

$$R=\frac{k_1\left(\frac{1}{2}\right)\sigma^2_{F_{12}}}{\sigma_{\bar{F}_{12}}}+\frac{k_2\left(\frac{1}{2}\right)\sigma^2_{F_{21}}}{\sigma_{\bar{F}_{21}}}=\frac{k_1\left(\frac{1}{8}\right)V_{A_{12}}}{\sigma_{\bar{F}_{12}}}+\frac{k_2\left(\frac{1}{8}\right)V_{A_{21}}}{\sigma_{\bar{F}_{21}}} \tag{8-38}$$

式中 $\sigma^2_{F_{12}}$ 和 $\sigma^2_{F_{21}}$ 为家系间的实测方差组分。

需提起特别注意的是，以上全部分析均以单株为基础，所有方差组分均以单株为单位进行估计。但方差分析通常以小区总和或小区平均进行，此时方差组分估计也采用了相应的单位。通过改变期望均方的系数，可把以小区总和或小区均值为单位的方差组分转换为以单株为单位，具体见表 8-17。

表 8-17　以单株为基础的期望均方（以小区总和、小区平均和单株为基础完成方差分析的情况下）

变异来源	EMS		
	小区总和	小区平均	单株
家系	$n^2\sigma^2+n^2r\sigma_F^2$	$\sigma^2+r\sigma_F^2$	$n\sigma^2+nr\sigma_F^2$
误差	$n^2\sigma^2$	σ^2	$n\sigma^2$

注：n 为小区内株数，r 为重复数，$\sigma^2=\frac{\sigma^2_W}{n}+\sigma^2_B$，$\sigma^2_W$ 为小区内方差，σ^2_B 为小区间环境方差。

可借助 Hallauer(1981)的表 12-13 进行多种群体改良方法的比较，该表被引用于本章的表 8-18。表中给出了 10 种轮回选择方法(含群体间和群体内轮回选择方法)的每轮预期响应和完成一轮选择所需年数。由于试验材料和实施上的限制，至今尚未有对所有方法进行实际对比的报道。所有预期响应都是理论上的，有其遗传学的依据。可根据实际需要进行选择应用。

表 8-18 轮回选择(群体间和群体内)的预期选择响应/轮(Hallauer, 1981)

选择方法	预期选择响应 R	年数/轮
1. 混合选择(mass)		
a. 单亲性别(one sex)	$k(1/2)\sigma_A^2/\sqrt{\sigma_W^2+\sigma_{DE}^2+\sigma_{AE}^2+\sigma_D^2+\sigma_A^2}$	1
b. 双亲性别(both sexes)	$k\sigma_A^2/\sqrt{\sigma_W^2+\sigma_{DE}^2+\sigma_{AE}^2+\sigma_D^2+\sigma_A^2}$	1 或 2
2. 改良穗行法(modified ear-to-row)		
a. 单亲性别(one sex)	$k(1/8)\sigma_A^2/\sqrt{\frac{\sigma^2}{re}+\frac{(1/4)\sigma_{AE}^2}{e}+(1/4)\sigma_A^2}$	1
b. 双亲性别(both sexes)	$k(1/4)\sigma_A^2/\sqrt{\frac{\sigma^2}{re}+\frac{(1/4)\sigma_{AE}^2}{e}+(1/4)\sigma_A^2}$	2
3. 半同胞(half-sib)		
a. 单亲性别(one sex)	$k(1/4)\sigma_A^2/\sqrt{\frac{\sigma^2}{re}+\frac{(1/4)\sigma_{AE}^2}{e}+(1/4)\sigma_A^2}$	2
b. 双亲性别(both sexes)	$k(1/2)\sigma_A^2/\sqrt{\frac{\sigma^2}{re}+\frac{(1/4)\sigma_{AE}^2}{e}+(1/4)\sigma_A^2}$	3
4. 全同胞(full-sib)	$k(1/2)\sigma_A^2/\sqrt{\frac{\sigma^2}{re}+\frac{[(1/2)\sigma_{AE}^2+(1/4)\sigma_{DE}^2]}{e}+[(1/2)\sigma_A^2+(1/4)\sigma_D^2]}$	2
5. 自交 1 代(S_1)	$k\sigma_A^2/\sqrt{\frac{\sigma^2}{re}+\frac{[\sigma_{AE}^2+(1/4)\sigma_{DE}^2]}{e}+[\sigma_A^2+(1/4)\sigma_D^2]}$	2
6. 自交 2 代(S_2)	$k(3/2)\sigma_A^2/\sqrt{\frac{\sigma^2}{re}+\frac{[(3/2)\sigma_{AE}^2+(3/16)\sigma_{DE}^2]}{e}+[(3/2)\sigma_A^2+(3/16)\sigma_D^2]}$	3
7. 交互轮回(reciprocal recurrent)	$\frac{k_1(1/4)\sigma_{A_{12}}^2}{\sqrt{\frac{\sigma_{12}^2}{re}+\frac{(1/4)\sigma_{AE_{12}}^2}{e}+(1/4)\sigma_{A_{12}}^2}}+\frac{k_2(1/4)\sigma_{21}^2}{\sqrt{\frac{\sigma_{21}}{re}+\frac{(1/4)\sigma_{AE_{21}}^2}{e}+(1/4)\sigma_{A_{21}}^2}}$	3
8. 全同胞交互轮回(reciprocal full-sib)	$\frac{k(1/2)\sigma_{A_{12}}^2}{\sqrt{\frac{\sigma^2}{re}+\frac{(1/2)\sigma_{AE_{12}}^2+(1/4)\sigma_{DE_{12}}^2}{e}+[(1/2)\sigma_{AE_{12}}^2+(1/4)\sigma_{D_{12}}^2]}}$	2
9. 基于半同胞家系测验的交互轮回选择(RRS based on testcross of half-sib families)	$\frac{k_1(1/16)\sigma_{A_{12}}^2}{\sqrt{\frac{\sigma_{12}^2}{re}+\frac{(1/16)\sigma_{AE_{12}}^2}{e}+(1/16)\sigma_{A_{12}}^2}}+\frac{k_2(1/16)\sigma_{21}^2}{\sqrt{\frac{\sigma_{21}^2}{re}+\frac{(1/16)\sigma_{AE_{21}}^2}{e}+(1/16)\sigma_{A_{21}}^2}}$	3
10. 多穗型半同胞家系的交互轮回选择(RRS based on half-sib families of prolific plants)	$\frac{k_1(1/8)\sigma_{A_{12}}^2}{\sqrt{\frac{\sigma_{12}^2}{re}+\frac{(1/8)\sigma_{AE_{12}}^2}{e}+(1/8)\sigma_{A_{12}}^2}}+\frac{k_2(1/8)\sigma_{21}^2}{\sqrt{\frac{\sigma_{21}^2}{re}+\frac{(1/8)\sigma_{AE_{21}}^2}{e}+(1/8)\sigma_{A_{21}}^2}}$	1 或 2

注：σ_A^2、σ_D^2、σ_{AE}^2、σ_{DE}^2、σ_W^2 和 σ^2 分别表示加性、显性、加性×环境、显性×环境、小区内和误差项方差。e 和 r 分别表示试验环境数和环境内区组数。方差成分下标中 1 和 2 分别表示轮回选择的基础群体 A 和 B。

五、提高选择响应的途径

由选择响应一般式(式(8-8a)至式(8-8d))可以看出,提高选择响应有如下几种途径。

(一)增大群体的遗传变异度

为了育种的目的,要求所用的群体不仅平均水平高,更重要的是要有丰富的遗传变异。对于育种家来说,决定遗传变异度的大小有两个关键时期:①组建群体;②选择基础群体。由遗传背景不同的群体(或品种、品系)组建综合种(或配置组合)是启动育种项目极其重要的环节,丰富的遗传变异是日后育种成败的基础。对于有性繁殖物种来说,由于只有基因的加性效应和加性类型的互作效应(如果存在的话)才能被选择所固定,要提高选择响应,群体内加性遗传方差 V_A 一定要大,V_A 愈大,选择潜力愈大。可通过扩大种质资源、配置综合种、多种形式的轮回选择和聚合育种等多种途径不断丰富群体的遗传变异。对于无性繁殖物种来说,要求 V_G 变异丰富。

(二)控制环境效应,提高遗传率

在一定遗传方差的基础上,减少选择单位间的表型方差将提高遗传方差在总表型方差中的比例,从而提高选择响应。降低选择单位间表型方差的最主要途径是改进试验技术和实施家系选择。

对于单株选择,控制影响试验误差的所有因素均可降低表型方差:①选择理想的试验地。土壤肥力差异是造成试验误差最大量、最主要的来源。地形地理条件、土壤质地、酸碱度、盐分含量等均会影响试验地的均匀度。实施密播作物的轮作可有效地改进土壤肥力均匀度。②播前土壤准备,翻耕、施肥、施药等措施需力求均匀。③播种材料的质量应力求一致。④田间抽样,观测记载,收获考种,数据处理,等均应严格按照试验要求进行。

对于家系选择,适当增加重复数和增加小区内单株数,均会降低表型方差从而提高选择响应。环境数(年份数、地点数)会影响表型方差,如果选择方案在某环境群体中实施,则增加环境数是降低表型方差最有效的手段。

选择响应会受 $G\times E$ 互作的影响。如果试验只在一个环境实施,则会使预期响应偏高。选择试验一般会受空间、时间、工作量、可利用资源和设备的限制,增加试验环境数往往会影响每个试验的重复数,如果 $G\times E$ 互作不大,增加试点数,降低重复数将不会有多大效果。如果重复数被减少为 1,会导致试验误差无法估计,并降低家系均值的估计精度。当 $G\times E$ 互作大时,影响更甚。

小区内株数不可太少,否则抽样误差会影响试验精度,小区内株数太多也没必要。对玉米等大棵作物来说,每小区以 15~20 株较好。

采用恰当的试验设计可有效地减小环境方差,提高家系选择效益。例如在大量家系被评价时,格子设计优于随机区组设计(关于格子设计,可参阅试验设计与分析,杨德,2002)。格子设计的分析可以去掉重复内环境变异进而降低试验误差。

(三)使用合理的选择方法,调节预期响应中 V_A 的系数 c

由选择响应式可知,各种选择方法所利用的 V_A 的多少决定于系数 c(表 8-18)。例如,如果只对单性配子进行选择,混合选择法的 $c=1/2$,半同胞家系选择的 $c=1/4$,如果对两性配子以相同选择强度加以选择,则混合选择和半同胞家系选择的 c 分别为 1 和 1/2。由此可知:育种方法(选择方法)和性别(亲本)控制是增加选择响应的重要途径。在多种选择方法综合应用的情况下,不同方法的合理搭配可提高选择的总响应。

当遗传标记与性状紧密连锁时,采用标记辅助选择,特别是分子标记辅助选择,可以有效提高选择响应(有关内容见沈新莲(2003),陆朝福等(1995),金骏培等(2005),李浩杰等(2004)和 Tan 等(2005))。

(四)适当增加选择压

由选择响应式 8-8 可知,缩小中选比例而增大选择强度可提高选择增益。但是,选择强度必须合理确定。须区分短期、中期和长期选择项目的不同。对于长期育种项目(long term)来说,必须十分注意在选择过程中保留遗传变异并允许基因重组的问题,最好是采用较低的选择强度,以便获得长期的选择响应。确定选择强度还要看群体大小,对于一个小群体来说低的选择强度甚至会引起群体结构的大变化,因为小的有效群体容量会导致近交,而近交衰退会带来繁育适合度的降低。因此确定合理的选择强度要考虑:①预期响应的时限,对于预期在中、长期内持续响应的群体来说,选择强度不可太高,以便保持丰富的遗传变异供选择;②近交的问题,太大的选择强度会使群体的有效容量降得很低;③对于雌雄异体且繁殖率低的物种,更新一对亲本平均需要两个个体,因此,繁殖率高有利于提高选择强度。

六、选择响应的度量

经过一代或多代选择后,对于实际选择响应的度量会出现一些技术性问题需考虑解决。下面介绍三方面的度量方法。

(一)世代平均值的变异性

(1)现象:以相同或大致相近的选择强度对同一群体作多代选择后会发现,世代平均值并不表现为简单的规则进展,而是以不同幅度上下飘忽不定。如例 8.8 玉米籽粒含油量选择改良数据的第 2 和第 3 列所反映的,从第 1 至第 10 代,中选比例变动在 2.9%～4.3%之间,群体均值并未随选择世代的递增而呈直线变化,其均值之波动如图 8-11 所示。

(2)原因:选择过程中世代均值波动的原因有以下几方面:①随机遗传漂变;②抽样误差;③选择差的变化;④环境因素。为此,只有在完成数代选择之后才能较准确地度量选择响应。

(3)多世代选择响应的度量。把多世代选择的世代平均值对选择的世代数作回归,以其回归斜率作为度量选择响应的指标。其含义是每选择一代群体均值的平均改变量。例如例 8.8 中某高油玉米群体表型单粒选择试验,籽粒含油量 10 代选择的平均响应为 0.48%±0.04%。

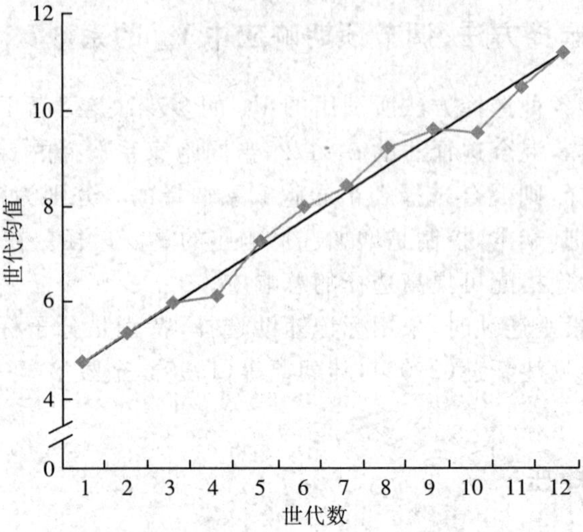

图 8-11　高油玉米选择籽粒含油量的世代均值

(二)加权选择差

由于育性的差异,各亲本个体对后代的贡献并不相同,为此需区分期望选择差(expected selection differential)和有效选择差(effective selection differential)。预期选择差是简单的亲本平均表型偏差,即亲代中选组均值与亲代总均值之差。有效选择差则是对亲本值以其后代个体数加权的平均离差,每个亲本(或亲本对)的权,就是它们对于子代群体的贡献比例。对选择差的加权实际上度量了自然选择与人工选择的联合效应。比较有效选择差和期望选择差,可判断是否存在自然选择(只包括亲代育性,不包括子代生活力)。由于植物的繁殖系数远远高于动物,有效选择差与期望选择差的区分在动物中显得更为重要。

(三)实现遗传率 h_R^2——选择后选择响应与选择差关系的度量

每代的选择响应反映了选择引起均值的变化。选择过程中有必要对选择响应和选择差同时进行度量,因为从遗传的角度看,重要的不仅仅在于选择响应,还在于二者的关系。为此需要一个表示选择响应与选择差关系的指标。通常的方法是把选择响应表示为对选择差的比例,即$\frac{R}{S}$,并把该比例定义为实现遗传率(realized heritability)h_R^2。

单世代实现遗传率定义:

$$h_R^2=\frac{R}{S}=\frac{R}{k\sigma_P} \tag{8-40a}$$

式中:h_R^2 为实现遗传率,R 为实际的选择响应,S 为所施加的选择差。这里的 R 与式(8-8)中的 R 不同,式(8-8)中的 R 为预测的选择响应,式(8-40a)的 R 为已获得的选择响应。

对于多世代选择,需将世代平均值对累积选择差(cumulative selection differential)作回归分析。所谓累积选择差就是把各世代的选择差累加,以得到当前世代所施加的总选择差。各世代平均值对相应世代累积选择差的回归斜率反映出各世代$\frac{R}{S}$的平均值,也就是多代平均

的实现遗传率 h_R^2。

多世代平均的实现遗传率定义为各世代群体均值对各世代累积选择差的直线回归系数：

$$b_{Y_t/(\sum S)_t} = \frac{cov\left[Y_t, \left(\sum S\right)_t\right]}{\sigma_Y \sigma_{\sum S}} \tag{8-40b}$$

式中：$b_{Y_t/(\sum S)_t}$、Y_t、$\left(\sum S\right)_t$、σ_Y 和 $\sigma_{\sum S}$ 分别为世代均值对累积选择差的直线回归系数、世代 t 的均值、世代 t 的累积选择差、世代均值标准差和世代累积选择差的标准差。

例 8.8 玉米籽粒含油量的选择改良。单粒测定籽粒含油量(%)，从 1987 年春到 1993 年冬共完成 11 轮表型轮回选择(Song, Kong 等, 1999)。资料如表 8-19 所列(单粒含油量%)。(1)试计算第一代的选择差和选择响应；(2)试估算单世代的实现遗传率；(3)试估算 11 轮选择的平均实现遗传率。

表 8-19 玉米籽粒含油量的遗传改良(单粒含油量)

世代 t	中选比例 p	群体均值 Y_t	中选组均值 Y'_t	选择差 S	选择响应 R	累积选择差 $\sum S$
0	0.9	4.71	5.53	0	0	0
1	3.8	5.38	6.66	0.82	0.67	0.82
2	4.3	5.96	6.79	1.28	0.58	2.10
3	2.9	6.10	7.53	0.83	0.14	2.93
4	3.5	7.28	8.78	1.43	1.18	4.36
5	3.1	7.96	8.88	1.50	0.68	5.86
6	3.7	8.44	9.71	0.92	0.48	6.78
7	2.9	9.26	10.96	1.27	0.28	8.05
8	3.0	9.64	11.67	1.70	0.38	9.75
9	2.9	9.55	11.03	2.03	−0.09	11.78
10	2.7	10.52	12.51	1.48	0.97	13.26
11	3.8	11.25	12.75	1.99	0.73	15.25

解：(1)选择差和选择响应：

第 t 代的选择差 S_t＝第$(t-1)$代中选组均值－$(t-1)$代总均值

第 t 代的选择响应 $R_t = t$ 代总均值－$(t-1)$代总均值

第一代的选择差 S_1＝第 0 代中选组均值－第 0 代群体均值＝5.53－4.71＝0.82(%)

第一代的选择响应 R_1＝第一代群体均值－第 0 代群体均值＝5.38－4.71＝0.67(%)

其余世代选择差和选择响应的计算结果见表 8-19 的第 5～6 列。

(2)单世代的实现遗传率：

由式(8-40a)，第 t 代实现遗传率 $h_{R_t}^2 = \dfrac{R_t}{S_t}$

第 1 代的实现遗传率 $h_R^2=\frac{R_1}{S_1}=\frac{0.67}{0.82}=0.817$

第 10 代的实现遗传率 $h_R^2=\frac{R_{10}}{S_{10}}=\frac{0.97}{1.48}=0.655$

(3)多代平均的实现遗传率，为各代群体总均值对各代累积选择差的直线回归系数。依式(8-40b)，

$$b_{Y_t/(\sum S)_t}=\frac{cov\left[Y_t,(\sum S)_t\right]}{\sigma_Y\sigma_{\sum S}}=0.418\,3$$

该结果表明，从连续 11 代选择的平均结果看，每代平均的实现遗传率为 0.418 3。从 11 代平均看，对被选择的群体每施加一个标准差的选择压，籽粒含油量平均每代增加 0.418 3%。该结果对于玉米籽粒油分的改良来说是个相当可观的数字。

值得引起注意的是，实现遗传率是从已经实行过选择的结果估算遗传率的方法，是对选择结果的描述。实现遗传率不能作为基本群体遗传率的有效估计。其原因是近交衰退、随机遗传漂变、抽样误差和环境趋向等因素的作用都可能与选择响应相混杂，从而使实现遗传率也受这些因素的影响。同一群体内不同方向选择的实现遗传率有可能显著不同。

七、选择对群体方差的影响

正如本章第一部分指出的，选择的基本作用是使群体的基因频率发生变化。截断式选择把亲代群体分为中选组和淘汰组两部分的同时，使两组的基因频率变得不同。正是这种基因频率的变化，带来了群体均值与方差的改变。前面介绍了选择情况下群体均值变化的规律及其预测，下面依据 Bulmer(1980)和 Falconer(1986)简要介绍选择对群体方差的影响。

(一)选择与表型方差

当对某遗传群体实施选择时，中选组个体只代表亲代总体表型值分布的一尾，其方差显然小于亲代整个群体的方差。若以 V_P 表示选择前亲代群体的表型方差，V'_P 表示中选组的表型方差，则中选组的表型方差可用下式表达：

$$V'_P=V_P(1-m),\quad m=\frac{V_P-V'_P}{V_P} \tag{8-41}$$

式中 V'_P、V_P 和 m 分别为中选组的表型方差、选择前亲代群体的表型方差和表型方差减少因子。亲本世代表型方差的减少取决于因子 m，而 m 的大小又取决于选择强度 k，当选择通过对正态分布的截断进行时，关系式 8-42 成立：

$$m=k(k-x) \tag{8-42}$$

式中：x 为截开点距群体均值的离差，k 为选择强度。x 与 k 均列于附表 1A。x 与 k 的关系如图 8-12 所示。

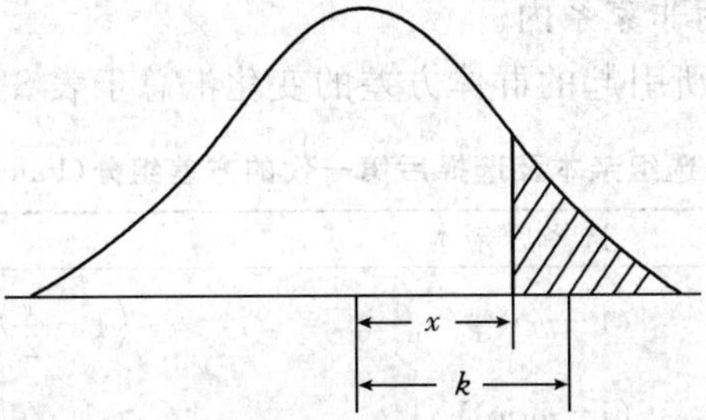

（x 为正态分布下截断点距群体均值的离差，k 为选择强度）

图 8-12　截断式选择中 x 与 k 的关系

(二)选择与加性遗传方差

由于群体的加性遗传方差以狭义遗传率与表型方差发生关系，选择后加性遗传方差的减小因子为 h_N^2m，中选组的加性遗传方差可用下式表达：

$$V'_A = V_A(1-h_N^2m) \tag{8-43}$$

式中：V'_A、V_A、h_N^2 和 m 分别为中选组加性遗传方差、选择前群体总加性遗传方差、狭义遗传率和表型方差减少因子，h_N^2m 为加性遗传方差减少因子。

(三)遗传方差减少的原因及过程

加性遗传方差的减少可用配子相不平衡(gametic phase disequilibrium)来解释。如果考虑两个相互不连锁的位点，并以 A_1、A_2 分别表示两个位点的加性育种值，以 A 表示两个位点共同的加性育种值，即 $A=A_1+A_2$，则当群体处于平衡状态时，由两个位点共同作用引起的加性遗传方差为：

$$V_A = V_{A_1} + V_{A_2} \tag{8-44}$$

而当群体处于不平衡状态时，两位点共同作用所引起的加性遗传方差为：

$$V_A = V_{A_1} + V_{A_2} + 2cov_{A_1A_2} \tag{8-45}$$

式中：V_A、V_{A_1}、V_{A_2} 和 $cov_{A_1A_2}$ 分别为两位点共同作用所引起的加性遗传方差、位点 1 所引起的加性遗传方差、位点 2 所引起的加性遗传方差和不同个体中两个位点上育种值之间的协方差。实施选择后，中选组个体两位点育种值间的协方差 $cov_{A_1A_2}$ 变为负值，因而会使群体的加性遗传方差减小。由选择引起的加性遗传方差的减小量为 $-h_N^2mV_A$。由群体遗传学知，对于非连锁位点，这种不平衡将在下代减半，下代总加性遗传方差将为 $V'_A=\left(1-\frac{1}{2}h_N^2m\right)V_A$。

实施选择并由中选个体两两随机交配产生全同胞家系时，后裔群体内加性遗传方差的分配，可用群体遗传学的知识来解释：非连锁基因间的配子相不平衡经一代随机交配后减少一半。但由于非连锁基因引起的家系内方差不受亲本表型值的影响，即不受选择的影响，家系内加性遗传方差为 $\frac{1}{2}V_A$，V_A 为选择前亲代的加性遗传方差。而全同胞家系平均值的加性遗传方差是中选亲本加性遗传方差的一半，因而是$\frac{1}{2}(1-h_N^2m)V_A$。可见，亲代选择引起遗传方差的降低表现在子代家系间，而非家系内。

如上关于经过一代选择所引起的群体方差的变化汇总于表 8-20。

表 8-20　中选组亲本及选择后第一代的方差组分(Falconer,1996)

方差组分	选择后亲本	子一代
表型	$(1-m)V_P$	$\left(1-\frac{1}{2}h_N^2m\right)V_P$
加性	$(1-h_N^2m)V_A$	$\frac{1}{2}(1-h_N^2m)V_A$（全同胞家系间） $\frac{1}{2}V_A$（全同胞家系内） $\left(1-\frac{1}{2}h_N^2m\right)V_A$（总）
不平衡	$-h_N^2mV_A$	$-\frac{1}{2}h_N^2mV_A$

注：V_P 为选择前亲代总表型方差，V_A 为选择前亲代总加性遗传方差，h_N^2 为选择前亲代的狭义遗传率。

减少了的子代 V_A 将导致 h_N^2 的降低，第二代选择后，V_A 进一步降低，h_N^2 也再降低，但减少得不那么多，3～4 代后将不会再有明显的降低，这种降低是由选择造成的配子相不平衡引起的。终止选择后，这种不平衡减少，V_A 自然会增加，直至恢复到原来的 V_A。

由群体遗传学知，经过一次随机交配，配子相不平衡会减少一半。因此，经过一轮选择后的加性遗传方差是(Bulmer,1980)：

$$V_{A(1)}=\frac{1}{2}[1-h_N^2k(k-x)]V_A+\frac{1}{2}V_A\text{，}k\text{ 为选择强度}$$

经过几轮选择后，V_A 的递推公式是：

$$V_{A(t+1)}=\frac{1}{2}(1-h_{N(t)}^2m)V_{A(t)}+\frac{1}{2}V_A=\frac{1}{2}[1-h_{N(t)}^2k(k-x)]V_{A(t)}+\frac{1}{2}V_A \qquad (8\text{-}46)$$

式中：$V_{A(t+1)}$ 为 $t+1$ 代的加性遗传方差；$h_{N(t)}^2$ 为第 t 的狭义遗传率；m 为方差减少因子，$m=k(k-x)$；$V_{A(t)}$ 为第 t 代的加性遗传方差；V_A 为选择前群体的加性遗传方差。

如果选择引起方差的减少可由选择后随机交配得到的方差的增加值抵消的话，停止选择后可以达到一个恒定的方差。下面举例说明该过程。

(四)选择对群体方差影响的主要结论

(1)选择通过减少群体内加性遗传方差使群体总方差减小，选择对显性遗传方差影响很小；

(2)选择对群体加性遗传方差的影响以第一代为甚，以后影响减缓并趋于稳定；

(3)性状的遗传率越高、选择强度越大，选择对遗传方差的影响越大；

(4)位点间连锁会减缓选择对群体遗传方差的影响；

(5)选择对遗传方差的影响将使选择响应发生变化。

例 8.9　假设某初始随机交配群体内所研究性状的 $\sigma_P^2=200$，加性遗传方差 $\sigma_A^2=100$，若对其作截断式选择且不考虑连锁，中选比例 $p=0.05$，连续选择 5 代(5 轮)后放弃选择。试估算选择及放弃选择后群体中 σ_A^2、σ_P^2、h_N^2 及 R 的变化情况。

解:第 0 代:$p=0.05$,查附表 1A 得 $k=2.063$,$x=1.645$

$$m=k(k-x)=2.063\times(2.063-1.645)=0.862\ 334$$

$$h_{N(0)}^2=\frac{\sigma_A^2}{\sigma_P^2}=\frac{100}{200}=0.5$$

第 1 代:$\sigma_{A(1)}^2=\frac{1}{2}(1-h_{N(0)}^2 m)\sigma_{A(0)}^2+\frac{1}{2}\sigma_{A(0)}^2$

$$=\frac{1}{2}(1-0.5\times0.862\ 334)\times100+\frac{1}{2}\times100=78.442\approx78$$

$$\sigma_{P(1)}^2=\sigma_{P(0)}^2+(\sigma_{A(1)}^2-\sigma_{A(0)}^2)=200+(78-100)=200-22=178$$

$\sigma_{A(1)}^2-\sigma_{A(0)}^2=-22$ 为第 1 代(经一轮选择)的配子相不平衡方差,$V_{(\text{diseq.})}=-22$,下标 diseq. 表示配子相不平衡。

$$h_{N(1)}^2=\frac{\sigma_{A(1)}^2}{\sigma_{P(1)}^2}=\frac{78}{178}=0.438\ 2\approx0.44$$

$$R_1=kh_{N(0)}^2\sigma_{P(0)}=2.063\times0.5\times\sqrt{200}=14.588\approx14.6$$

$$(\text{或 } R_1=kh_{N(0)}\sigma_{A(0)})=2.063\times\sqrt{0.5}\times\sqrt{100}=14.588\approx14.6)$$

第 2 代:$\sigma_{A(2)}^2=\frac{1}{2}(1-h_{N(1)}^2 m)\sigma_{A(1)}^2+\frac{1}{2}\sigma_{A(0)}^2$

$$=\frac{1}{2}(1-0.44\times0.862\ 334)\times78+50=74.24$$

$$h_{N(2)}^2=\frac{74}{200+(74-100)}=0.425$$

$$R_2=kh_{N(1)}^2\sigma_{P(1)}=2.063\times0.438\ 2\times\sqrt{178}=12.1$$

第 3 代:$\sigma_{A(3)}^2=\frac{1}{2}(1-h_{N(2)}^2 m)\sigma_{A(2)}^2+\frac{1}{2}\sigma_{A(0)}^2=\frac{1}{2}(1-0.43\times0.86)\times74+50=73$

$$h_{N(3)}^2=\frac{73}{200+(73-100)}=0.422$$

$$R_3=2.063h_{N(2)}^2\sigma_{P(2)}=2.063\times0.422\times\sqrt{173}=11.6$$

第 4 代:$\sigma_{A(4)}^2=\frac{1}{2}(1-h_{N(3)}^2 m)\sigma_{A(3)}^2+\frac{1}{2}\sigma_{A(0)}^2=\frac{1}{2}(1-0.42\times0.86)\times73+50=73$

$$h_{N(4)}^2=0.422,\quad R_4=11.6$$

第 5 代及其后继世代,继续选择,σ_A^2,h_N^2 和 R 不再发生变化。

若从第 5 代起放弃选择,则以后各世代的 σ_A^2 和 h_N^2 会逐渐恢复,其过程为:

第 6 代:$\sigma_{A(6)}^2=\frac{1}{2}\sigma_{A(5)}^2+\frac{1}{2}\sigma_{A(0)}^2=\frac{1}{2}\times73+\frac{1}{2}\times100=86.5$

$$\sigma_{P(6)}^2=186.5,\quad h_{N(6)}^2=\frac{86.5}{186.5}=0.46$$

第 7 代:$\sigma_{A(7)}^2=\frac{1}{2}\sigma_{A(6)}^2+\frac{1}{2}\sigma_{A(0)}^2=\frac{1}{2}\times86.5+50=93$

第 8 代：$\sigma^2_{A(8)}=\frac{1}{2}\sigma^2_{A(7)}+\frac{1}{2}\sigma^2_{A(0)}=\frac{1}{2}\times 93+50=96.5$

第 9 代：$\sigma^2_{A(9)}=\frac{1}{2}\sigma^2_{A(8)}+\frac{1}{2}\sigma^2_{A(0)}=\frac{1}{2}\times 96.5+50=98.25$

第 10 代：$\sigma^2_{A(10)}=\frac{1}{2}\sigma^2_{A(9)}+\frac{1}{2}\sigma^2_{A(0)}=\frac{1}{2}\times 98.25+50=99$

第 11 代：$\sigma^2_{A(11)}=\frac{1}{2}\times 99+50=99.5$

第 12 代：$\sigma^2_{A(12)}=\frac{1}{2}\times 99.5+50=99.75$

第 13 代：$\sigma^2_{A(13)}=\frac{1}{2}\times 99.75+50=99.875$

以上结果汇总于表 8-21。

表 8-21 选择 5 代后放弃选择情况下群体内方差的变化

	实施选择世代						放弃选择后随机交配世代						
	0	1	2	3	4	5	6	7	8	9	10	11	12
$\sigma^2_{(\text{diseq.})}$	0	−22	−4	−1	0	0	13.5	7	3.5	1.75	1	0.5	0.25
σ^2_P	200	178	174	173	173	173	186.5	193	196.5	198.25	199	199.5	199.75
σ^2_A	100	78	74	73	73	73	86.5	93	96.5	98.25	99	99.5	99.75
h^2_N	0.5	0.44	0.43	0.42	0.42	0.42	0.46	0.48	0.49	0.496	0.497	0.498 7	0.499 4
R	0	14.6	12.1	11.7	11.6	11.6	0	0	0	0	0	0	0

注：diseq. 表示配子相不平衡。

可见，选择使 σ^2_A 的减少在第一代最明显，以后几代减少较小，到第 4 代后即趋于稳定，选择响应也趋于稳定。放弃选择后，很快可建立全部加性遗传方差，配子相不平衡每代减少一半。

长期选择试验也表明，选择进展在许多世代是近似线性的，这说明加性遗传方差在选择过程中并没耗尽。植物中最好的例子是玉米籽粒油含量和蛋白质含量的长期选择。据 Dudley 和 Lambert(1969)，经 65 代选择后群体籽粒油分和蛋白质含量的方差情况见表 8-22。

表 8-22 经 65 代选择后籽粒油含量和蛋白质含量的遗传方差与总表型方差之比(σ^2_G/σ^2_P) %

群体	籽粒油含量	籽粒蛋白质含量
高油(high oil)	0.125	0.114
低油(low oil)	0.167	0.277
高蛋白(high protein)	0.398	0.205
低蛋白(low protein)	0.155	0.230

注：该表引自 Dudley 和 Lambert(1969)。

Song，Kong 等(J. Genet 和 Bread，1999)的报道也表明，虽经过 10 轮的含油量选择，其群体内籽粒含油量的变异系数并未发生明显变化。

复习思考题

1. 除了人工诱变创造新基因外，人类通过哪两种途径改变群体的遗传特性，各自的作用何在？

2. 选择会产生哪些效应？选择的基本效应是什么？人工选择和自然选择在选择的哪些阶

段上影响群体的基因频率和基因型频率？

3. 什么是选择单位、重组单位、选择差、选择强度、选择响应？它们之间的关系怎样？试以不同的选择方法说明之。

4. 什么是选择响应的预测式？选择响应有哪些表达形式？试举例说明其应用。

5. 试简述三种简单选择方法，其应用条件如何？如何比较它们的优劣？

6. 选择响应与哪些因素有关？实践中如何提高选择响应？

7. 实践中度量选择响应时，要注意哪些问题？

8. 为什么综合选择总是最好的？表型组内相关和育种值相关与选择响应有何关系？

9. 试复算例 8.8，并就其结果进行讨论。

10. 何为群体间选择？何为群体内选择？何为群体的轮回选择改良？群体内轮回选择包括哪些内容？群体间轮回选择包括哪些内容？

11. 混合选择、半同胞家系选择和全同胞家系选择的预期响应如何？

12. 什么是实现遗传率，为什么实现遗传率不是真正意义上的遗传率？多代选择的实现遗传率怎样计算？

13. 选择是怎样引起群体内遗传方差和表型方差改变的？

14. 为研究黑麦的选择方法，从某随机交配平衡群体（所有个体均无近交，$F=0$）中随机抽取单株挂牌，随机配对后人工控制授粉，次年按组合播种进行选择。从所有组合中随机抽取了 4 个单交组合（全同胞家系），每组合 4 株，其单株叶长（cm）如下表所列。若已知其全同胞家系的表型相关 $t=0.4116$，并计划以 1/4 的比例实施选择，(1) 试计算综合选择时各个个体的选择指数；(2) 试比较个体选择、家系选择、家系内选择和综合选择的选择效果。

黑麦叶片长

cm

单交组合	A	B	C	D	
	20	15	14	6	
	21	14	13	4	
	15	21	12	16	
	13	9	11	3	
家系平均	17.25	14.75	12.5	7.25	
家系离差 P_F	4.312 5	1.812 5	−0.437 5	−5.687 5	总均值 $\overline{P}$

（答案：(1) 选择指数

$$I=P+\frac{n(r-t)}{(1-r)[1+(n-1)t]}P_F=P+\frac{4\times(0.5-0.4116)}{(1-0.5)[1+(4-1)\times 0.4116]}P_F$$
$$=P+0.3164P_F$$

个体 A_1 的选择指数 $I(A_1)=20+0.3164\times 4.3125=21.36$，个体 B_2 的选择指数 $I(B_2)=14+0.3164\times 1.8125=14.57$。

(2) 4 种选择方法的比较：个体选择的选择响应 $R=kh^2\sigma_P$，家系选择的选择响应 $R_F=k\sigma_P h^2\ \dfrac{1+(n-1)r}{\sqrt{n[1+(n-1)t]}}=0.8362kh^2\sigma_P$，家系内选择的选择响应：

$$R_W=k\sigma_P h^2(1-r)\sqrt{\frac{n-1}{n(1-t)}}=0.5645kh^2\sigma_P$$

综合选择的选择响应：$R_C = k\sigma_P h^2\sqrt{1+\frac{(r-t)^2}{(1-t)}\cdot\frac{(n-1)}{1+(n-1)t}} = 1.0089kh^2\sigma_P$)

15. 某玉米随机交配群体，已知某性状的加性遗传方差 $V_A = 2\ 012$，以单株为单位的 $V_P = 6\ 703$。(1)1 000 株的群体，授粉前把不符合要求的单株全部去雄，只收获未去过雄的单株共 50 株；(2)事先不去雄，收获时选收 5%的单株，并由此繁殖产生下一代。试比较两种选择方案的预期遗传进度：

(答案：(1)此种情况为对雌雄两性均实施相同中选比例 5%的选择，$p=0.05$，$k=2.063$，预期的选择响应 $R=24.67$(g)；(2)此种情况为只对雌性实施中选比例为 5%的选择，$k=1.031\ 5$，预期选择响应 $R=12.335$(g)，只对单亲实施选择的预期响应为对双亲实施选择的 1/2。)

参考文献

1 陈彦惠，王茂华. 对两个玉米群体进行特殊配合力轮回选择的研究. 作物学报，1998，24(3)：221～226

2 陈学伟，李仕贵，马玉清，黎汉云，周开达，朱立煌. 水稻抗稻瘟病基因 Pi-d(t)、Pi-b、Pi-ta 的聚合及分子标记选择. 生物工程学报，2004，20(5)：708～714

3 程式华，庄杰云，曹立勇，陈深广，彭应财，樊叶杨，占小登，郑康乐. 超级杂交稻分子育种研究. 中国水稻科学，2004，18(5)：377～383

4 郭平仲. 数量遗传分析. 北京：首都师范学院出版社，1987

5 金骏培，张天真. 表型轮回选择和分子标记辅助选择累加陆地棉产量优势相关基因. 中国农业科学，2005，38(3)：446～453

6 赖仲铭，杨光诚. 全姊妹轮回选择与混合选择对玉米群体改良效果的初步研究. 作物学报，1983，9：7～16

7 刘勋甲，郑用琏，等. 4 个玉米合成群体及其亲本群体的遗传变异比较与利用. 作物学报，1999. 23(2)：508～214.

8 卢庆善，孙毅，华泽田. 农作物杂种优势. 北京：中国农业科技出版社，2002

9 陆朝福，朱立煌. 植物育种中的分子标记辅助选择育种. 生物工程进展，1995，15(4)：11～17

10 李晓兵，裔传灯，翟文学，杨振玉，朱立煌. 经基因工程改良的抗白叶枯病水稻粳型恢复系"C418-*Xa*21"及其杂交稻. 生物工程学报，2001，17(4)：380～384

11 李浩杰，李平，高方远，陆贤军，任光俊. SSR 标记辅助选择改良冈 46B 直链淀粉含量的研究. 作物学报，2004，30(11)：1159～1163

12 马育华. 植物育种的数量遗传学基础. 南京：江苏科学技术出版社，1982

13 [美]A R 哈洛威. 玉米轮回选择的理论与实践. 北京：农业出版社，1989

14 彭泽斌，刘新芝. 改良 S_1 后代轮回选择在玉米群体改良中应用的研究. 作物学报，1995，21(6)：695～701

15 彭泽斌，刘新芝，陈彦惠，等. 改良 S_1 后代轮回选择在玉米群体改良中应用的研究. 作物学报，1996，22(4)：463～469

16 彭泽斌. 玉米群体改良问题的探讨. 作物杂志，1998 增刊：63～65

17 沈新莲，张天真. 作物分子标记辅助选择育种研究的进展与展望. 高技术通讯，2003，2：105～110

18 童海军，薛庆中. 抗病杂交水稻新组合Ⅱ优 8220. 杂交水稻，2003，18(5)：73～74

19 田清震，李新海，李明顺，姜伟，张世煌. 优质蛋白玉米的分子标记辅助选择. 玉米科学，2004，12(2)：108～110，113

20 Wricke G，Weber W E. 植物育种的选择原理. 张爱民，等译. 北京农业大学出版社，1990

21 张启发.玉米的群体和群体改良.见:刘纪麟编.玉米育种学.北京:农业出版社,1991
22 张世煌,石德权,徐家舜.对两个亚热带优质蛋白玉米群体的适应性混合选择研究.作物学报,1995,21(3):271～280
23 Bulmer M G. The mathematical theory of quantitative genetics. Oxford:Clarendon Press,1980
24 Crow J F, Kamura M. An introduction to population genetics theory. New York: Harper and Row,1970
25 Compton W A,Comstock R E. More on modified ear-to row selection in corn. Crop Sci,1976,16:122
26 Comstock R E,Robinson H F,Harvey P B. A breeding procedure designed to make maximum of both general and specific combining ability. Agron,1949,41:360～67
27 Comstock R E. Selection procedures in corn improvement. In:Proc Annu Hybrid Corn Ind Res Conf. 1964,19:87～94
28 Dudley J W,Lambert J R. Ninety generations of selection for oil and protein content in maize. Maydica,1992,37:1～7
29 Empig L T,Gardner C O,Compton W A. Theoretical gains for different population improvement procedures. Nebraska Agric Exp Stn Ball,1972,MP26(revised)
30 Falconer D S,Markay T F C. Introduction to quantitative genetics. 4th edn. London:Longman,1996
31 Gardner C O. An evaluation of effects of mass selection and seed irradiation thermal neutrons on yields of corn. Crop Sci,1961,1:241～45
32 Hallauer A R,Miranda J B. Quantitative genetics in maize breeding. Ames:Iowa State University Press,1981
33 Kempthorne O. An introduction to genetic statistics. Ames:The Iowa State University Press,1969
34 Lonnquist J H. A modification of the ear-to-row procedure for the improvement of maize populations. Crop Sci,1964,4:227～228
35 Paterniani E. Selection among and within families in a brazilian population of maize. Crop Sci,1967b,7:212～216
36 Song T M,Chen S J. Long term selection for oit concentration in five maige populations. Maydica,2004,49(1):9～14
37 Song T M,Kong F L,Li C J,Song G H. Eleven cycles of single kernel phenotypic recurrent selection for percent oil in Zhongzong no. 2 maize synthetic. J Genet and Bread,1999,53(1):31～35
38 Tan Caixia,Ji Xuemei,Yang Yong,Pan Xingyuan,Zuo Shimin,Zhang Yafang,Zou Junhuang,Chen Zongxiang,Zhu Lihuang,Pane Biao. Identification and marker assisted selection of two major quantitative genes controlling rice sheath blight resistance in backcross generations. 遗传学报,2005,32(4):399～405

第九章　遗传相关和选择指数

内容提要　遗传群体内不同性状间往往存在着遗传关联，而性状间的遗传关联在育种中具有重要意义。本章分三部分介绍群体内性状间遗传相关分析及其育种应用的有关内容，第一部分介绍相关分析的有关内容，包括表型相关、遗传相关和环境的相关的定义、基因型相关和育种值相关的区分，以及利用不同遗传交配设计估算表型相关、遗传相关和环境相关的方法。第二部分介绍由性状间遗传相关引起的相关选择响应的概念及其估算方法，以及实施间接选择的条件。第三部分介绍多性状的综合指数选择方法，包括选择指数的概念和构建原理、选择指数的类型及其编制、实施指数选择的预期响应、指数选择效率和成分性状的相关响应等，最后简要介绍约束选择指数。

实践告诉我们，动植物乃至人类的许多数量性状之间往往是彼此关联的，例如，生育期较长的作物一般产量较高，根系发达的物种一般耐旱性较强，产量较高的品种一般籽粒品质较差。人们在探讨性状间关系深层次遗传原因的同时，采用相关分析(correlation analysis)的手段研究分析数量性状间的关系(关系的性质和关系密切程度)，并逐渐认识到，数量性状表型值间的关联既有遗传上的原因，又受环境因素的影响。探讨性状间关系的成因和表现，对于动植物育种具有如下几方面重要意义：首先，通过性状间的关系分析，可以把总的表型相关剖分为由遗传原因引起的遗传相关(genetic correlation)和由环境原因引起的环境相关(environmental correlation)两部分，比较遗传原因和环境原因对于性状相关的相对重要程度，并对遗传相关和环境相关作出量的估计，从而指导对遗传材料的育种和生产利用。第二，由于种种原因有的性状不能直接选择改良而只能通过间接选择进行改良，在此情况下遗传相关可用于估算选择的相关响应(correlated response)，帮助人们认识一个性状的改良是如何引起另一个性状的改变。第三，动植物育种的目标往往是多方面的，性状间的遗传相关可用于构建改良多性状综合育种值的选择指数(selection index)，进行多性状改良。由于环境引起的相关不能遗传，多数情况下环境相关应通过试验设计等手段加以控制。下面首先介绍性状间的遗传相关分析，说明性状间的表型相关是如何被分解为遗传和环境两部分的，然后介绍如何借助遗传相关获得选择的相关响应，最后介绍借助遗传相关构建多性状选择指数的方法及其应用。

一、遗传相关分析

(一)表型相关的组成部分

1. 表型相关、遗传相关和环境相关

可以直接观察到的性状间的关联表现在性状的表型值之间。度量性状表型值间关联的性质与程度的指标是表型相关(phenotypic correlation)，用 r_P 表示。表型相关由遗传相关和环境相关组成。

由遗传原因所引起的性状间相关称之为遗传相关(genetic correlation)。基因的多效性(pleiotropy)是引起性状间遗传相关的主要原因。大量研究表明,基因的作用不是彼此独立而是相互关联的,一个性状可能受多个基因控制,一个基因也可能对多个性状起作用。所谓基因的多效性(又称一因多效)是指同一基因同时控制两个或多个性状表现的遗传现象。由基因多效性引起的相关具有稳定而且持久的表现。只有在跟踪单个基因的情况下,如采用分子遗传标记,才能比较精确地了解一个基因的多效效应。如果不能跟踪单个基因的效应,则基因多效性所引起的相关是指影响两个性状的所有基因的总效应或净效应(net effect)。如果不同基因引起的相关方向相反,单个基因的效应有可能正负相互抵消而导致总效应降低,所以多效性不一定引起可察觉的遗传相关。目前数量性状基因定位研究所报道的 QTLs(quantitative trait loci),大多数属于染色体上的一个片断,其中包括多个基因,所报道的一因多效也属于多个基因的总效应。只有通过不断改进实验手段,由定位 QTL 进步到定位 QTG(quantitative trait gene)的水平,才能从真正意义上研究基因的多效性。性状间相关的另一个遗传原因是基因连锁(linkage)。由于连锁引起的性状相关会由于遗传交换的发生而被打破,从而使相关表现发生改变,所以由连锁引起的性状相关也叫瞬变相关(transient correlation),由基因连锁引起的相关可用于优良基因的寻找与发现。

如果相同的环境差异同时影响到两个性状的表现,则会引起环境相关。引起环境相关的因素很复杂,包括所有的非遗传因素,诸如气候、土壤、病虫害以及栽培管理措施等。环境相关是所有环境因素所引起的总效应。

2. 表型相关的剖分

与表型值等于基因型值和环境偏差之和一样,表型相关的构成也包含遗传相关和环境相关两部分。不过,这两部分的关系却不像表型值的构成那么简单。下面推导表型相关、遗传相关和环境相关三者的关系。

正如正态分布总体内的方差具有可加性一样,其协方差亦具有可加性。如果考虑正态分布总体内所有个体的两个性状 X 和 Y,则下式成立:

$$cov_{P_{XY}} = cov_{G_{XY}} + cov_{E_{XY}}$$

式中 $cov_{P_{XY}}$、$cov_{G_{XY}}$ 和 $cov_{E_{XY}}$ 分别为性状 X 和 Y 间的表型协方差、遗传协方差和环境协方差。

由相关系数的计算式 $r_{XY} = \frac{cov_{XY}}{\sigma_X \sigma_Y}$,如下 3 式成立:

$$r_{P_{XY}} = \frac{cov_{P_{XY}}}{\sigma_{P_X}\sigma_{P_Y}},\ r_{G_{XY}} = \frac{cov_{G_{XY}}}{\sigma_{G_X}\sigma_{G_Y}},\ r_{E_{XY}} = \frac{cov_{E_{XY}}}{\sigma_{E_X}\sigma_{E_Y}}$$

并有　$cov_{P_{XY}} = r_{P_{XY}}\sigma_{P_X}\sigma_{P_Y}$, $cov_{G_{XY}} = r_{G_{XY}}\sigma_{G_X}\sigma_{G_Y}$, $cov_{E_{XY}} = r_{E_{XY}}\sigma_{E_X}\sigma_{E_Y}$

且有　$r_{P_{XY}}\sigma_{P_X}\sigma_{P_Y} = r_{G_{XY}}\sigma_{G_X}\sigma_{G_Y} + r_{E_{XY}}\sigma_{E_X}\sigma_{E_Y}$　①

已知　$h^2 = \frac{\sigma_G^2}{\sigma_P^2}$, $\sigma_G^2 = h^2\sigma_P^2$, $\sigma_G = h\sigma_P$　②

若把 $1-h^2$ 定义为环境率且以 e^2 表示,则有环境率 $e^2 = 1-h^2 = 1-\frac{\sigma_G^2}{\sigma_P^2} = \frac{\sigma_E^2}{\sigma_P^2}$,并有

$$\sigma_E^2 = e^2\sigma_P^2,\quad \sigma_E = e\sigma_P \qquad ③$$

把式②和式③代入式①可得

$$r_P\sigma_{P_X}\sigma_{P_Y}=r_G h_X\sigma_{P_X}h_Y\sigma_{P_Y}+r_E e_X\sigma_{P_X}e_Y\sigma_{P_Y}$$

等式两边都除以 $\sigma_{P_X}\sigma_{P_Y}$ 得

$$r_P=h_Xh_Yr_G+e_Xe_Yr_E \tag{9-1}$$

式中：X、Y 为同一个体的两个性状；r_P、r_G、r_E 分别为 X 和 Y 二性状间的表型相关、遗传相关和环境相关；h 为遗传率的平方根；e 为环境率的平方根，$e=\sqrt{1-h^2}$。式(9-1)为表型相关、遗传相关和环境相关间关系的一般表达式。式(9-1)又可表达为 $r_P=h_Xh_Yr_G+\sqrt{(1-h_X^2)(1-h_Y^2)}r_E$。

3. 育种值相关和基因型相关

实际应用中，由于对“遗传”的定义不同，常用的遗传相关有两种：①两性状育种值间的相关，用 r_A 表示；②两性状基因型值间的相关，用 r_G 表示，二者的含义不同，应用上也有很大区别，必须十分注意。r_A 和 r_G 的区分导致对式(9-1)的不同含义和理解：

(1)当式(9-1)中的 r_G 是基因型值间的相关时，表型相关剖分为基因型相关和环境相关两部分，在此情况下式(9-1)可写为：

$$r_{P_{XY}}=h_{B_X}h_{B_Y}r_{G_{XY}}+e_Xe_Yr_{E_{XY}} \tag{9-2}$$

式中：$r_{G_{XY}}$ 为两性状基因型值间相关，$r_{E_{XY}}$ 为环境相关，h_{B_X} 和 h_{B_Y} 分别为两性状广义遗传率的平方根，e_X 和 e_Y 分别为两性状的环境率。

(2)当式(9-1)中的 r_G 是两性状育种值间的相关时，式中的 r_G 应换为 r_A，且表型相关剖分为育种值相关(即加性遗传相关)和非加性遗传相关两部分，在此情况下式(9-1)可写为：

$$r_{P_{XY}}=h_{N_X}h_{N_Y}r_{A_{XY}}+e_Xe_Yr_{E_{XY}} \tag{9-3}$$

式中：$r_{A_{XY}}$ 为两性状加性育种值间的相关；$r_{E_{XY}}$ 为环境相关，含非加性遗传效应和环境因素引起的相关；h_{N_X} 和 h_{N_Y} 分别为两性状狭义遗传率的平方根，$e_X=\sqrt{1-h_{N_X}^2}$，$e_Y=\sqrt{1-h_{N_Y}^2}$。

在有性繁殖作物中，采用特定的遗传交配设计可以实现式(9-2)和(或)式(9-3)的剖分。在无性繁殖作物中只获能得基因型值的方差和协方差，而无法获得加性遗传方差和协方差的估值，因而无性繁殖作物只能实现式(9-2)的剖分而无法实现式(9-3)的剖分。

4. 相关的取值与方向

r_P 与 r_G 方向常一致，但往往是 $r_G>r_P$，r_G 与 r_E 数值大小和方向往往不一致。例如，表9-1所列为一组大豆性状的表型，基因型和环境相关，从中可看出如上特点。

表 9-1 大豆品种 4 性状的表型相关、遗传相关和环境相关

	荚数/株	粒数/株	株粒率(%)	百粒重(g)
荚数/株		−0.04 −0.01	−0.03 0.05	−0.72 −0.15
粒数/株	−0.03		−0.16 0.49	−0.18 −0.84
穗粒率(%)	−0.03	−0.10		0.42 0.32
百粒重(g)	−0.68**	−0.18	0.40	

注：对角线上三角为 r_G(上行)和 r_E(下行)，对角线下三角为 r_P。

5. r_G 与 r_E 的相对重要性

由式(9-1)可以看出，遗传率和环境率的相对大小决定着遗传相关和环境相关对于表型相关的相对重要性：①如果两个相关性状的遗传率 h_X^2 和 h_Y^2 均高，则表型相关主要取决于遗传相关；反之，若二者遗传率均低，则表型相关主要是环境相关的反映。②若 $h_X^2=h_Y^2=1$，则表型相关完全由遗传相关决定，$r_P=r_G$，若 $h_X^2=h_Y^2=0$，则 $r_P=r_E$，表型相关全部来自环境相关。

(二)遗传相关的估算方法

由公式(9-1)推导过程可以理解，估算遗传相关的理论依据是表型方差和协方差的剖分。而表型方差和协方差的剖分必须借助于一定的遗传交配设计。下面介绍几种常用的估算遗传相关(estimation of the genetic correlation)的方法。

1. 单因素试验的方差协方差分析

利用单因素试验设计的试验结果，分别对有遗传关联的两性状 X 和 Y 进行方差分析，并对乘积 XY 进行协方差分析，即可求得相应的遗传方差和协方差成分和遗传相关估值。例如，欲估计某自交系群体内性状 X 和性状 Y 的遗传相关，特从该群体内随机抽取了 f 个自交系并依随机区组设计进行多品系比较试验，对试验结果作两个性状的方差-协方差分析，结果列于表 9-2。

表 9-2 f 个自交系一年一点 r 次重复的方差-协方差分析

变因	DF	MS		EMS	MP	EMP
		X	Y			
重复	$r-1$					
家系	$f-1$	MS_{X_2}	MS_{Y_2}	$\sigma^2+r\sigma_G^2$	MP_2	$cov_{E_{XY}}+rcov_{G_{XY}}$
误差	$(r-1)(f-1)$	MS_{X_1}	MS_{Y_1}	σ^2	MP_1	$cov_{E_{XY}}$

注：f 和 r 分别表示供试家系数和试验重复数；X 和 Y 表示性状；MP 为均积，由乘积和 SP 除以自由度获得。

由表 9-2 可进行如下计算：

性状 X 和 Y 的误差项方差 $\sigma_{X_1}^2=MS_{X_1}$，$\sigma_{Y_1}^2=MS_{Y_1}$，性状 X 和 Y 的误差项协方差 $cov_{E_{XY}}=MP_1$；

性状 X 的遗传方差成分 $\sigma_{G_X}^2=\dfrac{MS_{X_2}-MS_{X_1}}{r}$，性状 Y 的遗传方差成分 $\sigma_{G_Y}^2=\dfrac{MS_{Y_2}-MS_{Y_1}}{r}$；

两性状的遗传协方差成分 $cov_{G_{XY}}=\dfrac{MP_2-MP_1}{r}$，并有 V_P(以小区为单位)$=V_G+V_E$，V_P(以家系为单位)$=V_G+V_E/r$，cov_P(以小区为单位)$=cov_G+cov_E$ 或 cov_P(家系为单位)$=cov_G+cov_E/r$；

$$\left.\begin{aligned} r_G&=\frac{cov_{G_{XY}}}{\sqrt{\sigma_{G_X}^2\cdot\sigma_{G_Y}^2}}\\ r_E&=\frac{cov_{E_{XY}}}{\sqrt{\sigma_{E_X}^2\cdot\sigma_{E_Y}^2}}\\ r_P&=\frac{cov_{P_{XY}}}{\sqrt{\sigma_{P_X}^2\cdot\sigma_{P_Y}^2}}\end{aligned}\right\}\tag{9-4}$$

因为在该设计中品系间的方差-协方差成分所反映的都是 X 和 Y 性状在基因型之间的变

异和协同变异，所以式(9-4)所求得的遗传相关是基因型相关。若供试材料是半同胞家系或重组近交系，则由上式所估计的是育种值间相关，即加性遗传相关。

例 9.1 根据某区域棉花品系遗传改良的需要，曾以 30 个随机抽取的品系作 3 次重复的随机区组试验，研究开花期和株高两性状间的遗传相关，得到方差-协方差分析结果列于表9-3。试据此结果估算有关棉花品系群体中开花期和株高两性状间的遗传相关 r_G、表型相关 r_P 和环境相关 r_E。

表 9-3 株高和开花期二性状的方差-协方差分析

变异来源	自由度	MS		EMS	MP	EMP
		开花期 X	株高 Y			
区组	2	9.13	20.63		20.01	
品系	29	277.58	267.80	$\sigma_E^2+3\sigma_G^2$	175.39	$cov_{E_{XY}}+3cov_{G_{XY}}$
误差	58	30.58	41.64	σ_E^2	5.74	$cov_{E_{XY}}$

解：(1)方差-协方差成分估计。

遗传方差成分：$\sigma_{G_X}^2=\dfrac{277.58-30.58}{3}=82.33$，$\sigma_{G_Y}^2=\dfrac{267.80-41.64}{3}=75.39$

遗传协方差成分：$cov_{G_{XY}}=\dfrac{175.39-5.74}{3}=56.55$

环境方差成分：$\sigma_{E_X}^2=30.58$，$\sigma_{E_Y}^2=41.64$

环境协方差成分：$cov_{E_{XY}}=5.74$

表型方差：$\sigma_{P_X}^2=\sigma_{G_X}^2+\sigma_{E_X}^2=82.33+30.58=112.91$

$\sigma_{P_Y}^2=\sigma_{G_Y}^2+\sigma_{E_Y}^2=75.39+41.64=117.03$

表型协方差：$cov_{XY}=cov_{G_{XY}}+cov_{E_{XY}}=56.55+5.74=62.29$

(2)相关系数估计。

$$\text{遗传相关 } r_G=\frac{cov_{G_{XY}}}{\sqrt{\sigma_{G_X}^2\cdot\sigma_{G_Y}^2}}=\frac{56.55}{\sqrt{82.33\times75.39}}=0.7178$$

$$\text{环境相关 } r_E=\frac{cov_{E_{XY}}}{\sqrt{\sigma_{E_X}^2\cdot\sigma_{E_Y}^2}}=\frac{5.74}{\sqrt{30.58\times41.64}}=0.1609$$

$$\text{表型相关 } r_P=\frac{cov_{P_{XY}}}{\sqrt{\sigma_{P_X}^2\cdot\sigma_{P_Y}^2}}=\frac{62.29}{\sqrt{112.91\times117.03}}=0.5419$$

结论：①该群体内开花期和株高二性状间的三种相关作用方向一致；遗传相关大于表型相关，环境相关很小，环境对材料的选择处理影响不大。②由于该遗传相关为两性状间基因型值的相关，对于有性繁殖的棉花品系的选择意义不大。若为半同胞数据则可估计对棉花选择有用的加性遗传相关。

(3)表型相关组分剖分式(9-1)的实例验证。

依例 9.1 资料可获得两性状遗传率估值：

$$h_{B_X}^2=t_X=\frac{\sigma_{B_X}^2}{\sigma_{B_X}^2+\sigma_{E_X}^2}=\frac{82.33}{82.33+30.58}=0.7292$$

$$h_{B_Y}^2=t_Y=\frac{\sigma_{B_Y}^2}{\sigma_{B_Y}^2+\sigma_{E_Y}^2}=\frac{75.39}{75.39+41.64}=0.6442$$

$$h_Xh_Yr_G+\sqrt{(1-h_X^2)(1-h_Y^2)}\ r_E$$
$$=\sqrt{0.7292}\sqrt{0.6442}\times 0.7178+\sqrt{1-0.7292}\sqrt{1-0.6442}\times 0.1609$$
$$=0.49197+0.04994=0.5419$$

由此证明了：$r_P=h_Xh_Yr_G+\sqrt{(1-h_X^2)(1-h_Y^2)}\ r_E$。

2. 同胞分析

采用同胞分析估计遗传相关的基本构思是，通过遗传交配设计和试验获得同胞家系试验资料，通过方差-协方差分析获得实测方差和实测协方差，通过亲属间协方差把实测的方差和协方差成分转换为遗传方差和协方差成分，进而得到遗传相关估计值。

(1)采用 NCⅠ设计估计遗传相关。NCⅠ遗传交配设计和分析方法见第六章。这里重点介绍 NCⅠ遗传交配设计的协方差分析和相关估计，步骤如下：

①数据整理。

表 9-4　NCⅠ遗传交配设计的数据整理

m	m_1	…	m_i					…	m_m	
f/m	…	…	f_1	…	f_j	…	f_f	…	…	
$X_{ijk}Y_{ijk}$	…	…	$X_{i11}Y_{i11}$ $X_{i12}Y_{i12}$ ⋮　⋮ $X_{i1k}Y_{i1k}$ ⋮　⋮ $X_{i1r}Y_{i1r}$	…	$X_{ij1}Y_{ij1}$ $X_{ij2}Y_{ij2}$ ⋮　⋮ $X_{ijk}Y_{ijk}$ ⋮　⋮ $X_{ijr}Y_{ijr}$	…	$X_{if1}Y_{if1}$ $X_{if2}Y_{if2}$ ⋮　⋮ $X_{ifk}Y_{ifk}$ ⋮　⋮ $X_{ifr}Y_{ifr}$	…	…	
$T_{ij.}$	…	…	$X_{i1.}\ Y_{i1.}$	…	$X_{ij.}\ Y_{ij.}$	…	$X_{if.}\ Y_{if.}$	…	…	
$T_{i..}$	…	…	$X_{i..}=X_{i1.}+\cdots+X_{ij.}+\cdots+X_{if.}$ $Y_{i..}=Y_{i1.}+\cdots+Y_{ij.}+\cdots+Y_{if.}$					…	…	$X_{...}\ Y_{...}$

注：X 和 Y 表示两个性状，m 个父本($i=1,\cdots,m$)，每个父本交配于 f 个母本($j=1,\cdots,f$)，每个组合 r 株($k=1,\cdots,r$)。

②方差协方差分析。

矫正项 $C=\dfrac{X_{...}Y_{...}}{rfm}$，父本项乘积和 $SP_m=\dfrac{1}{rf}\sum\limits_i X_{i..}Y_{i..}-C$

父本内母本项乘积和 $SP_{f/m}=\dfrac{1}{r}\sum\limits_i\sum\limits_j X_{ij.}Y_{ij.}-\dfrac{1}{rf}\sum\limits_i X_{i..}Y_{i..}$

误差项乘积和 $SP_E=SP_{FS}=\sum\limits_i\sum\limits_j\sum\limits_k X_{ijk}Y_{ijk}-\dfrac{1}{r}\sum\limits_i\sum\limits_j X_{ij.}Y_{ij.}$

表 9-5　NCⅠ遗传交配设计方差-协方差分析表(RCBD 设计)

变因	DF	MS_X	MP	MS_Y	EMP
区组	$r-1$				
父本	$m-1$	MS_{X_3}	MP_3	MS_{Y_3}	$cov_E+rcov_{f/m}+rfcov_m$
母/父	$m(f-1)$	MS_{X_2}	MP_2	MS_{Y_2}	$cov_E+rcov_{f/m}$
误差(FS)	$(r-1)(mf-1)$	MS_{X_1}	MP_1	MS_{Y_1}	cov_E

注：$MP_3=SP_m/(m-1)$，$MP_2=SP_{f/m}/[m(f-1)]$，$MP_1=SP_E/[(r-1)(mf-1)]$。

③实测方差-协方差成分估算。

由表 9-5 的期望均积 EMP 可得到如下实测协方差估值(实测方差成分估算参阅第六章,此处略):

$$cov_E = MP_1,\ cov_{f/m} = \frac{MP_2 - MP_1}{r},\ cov_m = \frac{MP_3 - MP_2}{rf}$$

④相关系数估计。

表 9-6 所列为无近交(近交系数 $F=0$)条件下 NCⅠ设计两性状的实测协方差和遗传协方差间的关系(其构成原理与第六章实测方差与遗传方差的关系相同)。

表 9-6 NCⅠ设计的实测协方差和遗传协方差的关系($F=0$)

实测协方差	遗传协方差						
	cov_A	cov_D	cov_{AA}	cov_{AD}	cov_{DD}	cov_{AAA}	cov_E
cov_m	$\frac{1}{4}$	0	$\frac{1}{16}$	0	0	$\frac{1}{64}$	0
$cov_{f/m}$	$\frac{1}{4}$	$\frac{1}{4}$	$\frac{3}{16}$	$\frac{1}{8}$	$\frac{1}{16}$	$\frac{7}{64}$	0
cov_E	$\frac{1}{2}$	$\frac{3}{4}$	$\frac{3}{4}$	$\frac{7}{8}$	$\frac{15}{16}$	$\frac{7}{8}$	1
$cov_m + cov_{f/m}$	$\frac{1}{2}$	$\frac{1}{4}$	$\frac{1}{4}$	$\frac{1}{8}$	$\frac{1}{16}$	$\frac{1}{8}$	0

依据表 9-6 的 cov_m 和表 6.7 的 σ_m^2,可完成如下计算:

$$\text{遗传相关 } r_A = \frac{cov_m}{\sqrt{\sigma_{m_X}^2 \sigma_{m_Y}^2}} \tag{9-5}$$

若假设基因位点间不存在上位性互作,此处的遗传相关仅为加性遗传相关,若无此假设,则此处的遗传相关为加性和加性类型互作效应之和的相关。

$$\text{环境相关 } r_E = \frac{cov_E - 2cov_m}{\sqrt{\sigma_{E_X}^2 - 2\sigma_{m_X}^2}\sqrt{\sigma_{E_Y}^2 - 2\sigma_{m_Y}^2}} \tag{9-6}$$

在假设基因位点间不存在上位性互作的条件下,此式估计了环境相关,因为在无上位性假设下,表 9-5 中的 $cov_E - 2cov_m$ 等于环境协方差。

$$\text{表型相关 } r_P = \frac{cov_m + cov_{f/m} + cov_E}{\sqrt{(\sigma_{m_X}^2 + \sigma_{f/m(X)}^2 + \sigma_{E_X}^2)(\sigma_{m_Y}^2 + \sigma_{f/m(Y)}^2 + \sigma_{E_Y}^2)}} \tag{9-7}$$

例 9.2 依 NCⅠ设计研究性状 X 与性状 Y 的遗传表达特点,得到表 9-7 的方差-协方差分析结果,已知群体的近交系数 $F=0$,试估计遗传相关 r_A、环境相关 r_E 和表型相关 r_P。

表 9-7 某作物 NCⅠ设计两性状的方差-协方差分析结果

变因	DF	MS_X	MP	MS_Y	EMP
区组	2				
m	14	1 501.32	548.81	203.56	$cov_E + 3cov_{f/m} + 12cov_m$
f/m	45	1 054.48	402.38	154.61	$cov_E + 3cov_{f/m}$
误差	118	82.71	40.12	130.22	cov_E
总	179				

方差-协方差成分估计：

$$\sigma^2_{m_X}=\frac{1\,501.32-1\,054.48}{3\times4}=37.24,\ \sigma^2_{m_Y}=\frac{203.56-134.61}{3\times4}=5.74$$

$$cov_m=\frac{548.81-402.38}{3\times4}=12.20$$

同理有：

$$\sigma^2_{f/m(X)}=\frac{1\,054.48-82.71}{3}=323.92,\ \sigma^2_{f/m(Y)}=\frac{134.61-130.22}{3}=1.46$$

$$cov_{f/m}=\frac{402.38-40.12}{3}=120.75$$

$$\sigma^2_{E_X}=82.71,\ \sigma^2_{E_Y}=130.22,\ cov_E=40.12$$

遗传相关，环境相关和表型相关估计：

$$r_A=\frac{cov_m}{\sqrt{\sigma^2_{m_X}\sigma^2_{m_Y}}}=\frac{12.20}{\sqrt{(37.24)(5.74)}}=0.834\,4$$

$$r_E=\frac{cov_E-2cov_m}{\sqrt{(\sigma^2_{E_X}-2\sigma^2_{m_X})(\sigma^2_{E_Y}-2\sigma^2_{m_Y})}}=\frac{40.12-2(12.20)}{\sqrt{(82.71-2\times37.24)(130.22-2\times5.74)}}=0.502\,9$$

$$r_P=\frac{12.20+120.75+40.12}{\sqrt{(37.24+323.92+82.71)(5.74+1.46+130.22)}}=0.700\,7$$

(2)采用 NCⅡ设计估计遗传相关。采用 NCⅡ遗传交配设计进行相关分析的步骤和采用 NCⅠ分析相同。

①数据整理。

表 9-8　NCⅡ遗传交配设计的数据整理

父本	m_1	…	m_i				…	m_m	$T_{\cdot j\cdot}$
重复			R_1	……	R_r	$T_{ij\cdot}$	…	…	
母本 f_1			$X_{i11}Y_{i11}$	…	$X_{i1r}Y_{i1r}$	$X_{i1\cdot}Y_{i1\cdot}$			$X_{\cdot1\cdot}Y_{\cdot1\cdot}$
f_2			$X_{i21}Y_{i21}$	…	$X_{i2r}Y_{i2r}$	…			$X_{\cdot2\cdot}Y_{\cdot2\cdot}$
⋮			⋮	⋮	⋮	⋮			⋮
f_j	…	…	…	…	$X_{ijr}Y_{ijr}$	$X_{ij\cdot}Y_{ij\cdot}$	…	…	$X_{\cdot j\cdot}Y_{\cdot j\cdot}$
⋮			⋮	⋮	⋮	⋮			⋮
f_f			$X_{if1}Y_{if1}$	…	$X_{ifr}Y_{ifr}$	$X_{if\cdot}Y_{if\cdot}$			$X_{\cdot f\cdot}Y_{\cdot f\cdot}$
$T_{i\cdot r}$	…	…	$X_{i\cdot1}Y_{i\cdot1}$		$X_{i\cdot r}Y_{i\cdot r}$	$X_{i\cdot\cdot}Y_{i\cdot\cdot}$	…	…	
$T_{i\cdot\cdot}$	…	…	$X_{i\cdot\cdot}=X_{i\cdot1}+\cdots+X_{i\cdot r}$ $Y_{i\cdot\cdot}=Y_{i\cdot1}+\cdots+Y_{i\cdot r}$				…	…	$X_{\cdots}Y_{\cdots}$

注：X 和 Y 表示两个性状，m 个父本（$i=1,\cdots,m$），每个父本交配于 f 个母本（$j=1,\cdots,f$），r 次重复（$k=1,\cdots,r$）。

②方差协方差分析。

矫正项 $C=\dfrac{X_{\cdots}Y_{\cdots}}{rfm}$

父本间乘积和 $SP_m=\dfrac{1}{rf}\sum_i X_{i\cdot\cdot}Y_{i\cdot\cdot}-C$，母本间乘积和 $SP_f=\dfrac{1}{rm}\sum_j X_{\cdot j\cdot}Y_{\cdot j\cdot}-C$

父本×母本间乘积和 $SP_{mf}=\frac{1}{r}\sum_i\sum_j X_{ij}.Y_{ij}.-SP_m-SP_f+C$，误差项乘积和 $SP_E=SP_{FS}=\sum_i\sum_j\sum_k X_{ijk}Y_{ijk}-\frac{1}{r}\sum_i\sum_j X_{ij}.Y_{ij}.$

表 9-9 NCⅡ遗传交配设计方差和协方差分析表(RCBD 设计)

变因	DF	MS_X	MP	MS_Y	EMP
区组	$r-1$				
父本	$m-1$	MS_{X_4}	MP_4	MS_{Y_4}	$cov_E+rcov_{fm}+rfcov_m$
母本	$f-1$	MS_{X_3}	MP_3	MS_{Y_3}	$cov_E+rcov_{fm}+rmcov_f$
母×父	$(f-1)(m-1)$	MS_{X_2}	MP_2	MS_{Y_2}	cov_E+rcov_{fm}
误差	$(r-1)(mf-1)$	MS_{X_1}	MP_1	MS_{Y_1}	cov_E

注：$MP_4=SP_m/(m-1)$，$MP_3=SP_f/(f-1)$，$MP_2=SP_{mf}/[(f-1)(m-1)]$，$MP_1=SP_E/[(r-1)(mf-1)]$。

③实测方差协方差成分估算。

由表 9-9 的期望均积 EMP 可得到如下实测协方差估值(实测方差成分估算参阅第六章，此处略)：

$$cov_E=MP_1,\ cov_{mf}=\frac{MP_2-MP_1}{r},\ cov_f=\frac{MP_3-MP_2}{rm},\ cov_m=\frac{MP_4-MP_2}{rf}$$

④相关系数估算。

下表所列为无近交(近交系数 $F=0$)条件下 NCⅡ设计两性状的实测协方差和遗传协方差间的关系(其构成原理与第六章实测方差与遗传方差的关系同)。

表 9-10 NCⅡ设计的实测协方差和遗传协方差的关系($F=0$)

实测协方差	遗传协方差						
	cov_A	cov_D	cov_{AA}	cov_{AD}	cov_{DD}	cov_{AAA}	cov_E
cov_m	$\frac{1}{4}$	0	$\frac{1}{16}$	0	0	$\frac{1}{64}$	0
cov_f	$\frac{1}{4}$	0	$\frac{1}{16}$	0	0	$\frac{1}{64}$	0
cov_{mf}	0	$\frac{1}{4}$	$\frac{1}{8}$	$\frac{1}{8}$	$\frac{1}{16}$	0	1
cov_E	$\frac{1}{2}$	$\frac{3}{4}$	$\frac{3}{4}$	$\frac{7}{8}$	$\frac{15}{16}$	$\frac{31}{32}$	0

依据表 9-10 的 cov_m 和表 6-12 的 σ_m^2 的遗传组成，可完成如下计算：

$$\left.\begin{aligned}&\text{遗传相关 } r_A=\frac{cov_m}{\sqrt{\sigma^2_{m_X}\sigma^2_{m_Y}}}\text{ 或 } r_A=\frac{cov_f}{\sqrt{\sigma^2_{f_X}\sigma^2_{f_Y}}}\\&\text{或 } r_A=\frac{cov_m+cov_f}{\sqrt{(\sigma^2_{m_X}+\sigma^2_{f_X})(\sigma^2_{m_Y}+\sigma^2_{f_Y})}}\end{aligned}\right\}\tag{9-8}$$

若假设基因位点间不存在上位性互作，此处的遗传相关仅为加性遗传相关，若无此假设，则此处的遗传相关为性状间加性和加性类型互作效应之和的遗传相关。

$$\text{环境相关 } r_E=\frac{cov_E-cov_m-cov_f}{\sqrt{(\sigma^2_{E_X}-\sigma^2_{m_X}-\sigma^2_{f_X})}\sqrt{(\sigma^2_{E_Y}-\sigma^2_{m_Y}-\sigma^2_{f_Y})}}\tag{9-9}$$

在假设基因位点间不存在上位性互作的条件下，此式估计了环境相关，因为在无上位性假设下，表 9-10 中的 $cov_E - cov_m - cov_f$ 等于环境协方差。

$$\text{表型相关 } r_P = \frac{cov_m + cov_f + cov_{mf} + cov_E}{\sqrt{(\sigma^2_{m_X} + \sigma^2_{f_X} + \sigma^2_{mf(X)} + \sigma^2_{E_X})(\sigma^2_{m_Y} + \sigma^2_{f_Y} + \sigma^2_{mf(Y)} + \sigma^2_{E_Y})}} \tag{9-10}$$

例 9.3 曾以 NCⅡ遗传交配设计研究普通玉米与高油玉米杂交群体的遗传变异情况。以随机抽取的 5 个普通玉米自交系为母本和随机抽取的 20 个高油玉米自交系为父本配置得 100 个杂种 F_1，于北京、沈阳和承德 3 个试点作 3 次重复的随机完全区组设计的田间试验。以小区为单位考查籽粒产量（性状 X）和籽粒油分含量（性状 Y），获得附表 3 的数据结果。试就此数据对研究所用普通玉米和高油玉米在籽粒产量和籽粒油分二性状上的遗传相关进行分析，估算其遗传相关、环境相关和表型相关。

解：依 NCⅡ设计分析方法可获得表 9-11 方差-协方差分析结果。

表 9-11 NCⅡ遗传交配设计的方差和协方差分析表

变异来源	DF	MS_X	MS_Y	MP_{XY}	F_X	F_Y	F_{XY}	$F_{0.05}$	$F_{0.01}$
环境内区组	6	0.001 22	2.137 3	−0.018 17					
环境	2	0.166 90	2.598 3	0.630 67	175.02**	4.56*	618.29**	3.89	6.76
组合	99	0.003 62	7.980 6	0.027 26	3.79**	14.01**	26.73**	1.32	1.48
母本	4	0.043 51	84.107 8	0.852 09	42.89**	132.24**	84.51**	2.49	3.58
父本	19	0.005 62	21.332 0	−0.077 68	5.54**	33.54**	−7.70**	1.71	2.13
母×父	76	0.001 01	0.636 0	0.010 08	1.38*	1.50*	−6.18**	1.38	1.57
组合×环境	198	0.000 95	0.569 7	0.001 02	1.92**	1.73**	2.39**	1.20	1.30
母×环境	8	0.005 22	2.878 9	0.056 36	7.10**	6.78**	−34.54**	2.00	2.63
父×环境	38	0.000 93	0.664 3	−0.000 02	1.26	1.56*	0.01	1.48	1.73
母×父×环境	152	0.000 74	0.424 6	−0.001 63	1.48**	1.29	−3.82**	1.24	1.35
误差	594	0.000 50	0.328 4	0.000 43					
总	800								

方差协方差成分估计：

$$\sigma^2_{m_X} = (0.005\,62 - 0.001\,01)/(3\times3\times5) = 0.001\,02$$
$$\sigma^2_{m_Y} = (21.332\,0 - 0.636\,0)/(3\times3\times5) = 0.459\,9$$
$$cov_m = (-0.077\,68 - 0.010\,08)/(3\times3\times5) = -0.001\,95$$
$$\sigma^2_{f_X} = (0.043\,51 - 0.001\,01)/(3\times3\times5) = 0.000\,94$$
$$\sigma^2_{f_Y} = (84.107\,8 - 0.636\,0)/(3\times3\times5) = 1.854\,9$$
$$cov_f = (0.852\,09 - 0.010\,08)/(3\times3\times5) = 0.018\,71$$
$$\sigma^2_{fm(X)} = (0.001\,01 - 0.000\,74)/(3\times3) = 0.000\,03$$
$$\sigma^2_{fm(Y)} = (0.636\,0 - 0.424\,6)/(3\times3) = 0.023\,5$$
$$cov_{fm} = (0.010\,08 + 0.001\,63)/(3\times3) = 0.001\,30$$
$$\sigma^2_{E_X} = 0.000\,50,\ \sigma^2_{E_Y} = 0.328\,4,\ cov_E = 0.000\,43$$

从父系半同胞方向估计加性遗传相关：

$$r_{A_m} = \frac{cov_m}{\sqrt{\sigma^2_{m_X}\sigma^2_{m_Y}}} = \frac{-0.001\,95}{\sqrt{0.001\,02\times0.459\,9}} = -0.090$$

从母系半同胞方向估计加性遗传相关：

$$r_{A_f}=\frac{cov_f}{\sqrt{\sigma_{f_X}^2\sigma_{f_Y}^2}}=\frac{0.018\,71}{\sqrt{0.000\,94\times1.854\,9}}=0.448\,1$$

环境相关：

$$r_E=\frac{cov_E-2cov_m}{\sqrt{(\sigma_{E_X}^2-2\sigma_{m_X}^2)(\sigma_{E_Y}^2-2\sigma_{m_Y}^2)}}$$

$$=\frac{0.000\,43-2\times(-0.001\,95)}{\sqrt{(0.000\,50-2\times0.001\,02)(0.328\,4-2\times0.459\,9)}}=0.143$$

表型相关：

$$r_P=\frac{cov_m+cov_f+cov_{mf}+cov_E}{\sqrt{(\sigma_{m_X}^2+\sigma_{f_X}^2+\sigma_{mf(X)}^2+\sigma_{E_X}^2)(\sigma_{m_Y}^2+\sigma_{f_Y}^2+\sigma_{mf(Y)}^2+\sigma_{E_Y}^2)}}$$

$$=\frac{-0.001\,95+0.018\,71+0.001\,30+0.000\,43}{\sqrt{(0.001\,02+0.000\,94+0.000\,03+0.000\,50)(0.459\,9+1.854\,9+0.023\,5+0.328\,4)}}$$

$$=0.105$$

结论：在所抽样研究的杂种群体中，籽粒产量和籽粒油分含量两性状间的遗传相关都很低，提高油分含量不会影响产量的提高。供试材料在所研究的两性状间表型相关和环境相关也都很小。

3. 亲子协方差分析

利用亲子关系（parent and offspring relationship）估算遗传相关，需计算交叉协方差（cross covariance）。由亲代的 X 性状值与子代的 Y 性状值和亲代的 Y 性状值与子代的 X 性状值之交叉协方差 $cov(X,Y)$ 估计，理由如下。

若以 P_{X_1} 和 P_{X_2} 分别表示性状 X 上亲子两代的表型值，P_{Y_1} 和 P_{Y_2} 分别表示性状 Y 上亲子两代的表型值，A_{X_1} 和 A_{X_2} 分别表示性状 X 上亲子两代的育种值，A_{Y_1} 和 A_{Y_2} 分别表示性状 Y 上亲子两代的育种值。r_{XY} 表示两性状间的表型相关，$r_{A(XY)}$ 表示两性状间的遗传相关，$r_{A(OP)}$ 表示同一性状亲子间的通径系数，即亲子亲缘系数$\left(\text{或理论相关，}r_{A(OP)}=\frac{1}{2}\right)$。并假定同一性状亲子之间不存在环境相关，剩余值 R 可被从略，则亲子两代两性状 X 与 Y 之间的关系可用图 9-1 的通径图表示。

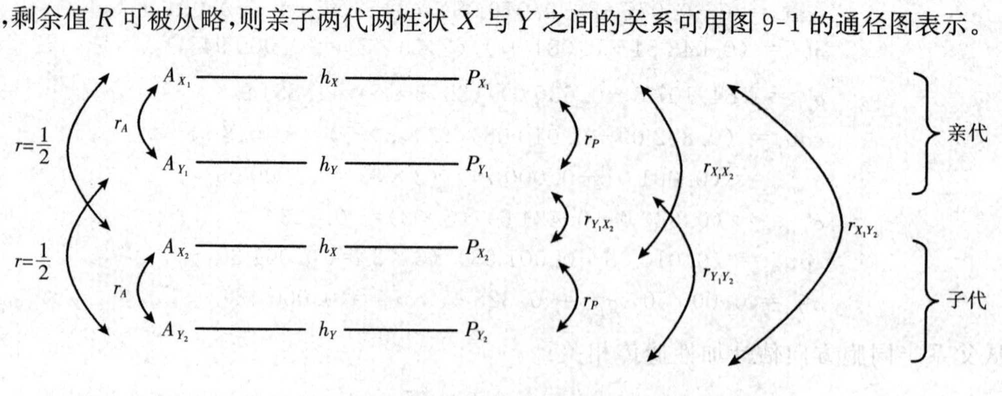

图 9-1 亲子两代两相关性状育种值和表型值关系的通径图

由图 9-1 可得到亲代 X 性状与子代 Y 性状间的表型相关 $r_{X_1Y_2}$，以及亲代 Y 性状与子代 X 性状间的表型相关 $r_{X_2Y_1}$ 的计算式：

$$r_{X_1Y_2}=h_X r_{A(XY)}\frac{1}{2}h_Y,\ r_{A(XY)}=\frac{2r_{X_1Y_2}}{h_Xh_Y}$$

$$r_{X_2Y_1}=h_X\frac{1}{2}r_{A(XY)}h_Y,\ r_{A(XY)}=\frac{2r_{X_2Y_1}}{h_Xh_Y}$$

于是
$$r_A^2=\frac{4r_{X_1Y_2}r_{X_2Y_1}}{h_X^2h_Y^2} \quad ①$$

由图 9-1 可得同一性状亲子两代的表型相关 $r_{X_1X_2}$ 和 $r_{Y_1Y_2}$：

$$\left.\begin{aligned}r_{X_1X_2}=\frac{1}{2}h_X^2,\quad h_X^2=2r_{X_1X_2}\\ r_{Y_1Y_2}=\frac{1}{2}h_Y^2,\quad h_Y^2=2r_{Y_1Y_2}\end{aligned}\right\} \quad ②$$

把式②代入式①，

$$r_{A(XY)}^2=\frac{4r_{X_1Y_2}r_{X_2Y_1}}{2r_{X_1X_2}\cdot 2r_{Y_1Y_2}}=\frac{r_{X_1Y_2}r_{X_2Y_1}}{r_{X_1X_2}r_{Y_1Y_2}}=\frac{\dfrac{cov(X_1,Y_2)}{\sqrt{V_{X_1}V_{Y_2}}}\cdot\dfrac{cov(X_2,Y_1)}{\sqrt{V_{X_2}V_{Y_1}}}}{\dfrac{cov(X_1,X_2)}{\sqrt{V_{X_1}V_{X_2}}}\cdot\dfrac{cov(Y_1,Y_2)}{\sqrt{V_{Y_1}V_{Y_2}}}}$$

$$=\frac{cov(X_1,Y_2)cov(X_2,Y_1)}{cov(X_1,X_2)cov(Y_1,Y_2)}$$

由此可得遗传相关估计式：

$$r_{A(XY)}=\frac{\sqrt{cov(X_1,Y_2)\cdot cov(X_2,Y_1)}}{\sqrt{cov(X_1,X_2)\cdot cov(Y_1,Y_2)}}=\sqrt{\frac{SP_{X_1Y_2}\cdot SP_{X_2Y_1}}{SP_{X_1X_2}\cdot SP_{Y_1Y_2}}} \quad (9\text{-}11)$$

式中：$cov(X_1,Y_2)$和 $cov(X_2,Y_1)$为交叉协方差，分别表示亲代 X 性状与子代 Y 性状间的协方差和亲代 Y 性状与子代 X 性状间的协方差，$cov(X_1,Y_2)$和 $cov(X_2,Y_1)$又可表示为 $cov_{X_1Y_2}$ 和 $cov_{X_2Y_1}$；$cov(X_1,X_2)$和 $cov(Y_1,Y_2)$为两个性状各自的亲子协方差，又可表示为 $cov_{X_1X_2}$ 和 $cov_{Y_1Y_2}$。

实际应用中，只要利用亲子数据算出 4 个协方差或乘积和代入上式即可得到性状间遗传相关的估值。式(9-11)的分子 $\sqrt{cov_{X_1Y_2}\cdot cov_{X_2Y_1}}$ 或 $\sqrt{SP_{X_1Y_2}\cdot SP_{X_2Y_1}}$ 为两个交叉协方差或交叉乘积和的几何平均数，有时一正一负，结果就包含虚数。为了避免这种结果，Hazel(1943)提出可用两者的算术平均数来代替它们的几何平均数。这样，式(9-11)就变为：

$$r_{A(XY)}=\frac{cov_{X_1Y_2}+cov_{X_2Y_1}}{2\sqrt{cov_{X_1X_2}\cdot cov_{Y_1Y_2}}} \quad (9\text{-}12)$$

例 9.4　曾以某玉米遗传群体为材料研究产量性状的遗传，表 9-12 所列为来自同一个环境的部分自交系及其杂种 F_1 的平均(子代平均)行粒数(性状 X)与株粒重(g)(性状 Y)，已知：

$h_X^2=0.46, h_Y^2=0.40, \hat{\sigma}_{(h_X^2)}=0.2, \hat{\sigma}_{(h_Y^2)}=0.19, \sigma_{A_X}^2=4.35, \sigma_{P_X}^2=9.56, \sigma_{A_Y}^2=224.1, \sigma_{P_Y}^2=560.28$。试估算行粒数($X$)与株粒重($Y$)的遗传相关系数。

解:依据协方差计算通式 $cov_{XY}=\left[\sum xy-\frac{(\sum x)(\sum y)}{n}\right]/(n-1)$,可计算亲子协方差和交叉协方差:$cov_{X_1Y_2}=-22.436, cov_{X_2Y_1}=12.620, cov_{X_1X_2}=-1.114, cov_{Y_1Y_2}=453.130$。

利用式(9-11)可得到加性遗传协方差估值:

$$r_A \doteq \sqrt{\frac{cov_{X_1Y_2}\cdot cov_{X_2Y_1}}{cov_{X_1X_2}\cdot cov_{Y_1Y_2}}}=\sqrt{\frac{-22.436\times 12.620}{-1.114\times 453.130}}=0.7489$$

表 9-12 某玉米遗传群体内部分自交系及其杂种 F_1 的平均行粒数与株粒重

亲本自交系		子代平均	
行粒数 X_1	株粒重 Y_1(g)	行粒数 X_2	株粒重 Y_2(g)
30	78.5	42	151.9
33	94.3	32	132.5
25.5	85.9	32.5	124.7
23.5	79.0	36	168.8
22.5	63.0	34.5	104.5
24	87.5	42	168.7
30.5	98.2	35	160.5
24.5	117.7	41.3	213.8
28.5	48.8	37.3	103.1
31.5	58.8	34.2	115.8
28	88.0	37	187.0
21	73.5	33.5	140.3
24.5	91.3	34.3	164.2
28	77.8	35.5	131.2

4. 由相关响应 CR_X 和 CR_Y 估算 r_A

针对两个相关性状实施双重选择的情况下,由本章第二部分的式(9-16)和式(9-17)可以获得对一个性状实施选择在另一个相关性状上的相关响应 CR。并可利用直接选择响应(R)和相关响应(CR)可获得遗传相关估计式:

$$r_A^2=\frac{CR_X CR_Y}{R_X R_Y}$$

$$r_A=\sqrt{\frac{CR_X CR_Y}{R_X R_Y}} \tag{9-13}$$

式中:R_X 为性状 X 的直接响应,R_Y 为性状 Y 的直接响应,CR_X 为对 Y 施加选择在其相关性状 X 上产生的间接响应,CR_Y 为对 X 施加选择在其相关性状 Y 上产生的间接响应。

5. 利用混合线性模型分析方法估计遗传相关、环境相关和表型相关

利用混合线性模型分析方法对一组亲本的杂种及其衍生世代均值进行分析,估计遗传方差和协方差,进而估计遗传相关、环境相关和表型相关,基本公式为 $\frac{cov_{XY}}{\sigma_X\sigma_Y}$。具体方法参见朱军

(1992,1993,1997)。

(三)遗传相关估计标准误

遗传相关的估计误差通常很大。遗传方差和协方差会显著地受到群体内基因频率变化的影响,会强烈地受到选择的影响。不同群体甚至同一群体在不同时期其性状间的遗传方差和协方差也会出现较大波动。估计遗传方差通常要求样本容量相当大,样本要有充分代表性。Lynch(1998)和 Falconer(1996)介绍了遗传相关标准误的估计方法。

(1)Reeve(1955b)和 Robertson(1959b)给出了亲子分析情况下遗传相关估计标准误的近似式:

$$\hat{\sigma}(r_A)=\frac{1-r_A^2}{\sqrt{2}}\sqrt{\frac{\sigma_{(h_X^2)}\sigma_{(h_Y^2)}}{h_X^2h_Y^2}} \tag{9-14}$$

式中:$\hat{\sigma}(r_A)$为遗传相关估计标准误,r_A^2 为遗传相关的平方,$\sigma_{(h_X^2)}$ 为性状 X 遗传率的估计标准误,$\sigma_{(h_Y^2)}$ 为性状 Y 遗传率的估计标准误,h_X^2 为性状 X 的遗传率估值,h_Y^2 为性状 Y 的遗传率估值。公式(9-14)适用于利用两项交叉协方差的情况,如果只利用一项交叉协方差,则式(9-13)分母中的$\sqrt{2}$应省略。

例 9.5 试对例 9.4 的遗传相关估计其标准误。

解:根据式(9-14),$\hat{\sigma}(r_A)=\frac{1-r_A^2}{\sqrt{2}}\sqrt{\frac{\sigma_{(h_X^2)}\sigma_{(h_Y^2)}}{h_X^2h_Y^2}}=\frac{1-0.748\,9^2}{\sqrt{2}}\sqrt{\frac{0.20\times0.19}{0.46\times0.40}}=0.141\,1$

(2)Lynch(1998)把 Hammond 和 Nicholas(1972)提出的利用 NCⅠ设计估算遗传相关、环境相关或表型相关标准误的公式进行了概括,具体可参阅 Lynch(1998)。

(四)环境相关的估算

上面已在有关例题中估算了环境相关,归纳起来估算数量性状环境相关的方法有如下几种。

(1)根据相应遗传交配设计的方差和协方差组分计算,采用 NCⅠ遗传交配设计时按式(9-6)、用 NCⅡ设计时按式(9-9)获得环境相关。

(2)利用表型相关剖分式(9-1)获得环境相关估计:

$$r_P=h_Xh_Yr_G+e_Xe_Yr_E$$

$$\text{环境相关 } r_E=\frac{r_P-h_Xh_Yr_G}{e_Xe_Y},e_X=\sqrt{1-h_X^2},e_Y=\sqrt{1-h_Y^2}$$

(3)实际应用中常采用高度近交系(自交系,纯系)和/或两纯系杂种 F_1 估算。

r_E =纯系内性状间表型相关

=两纯系杂种 F_1 内两性状间表型相关

二、选择的相关响应

(一)相关响应定义

若性状 X 与性状 Y 之间存在遗传相关,则对性状 X 施加选择,性状 Y 必然发生相应的间接变化，通常把这种由选择引起的相关性状的间接响应称之为相关选择响应(correlated response to selection，*CR*)。

(二)相关响应的估算

由第八章知，对一个性状实行选择的直接选择响应(由选择引起性状均值在世代间的变化)为中选个体(选择单位)的平均育种值。当两性状育种值间存在相关时，对一个性状实施选择时引起与之相关的另一性状的变化，可采用相关性状的育种值对直接选择性状育种值的回归表示。例如，当 X 为直接选择性状时，与之有相关关系的性状 Y 所发生的变化可用如下回归求得：

$$b_{A(Y/X)}=\frac{cov_A}{\sigma^2_{A_X}}=\frac{cov_A}{\sigma_{A_X}\sigma_{A_Y}}\cdot\frac{\sigma_{A_Y}}{\sigma_{A_X}}=r_A\frac{\sigma_{A_Y}}{\sigma_{A_X}} \tag{9-15}$$

式中：$b_{A(Y/X)}$ 为性状 Y 的育种值对性状 X 育种值的回归，cov_A 为二性状育种值间协方差，$\sigma^2_{A_X}$ 为性状 X 的育种值方差，σ_{A_Y} 为性状 Y 的育种值方差的平方根，r_A 为二性状的育种值相关。如果是无性繁殖作物，如上式中的回归、相关、协方差和方差均应改为基因型的。

进而可得性状 Y 的相关响应 CR_Y 的表达式：

$$CR_Y=b_{A(Y/X)}R_X \tag{9-16a}$$

$$=r_A\frac{\sigma_{A_Y}}{\sigma_{A_X}}\cdot kh_X\sigma_{A_X}$$

$$=kh_Xr_A\sigma_{A_Y} \tag{9-16b}$$

$$=kh_Xr_Ah_Y\sigma_{P_Y}\text{（因为 }\sigma_{A_Y}=h_Y\sigma_{P_Y}\text{）} \tag{9-16c}$$

式中：CR_Y 为性状 Y 上的相关响应，$b_{A(Y/X)}$ 为性状 Y 对性状 X 的育种值回归，R_X 为性状 X 上的直接响应，k 为选择强度，h_X 和 h_Y 为两性状遗传率的平方根，r_A 为遗传相关，σ_{P_Y} 为性状 Y 的表型标准差。

同理可得，选择施加于性状 Y 在其相关性状 X 上的相关响应 CR_X 的估算式：

$$CR_X=kh_Yr_A\sigma_{A_X} \tag{9-17a}$$

$$=kh_Yr_Ah_X\sigma_{P_X} \tag{9-17b}$$

在此验证式(9-13)：

$$\frac{CR_XCR_Y}{R_XR_Y}=\frac{kh_Yr_A\sigma_{A_X}\cdot kh_Xr_A\sigma_{A_Y}}{kh_X\sigma_{A_X}\cdot kh_Y\sigma_{A_Y}}=r_A^2$$

利用式(9-13)估计遗传相关需通过双重选择得到两个直接响应和两个相关响应。

(三)间接选择

(1)直接选择与间接选择：第八章所介绍的选择方法，都是直接作用于所期望改进的性状，因此又称之为直接选择(direct selection)。间接选择(indirect selection)是采用一个与期望改进的目标性状(desired trait)Y 有相关关系的辅助性状(secondary trait)X，对辅助性状 X 施加选择，通过相关响应 CR_Y 来改良目标性状 Y 的选择方法。

(2)何时采用间接选择？一般来说，在性状间遗传相关高的前提下，当遇到以下几种情况时可考虑采用间接选择：①目标性状遗传率低而辅助性状的遗传率高(h_Y^2 低且 $h_X^2>h_Y^2$)；②由于性别限制，目标性状只能在一个性别上考查，而辅助性状可在两性别中考查并实施选择；③目标性状观察周期长而副性状观察周期短，或目标性状直接测量困难且耗资高而副性状易测量，可使副性状的选择强度大于目标性状的($k_X>k_Y$)。

(3)间接选择效率：通常以间接选择与直接选择响应之比来衡量间接选择效率：

$$\frac{CR_Y}{R_Y}=\frac{k_X h_X r_A \sigma_{A_Y}}{k_Y h_Y \sigma_{A_Y}}=r_A\frac{k_X h_X}{k_Y h_Y} \tag{9-18}$$

由此可见，若两性状的选择强度相等($k_X=k_Y$)，则只有 $CR_Y>R_Y$ 即 $r_A h_X>h_Y$ 时，间接选择才优于直接选择。

例 9.6 利用例 9.4 的资料和已知条件，若中选率为 5%($k=2.06$)，试估算选择性状 X 时，对性状 Y 的间接选择响应及间接选择效率。

解：这里行粒数是辅助性状，株粒重是目标性状，根据式(9-16c)和已知条件，直接选择行粒数时在株粒重上的间接响应为：

$$CR_Y=kh_X h_Y r_A \sigma_{P_Y}=2.06\times\sqrt{0.46}\times\sqrt{0.40}\times 0.7489\times\sqrt{560.28}=15.6640$$

$$R_Y=kh_Y^2\sigma_{P_Y}=2.06\times 0.40\times\sqrt{560.28}=19.5043$$

间接选择效率$=\frac{CR_Y}{R_Y}=\frac{15.6640}{19.5043}=0.8031$，或间接选择效率$=r_A\frac{h_X}{h_Y}=0.7489\times\sqrt{\frac{0.46}{0.4}}=0.8031$(假设选择强度 $k_X=k_Y$)。

由此可见，对本组数据来说，间接选择不及直接选择效果好，原因是：①辅助性状的遗传率 h_X^2(=0.4)不够高，且 h_Y^2 与 h_X^2 相差不多；② r_A 不够高。建议采用直接选择或其他可获得良好效果的选择方法改良该遗传群体的穗粒重。

例 9.7 据报道，水稻抽穗期 X 和单株穗重 Y(g)的遗传相关系数 $r_A=0.95$，且已知 $h_X^2=0.822$，$h_Y^2=0.431$，$\sigma_{P_Y}^2=6.89$，$k=2.06$($p=0.05$)，试估算选择抽穗期间接改良单株穗重的效率。

解：依式(9-16c)，$CR_Y=kh_X h_Y r_A\sigma_{P_Y}=2.06\times\sqrt{0.822}\times\sqrt{0.431}\times 0.95\times\sqrt{6.89}$
$=3.0576$

依式(7-8)，$R_Y=kh_Y^2\sigma_{P_Y}=2.06\times 0.431\times\sqrt{6.89}=2.3305$

相对于直接选择，以抽穗期为辅助性状对单株穗重实行间接选择的效率

$$\frac{CR_Y}{R_Y}=\frac{3.0576}{2.3305}=1.312$$

结论：从该资料分析结果看，以抽穗期为辅助性状，对单株穗重作间接选择比对单株穗重作直接改良，其效率提高约 30%，间接选择效率高于直接选择。

(四)相关选择差与相关遗传率

1. 相关选择差

参照直接选择情况下选择差 S 的定义，相关选择差(correlated selection differential)定义

为，因性状 X 的表现而中选的个体，其相关性状 Y 的平均表现与群体平均产生的差异，以 S'_{YX} 表示（当含义明确时，也可直接用 S'_Y 表示）：

$$S'_{YX}=b_{P(Y/X)}S_X \tag{9-19}$$

式中：S'_{YX} 为对性状 X 实施选择，在性状 Y 上的相关选择差，$b_{P(Y/X)}$ 为性状 Y 对性状 X 的表型回归，S_X 为性状 X 的选择差。

2. 相关遗传率

和 $\frac{R}{S}=h_R^2$ 定义为实现遗传率相类似，把 $\frac{CR_Y}{S'_Y}$ 定义为相关遗传率（correlated heritability），以 CH 表示。由式(9-16a)，

$$\frac{CR_Y}{S'_Y}=\frac{b_{A(Y/X)}R_X}{b_{P(Y/X)}S_X}=\frac{r_A\frac{\sigma_{A_Y}}{\sigma_{A_X}}}{r_P\frac{\sigma_{P_Y}}{\sigma_{P_X}}}h_X^2=\frac{r_A}{r_P}\cdot\frac{\sigma_{A_Y}\sigma_{P_X}}{\sigma_{P_Y}\sigma_{A_X}}\cdot h_X^2=\frac{\frac{cov_A}{\sigma_{A_X}\sigma_{A_Y}}}{\frac{cov_P}{\sigma_{P_X}\sigma_{P_Y}}}\cdot\frac{\sigma_{A_Y}\sigma_{P_X}}{\sigma_{P_Y}\sigma_{A_X}}\frac{\sigma_{A_X}^2}{\sigma_{P_X}^2}=\frac{cov_A}{cov_P}$$

由此得到相关遗传率 CH 的计算式：

$$CH=\frac{cov_A}{cov_P} \tag{9-20}$$

式中：cov_A 为两相关性状的育种值协方差，cov_P 为两相关性状的表型协方差。和实现遗传率一样，相关遗传率只有描述功能，没有预测功能。

例 9.8　以例 9.4 的资料和已知条件，试估算行粒数与株粒重的相关遗传率。

解：由于亲子两代数据在同一环境下获得，可把两代数据联合分析。

$$cov_A=r_A\sigma_{A_X}\sigma_{A_Y}=0.748\,9\times\sqrt{4.35}\times\sqrt{224.1}=23.382\,9$$

$$cov_P=\frac{1}{28-1}\left[\sum xy-\frac{\left(\sum x\right)\left(\sum y\right)}{28}\right]=187.910$$

$$\text{相关遗传率 } CH=\frac{cov_A}{cov_P}=\frac{23.382\,4}{187.910}=0.124\,4$$

由此也可看出，CR_Y 不会高。

三、多性状选择指数

(一)选择指数与指数选择

第八章所介绍的各种选择方法都是对单个性状的选择，但在实际的育种工作中，经常需要同时改良几个性状，如产量、抗性、品质等。对多个性状的改良方法有顺序选择法、独立淘汰法和指数选择法等多种方法。顺序选择法是把要改良的性状一个一个地依次进行改良，一个性状达到目标后再改良另一个性状。这样依次改良下去，不但费时费工，而且对一些有负相关的性状还会造成前后选择的矛盾。独立淘汰法是对每个要改良的目标性状都定出一个最低的中选标准，只有那些在每个目标性状上都达到标准的个体才被保留，其结果是，往往会把那些在

多数性状上表现优良甚至个别性状突出而仅有一个性状未达标的个体淘汰掉。而且，同时选择的性状越多，中选的个体就越少。例如在性状间无相关的情况下，以超过平均值一个标准差为中选标准，对 3 个性状同时实施选择，中选的个体的比例只有 16%×16%×16%＝0.409 6%。指数选择法是把所要改良的性状，用线性组合的形式，按其遗传特点和经济效果综合成一个反映多性状综合育种值的数量指标，称为选择指数(selection index，I)，然后以选择指数为选择单位实行选择，以期得到最佳的遗传改良。通常把以选择指数的大小作为选择依据的选择方法称为指数选择法(index selection method)。一般说来，指数选择法的改良效果要优于前两种方法。

(二)选择指数的构建原理

构建选择指数的基本原理可概括为：应用最小平方(least squares method)，建立一组使 $E(I-H)^2$ 为最小的齐次方程即正规方程组，用多元回归法求解该正规方程组得到指数系数 $\boldsymbol{b}$ 的估值，进而构成选择指数。具体如下：

假设要改良的目标性状有 n 个。设个体的综合育种值(aggregate breeding value)H 为：

$$H = w_1a_1 + w_2a_2 + \cdots + w_ia_i + \cdots + w_na_n = \sum_i^n w_ia_i = \boldsymbol{w}^{\mathrm{T}}\boldsymbol{a} \tag{9-21}$$

式中：a_i 为欲改良的性状 i 的育种值，$\boldsymbol{a}^{\mathrm{T}}=(a_1,a_2,\cdots,a_i,\cdots,a_n)$ 为育种值向量，w_i 为第 i 个性状的经济价值即 a_i 的权量因子，$\boldsymbol{w}^{\mathrm{T}}=(w_1,w_2,\cdots,w_i,\cdots,w_n)$，$i=1,2,\cdots n$，$n$ 为综合育种值中包括的性状数。权量因子表达了育种者视各性状的相对重要性。

经典的选择指数是依据个体本身 n 个相同性状的表型值来构建一个线性函数(实际上是一个 Fisher 判别函数)，以估计综合育种值 H，故这些性状亦称为信息性状。设个体的选择指数 I 为：

$$I = b_1x_1 + b_2x_2 + \cdots + b_ix_i + \cdots + b_nx_n = \sum_{i=1}^n b_ix_i = \boldsymbol{b}^{\mathrm{T}}\boldsymbol{x} \tag{9-22}$$

式中：x_i 为第 i 个性状的表型值；$\boldsymbol{x}^{\mathrm{T}}=(x_1,x_2,\cdots,x_i,\cdots,x_n)$ 为个体表型值向量；b_i 为第 i 个性状在指数中的权量(即偏回归系数)，为 H 和 I 的相关系数为最大时的待定系数；$\boldsymbol{b}^{\mathrm{T}}=(b_1,b_2,\cdots,b_i,\cdots,b_n)$，$n$ 为指数中包括的性状数。假设要改良的目标性状有 n 个。

显然，构建选择指数是要求得一组回归系数 $\boldsymbol{b}$，建立一个指数 I，用它估计 H 可获得最大的综合育种值改良 R_H。

为表示简化起见，若以 P 加下标表示表型方差协方差，以 A 加下标表示遗传方差协方差，则有：

表型方差 $P_{ii}=\sigma_i^2=V_{P_i}$，　　遗传方差 $A_{ii}=\sigma_{A_i}^2=h_i^2\sigma_i^2$，

表型协方差 $P_{ij}=cov_{P_{ij}}=r_P\sigma_i\sigma_j$，　　遗传协方差 $A_{ij}=cov_{A_{ij}}=r_Ah_ih_j\sigma_i\sigma_j$

并有指数的表型方差：$V_P(I) = V_P\left(\sum b_ix_i\right) = \boldsymbol{b}^{\mathrm{T}}\boldsymbol{Pb}$

式中 $\boldsymbol{P}$ 为表型方差协方差阵，

$$\boldsymbol{P}=\begin{bmatrix}P_{11} & P_{12} & \cdots & P_{1n}\\ P_{21} & P_{22} & \cdots & P_{2n}\\ \vdots & \vdots & & \vdots\\ P_{n1} & P_{n2} & \cdots & P_{nn}\end{bmatrix}=\begin{bmatrix}V_{P_{11}} & cov_{P_{12}} & \cdots & cov_{P_{1n}}\\ cov_{P_{21}} & V_{P_{22}} & \cdots & cov_{P_{2n}}\\ \vdots & \vdots & & \vdots\\ cov_{P_{n1}} & cov_{P_{n2}} & \cdots & V_{P_{nn}}\end{bmatrix} \tag{9-23}$$

综合育种值的方差：$V_A(H)=V_A(\boldsymbol{w}^{\mathrm{T}}\boldsymbol{a})=\boldsymbol{w}^{\mathrm{T}}\boldsymbol{A}\boldsymbol{w}$

式中 $\boldsymbol{A}$ 为遗传方差协方差阵，

$$\boldsymbol{A}=\begin{bmatrix}A_{11} & A_{12} & \cdots & A_{1n}\\ A_{21} & A_{22} & \cdots & A_{2n}\\ \vdots & \vdots & & \vdots\\ A_{n1} & A_{n2} & \cdots & A_{nn}\end{bmatrix}=\begin{bmatrix}V_{A_{11}} & cov_{A_{12}} & \cdots & cov_{A_{1n}}\\ cov_{A_{21}} & V_{A_{22}} & \cdots & cov_{A_{2n}}\\ \vdots & \vdots & & \vdots\\ cov_{A_{n1}} & cov_{A_{n2}} & \cdots & V_{A_{nn}}\end{bmatrix} \tag{9-24}$$

选择指数 I 与综合育种值 H 的协方差

$$cov(I,H)=cov(\boldsymbol{b}^{\mathrm{T}}\boldsymbol{x},\boldsymbol{w}^{\mathrm{T}}\boldsymbol{a})=cov(\boldsymbol{b}^{\mathrm{T}}(\boldsymbol{a}+\boldsymbol{e}),\boldsymbol{w}^{\mathrm{T}}\boldsymbol{a})=\boldsymbol{b}^{\mathrm{T}}cov(\boldsymbol{a},\boldsymbol{a})\boldsymbol{w}=\boldsymbol{b}^{\mathrm{T}}\boldsymbol{A}\boldsymbol{w} \tag{9-25}$$

为使指数有实际意义，应使 $r(I,H)$ 为最大，为此需采用如下导数运算来求解向量 $\boldsymbol{b}$：

$$r(I,H)=\frac{cov(I,H)}{\sigma_I\cdot\sigma_H}=\frac{\boldsymbol{b}^{\mathrm{T}}\boldsymbol{A}\boldsymbol{w}}{(\boldsymbol{b}^{\mathrm{T}}\boldsymbol{P}\boldsymbol{b})^{1/2}(\boldsymbol{w}^{\mathrm{T}}\boldsymbol{A}\boldsymbol{w})^{1/2}}$$

$$\lg r(I,H)=\lg(\boldsymbol{b}^{\mathrm{T}}\boldsymbol{A}\boldsymbol{w})-\frac{1}{2}\lg(\boldsymbol{b}^{\mathrm{T}}\boldsymbol{P}\boldsymbol{b})-\frac{1}{2}\lg(\boldsymbol{w}^{\mathrm{T}}\boldsymbol{A}\boldsymbol{w})$$

$$\frac{\partial\lg r(I,H)}{\partial\boldsymbol{b}}=\frac{1}{\boldsymbol{b}^{\mathrm{T}}\boldsymbol{A}\boldsymbol{w}}\boldsymbol{A}\boldsymbol{w}-\frac{2}{2\boldsymbol{b}^{\mathrm{T}}\boldsymbol{P}\boldsymbol{b}}\boldsymbol{P}\boldsymbol{b}=0$$

$\dfrac{\boldsymbol{A}\boldsymbol{w}}{\boldsymbol{b}^{\mathrm{T}}\boldsymbol{A}\boldsymbol{w}}=\dfrac{\boldsymbol{P}\boldsymbol{b}}{\boldsymbol{b}^{\mathrm{T}}\boldsymbol{P}\boldsymbol{b}}$，$\boldsymbol{P}\boldsymbol{b}=\boldsymbol{A}\boldsymbol{a}\,\dfrac{\boldsymbol{b}^{\mathrm{T}}\boldsymbol{P}\boldsymbol{b}}{\boldsymbol{b}^{\mathrm{T}}\boldsymbol{A}\boldsymbol{w}}$，舍去纯量$\dfrac{\boldsymbol{b}^{\mathrm{T}}\boldsymbol{P}\boldsymbol{b}}{\boldsymbol{b}^{\mathrm{T}}\boldsymbol{A}\boldsymbol{w}}$，即可获得所需的正规方程组和指数系数向量 $\boldsymbol{b}$ 的求解式：

正规方程组：$\boldsymbol{P}\boldsymbol{b}=\boldsymbol{A}\boldsymbol{w}$， (9-26)

指数系数向量：$\boldsymbol{b}=\boldsymbol{P}^{-1}\boldsymbol{A}\boldsymbol{w}$ (9-27)

式中：$\boldsymbol{P}^{-1}$ 为表型方差协方差矩阵的逆矩阵，$\boldsymbol{A}$ 为遗传方差协方差阵，$\boldsymbol{w}$ 为经济权重向量。

(三)选择指数的编制

1.基本步骤

制定合理可行的选择指数的过程实际上是一个从众多指数中寻优的过程，是一个寻求最佳选择方案的过程。制定选择指数的步骤为：①获取所需信息：性状的表型方差 $P_{ii}=\sigma_i^2=V_i$，表型协方差 $P_{ij}=cov_{P_{ij}}$，遗传方差 $A_{ii}=V_A$，遗传协方差 $A_{ij}=cov_{A_{ij}}$ 的估值，以及各性状的相对经济权量 w_i，w_i 可由经济价值算出，或从相对重要性估计；②利用这些参数依式(9-26)编制所需的正规方程组式(9-28)，式(9-29)或式(9-30)；③依式(9-27)求解指数系数进而构建所需的选择指数。

2.正规方程组

构建选择指数时，因目标性状的多少和指数与综合育种值中性状分配的不同，导致所需的正规方程组不同，构建的选择指数也不同。概括起来，大致有如下 3 种类型。

(1)单一性状改良(single trait improvement)。综合育种值中只有一个目标性状，利用辅助性状来帮助改良目标性状，目标性状包括于指数中。其正规方程组为：

$$\left.\begin{aligned}P_{11}b_1+P_{12}b_2+\cdots+P_{1m}b_m&=A_{11}\\P_{21}b_1+P_{22}b_2+\cdots+P_{2m}b_m&=A_{21}\\&\vdots\\P_{m1}b_1+P_{m2}b_2+\cdots+P_{mm}b_m&=A_{m1}\end{aligned}\right\}\tag{9-28}$$

式中性状 1 为被改良的性状，其余性状为辅助性状。

(2)改良经济价值(economic value)。目标性状只有一个，目标性状不包括在指数中。目标性状可为经济价值(只有在把个体出售后才能得知，因此不能被包括于指数中)，也可为其他单一性状，如产量等。正规方程组为：

$$\left.\begin{aligned}P_{22}b_2+P_{23}b_3+\cdots+P_{2m}b_m&=A_{21}\\P_{32}b_2+P_{33}b_3+\cdots+P_{3m}b_m&=A_{31}\\&\vdots\\P_{m2}b_2+P_{m3}b_3+\cdots+P_{mm}b_m&=A_{m1}\end{aligned}\right\}\tag{9-29}$$

性状 1 为要改良的经济价值或性状，表型方差协方差阵 $\boldsymbol{P}=\begin{bmatrix}P_{22}&P_{23}&\cdots&P_{2m}\\P_{32}&P_{33}&\cdots&P_{3m}\\\vdots&\vdots&&\vdots\\P_{m2}&P_{m3}&\cdots&P_{mm}\end{bmatrix}$，遗传协方差阵向量 $\boldsymbol{A}=\begin{bmatrix}A_{21}\\A_{31}\\\vdots\\A_{m1}\end{bmatrix}$，经济权量 $w_i=1$。

(3)多性状改良(multiple traits)。对多性状同时改良，目标是改良综合育种值 H。选择指数 I 和综合育种值 H 中所包括的性状数可相同也可不同。求解 b_i 所需的正规方程组为：

$$\left.\begin{aligned}P_{11}b_1+P_{12}b_2+\cdots+P_{1m}b_m&=A_{11}w_1+A_{12}w_2+\cdots+A_{1n}w_n\\P_{21}b_1+P_{22}b_2+\cdots+P_{2m}b_m&=A_{21}w_1+A_{22}w_2+\cdots+A_{2n}w_n\\&\vdots\\P_{m1}b_1+P_{m2}b_2+\cdots+P_{mm}b_m&=A_{m1}w_1+A_{m2}w_2+\cdots+A_{mn}w_n\end{aligned}\right\}\tag{9-30}$$

(四)指数选择的响应(response to index selection)

1. 预期响应

指数选择的选择响应 R_I 为实施指数选择所引起的综合育种值 H 的改变量，故指数选择响应又以 R_H 或 ΔH 表示。

依选择响应的定义，R_I 应等于选择指数所承受的选择差乘以综合育种值对选择指数的回归系数：

$R_I=S\cdot b_{HI}$，而 $S=k\sigma_I$，$b_{HI}=r_{HI}\cdot\frac{\sigma_H}{\sigma_I}$，所以指数选择的响应 $R_I=S\cdot b_{HI}=k\sigma_I\cdot r_{HI}\cdot\frac{\sigma_H}{\sigma_I}=kr_{HI}\sigma_H$，或表示为 $R_I=kr_{IA}\sigma_A$，因为这里的 $\sigma_H=\sigma_A$ 均为综合育种值的标准差。

由前知，建立指数方程时的标度是综合育种值 H 对指数 I 的回归 $b_{HI}=1$，因此，如果指数未重新标度，指数选择的预期响应：

$$R_I=S\cdot b_{HI}=S=k\sigma_I \tag{9-31}$$

式中：σ_I 为指数标准差，S 为指数选择差。可见，指数选择响应 $R_I=$ 指数选择差 S，且与 σ_I 成正比。

2. 指数标准差 $\boldsymbol{\sigma_I}$ 的计算

由于指数 $I=\boldsymbol{b}^{\mathrm{T}}\boldsymbol{x}$，故有指数方差

$$\sigma_I^2=V(\boldsymbol{b}^{\mathrm{T}}\boldsymbol{x})=\boldsymbol{b}^{\mathrm{T}}\boldsymbol{P}\boldsymbol{b}=\boldsymbol{b}^{\mathrm{T}}\boldsymbol{A}\boldsymbol{w} \tag{9-32}$$

式中：$\boldsymbol{P}$ 为表型方差协方差阵，$\boldsymbol{A}$ 为遗传方差协方差阵，$\boldsymbol{b}$ 为指数中的系数向量，$\boldsymbol{w}$ 为综合育种值中的经济权量向量。

当 H 中只有一个性状时，

$$\sigma_I^2=b_1A_{11}+b_2A_{21}+\cdots+b_mA_{m1} \tag{9-33}$$

由式(9-30)，当 H 中包括多个性状时，

$$\sigma_I^2=b_1\sum\nolimits_1\boldsymbol{Aw}+b_2\sum\nolimits_2\boldsymbol{Aw}+\cdots+b_m\sum\nolimits_m\boldsymbol{Aw}=\boldsymbol{b}^{\mathrm{T}}\boldsymbol{Aw} \tag{9-34}$$

式中：

$$\begin{aligned}\sum\nolimits_1\boldsymbol{Aw}&=A_{11}w_1+A_{12}w_2+\cdots+A_{1n}w_n\\ \sum\nolimits_2\boldsymbol{Aw}&=A_{21}w_1+A_{22}w_2+\cdots+A_{2n}w_n\\ &\vdots\\ \sum\nolimits_m\boldsymbol{Aw}&=A_{m1}w_1+A_{m2}w_2+\cdots+A_{mn}w_n\end{aligned}$$

(五)指数选择效率

有两个指标可用来衡量指数选择的效率。

1. 指数值 $\boldsymbol{I}$ 与综合育种值 $\boldsymbol{H}$ 之间的相关 $\boldsymbol{r_{IH}}$

r_{IH} 越大，说明指数值 I 与综合育种值 H 之间的关系越密切，根据指数值预测综合育种值的效果越好，指数选择效率越高。r_{IH} 数值的估算公式为：

$$r_{IH}=\frac{cov(I,H)}{\sigma_I\sigma_H}=\sqrt{\frac{\boldsymbol{b}^{\mathrm{T}}\boldsymbol{Aw}}{\boldsymbol{w}^{\mathrm{T}}\boldsymbol{Aw}}} \tag{9-35}$$

式中：σ_H 为综合育种值的标准差，σ_I 为指数标准差。当综合育种值中只有一个被改良性状时，指数方差 σ_I^2 可由式(9-33)获得。

r_{IH}^2 相当于多元回归中的决定系数，$1-r_{IH}^2$ 表示增加其他信息来源改进指数的余地。

2. 指数标准差 $\boldsymbol{\sigma_I}$

用指数标准差可衡量指数选择的效率，理由如下：

(1)r_{IH}表达式可进一步简化。对于未经重新标度的指数 $I=b_1x_1+b_2x_2+\cdots+b_nx_n$ 来说，$b_{IH}=\dfrac{cov(I,H)}{\sigma_I^2}=1$，则 $cov(I,H)=\sigma_I^2$，于是 $r_{IH}=\dfrac{cov(I,H)}{\sigma_I\sigma_H}=\dfrac{\sigma_I^2}{\sigma_I\sigma_H}=\dfrac{\sigma_I}{\sigma_H}$，对一组资料或育种群体来说，综合育种值的标准差 σ_H 为一常数，故可由 σ_I 的大小比较不同指数的效率。

(2)由于指数选择响应 $R_H=k\sigma_I$，即 R_H 与 σ_I 成正比例，因此在选择强度 k 相同情况下，σ_I 提供了对比不同指数相对效率的简单方法。

(六) 成分性状的相关响应

指数选择中，指数或综合育种值的任一成分性状(简称成分性状)的响应为该性状对于指数选择的相关响应，用 CR_i 表示。由于指数的响应为 $R_H=k\sigma_I$，成分性状 i 对于指数选择的相关响应 CR_i 为：

$$\begin{aligned} CR_i &= b_{(A)iI}\cdot R_H=b_{(A)iI}\cdot k\sigma_I \\ &= \frac{cov_{(A)iI}}{\sigma_I^2}k\sigma_I=\frac{k}{\sigma_I}cov_{(A)iI} \end{aligned} \tag{9-36}$$

式中 $cov_{(A)iI}$ 为性状 i 和指数的遗传协方差，

$$\begin{aligned} cov_{(A)iI} &= cov_A(a_i,\boldsymbol{P}^{\mathrm{T}}\boldsymbol{b})=cov[a_i,(\boldsymbol{a}+\boldsymbol{e})^{\mathrm{T}}\boldsymbol{b}] \\ &= cov(a_i,\boldsymbol{a}^{\mathrm{T}}\boldsymbol{b})=b_1A_{i1}+b_2A_{i2}+\cdots+b_mA_{im} \end{aligned}$$

式中：A_{i1}、A_{i2}、A_{im} 分别为性状 i 和性状 1、性状 2、性状 m 的遗传协方差，A_{ii} 为性状 i 的遗传方差，已如前述。

例 9.9　欲以性状 X(cm) 作为辅助性状改良性状 Y(g)，试利用表 9-13 所给信息，(1)构建选择指数；(2)预测指数选择响应；(3)分析指数选择效率；(4)估计指数选择对辅助性状的相关响应(该例源于 Falconer(1996)中例 19.6)。

表 9-13　两性状的遗传信息

性状	h^2	σ_P^2	r_A	r_P
Y	0.36	6.37	0.29	0.45
X	0.45	0.28		

解：(1)构建选择指数。

$P_{11}=6.37,P_{22}=0.28$

$P_{12}=P_{21}=r_P\sigma_{P_1}\sigma_{P_2}=0.45\times\sqrt{6.37}\times\sqrt{0.28}=0.601\,0$

$A_{11}=h_1^2\sigma_{P_1}^2=0.36\times6.37=2.293\,2,A_{22}=h_2^2\sigma_{P_2}^2=0.44\times0.28=0.123\,2$

$A_{12}=A_{21}=r_Ah_1h_2\sigma_{P_1}\sigma_{P_2}=0.29\times\sqrt{0.36}\times\sqrt{0.45}\times\sqrt{6.37}\times\sqrt{0.28}=0.155\,7$

正规方程组为式(9-28)的形式：

$\begin{cases}P_{11}b_1+P_{12}b_2=A_{11}\\P_{21}b_1+P_{22}b_2=A_{21}\end{cases}$ 代入如上数据，$\begin{cases}6.37b_1+0.601b_2=2.293\,2\\0.601b_1+0.28b_2=0.155\,7\end{cases}$

解之得：$\begin{cases}b_1=0.386\\b_2=-0.272\end{cases}$，选择指数 $I=0.386Y-0.272X$

以 b_1 去除等式两边对指数重新标度，得到 $I'=Y-0.705X$。

选择时，这一重新标度使指数 I 的数值发生变化，但不改变 H 的优劣顺序。

(2)选择响应预测(必须用未重新标度的指数)。

$$\sigma_I^2=b_1A_{11}+b_2A_{12}=0.386\times2.2932+(-0.272)\times0.1557=0.8428$$

$$\sigma_I=\sqrt{0.8428}=0.918$$

指数选择的响应 $R_H=k\sigma_I=0.918k$(g/代)

(3)指数选择效率。

对性状 Y 的直接选择响应 $R=kh^2\sigma_P=0.36\times2.52k=0.907k$(g/代)

于是指数选择的比较效率为 $\frac{R_H}{R}=\frac{0.918k}{0.907k}=1.012$ 可见，增加辅助性状并未提高主性状的改良效果。

(4)性状 X 的相关响应。

$$cov_{(A)2I}=b_1A_{21}+b_2A_{22}=0.386\times0.1557+(-0.272)\times0.1232=0.0266$$

$CR_2=\frac{k}{\sigma_I}cov_{(A)2I}=\frac{0.0266}{0.918}k=0.029k$(cm/代)，采用指数选择对辅助性状的相关改良效果甚微。其原因可能是表型相关大于遗传相关，遗传相关太小而环境相关较大所致。

例 9.10 曾采用 NCⅡ遗传交配设计研究玉米的性状遗传，得到某 F_2 群体的遗传率、表型方差、遗传方差、表型相关和遗传相关系数估值，列于表 9-14。若欲根据三个产量因素改良穗粒重 Y，试完成如下计算：(1)建立可供选择使用的选择指数 I；(2)若中选率为 10%，试估算指数选择下每代预期遗传进度；(3)指数选择与直接改良相比的选择效率；(4)指数选择对百粒重的相关响应。

表 9-14 某作物 F_2 群体的遗传率及方差成分估值

	穗行数 X_1	行粒数 X_2	百粒重 X_3(g)	穗粒重 Y(g)
h_N^2	0.60	0.46	0.56	0.44
σ_P^2	1.41	9.56	7.27	560.28
σ_A^2	0.85	4.35	4.06	248.50

表 9-15 某作物 F_2 群体的性状间相关系数

	X_1	X_2	X_3	Y
穗行数 X_1	—	−0.2006	−0.1497	−0.0767
行粒数 X_2	−0.2426	—	−0.4286	0.6000
百粒重 X_3	−0.1594	−0.4328	—	0.4815
穗粒重 Y	−0.1738	0.7206	0.5231	—

注：主对角线下为加性遗传相关，主对角线上为表型相关。

解：(1)构建选择指数：

根据题意，目标性状是穗粒重 Y，Y 不包括在指数中。所需正规方程组符合式(9-29)的形式：

$$\begin{cases}P_{11}b_1+P_{12}b_2+P_{13}b_3=A_{1Y}\\P_{21}b_1+P_{22}b_2+P_{23}b_3=A_{2Y}\\P_{31}b_1+P_{32}b_2+P_{33}b_3=A_{3Y}\end{cases}$$

由已知条件：$P_{11}=\sigma_{X_1}^2=1.41, P_{22}=\sigma_{X_2}^2=9.56, P_{33}=\sigma_{X_3}^2=7.274$

$$P_{13}=P_{31}=r_{13}\sigma_1\sigma_3=(-0.1497)\times\sqrt{1.41}\times\sqrt{7.27}=-0.4793$$

$$P_{23}=P_{32}=r_{23}\sigma_2\sigma_3=(-0.4286)\times\sqrt{9.56}\times\sqrt{7.27}=-3.5731$$

$$A_{1Y}=r_{A_{1Y}}\sigma_{A_1}\sigma_{A_Y}=(-0.1738)\times\sqrt{0.85}\times\sqrt{248.5}=-2.5259$$

$$A_{2Y}=r_{A_{2Y}}\sigma_{A_2}\sigma_{A_Y}=0.7206\times\sqrt{4.35}\times\sqrt{248.5}=23.6920$$

$$A_{3Y}=r_{A_{3Y}}\sigma_{A_3}\sigma_{A_Y}=0.5231\times\sqrt{4.06}\times\sqrt{248.5}=16.6154$$

另外为下面例 9.11 需要做如下计算：

$P_{1Y}=P_{Y1}=-2.1558, P_{2Y}=P_{Y2}=43.9120, P_{3Y}=P_{Y3}=30.7302, P_{YY}=560.28$

$A_{11}=0.85, A_{12}=A_{21}=(-0.2426)\times\sqrt{0.85}\times\sqrt{4.35}=-0.4665$

$A_{13}=(-0.1594)\times\sqrt{0.85}\times\sqrt{4.06}=-0.2961, A_{22}=4.35$

$A_{23}=(-0.4328)\times\sqrt{4.35}\times\sqrt{4.06}=-1.8188, A_{33}=4.06, A_{YY}=248.5$

正规方程组：

$$\begin{cases}1.41b_1-0.7365b_2-0.4793b_3=-2.5259\\-0.7365b_1+9.56b_2-3.5731b_3=23.6920\\-0.4793b_1-3.5731b_2+7.27b_3=16.6154\end{cases}$$

写成矩阵形式：

$$\underset{\boldsymbol{P}}{\begin{bmatrix}1.41 & -0.7365 & -0.4793\\-0.7365 & 9.56 & -3.5731\\-0.4793 & -3.5731 & 7.27\end{bmatrix}}\underset{\boldsymbol{b}}{\begin{bmatrix}b_1\\b_2\\b_3\end{bmatrix}}=\underset{\boldsymbol{A}}{\begin{bmatrix}-2.5259\\23.6920\\16.6154\end{bmatrix}}$$

表型方差-协方差阵的行列式 $|\boldsymbol{P}|=71.3328$

$$\boldsymbol{P}^{-1}=\begin{bmatrix}0.7953 & 0.0991 & 0.1011\\0.0991 & 0.1405 & 0.0756\\0.1011 & 0.0756 & 0.1814\end{bmatrix}$$

$$\boldsymbol{b}=\boldsymbol{P}^{-1}\boldsymbol{A}=\begin{bmatrix}2.0188\\4.3345\\4.5498\end{bmatrix}$$

选择指数 $I=2.0188X_1+4.3345X_2+4.5498X_3$

等式两边都除以 X_1 的系数把指数重新标度后，得到重新标度后的选择指数：

$$I'=X_1+2.1471X_2+2.2537X_3$$

(2)估算中选率 $p=0.1$ 时指数选择的预期遗传进度：

由附表1A，中选率 $p=0.1$ 时，$k=1.755$

指数标准差 $\sigma_I=\sqrt{b_1A_{1Y}+b_2A_{2Y}+b_3A_{3Y}}$

$=\sqrt{2.0188\times(-2.5259)+4.3345\times23.6920+4.5498\times16.6154}$

$=\sqrt{173.1904}=13.1602$

每代预期选择进度 $R_H=k\sigma_I=1.755\times13.1602=23.0961$(g/代)

(3)指数选择效率：

对性状 Y 直接选择的响应：$R_Y=kh^2\sigma_P=1.755\times0.44\times\sqrt{560.28}=18.2782$(g/代)

指数选择效率 $\dfrac{R_H}{R}=\dfrac{23.0691}{18.2782}=1.2636$

指数选择比直接选择的效率要高26.36%。

(4)指数选择对百粒重 X_3 的相关响应：

$$cov_{A(3I)}=b_1A_{31}+b_2A_{32}+b_3A_{33}$$
$$=b_1r_{A_{31}}\sigma_{A_3}\sigma_{A_1}+b_2r_{A_{32}}\sigma_{A_3}\sigma_{A_2}+b_3\sigma_{A_3}^2$$
$$=2.0188\times(-0.1594)\times\sqrt{4.06}\times\sqrt{0.85}+4.3345\times(-0.4328)\times\sqrt{4.06}\times\sqrt{4.35}+4.5498\times4.06$$
$$=9.9906$$

$$CR_3=\frac{cov_{A(3I)}}{\sigma_I}k=\frac{9.9906}{13.1602}\times1.755=1.3323\text{(g/代)}$$

$$R_3=kh_3^2\sigma_{P_3}=1.755\times0.56\times\sqrt{7.27}=2.6499\text{(g/代)}$$

指数选择效率 $\dfrac{CR_3}{R_3}=\dfrac{1.3323}{2.6499}=0.5028$

可见采用所构建的指数改良百粒重的效率仅为直接选择的一半。

(七)约束选择指数

多性状指数选择的目的是希望综合的性状有最大的遗传改良，但有时由于性状间存在着负相关，使指数选择达不到预期的效果。例如作物种子产量的提高往往伴随着籽粒品质的下降，棉花纤维长度的提高往往带来纤维强度的降低。如何在选择过程中控制这种负相关，做到作物的产量和棉纤维的长度增加，而籽粒品质和纤维强度又不下降呢？下面简要介绍约束选择的方法。

约束选择的方法是把性状的表型值和遗传参数制订成一种约束指数，然后根据这个指数实施选择。所谓约束，是指在所有要综合的性状中，希望有些性状保持不变，称之为约束性状，而其余性状则希望得到提高。对性状加以如此控制的选择指数就是约束选择指数，简称约束指数。而通常没有附加条件的选择指数则称为无约束选择指数，简称无约束指数或选择指数。

根据盛志廉和吴常信(1995)，约束选择指数中系数向量的求解公式为：

$$\boldsymbol{b}=[\boldsymbol{I}-\boldsymbol{P}^{-1}\boldsymbol{AC}(\boldsymbol{C}^{T}\boldsymbol{AP}^{-1}\boldsymbol{AC})^{-1}\boldsymbol{C}^{T}\boldsymbol{A}]\boldsymbol{P}^{-1}\boldsymbol{Aw} \tag{9-37}$$

式中：$\boldsymbol{I}$ 为单位矩阵；$\boldsymbol{P}$ 为表型方差协方差阵；$\boldsymbol{A}$ 为遗传方差协方差阵；$\boldsymbol{w}$ 为经济权量向量；$\boldsymbol{C}$ 为约束矩阵，无约束时 $\boldsymbol{C}=0$ 矩阵，$\boldsymbol{C}=(\boldsymbol{C}_1,\boldsymbol{C}_2,\cdots,\boldsymbol{C}_r)$，$r$ 为约束性状数。$\boldsymbol{C}_i$ 为第 i 个性状的约束列向量，除约束性状对应元素为 1 外，其余元素均为零。

例 9.11 从例 9.10 的资料可以看出，在所研究的遗传群体内，穗行数与其他性状成负相关。据此分析，该群体内进一步改进产量穗行数已成为限制因素，因此考虑构建对穗行数实行约束的选择指数，希望在保持穗行数 X_1 不变的情况下尽可能提高其他 3 个性状的综合育种值。根据这一构思，需要构建的选择指数的正规方程组为式(9-30)的形式，选择指数和综合育种值中均包括 4 个性状。(1)试构建能满足如上条件的约束选择指数；(2)试估计所建选择指数的预期选择响应。

解：(1)根据式(9-37)，所需要的计算元素为：

$$\boldsymbol{I}=\begin{bmatrix}1&0&0&0\\0&1&0&0\\0&0&1&0\\0&0&0&1\end{bmatrix},\quad \boldsymbol{P}=\begin{bmatrix}1.4100&-0.7365&-0.4793&-2.1558\\-0.7365&9.5600&-3.5731&43.9120\\-0.4793&-3.5731&7.2700&30.7302\\-2.1558&43.9120&30.7302&560.2800\end{bmatrix}$$

$$\boldsymbol{C}=\boldsymbol{C}_1=\begin{bmatrix}1\\0\\0\\0\end{bmatrix},\quad \boldsymbol{w}=\begin{bmatrix}-4\\0\\1\\3\end{bmatrix},\quad \boldsymbol{A}=\begin{bmatrix}0.8500&-0.4665&-0.2961&-2.5259\\-0.4665&4.3500&-1.8188&23.6920\\-0.2961&-1.8188&4.0600&16.6154\\-2.5259&23.6920&16.6154&248.5000\end{bmatrix}$$

$$A_{11}=0.85,A_{22}=4.35,A_{33}=4.06,A_{YY}=248.5$$

$$A_{12}=A_{21}=(-0.2426)\times\sqrt{0.85}\times\sqrt{4.35}=-0.4665$$

$$A_{13}=A_{31}=(-0.1594)\times\sqrt{0.85}\times\sqrt{4.06}=-0.2961$$

$$A_{23}=A_{32}=(-0.4328)\times\sqrt{4.35}\times\sqrt{4.06}=-1.8188$$

把如上各项代入式(9-37)即可求出所需的指数系数向量。

$$\boldsymbol{b}=[\boldsymbol{I}-\boldsymbol{P}^{-1}\boldsymbol{A}\boldsymbol{C}(\boldsymbol{C}^{\mathrm{T}}\boldsymbol{A}\boldsymbol{P}^{-1}\boldsymbol{A}\boldsymbol{C})^{-1}\boldsymbol{C}^{\mathrm{T}}\boldsymbol{A}]\boldsymbol{P}^{-1}\boldsymbol{A}\boldsymbol{w}=\begin{bmatrix}-8.0891\\-23.3271\\-23.8600\\4.3831\end{bmatrix}$$

所要求的约束选择指数为：$I=-8.0891X_1-23.3271X_2-23.8600X_3+4.3831Y$

(2)利用式(9-34)可求得指数方差：

$$\sum\nolimits_1 \boldsymbol{Aa}=A_{11}a_1+A_{12}a_2+A_{13}a_{13}+A_{14}a_4=-11.2738$$

$$\sum\nolimits_2 \boldsymbol{Aa}=A_{21}a_1+A_{22}a_2+A_{23}a_3+A_{24}a_4=71.1232$$

$$\sum\nolimits_3 \boldsymbol{Aa}=A_{31}a_1+A_{32}a_2+A_{33}a_3+A_{34}a_4=55.0906$$

$$\sum\nolimits_4 \boldsymbol{Aa}=A_{41}a_1+A_{42}a_2+A_{43}a_2+A_{44}a_4=772.219$$

$$\sigma_I^2=b_1\sum\nolimits_1 \boldsymbol{Aa}+b_2\sum\nolimits_2 \boldsymbol{Aa}+b_3\sum\nolimits_3 \boldsymbol{Aa}+b_4\sum\nolimits_4 \boldsymbol{Aa}=502.3483$$

利用式(9-31)可求得指数选择的预期响应：

$$R_I = k\sigma_I = k\sqrt{\sigma_I^2} = k\sqrt{502.348\,3} = 22.413\,1k$$

若按所建约束指数实施选择，预期每代可使综合育种值提高 22.413 1k。

(八)关于多性状综合选择指数的实际应用

综合选择指数自 Hazel(1943)完整论述后，其方法在实践中得到许多应用。人们把指数选择用于作物、林木、动物的产量性状、品质性状、抗性性状的改良。但人们在实际应用中发现，应用指数选择很难达到理论上的预期效果。其原因主要有：①指数建立在许多遗传参数(表型的和遗传的方差和协方差)估计的基础上，估计这些遗传参数的误差必然导致选择指数的误差。②各性状经济权量的准确估计有相当难度。确切地说，经济权量是个动态变化的量，应根据不同地区、不同时期、不同遗传群体的改良目标具体确定。③群体大小，小的群体会导致选择强度估计偏高，使预期选择响应偏高。④对信息性状的控制技术也会影响指数选择的预期效果。⑤对遗传相关的不恰当应用会严重影响指数选择效率。例如采用基因型间的方差-协方差所建立的选择指数对于有性繁殖物种的选择是无效的；利用加性遗传方差-协方差建立的选择指数对于无性繁殖世代的选择也是无效的。

盛志廉和陈瑶生(1999)介绍了确定经济权量的方法和对信息性状的控制技术，包括 Kempthorne 和 Nordskog(1959)提出的约束选择指数(restricted selection index)、Tallis(1962)提出的最宜选择指数(optimum selection index)、Essl(1981)提出的综合育种值估计，以及陈瑶生和盛志廉(1988,1989)提出的通用选择指数等。

复习思考题

1. 性状间关系的研究，对于动植物育种具有哪些重要意义？

2. 性状间相关的遗传原因何在？为什么一般说来基因的连锁不是性状间相关的主要原因？

3. r_A 和 r_G 的含义有何不同？实践中如何正确使用 r_A 和 r_G？

4. 如何判断遗传相关和环境相关对于表型相关的相对重要性？

5. 常用的估算遗传相关的方法有哪些，各有什么特点？在什么情况下估计的遗传相关是 r_G，在什么情况下估计的遗传相关是 r_A？

6. 如何估计环境相关？

7. 何为选择的相关响应，怎样估算相关响应？

8. 什么是间接选择，何时实行间接选择？怎样衡量间接选择效率？试结合所从事的工作举例说明。

9. 何为相关选择差，何为相关遗传率，各有什么实际意义？

10. 什么是选择指数？选择指数是怎样构建的？什么是综合育种值，为什么采用指数选择能有效地改良综合育种值？

11. 怎样编制选择指数？什么是指数的正规方程？根据不同的改良目标，常用的指数正规方程组有哪几种？其不同之处何在，各用于哪种情况？

12. 什么是选择指数的标准差？综合育种值中包括一个性状和多个性状情况下怎样计算

选择指数标准差？

13. 怎样估计指数选择的预期响应，怎样估计指数选择带来的成分性状的相关响应？怎样衡量指数选择的效率？

14. 何为约束选择指数，什么情况下使用约束选择指数？约束选择指数怎样构建？怎样体现对性状的约束？

参考文献

1 郭平仲. 数量遗传分析. 北京：北京师范学院出版社，1987

2 刘垂玗. 作物数量性状的多元遗传分析. 北京：中国农业出版社，1991

3 李会霞，王玉文，等. 谷子一些数量性状的遗传相关分析及其在育种上的应用. 甘肃农业科技，2005(4)：12～14

4 李润植，赵志立，毛雪. 谷子遗传育种原理. 北京：气象出版社，1997

5 马育华. 植物育种的数量遗传学基础. 南京：江苏科学技术出版社，1982

6 盛志廉，吴常信. 数量遗传学. 北京：中国农业出版社，1995

7 盛志廉，陈瑶生. 数量遗传学. 北京：科学出版社，1999

8 朱军. Mixed model approaches for estimating genetic variance and covariance. 生物数学学报，1992，7(1)1～11

9 朱军. 遗传模型分析方法. 北京：中国农业出版社，1997

10 朱军. Mixed model for estimating covariances between two traits with unequal design matrices. 生物数学学报，1993，8(3)：24～30

11 Falconer D S，Markay T F C. Introduction to quantitative genetics. 4th edn. London：Longman，1996

12 Hazel I N. The genetic basis for constructing selection indeces. Genetics，1943，28：476～490

13 Lynch M，Walsh B. Genetics and analysis of quantitative traits. Massachusetts：Sinauer Associates Inc，1998

14 Smith H F. A discriminant function for plant selection. Ann Eugenics，1936，74：232～248

第十章　交配效应与配合力分析

内容提要　近交和杂交是改良群体遗传结构的重要途径。近交使性状表型值降低，引起近交衰退；杂交（近交系间杂交）使由于近交而失去的适合度和生理效率得到恢复，表现为杂种优势。近交杂交加选择可创造最优杂交组合供人类利用。本章的第一部分首先从群体水平上介绍近交杂交对群体均值的影响，说明何谓近交衰退，何谓杂种优势，给出近交衰退及杂种优势量的计算方法。第二部分重点讲解种子性状杂种优势的理论构成及针对具体理论构成的育种应用。第三部分介绍近交杂交和群体方差，重点说明近交与杂交情况下遗传方差是怎样分配的，其育种意义如何。第四部分讲解自交系组配优势杂种的能力——亲本配合力的概念、分析方法及其应用。第五部分在简要介绍杂种优势形成的各种遗传假说的基础上，举例介绍近年来借助分子标记实验技术研究数量性状杂种优势遗传基础的有关进展。

人类在改良动植物遗传结构的过程中，除采用选择手段外，另一条重要途径是改变交配方式，即采用近交(inbreeding)与杂交(crossbreeding)。近交通常是指有一定亲缘关系（或称有共祖关系）的个体间的相互交配，正如在第三章所定义的，近交是指血缘等同基因在同一后代个体中相遇的现象。近交程度用近交系数来衡量。近交使群体均值水平降低。而杂交则是指具有不同基因型的个体间的相互交配。杂交使群体水平提高。近交和杂交两种交配方式各自产生不同的遗传效应。对于封闭的遗传群体来说，两种交配方式作用方向相反但数值相等。近交衰退(inbreeding depression)与杂种优势(heterosis or hybrid vigour)是数量性状表现的第二个基本特征（第一个基本特征是亲属间相似）。杂种优势利用已成为动植物育种中普遍应用的手段。众所周知，杂种优势利用已经为人类创造了巨大的财富。关于杂种优势机理的探索已有百年的历史，遗传学家、育种学家乃至生理学家们提出了多种假设，但关于杂种优势机理的解释至今仍众说纷纭。近年来人们采用分子手段探讨杂种优势机理，为解释杂种优势现象提供了多种证据，大大丰富了杂种优势研究的广度和深度。有的认为以基因的显性作用为主，有人认为超显性为主，还有人认为基因的上位性效应是杂种优势的重要基础，还有不少从基因表达水平上探讨杂优机理的证据。从群体和数量遗传学角度看，对于封闭的遗传群体来说，主要是由于交配方式的变化引起了群体内基因型频率的改变，从而导致群体均值水平的变化。本章首先从随机交配平衡群体的总体水平上介绍近交杂交对群体均值的影响，然后讲解种子性状的杂种优势、近交杂交与群体方差、亲本配合力分析，最后举例介绍借助分子标记手段研究数量性状杂种优势遗传基础的进展。

一、近交杂交与群体均值

（一）近交与群体均值——近交衰退

近交衰退是自然界普遍存在的现象。近交会引起与繁殖力(reproductive capacity)、生活力(viability)、适应度(adaptability)或生理效率(physiological efficiency)有关性状的平均表型值降低,通常把这种现象称为近交衰退。表 10-1 所列为两个棉花单交组合 F_1 和 F_2 在 7 个性状上的中亲优势值 $H_{M(F_1)}$ 和 $H_{M(F_2)}$, $H_{M(F_1)}=[\bar{F}_1-(\bar{P}_1+\bar{P}_2)/2]/(\bar{P}_1+\bar{P}_2)/2$, $H_{M(F_2)}=[\bar{F}_2-(\bar{P}_1+\bar{P}_2)/2]/(\bar{P}_1+\bar{P}_2)/2$。可以看出,由 F_1 到 F_2 经过了一次自交,F_2 各性状的中亲优势普遍低于 F_1,表明两组合的各性状普遍出现了近交衰退,而且近交衰退的程度在不同组合和不同性状间存在着差异。

表 10-1　两棉花单交组合 7 性状的近交衰退

性状	组合 1		组合 2	
	$H_{M(F_1)}$	$H_{M(F_2)}$	$H_{M(F_1)}$	$H_{M(F_2)}$
皮棉产量	24.0	21.0	26.1	22.5
子棉产量	21.3	20.2	22.2	19.1
株铃数	14.1	14.0	14.4	14.1
铃重	7.5	4.2	8.7	5.4
衣分	3.4	2.4	2.7	1.6
绒长	0.5	−0.2	2.0	−0.6
比强度	0.9	−0.8	−2.9	−9.5
麦克隆值	3.6	−2.7	3.3	6.6

从群体遗传学的角度看,近交衰退主要指的是衍生于同一基础群体的许多系统的平均表现,即群体均值发生变化。由第二章,群体内基因频率和(或)基因型频率的改变将导致群体均值变化。在无选择、无突变、也无迁移等系统过程作用的情况下,群体内基因频率不会发生变化。在无系统过程而仅有近交的情况下群体均值的改变只能来自近交引起的基因型频率的变化,近交导致群体内纯合子增多而杂合子减少。下面分别从单位点和多位点的情况介绍近交衰退。

1. 单位点

在有近交的随机交配群体内,若以 $\bar{p}$ 和 $\bar{q}$ 分别表示位点 A_1A_2 的等位基因在群体内的平均基因频率,以 F 表示群体的近交水平,则该位点的群体遗传组成如表 10-2 所列(Falconer, 1996),并可由此计算近交情况下的群体均值。

表 10-2　单位点一对等位基因情况下群体的遗传组成

基因型	型值	基因型频率
A_1A_1	$+a$	$\bar{p}^2+\bar{p}\bar{q}F$
A_1A_2	d	$2\bar{p}\bar{q}-2\bar{p}\bar{q}F$
A_2A_2	$-a$	$\bar{q}^2+\bar{p}\bar{q}F$

群体平均：

$$\begin{aligned} M_F &= a(\bar{p}^2+\bar{p}\bar{q}F)+d(2\bar{p}\bar{q}-2\bar{p}\bar{q}F)-a(\bar{q}^2+\bar{p}\bar{p}F) \\ &= a(\bar{p}^2-\bar{q}^2)+2d\bar{p}\bar{q}(1-F) \\ &= a(\bar{p}-\bar{q})+2d\bar{p}\bar{q}(1-F) \\ &= M_O-2d\bar{p}\bar{q}F \end{aligned} \tag{10-1}$$

式中:F 为近交系数;M_F 和 M_O 分别为近交后和近交前的群体平均,$M_O=a(\bar{p}-\bar{q})+2d\bar{p}\bar{q}$ (第二章)。

由式(10-1)可得近交引起的群体均值的变化量,即近交衰退量 ΔM_F:

$$\Delta M_F = M_F - M_O = -2d\bar{p}\bar{q}F \tag{10-2}$$

近交衰退量 ΔM_F 亦常以 I(inbreeding depression)表示。

式(10-2)说明了单位点近交衰退的如下三方面特点：

(1)近交衰退的必要条件是存在显性，即 $d \neq 0$。如果不存在显性，则近交不会引起近交衰退。

(2)近交衰退的数量大小依赖于如下三因素：①显性程度，d 可为不等于 0 的任意值。d 值大则衰退量大，d 值小则衰退量小。②群体的基因频率，当群体内平均的基因频率 $\bar{p}=\bar{q}=\frac{1}{2}$ 时，群体均值的改变量最大。③近交程度即 F 值的大小，近交程度越高，衰退量越大，近交系数与群体均值改变量呈线性关系。

(3)近交衰退表现与显性方向相反。d 值为正，近交后群体均值减小，d 值为负，近交后群体均值增大。衰退不一定意味着性状值变小，近交衰退的量可正可负，例如矮秆品种近交衰退后产量降低而植株却变高。

2. 多位点

(1)若位点间基因作用为加性组合方式而不存在上位性互作，则在有近交情况下群体均值为：

$$M_F = \sum a(\bar{p} - \bar{q}) + 2\sum d\bar{p}\bar{q}(1-F) = M_O - 2\sum Fd\bar{p}\bar{q} \tag{10-3a}$$

近交引起群体均值改变量为：

$$\Delta M_F = M_F - M_O = -2\sum Fd\bar{p}\bar{q} \tag{10-3b}$$

式(10-3b)表明多位点且位点间无互作情况下近交衰退的如下特点：①定向显性(directional dominance)是近交衰退的必要条件。定向显性是指绝大部分位点的显性方向相同。②每一位点的基因频率均为 $\bar{p}=\bar{q}=\frac{1}{2}$ 时衰退量最大。③加-显模型下近交衰退量 ΔM_F 与近交系数 F 呈线性关系。

(2)位点间存在上位性互作的情况：当位点间存在上位性互作时，ΔM_F 与 F 间的关系会有变化。根据 Crow 和 Kimura(1970)，在加-显-上遗传模型下，具有近交的群体均值 M_F 为：

$$M_F = M_O - HF + MF^2 \tag{10-4a}$$

$$M_O = m + a_1(p-q) + a_2(r-s) + 2d_1pq + 2d_2rs + (aa)(s-r)(q-p) + 2(da)rs(p-q) + 2(ad)pq(r-s) + 4(dd)pqrs \tag{10-4b}$$

$$H = 2[pqd_1 + rsd_2 + pq(r-s)(ad) + rs(p-q)(da) + 4pqrs(dd)] \tag{10-4c}$$

$$M = 4pqrs(dd) \tag{10-4d}$$

式中：F 为近交系数，p、q 和 r、s 分别为两位点的基因频率，a_1、a_2、d_1 和 d_2 分别为两位点的加性和显性效应，aa、ad、da 和 dd 依次为加性×加性、加性×显性、显性×加性和显性×显性互作效应。

由式(10-4)可以看出：

①如果所有显性和含显性的互作效应为 0，则无近交衰退，因为此时 F 和 F^2 的系数均为 0。

②如果显性×显性互作效应等于 0，即 $dd=0$，则近交引起群体均值的变化为线性；若 $dd\neq0$，则近交引起群体均值的变化为非线性。

③在 $H>0$（即 a、d、ad 和 da 均大于 0，说明基因 B 比 b 为增效）的前提下，当 $dd>0$ 时，近交产生递减上位性（diminishing epistasis），使近交衰退的曲线呈向下凹型，群体均值的减少小于无上位性。反之，当 $dd<0$，近交产生增强上位性（reinforcing epistasis），使近交衰退的曲线呈向上凸型，群体均值的减少大于无上位性，这是一种不利的上位性。

如上关系如图 10-1 所示。

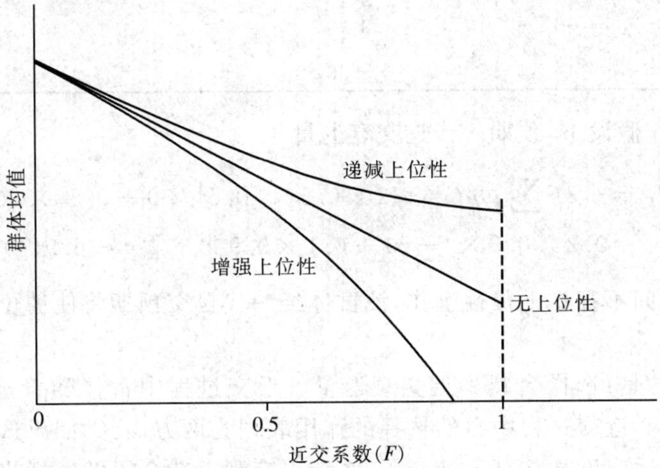

图 10-1 无上位性、递减和增强上位性情况下的近交衰退

（Crow 和 Kimura，1970）

这种非线性关系来自双杂合子或多杂合子的互作偏差。双杂合子频率的下降与 F^2 成比例（Crow 和 Kimura，1970）。

需引起注意的是，只有在 $d\neq0$ 的情况下，上位性才对近交衰退起作用。

例 10.1 假设某玉米随机交配群体，穗位 3 片叶平均干物重为 140 g，有 4 个控制产量的数量性状位点（QTL）处于分离状态。其基因型效应（以其基因型与 AA 纯合子的相差表示）如表 10-3 所列，试在加-显模型下估计一代自交后引起的近交衰退量。表中 q_a 为等位基因 a 的基因频率。

表 10-3 某玉米随机交配群体 4 个 QTL 的基因型效应值

位点	Aa－AA	aa－AA	q_a
(1)	－10	－20	0.5
(2)	5	－30	0.5
(3)	－20	－30	0.2
(4)	0	－60	0.1

解：一代自交后，群体的近交系数 $F=0.5$，依式（10-3b），近交衰退量

$$I_a=\Delta M_F=-2F\sum \overline{p}\overline{q}d$$

本题给定尺度为与 AA 之差，在该尺度下 $m=\mathrm{aa}/2, d=\mathrm{Aa}-m$。

(1) $m=\mathrm{aa}/2=-20/2=-10, d=\mathrm{Aa}-m=-10-(-10)=0$

(2) $m=\mathrm{aa}/2=-30/2=-15, d=\mathrm{Aa}-m=5-(-15)=20$

(3) $m=\mathrm{aa}/2=-30/2=-15, d=\mathrm{Aa}-m=-20-(-15)=-5$

(4) $m=\mathrm{aa}/2=-60/2=-30, d=\mathrm{Aa}-m=0-(-30)=30$

以上结果汇总于表 10-4。

表 10-4 某玉米随机交配群体 4 个 QTL 位点的中值及显性效应

位点	中值 m	d
(1)	−10	0
(2)	−15	20
(3)	−15	−5
(4)	−30	30

在位点间无互作假设下，预期一代近交衰退量

$$\Delta M_F=-2F\sum \bar{p}\bar{q}d=-2\times 0.5\times[0.5^2\times 0+0.5^2\times 20+0.2\times 0.8\times(-5)+0.1\times 0.9\times 30]=-6.9(\mathrm{g})$$

小结：如果位点间不存在上位性互作，该群体经一代自交预期将使穗位 3 片叶的干物重降低 6.9 g。

需要引起注意的是：选择会减少近交衰退量。近交过程中常伴随着选择，主要是自然选择，也会有人工选择。近交过程中自然选择的作用表现为两方面：①如果选择作用主要发生于系统内，由于杂合子适应度往往高于纯合子，系统内有利于杂合子的选择将使系统的纯合化程度降低，从而推迟系统的固定过程。②如果选择作用多发生于系统间，则由于不同系统的生活力有差异，选择作用可在一定程度上减缓近交衰退的表现。近交过程中如有人工选择，若在系内和(或)系间选择的方向与自然选择的相同，则同样可达到减缓近交衰退的目的。作物育种自交系培育过程中的人工选择是减缓近交衰退的典型实例。

(二)杂交与群体均值——杂种优势

杂种优势是指两个遗传基础不同的亲本经杂交获得的杂种一代在生长势、生活力、生殖力和抗逆性等方面优于双亲的现象(秦泰辰，1980；杨金水，1996)。杂种优势的表现包括外部形态、内部结构和生理生化特性等多方面。作物杂种优势的表现因具体的杂交组合而不同，因考察的性状而异，还会受到环境条件的影响。

常用的衡量杂种优势的指标有超中亲优势 H_M(又称平均优势)、超高亲优势 H_B 和超标(准种)优势 H_C。具体计算公式如下：

$$H_M=\bar{F}_1-(\bar{P}_1+\bar{P}_2)/2 \quad (10\text{-}5a)$$

$$H_B=\bar{F}_1-\bar{P}_B \quad (10\text{-}5b)$$

$$H_C=\bar{F}_1-C \quad (10\text{-}5c)$$

式中 $\bar{P}_B$ 和 C 分别为高亲值和标准种值。如上各式表示了杂种一代优势的绝对值，若把各式除以各自的减数则可得到 3 种优势的相对值。需要指出的是式(10-5c)只有应用意义而无

遗传学意义。

从群体遗传的角度看，杂种优势是指通过杂交（近交系间杂交）使由于近交而失去的适合度和生理效率得到恢复的遗传现象（Falconer，1996），在一个平衡的随机交配群体内，先近交，后杂交，则在无选择条件下，群体均值预期将等于初始基本群体的均值。即在无选择条件下，在群体水平上，杂交引起的杂种优势量预期等于近交衰退量。下面介绍单交 F_1、F_2 和三交、四交等交配情况下的杂种优势。

1. 单交 F_1 优势

先考虑单位点，再考虑多位点无互作，然后考虑多位点有互作的情况。

(1)单位点，二等位基因：若以 a，d 和 $-a$ 分别表示该位点三种基因型的型值，以 P_1 和 P_2 表示两个随机交配的亲本群体，P_1 群体内该位点二等位基因的频率为 p 和 q，P_2 群体内该位点二等位基因的频率为 p' 和 q'。因为 $p+q=1, p'+q'=1$，则有 $p-p'=q'-q=y$，并可把 P_2 群体的基因频率表示为 $p'=p-y$，$q'=q+y$，y 为两群体基因频率之差。于是：

群体 P_1 的均值 $M_{P_1}=a(p-q)+2dpq$

群体 P_2 的均值 $M_{P_2}=a(p-y-q-y)+2d(p-y)(q+y)$

$$=a(p-q-2y)+2d[pq+y(p-q)-y^2]$$

中亲值 $M_{\bar{P}}=\frac{1}{2}(M_{P_1}+M_{P_2})=a(p-q-y)+d[2pq+y(p-q)-y^2]$

F_1 的合子频率列于表 10-5。

表 10-5　两群体杂交时亲本配子与 F_1 合子频率

亲本P_2 \ 亲本P_1	$A_1[p]$	$A_2[q]$
$A_1[p-y]$	$A_1A_1[p(p-y)]$	$A_1A_2[q(p-y)]$
$A_2[q+y]$	$A_1A_2[p(q+y)]$	$A_2A_2[q(q+y)]$

注：中括号内为配子或合子的频率。

表中 A_1A_2 基因型的频率 $=p(q+y)+q(p-y)=2pq+y(p-q)$，并可得表 10-6 基因型、型值和基因型频率。

表 10-6　两群体杂交 F_1 基因型、基因型值及其频率

基因型	型值	频率
A_1A_1	a	$p(p-y)$
A_1A_2	d	$2pq+y(p-q)$
A_2A_2	$-a$	$q(q+y)$

杂种一代均值：　$M_{F_1}=a(p^2-py-q^2-qy)+d[2pq+y(p-q)]$

$$=a(p-q-y)+d[2pq+y(p-q)]$$

杂种一代优势：　$H_{MF_1}=M_{F_1}-M_{\bar{P}}=a(p-q-y)+d[2pq+y(p-q)]-a(p-q-y)-d[2pq+y(p-q)-y^2]$

$$=dy^2 \qquad (10\text{-}6)$$

式中：d 为该位点的显性效应（d 的取值范围可由负向超显性到正向超显性），y 为两亲本群体在该位点的基因频率之差。由此可见，若只考虑一个位点，两亲本杂交的杂种优势表现取决于双亲间基因频率之差和显性表现:①双亲间在特定位点上存在基因频率差异的前提下,优势的存在与否及优势程度决定于该位点的显性效应 d,无显性则无优势,显性效应大,则杂种优势大。引起杂种优势的显性可为从负向到正向的任何显性表达方式。②在显性以一定程度存在的前提下,优势决定于两群体基因频率之差的平方 y^2。当双亲分别固定某特定位点的一个等位基因时,两亲本群体基因频率之差最大,杂种优势也会最大。这就是在异花授粉作物中先培育自交系再进行杂种优势利用的原因。

(2)多位点:若各位点之间为加性组合而不存在上位性互作,则多位点杂种优势等于各单位点杂种优势之和:

$$H_{MF_1} = \sum dy^2 \tag{10-7}$$

由式(10-7)可得出关于多位点杂种优势的如下几点认识:

①多位点情况下杂种优势的表现依赖于定向显性。若各位点显性方向不同,其效应会相互抵消,使优势削弱。所以,杂种优势的缺乏并不说明各单个基因位点上无显性。

②优势大小决定于双亲结合时有差异位点的多少和差异程度的大小。定向显性程度大且基因频率差异大,则杂种优势强。特定的亲本组合,因其具体的 d 和 y 的大小不同,因而表现出不同量的杂种优势 $\sum dy^2$ 值。

③若为高度近交系或纯系杂交,双亲基因频率相差 $y=0$ 或1,从而使 $H_{F_1}=0(y=0)$ 或 $H_{F_1}=\sum d(y=1)$。也就是说,当 $y=1$ 时,杂种优势量达最大值 $\sum d$。

若位点间存在上位性互作,则 $H_{F_1}\neq\sum dy^2$。当上位性互作为正时,优势会大于 $\sum dy^2$,当上位性互作为负时,优势会小于 $\sum dy^2$。

从上面的公式和分析看出,产生杂种优势的原因可为显性(含超显性)和上位性(这与有关杂种优势的假说相一致),前提是双亲必须有差异(基因频率之差)且差异越大越好。当然这种差异需在双亲可育的基础上。

(3)优势与衰退:如上讨论的是一对特定亲本杂交一代的优势,其数值大小对于育种工作至关重要。但是,如果从一个含有近交的随机交配大群体出发,考虑群体内所有品系相互随机交配,并计算所有杂种一代的平均优势,则该平均优势的量恰好等于初始群体内由于近交所引起的近交衰退的量。即:

$$\sum d\,\overline{y^2} = 2F\sum d\bar{p}\,\bar{q} \tag{10-8}$$

下面推导式(10-8):单位点,两等位基因频率之差 $y=q'-q$,若有 N 对交配,则所有交配对基因频率之差的方差为:$\sigma_y^2=\frac{1}{N}\left[\sum y^2-\frac{(\sum y)^2}{N}\right]=\overline{y^2}-\bar{y}^2$,由于 $\bar{y}=\frac{1}{N}\sum(q'-q)=0$,即群体内随机交配对品系的基因频率之差 y 的期望为0。所以上式可改写为:$\overline{y^2}=\sigma_y^2+\bar{y}^2=\sigma_y^2=\sigma_{q'-q}^2=\sigma_{q'}^2+\sigma_q^2$,由于双亲均为独立随机抽取,$\sigma_{q'}^2$ 和 σ_q^2 均为群体基因频率方差之估值,故有 $\overline{y^2}=\sigma_{q'}^2+\sigma_q^2=2\sigma_q^2$。又由群体遗传学,$\sigma_q^2=\bar{p}\bar{q}F$(Falconer,1981),代入上式,$\overline{y^2}=2\sigma_q^2=2\bar{p}\bar{q}F$,左右两边均乘上 d,可得到:$d\,\overline{y^2}=2d\bar{p}\bar{q}F$,对于多个独立位点则有:$\sum d\,\overline{y^2}=2F\sum d\bar{p}\bar{q}$。证毕。

由此可见,随机系统(含有独立位点)所有杂交对之间的单交组合各位点的平均杂种优势等于近交一代衰退的量，但其符号相反。

2. 单交 F_2 优势

(1) 单位点：群体内某特定组合的 F_2 由 F_1 个体随机交配而得。F_1 代的基因频率为双亲基因频率的平均：

$$q_{F_1} = \frac{1}{2}[q + (q + y)] = q + \frac{1}{2}y, p_{F_1} = \frac{1}{2}[p + (p - y)] = p - \frac{1}{2}y$$

F_2 群体平均：

$$\begin{aligned} M_{F_2} &= a(p_{F_1} - q_{F_1}) + 2dp_{F_1}q_{F_1} \\ &= a\left(p - \frac{1}{2}y - q - \frac{1}{2}y\right) + 2d\left(p - \frac{1}{2}y\right)\left(q + \frac{1}{2}y\right) \\ &= a(p - q - y) + d\left[2pq + y(p - q) - \frac{1}{2}y^2\right] \end{aligned}$$

F_2 中亲优势：

$$\begin{aligned} H_{MF_2} &= M_{F_2} - M_{\bar{P}} = a(p - q - y) + d\left[2pq + y(p - q) - \frac{1}{2}y^2\right] - \\ &\quad a(p - q - y) - d[2pq + y(p - q) - y^2] \\ &= \frac{1}{2}dy^2 = \frac{1}{2}H_{MF_1} \end{aligned} \tag{10-9}$$

由此可知，当位点间不存在上位性互作时，F_2 代的杂种优势仅为 F_1 代的 1/2。F_2 优势减半的原因是 F_2 群体的近交程度比 F_1 增大了 1/2。根据共祖度关系可以求出 F_2 群体内近交系数为 1/2，而 F_1 的近交系数为 0。近交程度的增加产生衰退，抵消了部分杂种优势的作用。这就是生产实践中杂交种在大多数情况下仅使用杂种一代的本质原因。

(2) 多位点：位点间无上位性互作时，多位点的杂种优势为各位点杂种优势之和，$H_{MF_2} = \frac{1}{2}\sum dy^2 = \frac{1}{2}H_{F_1}$，并可类推：$H_{MF_3} = \frac{1}{2}H_{F_2}$，…，

$$H_{MF_n} = \left(\frac{1}{2}\right)^{n-1} H_{F_1} \tag{10-10}$$

所以，多位点无互作情况下杂种优势量随近交次数的增多而直线减少。

位点间有上位性互作时，杂种优势量与近交次数无线性关系。M_{F_2} 可能介于 $M_{\bar{P}}$ 与 M_{F_1} 之间，也可能小于 $M_{\bar{P}}$ 甚至大于 M_{F_1}（图 10-2）。杂种优势的大小会因位点间上位性的正负和大小而变化。

图 10-2 所示为几组在棉花和番茄中观察到的杂种优势表现。图 10-2(a) 和图 10-2(b) 为陆地棉杂交组合 E-31×中 19 的纤维长度和比强度（郭志丽，2003），两性状的 F_1($n = 30$) 均表现正向部分显性，F_2($n = 120$) 优势约减半，呈现出无位点间互作的特征（该结果与第十二章主多基因分析结果相一致）。图 10-2(e) 为同一组合的绒长整齐度，F_1 表现稍许超显性，F_2 低于中亲，可能有负向上位性互作。图 10-2(c)、图 10-2(d) 和图 10-2(f) 为某番茄杂交组合的每果实的小室数、每小室平均重量(g) 和播种至门果成熟天数（Falconer，1996）。图 10-2(c) 番茄每果小室数的 F_1 表现为负向部分显性，F_2 小室数多于 F_1，可能来自位点间分离重组和正向互作。

图 10-2(d) 每小室平均重量，F_1 表现出很大的正向超显性，F_2 下降较少，可能会有正向上位性互作。图 10-2(f) F_1 表现负向超显性，可能和所用测量尺度有关，如果把从播种至门果成熟天数改为其倒数，以发育速度表示，则杂种优势会变为正值。

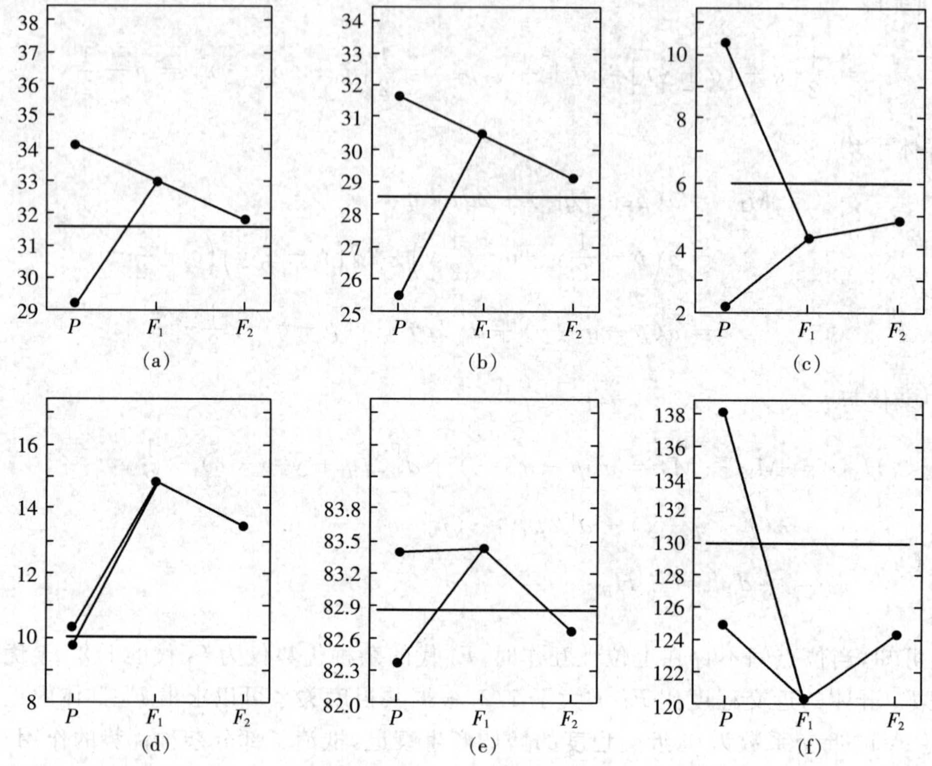

（点表示两个亲本品系、F_1 和 F_2 世代的平均值。水平线表示中亲值。图(a)、图(b) 和图(e) 为棉花杂交组合 E-31×中 19 的纤维长度(mm)、纤维比强度(cN/tex) 和纤维整齐度(%)（郭志丽，2003），图(c)、图(d) 和图(f) 表示番茄某杂交组合的每果实的小室数、每小室平均重量(g) 和播种至门果成熟天数（Powers，1952））

图 10-2 植物高度近交系成对杂交中亲本值及杂种 F_1、F_2 的杂种优势表现

实践中某性状的优势表现是否存在上位性效应，需在可鉴别单位点基因型的前提下通过对大样本资料的显著性检验来判断。可用的方法是：①实际优势量与无互作期望值比较；②两位点表型值与单位点平均值的比较。

例 10.2 栽培番茄品种间杂交组合(1)和组合(2)的亲本和杂种 F_1 在 3 周龄的果实产量(g)列于表 10-7。若假设不存在上位性互作效应($I_I=0$)，试估算由 F_1 连续自交后 $\bar{F}_2$ 和 $\bar{F}_3$ 的预期产量。

表 10-7 番茄两杂交组合的产量 kg/株

组合	P_1	P_2	F_1
(1)	1.44	1.36	1.41
(2)	1.28	0.88	1.42

解：依据式(10-9)，在上位性不存在的假设下，$H_{MF_2}=\dfrac{1}{2}H_{F_1}$，$H_{MF_3}=\dfrac{1}{2}H_{F_2}$

对组合(1)： $H_{F_1}=1.41-\dfrac{1.44+1.36}{2}=0.01$

$$F_2\text{ 代的平均产量 }\bar{F}_2 = 1.41 - \frac{0.01}{2} = 1.405(\text{kg/ 株})$$

$$F_3\text{ 代的平均产量 }\bar{F}_3 = \frac{1.44 + 1.36}{2} + \frac{0.01}{4} = 1.4025(\text{kg/ 株})$$

对组合(2)： $$H_{F_1} = 1.42 - \frac{1.28 + 0.88}{2} = 1.42 - 1.08 = 0.34$$

$$\bar{F}_2 = 1.08 + \frac{0.34}{2} = 1.25(\text{kg/ 株})$$

$$\bar{F}_3 = 1.08 + \frac{0.34}{4} = 1.165(\text{kg/ 株})$$

小结:组合(2)的优势量大于组合(1),自交衰退的量也大于组合(1)。

3. 三交、四交和回交的杂种优势

若有自交系 A、B、C、D,可组配单交种 A×B、A×C、A×D、B×C、B×D 和 C×D,三交种(A×B)×C、(A×C)×B 和(C×B)×A 等,以及四交种(双交种)(A×B)×(C×D)等。

三交种(A×B)×C 的遗传组成为$\frac{1}{2}$AC+$\frac{1}{2}$BC,在无上位性的条件下,可用单交种 A×C 和 B×C 的平均表现来预测三交种(A×B)×C 的表现。四交种(双交种)(A×B)×(C×D)的组成为$\frac{1}{4}$(AC+AD+BC+BD),在上位性效应 $I=0$ 的假设下,可用 A×C,A×D,B×C 和 B×D 四个单交种的平均来预测双交种(A×B)×(C×D)的表现。相反,若有上位性则不能准确地预测。

如果单交种的任何优势是来自上位性互作,这种优势会在三交或四交中丢失。另外,三交和双交为异质群体,不及单交种整齐。

回交(A×B)×B 的遗传组成为$\frac{1}{2}$AB+$\frac{1}{2}$BB,无上位性时,回交的均值等于 F_1 与轮回亲本的平均,其优势低于三交和双交。

4. 遗传距离与杂种优势

上面的分析表明,一个特定杂交所表现的杂种优势的大小取决于杂交的两个亲本之间基因频率的差异。这似乎表明杂种优势的大小随着两个群体间遗传分化程度的增加而增加,而只受种间不育障碍的限制。可是,事实并非如此。两个适应当地条件且遗传距离远的群体相互杂交可能不表现杂种优势,而且可能在 F_2 世代适合度下降。远缘杂交不表现预期的杂种优势可能是由于位点间上位性互作所致。因为对相差很远的不同地区环境条件的适应包含许多不同的性状,一个生物体的适合度取决于其所有功能协调的相互关系,因此很多位点上的基因是按它们对适合度的联合效应被选择;被选择的基因组合可被认为是"相互适应"的。换言之,一些适应性来自上位互作。当适应于不同条件的两个群体杂交时,杂交种可能对两种条件都不适应。而且,由于 F_2 代的分离,基因的有利上位联合丢失了。

所以,杂种优势与双亲间基因频率之差的平方 y^2 成比例,但并非关系越远越好,许多研究表明,最大的优势来自距离中等的亲本间。

例 10.3 张爱民(1989)曾以 4 个不同生态环境(中国黑龙江,中国山东,中国北京,联邦德国)的 5 套试验资料,以 F_1 高于双亲平均的平均优势度量杂种优势,以性状表型相关矩阵为基础的多性状马氏距离(Mahalanobis distance)D^2 度量双亲间遗传距离,研究小麦杂种优势与亲本间遗传距离的关系。该研究以亲本间总平均遗传距离 m 为中点，以其标准差 s 为组距，把遗传距离分为 4 组：第一组 G_1 为 $D^2 < m - \frac{1}{2}s$，第二组 G_2 为 $\left(m - \frac{1}{2}s\right) \leqslant D^2 < \left(m + \frac{1}{2}s\right)$，第三组 G_3 为 $\left(m + \frac{1}{2}s\right) \leqslant D^2 \leqslant \left(m + \frac{3}{2}s\right)$，第四组 G_4 为 $D^2 > m + \frac{3}{2}s$，分析比较强优势组合在各组的分布情况，结果如图 10-3 所示。从 5 套试验的总体看，第二组 $\left(m - \frac{1}{2}s\right) \leqslant D^2 < \left(m + \frac{1}{2}s\right)$ 范围内强优势组合出现率（= 分布在本组的强优势组合数 / 强优势组合总数）5 个试验平均为57.3%，平均杂种优势达 60.4%。在 $\left(m + \frac{1}{2}s\right) \leqslant D^2 \leqslant \left(m + \frac{3}{2}s\right)$ 范围内强优势组合出现率平均为 25.3%，平均优势 45.8%。两组合并起来，在 $\left(m - \frac{1}{2}s\right) \leqslant D^2 \leqslant \left(m + \frac{3}{2}s\right)$ 范围内强优势组合百分率达 82.6%，其余两组的优势组合数不仅少，而且平均优势水平也低。

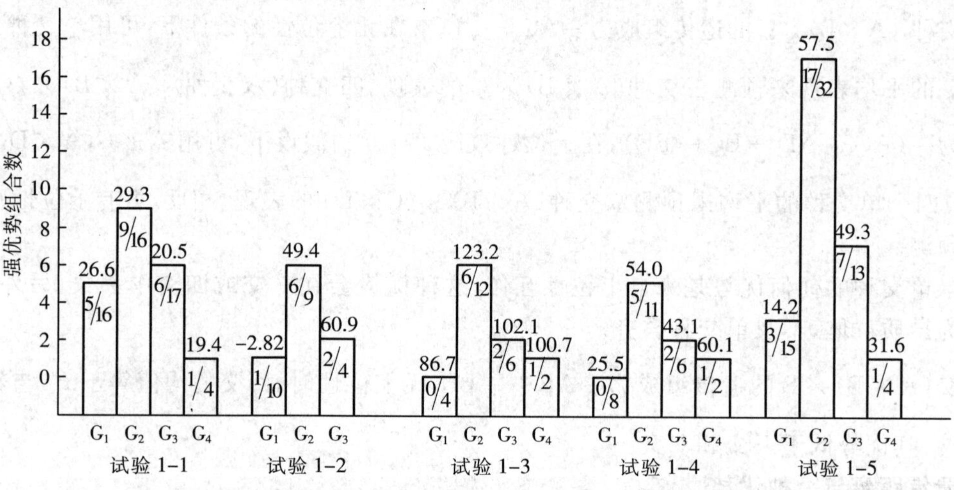

注：柱状图上为组平均杂种优势；框内为分布在该组的组合数（分母）和强优势组合数（分子）。

图 10-3 小麦平均优势与遗传距离的关系

（张爱民，1989）

近年来，有不少研究分子标记多态性差异位点与杂种优势关系的报道，由于取材、标记种类、标记数量和研究方法的不同，所得结果也不尽一致。有的认为有关系，有的认为没关系。但随着研究的深化和细化，人们将有望在分子生物学的水平上探明杂种优势的遗传机理。

二、含母体效应性状的杂种优势

动植物的一些性状除了受自身基因型控制外，还会受母体基因型影响而存在母体效应（maternal effect），如植物的种子性状，动物的胚胎性状等。由于母体效应和自身基因型都会影响杂种优势的表达，有关性状的总优势量（暂不考虑环境影响）应包括自身优势和母体优势两部分，而母体效应的表达比自身基因型的表达要晚一代，从而使受母体效应影响的性状的杂种优势的表达变得复杂（含母体效应性状的遗传表达特点详见第十一章）。

(一)含母体效应性状杂种优势的表达特点

(1)对于随机交配群体,受母体效应影响的性状的杂种优势表现示于图 10-4a(Falconer,1996),该图假设两纯系杂交,自身与母体效应相等,不存在上位性效应,且不考虑环境效应。由图可以看到杂种优势如何出现在两个过程中,第一过程归因于自身基因型(非母体)组分,第二过程归因于母体组分。对于 F_1 世代,其群体为同质群体,所有个体的基因型相同,每个个体均为相同的杂合体。自身基因型表现完全优势,母体处于近交水平,观察到的杂种优势全部归因于自身基因型。对于 F_2,由于 F_1 个体的随机交配(相当于自交),自身基因型的(非母体部分)优势将失去一半,但此时母本基因型为 F_1,表现完全优势,从而使 F_2 的总优势量达到最大。F_3 及其后继世代均由群体内个体间的随机交配产生,其自身优势均为 F_1 的一半,母体优势均为 F_2 的一半。这就使得 F_3 及其以后世代的总优势量维持不变并同于 F_1。

(2)对于自花授粉物种,由于自交会引起衰退,当不存在上位性效应时(其余假设同上),自交一次会使杂种优势的量每代减少一半。所以在对杂种群体实施连续自交时,将会使连续自交的任何世代(不仅在 F_1 和 F_2 世代)所观察到的杂种优势的表现因母体效应而变得复杂。其具体表现是:F_1 和 F_2 世代的优势表现与随机交配群体相同,F_3 及以后所有世代的表型值均由上代减半的自身基因型效应和由上代减半的母体效应共同组成,如图 10-4b 所示。

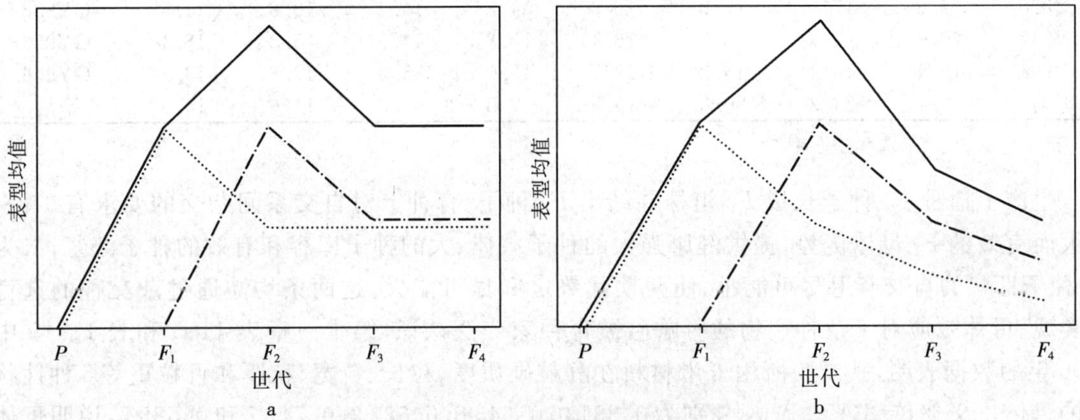

—— 表型测量值 ········ 不包含母体效应值 —·—·— 母本效应值

a. F_1 及其后续世代均由随机交配产生 b. F_1 及其后续世代均由自交繁衍

(假定性状的母体组分分别表现相等大小的杂种优势,并以简单的相加关系影响性状表型值)

图 10-4 加-显模型下两品系杂交后代受母体效应影响性状的杂种优势预测图解

在严格控制环境和试验误差的情况下,对比实际优势量与加-显模型下的理论优势量可判断有无上位性效应在作用于杂种优势的表现。

(二)种子性状的杂种优势利用

许多农作物的杂种优势利用以获取高产优质的种子为目标。从遗传学的角度,生产上收获的最终产品是生长在 F_1 植株上的 F_2 种子,因此农作物杂种优势利用的最终目的是使 F_1 植株上的 F_2 种子产物最大化。由图 10-4 可以看出,F_2 种子的总优势包括来自 F_1 植株的母体优势和来自 F_2 种子的自身基因型(非母体)优势两部分。事实上(特别是近年来)国内外大量的研究和生产正是从这两方面来开发和利用杂种优势资源的。下面以单交种为例加以说明。

1. 提高自交系间杂种优势水平

通过自交系间杂交产生生长在母本植株上的 F_1 种子的当代杂种优势。20 世纪 30 年代起就有关于当代杂种优势的报道。表 10-8 所列为宋同明等(1998) 通过 8 个普通玉米自交系与 10 个高油玉米自交系的正反交试验结果，可以看出，无论是百粒重还是籽粒含油量性状，都表现出不同程度的当代杂种优势。需要指出的是，许多报道把种子含油量(数量性状) 的当代优势称为花粉直感效应。

表 10-8 高油与普通玉米自交系自交与正反交当代粒重与含油量(宋同明，1998)

P_1	百粒重(g)				含油量(%)				P_2
	P_1⊗	$P_1 \times P_2$	$P_2 \times P_1$	P_2⊗	P_1⊗	$P_1 \times P_2$	$P_2 \times P_1$	P_2⊗	
SYN3	27.8	26.9	19.0	17.6	2.3	2.4	2.9	3.3	Mo20
8112	21.6	26.1	21.9	21.5	4.3	3.6	3.8	4.9	W3-9
SYN3	29.5	28.8	27.3	24.4	4.4	6.5	8.3	10.0	BHOS4
YE4	25.3	26.5	24.2	22.9	5.2	5.7	7.6	10.9	GY302
SYN3	19.4	24.4	18.5	17.1	3.9	7.8	10.2	15.6	GY246
Mo17	28.2	27.9	26.0	22.7	3.3	7.4	9.6	16.9	BHOS4
8112	24.3	24.4	19.0	18.9	4.9	9.0	10.8	14.3	GY220
GY246	24.8	24.7	21.3	19.0	19.9	20.5	22.0	22.7	GY994
GY220	17.6	17.9	17.0	15.9	14.2	15.2	19.8	21.5	GY923
GY237	20.0	21.7	18.7	16.1	10.8	14.5	15.3	18.1	GY953
GY798	15.4	16.4	15.8	13.7	13.0	15.3	17.8	19.2	GY956
平均	23.1	24.2	20.8	19.1	7.8	9.8	11.6	14.3	平均

注：P_1 和 P_2 表示亲本自交系。

生产上播种 F_1 种子长成 F_1 植株并结出 F_2 种子。育种上对自交系间杂交的要求有二：一为大而有效的 F_1 母体优势，提供健康强大的种子载体、大的种子库容和有效的种子灌浆；二为 F_2 种子性状的自交衰退尽可能小，使两项优势之和尽可能大。这两条均需通过杂交种的选育来实现。母体效应对于杂种产物的影响已被育种家广泛认识，第十一章表 11-5 和表 11-15 中 1996 年的数据表明，其试验所用玉米材料在籽粒硬质度、粒长、粒宽、粒厚和百粒重等 5 种性状上的母体广义遗传率(V_{Gm}/V_P)分别为 0.351 0、0.645 8、0.623 2、0.741 7 和 0.585 7，说明母体效应在种子性状遗传表达和杂优利用中的重要性。

配合力分析、杂种优势群和杂种优势模式的不断深入研究有助于使自交系间杂种优势最大化。杂种优势群(heterotic group) 是以其杂种优势表现为界定标准的一组自交系的集合。一个杂种优势群应具备如下特点：遗传基础广阔、遗传变异丰富，具有较多的有利基因和较高的一般配合力(general combine ability)，多来自同一品种或群体且具有该群体的种性，是在自然选择和人工选择作用下经过反复重组种质互渗而形成的活基因库，从中可不断分离筛选出高配合力的优良自交系。杂种优势模式(herterotic pattern) 是指两个对应的杂种优势群之间具有较高的基因互作效应，具有较高的特殊配合力(special combining ability)，相互配对成为产生强杂种优势的模式。杂种优势群和杂优模式的研究可以有效地指导亲本组配提高杂交种的育种效率。

划分杂种优势群和建立优势模式的方法主要有系谱分析法、配合力分析法、同工酶和分子标记法等。其共同的程序是对差异进行数值聚类。育种实践经验在划分优势类群中具有重要作用。世界各国都非常重视对作物种质资源杂种优势类群的划分。美国根据系谱来源把玉米自交系划分为 Reid 和 Lancaster 两个杂种优势群，两者间有很强的杂种优势，并在此基础上构建了第一个杂种优势模式。我国早期构建了国内自交系×国外自交系的杂种优势模式。近年来国内对普通玉米的杂种优势群和优势模式进行了大量研究（曾三省，1990；吴景锋，1995；王懿波等，1998；李明顺等，2002；袁力行等，2000；吴敏生等，2000），表 10-9 为姜海鹰和陈绍江（2004）报道的高油玉米杂种优势群及其与普通玉米种质的杂种优势模式。

表 10-9 高油玉米杂种优势群及其与普通玉米种质的杂种优势模式

高油群体	常规类群				
	Lancaster	Reid	塘四平头	旅大红骨	外引种质
ALEXHO		**		**	**
BHO		**			**
RYD HO	*		*		
SYN DO				*	*

注：* 为可利用模式，** 为主要模式。

2. 利用杂交种间杂种优势(inter-hybrid heterosis)

大量研究表明，杂交种间再杂交可使当代籽粒比自交籽粒增重 5%～20%甚至更高，单交种混合种植比清种增产可达 10%以上，籽粒油分、蛋白质和淀粉等品质性状的当代优势也很明显（陈绍江，2003）。

宋同明等（1998）的试验资料（表 10-10）表明，低油与高油玉米单交种杂交，其粒重与含油量均存在不同程度的当代杂种优势。因此选用合适的成对杂交种，通过杂交种间的混种或套种，利用杂交种间再杂交的当代杂种优势，可以避免单交种单独种植自交（单交种为同质群体，同质群体内的异交等同于自交）带来的籽粒自交衰退，实现高产优质化生产的目标。

表 10-10 低油与高油玉米单交种自交与正反交当代粒重与含油量比较（宋同明，1998）

P_1	百粒重(g)				含油量(%)				P_2
	$P_1\otimes$	$P_1\times P_2$	$P_2\times P_1$	$P_2\otimes$	$P_1\otimes$	$P_1\times P_2$	$P_2\times P_1$	$P_2\otimes$	
MO17/XU052	41.2	44.3	13.0	12.6	3.9	6.9	9.7	10.0	GY 923/GY 15
8112/白 107	25.4	31.4	28.0	18.9	4.9	6.1	8.5	11.1	GY 275/GY 145
SYN3/单 340	34.6	37.2	24.0	23.1	3.5	7.0	7.3	13.8	GY 931/GY 191
Hb/ XU052	33.8	34.9	27.6	13.7	3.9	6.3	9.0	14.5	GY 953/GY 145
YE4/GY198	25.3	27.2	24.1	21.6	7.0	9.7	11.4	13.3	GY 923/GY 151
1145/GY220	31.2	33.0	24.7	23.2	7.3	9.0	10.4	12.8	GY 275/GY 145
5003/GY237	25.7	24.9	24.7	24.3	6.2	7.4	9.5	12.0	GY 931/GY 191
SYN3/GY246	32.8	32.5	25.0	19.3	6.5	9.8	11.5	14.0	GY 953/GY 145
平均	31.3	33.2	23.9	19.6	5.4	7.8	9.7	12.7	

宋同明（1998）提出了普通玉米高油化三利用技术（three effects utilization，TEU），利用杂交当代玉米油分的花粉直感效应，粒重的杂交增重效应和不育胞质的增产效应，使普通玉米高油化（high-oilized normal corn），实现增产增油的目的。方法是将不育化的普通玉米杂交种和适当的高油授粉者按一定比例套种或混种。由于玉米油分的当代优势一般在 0.3%～0.4%之间，所以，可以根据父母本含油量估计杂交当代籽粒含油量，如普通玉米含油量为 4%，高油授粉者含油量为 10%，其差值为 6%，则产生的花粉直感效应为 1.8%～2.4%，由此可使普通玉米籽粒含油量提高到 5.8%～6.4%，基本上达到了高油玉米的标准。反之，根据目标含油

量，也可推测授粉者油分含量的需求。

为配合这一优质化高产模式的推广应用，陈绍江（2003，2004）认为应强化配套单交种的筛选和选育，选育在目标性状（如籽粒产量和油分、蛋白等含量）上符合要求的双交种组合，形成伴侣型玉米生产系统（high efficient partner-hybrid production system）。并已选得若干优良配套组合供生产利用，如不育豫玉 22×高油 202 等。

另外，优良的高油化普通玉米种子可跨代利用。因为在三利用模式中，高油化的普通玉米籽粒实际上是双交种或复交种，理论上讲其产量潜力可以达到单交种水平，其抗性则可能超过单交种。这在种子紧缺的情况下将可在一定程度上缓解生产用种问题。

三、近交杂交与群体方差

（一）近交与遗传方差再分配

群体遗传学和前面第二和第三两章关于双亲后代群体均值与方差的知识告诉我们：近交不改变总体的基因频率，却改变总体的基因型频率。近交改变总体的均值也使总体的方差发生变化。

设想一个大群体，由许多品系构成，在近交的离散效应（dispersive effect of inbreeding）或随机漂变（random drift）作用下，不同系的基因频率趋向极端值 0 或 1，使不同系的基因频率发生分化，从而导致各系统间平均值的分化。同时由于系内基因频率趋于极端值，从而导致系内遗传方差的降低，而系间遗传方差却在增加，即近交导致系间的遗传分化与系内的整齐一致。近交导致系间系内遗传方差的重新分配。近交的过程也就是遗传方差重新分配的过程。近交使群体内遗传方差重新分配的过程也是基因固定和纯系产生的过程。下面介绍近交情况下遗传方差的重新分配（redistribution of genetic variance）。

1. 加性模型下遗传方差的重新分配

下面推导缓慢近交（非自交和姊妹交）下遗传方差的再分配。假设：随机交配大群体，单一位点，加性基因（二等位基因间无显性）。在此情况下群体内总遗传方差等于加性遗传方差（第二章），$V_G = 2p_0q_0a^2(= V_A)$，p_0 和 q_0 为基础群体的基因频率。

任一家系 i 内的遗传方差 $V_{G_{W_i}} = 2pqa^2$，p、q 为该系内基因频率。整个群体平均的家系内遗传方差 $V_{G_W} = 2\bar{p}\bar{q}a^2$，$\bar{p}$、$\bar{q}$ 为所有品系内基因频率 p、q 的均值，$2\bar{p}\bar{q}$ 是整个群体内杂合子的总频率，根据群体遗传学知识，它等于 $2p_0q_0(1-F)$（Falconer，1996），即，$2\bar{p}\bar{q} = 2p_0q_0(1-F)$，$F$ 为近交系数。所以

$$V_{G_W} = 2\bar{p}\bar{q}a^2 = 2p_0q_0a^2(1-F) = V_G(1-F)$$

多位点时 $V_{G_W} = 2\sum p_0q_0a^2(1-F) = V_G(1-F)$，显然群体的近交系数 F 趋近于 1 时，群体内平均的系内遗传方差 V_{G_W} 趋近于 0。

系间遗传方差 V_{G_B}，为各系统均值间方差，实践中由方差分析的系间方差成分得到估计。对于无显性的单一位点，一个系统的均值 $M = a(p-q) = a(1-2q) = a-2aq$，$p$、$q$ 为该系统内基因频率。

系统均值间遗传方差 $V_{G_B} = \sigma_M^2 = \sigma_{(a-2aq)}^2 = 4a^2\sigma_q^2$

由群体遗传学 $\sigma_q^2 = p_0q_0F$（Falconer，1996），代入上式可得：

$$V_{G_B}=4a^2\sigma_q^2=4a^2p_0q_0F=2FV_G$$

对于多个加性位点 $M=\sum a+2\sum aq$，$V_{G_B}=\sigma^2_{(\sum a+2\sum aq)}=2FV_G$

上述缓慢近交（非自交和姊妹交）结果连同快速近交（自交和姊妹交）的结果汇总于表 10-11。

表 10-11　近交群体内遗传方差的剖分(显性 $d=0$)

遗传方差	(1) 缓慢近交	(2) 快速近交
系统间遗传方差(V_{G_B})	$2FV_G$	$2fV_G$
系统内遗传方差(V_{G_W})	$(1-F)V_G$	$(1+F-2f)V_G$
总遗传方差(V_G)	$(1+F)V_G$	$(1+F)V_G$

注：F 为近交系数，f 为系统内个体的共祖率，等于下代的近交系数。

由表 10-11 可以看出，加性模型下近交导致群体内遗传方差重新分配有如下特点：① 加性位点在近交情况下总遗传方差的剖分（重新分配）与近交系数 F 密切相关，而与群体初始基因频率无关。② $F=0$ 时，群体内没有系统的分化；$F>0$ 时，出现系间系内遗传方差的分配；$F=1$ 时，全部遗传方差表现为系间。③ $F=1$（完全近交）时，群体内总的遗传方差将加倍，为 $F=0$ 时的 2 倍，且全部表现为系间，而系内遗传方差消失。④ 快速近交下，个体间的共组率和近交系数共同影响遗传方差的再分配。⑤ 自然选择会延缓基因频率的趋异，因而会减慢遗传方差的分化。

例 10.4　某开放授粉玉米群体穗行数的群体改良。经估计，该开放授粉群体穗行数的加性遗传方差 $V_A=8.54$。为了使群体内尽可能多地分离重组出优良基因型，采用了缓慢近交的方式（重复回交于随机近交个体）进行群体改良。试在加性遗传模型假设下：(1) 估计连续 3 代这样的缓慢近交后群体的总加性遗传方差将为多少；(2) 预期总加性遗传方差在系间和系内的分配情况如何？

解：本例为在加性遗传模型假设下对总加性遗传方差进行剖分。由于是缓慢近交，可利用表 10-11 中缓慢近交的剖分公式。由 Falconer(1996)，该种缓慢近交下近交系数的循环公式 $F_t=\frac{1}{4}(1+2F_{t-1})$，缓慢近交 3 代后其近交系数 $F_3=0.438$。具体计算如下：

总加性遗传方差：　　$V_A=(1+0.438)\times 8.54=12.281$

系间加性遗传方差：　$V_{A_B}=2\times 0.438\times 8.54=7.481$

系内加性遗传方差：　$V_{A_W}=(1-0.438)\times 8.54=4.800$

小结：经 3 代缓慢近交后，群体的加性遗传方差增加了 43.8%，且系间方差已占到总遗传方差的 7.481/12.281 = 60.9%。因此，缓慢近交十分有利于优良基因型的产生与选择。

在整个群体内，任一系统均为一个随机交配群体，系内遗传方差平均为 $(1-F)V_G$。由此可推导出任一系统内的遗传率为：

$$h_t^2=\frac{(1-F_t)V_G}{(1-F_t)V_G+V_E}=\frac{(1-F_t)\dfrac{V_G}{V_G+V_E}}{\dfrac{(1-F_t)V_G}{V_G+V_E}+\dfrac{V_E}{V_G+V_E}}$$

$$=\frac{(1-F_t)h_0^2}{(1-F_t)h_0^2+(1-h_0^2)}$$

$$=\frac{(1-F_t)h_0^2}{1-F_th_0^2}\quad\text{（该式仅适合无选择、无显性的情况）}\qquad(10\text{-}11)$$

式中：h_t^2 为世代 t 的系内遗传率，F_t 为世代 t 的近交系数，h_0^2 为基本群体内的初始遗传率。

2. 加-显模型下遗传方差的重新分配($d \neq 0$)

上面的分析表明，近交引起的加性基因遗传方差组分的改变与基础群体的基因频率无关。但是对具有显性效应的基因来说，近交导致的遗传方差的改变却依赖于基础群体的基因频率，并且不能给出以基础群体遗传方差表示的一般式。下面仅以 Robertson(1952)的研究结果为例加以说明。图 10-5 说明基础群体内基因频率 $q=0.1$ 的隐性基因遗传方差的再分配。图 10-5(a)和图 10-5(b)分别表示全同胞交配和缓慢近交。

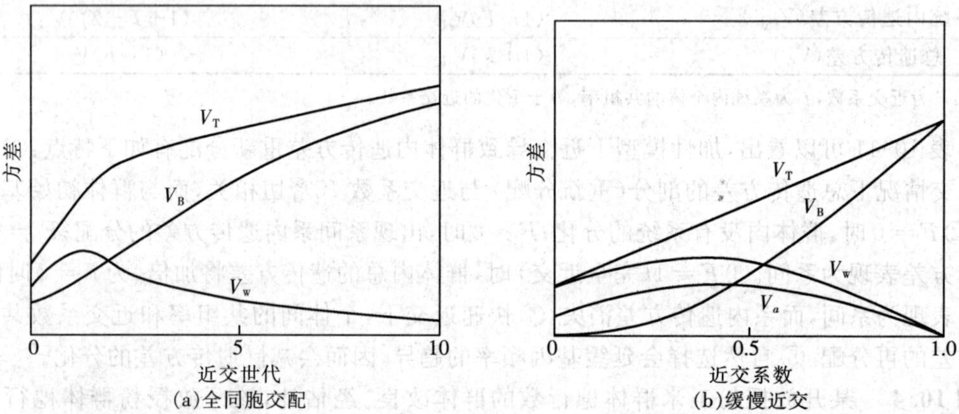

(a)全同胞交配　　(b)缓慢近交

(V_T＝总遗传方差；V_B＝系间组分；V_W＝系内组分；V_a＝系内加性遗传方差)

图 10-5　一个完全隐性基因(起始频率 $q_0=0.1$)引起的遗传方差再分配

(Falconer，1996)

可以看出，随着近交的过程群体总方差在增加，且总方差被分配于系间和系内，系间方差随近交而增加并最终等于总方差，系内方差随近交而减少并最终趋于 0。值得注意的是在低频率隐性基因近交的早期阶段，系内方差有一个上升的时期，在近交系数接近 0.5 时系内方差达到最大值。

(二)杂交与群体方差的再分配

与近交情况下遗传方差分配于自交系间和自交系内的情况相反，杂交情况下遗传方差分配于杂交组合间和杂交组合内。

假设同一基本群体内所有系统均未经选择(仅通过近交产生大量系统)，且所有系统均处于相同的近交水平(近交系数相同)，然后在系统间作随机交配。

假定每一杂交组合均包括双亲间的多对交配，而同一系统内各亲本个体彼此无相关，这意味着系统内方差完全反映在杂交组合中。

每个杂交组合形成一个家系(family)，家系内成员间具有一定的亲缘关系，组合间方差成分就是组合内个体间的协方差。亲属间协方差由遗传方差组分及其系数 r(理论相关)和 u 的线性组合形式构成。r 和 u 由共祖度导出(第三章)。

与一个杂交组合有关的共祖度可由图 10-6 导出。系统 1 和系统 2 为两个随机抽取的独立系统，个体 A 与 C 来自系统 1，个体 B 和 D 来自系统 2，A×B 得子代 P，C×D 得子代 Q，P 和 Q 为同一杂交组合的两个 F_1 个体。

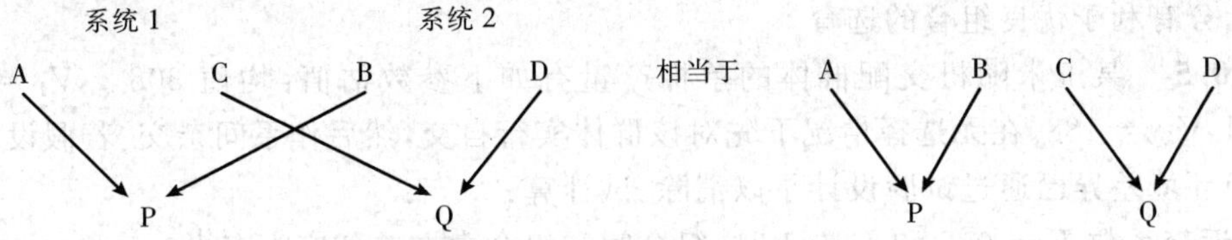

（两亲本品系彼此独立，但近交水平相同）

图 10-6　一个杂交组合的图示

由第三章的式(3-25b)，$r=2f_{PQ}$，由于两系统具相同的近交水平，$f_{AC}=F_{BD}=F$，由于两系统彼此独立，$F_{AD}=F_{BC}=0$，因而有，$f_{PQ}=\frac{1}{4}(f_{AC}+f_{AD}+f_{BC}+f_{BD})=\frac{1}{2}F$，$r=2\cdot\frac{1}{2}F=F$，$u=f_{AC}f_{BD}+f_{AD}f_{BC}=F^2$，由此可得

组合间遗传方差：

$$\begin{aligned}\sigma_y^2 &= rV_A+uV_D+r^2V_{AA}+ruV_{AD}+u^2V_{DD}+\cdots\\ &= FV_A+F^2V_D+F^2V_{AA}+F^3V_{AD}+F^4V_{DD}+\cdots\end{aligned}\qquad(10\text{-}12a)$$

组合内遗传方差：
$$\begin{aligned}\sigma_w^2 =& (1-F)V_A+(1-F^2)V_D+(1-F^2)V_{AA}+\\ &(1-F^3)V_{AD}+(1-F^4)V_{DD}+\cdots\end{aligned}\qquad(10\text{-}12b)$$

式中：V_A、V_D、V_{AA}、V_{AD} 和 V_{DD} 分别为基本群体内的加性、显性、加性×加性、加性×显性和显性×显性遗传方差成分，F 为亲本系统下一代的近交系数，而不是亲本自身的近交系数。

由以上组合间与组合内遗传方差的分配可以看出：

(1) 遗传方差的分配与近交水平有关。近交水平高时遗传方差主要表现在组合间，$F=1$ 时，遗传方差全部表现于组合间，近交水平低时，遗传方差主要表现于组合内。因此，在选育自交系的早期配制杂交组合不利于组合间的分化和优良组合的选育。

(2)V_A 的贡献与近交系数 F 成线性关系，显性方差 V_D 的贡献与 F^2 成比例。因此，如果某性状的非加性遗传方差大，则各组合在近交晚期的分化要比早期阶段的分化大得多。即当非加性方差大时，利用高代近交系杂交，组合间非加性遗传方差的比例要比早代近交系间杂交的高。

下面以一组数据计算说明杂交组合中加性与显性遗传方差随近交程度而变化的情况（表 10-12）。

表 10-12　近交程度与组合方差中加性与显性方差的比例

近交系数 F	组合方差中：加性方差比例 FV_A/σ_y^2（上行） 加性方差增加百分率（下行）	显性方差比例 F^2V_D/σ_y^2（上行） 显性方差增加百分率（下行）
0.5	$0.5V_A/\sigma_y^2$	$0.25V_D/\sigma_y^2$
0.8	$0.8V_A/\sigma_y^2$ (0.8－0.5)/0.5＝60％	$0.64V_D/\sigma_y^2$ (0.64－0.25)/0.25＝156％
1.0	V_A/σ_y^2 (1－0.5)/0.5＝100％	V_D/σ_y^2 (1－0.25)/0.25＝300％

由表 10-12 可知，近交系数 F 由 0.5 增至 1 时，V_A 增加了 1 倍，而 V_D 的却增加了 3 倍。说明在近交晚期杂交配组合，非加性方差的分化更大，有利于获得优良组合。

(3) 组合间加性与显性方差的分化，均是高代近交系的组合间高于早代近交系的组合间。

这无疑十分有利于优良组合的选育。

例 10.5　某玉米随机交配群体的单株产量有如下参数估值：均值 308 g，$V_P=5\,798$，$V_A=864$，$V_D=188$。在无选择情况下先对该群体实行自交，然后作系间杂交。若假设 $V_I=0$，且组合间环境差异已通过试验设计予以消除。试计算：

(1) 近交系数 $F=0.5$ 和 $F=1$ 时，组合间和组合内方差各应为多少？

(2) 若每组合测量 20 株以估计组合均值，试估计组合实测均值的方差。

解：(1) 当 $V_I=0$ 时，初始群体先自交形成系统再作系间杂交时，由式(10-12a)和式(10-12b)，

$$组合间遗传方差\ \sigma_y^2=FV_A+F^2V_D$$

$$组合内遗传方差\ \sigma_w^2=(1-F)V_A+(1-F^2)V_D$$

当 $V_I=0$ 且群体的近交系数 $F=0.5$ 时，

$$组合间遗传方差\ \sigma_y^2=0.5\times864+0.5^2\times188=479$$

$$\begin{aligned}组合内表型方差\ \sigma_w^2&=(1-0.5)\times864+(1-0.5^2)\times188+V_E\\&=V_P-\sigma_y^2=5\,798-479=5\,319\end{aligned}$$

当 $V_I=0$ 且群体的近交系数 $F=1$ 时，

$$组合间遗传方差\quad \sigma_y^2=1\times864+1^2\times188=1\,052$$

$$\begin{aligned}组合内表型方差\quad \sigma_w^2&=0\times864+0^2\times188+V_E\\&=V_P-\sigma_y^2=5\,798-1\,052=4\,746\end{aligned}$$

(2) $F=0.5$ 时，组合实测均值间方差 $\sigma_M^2=\sigma_y^2+\dfrac{\sigma_w^2}{20}=479+\dfrac{5\,319}{20}=744.95$

$F=1$ 时，组合实测均值间方差 $\sigma_M^2=1\,052+\dfrac{4\,746}{20}=1\,289.3$

结果汇总于表 10-13。

表 10-13　某玉米随机交配群体方差估计

近交系数	组合间遗传方差 ($\sigma_y^2=FV_A+F^2V_D$)	组合内表型方差 ($\sigma_w^2=V_P-\sigma_y^2$)	实测组合均值间方差 $\left(\sigma_M^2=\sigma_y^2+\dfrac{\sigma_w^2}{n}\right)$
0.5	479	5 319	744.95
1	1 052	4 746	1 289.30

小结：随着近交程度的增加，组合间方差增加，组合内方差减少。实测组合均值间方差(含抽样误差)随样本容量的增大而增大。

(三)近交、杂交与环境方差

近交效应不仅可引起遗传方差的重新分配，也可能影响环境方差(environmental variance)的状况。

1. 近交系对环境的敏感性

有时，近交个体比异交个体对环境差异更敏感，从而有可能使环境方差与遗传方差的变化发生混杂。近交还可能使个体适应度降低，从而导致环境方差增大。育种实践中往往见到自

交系的表型方差比两纯系杂种 F_1 的表型方差大的现象。由于纯系亲本和杂种 F_1 均属同质群体，其表型方差均为环境方差，二者间的差异纯属环境方差。在动物的行为特性上，自交系比杂交种一代对环境更敏感，其表型方差的差异亦纯属环境方差。

2. 近交系与杂交种环境方差不同的原因

要分析自交系比杂交种在一些性状上更具变异性的原因，首先需区分环境引起的体内变异即体内平衡（homeostasis）与有机体对特定环境的适应性响应（adaptive response）之间的差异。体内平衡是指有机体通过调节自身的体内生理生化过程，造成表现型值的相对稳定，如哺乳动物的体温等。而适应性响应是指性状在不同环境下有不同的最佳状态，如人和动物排汗这一性状，具有变异能力的个体比不具变异能力的个体更适应。体内平衡和适应性响应在植物性状的稳定表达方面可能具有重要作用。

(1)可认为杂交种比自交系具有更好的体内调节，而近交降低了体内平衡，从而降低了适合度，导致近交衰退。

(2)生物化学的原因，如酶的活性，酶的不同等位形式常在不同环境中表现最大活性。杂合体具有两种形式的酶，而纯合体仅有一种，因而使杂合体在更广泛的环境变异下保持较高水平的酶的活性和适应力。

(3)遗传上，DNA 表达水平上的差异。自交系仅有一份 DNA，而杂交种有来自双亲的两份 DNA，会由于遗传物质的互补产生较强的适应性。

(4)有时尺度效应会造成近交系与杂交种环境方差的不同，这可能是由于杂交种与自交系的均值水平差异较大甚至很大，会出现变异的度量不独立于均值的现象。在此情况下需选择合适的尺度（如采用变异系数）使方差独立于均值。

3. 近交系的均一性与遗传试验

近交系是动植物研究常用的实验材料。对实验材料的基本要求是：①供试材料在遗传上应是同质的，个体间应整齐一致。供试个体间不允许有遗传差异。若供试个体的表型方差中包括有遗传方差，则需通过近交而去掉遗传方差，使之尽可能变得同质。②不因实验材料的不同而增大环境方差。为避免近交系对环境条件的敏感而增大环境方差，较好的解决办法是利用近交系间的杂种 F_1。

四、配合力分析

(一)配合力概念

杂种优势利用是农业增产的一条重要途径。育种实践证明，亲本本身表现与杂交后代的表现往往并不一致，自身表现优良的品种不一定就是优良的亲本，实际杂交组配中表现为优良的亲本其自身表现也不一定优良。不同亲本间有不同的组配能力。研究与了解亲本在配制杂交组合中的实际表现，已成为当今育种的必要手段。下面先介绍配合力概念、效应及其方差，然后介绍配合力的分析方法。

实际育种的配合力分析是以一套固定的亲本与其他一系列已知亲本交配作固定遗传效应分析，研究亲本的具体组配能力和利用前景，而不是对大量亲本进行随机杂交作随机遗传模型分析（如第六章和第七章）。通常把亲本在实际组配中的表现称为该亲本或该对亲本的配合力(combining ability)。亲本的配合力又可分一般配合力(general combining ability)和特殊配合力(special combining ability)两种类型。下面结合图10-7介绍两种配合力概念及其运算。

		父本							
		1	2	…	j	…	p	$y_{i\cdot}$	$\bar{y}_{i\cdot}$
母本	1	y_{11}	y_{12}	…	y_{1j}	…	y_{1p}	$y_{1\cdot}$	$\bar{y}_{1\cdot}$
	2	y_{21}	y_{22}	…	y_{2j}	…	y_{2p}	$y_{2\cdot}$	$\bar{y}_{2\cdot}$
	⋮	⋮	⋮		⋮		⋮	⋮	⋮
	i	y_{i1}	y_{i2}	…	y_{ij}	…	y_{ip}	$y_{i\cdot}$	$\bar{y}_{i\cdot}$
	⋮	⋮	⋮		⋮		⋮	⋮	⋮
	p	y_{p1}	y_{p2}	…	y_{pj}	…	y_{pp}	$y_{p\cdot}$	$\bar{y}_{p\cdot}$
$y_{\cdot j}$		$y_{\cdot 1}$	$y_{\cdot 2}$	…	$y_{\cdot j}$	…	$y_{\cdot p}$	$y_{\cdot\cdot}$	
$\bar{y}_{\cdot j}$		$\bar{y}_{\cdot 1}$	$\bar{y}_{\cdot 2}$	…	$\bar{y}_{\cdot j}$	…	$\bar{y}_{\cdot p}$		$\bar{y}_{\cdot\cdot}$

注：y_{ij}表示亲本i和j杂交组合的均值，$\bar{y}_{i\cdot}$和$\bar{y}_{\cdot j}$分别表示亲本i和亲本j与其他亲本组配的半同胞家系的均值，$\bar{y}_{\cdot\cdot}$为群体总均值。

图10-7 p个亲本的双列杂交

1. 一般配合力效应

一个亲本在其所有杂交组合中表现的平均配合效应称之为该亲本的一般配合力效应，通常以gca_i、GCA_i或g_i表示。其数值大小以该亲本半同胞家系的均值距所有组合总均值的离差估算：

$$g_i = \bar{y}_{i\cdot} - \bar{y}_{\cdot\cdot} \tag{10-13}$$

式中：g_i为亲本i的一般配合力效应，$\bar{y}_{i\cdot}$为亲本i与其他一系列亲本杂交组合的平均值，$\bar{y}_{\cdot\cdot}$为所有杂交组合的总平均值。

2. 特殊配合力效应

特定杂交组合的实测均值与该组合期望值之差称为该组合双亲的特殊配合力效应。某对亲本的特殊配合力效应以sca_{ij}、SCA_{ij}或s_{ij}表示。

$$s_{ij} = y_{ij} - E(y_{ij}) \tag{10-14}$$

式中：s_{ij}为亲本i与亲本j的特殊配合力效应；y_{ij}为亲本i与亲本j杂交组合的均值；$E(y_{ij})$为该组合的期望值。

用特定交配组合双亲的一般配合力之和所预测的组合值称为该组合的期望值$E(y_{ij})$：

$$E(y_{ij}) = \bar{y}_{\cdot\cdot} + g_i + g_j \tag{10-15}$$

式中$\bar{y}_{\cdot\cdot}$、g_i和g_j分别为总体均值、亲本i和亲本j的一般配合力效应。将式(10-15)代入式(10-14)可得：

$$s_{ij} = y_{ij} - \bar{y}_{\cdot\cdot} - g_i - g_j \tag{10-16}$$

该式为特殊配合力的常用估算式。改写式(10-16)即可得到组合均值的一般表达式：

$$y_{ij} = \bar{y}_{\cdot\cdot} + g_i + g_j + s_{ij} \tag{10-17}$$

总之，一般配合力反映特定亲本交配效应的平均水平，一般配合力高的亲本，其杂交组合多数表现良好;特殊配合力反映一对特定亲本间杂交的特定配合效应,与该双亲在其他组合中的表现无关。

(二)配合力方差

1. 组合间总遗传方差的实测方差组分

由式(10-17)、式(10-13)和式(10-14)可得组合总效应:

$$y_{ij} - \bar{y}_{..} = g_i + g_j + s_{ij}$$
$$= (\bar{y}_{i.} - \bar{y}_{..}) + (\bar{y}_{.j} - \bar{y}_{..}) + [y_{ij} - E(y_{ij})]$$

当 g_i 和 g_j 不以性别或其他方式相区别时,由线性函数的方差构成原则(附录I)可得到组合间方差:

$$\sigma_y^2 = \sigma_{g_i}^2 + \sigma_{g_j}^2 + \sigma_{s_{ij}}^2 = 2\sigma_g^2 + \sigma_s^2 \tag{10-18}$$

式中 σ_y^2 为除去误差的组合间总遗传方差。可见,组合间总遗传方差由一般配合力方差 σ_g^2 和特殊配合力方差 σ_s^2 组成。此处 σ_g^2 和 σ_s^2 均为实测方差组分。

2. 配合力方差的遗传组成

以一个亲本为共同父本(或共同母本)的一套组合,相当于一个父本(或母本)的半同胞家系,家系平均值间的方差就是父本(或母本)的一般配合力方差 σ_g^2。通过家系内成员间的协方差,可求得父本(或母本)的一般配合力方差 σ_g^2 的遗传组成。为此需先求出半同胞协方差中遗传方差成分的系数 r 和 u。由第三章的图3-1和式(3-25b),$r = 2f_{XY} = 2 \cdot \frac{1}{4}(f_{AB} + f_{AC} + f_{BB} + f_{BC}) = \frac{1}{2}F$,此处A、B和C为亲本,B为共同亲本,$X$ 和 Y 为子代半同胞个体,F 为子代的近交系数。

$$u = f_{AC}f_{BB} + f_{AB}f_{BC} = 0$$
$$\sigma_{g_i}^2 = \sigma_{g_j}^2 = cov_{HS} = \frac{1}{2}FV_A + \frac{1}{4}F^2V_{AA} + \cdots$$

于是可得组合间方差 σ_y^2(式10-12a)的如下剖分:

$$\begin{cases} \sigma_{g_i}^2 = \frac{1}{2}FV_A + \frac{1}{4}F^2V_{AA} + \cdots \\ \sigma_{g_j}^2 = \frac{1}{2}FV_A + \frac{1}{4}F^2V_{AA} + \cdots \\ \sigma_s^2 = F^2V_D + \frac{1}{2}F^2V_{AA} + F^3V_{AD} + F^4V_{DD} + \cdots \end{cases} \tag{10-19}$$

$$\text{组合间方差 } \sigma_y^2 = FV_A + F^2V_D + F^2V_{AA} + F^3V_{AD} + F^4V_{DD} + \cdots$$

由此可知:①组合间方差可剖分为一般配合力方差和特殊配合力方差两部分。一般配合力方差由加性遗传方差和加性类型的上位性遗传方差构成,一般配合力方差的总量为 $\sigma_{g_i}^2 + \sigma_{g_j}^2 = FV_A + \frac{1}{2}F^2V_{AA} + \cdots$;特殊配合力方差由非加性遗传方差组成,其特殊配合力方差 σ_s^2 的组成为:$F^2V_D + \frac{1}{2}F^2V_{AA} + F^3V_{AD} + F^4V_{DD} + \cdots$。②在加-显模型下一般配合力方差与近交系数 F 呈线性关系,而特殊配合力方差则随 F 平方的变化而变化。可见,近交晚代(F 值增大)的系统间杂交，预计 σ_s^2 比 σ_g^2 增长更快。

例 10.6　试对例 10.5 的组合间方差作配合力方差的剖分。

解：在无上位性假设下，由公式(10-19)，一般配合力方差 σ_g^2 和特殊配合力方差 σ_s^2 估计如下：

$$F = 0.5\text{时}, \sigma_g^2 = 0.5 \times 864 = 432, \sigma_s^2 = 0.5^2 \times 188 = 47$$
$$F = 1\text{时}, \sigma_g^2 = 1 \times 864 = 864, \sigma_s^2 = 1^2 \times 188 = 188$$

验证：$F = 0.5$ 时，$\sigma_g^2 + \sigma_s^2 = 432 + 47 = 479 = \sigma_y^2$

$F = 1$ 时，$\sigma_g^2 + \sigma_s^2 = 864 + 188 = 1\,052 = \sigma_y^2$

(三)配合力的双列杂交分析

配合力分析(analysis of combining ability)是通过对亲本的一般配合力效应和亲本对的特殊配合力效应的估计和显著性检验，以判断亲本的利用价值和利用方式的过程。配合力分析方法有多种，如双列杂交 (diallel cross)分析、不完全双列杂交(NCⅡ)分析、多系杂交(polycross)分析和顶交法(top cross)等。但最常用的方法是双列杂交和 NCⅡ设计分析两类。

由第六章知，一套亲本既做父本又做母本彼此进行所有可能单交交配的遗传交配设计称作双列杂交。根据是否包括正反交和亲本的自交，双列杂交设计又可分为 4 种副型，或称为双列杂交的 4 种方法，如图 6-5 所示。正如第六章指出的，双列杂交设计既可在随机模型下(供试材料是某一遗传群体的随机样本，试验目的是研究该群体的遗传变异)估计遗传方差组分及遗传率，又可按固定模型(供试材料本身就是研究对象，试验目的是对供试材料本身的利用价值进行评价)进行配合力效应分析，其区别完全决定于研究目的和供试材料的性质。第六章介绍了双列杂交在随机模型下的分析方法和利用，本章介绍双列杂交在固定效应模型下的分析方法和利用：配合力分析。下面首先给出双列杂交 4 种方法估算配合力效应的公式，然后以方法 4 为例，说明配合力效应的双列杂交分析方法。进行双列杂交配合力分析之前必须牢记：该配合力分析是以组合平均值为单位进行的。

1. 双列杂交方法 1 的配合力分析

表 10-14　双列杂交方法 1 的配合力方差分析

变异来源	自由度	平方和	均方	EMS
一般配合力	$p-1$	SS_g	MS_g	$\sigma^2 + 2p\left(\frac{1}{p-1}\sum g_i^2\right)$
特殊配合力	$p(p-1)/2$	SS_s	MS_s	$\sigma^2 + \frac{2}{p(p-1)}\sum_i\sum_j s_{ij}^2$
反交效应	$p(p-1)/2$	SS_r	MS_r	$\sigma^2 + 2\left(\frac{2}{p(p-1)}\right)\sum_{i<j}\sum_j r_{ij}^2$
误差	$ab(c-1)$	SS_e	$MS'_e = \frac{MS_e}{bc}$	σ^2

注：p 表示亲本数，a 表示组合数，b 表示区组数，c 表示小区内株数。误差项均方 MS'_e 是由随机区组试验误差项均方计算来的，当试验以单株为单位时其关系为：$MS'_e = MS_e/bc$，$E(MS'_e) = \sigma_e^2/bc = \sigma^2$；当试验以小区为单位时其关系为：$MS'_e = MS_e/b$，$E(MS'_e) = \sigma_e^2/b = \sigma^2$。

配合力平方和的计算公式同式(6-23a)。

效应估计式：

$$\left.\begin{aligned}&\text{群体平均}\ \hat{\mu}=\frac{1}{p^2}y_{..}\\&\text{一般配合力效应}\ \hat{g}_i=\frac{1}{2p}(y_{i.}+y_{.i})-\frac{1}{p^2}y_{..}\\&\text{特殊配合力效应}\ \hat{s}_{ij}=\frac{1}{2}(y_{ij}+y_{ji})-\frac{1}{2p}(y_{i.}+y_{.i}+y_{j.}+y_{.j})+\frac{1}{p^2}y_{..}\\&\text{反交效应}\ \hat{r}_{ij}=\frac{1}{2}(y_{ij}-y_{ji})\end{aligned}\right\}\qquad(10\text{-}20a)$$

效应的方差：

$$\left.\begin{aligned}&V(\hat{\mu})=\frac{1}{p^2}\hat{\sigma}^2,\qquad V(g_i)=\frac{p-1}{2p^2}\hat{\sigma}^2\\&V(s_{ij})=\left(\frac{p-1}{p}\right)^2\hat{\sigma}^2,\quad V(s_{ij})=\frac{1}{2p^2}(p^2-2p+2)\hat{\sigma}^2\\&V(r_{ij})=\frac{1}{2}\hat{\sigma}^2\end{aligned}\right\}\qquad(10\text{-}20b)$$

效应差异的方差：

$$\left.\begin{aligned}&V(\hat{g}_i-\hat{g}_j)(i\neq j)=\frac{1}{p^2}\hat{\sigma}^2\\&V(\hat{s}_{ii}-\hat{s}_{jj})(i\neq j)=\frac{2(p-2)}{p}\hat{\sigma}^2\\&V(\hat{s}_{ii}-\hat{s}_{ij})(i\neq j)=\frac{1}{2p}(3p-2)\hat{\sigma}^2\\&V(\hat{s}_{ii}-\hat{s}_{jk})(i\neq j,k;j\neq k)=\frac{3}{2p}(p-2)\hat{\sigma}^2\\&V(\hat{s}_{ij}-\hat{s}_{ik})(i\neq j,k;j\neq k)=\frac{p-1}{p}\hat{\sigma}^2\\&V(\hat{s}_{ij}-\hat{s}_{kl})(i\neq j,k,l;j\neq k,l;k\neq l)=\frac{p-2}{p}\hat{\sigma}^2\\&V(\hat{r}_{ij}-\hat{r}_{kl})(i\neq j,k\neq l)=\hat{\sigma}^2\end{aligned}\right\}\qquad(10\text{-}20c)$$

式中：p 为亲本数，$\hat{\sigma}^2=MS'_e$。如上各项测验的自由度均为误差项自由度。

2. 双列杂交方法 2 的配合力分析

表 10-15　双列杂交方法 2 的配合力方差分析

变异来源	自由度	平方和	方差	EMS
一般配合力	$p-1$	SS_g	MS_g	$\sigma^2+(p+2)\left(\frac{1}{p-1}\right)\sum_i g_i^2$
特殊配合力	$p(p-1)/2$	SS_s	MS_s	$\sigma^2+\frac{2}{p(p-1)}\sum_i\sum_j s_{ij}^2$
误差	$ab(c-1)$	SS_e	$MS'_e=\frac{MS_e}{bc}$	σ^2

注：p 表示亲本数，a 表示组合数，b 表示区组数，c 表示小区内株数。误差项均方 MS'_e 是由随机区组试验误差项均方计算来的，当试验以单株为单位时其关系为：$MS'_e=MS_e/bc$，$E(MS'_e)=\sigma_e^2/bc=\sigma^2$；当试验以小区为单位时其关系为：$MS'_e=MS_e/b$，$E(MS'_e)=\sigma_e^2/b=\sigma^2$。

配合力平方和计算公式同式(6-24a)。

效应估计值:

$$\left.\begin{aligned}&\text{群体平均}\ \hat{\mu}=\frac{2}{p(p+1)}y_{..}\\&\text{一般配合力效应}\ \hat{g}_i=\frac{1}{p+2}\left(y_{i.}+y_{ii}-\frac{2}{p}y_{..}\right)\\&\text{特殊配合力效应}\ \hat{s}_{ij}=y_{ij}-\frac{1}{p+2}(y_{i.}+y_{ii}+y_{j.}+y_{jj})\\&\qquad\qquad+\frac{2}{(p+1)(p+2)}y_{..}\end{aligned}\right\}\qquad(10\text{-}21a)$$

效应的方差:

$$\left.\begin{aligned}&V(\hat{\mu})=\frac{2}{p(p+1)}\hat{\sigma}^2,V(g_i)=\frac{p-1}{p(p+2)}\hat{\sigma}^2\\&V(s_{ii})=\frac{p(p-1)}{(p+1)(p+2)}\hat{\sigma}^2,V(s_{ij})=\frac{p^2+p+2}{(P+1)(P+2)}\hat{\sigma}^2\end{aligned}\right\}\qquad(10\text{-}21b)$$

效应差异的方差:

$$\left.\begin{aligned}&V(\hat{g}_i-\hat{g}_j)(i\neq j)=\frac{2}{p+2}\hat{\sigma}^2\\&V(\hat{s}_{ii}-\hat{s}_{jj})(i\neq j)=\frac{2(p-2)}{p+2}\hat{\sigma}^2\\&V(\hat{s}_{ij}-\hat{s}_{ik})(i\neq j,k;j\neq k)=\frac{2(p+1)}{p+2}\hat{\sigma}^2\\&V(\hat{s}_{ij}-\hat{s}_{kl})(i\neq j,k,l;j\neq k,l;k\neq l)=\frac{2p}{p+2}\hat{\sigma}^2\end{aligned}\right\}\qquad(10\text{-}21c)$$

式中:p 为亲本数,$\hat{\sigma}^2=MS'_e$。如上各项测验的自由度均为误差项自由度。

3. 双列杂交方法 3 的配合力分析

表 10-16 双列杂交方法 3 的配合力方差分析

变异来源	自由度	平方和	均方	EMS
一般配合力	$p-1$	SS_g	MS_g	$\sigma^2+2(p-2)\left(\frac{1}{p-1}\right)\sum_i g_i^2$
特殊配合力	$p(p-3)/2$	SS_s	MS_s	$\sigma^2+2\left(\frac{2}{p(p-3)}\right)\sum_{i<j}\sum_j s_{ij}^2$
反交效应	$p(p-1)/2$	SS_r	MS_r	$\sigma^2+2\left(\frac{2}{p(p-1)}\right)\sum_{i<j}\sum_j r_{ij}^2$
误差	$ab(c-1)$	SS_e	$MS'_e=\frac{MS_e}{bc}$	σ^2

注:p 表示亲本数,a 表示组合数,b 表示区组数,c 表示小区内株数。误差项均方 MS'_e 是由随机区组试验误差项均方计算来的,当试验以单株为单位时其关系为:$MS'_e=MS_e/bc$,$E(MS'_e)=\sigma_e^2/bc=\sigma^2$;当试验以小区为单位时其关系为:$MS'_e=MS_e/b$,$E(MS'_e)=\sigma_e^2/b=\sigma^2$。

配合力平方和计算公式同式(6-25a)。

效应估计值：

$$\left.\begin{aligned}&\text{群体平均 } \hat{\mu}=\frac{1}{p(p-1)}y_{..}\\&\text{一般配合力效应 } \hat{g}_i=\frac{1}{2p(p-2)}[p(y_{i.}+y_{.i})-2y_{..}]\\&\text{特殊配合力效应 } \hat{s}_{ij}=\frac{1}{2}(y_{ij}+y_{ji})-\frac{1}{2(p-2)}(y_{i.}+y_{.i}+y_{j.}+y_{.j})+\\&\qquad\qquad\frac{1}{(p-1)(p-2)}y_{..}\\&\text{反交效应 } \hat{r}_{ij}=\frac{1}{2}(y_{ij}-y_{ji})\end{aligned}\right\}\qquad(10\text{-}22a)$$

效应的方差：

$$\left.\begin{aligned}&V(\hat{\mu})=\frac{1}{p(p-1)}\hat{\sigma}^2, V(g_i)=\frac{p-1}{2p(p-2)}\hat{\sigma}^2\\&V(s_{ij})=\frac{p-3}{2(p-1)}\hat{\sigma}^2, V(r_{ij})=\frac{1}{2}\hat{\sigma}^2\end{aligned}\right\}\qquad(10\text{-}22b)$$

效应差异的方差：

$$\left.\begin{aligned}&V(\hat{g}_i-\hat{g}_j)(i\neq j)=\frac{1}{p-2}\hat{\sigma}^2\\&V(\hat{s}_{ij}-\hat{s}_{ik})(i\neq j,k;j\neq k)=\frac{p-3}{p-2}\hat{\sigma}^2\\&V(\hat{s}_{ij}-\hat{s}_{kl})(i\neq j,k,l,j\neq k,l;k\neq l)=\frac{p-4}{p-2}\hat{\sigma}^2\end{aligned}\right\}\qquad(10\text{-}22c)$$

式中：p 为亲本数，$\hat{\sigma}^2=MS'_e$。如上各项测验的自由度均为误差项自由度。

4. 双列杂交方法 4 的配合力分析

表 10-17　双列杂交方法 4 的配合力方差分析

变异来源	自由度	平方和	均方	*EMS*
一般配合力	$p-1$	SS_g	MS_g	$\sigma^2+\frac{p-2}{p-1}\sum_i g_i^2$
特殊配合力	$p(p-3)/2$	SS_s	MS_s	$\sigma^2+\frac{2}{p(p-3)}\sum_{i<j}\sum_j s_{ij}^2$
误差	$ab(c-1)$	SS_e	$MS'_e=\frac{MS_e}{bc}$	σ^2

注：p 表示亲本数，a 表示组合数，b 表示区组数，c 表示小区内株数。误差项均方 MS'_e 是由随机区组试验误差项均方计算来的，当试验以单株为单位时其关系为：$MS'_e=MS_e/bc$，$E(MS'_e)=\sigma_e^2/bc=\sigma^2$；当试验以小区为单位时其关系为：$MS'_e=MS_e/b$，$E(MS'_e)=\sigma_e^2/b=\sigma^2$。

配合力平方和计算公式同式(6-26a)。

效应估计值：

$$\left.\begin{aligned}&\text{群体平均}\ \hat{\mu}=\frac{2}{p(p-1)}y_{..}\\&\text{一般配合力效应}\ \hat{g}_i=\frac{1}{p(p-2)}(py_{i.}-2y_{..})\\&\text{特殊配合力效应}\ \hat{s}_{ij}=y_{ij}-\frac{1}{p-2}(y_{i.}+y_{j.})+\\&\qquad\frac{2}{(p-1)(p-2)}y_{..}\end{aligned}\right\}\tag{10-23a}$$

效应的方差：

$$\left.\begin{aligned}&V(\hat{\mu})=\frac{2}{p(p-1)}\hat{\sigma}^2,V(g_i)=\frac{p-1}{p(p-2)}\hat{\sigma}^2\\&V(s_{ij})=\frac{p-3}{p-1}\hat{\sigma}^2\end{aligned}\right\}\tag{10-23b}$$

效应差异的方差：

$$\left.\begin{aligned}&V(\hat{g}_i-\hat{g}_j)(i\neq j)=\frac{2}{p-2}\hat{\sigma}^2\\&V(\hat{s}_{ij}-\hat{s}_{ik})(i\neq j,k;j\neq k)=\frac{2(p-3)}{p-2}\hat{\sigma}^2\\&V(\hat{s}_{ij}-\hat{s}_{kl})(i\neq j,k,l;j\neq k,l;k\neq l)=\frac{2(p-4)}{p-2}\hat{\sigma}^2\end{aligned}\right\}\tag{10-23c}$$

式中：p 为亲本数，$\hat{\sigma}^2=MS'_e$。如上各项测验的自由度均为误差项自由度。

例 10.7 玉米抗倒伏性研究，以基部第一、二节间抗倒指标度量抗倒伏程度。以 10 个不同抗倒程度的自交系为亲本，以双列杂交方法 4 配制正交 F_1 组合 45 个。以 3 次重复的随机完全区组设计作田间试验，每小区取 10 株测定其抗倒指标，并求小区平均。本例取其中 6 个自交系的 15 个 F_1 组合为材料，其基部第一节间指标的组合均值及方差分析结果列于表 10-18 和表 10-19。若试验目的是评价各自交系的配合力，试依固定效应模型作配合力分析，并对各自交系的利用前景作简要讨论。

表 10-18 玉米自交系双列杂交组合均值

亲本自交系	2	3	4	5	6	$y_{i.}$
1	105.18	114.29	113.43	102.05	109.23	544.18
2		133.08	100.55	94.09	108.63	541.53
3			97.25	111.50	85.35	541.47
4				93.56	81.15	485.94
5					81.35	482.55
6						465.71
						$2y_{..}=3\,061.38$，$y_{..}=1\,530.69$

解：第一步：检验组合间差异显著性。

表 10-19 的 F 测验结果表明，组合均值间存在着真实的遗传差异。因此，需进一步进行配合力分析（若组合间方差不显著，则无必要进行配合力分析）。

表 10-19　玉米自交系随机区组试验的方差分析

变异来源	DF	SS	MS	F
区组	2	171.90		
组合	14	8 223.15	587.37	4.83**
误差	28	3 406.94	121.68	

第二步:配合力分析。

(1) 配合力方差分析。

依式(6-26a) 对表 10-18 的数据计算一般配合力和特殊配合力平方和:

$$SS_g = \frac{1}{p-2}\sum_i y_{i\cdot}^2 - \frac{4}{p(p-2)}y_{\cdot\cdot}^2 = 1\,611.61$$

$$SS_s = \sum_{i<j}\sum_j y_{ij}^2 - \frac{1}{p-2}\sum y_{i\cdot}^2 + \frac{2}{(p-1)(p-2)}y_{\cdot\cdot}^2 = 1\,129.44$$

$$SS'_e = SS_e/b = 3\,406.94/3 = 1\,135.65$$

由此得到配合力方差分析表 10-20,并可依表 10-17 的期望均方对配合力均方进行显著性测验。

表 10-20　配合力方差分析

变异来源	DF	SS	MS	F	EMS
gca	5	1 611.61	322.32	7.95**	$\sigma^2 + \frac{p-2}{p-1}\sum_i g_i^2$
sca	9	1 129.44	125.49	3.10*	$\sigma^2 + \frac{2}{p(p-3)}\sum_{i<j}\sum_j s_{ij}^2$
误差	28	1 135.65	40.56		σ^2

配合力方差分析表明,不同亲本的 gca 效应间差异极显著;不同组合的 sca 效应间差异显著。故可进一步作配合力效应分析。

(2) 一般配合力效应分析。

① 估算一般配合力效应。

由式(10-23a),各亲本的一般配合力效应计算如下:

$$\hat{g}_i = \frac{1}{p(p-2)}(py_{i\cdot} - 2y_{\cdot\cdot}) = \frac{1}{4}y_{i\cdot} - \frac{1}{12}y_{\cdot\cdot}$$

$$= \frac{1}{4}y_{i\cdot} - \frac{1\,530.69}{12} = \frac{1}{4}y_{i\cdot} - 127.56$$

$$\hat{g}_1 = 544.18/4 - 127.56 = 8.49,\ \hat{g}_2 = 541.53/4 - 127.56 = 7.82$$

类似地,可计算出其余各自交系的一般配合力效应,见表 10-21。

表 10-21　一般配合力效应及配合力效应差异的显著性检验

自交系	$\hat{g}_i$	$\hat{g}_i - \hat{g}_{CK}$
1	8.49**	14.56**
2	7.82*	13.90**
3	7.81*	13.89**
4(CK)	−6.08*	—
5	−6.92*	−0.84
6	−11.13**	−5.05

② 估算一般配合力效应标准误。

由式(10-23b)，$V(g_i)=\frac{p-1}{p(p-2)}\hat{\sigma}^2=\frac{5}{24}\times 40.56=8.45$，$s_{g_i}=\sqrt{8.45}=\pm 2.91$

$$LSD_{0.05}=s_{g_i}\times t_{0.05,28}=2.91\times 2.048=5.96$$
$$LSD_{0.01}=s_{g_i}\times t_{0.01,28}=2.91\times 2.763=8.04$$

这说明只要 g_i 的绝对值大于5.96，即有95%的概率把握认为其 g_i 是真实存在的。

③ 估算一般配合力差异的标准误。

$$s_{g_i-g_j}=\sqrt{\frac{2}{p-2}MS_e}=\sqrt{\frac{2}{6-2}\times 40.56}=4.50$$
$$LSD_{0.05}=s_{g_i-g_j}\times t_{0.05,28}=4.50\times 2.048=9.22$$
$$LSD_{0.01}=s_{g_i-g_j}\times t_{0.01,28}=4.50\times 2.763=12.43$$

一般配合力效应及配合力效应差异(以自交系4为对照)的显著性检验汇总于表10-21。从表10-21可以看出：各自交系均存在着真实的一般配合力效应；自交系1、2和3的 *gca* 极显著地优于CK，自交系5和6的 *gca* 与CK差异不显著。

(3) 特殊配合力效应分析。

① 估算特殊配合力效应。

由式(10-23a)，各组合的特殊配合力效应 s_{ij} 估算如下：

$$\hat{s}_{ij}=y_{ij}-\frac{1}{p-2}(y_{i.}+y_{.j})+\frac{2}{(p-1)(p-2)}y_{..}$$
$$=y_{ij}-\frac{1}{4}(y_{i.}+y_{.j})+153.07$$

$$\hat{s}_{12}=105.18-\frac{1}{4}\times(544.18+541.53)+153.07=-13.18$$

$$\hat{s}_{56}=81.35-\frac{1}{4}\times(482.55+465.71)+153.07=-2.65$$

类似地，可所得其他组合的特殊配合力效应。

② 估算特殊配合力效应的标准误。

由式(10-23b)，$V(s_{ij})=\frac{p-3}{p-1}\hat{\sigma}^2$，$s_{s_{ij}}=\sqrt{V(s_{ij})}=\sqrt{\frac{3}{5}\times 40.56}=\pm 4.933$

$$LSD_{0.05}=s_{s_{ij}}\times t_{0.05,28}=4.933\times 2.048=10.10$$
$$LSD_{0.01}=s_{s_{ij}}\times t_{0.01,28}=4.933\times 2.763=13.63$$

这说明只要 $\hat{s}_{ij}$ 的绝对值大于10.10，即有95%的概率把握认为该 $\hat{s}_{ij}$ 是真实存在的。上面的 $\hat{s}_{12}$ 达到5%显著标准，而 $\hat{s}_{56}$ 不显著。

③ 估算特殊配合力效应差异的标准误。

由式(10-23c)，有共同亲本的比较标准：

$$s(s_{ij}-s_{ik})=\sqrt{\frac{2(p-3)}{p-2}MS_e}=\sqrt{\frac{2\times 3}{6-2}\times 40.56}=\pm 7.80$$

$$LSD_{0.05} = s(s_{ij} - s_{ik}) \times t_{0.05,28} = 7.80 \times 2.048 = 15.97$$

$$LSD_{0.01} = s(s_{ij} - s_{ik}) \times t_{0.01,28} = 7.80 \times 2.763 = 21.55$$

无共同亲本的比较标准：$s(s_{ij} - s_{kl}) = \sqrt{\frac{2(p-4)}{p-2}MS_e} = \sqrt{\frac{2 \times 2}{6-2} \times 40.56} = \pm 6.37$

$$LSD_{0.05} = s(s_{ij} - s_{kl}) \times t_{0.05,28} = 6.37 \times 2.048 = 13.05$$

$$LSD_{0.01} = s(s_{ij} - s_{kl}) \times t_{0.01,28} = 6.37 \times 2.763 = 17.60$$

若以 $\hat{s}_{24}$ 为 CK，把各 $\hat{s}_{ij}$ 与之比较，结果列于表 10-22。

表 10-22　特殊配合力效应 $\hat{s}_{ij}$ 与 $\hat{s}_{24}$ 的比较

组合	$\hat{s}_{ij}$	$\hat{s}_{ij}$ − CK
1×2	−13.18	−9.93
1×3	−4.05	−0.80
1×4	8.97	12.22
1×5	−1.56	1.69
1×6	9.83	13.08*
2×3	15.40	18.65*
2×4	−3.25	—
2×5	−8.86	−5.61
2×6	9.89	13.14
3×4	−6.53	−3.28
3×5	8.56	11.81
3×6	13.38	−10.13
4×5	4.51	7.76
4×6	−3.69	−0.44
5×6	−2.65	0.60

从表 10-22 可以看出，只有 $\hat{s}_{16}$ 和 $\hat{s}_{23}$ 两个特殊配合力显著优于 $\hat{s}_{24}$。

(4) 对供试自交系的评价。

供试自交系的特殊配合力方差为：$\sigma_i^2 = \frac{1}{p-2}\sum_{i \neq j} s_{ij}^2 - \frac{p-3}{p-2}\sigma^2$。对本例，

$$s_{s_i}^2 = \frac{1}{p-2}\sum_{i \neq j} \hat{s}_{ij}^2 - \frac{p-3}{p-2}MS_e = \frac{1}{6-2}\sum_{i \neq j} \hat{s}_{ij}^2 - \frac{6-3}{6-2} \times 40.56$$

$$= \frac{1}{4}\sum_{i \neq j} \hat{s}_{ij}^2 - 30.42$$

$$s_{s_1}^2 = \frac{(-13.18)^2 + (-4.05)^2 + \cdots + 9.83^2}{4} - 30.42 = 61.99$$

$$s_{s_6}^2 = \frac{9.83^2 + 9.89^2 + \cdots + (-2.65)^2}{4} - 30.42 = 68.11$$

类似地,可以算出其他亲本的特殊配合力方差,见表 10-23。

表 10-23 对供试自交系的综合评价

自交系	$\hat{g}_i$	$s_{s_i}^2$	自交系	$\hat{g}_i$	$s_{s_i}^2$
1	8.49	61.99	4	−6.08	11.49
2	7.82	119.02	5	−6.92	14.97
3	7.81	106.71	6	−11.13	68.11

评价:①自交系 1 的一般配合力最高,其特殊配合力方差小,说明其优良特性可较稳定地传递下去。由表 10-18 可以看出,用其所配的组合均值都较高,平均水平都在 102 以上,其中组合 1×3 和 1×4 名列第二和第三位。②自交系 2 和 3 的 *gca* 大,且 $s_{s_2}^2$ 和 $s_{s_3}^2$ 大,故自交系 2 和 3 的组合中会有较突出的组合出现。事实上组合 2×3 表现最优,组合 1×3 和 3×5 亦优。③自交系中 5 和 6 的 *gca* 小,其特殊配合力 s_{ij} 的变异也不大,故由其配置的组合一般不会很优;但若某特殊配合力很高,且另一亲本的 *gca* 高,偶然也会出现较优组合,如 1×4,其均值为 $113.43=\bar{y}_{..}+g_1(8.49)+g_4(-6.08)+s_{14}(8.97)$。

(5) 对几个杂交组合增产原因的分析。

依照式(10-17),有 $y_{ij}-\bar{y}_{..}=g_i+g_j+s_{ij}$。比较不同组合的配合力效应组成,可以分析组合优劣与亲本配合力的关系。表 10-24 所列为几个组合均值的配合力效应组成,可以看出,组合 2×3 产量最高,是由于两个亲本的一般配合力最高且亲本间特殊配合力最高。该组合属最佳组合方案。组合 1×3、1×4 和 3×5 的均值组成中有一项为负值,不是理想组配方案。组合 5×6 为最差组配方案。

表 10-24 几个组合均值的配合力效应组成

产量位次	组合	组合均值	g_i	g_j	s_{ij}	归类	
1	2×3	133.08	7.82	7.81	15.40	Ⅰ	最佳方案
2	1×3	114.29	8.49	7.81	−4.05	Ⅱ	
3	1×4	113.43	8.49	−6.08	8.97	Ⅲ	
4	3×5	111.50	7.81	−6.92	8.56		
15	5×6	81.35	−6.92	−11.13	−2.65	Ⅳ	最差方案

(四)配合力的不完全双列杂交(NCⅡ设计)分析

第六章已介绍,NCⅡ设计又称不完全双列杂交设计。从试验效率、资源消耗等方面考虑,在相同的试验规模和成本的前提下,不完全双列杂交可以比完全双列杂交包括更多的亲本,获得有关更多亲本的信息。但不完全双列杂交不能包括所有可能的组合,也损失一些信息。从育种实际考虑,有一些组合并非必须研究,采用不完全双列杂交可以集中精力于必须研究的问题,提高工作效率。例如可以把亲本按育种目标分为丰产和抗病组,研究其亲本利用和育种前景。又如可以用一组高配合力的测验种与既定目标的国外引进种进行测配,研究其组配与利用前景。不完全双列杂交被广泛应用于配合力研究。下面举例说明其应用。

例 10.8 采用 4×7 的 NCⅡ设计研究玉米亲本自交系在吐丝期性状上的配合力,试验结果见表 10-25 和表 10-26。

表 10-25　玉米 4×7 NCⅡ设计的抽丝期(出苗至吐丝日数)

组合 ♀×♂	区组 Ⅰ	区组 Ⅱ	组合和	组合 ♀×♂	区组 Ⅰ	区组 Ⅱ	组合和
1×5	80.5	81.0	161.5	3×5	76.5	77	153.5
1×6	72	72	144	3×6	70.5	70.5	141
1×7	74.5	75.5	150	3×7	75	76.5	151.5
1×8	79	79.5	158.5	3×8	74.5	75	149.5
1×9	77.5	79	156.5	3×9	73.5	75	148.5
1×10	75.5	76	151.5	3×10	77.5	76	153.5
1×11	79.5	80.5	160	3×11	76	75	151
2×5	76.5	77	153.5	4×5	78	77.5	155.5
2×6	74	73	147	4×6	71.5	72	143.5
2×7	77.5	78.5	156	4×7	73.5	73	146.5
2×8	77.5	77	154.5	4×8	76.5	75.5	152
2×9	79	79	158	4×9	74.5	75.5	150
2×10	79	79.5	158.5	4×10	75	76	151
2×11	80	80.5	160.5	4×11	79.5	78.5	158
				区组和	2 134	2 141	4 275

表 10-26　玉米 4×7 NCⅡ设计的抽丝期组合总和二向表

f \ m	5	6	7	8	9	10	11	T_f	$\bar{y}_f$
1	161.5	144	150	158.5	156.5	151.5	160	1 082	77.29
2	153.5	147	156	154.5	158	158.5	160.5	1 088	77.71
3	153.5	141	151.5	149.5	148.5	153.5	151	1 048.5	74.89
4	155.5	143.5	146.5	152	150	151	158	1 056.5	75.46
T_m	624	575.5	604	614.5	613	614.5	629.5	4 275	$\bar{y}=76.34$
$\bar{y}_m$	78	71.94	75.5	76.81	76.63	76.81	78.69		

解:第一步:组合间差异和配合力的方差分析。

对表 10-25 和表 10-26 的数据作随机区组和配合力的方差分析,结果列于表 10-27。

表 10-27　随机区组和配合力方差分析(固定模型)

变异来源	DF	SS	MS	F	EMS
区组	1	0.88			
组合	27	386.55	14.32	40.91**	
母本	3	79.02	26.34	75.26**	$\sigma^2+14\kappa_f^2$
父本	6	231.05	38.51	110.03**	$\sigma^2+8\kappa_m^2$
母×父	18	76.48	4.25	12.14**	$\sigma^2+2\kappa_{mf}^2$
误差	27	9.62	0.35		σ^2
总	55	397.05			

从表10-27可以看出：①组合间差异显著，说明组合间存在真实的遗传差异。②父本间、母本间和母本×父本间均方都达到1%的显著水平，说明母本一般配合力效应间、父本一般配合力效应间和特殊配合力效应间都存在极显著的遗传差异。

第二步：估算配合力效应及其估计标准误。

(1) 估算一般配合力效应。

母本自交系一般配合力效应 $g_{i(f)} = \bar{y}_{i(f)} - \bar{y}$

父本自交系一般配合力效应 $g_{j(m)} = \bar{y}_{j(m)} - \bar{y}$

母本自交系一般配合力估计标准误 $\hat{\sigma}_{g(f)} = \sqrt{MS_e/rm}$

父本自交系一般配合力标准误 $\hat{\sigma}_{g(m)} = \sqrt{MS_e/rf}$

母本自交系一般配合力差数标准误

$$\hat{\sigma}(g_i - g_j)_f = \sqrt{2MS_e/rm} = \sqrt{2 \times 0.35/(2 \times 7)} = 0.224$$

父本自交系一般配合力差数标准误

$$\hat{\sigma}(g_i - g_j)_m = \sqrt{2MS_e/rf} = \sqrt{2 \times 0.35/(2 \times 4)} = 0.296$$

(2) 估算特殊配合力效应。

$$s_{ij} = \bar{y}_{ij} - \bar{y} - g_f - g_m = \bar{y}_{ij} - \bar{y}_{i(f)} - \bar{y}_{j(m)} + \bar{y}$$

特殊配合力效应估计标准误 $\hat{\sigma}_s = \sqrt{MS_e/r}$

特殊配合力差数标准误 $\hat{\sigma}(s_{ij} - s_{kl}) = \sqrt{2MS_e/r} = \sqrt{2 \times 0.35/2} = 0.592$

计算结果汇总于表10-28。

表10-28 一般配合力和特殊配合力效应估计值

f \ m	5	6	7	8	9	10	11	$g_{i(f)}$
1	1.75	−0.90	−1.50	1.45	0.65	−2.05	0.3	0.95
2	−2.65	0.20	1.10	−0.95	1.000	1.05	0.15	1.37
3	0.15	0.00	1.65	−0.65	−0.95	1.35	−1.80	−1.45
4	0.55	0.65	−1.45	0.00	−0.80	−0.50	1.10	−0.85
$g_{j(m)}$	1.66	−4.40	−0.84	0.47	0.29	0.47	2.35	$\bar{y} = 76.3$

第三步：早熟亲本及早熟组合评价。

由表10-28可以看出，亲本6可稳定地把早熟性传给子代组合，由亲本6所配组合均早熟。亲本3可较稳定地把早熟性传递给子代，亲本3所配组合大多数早熟。

组合3×6从播种至吐丝70.5天，比总体平均76.3天早5.8天。该组合早熟的原因主要来自双亲早熟性的累加，其均值构成为：

$$y_{36} = \bar{y} + g_3 + g_6 + s_{36} = 76.3 - 1.45 - 4.40 + 0.0$$

组合 4×6 比 $\bar{y}$ 早 4.59 天。其早熟性来自双亲早熟性的累加，双亲的特殊配合力为小的正值。组合 1×6 比 $\bar{y}$ 早 4.3 天，其早熟性来自亲本 6 的早熟和负向的特殊配合力效应。

五、杂种优势的遗传假说与验证

杂种优势是一种复杂的遗传现象。人类早在一个多世纪以前就认识到杂种优势的存在，并从 20 世纪上半叶起因利用自交系间的杂交优势得到巨大的经济效益。虽然从 20 世纪初人们就对杂种优势产生的机理提出了种种假说，并进行了反复的研究探讨，但对于杂种优势形成机理的认识至今尚无定论。近年来借助分子标记的手段使研究杂种优势的遗传基础逐步取得进展。下面简要介绍杂种优势形成的有关假说，并举例介绍近年来在分子水平上的研究进展。

(一)杂种优势的遗传假说

1. 显性假说

Bruce(1910)提出显性基因互补假说来解释杂种优势的遗传基础，后经 Jones (1917)增加连锁基因的概念和效应。该假说认为：植物品种(自交系)的各种优良性状，是受多基因连锁群中的显性基因所控制的，不利的隐性基因的作用能为有利的显性基因所抑制，有缺陷的基因能为正常基因所补偿。在 F_1 中的显性基因组合较亲本多，因而杂合子的生长势增强。杂合个体进行自交或近交时，隐性不利基因处于纯合状态，导致植株生长势减退。该假说还认为，具有杂种优势的性状如产量等涉及到很多基因，并且有害的隐性基因和有利的显性基因难免存在连锁，所以将所有有利基因集中到一个个体内的概率为零，因而不可能筛选到与杂种生长势相同的纯合个体。

2. 超显性假说

超显性假说也称等位基因异质结合假说，由 Shull(1908)提出。该假说从等位基因杂合性出发，认为等位基因的互作(包括上位性)产生的表型效应超过纯合的等位基因，杂种优势主要取决于双亲基因型的杂合状态。超显性效应在有些单基因控制的性状中得到证实，但超显性假说完全排斥了基因间客观存在的显隐性关系，而在有些情况下纯合体生长势并不比杂合体差，杂种优势并不是与等位基因的杂合性始终一致，这是无法用超显性假说解释的。

3. 基因网络系统

由鲍文奎(1990)提出。基因网络系统认为：各生物基因组都有一套保证个体正常生长与发育的遗传信息，包括全部的编码基因，控制基因表达的控制序列，以及协调不同基因之间相互作用的组分。基因组将这些看不见的信息编码在 DNA 上，组成了一个使基因有序表达的网络，通过遗传程序将各种基因的活动联系在一起。F_1 是两个不同基因组在一起形成的一个新的网络系统，在这个新组建的网络系统内，等位基因成员处在最好的工作状态，从而实现杂种优势。

4. 核质互作与杂种优势

除了双亲细胞核之间的抑制作用外，F_1 的核质之间互作也可能存在一定的相互作用，从而引起杂种优势。利用两个杂交亲本间的线粒体、叶绿体互补作用可以预测杂种优势。

5. 基因表达调控与杂种优势的分子机理

由于杂交种的全部基因都来自于其两个杂交亲本，从基因组组成上看，杂交种并没有任何超越其双亲的新基因引入，杂种优势的产生应当与相关基因表达调控有关。有关杂交种和亲本之间基因差异表达的分子生物学研究结果已证明，杂交种虽然在基因组组成上未发生变化，但基因的表达却发生了数量和质量上的重大变化，发生这种变化的原因显然是由于基因型杂合的个体与基因型纯合的个体基因表达调控上的差异，转录因子的差异表达结果为此提供了进一步的证据。

6. 基因外改变与杂种优势

基因外改变(epigenetic change)是指并非因遗传信息变化而导致遗传性质改变，即本质上只影响表型而不影响基因型的改变，作用机制包括 DNA 甲基化(DNA methylation)、组氨酸乙酰化(histone acetylation)和 RNA 干扰(RNA interference)以及染色质重排(chromatin remodulation)等。比如，启动子区域 DNA 甲基化和脱甲基化可以抑制和激活基因的转录，甲基化 DNA 序列也可能产生基因外效应，抑制另一个基因的表达。从本质上讲，DNA 甲基化主要是通过影响基因转录水平实现对基因表达的调控(Cai，1996)。许多研究表明，杂种优势和某些基因转录水平上的表达差异相关，很可能 DNA 甲基化也参与了与杂种优势相关基因的表达调控过程。Tsaftaris 等(1995，1998)对一个玉米杂交种及其双亲 DNA 中甲基化胞嘧啶(5-mC)占总胞嘧啶(5-mC+C)的比例进行了分析，发现 2 个亲本胞嘧啶甲基化比例分别为 31.4%和 28.3%，而杂交种为 27.4%，低于双亲。基因组表达活性与 DNA 甲基化存在显著的负相关($r=-0.739$)。说明，杂交种 DNA 甲基化降低与基因表达增强有关，可能与杂种优势表达有关。

(二)借助分子标记研究杂种优势的遗传基础举例

例 10.9 Xiao Jinhua 和 Li Jiming(1995)把一个 F_1 表现强优势的籼粳稻杂交组合的 194 个 F_7 重组自交系回交于双亲，得到两个回交群体。田间试验包括 388 个 BC_1F_7 回交家系、194 个 F_8 家系、双亲和 F_1。用 141 个 RFLP 分子标记对籼粳杂种优势的遗传基础进行研究。在两个回交群体中共检测到 37 个影响 12 个重要农艺性状的 QTLs，其中 27 个 QTL 只在一个回交群体中被检测到，表明这些 QTL 位点上的杂合子与一种纯合子有显著的差异，与另一个纯合体差异不显著；在这 27 个 QTLs 中约 82%QTL 的杂合子比纯合子具有更高的表型值，由此判断这些位点表现为完全显性。另 10 个 QTL 能在两个回交群体中同时被检测到，其杂合子表型介于两纯合子之间，表现为部分显性。因此他们认为显性效应是该组合杂种优势的主要遗传基础。两位点互作未被检测到。

例 10.10 C. W. Stuber，S. W. Lincoln 等(1992)分析了优良玉米单交种(Mo17×B73)杂种优势产生的遗传基础。其试验设计与结果分析如下：

(1)遗传交配设计：以该单交种衍生的 264 个 F_3 家系回交于双亲自交系，得到相应的两个回交群体(各含 264 个回交家系)，同时把 F_3 自交至 F_4，从每个 F_4 家系中随机抽取 10 株混合用以推断 F_3 基因型。

(2)田间试验获取表型数据：采用不完全随机区组设计进行田间试验获取表型数据。具体做法是：把 264 个 F_3 半同胞家系随机分为 22 套(set)，每套 12 个 F_3 半同胞家系，24 个回交家系。全试验重复 6 次，每一重复置于一个试点(环境)。

(3)遗传标记分析获取基因型数据：采用 76 个遗传标记(9 个同工酶＋67 个 RFLP 标记)作基因型分析。

(4)采用单标记分析和区间作图两种方法对两个回交群体进行 QTL 定位并分析单个 QTL 效应。表 10-29 为单标记分析的方差分析表。

表 10-29　单标记分析的方差分析表

变异来源	DF	
测验与标记相关的表型效应的显著性		
地点(L)	5	
套(S)	21	
标记(M)	1	
L×S	105	
L×M	5	
S×M	21	
L×S×M	105	
剩余		
测验 QTL 引起家系表型方差的显著性		
地点(L)	5	
家系(F)	263	以 $_sR^2=SS_M/SS_F$ 测验与某标记连锁的 QTL 对家系间总表型方差解释的比例
地点×家系(L×F)	1 315	
测验 QTL 引起遗传方差的显著性		
地点(L)	5	
套(S)	21	
标记/套	22	以 $_sR^{*2}=(SS_{M/S})/(SS_{M/S}+SS_{F/M/S})$ 测验与某标记相关的 QTL 对家系遗传方差解释的比例
家系/标记/套		
剩余		

注：假设地点和套为随机效应，标记为固定效应。标记的 F 测验：$F_M=MS_M/MS_{S\times M}$；地点×标记的 F 测验：$F_{L\times M}=MS_{L\times M}/MS_{L\times S\times M}$。

在与亲本 B73 回交的群体中，检测到 6 个 QTLs 影响籽粒产量，共解释约 60.9%的产量表型变异；在与 Mo17 回交的群体中，检测到 8 个产量性状 QTLs，共解释 59.1%的产量表型变异。而且发现上述绝大多数 QTLs(除 1 个例外)杂合子的表型值均高于任何纯合子。因此认为，这些 QTLs 及其超显性是产生杂种优势的主要遗传基础。

(5)计算家系性状表型值与其标记杂合子比例的相关系数，得到两个回交群体在产量性状上的相关系数均等于 0.68，达极显著水平：r(家系性状表型值，标记杂合位点百分数)＝0.68^{***}，$n=264$。说明位点内互作(显性)是该组合杂种优势的重要遗传基础。

(6)QTL 定位后，检测每对 QTL 是否存在上位性互作。方法是：对比允许上位性存在(回交群体内 4 种基因型具有最大似然值)的 *LOD* 值与不存在上位性的 *LOD* 值,测验自由度为 1。结果表明,只有 1%的成对测验达到 0.01 的显著水平。

结论:玉米单交种 B73×M017 杂种优势的遗传基础主要表现为超显性(或拟超显性)。其证据有:①所有鉴别出的 QTL 位点的杂合子均优于纯合子(仅一例例外);②性状表型值与标记杂合比例高度相关。

例 10.11 优良水稻杂交种汕优 63 杂种优势的遗传基础。Jinping Hua 和 Yongzhong Xing 等(2003)采用永久 F_2 群体研究了中国优良水稻杂交种汕优 63(珍汕 97×明恢 63)杂种优势的遗传基础。下面介绍其研究所用的材料方法和有关结果。

(1)构建永久 F_2 遗传群体(immortalized F_2 population)。水稻优良杂交组合珍汕 97×明恢 63(曾在中国大面积推广种植)经单粒传(SSD)获得 240 个 F_9 重组近交系 RILs。把 240 个 RILs 随机排序并随机分为 2 组,每组 120 系,两组随机配对组配成 120 个 F_1 组合。如此重复 3 轮共产生 360 个组合(每组合至少 200 粒杂交种子),构成永久 F_2 试验群体。之所以称为永久 F_2 群体是因为该群体内单位点和多位点基因型的组成和频率类似于 F_2。其亲本品系的种子可永久保存,该群体可被重复构建(以完全相同或不同的排列方案)和利用。

(2)田间试验与数据获取。1998 年和 1999 年连续两年以两次重复的随机完全区组设计进行网室试验(苗龄 35 天移栽至网室),1998 年 324 个组合,1999 年 358 个组合,每小区 4 行(中间两行为杂种,旁边两行为亲本),每行 10 株,穴插植密度小于大田以利生长竞争。通过观察对比和 SSR 分子标记分析鉴别真杂种。成熟期按单株收获,考查单株产量(t/hm^2)、单株有效穗数、穗粒数和千粒重。

获得 231 个分子标记(174 个 RFLP+57 个 SSR 位点)在 RILs 的数据,依亲本 RIL 的基因型推断组合基因型。用 Mapmaker(Lincorn,1992a)构建 RILs 和永久 F_2 群体的分子标记连锁图谱。

(3)杂种优势位点(HL)的鉴别及其显性表现。采用两套试验数据,第一套为直接的性状表型测量值(performance),用于 QTL 分析;第二套为各杂交组合的中亲优势值 $H_{M(F_1)}$(简写为 H),$H=F_1-(P_1-P_2)/2$,用于分析杂种优势的遗传基础。采用单位点遗传模型鉴别杂种优势位点,假设纯合子对杂种优势没有贡献,杂合子与双亲均值的差异达显著水平的位点被称为一个 HL。这一检测采用 CIM(复合区间作图)分析模型实现:$h=d^*z^*+\sum_i d_iz_i+\varepsilon$,$d$ 为杂合子和两纯合子在 H 上的差异,z 为指示变量,杂合子取 1,纯合子取 0,$*$ 为欲鉴别的假设 HL 位点,i 表示第 i 个协标记,ε 为剩余。协因子用逐步回归筛选。用排列检验法估计对数似然比的阈值并进行单位点 QTL 分析。

以 *LOD* 值 2.4 为阈值鉴别出 33 个 HL,其中有 2 个在两年同时鉴别出,有 10 个 HL 位点在 QTL 分析中鉴别出。

用第一套数据计算全基因组上 HL 准确位置的加性 a 和显性效应 d(用 CIM),以 d/a 表示显性度,结果列于表 10-30。由表可知,HL 的显性度变幅很宽,有部分、完全和超显性各种情况,有些位点表现出很大的超显性。

(4)两位点互作(digenic interaction)效应存在性的鉴别。分两步完成:第一步,采用两向分组的方差分析,以 0.001 的概率标准,从标记基因型的所有两位点组合中进行全基因组搜索。分析数据为未加权(unweighted)的组平均(cell mean)(Snadecor 和 Cochran,1980),把各

表 10-30 从永久 F_2 群体鉴别出的 HL 位点及有关效应值

1998 年						1999 年					
性状	HL	*h*	*a*	*d*	*d/a*	性状	HL	*h*	*a*	*d*	*d/a*
产量	yd1	0.62	0.03	0.05	2.0	产量	yd5	0.04	0.04	0.13	3.0
	yd3	0.39	0.02	0.07	4.5		yd7	0.55	0.31	0.31	1.0
	yd6	0.65	0.02	0.22	11.7		yd9a	-0.42	0.04	-0.12	-3.0
	yd8	0.49	-0.16	0.08	0.5		yd9b	0.56	-0.03	-0.02	-0.7
有效穗	tp6b	-1.08	-0.24	-0.16	-0.7		yd12	-0.50	0.09	-0.17	-2.0
数/株	tp6c	-1.12	0.72	-0.85	-1.2	有效穗	tp6a	-0.68	0.14	-0.21	-1.5
	tp9	1.32	-0.14	0.23	1.7	数/株	tp11	1.21	-0.32	0.45	1.4
	tp12	1.57	-0.44	0.49	1.1						
实粒	gp1	5.70	-3.56	6.02	1.7	实粒	gp6	-10.40	-2.89	-2.42	-0.8
数/穗	gp4	5.55	0.15	-0.48	-3.1	数/穗	gp7	13.20	8.04	5.84	0.7
	gp8	8.43	-1.00	1.16	1.2		gp12	4.08	-1.40	3.81	2.7
	gp10	-5.66	0.86	0.33	0.4	千粒重	gw1	0.86	0.39	0.31	0.8
	gp11	6.17	-1.96	4.33	2.2		gw3	-0.41	1.39	-0.35	-0.3
千粒重	gw3	-0.70	1.47	-0.47	-0.3		gw6a	2.44	-0.03	0.11	3.8
	gw4	0.50	0.01	0.45	40.2		gw6b	0.64	-0.17	0.30	1.8
	gw6b	-0.76	0.11	0.11	1.0		gw10	0.45	-0.24	0.30	1.3
	gw6c	0.64	0.30	-0.23	-0.7						
	gw11a	1.01	0.16	0.05	0.3						
	gw11b	-1.00	0.05	0.21	4.1						
	gw12	-0.97	-0.57	0.08	0.1						

注：*h* 表示 HL 的杂种优势效应，为杂合子与两纯合子均值在优势量上的差异；HL 的侧翼标记和 *LOD* 值参见原文。

项平方和均方乘以小区容量的调和平均数作为测验标准，以便与小区内均方相匹配。第二步，采用随机检验(randomization test)排除假阳性互作位点。方法是：把分析所用的 H 数据的排序重新随机排列后再作第一步的两位点互作检验，重复 1 000 次。直到 1 000 次的 *F* 值均小于真实的 *F* 值，才可认为某两位点互作是显著的。

全基因组搜索，全试验共检测了 23 791 个(1998)和 24 259 个(1999)两位点组合的互作。若以 $\alpha=0.001$ 为标准，两年的假阳性数均约为 24 个，经随机化检测淘汰掉的假阳性组合数远大于此，但显著的中间仍不能排除假阳性者。

各性状上均检测出数十个具有显著互作的两位点组合(表 10-31)，两年均被检测出的两位点互作不算多。

(5)两位点互作效应的剖分和估计。用 STATISTICA(STATSOFT，1997)的正交对比测验把经随机化检验达显著的两位点互作进一步分解为 4 个组分：*AA*，*AD*，*DA* 和 *DD*，各一个自由度，并完成各项互作成分的统计检验。显著的互作类型列于表 10-32。

表 10-31 全基因组具有显著互作的两位点组合数

性状	全基因组搜索①			随机化检测②		
	1998 年	1999 年	两年相同	1998 年	1999 年	两年相同
产量	74	95	6	38	61	6
单株有效穗数	95	109	2	60	65	2
每穗实粒数	77	94	6	43	64	5
千粒重	104	149	3	69	89	3
测验数	23 791	24 259				

注:①全基因组搜索在 0.001 概率水平上显著。

②包括通过了一年随机化检测而另一年全基因组搜索 $p \leqslant 0.001$ 的互作数。

表 10-32 达 0.01 显著水平的各类互作数

性状	互作类型	1998 年	1999 年	两年相同
产量	显著互作位点对	38	61	6
	AA	38	49	6
	AD(*DA*)	4	33	0
	DD	2	11	0
单株有效穗数	显著互作位点对	60	65	2
	AA	36	56	0
	AD(*DA*)	33	29	0
	DD	7	6	0
每穗实粒数	显著互作位点对	43	64	5
	AA	38	55	3
	AD(*DA*)	23	26	4
	DD	2	6	0
千粒重	显著互作位点对	69	89	3
	AA	60	82	3
	AD(*DA*)	19	28	0
	DD	7	6	0

(6)上位性互作效应。以每穗实粒数为例进行分析。表 10-33 列出了 *AA* 互作显著的最佳纯合子的比较优势,表 10-34 所列为 *DD* 互作显著的双杂合子优势(1998)。由这些数据可看出如下特点:

①在 AA 显著的两位点组合中,亲本型两位点纯合子(11/11 或 22/22)在很多情况下表现优于双亲基因型的平均值。互补型两位点纯合子(11/22 或 22/11)往往表现为最优基因型,不仅优于中亲值,而且优于高亲明恢 63。

②在 DD 显著的两位点组合中,所有双杂合子均优于中亲,但最佳基因型往往是单杂合子,即一个位点纯合另一个位点杂合的基因型(11/12,12/11,22/12 或 12/22)。

③对 AD/DA 显著的两位点组合的检测结果,基本趋势同上。

表 10-33　*AA* 显著的两位点组合中双纯合子的相对优势

位点 1	位点 2	V_{AA}	最佳纯合子		
			基因型$^{+}$	超中亲优势	超明恢 63 优势
R753(1)	RG128(7)	5.00	22/22	2.08	4.17
RM259(1)	C909B(12)	4.22	11/11	2.33	0.00
RM243(1)	C87(12)	4.00	22/22	0.55	1.10
RM243(1)	R496(12)	6.19	11/11	1.28	0.00
RM243(1)	C909B(12)	7.00	11/11	1.02	0.00
RG173(1)	RZ471(7)	4.04	22/11	17.71^{***}	15.83^{***}
C112(1)	C153B(9)	3.51	22/22	0.22	0.45
C112(1)	Y2 668LA(11)	3.43	22/22	2.88	5.77
C112(1)	G181(11)	3.68	22/22	3.58	7.69^{*}
RG634(2)‖	C347(8)	1.90	11/22	9.76^{*}	6.27
RZ386(2)	P(6)	2.82	11/22	22.12^{***}	19.72^{***}
RM240(2)	G102(4)	4.90	22/11	15.80^{***}	22.12^{***}
RM213(2)	RM20b(12)	3.21	22/22	4.05	8.09^{*}
RM232(3)	RM26(5)	3.34	11/11	6.30	0.00
RM200(3)	RZ(8)	4.70	22/11	12.30^{**}	13.49^{**}
C820(4)	C1 447(5)	3.67	11/11	2.73	0.00
C820(4)	R2 549(6)	4.35	22/22	4.83	9.67‖
C820(4)	RM26(5)	3.37	11/11	3.07	0.00
C933(4)	C1 447(5)	4.42	11/11	4.42	0.00
C933(4)	R2 549(6)	5.81	22/22	5.79	11.57^{**}
R3166(5)	C732(12)	3.77	11/11	1.50	0.00
C246(5)	C751B(4)	3.33	11/11	3.00	0.00
C1447(5)	C751D(4)	3.80	11/11	4.4	0.00
RM31(5)	P(6)	3.24	11/22	23.78^{***}	21.99^{***}
R2869(6)	RM234(7)	2.75	22/11	22.53^{***}	24.44^{***}
C474(6)	RM234(7)	3.01	22/11	22.73^{***}	21.60^{**}
C764(6)	C347(8)	4.35	22/22	6.83	13.65^{**}
C764(6)	RG978(8)	4.19	22/22	7.15	14.30^{***}
RZ398(6)	C347(8)	3.23	22/22	7.15	14.30^{**}
R1014(6)	RM12(12)	2.78	22/11	13.73^{**}	11.88^{**}
P(6)	RM12(12)	2.72	22/11	13.10^{**}	6.87
R2147(6)	C153A(10)	1.84	22/11	16.10^{***}	11.23^{**}
Y4073L(6)	C153A(10)	1.98	22/11	16.27^{***}	10.49^{**}
C751B(4)	RM26(5)	3.68	11/11	3.19	0.00
RG528(7)	G1149(8)	3.72	11/11	0.73	0.00
RM26(5)	C477(9)	3.21	11/22	25.47^{***}	27.68^{***}
R1952b(9)	C87(12)	3.25	22/22	6.56	13.13^{**}
RZ404(9)	C87(12)	2.55	22/22	6.31	12.61^{**}

注:括弧内数字表示标记在染色体上的位置。‖表示在该两位点对的 *DD* 效应也被鉴别出。+表示亲本基因型,如 11 表示亲本明恢 63 的纯合子,22 表示亲本珍汕 97 的纯合子。*,**,*** 分别表示在 $\alpha=0.05$,$\alpha=0.01$ 和 $\alpha=0.001$ 概率水平上差异显著。

表 10-34 *DD* 显著的两位点组合中双杂合子的相对优势

位点 1	位点 2	V_{DD}	双杂合子				优纯合子	最优基因型
			杂种优势	超中亲	超最优纯合子	超最优基因型		
RM243(1)	RM243(7)	2.11	11.24	9.39**	−2.74	−6.67*	11/22	12/11
RG634(2)‖	C347(8)	3.38	10.43	5.97	−3.79	−5.90*	11/22	22/12
RM31(5)	RM201(9)	3.76	14.05	3.17	−5.00	−5.00	11/22	11/22
P(6)	R496(12)	2.13	10.29	4.71	−7.31*	−13.00***	22/11	22/12
P(6)‖	RM12(12)	3.55	11.54	11.49***	−1.61	−14.02***	22/11	22/12

注：*，**，*** 分别表示在 $\alpha=0.05$，$\alpha=0.01$ 和 $\alpha=0.001$ 概率水平上差异显著。‖ 表示该两位点的 *AA* 互作也被鉴别出。

(7)穗粒数杂种优势的遗传基础。穗粒数性状杂种优势大，遗传率高，较产量性状简单，结果好解释。以穗粒数为例作进一步分析。

由于全部分析均是基于双亲间具有多态性的位点，只有与杂合子有关的遗传组分才是相关的。所以，只有单位点杂种优势效应(由部分、完全和超显性引起)和两位点 *DD* 互作效应适合于解释汕优 63 的杂种优势。假定单位点杂种优势效应和二位点互作效应相互独立(连锁会使估计有偏)，F_1 代穗粒数的杂种优势可作如下解释：由表 10-26，HL 杂种优势效应的总和为 20.19 粒/穗，由表 10-30，双杂合子与双亲基因型均值离差(超中亲优势)的总和为 34.37 粒/穗，两项之和为 54.92 粒/穗，相当于汕优 63 穗粒数 F_1 优势 63.6 粒/穗的 86%。考虑到分析所设阈值和性状遗传率，如上的结果似乎是一个很好的估计。1999 年的结果也表现出类似的趋势。

总之，单位点的优势效应(部分、完全和超显性)和有利的两位点双杂合子效应(*DD* 互作)可以解释汕优 63 杂种优势的遗传基础。

(8)利用永久 F_2 群体、作超中亲优势 H 的度量、用改良的 CIM 法鉴别 HL 位点，不仅能消除每个位点纯合子的背景影响，而且能把 HL 精确定位。能把单位点的杂种优势效应与决定性状表现的 QTL 相区分。本分析鉴别出 33 个 HL 位点，其中只有 10 个被 QTL 分析鉴别出来，这似乎表明，性状表现和杂种优势是受不同套基因位点决定的。许多 HL 位点有高度的超显性(表 10-26)，而采用同一群体以同样的阈值作 QTL 分析却鉴别不出来(J. P. Hua 等，2002)。作者认为，为鉴别 HL 和解释杂种优势的遗传基础，采用杂种优势度量有特殊用处。

Hua 等指出，因为一些 *AA* 互作效应仍然在性状分析中被鉴别出来，可归因于性状值减去中亲值的剩余效应。33 个 HL 中仅有 2 个在两年都鉴别出，可能是因为数据经过了两次转换，第一次是计算杂种与双亲均值离差，第二次是计算杂合子与两纯合子均值的离差。这使每个测量值决定于许多其他基因型，从而使杂种优势以及 HL 对环境十分敏感。其实，这一观点值得讨论，基因型与环境互作不容忽视。另外对大量 *AA* 互作的存在原因也应加以深入讨论。

另外，Yu 等(1997)发现显性和(或)超显性效应对其实验群体的贡献都不大，而上位性无论对数量性状的遗传和杂种优势的表达均起着重要作用。Li 等(2001)对水稻的生物学产量和籽粒产量 QTL 的研究认为，大多数与自交衰退和杂种优势相关的 QTL 表现为上位性，大多数(90%)对杂种优势有贡献的 QTL 表现为超显性，因此认为上位性和超显性是水稻杂种优势的遗传学基础。

复习思考题

1. 阐述近交衰退的概念。从群体遗传学角度分析，近交是怎样引起群体均值变化的？影响近交衰退量的因素有哪些？

2. 试简述群体基因频率、显性度、位点间上位性互作和选择对近交衰退的影响。

3. 何谓杂种优势，常用的衡量杂种优势的指标有哪些？

4. 怎样从群体水平上理解杂种优势的概念？分析单交 F_1、F_2、三交、四交和回交世代杂种优势的构成，并分析影响各世代杂种优势的因素。

5. 亲本间遗传差异与杂种优势的关系如何？

6. 试简述含母体效应性状的杂种优势的表达特点，随机交配与自交物种种子性状的杂优表达有何不同？

7. 种子性状杂种优势利用的特点何在？怎样提高种子性状的杂种优势？试以单交种为例分析怎样充分利用杂种优势？

8. 何谓杂种优势群和杂种优势模式，其重要性何在？划分杂种优势群的方法有哪些？

9. 在单交种生产中如何利用杂种优势？如何实现普通玉米高油化？

10. 试简述近交对群体方差的作用并理解其理论及实际意义。

11. 杂交是怎样引起群体内遗传方差再分配的？近交水平与组合间组合内遗传方差的关系如何？为什么高代近交系间杂交有利于优良杂交组合的选择？

12. 为什么交配方式还会影响环境方差，应用中有什么实际意义？

13. 杂交引起的方差分配与近交有何异同？试分析其在育种实践中的意义。

14. 为什么杂种优势利用一般只限于杂交一代？有无多代利用的可能性？

15. 试述配合力的概念、类型、计算及其实践意义。

16. 何为配合力方差？一般配合力方差和特殊配合力方差的遗传组成如何？

17. 常用的配合力分析方法有哪些？怎样进行双列杂交试验数据的配合力分析？为什么需用固定效应模型进行配合力的方差分析？

18. 怎样进行不完全双列杂交(NCⅡ设计)试验数据的配合力分析？

19. 数量性状杂种优势的遗传假说有哪些？

20. 结合书中实例说明怎样借助分子标记技术研究数量性状杂种优势的遗传基础？

21. 何谓 QTL？何谓 HL(杂种优势位点)？

参考文献

1　鲍文奎. 机会与风险——40 年育种研究思考. 植物杂志，1990，4：4～5

2　蔡旭. 植物遗传育种学. 第 2 版. 北京：科学出版社，1988

3　曹永国，等. SSR 分子标记与玉米杂种优势关系的研究. 农业生物技术学报，2002，10(2)：120～123

4　段民孝，宋同明，滕文涛，等. 玉米三种遗传效应研究现状与技术集成. 玉米科学，2001，9(1)：6～8

5　段民孝，宋同明，王利明，等. 高油玉米油分基因花粉直感效应的研究. 作物学报，2002，28(2)：208～214

6　范弘伟，陈绍江，宋同明. 高油玉米群体之间的杂种优势模式研究. 玉米科学，2004，12(4)：3～5

7　姜海鹰，陈绍江，等. 高油玉米自交系的杂种优势群划分和优势模式分析. 作物学报，2005，31(3)：361～367

8　李良碧，等. 植物叶绿体互补作用的研究. 遗传学报，1978，5(3)：196～203.

9　李竞雄. 杂种优势的利用. 见：遗传学问题讨论集. 第 3 版. 上海：上海科学技术出版社，1963

10　卢庆善，孙毅，华泽田. 农作物杂种优势. 北京：中国农业科学出版社，2002

11 孙其信,倪中福,等.作物杂种优势遗传机理研究进展.见:全国作物育种学术讨论会论文集.北京:中国农业科技出版社,1998.106～114

12 宋同明,丛滋金.雄花不育、单交种再杂交、花粉直感与高产、优质高油玉米生产.见:王连铮,戴景瑞主编.全国作物育种学术讨论会论文集.北京:中国农业科技出版社,1998.216～221

13 腾文涛,等.十年来中国玉米杂种优势其及其模式变化的分析.中国农业科学,2004,37(12):1804～1811

14 吴敏生,戴景瑞.植物杂种优势研究新进展.中国农业科技导报,1999(2):59～62

15 吴景锋.我国玉米单交种二十年的发展.作物杂志,1991,1～4

16 吴景锋.我国玉米杂交种发展的主要历程、差距和对策. 玉米科学,1995,3 (1) 1～5

17 王懿波,王振华,王永普,等.中国玉米主要种质杂种优势群的划分及其改良利用.华北农学报,1998,13(1): 74～80

18 吴敏生,等. AFLP分子标记在玉米优良自交系优势群划分中的应用.作物学报,2000, 26(1):10～13

19 吴敏生,戴景瑞,王守才.中国17个优良玉米自交系的分子标记杂合性及其与杂交种性状的关系研究.西北植物学报,2000, 20(5): 691～700

20 曾三省.中国玉米杂交种的种质基础.中国农业科学,1990,23 (4): 1～9

21 张爱民.小麦育种中杂交亲本选配理论与方法的研究:[学位论文].北京:中国农业大学,1989

22 Bruce A B. The Mendelian theory of heredity and augmentation of vigor. Science,1910,32:627～628

23 Cai QY. Detection of cytosine methylation and mapping of a gene influencing cytosine methylation in the genome of Citrus. Genome,1996,39:235～242

24 Falconer D S,Markay T F C. Introduction to quantitative genetics. 4th edn. London:Longman,1996

25 Hua J P,Xing Y Z,Wu W R,Xu C G,Sun X L,Yu S B,Zhang Q F. Single-locus heterotic effects and dominance by dominace interactions can adequately explain the genetic basis of heterosis in an elite rice hybrid. Proc Natl Acad Sci USA,2003,100(5):2574～2579

26 Hallauer A R,Miranda J B. Quantitative genetics in maize breeding. Ames: Iowa State University Press,1981

27 Jones D F. Dominance of linked factors as a means of accounting for heterosis. Genetics,1917,2:466～479

28 Li Z K,Luo L J,Mei H W,et al. Genetics,2001,158:1737～1753

29 Shull G H. The composition of a field of maize. Rpt Am Breeders Assoc,1908,4:296～301

30 Stuber C W. Heterosis in plant breeding. Plant-breed-rev,1994,12:227～251

31 Stuber C W,Lincoln S W,et al. Genetics,1992,132:823～839

32 Sprague G F , Tatum L A . General vs. specific combine ability in single crosses of corn , J. Am. Soc. Agron . 34: 923～933

33 Tsaftaris A S,Polidoros A N. Studying the expression of genes in maize parental inbreds and their heterotic and nonheterotic hybrids. In:Proc XII Eucarpia Maize and Sorghum Conference. Italy:Bergamo,1993,283～292

34 Tsaftaris S A. Molecular aspects of heterosis in plants. Physiol Plantarum,1995,94:362～370

35 Xiao J,Li J,Yuan L,Tanksley S D. Dominance is the major genetic basis of heterosis in rice as revealed by QTL analysis using molecular markers. Genetics,1995,140:745～754

36 Yu S B,Li J X,Xu C G,Tan Y F,Gao Y J,Zhang Q F,Saghai Maroof M A. Importance of epistasis as the genetic basis of heterosis in an elite rice hybrid. Proc Natl Acad Sci USA,1997,94:9226～9231

第十一章　种子性状遗传模型

内容提要　第五章介绍了二倍体植株性状的遗传模型检验和效应分析，本章在介绍种子性状遗传特征基础上，重点介绍种子性状的遗传模型，主要包括建立在广义遗传模型基础上的种子性状遗传模型(含二倍体种子性状模型、三倍体种子性状模型以及种子性状与环境互作模型)和由三倍体胚乳遗传模型发展起来的种子性状遗传模型。前者以朱军的工作为代表，适合于多组合群体的分析，后者以莫惠栋的工作为代表，其方法适合于单组合(精细鉴别法)和多组合(双列资料)种子性状的遗传分析。最后以一个实例说明两种方法的综合应用。

种子是植物自身的生命源泉，是人类食物和很多生活必需品的主要来源。农作物种子的产量和品质性状的遗传改良是人类永恒的主要育种目标。种子性状的遗传研究是其遗传改良的重要基础。孟德尔在研究豌豆的性状遗传时已十分明确：种皮和胚乳分属不同的世代，Yamada 在研究松树种子时已明确指出，胚和胚乳虽属相同世代但具不同倍性。但在不少研究中，特别是在对多性状进行联合分析时，往往忽略了植株与种子性状在遗传表达上的差异(如把禾谷类植物的种子产量与植株高度误当同一世代，且不分胚与胚乳的倍性等)，致使研究结果出现偏颇。1987 年第二届国际数量遗传学大会后，有关的问题重新引起重视。近年来有许多关于种子性状遗传模型的研究报道，无论是理论模型还是分析方法方面都有长足进步。其中莫惠栋(1988，1989)和 Bogyo(1988)提出了胚乳性状遗传模型，莫惠栋(1991，1995)还提出了包括细胞质和母体效应的种子性状遗传模型和相应的以线性对比为基础的统计分析方法。朱军(1994，1997)在 Cockerham(1980)广义遗传模型基础上构建了包括自身基因型、母体和细胞质效应的种了性状遗传模型，提出了相应的混合线性模型分析法。两类方法均得到广泛应用。下面首先介绍种子性状的遗传特征，然后介绍如上两类种子性状遗传模型及其分析方法。

一、种子性状的遗传特征

表 5-1 归纳了植株性状与种子性状的性状属性和表达特征。相对于植株性状，种子性状的遗传特征归纳起来有如下四方面(莫惠栋，1990，1995)。

(1)倍性特征：种子由种皮、胚和胚乳三部分构成，种皮和胚属二倍体组织(种皮属母体二倍体组织，胚由雌雄配子结合而形成，属子代二倍体($2N$)组织)，胚乳由两个极细胞与一个精子结合而成，属三倍体($3N$)组织。这里的倍性是指遗传意义上的倍性，在很多情况下不同于染色体的倍性。如普通小麦的染色体构成为异源六倍体，染色体组组型为 AABBDD，在上下代传递时，其雌雄配子各含一组 A、B、D 染色体，以二倍体($2N$)方式遗传。

(2)世代特征：胚和胚乳是雌雄生殖细胞相互结合即受精的产物，受精是新一代的开始。因此胚和胚乳是其所着生的母体植株的子代，胚和胚乳与其母体植株属于不同的世代。

(3)分离特征：分离特征从属于杂合体性状所属的世代和倍性。对于胚和胚乳性状，其遗传分离发生在杂合母体植株所结的种子间，而不是母体植株间。分离群体内种子性状的分离比例不同于植株性状的分离比例，同是种子性状，胚和胚乳性状的分离比例也不相同。在一对等位基因的情况下，二倍体的胚性状有三种基因型，而三倍体的胚乳却有四种基因型。遗传分析时不能以母体植株的分离代替子代种子性状的分离，也不能以胚性状的分离代替胚乳性状的分离。

(4)表达特征：胚和胚乳有其自身基因型，但又生长在母体植株上，由于遗传和生理原因，子代性状的表达可能会同时受到自身核基因型和(或)母体核基因型的控制，另外，除受核基因控制外，还可能会受细胞质效应的影响，因此一般情况下种子性状的遗传表达比植株性状复杂得多。这些不同应体现在各自的遗传模型上。

二、种子性状的广义遗传模型

C. C. Cockerham(1980)提出了针对植株性状的广义遗传模型，在此基础上 Zhu 和 Weir (1994a,1994b)提出了包括种子核基因、细胞质基因和母体核基因效应的种子性状广义遗传模型，以及三倍体胚乳性状遗传模型，并采用最小范数二阶无偏估计法估计方差组分。下面介绍有关内容。

(一)Cockerham(1980)的广义遗传模型

根据第二章，如果忽略环境效应和基因型环境互作，则两纯合亲本 i 和 j 的杂种 F_1 个体 k 的性状观察值可表示为：

$$y_{ijk}=\mu+G_{ij}+e_{ijk} \tag{11-1}$$

式中：μ 为群体平均，G_{ij} 为归因于亲本 i 和亲本 j 的基因遗传效应值，e_{ijk} 为 F_1 个体 k 的环境误差。

在加-显遗传模型下，杂种 F_1 的遗传效应可表示为：

$$G_{ij}=A_i+A_j+D_{ij} \tag{11-2}$$

式中：A_i 和 A_j 为归因于亲本 i 和亲本 j 基因的加性效应，D_{ij} 为 $F_{1(ij)}$ 中来源于亲本 i 基因和亲本 j 基因的显性效应值。

根据 Cockerham (1980)，可用广义遗传模型进行遗传效应的分解。当一个遗传群体的遗传变异归因于若干不同亲本来源的基因效应时，由这个遗传群体衍生的任何个体的基因型效应值 G 可表示为以下几种形式。

1. 加-显广义遗传模型

$$G=\sum_i \alpha_i A_i+\sum_i \sum_{j\geqslant i} \delta_{ij} D_{ij} \tag{11-3}$$

式中：α_i 为加性效应的系数，$\sum_i \alpha_i=2$(对于二倍体)，$\sum_i \alpha_i=3$(对于三倍体)；δ_{ij} 为显性效应值的系数，$\sum_i \sum_{j\geqslant i} \delta_{ij}=1$。

2. 加-显-上广义遗传模型

$$G=\sum_i \alpha_i A_i+\sum_i \sum_{j\geqslant i} \delta_{ij} D_{ij}+\left(\sum_i \alpha_i A_i\right)^2+\left(\sum_i \alpha_i A_i\right)\left(\sum_i \sum_{j\geqslant i} \delta_{ij} D_{ij}\right)+\left(\sum_i \sum_{j\geqslant i} \delta_{ij} D_{ij}\right)^2 \tag{11-4}$$

式中 $\sum_i \alpha_i A_i$，$\sum_i \sum_{j\geqslant i} \delta_{ij} D_{ij}$，$\left(\sum_i \alpha_i A_i\right)^2$，$\left(\sum_i \alpha_i A_i\right)\left(\sum_i \sum_{j\geqslant i} \delta_{ij} D_{ij}\right)$ 和 $\left(\sum_i \sum_{j\geqslant i} \delta_{ij} D_{ij}\right)^2$ 分别为加

性、显性、加性×加性上位性、加性×显性上位性和显性×显性上位性效应。

仅包括加性、显性和加性×加性上位性(加×加上位性效应和加性效应一样,可被选择固定)的加-显-上广义遗传模型为:

$$G=\sum_i \alpha_i A_i+\sum_i \sum_{j\geqslant i}\delta_{ij}D_{ij}+\left(\sum_i \alpha_i A_i\right)^2 \tag{11-5}$$

式中 $\sum_i \alpha_i A_i$,$\sum_i \sum_{j\geqslant i}\delta_{ij}D_{ij}$ 和 $\left(\sum_i \alpha_i A_i\right)^2$ 分别为加性、显性和加性×加性上位性效应。

3. 广义遗传模型的应用

依据如上广义遗传模型,可以写出两纯系交配后代中任何世代的基因型效应值的遗传模型。

(1)由式(11-3),对于 $2N$ 植株性状,可写出如下世代均值基因型效应的加-显广义遗传模型:

$$\left.\begin{array}{l}
\text{亲本 } P_i \text{ 的基因型效应} \quad G_{P_i}=2A_i+D_{ii} \\
\text{杂种一代}(P_i\times P_j)\text{的基因型效应 } G_{F_1}=A_i+A_j+D_{ij} \\
\text{杂种二代}(F_1\text{ 个体自交或杂交})\text{的世代平均值的遗传组成} \\
\qquad G_{ij}=A_i+A_j+\frac{1}{4}D_{ii}+\frac{1}{4}D_{jj}+\frac{1}{2}D_{ij} \\
\text{回交一代 } i\times(i\times j)\text{的世代平均值的遗传组成} \\
\qquad G_{i(ij)}=\frac{3}{2}A_i+\frac{1}{2}A_j+\frac{1}{2}D_{ii}+\frac{1}{2}D_{ij} \\
\text{三交种 } i\times(j\times k)\text{世代平均值的遗传组成} \\
\qquad G_{i(jk)}=A_i+\frac{1}{2}A_j+\frac{1}{2}A_k+\frac{1}{2}D_{ij}+\frac{1}{2}D_{ik}
\end{array}\right\} \tag{11-6}$$

(2) 由式(11-5),可写出如下世代基因型效应的加-显-加加广义遗传模型:

$$\left.\begin{array}{l}
\text{亲本 } P_i \text{ 的基因型效应 } G_{P_i}=2A_i+D_{ii}+4AA_{ii} \\
\text{杂种一代}(P_i\times P_j)\text{的基因型效应} \\
\qquad G_{ij}=(A_i+A_j)+D_{ij}+(AA_{ii}+AA_{jj}+2AA_{ij}) \\
\text{三交种一代平均基因型效应} \\
\qquad G_{i(jk)}=\left(A_i+\frac{1}{2}A_j+\frac{1}{2}A_k\right)+\left(\frac{1}{2}D_{ij}+\frac{1}{2}D_{ik}\right)+ \\
\qquad \left(AA_{ii}+\frac{1}{4}AA_{jj}+\frac{1}{4}AA_{kk}+AA_{ij}+AA_{ik}+\frac{1}{2}AA_{jk}\right)
\end{array}\right\} \tag{11-7}$$

实际应用时,往往需要某种遗传模型的系数矩阵,表 11-1 所列为广义遗传模型下几个常用世代植株性状($2N$)的系数矩阵。

表 11-1　加-显-加加广义遗传模型($2N$ 植株性状)

世代	交配方式	A_i	A_j	D_{ii}	D_{jj}	D_{ij}	AA_{ii}	AA_{jj}	AA_{ij}
P_i	$P_i\times P_i$	2	0	1	0	0	4	0	0
P_j	$P_j\times P_j$	0	2	0	1	0	0	4	0
F_1	$P_i\times P_j$	1	1	0	0	1	1	1	2
F_2	$F_1\times F_1$	1	1	1/4	1/4	1/2	1	1	2
B_{1L}	$P_i\times F_1$	3/2	1/2	1/2	0	1/2	9/4	1/4	3/2
B_{1S}	$P_j\times F_1$	1/2	3/2	0	1/2	1/2	1/4	9/4	3/2

(二)种子性状的广义遗传模型

1. 植物种子性状的基本模型

根据 Zhu 和 Weir(1994a),种子性状遗传效应的广义遗传模型表示为:

$$G = G_O + G_C + G_M \tag{11-8}$$

式中:G 为种子性状的基因型效应,G_O 为直接遗传效应或称自身遗传效应,G_C 为细胞质遗传效应,G_M 为母体遗传效应。

式(11-8)中的三项遗传效应还可作进一步剖分:

$$\left.\begin{aligned} \text{直接遗传效应 } G_O &= \sum_i \tau_i A_i + \sum_i \sum_{j \geqslant i} \delta_{ij} D_{ij} \\ \text{细胞质遗传效应 } G_C &= \sum_i \gamma_i C_i \\ \text{母体遗传效应 } G_M &= \sum_i \tau_{m_i} Am_i + \sum_i \sum_{j \geqslant i} \delta_{m_{ij}} Dm_{ij} \end{aligned}\right\} \tag{11-9}$$

式中:A_i 为种子核基因的直接加性效应,D_{ij} 为种子核基因的直接显性效应;C_i 为细胞质基因效应,Am_i 为母体植株核基因的母体加性效应,Dm_{ij} 为母体植株核基因的母体显性效应。

2. 种子二倍体性状的遗传模型

植物种子的胚(含子叶)、种皮和果皮为二倍体组织,其性状属二倍体性状。棉花、大豆、花生等单子叶植物的种子性状属 $2N$ 遗传。

亲本 P_i 的基因型效应:

$$G_{P_i} = 2A_i + D_{ii} + C_i + 2Am_i + Dm_{ii} \tag{11-10a}$$

杂种一代 $F_{1(ij)}$ 的遗传效应:

$$G_{F_{1(ij)}} = A_i + A_j + D_{ij} + C_i + 2Am_i + Dm_{ii} \tag{11-10b}$$

杂种二代 $F_{2(ij)}$ 的遗传效应:

$$G_{F_{2(ij)}} = A_i + A_j + \frac{1}{4}D_{ii} + \frac{1}{4}D_{jj} + \frac{1}{2}D_{ij} + C_i + Am_i + Am_j + Dm_{ij} \tag{11-10c}$$

表 11-2 所列为几个常用世代植物种子二倍体($2N$)性状的广义遗传模型。

表 11-2 2N 种子性状的广义遗传模型(含自身加性、显性、胞质和母体加显效应)

世代	交配方式	自身遗传效应					母体遗传效应					细胞质效应	
		A_i	A_j	D_{ii}	D_{jj}	D_{ij}	Am_i	Am_j	Dm_{ii}	Dm_{jj}	Dm_{ij}	C_i	C_j
P_1	$P_i \times P_i$	2	0	1	0	0	2	0	1	0	0	1	0
P_2	$P_j \times P_j$	0	2	0	1	0	0	2	0	1	0	0	1
F_1	$P_i \times P_j$	1	1	0	0	1	2	0	1	0	0	1	0
F_1'	$P_j \times P_i$	1	1	0	0	1	0	2	0	1	0	0	1
F_2	$F_1 \times F_1$	1	1	1/4	1/4	1/2	1	1	0	0	1	1	0
F_2'	$F_1' \times F_1'$	1	1	1/4	1/4	1/2	1	1	0	0	1	0	1

注:根据朱军(1992)。

3. 植物三倍体胚乳性状的遗传模型

$$\left.\begin{array}{l}
\text{亲本 } P_i \text{ 的基因型效应：} \\
\qquad G_{P_i} = 3A_i + 3D_{ii} + C_i + 2\mathrm{Am}_i + \mathrm{Dm}_{ii} \\
\text{杂种一代 } F_{1(ij)} \text{ 的遗传效应：} \\
\qquad G_{F_{1(ij)}} = 2A_i + A_j + D_{ii} + 2D_{ij} + C_i + 2\mathrm{Am}_i + \mathrm{Dm}_{ii} \\
\text{杂种二代 } F_{2(ij)} \text{ 的遗传效应：} \\
\qquad G_{F_{2(ij)}} = \frac{3}{2}A_i + \frac{3}{2}A_j + D_{ii} + D_{jj} + D_{ij} + C_i + \\
\qquad\qquad \mathrm{Am}_i + \mathrm{Am}_j + \mathrm{Dm}_{ij}
\end{array}\right\} \quad (11\text{-}11)$$

表 11-3 所列为几个常用世代种子胚乳性状($3N$) 的广义遗传模型。

表 11-3　3N 胚乳性状的广义遗传模型(含胚乳加性、显性，胞质和母体加显效应)

世代	交配方式	自身遗传效应					母体遗传效应					细胞质效应	
		A_i	A_j	D_{ii}	D_{jj}	D_{ij}	Am_i	Am_j	Dm_{ii}	Dm_{jj}	Dm_{ij}	C_i	C_j
P_i	$P_i \times P_i$	3	0	3	0	0	2	0	1	0	0	1	0
P_j	$P_j \times P_j$	0	3	0	3	0	0	2	0	1	0	0	1
F_1	$P_i \times P_j$	2	1	1	0	2	2	0	1	0	0	1	0
F_1'	$P_j \times P_i$	1	2	0	1	2	0	2	0	1	0	0	1
F_2	$F_1 \times F_1$	3/2	3/2	1	1	1	1	1	0	0	1	1	0
B_1	$F_1 \times P_i$	2	1	3/2	1/2	1	1	1	0	0	1	1	0
B_1'	$P_i \times F_1$	5/2	1/2	2	0	1	2	0	1	0	0	1	0
B_2	$F_1 \times P_j$	1	2	1/2	3/2	1	1	1	0	0	1	1	0
B_2'	$P_j \times F_1$	1/2	5/2	0	2	1	0	2	0	1	0	0	1

注：根据朱军(1992，1994)。

(三) 包括基因型与环境互作效应的广义遗传模型

考虑到基因型与环境互作存在的普遍性，朱军(1994，1996) 把原有的广义遗传模型进一步扩展到包括各项遗传效应与环境互作的情况。

由第二章知，当遗传试验在多个环境条件下实施时，其性状观测值 y 可以表示为：$y = \mu + G + E + GE + e$，其中 μ 是群体平均数，G 是基因的遗传效应，E 是环境效应，GE 是基因与环境的互作效应，e 是随机误差。

Cockerham 的广义遗传模型定义了基因遗传效应的一般式：式(11-3)、式(11-4) 和式(11-5)。朱军(1994) 在此基础上，把广义遗传模型扩展到 $G + GE$。基因遗传效应 G 的定义不变，仍由式(11-3)、式(11-4) 和式(11-5) 定义，加 - 显模型下，基因与环境互作效应 GE 的定义为：

$$GE = \sum_h \sum_i \alpha_{hi} AE_{hi} + \sum_h \sum_i \sum_{j \geqslant i} \beta_{hij} DE_{hij} \quad (11\text{-}12)$$

式中：AE_{hi} 为加性 × 环境互作效应，DE_{hij} 为显性 × 环境互作效应。

加-显-加加模型下，基因与环境互作效应可分解为：

$$GE = \sum_h \sum_i \alpha_{hi} AE_{hi} + \sum_h \sum_i \sum_{j \geqslant i} \beta_{hij} DE_{hij} + \left(\sum_h \sum_i \alpha_{hi} AE_{hi}\right)^2 \tag{11-13}$$

式中：AE_{hi} 为加性×环境互作效应，DE_{hij} 为显性×环境互作效应，$(AE_{hi})^2$ 为加加上位性×环境互作效应(AAE) 分量。α 和 β 的含义同式(11-3)。

若把种子性状的广义遗传模型(式(11-8) 和式(11-9)) 作相应的扩展，其基因型与环境互作总效应 GE 由 3 项分量组成(朱军，1994)：

$$GE = G_{\mathrm{O}}E + G_{C}E + G_{\mathrm{M}}E \tag{11-14a}$$

式中：3 项互作效应可进一步分解为：

$$\left.\begin{aligned} &\text{直接互作效应 } G_{\mathrm{O}}E = \sum_h \sum_i \alpha_{hi} AE_{hi} + \sum_h \sum_i \sum_{j \geqslant i} \beta_{hij} DE_{hij} \\ &\text{细胞质互作效应 } G_{C}E = \sum_h \sum_i \lambda_{hi} CE_{hi} \\ &\text{母体互作效应 } G_{\mathrm{M}}E = \sum_h \sum_i \alpha_{\mathrm{m}_{hi}} A\mathrm{m}E_{hi} + \sum_h \sum_i \sum_{j \geqslant i} \beta_{\mathrm{m}_{hij}} D\mathrm{m}E_{hij} \end{aligned}\right\} \tag{11-14b}$$

式中：AE_{hi} 为种子核基因的直接加性×环境效应，DE_{hij} 为种子核基因的直接显性×环境互作效应，CE_{hi} 为细胞质效应×环境互作效应，$A\mathrm{m}E_{hi}$ 为母体植株核基因的母体加性×环境互作效应，$D\mathrm{m}E_{hij}$ 为母体植株核基因的母体显性×环境互作效应。

对于 $2N$ 种子数量性状，如双子叶植物种子数量性状和单子叶植物胚性状等，

$$\left.\begin{aligned} &\text{亲本 } P_i(k=0), GE_{hii0} = 2AE_{hi} + DE_{hii} + CE_{hi} + 2A\mathrm{m}E_{hi} + D\mathrm{m}E_{hii} \\ &\text{杂种一代}(k=1), GE_{hij1} = AE_{hi} + AE_{hj} + DE_{hij} + CE_{hi} + \\ &\qquad 2A\mathrm{m}E_{hi} + D\mathrm{m}E_{hii} \\ &\text{杂种二代}(k=2), GE_{hij2} = AE_{hi} + AE_{hj} + \frac{1}{4}DE_{hii} + \frac{1}{4}DE_{hjj} + \frac{1}{2}DE_{hij} + \\ &\qquad CE_{hi} + A\mathrm{m}E_{hi} + A\mathrm{m}E_{hj} + D\mathrm{m}E_{hij} \end{aligned}\right\} \tag{11-15}$$

对于单子叶植物胚乳数量性状($3N$ 种子性状)，母本 i 与父本 j 的第 k 种交配类型在环境 h 内的基因与环境互作效应值 GE_{hijk} 的分解式如下：

$$\left.\begin{aligned} &\text{亲本 } P_i(k=0), GE_{hii0} = 3AE_{hi} + 3DE_{hii} + CE_{hi} + 2A\mathrm{m}E_{hi} + D\mathrm{m}E_{hii} \\ &\text{杂种一代 } F_{1ij}(k=1), \\ &GE_{hij1} = 2AE_{hi} + AE_{hj} + DE_{hii} + 2DE_{hij} + CE_{hi} + 2A\mathrm{m}E_{hi} + D\mathrm{m}E_{hii} \\ &\text{杂种二代 } F_{2ij}(k=2), \\ &GE_{hij2} = \frac{3}{2}AE_{hi} + \frac{3}{2}AE_{hj} + DE_{hii} + DE_{hjj} + DE_{hij} + \\ &\qquad CE_{hi} + A\mathrm{m}E_{hi} + A\mathrm{m}E_{hj} + D\mathrm{m}E_{hij} \end{aligned}\right\} \tag{11-16}$$

为方便应用，汇总以上各类(植株性状，二倍体种子性状和三倍体胚乳性状)GE 互作的遗传组成于表 11-4。

表 11-4 植株性状、2N 种子性状和 3N 胚乳性状的基因型与环境互作的遗传组成

列号	1	2	3	4	5	6	7	8	9	10	11
世代	AE_{hi}	AE_{hj}	DE_{hii}	DE_{hjj}	DE_{hij}	AAE_{hii}	AAE_{hjj}	AAE_{hij}	CE_{hi}	$\mathrm{Am}E_{hi}$	$\mathrm{Am}E_{hj}$
植株性状（加-显-加加 *GE* 互作模型）											
P_i	2	0	1	0	0	4	0	0			
F_1	1	1	0	0	1	1	1	2			
F_2	1	1	1/4	1/4	1/2	1	1	2			
2*N* 种子性状（加-显-加加胞质母体 *GE* 互作模型）											
P_i	2	0	1	0	0	4	0	0	1	2	0
F_1	1	1	0	0	1	1	1	2	1	2	0
F_2	1	1	1/4	1/4	1/2	1	1	2	1	1	1
3*N* 胚乳性状（加-显-加加胞质母体 *GE* 互作模型）											
P_i	3	0	3	0	0	9	0	0	1	2	0
F_1	2	1	1	0	2	4	1	4	1	2	0
F_2	3/2	3/2	1	1	1	9/4	9/4	9/2	1	1	1

注：表中第 1～5 列为基本的自身加显 *GE* 互作遗传模型，第 1～8 列为自身加-显-加加 *GE* 互作遗传模型，第 1～11 列为加-显-加加胞质母体 *GE* 互作遗传模型。可根据需要选用。

实际应用时，利用若干环境下的遗传实验（在田间种植亲本和 F_1，由自交产生亲本种子和 F_2 种子，亲本间杂交可获得 F_1 种子）资料，可以有效地分析控制种子性状的 3 套遗传体系的基因效应及其与环境的互作效应。

三、混合线性模型的最小范数二阶无偏估计

（一）表型值的混合线性模型及分析混合线性模型的统计方法

1. 表型值的混合线性模型

既包括固定效应又包括随机效应的线性模型称为混合线性模型（mixed linear model）。例如：$y=\mu+A+D+\varepsilon$ 就是一个简单的混合线性模型，其中 y 为某基因型的表型值，μ 为固定效应，A、D、ε 为随机效应。任何基因型的表型值都可以用一个混合线性模型（矩阵形式）表示：

$$\boldsymbol{Y}=\boldsymbol{X}_1\boldsymbol{b}_1+\boldsymbol{X}_2\boldsymbol{b}_2+\cdots+\boldsymbol{X}_n\boldsymbol{b}_n+\boldsymbol{U}_1\boldsymbol{e}_1+\boldsymbol{U}_2\boldsymbol{e}_2+\cdots+\boldsymbol{U}_m\boldsymbol{e}_m \tag{11-17a}$$

式中：$\boldsymbol{Y}$ 为观测值向量；$\boldsymbol{b}_i$ 为第 i 项固定效应向量；$\boldsymbol{X}_i$ 为第 i 项固定效应的系数矩阵；$\boldsymbol{e}_u$ 为第 u 项随机效应向量，$\boldsymbol{e}_u\sim(0,\sigma_u^2\boldsymbol{I})$；$\boldsymbol{U}_u$ 为第 u 项随机效应的系数矩阵。

式(11-17a) 可用矩阵简式表达为：

$$\boldsymbol{Y}=\boldsymbol{Xb}+\boldsymbol{Ue}=\boldsymbol{Xb}+\sum_{u=1}^{m}\boldsymbol{U}_u\boldsymbol{e}_u \tag{11-17b}$$

式中：$\boldsymbol{Xb}=\sum_{i=1}^{n}\boldsymbol{X}_i\boldsymbol{b}_i$ 为固定效应部分，$\sum_{u=1}^{m}\boldsymbol{U}_u\boldsymbol{e}_u$ 为随机效应部分，其中 $\boldsymbol{U}=[\boldsymbol{U}_1\vdots\boldsymbol{U}_2\vdots\cdots\vdots\boldsymbol{U}_{m-1}\vdots\boldsymbol{U}_m]$，$\boldsymbol{U}_m=1$，$\boldsymbol{e}^{\mathrm{T}}=[\boldsymbol{e}_1^{\mathrm{T}}\vdots\boldsymbol{e}_2^{\mathrm{T}}\vdots\cdots\vdots\boldsymbol{e}_{m-1}^{\mathrm{T}}\vdots\boldsymbol{e}_m^{\mathrm{T}}]$。

Y 的分布为：$\boldsymbol{Y} \sim \left(\boldsymbol{Xb}, \boldsymbol{V} = \sum_{u=1}^{m} \sigma_u^2 \boldsymbol{U}_u \boldsymbol{U}_u^{\mathrm{T}}\right)$。

例 11.1 某作物 3×3 双列杂交，获得杂交及自交组合某植株性状($2N$)的平均值如下：$y_{12} = 28.90$，$y_{13} = 30.93$，$y_{21} = 28.38$，$y_{23} = 21.60$，$y_{31} = 27.31$，$y_{33} = 27.23$。试在加-显遗传模型下，写出这些平均值的混合线性模型的矩阵表达式。

解：假设不存在正反交效应，在加-显遗传模型下，二倍体组织组合均值的基因型效应可依据式(11-6)写出。组合均值的混合线性模型为：

$$y_{ij} = \mu + A_i + A_j + D_{ij} + \varepsilon_{ij}$$

式中：μ 为群体均值，具固定效应；A_i(或 A_j)为亲本的加性效应，A_i(或 A_j) $\sim (0, \sigma_A^2)$；D_{ij} 为亲本 i 与亲本 j 在其后代的显性效应，$D_{ij} \sim (0, \sigma_D^2)$；$\varepsilon_{ij}$ 为剩余效应，$\varepsilon_{ij} \sim (0, \sigma_e^2)$。

该模型可用矩阵形式表示为：

$$\boldsymbol{Y} = \boldsymbol{l}\mu + \boldsymbol{U}_A \boldsymbol{e}_A + \boldsymbol{U}_D \boldsymbol{e}_D + \boldsymbol{e}_\varepsilon \tag{11-18}$$

式中：$\boldsymbol{l}$ 为常数 1 的列向量；$\boldsymbol{e}_A$ 为加性效应向量，$\boldsymbol{e}_A^{\mathrm{T}} = (A_1, A_2, A_3)$，$\boldsymbol{e}_A \sim (0, \sigma_A^2 \boldsymbol{I})$

$\boldsymbol{U}_A$ 为加性效应的系数矩阵，$\boldsymbol{U}_A = \begin{bmatrix} 1 & 1 & 0 \\ 1 & 0 & 1 \\ 1 & 1 & 0 \\ 0 & 1 & 1 \\ 1 & 0 & 1 \\ 0 & 0 & 2 \end{bmatrix}$

$\boldsymbol{e}_D$ 为显性效应向量，$\boldsymbol{e}_D \sim (0, \sigma_D^2 \boldsymbol{I})$

$\boldsymbol{U}_D$ 为显性效应的系数矩阵，$\boldsymbol{U}_D = \begin{bmatrix} 1 & 0 & 0 & 0 \\ 0 & 1 & 0 & 0 \\ 1 & 0 & 0 & 0 \\ 0 & 0 & 1 & 0 \\ 0 & 1 & 0 & 0 \\ 0 & 0 & 0 & 1 \end{bmatrix}$

$\boldsymbol{e}_\varepsilon$ 为剩余效应向量，$\boldsymbol{e}_\varepsilon \sim (0, \sigma_\varepsilon^2 \boldsymbol{I})$

把如上各项代入式(11-18)，可得到组合均值的完整矩阵表达式：

$$\boldsymbol{Y} = \begin{bmatrix} y_{12} \\ y_{13} \\ y_{21} \\ y_{23} \\ y_{31} \\ y_{33} \end{bmatrix} = \begin{bmatrix} 28.90 \\ 30.93 \\ 28.38 \\ 21.60 \\ 27.31 \\ 27.23 \end{bmatrix} = \begin{bmatrix} 1 \\ 1 \\ 1 \\ 1 \\ 1 \\ 1 \end{bmatrix} \mu + \begin{bmatrix} 1 & 1 & 0 \\ 1 & 0 & 1 \\ 1 & 1 & 0 \\ 0 & 1 & 1 \\ 1 & 0 & 1 \\ 0 & 0 & 2 \end{bmatrix} \begin{bmatrix} A_1 \\ A_2 \\ A_3 \end{bmatrix} + \begin{bmatrix} 1 & 0 & 0 & 0 \\ 0 & 1 & 0 & 0 \\ 1 & 0 & 0 & 0 \\ 0 & 0 & 1 & 0 \\ 0 & 1 & 0 & 0 \\ 0 & 0 & 0 & 1 \end{bmatrix} \begin{bmatrix} D_{12} \\ D_{13} \\ D_{23} \\ D_{33} \end{bmatrix} + \begin{bmatrix} e_{12} \\ e_{13} \\ e_{21} \\ e_{23} \\ e_{31} \\ e_{33} \end{bmatrix} \tag{11-19}$$

2. 分析混合线性模型的统计方法

常用的分析混合线性模型的方法有方差分析法(ANOVA)、极大似然法(ML)、限制性极大似然法(REML)和最小范数二阶无偏估计(MINQUE)等。ANOVA 方法运算简便、估值无偏,应用最为普遍,本书在很多章节采用了方差分析法。但方差分析法不能处理不规则缺失的不平衡数据(unbalanced data),也无法分析复杂遗传模型,如式(11-10)和式(11-11)所表达的遗传模型,使其应用受到限制。ML 法在遗传数据的统计分析中应用广泛,不受数据是否平衡的限制。首先提出把 ML 法应用于分析混合线性模型非平衡数据的是 Hartly 和 Rao(1967),但 ML 法估计遗传参数需用迭代运算,且其估值会受固定效应的影响使估计有偏。Patterson 和 Thompson(1971)提出了 REML 法,使似然值不包括固定效应,但仍需通过迭代运算求解。朱军(1994,1997)认为,在分析混合线性模型的各种方法中,Rao(1971)提出的 MINQUE 法比 ML 法和 REML 法更简便和优越,它不需要进行迭代运算,对线性模型也没有正态分布的限定。在多数情况下,MINQUE 估计值和 REML 估计值比较接近。因为在 MINQUE 估计中,如果用估计值代替先验值重新估计,便可获得新的估计值。重复这一过程,直到新的估计值非常接近旧的估计值为止。这种迭代的估算方法就是 REML 法。下面简要介绍 MINQUE 法。

(二)分析混合线性模型的最小范数二阶无偏估计(MINQUE)法

1. 植株性状的 MINQUE 分析

MINQUE 方法的理论,是基于使欧氏范数(euclidean norm)为最小。对于式(11-17)所表达的混合线性模型,其方差分量线性函数的无偏估计可用二阶函数表示:

$$\left.\begin{aligned}&\sum_{u=1}^{m} c_u \hat{\sigma}_u^2 = \boldsymbol{Y}^{\mathrm{T}}\boldsymbol{A}\boldsymbol{Y} = \boldsymbol{e}^{\mathrm{T}}\boldsymbol{U}^{\mathrm{T}}\boldsymbol{A}\boldsymbol{U}e\\ \text{式中:}\ &\boldsymbol{A}\boldsymbol{X} = 0\\ &c_u = tr(\boldsymbol{U}_u^{\mathrm{T}}\boldsymbol{A}\boldsymbol{U}_u)\end{aligned}\right\} \tag{11-20}$$

$\boldsymbol{X}$ 为式(11-17b)中固定效应的系数矩阵。

如果假定 $\boldsymbol{e}$ 为已知,并具 $\boldsymbol{e}_u \sim (0, \sigma_u^2\boldsymbol{I})$。方差分量线性函数的估计量应该是 $\boldsymbol{e}^{\mathrm{T}}\boldsymbol{D}e$,其中 $\boldsymbol{D}$ 为已知的对角阵。该假定的估计量与理论估计量之间的差异是 $\boldsymbol{e}^{\mathrm{T}}(\boldsymbol{U}^{\mathrm{T}}\boldsymbol{A}\boldsymbol{U}-\boldsymbol{D})\boldsymbol{e}$。MINQUE 法所获得的方差分量估计是使欧氏范数 $\|\boldsymbol{U}^{\mathrm{T}}\boldsymbol{A}\boldsymbol{U}-\boldsymbol{D}\|^2$ 为最小值,即使 $tr[(\boldsymbol{U}^{\mathrm{T}}\boldsymbol{A}\boldsymbol{U}-\boldsymbol{D})(\boldsymbol{U}^{\mathrm{T}}\boldsymbol{A}\boldsymbol{U}-\boldsymbol{D})]$ 为最小值。方差分量的 MINQUE 估计量可通过求解以下方程组获得(Rao,1971):

$$\left.\begin{aligned}&[tr(\boldsymbol{U}_u^{\mathrm{T}}\boldsymbol{Q}_\alpha\boldsymbol{U}_v\boldsymbol{U}_v^{\mathrm{T}}\boldsymbol{Q}_\alpha\boldsymbol{U}_u)][\hat{\sigma}_u^2] = [\boldsymbol{Y}^{\mathrm{T}}\boldsymbol{Q}_\alpha\boldsymbol{U}_u\boldsymbol{U}_u^{\mathrm{T}}\boldsymbol{Q}_\alpha\boldsymbol{Y}]\\ \text{式中:}\ &\boldsymbol{Q}_\alpha = \boldsymbol{V}_\alpha^{-1} - \boldsymbol{V}_\alpha^{-1}\boldsymbol{X}(\boldsymbol{X}^{\mathrm{T}}\boldsymbol{V}_\alpha^{-1}\boldsymbol{X})^{+}\boldsymbol{X}^{\mathrm{T}}\boldsymbol{V}_\alpha^{-1}\\ &\boldsymbol{V}_\alpha = \sum_{u=1}^{m}\alpha_u\boldsymbol{U}_u\boldsymbol{U}_u^{\mathrm{T}}, u,v = 1,2,\cdots,m, \alpha_u\ \text{是人为选择的先验值}\end{aligned}\right\} \tag{11-21}$$

先验值 α_u 的选择可以凭经验,或根据以往的分析结果。只要先验值不依赖于试验数据,其方差分量的估计量均是无偏的。选取先验值的简单方法是取所有的先验值为 1($\alpha_u = 1$)。先验值为 1 的 MINQUE 法称为 MINQUE(1) 法。由其所获得的方差分量估计量称为 MINQUE(1) 估计量。选择任意的先验值 α_u,可以求得方差分量的估计值 σ_u^2。

例 11.2 试应用 MINQUE(1) 法分析例 11.1 的资料,并在加-显遗传模型下估计其遗传方差分量。

解:第一步:试验数据的矩阵表达。

$$\boldsymbol{Y}=\begin{pmatrix}y_{12}\\y_{13}\\y_{21}\\y_{23}\\y_{31}\\y_{33}\end{pmatrix}=\begin{pmatrix}28.90\\30.93\\28.38\\21.60\\27.31\\27.23\end{pmatrix}=\begin{pmatrix}1\\1\\1\\1\\1\\1\end{pmatrix}\mu+\begin{pmatrix}1&1&0\\1&0&1\\1&1&0\\0&1&1\\1&0&1\\0&0&2\end{pmatrix}\begin{pmatrix}A_1\\A_2\\A_3\end{pmatrix}+\begin{pmatrix}1&0&0&0\\0&1&0&0\\1&0&0&0\\0&0&1&0\\0&1&0&0\\0&0&0&1\end{pmatrix}\begin{pmatrix}D_{12}\\D_{13}\\D_{23}\\D_{33}\end{pmatrix}+\begin{pmatrix}e_{12}\\e_{13}\\e_{21}\\e_{23}\\e_{31}\\e_{33}\end{pmatrix}$$

$$\boldsymbol{Y}=\boldsymbol{Xb}+\boldsymbol{U}_A\times\boldsymbol{e}_A+\boldsymbol{U}_D\times\boldsymbol{e}_D+\boldsymbol{U}e\times\boldsymbol{e}_e$$

第二步：计算取先验值 $\sigma_A^2=\sigma_D^2=\sigma_e^2=\alpha_u=1$ 时表型值向量的方差 $\boldsymbol{V}(\boldsymbol{Y})=\boldsymbol{V}$ 并求逆。

$\boldsymbol{V}=\boldsymbol{V}(\boldsymbol{Y})=\sigma_A^2\times\boldsymbol{U}_A\boldsymbol{U}_A^{\mathrm{T}}+\sigma_D^2\times\boldsymbol{U}_D\boldsymbol{U}_D^{\mathrm{T}}+\sigma_e^2\times\boldsymbol{U}_e\boldsymbol{U}_e^{\mathrm{T}}$，即

$$\boldsymbol{V}=\sigma_A^2\begin{pmatrix}2&1&2&1&1&0\\1&2&1&1&2&2\\2&1&2&1&1&0\\1&1&1&2&1&2\\1&2&1&1&2&2\\0&2&0&2&2&4\end{pmatrix}+\sigma_D^2\begin{pmatrix}1&0&1&0&0&0\\0&1&0&0&1&0\\1&0&1&0&0&0\\0&0&0&1&0&0\\0&1&0&0&1&0\\0&0&0&0&0&1\end{pmatrix}+\sigma_e^2\times\boldsymbol{I}=\begin{pmatrix}4&1&3&1&1&0\\1&4&1&1&3&2\\3&1&4&1&1&0\\1&1&1&4&1&2\\1&3&1&1&4&2\\0&2&0&2&2&6\end{pmatrix}$$

$$\boldsymbol{V}^{-1}=\begin{pmatrix}0.5859&-0.0276&-0.4141&-0.0460&-0.0276&0.0337\\-0.0276&0.5982&-0.0276&-0.0031&-0.4018&-0.0644\\-0.4141&-0.0276&0.5859&-0.0460&-0.0276&0.0337\\-0.0460&-0.0031&-0.0460&0.3282&-0.0031&-0.1074\\-0.0276&-0.4018&-0.0276&-0.0031&0.5982&-0.0644\\0.0337&-0.0644&0.0337&-0.1074&-0.0644&0.2454\end{pmatrix}$$

第三步：建立 MINQUE(1) 方程组。

$\boldsymbol{Q}=\boldsymbol{V}^{-1}-\boldsymbol{V}^{-1}\boldsymbol{X}(\boldsymbol{X}^{\mathrm{T}}\boldsymbol{V}^{-1}\boldsymbol{X})^{+}\boldsymbol{X}^{\mathrm{T}}\boldsymbol{V}^{-1}$（上标“+”表示广义逆）

$$=\begin{pmatrix}0.5663&-0.0414&-0.4337&-0.0691&-0.0414&0.0193\\-0.0414&0.5884&-0.0414&-0.0193&-0.4116&-0.0746\\-0.4337&-0.0414&0.5663&-0.0691&-0.0414&0.0193\\-0.0691&-0.0193&-0.0691&0.3011&-0.0193&-0.1243\\-0.0414&-0.4116&-0.0414&-0.0193&0.5884&-0.0746\\0.0193&-0.0746&0.0193&-0.1243&-0.0746&0.2348\end{pmatrix}$$

MINQUE(1) 方程组（由式 11-21）：

$$[tr(\boldsymbol{U}_u^{\mathrm{T}}\boldsymbol{QU}_v\boldsymbol{U}_v^{\mathrm{T}}\boldsymbol{QU}_u)][\sigma_u^2]=[\boldsymbol{Y}^{\mathrm{T}}\boldsymbol{QU}_u\boldsymbol{U}_u^{\mathrm{T}}\boldsymbol{QY}]\quad(u=A,D,e;v=A,D,e)$$

按如下步骤构建：

$tr(\boldsymbol{AA})=tr(\boldsymbol{U}_A^{\mathrm{T}}\boldsymbol{QU}_A\boldsymbol{U}_A^{\mathrm{T}}\boldsymbol{QU}_A)=0.5359$，$tr(\boldsymbol{AD})=tr(\boldsymbol{DA})=tr(\boldsymbol{U}_A^{\mathrm{T}}\boldsymbol{QU}_D\boldsymbol{U}_D^{\mathrm{T}}\boldsymbol{QU}_A)=0.2707$

$tr(\boldsymbol{Ae})=tr(\boldsymbol{eA})=tr(\boldsymbol{U}_A^{\mathrm{T}}\boldsymbol{QU}_e\boldsymbol{U}_e^{\mathrm{T}}\boldsymbol{QU}_A)=0.1934$，$\boldsymbol{Y}^{\mathrm{T}}\boldsymbol{QU}_A\boldsymbol{U}_A^{\mathrm{T}}\boldsymbol{QY}=3.6209$

$tr(\boldsymbol{DD})=tr(\boldsymbol{U}_D^{\mathrm{T}}\boldsymbol{QU}_D\boldsymbol{U}_D^{\mathrm{T}}\boldsymbol{QU}_D)=0.5156$

$tr(\boldsymbol{De})=tr(\boldsymbol{eD})=tr(\boldsymbol{U}_D^{\mathrm{T}}\boldsymbol{QU}_e\boldsymbol{U}_e^{\mathrm{T}}\boldsymbol{QU}_D)=0.3683$，$\boldsymbol{Y}^{\mathrm{T}}\boldsymbol{QU}_D\boldsymbol{U}_D^{\mathrm{T}}\boldsymbol{QY}=5.2051$

$$tr(\boldsymbol{ee}) = tr(\boldsymbol{U}_e^{\mathrm{T}}\boldsymbol{Q}\boldsymbol{U}_e\boldsymbol{U}_e^{\mathrm{T}}\boldsymbol{Q}\boldsymbol{U}_e) = 2.283\,6,\quad \boldsymbol{Y}^{\mathrm{T}}\boldsymbol{Q}\boldsymbol{U}_e\boldsymbol{U}_e^{\mathrm{T}}\boldsymbol{Q}\boldsymbol{Y} = 11.328\,4$$

MINQUE(1) 方程组：$\begin{bmatrix} 0.535\,9 & 0.270\,7 & 0.193\,4 \\ 0.270\,7 & 0.515\,6 & 0.368\,3 \\ 0.193\,4 & 0.368\,3 & 2.283\,6 \end{bmatrix}\begin{bmatrix}\sigma_A^2 \\ \sigma_D^2 \\ \sigma_e^2\end{bmatrix} = \begin{bmatrix} 3.620\,9 \\ 5.205\,1 \\ 11.328\,4\end{bmatrix}$

第四步：求解 MINQUE(1) 方程组。

采用多元回归的求解方法，可解得：$\begin{bmatrix}\sigma_A^2 \\ \sigma_D^2 \\ \sigma_e^2\end{bmatrix} = \begin{bmatrix} 2.255\,5 \\ 6.219\,7 \\ 3.766\,6\end{bmatrix}$

结论：① 加性遗传方差估值为 2.255 5，显性遗传方差估值为 6.219 7，环境误差为3.766 6。该遗传群体在所研究性状的遗传以显性效应为主；② 由于亲本和组合数均少，本例仅为练习。

2. 方差估计值的显著性检验

采用 Jackknife 方法（Miller，1974；朱军，1992）对基因型或区组进行抽样可以得到方差分量估计值及其估计标准误。如果所分析的数据是基因型的平均值而无区组设计，则每个世代平均值的 r 次观测值是重复抽样单位。当采用随机区组设计时，一般对试验区组进行抽样，每个区组中的所有观测值是重复抽样单位。下面以基因型重复抽样为例说明方法。

对于方差或协方差分量 θ，分析所有 g 个基因型观测值的估计值为 $\hat{\theta}$，当从数据中剔除第 i 种基因型世代平均数的 r 次观测值以后，重新估算的估计值为 $\hat{\theta}_i$。重复此法从完整的数据中每次剔除 r 次观测值，可以获得 g 个不同的估计值 $\hat{\theta}_i$。Jackknife 估计值 $\hat{\theta}_J$ 和抽样方差 $V(\hat{\theta}_J)$ 分别为：

$$\left.\begin{aligned} &\hat{\theta}_J = g\,\hat{\theta} - (g-1)\,\hat{\theta}.,\ \hat{\theta}. = \frac{1}{g}\sum_{i=1}^{g}\hat{\theta}_i \\ &V(\hat{\theta}_J) = \frac{g-1}{g}\sum_{i=1}^{g}(\hat{\theta}_i - \hat{\theta}.)^2 \end{aligned}\right\} \tag{11-22}$$

$(\hat{\theta}_J - \theta)/\sqrt{V(\hat{\theta}_J)}$ 近似地服从自由度为 $(g-1)$ 的 t 分布。

因此可以用 t 测验对遗传参数的估计值进行统计检验。

3. 种子性状遗传模型的 MINQUE(0/1) 分析

如果以矩阵形式表示种子性状的遗传模型：

$$\begin{aligned}\boldsymbol{Y} &= \boldsymbol{Xb} + \boldsymbol{U}_A\boldsymbol{e}_A + \boldsymbol{U}_D\boldsymbol{e}_D + \boldsymbol{U}_C\boldsymbol{e}_C + \boldsymbol{U}_{Am}\boldsymbol{e}_{Am} + \boldsymbol{U}_{Dm}\boldsymbol{e}_{Dm} + \boldsymbol{U}_B\boldsymbol{e}_B + \boldsymbol{e}_e \\ &= \boldsymbol{Xb} + \sum_{u=1}^{7}\boldsymbol{U}_u\boldsymbol{e}_u \end{aligned} \tag{11-23}$$

式中：$\boldsymbol{Y}$ 为观测值向量；$\boldsymbol{b}_i$ 为第 i 项固定效应向量；$\boldsymbol{X}_i$ 为第 i 项固定效应向量的系数矩阵；$\boldsymbol{e}_u$ 为第 u 项随机效应向量，$\boldsymbol{e}_u \sim (0, \sigma_u^2\boldsymbol{I})$；$\boldsymbol{U}_u$ 为第 u 项随机效应向量的系数矩阵，$u = 1,2,3,4,5,6$，$\boldsymbol{U}_7 = \boldsymbol{I}$，为单位矩阵。

世代均值向量的方差-协方差矩阵为：

$$\begin{aligned}\boldsymbol{V}(\boldsymbol{Y}) = {}&\sigma_A^2\boldsymbol{U}_A\boldsymbol{U}_A^{\mathrm{T}} + \sigma_D^2\boldsymbol{U}_D\boldsymbol{U}_D^{\mathrm{T}} + \sigma_C^2\boldsymbol{U}_C\boldsymbol{U}_C^{\mathrm{T}} + \sigma_{Am}^2\boldsymbol{U}_{Am}\boldsymbol{U}_{Am}^{\mathrm{T}} + \sigma_{Dm}^2\boldsymbol{U}_{Dm}\boldsymbol{U}_{Dm}^{\mathrm{T}} + \sigma_B^2\boldsymbol{U}_B\boldsymbol{U}_B^{\mathrm{T}} + \\ &\sigma_{A\cdot Am}(\boldsymbol{U}_A\boldsymbol{U}_{Am}^{\mathrm{T}} + \boldsymbol{U}_{Am}\boldsymbol{U}_A^{\mathrm{T}}) + \sigma_{D\cdot Dm}(\boldsymbol{U}_D\boldsymbol{U}_{Dm}^{\mathrm{T}} + \boldsymbol{U}_{Dm}\boldsymbol{U}_D^{\mathrm{T}}) + \sigma_e^2\boldsymbol{I}\end{aligned} \tag{11-24a}$$

上式还可改写为方便运算的形式：

$$\boldsymbol{V}(\boldsymbol{Y}) = \sigma_A^2\boldsymbol{V}_1 + \sigma_D^2\boldsymbol{V}_2 + \sigma_C^2\boldsymbol{V}_3 + \sigma_{Am}^2\boldsymbol{V}_4 + \sigma_{Dm}^2\boldsymbol{V}_5 + \sigma_B^2\boldsymbol{V}_6 + \sigma_{A\cdot Am}\boldsymbol{V}_7 + \sigma_{D\cdot Dm}\boldsymbol{V}_8 + \sigma_e^2\boldsymbol{V}_9 = \sum_{u=1}^{9}\theta_u\boldsymbol{V}_u \tag{11-24b}$$

式中：$\boldsymbol{V}_u = \boldsymbol{U}_u\boldsymbol{U}_u^{\mathrm{T}}(u = 1,2,3,4,5,6)$，$\boldsymbol{V}_7 = \boldsymbol{U}_1\boldsymbol{U}_4^{\mathrm{T}} + \boldsymbol{U}_4\boldsymbol{U}_1^{\mathrm{T}}$，$\boldsymbol{V}_8 = \boldsymbol{U}_2\boldsymbol{U}_5^{\mathrm{T}} + \boldsymbol{U}_5\boldsymbol{U}_2^{\mathrm{T}}$，$\boldsymbol{V}_9 = \boldsymbol{I}$，$\theta_1 = \sigma_A^2$，$\theta_2 = \sigma_D^2$，$\theta_3 = \sigma_C^2$，$\theta_4 = \sigma_{Am}^2$，$\theta_5 = \sigma_{Dm}^2$，$\theta_6 = \sigma_B^2$，$\theta_7 = \sigma_{A\cdot Am}$，$\theta_8 = \sigma_{D\cdot Dm}$，$\theta_9 = \sigma_e^2$。

各项方差协方差的 MINQUE 估计量可通过解如下方程组获得：

$$\left.\begin{aligned}&[tr(\boldsymbol{Q}_\alpha\boldsymbol{V}_u\boldsymbol{Q}_\alpha\boldsymbol{V}_v)][\hat{\theta}_u] = [\boldsymbol{Y}^{\mathrm{T}}\boldsymbol{Q}_\alpha\boldsymbol{V}_u\boldsymbol{Q}_\alpha\boldsymbol{Y}]\\&\boldsymbol{Q}_\alpha = \boldsymbol{V}_\alpha^{-1} - \boldsymbol{V}_\alpha^{-1}\boldsymbol{X}(\boldsymbol{X}^{\mathrm{T}}\boldsymbol{V}_\alpha^{-1}\boldsymbol{X})^{+}\boldsymbol{X}^{\mathrm{T}}\boldsymbol{V}_\alpha^{-1}\\&\boldsymbol{V}_\alpha = \sum_{u=1}^{9}\alpha_u\boldsymbol{V}_u,\ u,v = 1,2,\cdots,9\end{aligned}\right\} \tag{11-25}$$

式中：α_u 为人为选择的方差先验值（对于 $u = 1,2,3,4,5,6,9$）和协方差先验值（对于 $u = 7,8$）。

MINQUE(0/1) 法为设先验协方差为 0，先验方差为 1 的一种 MINQUE 法，可以无偏地估计以上各项方差和协方差分量。MINQUE(0/1) 估计量通过解以下方程组而得：

$$\left.\begin{aligned}&[tr(\boldsymbol{Q}_{(0/1)}\boldsymbol{V}_u\boldsymbol{Q}_{(0/1)}\boldsymbol{V}_v)][\hat{\theta}_u] = [\boldsymbol{Y}^{\mathrm{T}}\boldsymbol{Q}_{(0/1)}\boldsymbol{V}_u\boldsymbol{Q}_{(0/1)}\boldsymbol{Y}]\\&\boldsymbol{Q}_{(0/1)} = \boldsymbol{V}_{(0/1)}^{-1} - \boldsymbol{V}_{(0/1)}^{-1}\boldsymbol{X}(\boldsymbol{X}^{\mathrm{T}}\boldsymbol{V}_{(0/1)}^{-1}\boldsymbol{X})^{+}\boldsymbol{X}^{\mathrm{T}}\boldsymbol{V}_{(0/1)}^{-1}\\&\boldsymbol{V}_{(0/1)} = \sum_{u=1}^{7}\boldsymbol{U}_u\boldsymbol{U}_u^{\mathrm{T}}\end{aligned}\right\} \tag{11-26}$$

式中：下标的(0/1) 表示协方差的先验值为 0，方差的先验值为 1。所估计的方差分量的统计检验仍采用 Jackknife 抽样方法。

例 11.3 *opaque*2 隐性突变基因（*o*2）纯合可使玉米籽粒的赖氨酸含量大幅度提高。*opaque*2 玉米籽粒胚乳的硬质度表现出典型的数量性状遗传，是衡量其籽粒品质的一个重要指标。为研究 *o*2 玉米籽粒硬质度的遗传规律，曾以 6 个软质胚乳亲本和 6 个硬质胚乳亲本相互杂交组配成 36 个 F_1 组合（生长在母本植株上），次年播种 F_1 种子和亲本，从每个 F_1 组合中随机抽取 3 株自交得相应的 F_2 种子（生长在 F_1 植株上），亲本自交留种的同时相互交配再得 F_1，共收获 156 份材料（12 个亲本，36 个 F_1，108 个 F_2）。晾晒至恒重后每份材料随机抽取 1 000 粒，观测胚乳的硬质度（0，1，2，3，4，5 级）并求其加权平均。

方差分析表明，亲本间、F_1 组合间以及 F_2 组合间差异均达极显著水平，说明该遗传群体在胚乳硬质度上确实存在显著的遗传变异。采用 MINQUE(0/1) 法，依自身加显-胞质-母体加显遗传模型，对总遗传方差进行剖分。

解：本研究的数据包括亲本、F_1 和 F_2 三个世代，且胚乳性状属三倍体性状。

(1) 加-显模型下亲本、F_1 和 F_2 的遗传效应分量：

亲本 P_i 的遗传效应分量（$k = 0$）：$G_{ii0} = 3A_i + 3D_{ii} + C_i + 2Am_i + Dm_{ii}$

F_1 的世代表型平均值的遗传效应分量（$k = 1$）：

$$G_{ij1} = 2A_i + A_j + D_{ii} + 2D_{ij} + 2Am_i + Dm_{ii} + C_i$$

F_2 代的遗传效应分量（$k = 2$）

$$G_{ij2} = 1.5A_i + 1.5A_j + D_{ii} + D_{jj} + D_{ij} + C_i + Am_i + Am_j + Dm_{ij}$$

各世代系数矩阵见表 11-3 中相应世代的系数。

(2)世代均值向量的混合线性模型为：

$$\begin{aligned}\boldsymbol{Y} &= \boldsymbol{l}\mu + \boldsymbol{U}_A\boldsymbol{e}_A + \boldsymbol{U}_D\boldsymbol{e}_D + \boldsymbol{U}_C\boldsymbol{e}_C + \boldsymbol{U}_{Am}\boldsymbol{e}_{Am} + \boldsymbol{U}_{Dm}\boldsymbol{e}_{Dm} + \boldsymbol{e}_\varepsilon \\ &= \boldsymbol{l}\mu + \sum_{u=1}^{6}\boldsymbol{U}_u\boldsymbol{e}_u\end{aligned}$$

(3)世代均值向量的方差-协方差矩阵：

$$\begin{aligned}\boldsymbol{V}(\boldsymbol{Y}) = {} & \sigma_A^2\boldsymbol{U}_A\boldsymbol{U}_A^{\mathrm{T}} + \sigma_D^2\boldsymbol{U}_D\boldsymbol{U}_D^{\mathrm{T}} + \sigma_C^2\boldsymbol{U}_C\boldsymbol{U}_C^{\mathrm{T}} + \sigma_{Am}^2\boldsymbol{U}_{Am}\boldsymbol{U}_{Am}^{\mathrm{T}} + \sigma_{Dm}^2\boldsymbol{U}_{Dm}\boldsymbol{U}_{Dm}^{\mathrm{T}} + \\ & \sigma_{A\cdot Am}(\boldsymbol{U}_A\boldsymbol{U}_{Am}^{\mathrm{T}} + \boldsymbol{U}_{Am}\boldsymbol{U}_A^{\mathrm{T}}) + \sigma_{D\cdot Dm}(\boldsymbol{U}_D\boldsymbol{U}_{Dm}^{\mathrm{T}} + \boldsymbol{U}_{Dm}\boldsymbol{U}_D^{\mathrm{T}}) + \sigma_e^2\boldsymbol{I}\end{aligned}$$

(4)依 MINQUE(0/1) 法(式(11-26))估计模型中方差和协方差的分量，结果列于表 11-5。

表 11-5　玉米胚乳硬质度的遗传方差和协方差分量

参数	参数估计值及估计值标准误 (为总表型方差的 %)	概率 p 值
V_A	0.605 3 ± 0.147 1(0.302 6)	0.000 3
V_D	0.115 5 ± 0.029 4(0.057 7)	0.000 5
V_C	0.000 0 ± 0.000 0(0.000 0)	0.500 0
V_{Am}	0.584 5 ± 0.137 7(0.292 2)	0.000 2
V_{Dm}	0.154 1 ± 0.040 6(0.077 0)	0.000 6
$C_{A\cdot Am}$	0.117 6 ± 0.221 4(0.058 8)	0.301 0
$C_{D\cdot Dm}$	0.079 0 ± 0.039 7(0.039 5)	0.030 6
V_e	0.147 6 ± 0.036 7(0.073 8)	0.000 4
V_P	2.000 4 ± 0.154 6	$1.04e^{-11}$
h_O^2	0.361 4 ± 0.072 3	$0.02e^{-0.5}$
h_M^2	0.351 0 ± 0.079 0	0.000 1

结论：① 该遗传群体中胚乳硬质度的遗传受自身遗传和母体遗传共同控制，二者同样重要，未发现细胞质效应；② 该遗传群体中胚乳硬质度的遗传主要由基因的加性效应决定，母体加性和自身加性同样重要；③ 归因于直接加性效应的普通狭义直接遗传率 $h_O^2 = (V_A + C_{A\cdot Am})/V_P = 0.361\,4$(表 11-5 倒 2 行)，归因于母体加性效应的普通狭义母体遗传率 $h_M^2 = (V_{Am} + C_{A\cdot Am})/V_P = 0.351\,0$(表 11-5 倒 1 行)；④ 前人研究结果认为玉米胚乳硬质度受多基因的加性遗传控制，本研究同样得出加性效应为主的结论，但其加性效应不仅来自自身，而且来自母体。该结果对育种有指导意义：高赖氨酸玉米育种的主要途径应为选择育种；生产上配置杂交组合时应以硬质度较高的亲本为母本。

4. 含有 *GE* 互作的遗传模型的 MINQUE 分析

NCⅡ 遗传交配设计下表型值向量的混合线性模型表达式为：

$$\left.\begin{aligned}\boldsymbol{Y} &= \boldsymbol{Xb} + \boldsymbol{U}_F\boldsymbol{e}_F + \boldsymbol{U}_M\boldsymbol{e}_M + \boldsymbol{U}_{FM}\boldsymbol{e}_{FM} + \boldsymbol{U}_{EF}\boldsymbol{e}_{EF} + \boldsymbol{U}_{EM}\boldsymbol{e}_{EM} + \boldsymbol{U}_{EFM}\boldsymbol{e}_{EFM} + \boldsymbol{e}_w \\ &= \boldsymbol{Xb} + \sum_{u=1}^{7}\boldsymbol{U}_u\boldsymbol{e}_u \\ \boldsymbol{V}(\boldsymbol{Y}) &= \sum_{u=1}^{7}\sigma_U^2\boldsymbol{U}_U\boldsymbol{U}_U^{\mathrm{T}}\end{aligned}\right\}\qquad(11\text{-}27)$$

式中：$\boldsymbol{b}$ 向量含均值和区组两项，是均值和环境固定效应向量；$\boldsymbol{X}$ 是均值和环境效应的系数矩阵。其余 7 项均为随机效应：$\boldsymbol{e}_F$ 是母本效应向量，$\boldsymbol{e}_F \sim (0,\sigma_F^2\boldsymbol{I})$；$\boldsymbol{U}_F$ 是母本效应系数矩阵；$\boldsymbol{e}_M$ 是父本效应向量，$\boldsymbol{e}_M \sim (0,\sigma_M^2\boldsymbol{I})$；$\boldsymbol{U}_M$ 是父本效应系数矩阵；$\boldsymbol{e}_{FM}$ 是母本 × 父本互作效应向量，$\boldsymbol{e}_{FM} \sim (0,\sigma_{FM}^2\boldsymbol{I})$；$\boldsymbol{U}_{FM}$ 是母本 × 父本互作效应的系数矩阵；$\boldsymbol{e}_{EF}$ 是环境 × 母本互作效应向量，$\boldsymbol{e}_{EF} \sim (0,\sigma_{EF}^2\boldsymbol{I})$；$\boldsymbol{U}_{EF}$ 是环境 × 母本互作效应的系数矩阵；$\boldsymbol{e}_{EM}$ 是环境 × 父本互作效应向量，$\boldsymbol{e}_{EM} \sim (0,\sigma_{EM}^2\boldsymbol{I})$；$\boldsymbol{U}_{EM}$ 是环境 × 父本互作效应的系数矩阵；$\boldsymbol{e}_{EFM}$ 是环境 × 母本 × 父本互作效应向量，$\boldsymbol{e}_{EFM} \sim (0,\sigma_{EFM}^2\boldsymbol{I})$；$\boldsymbol{U}_{EFM}$ 是环境 × 母本 × 父本互作效应的系数矩阵；$\boldsymbol{e}_w$ 是剩余效应向量，$\boldsymbol{e}_w \sim (0,\sigma_w^2\boldsymbol{I})$。

应用式(11-21) 和 MINQUE(1) 法可无偏地估计 NCⅡ 遗传交配设计的各项方差分量。依亲属间协方差的关系(详见第三章) 估算遗传方差分量。

如果亲本是随机交配群体(近交系数 $F = 0$)，则

$$\hat{V}_A = 2(\hat{\sigma}_F^2 + \hat{\sigma}_M^2),\ \hat{V}_D = 4\hat{\sigma}_{FM}^2$$
$$\hat{V}_{AE} = 2(\hat{\sigma}_{EF}^2 + \hat{\sigma}_{EM}^2),\ \hat{V}_{DE} = 4\hat{\sigma}_{EFM}^2 \tag{11-28a}$$

如果亲本是纯系($F = 1$)，则

$$\hat{V}_A = \hat{\sigma}_F^2 + \hat{\sigma}_M^2,\ \hat{V}_D = \hat{\sigma}_{FM}^2$$
$$\hat{V}_{AE} = \hat{\sigma}_{EF}^2 + \hat{\sigma}_{EM}^2,\ \hat{V}_{DE} = \hat{\sigma}_{EFM}^2 \tag{11-28b}$$

关于 NCⅠ 遗传交配设计和双列杂交设计下，含 GE 互作的遗传模型的 MINQUE 分析道理同上，具体可参阅遗传模型分析方法(朱军，1997)。

例 11.4 曾于 1991 和 1994 年以 NCⅡ 遗传交配设计研究某玉米群体穗行数、行粒数和果穗长三性状的遗传。1991 年的试验包括 13 个亲本自交系和 15 个杂种 F_1，3 次重复的随机完全区组设计。1994 年的试验包括 13 个亲本自交系和 42 个杂种 F_1，2 次重复的随机完全区组设计。试依自身加显-*GE* 互作的混合线性模型分析这三个性状的遗传。

解：本试验包括亲本和 F_1，在两个环境完成试验。其表型值的遗传组成由表 11-1 的前 5 列和表 11-4 第一部分的前 5 列共同构成。NCⅡ 遗传交配设计下表型值向量的混合线性模型如式(11-17)。依 MINQUE(1) 法求解式(11-21) 的方程组获得实测方差分量 σ_F^2，σ_M^2，σ_{EF}^2 和 σ_{EM}^2，再依式(11-28b) 把实测方差组分转换为遗传方差分量。结果列于表 11-6。

表 11-6　玉米穗行数、行粒数和果穗长三性状遗传方差分量和遗传率估值

参数	穗行数	行粒数	果穗长
V_A	1.835 7**	0.000 0	0.000 0
V_D	1.886 5**	65.225 5**	8.176 5**
V_{EA}	0.000 0	7.668 7**	0.000 0
V_{ED}	2.935 9**	11.999 9*	2.777 4**
V_e	1.154 1**	9.629 5**	1.547 8**
V_P	7.812 2	94.523 6	12.501 7
h_N^2	0.235 0**	0.000 0	0.000 0
h_B^2	0.476 5**	0.690 0**	0.654 0**
h_{NE}^2	0.000 0	0.081 1*	0.000 0
h_{BE}^2	0.375 8	0.208 1**	0.222 2**

结论：① 该玉米遗传群体内穗行数的遗传，加显效应并重，环境与显性效应的互作十分重

要。这说明穗行数的育种应以选择和杂种优势利用并重，特定杂交种在特定环境条件下种植利用 *GE* 互作有利于增加穗行数。② 行粒数和果穗长的遗传主要靠等位基因的互作即显性效应，宜利用杂种优势。显性与环境的互作效应值得重视。③ 模型中未包括上位性效应，可能会对分析结果有一定影响。合理的做法应该是先鉴别遗传模型，在适合的遗传模型下进行参数估计。

四、胚乳性状的三倍体遗传模型

莫惠栋(1988,1989) 和 Bogyo(1988) 分别提出了三倍体胚乳数量性状的遗传模型。二者都是以两纯系杂交的后代群体为基础，且以双亲中值为原点进行遗传效应的度量。莫惠栋的理论较全面且得到一系列应用，下面重点介绍。该遗传模型的基本定义和尺度为：① 在所定义的群体内，由于加性效应 a 是等位基因 A 对 a 的平均代换效应，故具有相对性状的两个纯系亲本的胚乳基因型为 AAA 和 aaa，其遗传差异为 $3a$（此处的 a 表示三倍体的加性效应）而非 $2a$。② 由于三倍体杂合体有 AAa 和 Aaa 两种，故需用 d_1 和 d_2 两种显性效应分别描述。其定义仍为"与加性期望的离差"，同二倍体，但二倍体杂合子的加性期望为 m，而三倍体 AAa 和 Aaa 的加性期望分别为 $m+(1/2)a$ 和 $m-(1/2)a$，该定义与尺度如图 11-1 所示。根据该尺度，莫惠栋提出了谷类作物胚乳性状的 3N 遗传模型(1988)，列于表 11-7 的前 11 列。

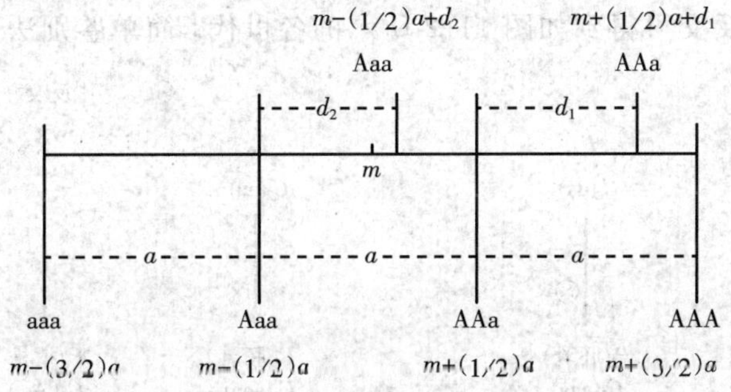

图 11-1　3*N* 胚乳遗传模型的基本尺度(Mo,1988)

五、种子性状遗传控制的鉴别

莫惠栋(1990,1995a) 提出了包括胚乳核基因效应、母体效应和细胞质效应的种子性状遗传模型，汇总于表 11-7。莫惠栋还同时提出了鉴别种子性状遗传控制的方法。下面介绍有关内容。

(一) 鉴别的原则

引起种子性状遗传差异的可能原因有三：自身核基因效应、母体基因型效应和细胞质效应。因此在遗传研究中，需固定三个因素中的两个，才能准确地检测第三个因素的存在性及其效应的大小。实施这一原则的主要困难是，双亲杂交只能得到母体基因型相同核基因型不同的种子世代，而无法获得核基因型相同而母体基因型不同的种子世代。因此要鉴别种子胚乳和(或) 胚性状的遗传控制，必须借助于一定的遗传交配设计和统计分析方法。

表 11-7 种子性状的 3*N* 自身加显上-母体-胞质遗传模型(Mo,1988,1995a)

世代[①]	自身遗传效应										母体效应		胞质效应
	加-显效应				两基因互作								
	m	$[a]$	$[d_1]$	$[d_2]$	$[aa]$	$[d_1d_1]$	$[d_2d_2]$	$[ad_1]$	$[ad_2]$	$[d_1d_2]$	$[a_m]$	$[d_m]$	$[C]$
P_1	1	3/2	0	0	9/4	0	0	0	0	0	1	0	1
P_2	1	−3/2	0	0	9/4	0	0	0	0	0	−1	0	−1
F_1	1	1/2	1	0	1/4	1	0	1/2	0	0	1	0	1
F_1'	1	−1/2	0	1	1/4	0	1	0	−1/2	0	−1	0	−1
F_2	1	0	1/4	1/4	0	1/16	1/16	0	0	1/16	0	1	1
B_{1L}	1	1/2	0	1/2	1/4	0	1/4	0	1/4	0	0	1	1
B_{1L}'	1	1	1/2	0	1	1/4	0	1/2	0	0	1	0	1
B_{1S}	1	−1/2	1/2	0	1/4	1/4	0	−1/4	0	0	0	1	1
B_{1S}'	1	−1	0	1/2	1	0	1/4	0	−1/2	0	−1	0	−1

注:① 世代含义:P_1、P_2 为亲本,$F_1=P_1\times P_2$,$F_1'=P_2\times P_1$,$F_2=F_1\times F_1$、$B_{1L}=F_1$(或 F'_1)$\times P_1$,$B_{1L}'=P_1\times F_1$(或 F'_1),$B_{1S}=F_1$(或 F'_1)$\times P_2$,$B'_{1S}=P_2\times F_1$(或 F'_1)。由于数量性状多假设为多基因系统,本表中所有遗传效应都加了括号,如$[a]$、$[d]$等。

(二)简单鉴别法

依据莫惠栋(1995b),设纯系亲本 P_1 和 P_2 分别具有基因型 AA 和 aa,细胞质 C_1 和 C_2,则由 P_1 和 P_2 亲本的正反交可得到如图 11-2 所示的各世代。简单鉴别法可作如下两项检测:

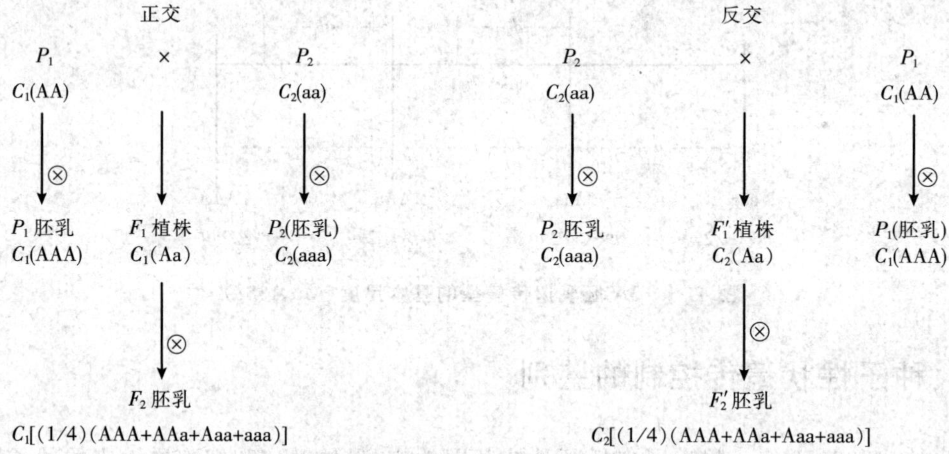

图 11-2 胚乳性状遗传控制简易鉴别的交配设计(莫惠栋,1995b)

1. 鉴别性状是否受胚乳和(或)胚基因型控制

由图 11-2 可以看出,P_1、P_2 胚乳和(或)胚,以及 F_1 植株均为遗传上的同质世代,而F_2和F_2'的胚乳和(或)胚则为遗传上已发生分离的异质世代,因此,若某一胚乳和(或)胚性状受自身基因型控制,则其方差 $V(F_2)$和 $V(F_2')$必将显著大于 $V(P_1)$和 $V(P_2)$;若由母体基因型控制,则 $V(F_2)$和 $V(F_2')$应与 $V(P_1)$和 $V(P_2)$无显著差异,因此可由下式的 F 测验鉴别性状的遗传是否受自身基因型控制:

$$F=[V(F_2)+V(F_2')]/[V(P_1)+V(P_2)] \tag{11-29}$$

式中：F_2 和 F_2'分别来自正交杂种一代(F_1)和反交杂种一代(F_1')。

该项测验不显著即可肯定不存在自身遗传效应，但测验显著时该法却存在缺点：在肯定自身基因型效应时，并不能否定可能存在母体基因型效应和细胞质效应。徐辰武等(1995)利用以上简单鉴别法研究了 40 个籼-粳杂种稻米外观和蒸煮品质的遗传控制。由于其测定对象为不含胚的精米，故所研究性状为胚乳性状。结果表明，粒长和粒宽的遗传表达决定于母体基因型，而糊化温度和直链淀粉含量的遗传表达则存在着显著的三倍体胚乳基因型效应。张红伟(1997)对玉米粒重性状的该项测验达极显著水平，说明存在自身基因型效应，但不能确定是否存在母体效应。对同组资料的精细分析(例 11.6)表明，粒重的遗传不仅受胚乳基因型控制，而且受母体和细胞质基因的控制。所以该法的测验只是初步的。

2. 鉴别是否存在细胞质效应

由于 F_2 和 F_2'的种子具有相同的母体基因型和自身基因型，其差异仅为细胞质来源不同，因此，若正反交 F_2 的世代平均值 $\bar{F}_2$ 和 $\bar{F}_2'$之间存在显著差异，则表明存在细胞质效应。因此由下式的测验可判断是否存在细胞质效应：

$$t=(\bar{F}_2-\bar{F}_2')/\sqrt{[V(F_2)+V(F_2')]/r} \quad (11\text{-}30)$$

式中 r 为构成 $\bar{F}_2$ 和 $\bar{F}_2'$的粒数。

徐辰武(1995)在籼-粳杂交稻的研究表明，细胞质效应一般不存在，但少数材料的细胞质对粒长、粒宽和直链淀粉含量有一定作用。张红伟等(1997)利用该法在玉米的若干组合中发现存在显著的细胞质效应，例 11.6 的精细测验进一步证明了其结果。细胞质效应在植物杂种优势利用特别是雄花不育利用中具有重要的育种意义。

(三)精细鉴别法

如上简单鉴别法只能说明某种效应的存在性，不能对各种效应作出量的估计。下面介绍的精细鉴别法(莫惠栋，1995a)不仅可对某一胚乳性状是否存在胚乳基因型效应、母体基因型效应和(或)细胞质效应分别作出检测，从而确定合适的遗传模型，还能对各项遗传效应作出量的估计。下面介绍该方法。

1. 交配设计

以两纯系及其正反交 F_1 为亲本，按表 11-8 的组配方式相互交配构成分析群体。表中母本植株的基因型为 $P_1=C_1(AA)$、$P_2=C_2(aa)$、$F_1=P_1\times P_2=C_1(Aa)$、$F_1'=P_2\times P_1=C_2(Aa)$，均授以 P_1、P_2 和 F_1(或 F_1')花粉，则在各母本株上获得的胚乳世代如表 11-8 所列。表中的 4 种母本包括了一个位点上的母体基因型和细胞质的基本差异，不能缺少；但父本也可以只用 P_1 和 P_2。从该表可以看出：①同一母本的不同胚乳世代，其母体基因型和细胞质均相同，只有胚乳基因型不同。所以由父本间和母×父本间的变异可检测胚乳基因型效应是否存在。②不同母本的胚乳世代，母体不同而父本相同，故由母本间的变异可检测母体基因型和细胞质效应是否存在。

2. 世代平均值分量

若对表 11-8 各世代以样本容量 n 进行抽样，则各世代平均值及加-显模型下各世代期望均值的遗传分量如表 11-9 所列。表中 a_m 和 d_m 分别为母体基因型的加性和显性效应，a_e 和

d_e 分别为胚乳基因型的加性和显性效应（为简化起见，设 $d_e=1/2(d_1+d_2)$），$+c$ 和 $-c$ 分别表示细胞质 C_1 和 C_2 的效应。

表 11-8 两纯系衍生的不同种子世代及其母体、细胞质和胚乳基因型的遗传组成

父本 \ 母本	P_1 ② A	P_2 a	F_1 或 F_1' $\frac{1}{2}$(A+a)
$P_1:C_1$(AA) ①	P_1: AAA	F_1: AAa	B_1': $\frac{1}{2}$AAA+$\frac{1}{2}$AAa
$P_2:C_2$(aa)	F_1': Aaa	P_2: aaa	B_2': $\frac{1}{2}$Aaa+$\frac{1}{2}$aaa
$F_1:C_1$(Aa)	B_1: $\frac{1}{2}$AAA+$\frac{1}{2}$Aaa	B_2: $\frac{1}{2}$AAa+$\frac{1}{2}$aaa	F_2: $\frac{1}{4}$AAA+$\frac{1}{4}$AAa+$\frac{1}{4}$Aaa+$\frac{1}{4}$aaa
$F_1':C_2$(Aa)	B_1^*: $\frac{1}{2}$AAA+$\frac{1}{2}$Aaa	B_2^*: $\frac{1}{2}$AAa+$\frac{1}{2}$aaa	F_2': $\frac{1}{4}$AAA+$\frac{1}{4}$AAa+$\frac{1}{4}$Aaa+$\frac{1}{4}$aaa

注：表中内容为父母本交配所产生的世代及其胚乳基因型。

① $P_1:C_1$(AA)表示母本 P_1、细胞质基因型为 C_1，自身核基因型为 AA，其余母本表示规则相同。

② P_1A 表示父本 P_1，雄配子为 A，其余父本表示规则相同。

表 11-9 表 11-8 各世代实测平均值及其期望分量（莫惠栋，1995a）

母本		P_1 A	P_2 a	F_1 $\frac{1}{2}$(A+a)	行平均
P_1	O	$\bar{y}_{11}(P_1)$	$\bar{y}_{12}(F_1)$	$\bar{y}_{13}(B_1')$	$\bar{y}_{1\cdot}$
	E	$a_m+\frac{3}{2}a_e+c$	$a_m+\frac{1}{2}a_e+d_e+c$	$a_m+a_e+\frac{1}{2}d_e+c$	$a_m+a_e+\frac{1}{2}d_e+c$
P_2	O	$\bar{y}_{21}(F_1')$	$\bar{y}_{22}(P_2)$	$\bar{y}_{23}(B_2')$	$\bar{y}_{2\cdot}$
	E	$-a_m-\frac{1}{2}a_e+d_e-c$	$-a_m-\frac{3}{2}a_e-c$	$-a_m-a_e+\frac{1}{2}d_e-c$	$-a_m-a_e+\frac{1}{2}d_e-c$
F_1	O	$\bar{y}_{31}(B_1)$	$\bar{y}_{32}(B_2)$	$\bar{y}_{33}(F_2)$	$\bar{y}_{3\cdot}$
	E	$d_m+\frac{1}{2}a_e+\frac{1}{2}d_e+c$	$d_m-\frac{1}{2}a_e+\frac{1}{2}d_e+c$	$d_m+\frac{1}{2}d_e+c$	$d_m+\frac{1}{2}d_e+c$
F_1'	O	$\bar{y}_{41}(B_1^*)$	$\bar{y}_{42}(B_2^*)$	$\bar{y}_{43}(F_2')$	$\bar{y}_{4\cdot}$
	E	$d_m+\frac{1}{2}a_e+\frac{1}{2}d_e-c$	$d_m-\frac{1}{2}a_e+\frac{1}{2}d_e-c$	$d_m+\frac{1}{2}d_e-c$	$d_m+\frac{1}{2}d_e-c$
列平均	O	$\bar{y}_{\cdot 1}$	$\bar{y}_{\cdot 2}$	$\bar{y}_{\cdot 3}$	$\bar{y}$
	E	$\frac{1}{2}d_m+\frac{1}{2}a_e+\frac{1}{2}d_e$	$\frac{1}{2}d_m-\frac{1}{2}a_e+\frac{1}{2}d_e$	$\frac{1}{2}d_m+\frac{1}{2}d_e$	$\frac{1}{2}d_m+\frac{1}{2}d_e$

注：O 表示实测值，E 表示期望值。

3. 遗传控制的测验

对比表 11-9 中各个行平均的期望组成可以看出，4 个母本平均值可构成三个正交对比，各具一个自由度。三个正交对比及其所检验的无效假设列于表 11-10。

表 11-10　母本平均值的三个正交对比

母本平均值	$\bar{y}_{1}.$	$\bar{y}_{2}.$	$\bar{y}_{3}.$	$\bar{y}_{4}.$	无效假设 H_O
对比 1	1	−1	0	0	$a_m=0$
对比 2	−1	−1	1	1	$d_m=0$
对比 3	0	0	1	−1	$c=0$

各项对比的平方和(等于均方)分别为：

$$\left.\begin{aligned}MS_1&=q(\bar{y}_{1}.-\bar{y}_{2}.)^2/2=(T_1.-T_2.)^2/2q\\MS_2&=q[(\bar{y}_{3}.+\bar{y}_{4}.)-(\bar{y}_{1}.+\bar{y}_{2}.)]^2/4\\&=(T_3.+T_4.-T_1.-T_2.)^2/4q\\MS_3&=q(\bar{y}_{3}.-\bar{y}_{4}.)^2/2=(T_3.-T_4.)^2/2q\end{aligned}\right\}\quad(11\text{-}31)$$

父本间均方 MS_4 和母本×父本均方 MS_5 为：

$$\left.\begin{aligned}MS_4&=4\sum_j(\bar{y}_{.j}-\bar{y})^2/(q-1)\\MS_5&=\sum_{i,j}(\bar{y}_{ij}-\bar{y}_{i.}-\bar{y}_{.j}+\bar{y})^2/3(q-1)\end{aligned}\right\}\quad(11\text{-}32)$$

式中 $q=3$，为父本数。

因此，可对表 11-9 的世代平均值作方差分析列于表 11-11。表中的期望均方由表 11-9 的期望平均值按固定模型导出，抽样误差 MS 由世代内合并均方 MS_W 除以平均值的样本容量 n 得到，即：$MS=MS_W/n$。

表 11-11　表 11-9 的方差分析

变异来源	MS	EMS	F	无效假设
母本				
对比 1	MS_1	$\sigma^2+2q(a_e^2+c^2+a_m^2+I^{①})$	$F_1=?$（见下文）	$H_O:a_m^2=0$
对比 2	MS_2	$\sigma^2+qd_m^2$	$F_2=MS_2/MS$	$H_O:d_m^2=0$
对比 3	MS_3	σ^2+2qc^2	$F_3=MS_3/MS$	$H_O:c^2=0$
父本	MS_4	$\sigma^2+2a_e^2/(q-1)$	$F_4=MS_4/MS$	$H_O:a_e^2=0$
母本×父本	MS_5	$\sigma^2+d_e^2/3(q-1)$	$F_5=MS_5/MS$	$H_O:d_e^2=0$
抽样误差	MS	σ^2		

注：①假设 $I=2(a_ma_e+a_mc+a_ec)=0$。

表 11-11 说明，对于假设 $H_O:d_m^2=0$，$H_O:c^2=0$，$H_O:a_e^2=0$ 和 $H_O:d_e^2=0$，都可作出独立的 F 测验；但对 $H_O:a_m^2=0$，由于 MS_1 中混杂有 a_e^2 和 c^2，只有在 $H_O:a_e^2=0$ 和 $H_O:c^2=0$ 被接受时，才能由 $F_1=MS_1/MS$ 作出直接测验。但是，当 $H_O:a_e^2=0$ 或/和 $H_O:c^2=0$ 被否定而 $MS_1\leqslant MS_3$ 或 MS_4 时，仍可直接推断接受 $H_O:a_m^2=0$；若 $MS_1\geqslant MS_3$ 和 MS_4，则需要利用合并均方测验 $H_O:a_m^2=0$。例如，当 $q=3$ 时，有：

$$F_1=(MS_1+6MS)/(MS_3+6MS_4)，测验\ H_O:a_m^2=0$$

该 F_1 值的近似自由度为：$\upsilon_1=(MS_1+6MS)^2/[(MS_1)^2+(6MS)^2/4q(n-1)]$，$\upsilon_2=(MS_3+6MS_4)^2/[(MS_3)^2+(6MS_4)^2/(q-1)]$。所以表 11-11 可分别测验母体、胚乳和细胞质效应的存在与否。

4. 遗传效应估计

若方差分析表中的各项无效假设均被否定，则可先估计母本的 a_m、d_m 和 c，再以三倍体模型(Mo，1988)配合。a_m、d_m 和 c 的估计值及其误差项方差为：

$$\left.\begin{aligned}[\hat{a}_m]&=\frac{1}{2}(\bar{y}_{1\cdot}+\bar{y}_{4\cdot}+2\bar{y}_{\cdot 2})-\frac{1}{2}(\bar{y}_{2\cdot}+\bar{y}_{3\cdot}+2\bar{y}_{\cdot 1})\\ V[\hat{a}_m]&=MS(1/q+1/2)\end{aligned}\right\}\quad(11\text{-}33)$$

$$\left.\begin{aligned}[\hat{d}_m]&=\frac{1}{2}(\bar{y}_{3\cdot}+\bar{y}_{4\cdot})-\frac{1}{2}(\bar{y}_{1\cdot}+\bar{y}_{2\cdot})\\ V[\hat{d}_m]&=MS/q\end{aligned}\right\}\quad(11\text{-}34)$$

$$\left.\begin{aligned}[\hat{c}]&=\frac{1}{2}(\bar{y}_{3\cdot}-\bar{y}_{4\cdot})\\ V[\hat{c}]&=MS/2q\end{aligned}\right\}\quad(11\text{-}35)$$

上述$[\hat{d}_m]$和$[\hat{c}]$的 t 测验将与表 11-11 的 F 测验完全一致，但$[\hat{a}_m]$的 t 与 F_1 并不一致。F_1 显著是使$[\hat{a}_m]$和$[\hat{a}_e]$同为正值的必要条件。

遗传效应的估计也可采用第五章介绍的联合尺度检验法。在加-显遗传模型适合的情况下，利用表 11-7 的系数矩阵和相应多世代的平均值求解各项遗传效应。

5. 遗传模型的适合性

表 11-9 世代平均数的分量有一个良好性质，即对于任一雌亲 i，如果加性-显性遗传模型为适合，都必有 $E(\bar{y}_{i1}+\bar{y}_{i2}-2\bar{y}_{i3})=0$；如果还有显著的上位性效应，则 $E(\bar{y}_{i1}+\bar{y}_{i2}-2\bar{y}_{i3})\neq 0$。因此由

$$t=(\bar{y}_{i1}+\bar{y}_{i2}-2\bar{y}_{i3})/\sqrt{6MS},\upsilon=4q(n-1)\quad(11\text{-}36)$$

可测验加性-显性遗传模型的适合性。当式(11-36)的 t 值为显著时，表明加-显遗传模型不适合，应考虑在表 11-9 的平均数分量中增加上位性互作效应。下面引莫惠栋(1995a)的原例说明该方法的应用。

例 11.5 籼稻精米(仅有胚乳而无胚)直链淀粉含量的遗传研究。以籼稻品种 IR8(P_1)和 IR661(P_2)杂交自交产生 12 个种子世代研究其直链淀粉含量的遗传，每世代单粒测定精米 30 粒(n=30)。对单粒数据作单向分组资料的方差分析得到，世代间均方 MS_B＝6 178.97/11＝561.72，世代内均方 MS_W＝4 142.98/12(30－1)＝11.90，世代平均数间的差异为极显著。各世代平均数列于表 11-12。试对该组合胚乳直链淀粉含量的遗传控制情况进行鉴别(莫惠栋，1995a)。

表 11-12 籼稻品种 IR8(P_1)和 IR661(P_2)衍生的 12 个种子世代精米直链淀粉含量的均值 %

雌亲＼雄亲	P_1	P_2	F_1	$T_{i\cdot}$	$\bar{y}_{i\cdot}$
P_1	28.61	24.05	27.57	80.23	26.74
P_2	27.92	15.96	22.50	66.38	22.13
F_1	28.91	19.80	25.08	73.79	24.60
F_1'	29.47	19.58	24.60	73.56	24.55
$T_{\cdot j}$	114.91	79.39	99.75	294.05	
$\bar{y}_{\cdot j}$	28.73	19.85	24.94		24.50

解:(1)判断自身胚乳效应、细胞质效应和母体效应的存在性。对表 11-12 的世代均值间变异作方差分析,连同已知的单粒水平的误差一并汇总于表 11-13。

表 11-13　表 11-12 直链淀粉含量世代平均值的方差分析

变异来源	DF	MS	F	统计推断
雌亲间	3			
对比 1	1	31.970 6	<1	接受 H_0
对比 2	1	0.057 4	<1	接受 H_0
对比 3	1	0.003 3	<1	接受 H_0
雄亲间	2	79.417 7	200.14^{**}	否定 H_0
雌×雄	6	2.512 1	6.33^{**}	否定 H_0
抽样误差	348	0.396 8		

方差分析结果表明,雌亲间 3 项正交对比均不显著,说明不存在母体和细胞质效应。雄亲间和雌×雄均显著,说明存在着显著的自身胚乳的加性和显性效应。

(2)由于该研究分析的是精米,不含胚只含胚乳,所以适宜采用表 11-7 的胚乳性状($3N$)遗传模型进行分析。为测验加性-显性模型的适合性,由式(11-36):

对于雌亲 P_1,$t=-2.48/1.503\,6=-1.649^{NS}$　$df=4q(n-1)$,下同。

对于雌亲 P_2,$t=-1.12/1.503\,6=-0.745^{NS}$

对于雌亲 F_1,$t=1.45/1.503\,6=0.964^{NS}$

对于雌亲 F_1',$t=-0.15/1.503\,6=-0.100^{NS}$

结论:①由于以上 t 值均不显著。所以籼稻 IR8(P_1)和 IR661(P_2)精米的直链淀粉含量在各有关世代中的遗传表达,均符合加性-显性遗传模型,并仅受胚乳基因型控制,没有发现母体效应和细胞质效应。②该资料只需用三倍体的加性-显性模型配合,利用 12 个世代的平均值和表 11-7 中第 1～4 列的系数矩阵,采用联合尺度检验的回归方法即可估计各项遗传效应。具体方法见第五章。

以上对于胚乳性状遗传控制的精细鉴别法的原理可以推广应用于胚性状的鉴别(莫惠栋,1995a)。莫惠栋等(1999)还报道了种子性状双列资料的遗传分析。指出:p^2 和 $p(p+1)/2$ 双列杂交,$p+q+2pq$ 和 $p+q+pq$ 不完全双列杂交都可以测验性状的遗传控制系统(受母体或胚乳基因型控制),p^2 和 $p(p+1)/2$ 双列杂交还能测验和估计细胞质效应。

六、种子性状精细鉴别与混合线性模型 MINQUE 分析的综合应用

前面的内容表明,种子性状遗传控制的精细鉴别法与混合线性模型的 MINQUE 分析法从不同角度提供了关于种子性状遗传控制的信息,下面以一个实例探讨两种方法在种子性状遗传模型研究中的综合应用。

例 11.6　玉米籽粒性状的遗传模型研究(张红伟等,2000)。采用两套试验材料:

第一套材料由 11 个不同粒重的自交系构建,1990 年采用果穗半分法(半穗自交,半穗杂交)依 4×7 的 NCⅡ设计获得正交和反交一代(F_1 和 F_1')组合各 28 个。1991 年按组合依 P_1、

P_2、F_1、F_1'的顺序相邻种植，对 F_1 和 F_1'实行自交获得 F_2 和 F_2'种子，在 P_1 和 P_2 上依上年方法重新获得 P_1、P_2、F_1 和 F_1'种子。并考查 28 对组合 6 个世代(P_1、P_2、F_1、F_1'、F_2 和 F_2')的百粒重，重复两次取平均。

第二套材料由 10 个籽粒形态特征具有差异的自交系构建，1995 年依 5×5 的 NCⅡ设计获得 F_1 和 F_1'，同时把亲本自交。1996 年对上年所得 P_1、P_2、F_1 和 F_1'实行人工控制授粉获得 P_1、P_2、F_1、F_1'、F_2、F_2'、$B_1(F_1\times P_1)$、$B_2(F_1\times P_2)$、$B_1^*(F_1'\times P_1)$和 $B_2^*(F_1'\times P_2)$共 10 个种子世代。收获后自然风干至水分恒定，测定粒长、粒宽、粒厚和百粒重，每世代 10 穗，亲本和 F_1 每穗 20 粒，F_2 每穗 50 粒，回交世代每穗 30 粒。

用两种方法分析如上数据：①采用精细鉴别法（莫惠栋，1995a）对各组合 8 个种子世代的均值数据(P_1、P_2、F_1、F_1'、B_1、B_2、B_1^* 和 B_2^*)进行分析，鉴别特定组合种子性状的遗传控制；②采用分析混合线性模型的 MINQUE 方法（朱军，1997），对两套 6 个世代的数据(P_1、P_2、F_1、F_1'、F_2 和 F_2')进行方差组分估算和检验，探讨控制玉米籽粒性状的有关遗传效应的存在性。亲本($i=j$)和 F_1 在第 k 个区组的平均表型值的线性模型为：$y_{ijk}=\mu+2A_i+A_j+D_{ii}+2D_{ij}+2Am_i+Dm_{ii}+C_i+b_k+e_{ijk}$，$F_2$ 世代平均值的线性模型为：$y_{ijk}=\mu+1.5A_i+1.5A_j+D_{ii}+D_{jj}+D_{ij}+C_i+Am_i+Am_j+Dm_{ij}+b_k+e_{ijk}$。用最小范数二阶无偏估计法估计方差分量，用 Jackknife 方法对杂交组合抽样，以组合为抽样单位，以 $t=\sigma_j^2/\sqrt{V(\sigma_j^2)}$($df$=组合数－1)检验各方差分量的显著性。主要结果如下：

(1)方差分析表明，两套材料在亲本间、F_1 组合间和 F_2 组合间差异均达极显著水平，说明所分析的材料在有关性状上存在着真实的遗传差异。

(2)单组合遗传模型的精细测验。

两个杂交组合 4 个种子性状遗传控制的精细鉴别分析结果列于表 11-14。

表 11-14　两组合 4 个种子性状遗传模型的精细鉴别（张红伟等，1996）

组合	变异来源	DF	MS			
			粒长	粒宽	粒厚	百粒重
早 49×早 27	雌亲间	3				
	对比 1	1	11.3	1.96	53.5	2.37
	对比 2	1	15.50**	4.15**	0.209	34.3**
	对比 3	1	0.004	11.39**	0.71*	2.12**
	雄亲间	1	2.50**	18.90**	6.98**	14.2**
	雌×雄	3	11.7**	8.08**	0.082	2.56**
	误差	1 309	0.368	0.386	0.143	0.227
8112×H21	雌亲间	3				
	对比 1	1	15.0	87.7	42.6	0.209
	对比 2	1	644.4**	401.6**	32.2**	218.4**
	对比 3	1	0.883	0.219	0.121	0.037
	雄亲间	1	26.8**	16.8**	16.3**	23.3**
	雌×雄	3	4.41**	3.7**	1.21**	1.86**
	误差	1 721	0.496	0.413	0.120	0.216

两组合的遗传模式检验结果（表 11-14）表明：①粒长的遗传受胚乳加性、胚乳显性和母体显性效应的控制，两组合结论一致。②粒宽和百粒重在两组合中均检测到母体显性、胚乳加性

和胚乳显性。在组合早 49×早 27 的这两个性状上还检测到细胞质效应。③粒厚在组合早 49×早 27 中表现为胚乳加性和细胞质效应的控制，在组合 8112×H21 中则表现为胚乳加性、胚乳显性和母体显性的遗传控制。④两组合的共同之处为：在粒长、粒宽和百粒重上都检测到显著的胚乳加性、胚乳显性和母体显性效应。不同之处是在早 49×早 27 的 3 个性状上检测到细胞质的效应，而在 8112×H21 中未检测到。⑤该结果表明的是这两个特定组合的遗传特性。

(3)NCⅡ设计的混合线性模型分析。

对 1991 年、1995 年和 1996 年 NCⅡ设计的试验数据做混合线性模型分析的结果列于表 11-15。

表 11-15　玉米 4 个籽粒性状的遗传方差、协方差分量和遗传率估值

（张红伟，1995，1996；王克胜，1991）

年份	参数	粒长	粒宽	粒厚	百粒重
1996	V_A	0	0.004 49**(0.20)	0	2.910**(0.17)
	V_D	0	0.002 61**(0.17)	0.013 0**(0.15)	1.160**(0.07)
	V_C	0.006 89**(0.20)	0	0	2.009**(0.12)
	V_{Am}	0	0.011 0**(0.49)	0.049 3**(0.59)	4.825**(0.29)
	V_{Dm}	0.027 3**(0.80)	0.004 25**(0.19)	0.020 7**(0.25)	5.250**(0.32)
	$C_{A\cdot Am}$	0	0.000 244	0	−0.825
	$C_{D\cdot Dm}$	0	−0.000 100	0.001 21	0.582*(0.04)
	V_e	0.008 08**	0.002 12	0.011 8**	0.877**
	V_P	0.042 27	0.024 7	0.096 01	16.788
1995	V_A	0	0	0	12.91(0.33)
	V_D	0	0	0	0
	V_C	0	0	0	13.04**(0.34)
	V_{Am}	0.008 4**(0.23)	0	0.001 9**(0.44)	0
	V_{Dm}	0.023**(0.64)	0.011*(0.76)	0.001 9**(0.45)	12.79**(0.33)
	$C_{A\cdot Am}$	−0.000 4	0	0	0
	$C_{D\cdot Dm}$	0.005 2	0	0.000 44	0
	V_e	0.005 2**	0.002 4**	0.000 72	3.72**(0.10)
	V_P	0.042 27	0.014 5	0.005 3	42.46
1991	V_A				2.04**(0.02)
	V_D				6.57**(0.05)
	V_C				0
	V_{Am}				27.85**(0.21)
	V_{Dm}				41.89**(0.32)
	$C_{A\cdot Am}$				23.65(0.18)
	$C_{D\cdot Dm}$				27.83**(0.21)
	V_e				5.05**
	V_P				186.37

注：括号内数值为该项方差占总表型方差的百分数。

从表 11-15 可以看出，①不同性状的遗传控制不同，但共同的特点是籽粒性状的遗传普遍存在母体效应（与单个组合得到的结论一致），且母体效应均明显大于胚乳基因型的效应。②百粒重的遗传控制最为复杂，受胚乳基因型的加性、显性效应，母体基因型的加性、显性效应以及胚乳显性和母体显性的协同作用控制。1996 年第二套材料中还鉴别出细胞质效应。两套材料的共同特点是母体效应大于胚乳效应，母体效应中显性效应又大于加性效应，胚乳基因型中加、显作用的相对大小则因组合而异。③其他 3 个性状均无细胞质效应。粒长的遗传变异由母体基因型决定，特别是母体显性。粒宽和粒厚都既有胚乳遗传效应又有母体遗传效应，其中粒厚有胚乳显性和母体加性与显性，粒宽除此之外还有胚乳加性。④该结果反映的是多组合的综合结果，反映的是较普遍的规律，说明这些性状遗传的一般特点。由于 1991 年实验数据包括 11 个亲本及其 112 个杂种世代(28 对正反交 F_1 和 28 对正反交 F_2)，1996 年实验数据包括 10 个亲本自交系及其 100 个杂种世代(25 对正反交 F_1 和 25 对正反交 F_2)，分析所得信息较完整。1995 年组合与世代有缺失，资料不均衡程度较严重，分析时有信息损失，因而着重分析 1991 年和 1996 年的结果。

(4)4 个籽粒性状遗传控制的综合分析 。

表 11-14 和表 11-15 中显著的遗传效应代表了相应性状重要的遗传控制因素。若以 A、D、Am、Dm 和 C 依次表示胚乳加性、胚乳显性、母体加性、母体显性和细胞质效应，则可依表 11-14 和表 11-15 把 5 组材料性状遗传控制模式的推断汇总于表 11-16。从表 11-16 可以看出：①玉米籽粒性状的遗传既受核基因的遗传控制，又受核外遗传因素的影响。核遗传中既有胚乳基因型(包括胚乳加性和胚乳显性)的效应，又有母体基因型(包括母体加性和母体显性)的遗传效应。②不同性状的遗传控制体系不同，但共同特点是明显的母体遗传控制，主要是母体显性，这不论在单个组合和 NCⅡ设计，甚至在 1995 年缺失较严重的情况下，都能够检验得到。③不同组合的遗传控制体系不同，单个组合和 NCⅡ交配设计的检验结果也不尽一致，但基本规律相同。单个是多个的特例，多组合则反映了一般规律。二者相互补充。④单组合精细鉴别法与多组合的混合模型方法并不矛盾，二者结论互有共同之处，又可得到不同的信息，相互补充，相互印证。⑤以往一些关于籽粒性状的研究，有的没有区分种子与植株性状的世代；有的没有区分自身、胞质和母体遗传的差异和作用，有的没有区分 $2N$ 植株性状与 $2N$ 种子性状；有的没有区分 $2N$ 种子性状与 $3N$ 种子性状。因而对于种子性状的遗传分析结果是有不足的。

表 11-16 玉米 4 个籽粒性状的遗传模式汇总

材料来源	粒长			粒宽			粒厚			百粒重		
	Go	Gm	C	Go	Gm	C	Go	Gm	C	Go	Gm	C
早 49×早 27	A D	Dm		A D	Dm	C	A		C	A D	Dm	C
8112×H21	A D	Dm		A D	Dm		A D	Dm		A D	Dm	
NCⅡ,1996		Dm	C	A D	Am Dm		D	Am Dm		A	Am Dm	C
NCⅡ,1995		Am Dm			Dm			Am Dm		A D	Dm	C
NCⅡ,1991～1992	— —	—	—	— —	—	—	— —	—	—	A	Am Dm	

注：G_O、Gm 和 C 分别表示胚乳基因型、母体基因型和细胞质效应，A、D、C、Am 和 Dm 分别表示自身加性、自身显性、细胞质、母体加性和母体显性效应。

本研究关于种子性状遗传表达的结果，说明玉米籽粒性状杂种优势的表达在很大程度上受母体效应的作用(由 F_1 自交或姊妹交到 F_2 时，胚乳显性要衰退，而母体效应却得到最大程度的表现)；有的还存在细胞质效应，这有助于认识种子性状杂种优势的机理。在杂种优势的实际应用上，不同亲本组合的遗传结构不同，性状表达时母体效应和胚乳显性的量和相对比例不同，提供了亲本选配的依据。该结果启示我们，对亲本配合力的研究似乎也应该区分胚乳和母体效应。

复习思考题

1. 种子性状与植株性状的遗传有哪些不同?何谓种子性状的倍性特征、世代特征、分离特征和表达特征?

2. 什么是Cockerham(1980)的广义遗传模型?怎样理解 $y_{ijk}=\mu+G_{ij}+e_{ijk}$ 和 $G_{ij}=A_i+A_j+D_{ij}$?

3. 怎样理解加-显广义遗传模型 $G=\sum_i \alpha_i A_i+\sum_i \sum_{j\geqslant i} \delta_{ij} D_{ij}$ 和加-显-上广义遗传模型 $G=\sum_i \alpha_i A_i+\sum_i \sum_{j\geqslant i} \delta_{ij} D_{ij}+(\sum_i \alpha_i A_i)^2+(\sum_i \alpha_i A_i)(\sum_i \sum_{j\geqslant i} \delta_{ij} D_{ij})+(\sum_i \sum_{j\geqslant i} \delta_{ij} D_{ij})^2$?

4. 试写出 P_1、P_2、F_1、F_2、B_1 和 B_2 6世代二倍体($2N$)植株性状的广义遗传模型(可参照表11-1)。

5. 试理解如下植物种子胚乳性状($3N$)的广义遗传模型:

亲本 P_i 种子胚乳性状的基因型效应:$G_{P_i}=3A_i+3D_{ii}+C_i+2\mathrm{Am}_i+\mathrm{Dm}_{ii}$

$F_{1(ij)}$ 种子胚乳性状的遗传效应:$G_{F_{1(ij)}}=2A_i+A_j+D_{ii}+2D_{ij}+C_i+2\mathrm{Am}_i+\mathrm{Dm}_{ii}$

$F_{2(ij)}$ 种子胚乳性状的遗传效应:$G_{F_{2(ij)}}=1.5A_i+1.5A_j+D_{ii}+D_{jj}+D_{ij}+C_i+\mathrm{Am}_i+\mathrm{Am}_j+\mathrm{Dm}_{ij}$

6. 试依据第三章遗传方差和本章的加-显遗传模型,写出如下各性状的方差组成,并说明其理由:(1)F_2 株高;(2)F_3 叶长;(3)F_2 植株自交所结种子的胚重;(4)F_1 植株自交所结种子的果皮重;(5)F_2 自交所结种子的粒重。

(答案:(1) $\frac{1}{2}V_a+\frac{1}{4}V_d+E_{F_2}$;(2) $\frac{3}{4}V_a+\frac{3}{16}V_d+E_{F_3}$;(3) $\frac{3}{4}V_a+\frac{3}{16}V_d+E_{F_3}$+母体和胞质效应引起的方差;(4)$E_{F_1}$;(5)$F_2$ 胚 $2N$,F_3 胚乳 $3N$,F_3 种皮 $2N$,三者比例不知,另加母体、胞质和环境方差。)

7. 广义遗传模型怎样包括基因型与环境互作?试举例说明。

8. 试写出混合线性模型的一般表达式(参照式(11-17))。试写出NCⅡ设计中组合均值的混合线性模型表达式(参照例11.1)。

9. 试复算例11.2。

10. 度量胚乳性状的遗传尺度是怎样的,它与衡量二倍体植株性状的尺度有何不同?

11. 莫惠栋与朱军所提出的构建胚乳数量性状遗传模型的原理有何不同?试举例说明。

12. 鉴别数量性状遗传控制的原则是什么?什么是胚乳性状遗传控制的简单鉴别法?如何鉴别性状是否受胚乳自身基因型控制?如何鉴别性状的遗传是否受细胞质效应控制?

13. 什么是胚乳性状遗传控制的精细鉴别法?其遗传交配设计是怎样的?各世代的平均值如何构成?怎样检验各项遗传控制的存在性?怎样估计遗传效应?怎样判断遗传模型的适合性?

14. 复算例11.5的计算过程,并探讨其结论。

15. 针对例11.6的结果讨论精细鉴别法与混合遗传模型分析法的特点。

参考文献

1　敖雁,徐辰武,莫惠栋. 籼型杂种稻米品质性状的数量遗传分析. 遗传学报,2000,27(8):706～712

2　胡新生,孔繁玲. 胚乳性况配合力模型和杂种优势模型研究. 北京农业大学学报,1992,18(2):153～160

3 莫惠栋. 胚乳性状的遗传模型和世代平均数. 遗传学报，1989，16(2)：111～117
4 莫惠栋. 胚乳性状的世代遗传方差. 遗传学报，1989，16(5)：335～341
5 莫惠栋. 种子性状及其遗传效应的鉴别. 江苏农学院学报，1990，11(2)：11～15
6 莫惠栋. 谷类作物胚乳性状遗传控制的鉴别. 遗传学报，1995a，22(2)：126～132
7 莫惠栋. 谷类作物胚乳品质性状的遗传研究. 中国农业科学，1995b，28(2)：1～7
8 莫惠栋，黄祖六，朱红岩. 种子性状双列资料遗传分析的新方法. 江苏农学院学报，1997，18(1)：25～30
9 徐辰武，莫惠栋，等. 籼-粳杂种稻米品质性状的遗传控制. 遗传学报，1995，22(3)：192～198
10 朱军. Mixed model approaches for estima ting genetic variances and covariances. 生物数学学报，1992，7(1)：1～11
11 朱军. 广义遗传模型和数量遗传分析新方法. 浙江农业大学学报，1994，20(6)：551～559
12 朱军. 禾谷类作物胚乳品质性状的遗传模型及其分析方法. 作物学报，1994，20(3)：264～270
13 张红伟，孔繁玲. 玉米籽粒性状的遗传模型研究. 遗传学报，2000，27(1)：56～64
14 张爱红，徐辰武，莫惠栋. 籼-粳杂种稻米几个品质性状的遗传表达. 作物学报，1999，25(4)：401～407
15 Bogyo T P，et al. Genetic models for quantitatively inherited endosperm characters. Heredity，1988，60：61～67
16 Cockerham C C. Random and fixed effect in plant genetics. TAG，1980，56：119～131
17 Foolad M S，Jones R A. Models to estimate maternally controlled genetic variation in quantitative seed characters. TAG，1992，83：360～366
18 Mo H D. Expression for endosperm. In：Proceedings of the second international conference on quantitative genetics. Massachusetts：Sinauer Associates Inc，1988，478～487
19 Pooni H S，et al. A comprehensive models for disomically inherited endosperm characters. Heredity，1992，69：169～174
20 Zhu J，Weir B S. Analysis of cytoplasmic and maternal effects Ⅰ. a genetic model for diploid plant seeds and animals. TAG，1994a，89：153～159
21 Zhu J，Weir B S. Analysis of cytoplasmic and maternal effects Ⅱ. Genetic models for triploid endosperms. TAG，1994b，89：160～166

第十二章 数量性状的主-多基因分析

内容提要 控制数量性状的基因其效应大小不尽相同，构成了控制数量性状的主-多基因遗传系统。一般情况下效应较大的数量基因具有较大的育种和生产利用的实际价值。长期以来人们根据遗传学的基本原理和统计学方法寻找着控制数量性状的主基因，以期利用；并形成了包括主基因和多基因的混合遗传模型分析方法。本章内容分 4 部分，第一部分在说明数量性状主-多基因遗传系统普遍存在的基础上，简要介绍数量性状主基因的鉴别方法；第二部分介绍主基因的后裔测验鉴别法；第三部分介绍主基因的 w 统计鉴别法；第四部分介绍主-多基因混合遗传模型分离分析法。后裔测验鉴别法和 w 统计鉴别法只能分析存在一对主基因的情况，主-多基因混合遗传模型分离分析法能分析 1～3 对主基因的情况。重点在于方法的构思原理和应用，每种方法均以实例加以说明。因篇幅所限，本章所需的极大似然统计分析方法列于附录Ⅰ的常用统计方法中。

人类为了动植物育种的需要，对具有重要经济价值的数量性状进行了长期的深入研究。经典的数量遗传学依据多基因系统(polygene system)的基本假定，认为数量性状受多基因控制，这些基因和控制质量性状的基因一样，受位于染色体上的孟德尔遗传因子(基因)控制，每个基因控制性状表达的一部分，并受环境效应的修饰而表现为连续性分布，个别基因的行为在一般情况下难以跟踪。经典数量遗传学无法阐明单个基因的行为和效应，把控制性状遗传的基因视为一个整体，通过对分离群体的均值特别是群体变异的分析，从总体上对基因的综合效应和变异进行判断与估计。但是，人类在动植物育种的实践中，不仅需要从总体上把握性状的遗传，还需要识别和掌握控制数量性状遗传的基因，需要知道究竟有多少基因控制着特定数量性状的表达，以及各自和相互的作用如何。一般说来，识别和掌握控制数量性状遗传基因的重要意义在于：①重要数量基因的识别有助于改进选择育种的成效，特别是对于低遗传率或受性别限制的性状的选择显得更为重要；②重要数量基因的识别有助于把转基因技术应用于数量性状；③引起共同多基因病害的等位基因的识别有助于提高预防医学和动植物保护的水平；④深入了解控制数量性状基因的数目和作用特性将进一步推动数量遗传学的发展和应用。在研究和识别控制数量性状基因的过程中，人们对控制数量性状的基因有了更多更具体的认识。本章首先介绍控制数量性状的主-多基因遗传系统，然后介绍研究主-多基因遗传系统的方法。

一、控制数量性状的主-多基因遗传系统和主基因的鉴别

(一) 控制数量性状的主-多基因遗传系统

早在 20 世纪 20 年代，遗传学家已开始利用遗传标记通过连锁分析研究数量性状的表达，到 20 世纪末，利用分子标记研究数量性状已成普遍现象。标记连锁研究的大量结果表明，控制数量性状遗传的基因其效应大小彼此不同，且随环境的变化而变化。

许多试验数据表明,控制数量性状遗传的基因其效应并不完全相等。许多数量性状在分离世代并不表现正态分布,却表现出多峰而又连续的分布特性。如大豆的生育期、株高,水稻的株高、对稻瘟病和白叶枯病的抗性,小麦和大麦对叶锈病的抗性,棉花的纤维品质性状以及人类和动物的许多性状,其分离世代都表现出多峰分布的趋势。这类现象的出现,是由于控制数量性状的基因中既有遗传效应较大的主基因(major gene),又有遗传效应较小的微基因(minor gene)或多基因(polygenes),主基因使其分布成峰,微基因和环境偏差对主基因进行修饰使分布变得连续。其实,植物数量性状中主基因的存在早已证明,如玉米中隐性突变基因 *opaque2*(*o2*)主基因的纯合体能使籽粒中赖氨酸含量成倍增长,*o2* 主基因的修饰基因(微效多基因)的作用也十分明显。图 12-4 所示为受一对主基因和多基因共同控制的大麦株高在 F_2 的分布。数量性状主基因和多基因的共同作用构成了控制数量性状的主-多基因遗传系统。莫惠栋(1993)把受主-多基因共同控制的数量性状称之为质量-数量性状,盖钧镒(2003)把主-多基因遗传系统概括为主-多基因遗传体系,并把仅受主基因控制(不含多基因)和仅受多基因控制(不含主基因)的情况视为该遗传体系的特例。

研究数量性状主多基因系统的模型被称为主-多基因混合遗传模型(mixed the major-gene and polygene inheritance model)或简称为混合遗传模型(mixed-inheritance model, or mixed-genetic model)。对于主-多基因混合遗传模型的研究有两类基本方法:一类是统计分析方法,其基本程序是首先依据一定的试验设计获取观测数据,然后以特定的统计方法进行主-多基因的分析,估计主基因的个数、效应和多基因的作用。另一类方法为性状标记连锁分析法,其基本程序为依据遗传交配设计获取性状观测值和分子标记两类数据,然后以特定的统计方法进行基因定位与效应估计。本章介绍主-多基因的统计分析方法,下一章介绍性状标记连锁分析和 QTL 定位。

(二)主基因的鉴别方法

在控制数量性状的基因中,效应较大(其等位基因对性状的效应能在单一位点的分离中得以识别),起主要作用(该基因的效应能解释总变异较大比例,如大于 10%)的基因称之为主基因(major gene)。主基因在动植物中普遍存在。如本章例 12.3 中两个主基因解释了所研究水稻杂交组合株高表型变异的 70%~94%。这些主基因一方面服从孟德尔分离规律,另一方面其表达又受微效基因的影响,所以,其分离群体不同于质量性状那样按比例分离,也不同于完全由微效多基因控制的数量性状那样呈连续正态分布。

对特定数量性状的分离群体进行统计分析,可判断是否存在影响这一性状的主基因,这就是主基因的鉴别。具体方法主要有以下几种。

1. 多峰分布检测

如果某数量性状的某对主基因效应足够大,那么该性状在此主基因分离的群体中会明显呈现为多峰分布的混合,根据这种分布的峰值特征,可对主基因进行鉴别。例如,当主基因的等位基因为不完全显性时,F_2 的分布会出现三个峰值,回交群体的分布会出现两个峰值。如果选择该主基因杂合可能性大的基因型不断回交于隐性系,使其他基因纯合,可使主基因在回交群体中的效应更明显,从而易于鉴别。

2. 非正态分布

主基因效应不是很大时,不足以使分离群体的分布呈现多个明显的峰值,但会使分布的正态性发生偏离。如果基因的频率为中等，则分布比正态更扁平，如果基因频率为极端值（接近于0或1），则分布偏斜且细长（更尖）。因此，通过分离群体性状值分布的正态性检验，可对主基因的存在性进行判断。

3. 方差异质性检验

从一个杂交组合产生很多家系时，若存在主基因，不同家系中分离情况不同，这会导致各家系的方差不同质。通过家系方差的异质性检验，可对主基因的存在作出鉴别。据 Hill Knott(1990)综述，这种方法需要较大的样本，并且易受背景基因和环境的干扰。莫惠栋(1993a)根据分离后代家系方差不同质的原理分析了一对主基因存在时，主基因-多基因混合遗传性状在各个世代的遗传组成和参数估计，并把这类性状称为质量-数量性状。其特点是针对 F_2 世代的分组趋势不明确而采用后裔测验法，然后通过聚类分析确定 F_2 个体的主基因基因型。因为是对后裔的变异进行鉴别，所以又称之为后裔鉴别法。该方法不便处理主基因效应较小、主基因表型为显性或超显性和主基因多于一对的情形。

4. 亲子相似分析

一般来说，一个数量性状不存在主基因分离而属多基因遗传时，子代平均值更接近于中亲值而非单亲值，与此相反，若有显性主效基因分离时，则其后裔的平均值更接近于单亲值。因此根据亲子相似分析，可对主基因进行鉴别。该类测验中有一种“主效基因指数法”(Major-gene indices)，曾有效地鉴别出小鼠的主效基因，但这种方法对分布的非正态性反应敏感，会导致错误的结论。

5. 复合分离分析

据 Lynch 等(1998)，复合分离分析(complex segregation analysis, CSA)是在一系列假设下，根据混合分布原理，构造观测值的极大似然函数并求得参数的极大似然估计值，通过似然比测验来判断有关假设是否成立并进而推断所研究的性状是由单个主基因控制，还是由微效多基因控制或由主基因和微效多基因共同控制，而且可同时估计主基因的基因频率和遗传效应。与上述各种方法相比，其统计功效相对较高。

从 Elston 和 Stewart(1971，1973)、Morton 和 Maclean(1974)始，在人类群体遗传学中提出了主-多基因混合遗传模型并建立了用于模型检验的复合分离分析法。Elston 和 Stewart(1971，1973)首先提出“一对主基因和多基因”的遗传模型并用于人类系谱数据的遗传分析。在其模型中，假定对于一个特定的基因型来说，个体的表型服从正态分布，对所有的基因型来说，有相同的环境方差；利用极大似然法估计模型参数，然后用似然比测验选择最合适的遗传模型。Morton 和 Maclean (1974)发展了这一模型，解决了模型中参数的计算问题，并把这种模型称为混合模型(Mixed model)。Elston(1984) 把 Elston 和 Stewart(1973)的模型推广到两个位点的假设测验。Shoukri 和 Mclanchlan(1994)把混合遗传模型用于人类家系血管数据的遗传分析，发现在舒张压和收缩压的变异中，均存在一个主基因位点，主基因的变异解释了总变异的73%和42%。Elston(1984)和后来其他人的研究大大推广了混合遗传模型，参数估计均采用极大似然法，计算方法均采用 EM 算法，主基因的检测采用似然比测验。这些方法广泛应用于人类遗传流行病和动物的研究。

在植物上，Elkind cahaner(1986，1990)提出了包括一个主基因和多基因的遗传模型，其单基因是可鉴定的，即后代个体的基因型可明确分类。通过因子设计估计了单基因和多基因的遗传效应和互作效应与方差。Loisel 等(1994)研究了在 F_2 世代鉴定主基因的似然比统计量的性质和方法。姜长鉴(1995)把 Loisel 等的结果用于大麦矮秆突变体与正常秆品系杂种 F_2 株高性状的遗传研究，并把所用方法称为鉴别性状主基因的 w 测验法。Loisel 等的方法只利用 F_2 一个世代，检测主基因的功效不高，对多基因的存在也无法作进一步的检测。Tourjee(1995)研究了非洲菊 Davis 群体中花色变异的遗传模式。由于该群体是随机交配群体，因此可采用人类遗传流行病的复合分离分析法，结果发现主基因可解释总变异的 66%。

6. 植物数量性状遗传体系主基因-多基因混合遗传模型分离分析法

盖钧镒等(2003)认为，前人关于人类和动植物遗传中主基因-多基因混合遗传模型检测的方法，有以下几方面值得借鉴：①采用了分离世代次数分布的分离分析方法；②在 1 对主基因＋多基因遗传模型下，假定每一主基因型的分布为正态分布，整个分离世代为多个正态分布的混合分布；③采用极大似然法(maximum likelihood method，ML)由试验数据估计分布参数；④采用 EM(expectation and maximization)算法获得极大似然估计值；⑤采用似然比检验法测验主基因的存在性。盖钧镒等(2003)又指出，前人关于主基因-多基因混合遗传模型检测方法有如下几点主要的不足，有待于进一步完善：①只考虑 1 对主基因加多基因的遗传模型，尚未能将主基因、多基因、主基因加多基因的全部可能情况包容在一个分析体系中。尚未考虑到 2 对或 2 对以上包括上位性和连锁等情况；②所考虑的分离世代仅为 F_2，$F_{2:3}$ 或 BC_1 世代，尚未考虑多个世代综合分析的情况；③植物数量性状受误差影响较大，个体数据的遗传率较低，尚未考虑适于重复试验的分离世代分析方法；④由 EM 算法进行分布参数的极大似然估计在一些情况下存在不收敛问题，有待改进；⑤从各种可能模型中选择最适模型缺乏严格的统计学依据。

盖钧镒等在前人研究的基础上，针对上述有待解决的问题进行了系统的研究，形成了一个相对完整的体系，并将这套体系称为“植物数量性状遗传体系主基因-多基因混合遗传模型分离分析法”。

下面分别介绍莫惠栋的后裔测验鉴别法、姜长鉴的 w 测验法和盖钧镒的主-多基因混合遗传模型分离分析法。

二、主基因的后裔测验鉴别法

莫惠栋等(1993a，1993b，1994，2000)对同时受主基因和多基因控制的数量性状从理论和应用上进行了系列研究，并把这类性状称为质量-数量性状。莫惠栋(1993)分析了自花授粉作物在一个位点时质量-数量性状的遗传组成，并指出，只要能区别分离世代的主基因基因型，就能对这类性状是否存在主基因和(或)多基因效应进行有效的测验，而主基因基因型(如果存在的话)则可通过其后裔株系的平均数和方差的分类或聚类进行鉴别。下面介绍其 $2N$(非种子)质量-数量性状遗传研究的主要内容。

(一)世代群体的遗传组成和主基因基因型的鉴别

1. 世代群体的遗传组成

(1)亲本和 F_1 世代。设 G，g 和 A，a 分别为控制某一质量-数量性状而又彼此独立的主基因和多基因(多基因或微基因系统)，G 和 A 为增效，g 和 a 为减效，主多基因均有差异的两个纯系亲本 P_1 和 P_2 及其杂种 F_1 的遗传组成为：P_1(大值亲本) = GGAA 或 GGaa，P_2(小值亲本)=ggaa 或 ggAA，F_1 = GgAa。由于主基因的掩盖作用，一般只能以主基因区分大值和小值亲本，而不能区分大值亲本属 GGAA 或 GGaa 以及小值亲本属 ggaa 或 ggAA。

(2)F_2 世代。F_2 世代由 GgAa 自交产生，其遗传组成可根据主基因基因型而分为 3 组：

$$F_2(1)=\mathrm{GG}\begin{pmatrix}\frac{1}{4}\mathrm{AA}\\ \frac{1}{2}\mathrm{Aa}\\ \frac{1}{4}\mathrm{aa}\end{pmatrix},F_2(2)=\mathrm{Gg}\begin{pmatrix}\frac{1}{4}\mathrm{AA}\\ \frac{1}{2}\mathrm{Aa}\\ \frac{1}{4}\mathrm{aa}\end{pmatrix},F_2(3)=\mathrm{gg}\begin{pmatrix}\frac{1}{4}\mathrm{AA}\\ \frac{1}{2}\mathrm{Aa}\\ \frac{1}{4}\mathrm{aa}\end{pmatrix}\tag{12-1}$$

F_2 世代各组主基因基因型的微基因组成均为$(\mathrm{A}+\mathrm{a})^2/4$，若有多对独立的微基因，则任一主基因基因型组的微基因遗传组成均为$\prod_{i=1}^{k}(\mathrm{A}_i+\mathrm{a}_i)^2/4^k$，$k$ 为独立的微基因对数。

(3) 回交世代。设 $B_1=F_1\times P_1=\mathrm{GgAa}\times\mathrm{GGAA}$，$B_2=F_1\times P_2=\mathrm{GgAa}\times\mathrm{ggaa}$，其遗传组成各分为两组：

$$\left.\begin{aligned}B_1(1)=\mathrm{GG}\begin{pmatrix}\frac{1}{2}\mathrm{AA}\\ \frac{1}{2}\mathrm{Aa}\end{pmatrix},B_1(2)=\mathrm{Gg}\begin{pmatrix}\frac{1}{2}\mathrm{AA}\\ \frac{1}{2}\mathrm{Aa}\end{pmatrix}\\ B_2(1)=\mathrm{gg}\begin{pmatrix}\frac{1}{2}\mathrm{aa}\\ \frac{1}{2}\mathrm{Aa}\end{pmatrix},B_2(2)=\mathrm{Gg}\begin{pmatrix}\frac{1}{2}\mathrm{aa}\\ \frac{1}{2}\mathrm{Aa}\end{pmatrix}\end{aligned}\right\}\tag{12-2}$$

若有多对独立的微基因，则 B_1 世代微基因的遗传组成为$\prod_{i=1}^{k}(\mathrm{A}_i+\mathrm{a}_i)\mathrm{A}_i/2^k$，$B_2$ 世代微基因的遗传组成为$\prod_{i=1}^{k}(\mathrm{A}_i+\mathrm{a}_i)\mathrm{a}_i/2^k$。

2. 主基因基因型的鉴别

由于：① 质量-数量性状的测定指标一般都是数量而非质量的；② 不同位点的主基因杂合体可能产生不同方向、不同程度的显性效应；③ 微基因的修饰方向可能不同，在分离群体中质量-数量性状主基因基因型的表达可能部分重叠，从而不能直接区分主基因的基因型。克服这一困难的有效办法是把分离世代的单株自交种成株系，对分离世代进行一次后裔测验，以每一株系的均值和方差进行分类。

对应于组 $F_2(1)$，$F_2(2)$，$F_2(3)$ 的 $F_3(1)$，$F_3(2)$，$F_3(3)$ 株系的遗传组成为：

$$F_3(1)=\mathrm{GG}\begin{pmatrix}\frac{3}{8}\mathrm{AA}\\ \frac{1}{4}\mathrm{Aa}\\ \frac{3}{8}\mathrm{aa}\end{pmatrix},F_3(3)=\mathrm{gg}\begin{pmatrix}\frac{3}{8}\mathrm{AA}\\ \frac{1}{4}\mathrm{Aa}\\ \frac{3}{8}\mathrm{aa}\end{pmatrix}$$

$$F_3(2)=\left(\frac{1}{4}\mathrm{GG}+\frac{1}{2}\mathrm{Gg}+\frac{1}{4}\mathrm{gg}\right)\begin{pmatrix}\frac{3}{8}\mathrm{AA}\\ \frac{1}{4}\mathrm{Aa}\\ \frac{3}{8}\mathrm{aa}\end{pmatrix}\tag{12-3}$$

其中，组 $F_3(1)$ 株系将具有较大的均值和较小的方差，组 $F_3(3)$ 株系将具有较小的均值和较小的方差，而组 $F_3(2)$ 株系将具有不确定的均值和较大的方差。对全部 F_3 株系的均值和方差进行分类（或聚类）时，就能区别组 $F_3(1)$，$F_3(2)$，$F_3(3)$（图 12-1），并能追溯到相应的 $F_2(1)$，$F_2(2)$，$F_2(3)$ 植株。

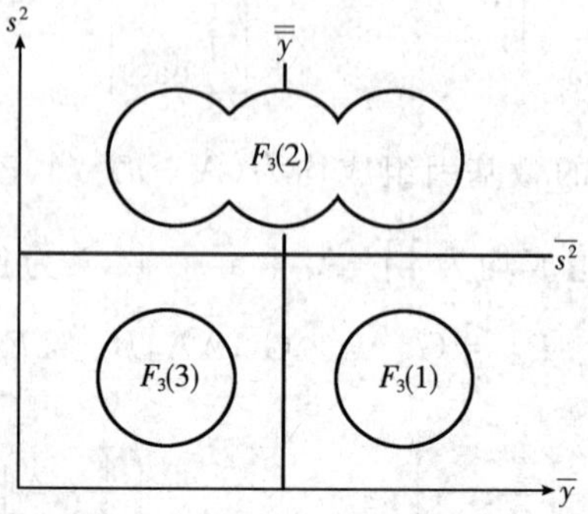

图 12-1　F_3 株系的平均数和方差的分组示意图

同理，与组 $B_1(1)$、$B_1(2)$ 世代植株相对应的自交一代（S_1）株系的遗传组成为：

$$B_1(1)-S_1=\mathrm{GG}\begin{pmatrix}\frac{5}{8}\mathrm{AA}\\ \frac{1}{4}\mathrm{Aa}\\ \frac{1}{8}\mathrm{aa}\end{pmatrix},B_1(2)-S_1=\left(\frac{1}{4}\mathrm{GG}+\frac{1}{2}\mathrm{Gg}+\frac{1}{4}\mathrm{gg}\right)\begin{pmatrix}\frac{5}{8}\mathrm{AA}\\ \frac{1}{4}\mathrm{Aa}\\ \frac{1}{8}\mathrm{aa}\end{pmatrix} \quad (12\text{-}4a)$$

与组 $B_2(1)$、$B_2(2)$ 世代植株相对应的自交一代（S_1）株系的遗传组成为：

$$B_2(1)-S_1=\mathrm{gg}\begin{pmatrix}\frac{5}{8}\mathrm{aa}\\ \frac{1}{4}\mathrm{Aa}\\ \frac{1}{8}\mathrm{AA}\end{pmatrix},B_2(2)-S_1=\left(\frac{1}{4}\mathrm{GG}+\frac{1}{2}\mathrm{Gg}+\frac{1}{4}\mathrm{gg}\right)\begin{pmatrix}\frac{5}{8}\mathrm{aa}\\ \frac{1}{4}\mathrm{Aa}\\ \frac{1}{8}\mathrm{AA}\end{pmatrix} \quad (12\text{-}4b)$$

回交植株自交株系的均值和方差的分组情况示意于图 12-2 和图 12-3。

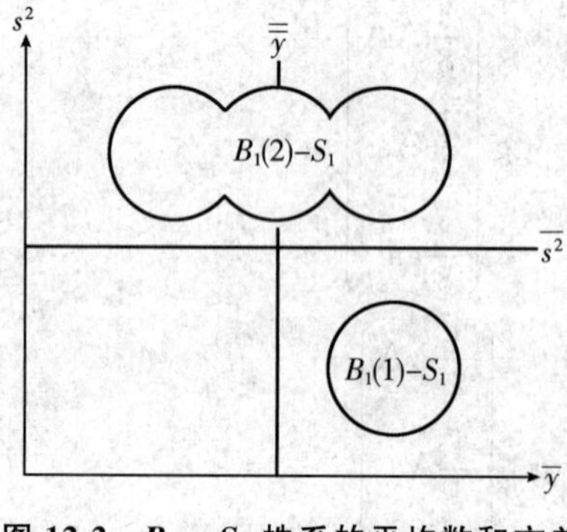

图 12-2　B_1-S_1 株系的平均数和方差的分组示意图

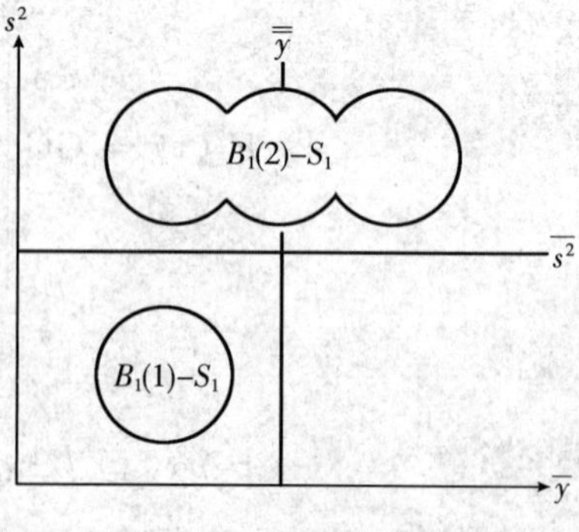

图 12-3　B_2-S_1 株系的平均数和方差分组示意图

(二)世代群体平均数的遗传分量

以 a 和 d 分别表示主基因 G,g 的加性效应和显性效应,$[a]$和$[d]$分别表示微基因的加性效应和显性效应,m 表示遗传背景值或中亲值。根据基因型的遗传组成,可写出加-显遗传模型下各有关群体的平均数的遗传分量,列于表 12-1。

表 12-1 质量-数量性状世代群体平均数的遗传分量

世代或组	m	a	d	$[a]$	$[d]$
P_1	1	1	0	1	0
P_2	1	−1	0	−1	0
F_1	1	0	1	0	1
$F_2(1)$	1	1	0	0	1/2
$F_2(2)$	1	0	1	0	1/2
$F_2(3)$	1	−1	0	0	1/2
F_2	1	0	1/2	0	1/2
$B_1(1)$	1	1	0	1/2	1/2
$B_1(2)$	1	0	1	1/2	1/2
B_1	1	1/2	1/2	1/2	1/2
$B_2(1)$	1	−1	0	−1/2	1/2
$B_2(2)$	1	0	1	−1/2	1/2
B_2	1	−1/2	1/2	−1/2	1/2
$F_3(1)$	1	1	0	0	1/4
$F_3(2)$	1	0	1/2	0	1/4
$F_3(3)$	1	−1	0	0	1/4
F_3	1	0	1/4	0	1/4
$B_1(1)-S_1$	1	1	0	1/2	1/4
$B_1(2)-S_1$	1	0	1/2	1/2	1/4
B_1-S_1	1	1/2	1/4	1/2	1/4
$B_2(1)-S_1$	1	−1	0	−1/2	1/4
$B_2(2)-S_1$	1	0	1/2	−1/2	1/4
B_2-S_1	1	−1/2	1/4	−1/2	1/4

注:m 表示中亲值,a 和 d 分别表示主基因的加性效应和显性效应,$[a]$ 和$[d]$ 分别表示微基因的加性效应和显性效应。

(三) 世代群体的遗传方差分量及变异的测验

1. 遗传方差分量及样本方差

在加-显遗传模型下,莫惠栋(1993b)推导了 1 对等位基因情况下两纯系亲本后代群体 F_2、F_3、B_1、B_2、B_1-S_1 和 B_2-S_1 的株间、组间、组内、株系间、株系内的遗传方差组成(详见原文),并在此基础上给出了相应的样本方差及其期望(表 12-2),为变异的测验提供了依据。

表 12-2 质量-数量性状世代群体的样本方差及其期望分量(加-显遗传模型)

编号	样本方差	期望分量
(1)	V_E = 亲本和 F_1 的合并方差,$df = n_1' + n_2' + n_3' - 3$ 或 $n_1' + n_2' - 2$,n_1'、n_2' 和 n_3' 依次为 P_1、P_2 和 F_1 的个体数	V_E
(2)	$V_{(F_2)WG}$ = F_2 代组内合并方差,$df = n_1 + n_2 + n_3 - 3$	$\frac{1}{2}V_{[a]} + \frac{1}{4}V_{[d]} + V_E$
(3)	$V_{(F_2)BG}$ = F_2 代组间方差,$df = 2$	$\frac{1}{2}V_a + \frac{1}{4}V_d + \frac{1}{N_1}V_{(F_2)WG}$
(4)	$V_{(B)WG}$ = $B_1(1)$、$B_1(2)$、$B_2(1)$、$B_2(2)$ 的组内方差的加权平均,$df = n_4 + n_5 + n_6 + n_7 - 4$	$\frac{1}{4}V_{[a]} + \frac{1}{4}V_{[d]} + V_E$
(5)	$V_{(B)BG}$ = $B_1(1)$、$B_1(2)$、$B_2(1)$、$B_2(2)$ 组间方差的加权平均,$df = 2$	$\frac{1}{4}V_a + \frac{1}{4}V_d + \frac{1}{N_2}V_{(B)WG}$
(6)	$V_{(F_3)WL}$ = F_3 代株系内合并方差,$df = (n_1 + n_2 + n_3)(n-1)$	$\frac{1}{4}V_a + \frac{1}{8}V_d + \frac{1}{4}V_{[a]} + \frac{1}{8}V_{[d]} + V_E$
(7)	$V_{(F_3)BL}$ = F_3 代组内株系间合并方差,$df = n_1 + n_2 + n_3 - 3$	$\frac{1}{2}V_{[a]} + \frac{1}{16}V_{[d]} + \frac{1}{n}V_{(F_3)WL}$
(8)	$V_{(F_3)BG}$ = F_3 代组间方差,$df = 2$	$\frac{1}{2}V_a + \frac{1}{16}V_d + \frac{1}{N_1}V_{(F_3)BL}$
(9)	$V_{(B-S_1)WL}$ = 两回交 S_1 代株系内合并方差,$df = (n_4 + n_5 + n_6 + n_7)(n-1)$	$\frac{1}{4}V_a + \frac{1}{8}V_d + \frac{1}{4}V_{[a]} + \frac{1}{8}V_{[d]} + V_E$
(10)	$V_{(B-S_1)BL}$ = 两回交 S_1 代组内株系间合并方差,$df = n_4 + n_5 + n_6 + n_7 - 4$	$\frac{1}{4}V_{[a]} + \frac{1}{16}V_{[d]} + \frac{1}{n}V_{(B-S_1)WL}$
(11)	$V_{(B-S_1)BG}$ = 两回交 S_1 代组间合并方差,$df = 2$	$\frac{1}{4}V_a + \frac{1}{16}V_d + \frac{1}{N_2}V_{(B-S_1)BL}$
(12)	$V_{[F_3(1),F_3(3),B_1(1)-S_1,B_2(1)-S_1]WL}$ = 相应项株系内合并方差,$df = (n_4 + n_5 + n_6 - n_7)(n-1)$	$\frac{1}{4}V_{[a]} + \frac{1}{8}V_{[d]} + V_E$
(13)	$V_{[F_3(2),B_1(2)-S_1,B_2(2)-S_1]WL}$ = 相应项株系内合并方差,$df = (n_2 + n_5 + n_7)(n-1)$	$\frac{1}{2}V_a + \frac{1}{4}V_d + \frac{1}{4}V_{[a]} + \frac{1}{8}V_{[d]} + V_E$

注:n_1、n_2 和 n_3 依次为 $F_2(1)$,$F_2(2)$ 和 $F_2(3)$ 的个体数,也分别是 $F_3(1)$、$F_3(2)$ 和 $F_3(3)$ 的家系数;n_4,n_5,n_6,n_7 依次为 $B_1(1)$、$B_1(2)$、$B_2(1)$、$B_2(2)$ 的个体数 = 相应各 S_1 的株系数;n 为每一株系的个体数;N_1 为 n_1、n_2 和 n_3 的调和平均数;N_2 为 n_4、n_5、n_6、n_7 的调和平均数。V_a、V_d、$V_{[a]}$、$V_{[d]}$ 和 V_E 分别表示主基因加性方差、主基因显性方差、多基因加性方差、多基因显性遗传方差和环境方差。

2. 变异的测验

由表 12-2 可以明确地看出测验主基因和微基因是否存在的统计程序。例如,由统计数

$$\left.\begin{aligned} F &= V_{(F_2)BG}\Big/\frac{1}{N_1}V_{(F_2)WG} = V_{(B)BG}\Big/\frac{1}{N_2}V_{(B)WG} \\ &= V_{(F_3)BG}\Big/\frac{1}{N_1}V_{(F_3)BL} = V_{(B-S_1)BG}\Big/\frac{1}{N_2}V_{(B-S_1)BL} \\ &= V_{[F_3(2),B_1(2)-S_1,B_2(2)-S_1]WL}/V_{[F_3(1),F_3(3),B_1(1)-S_1,B_2(1)-S_1]WL} \end{aligned}\right\} \tag{12-5}$$

均可测验被研究性状是否存在主基因变异。

由统计数

$$\left.\begin{aligned} F &= V_{(F_2)WG}/V_E = V_{(B)WG}/V_E \\ &= V_{(F_3)BL}\Big/\frac{1}{n}V_{(F_3)WL} = V_{(B-S_1)BL}\Big/\frac{1}{n}V_{(B-S_1)WL} \\ &= V_{[F_3(1),F_3(3),B_1(1)-S_1,B_2(1)-S_1]WL}/V_E \end{aligned}\right\} \tag{12-6}$$

均可测验所研究性状是否存在微基因变异。

3. 遗传方差成分估计

如果 F 测验显著，则可进而估计主微基因的加性和显性变异分量，例如利用如下各式可得微基因的遗传方差分量 $V_{[a]}$ 和 $V_{[d]}$ 的最小平方估计值：

$$\left.\begin{aligned}
&V_{(F_2)\mathrm{WG}}-V_E=\frac{1}{2}\hat{V}_{[a]}+\frac{1}{4}\hat{V}_{[d]}\\
&V_{(B)\mathrm{WG}}-V_E=\frac{1}{4}\hat{V}_{[a]}+\frac{1}{4}\hat{V}_{[d]}\\
&V_{(F_3)\mathrm{BL}}-\frac{1}{n}V_{(F_3)\mathrm{WL}}=\frac{1}{2}\hat{V}_{[a]}+\frac{1}{16}\hat{V}_{[d]}\\
&V_{(B-S_1)\mathrm{BL}}-\frac{1}{n}V_{(B-S_1)\mathrm{WL}}=\frac{1}{4}\hat{V}_{[a]}+\frac{1}{16}\hat{V}_{[d]}\\
&V_{[F_3(1),F_3(3),B_1(1)-S_1,B_2(1)-S_1]\mathrm{WL}}-V_E=\frac{1}{4}\hat{V}_{[a]}+\frac{1}{8}\hat{V}_{[d]}
\end{aligned}\right\}\qquad(12\text{-}7)$$

同理可求得主基因遗传方差分量 $\hat{V}_a$ 和 $\hat{V}_d$ 的最小平方估值，还可同时估计 $\hat{V}_a$、$\hat{V}_d$、$\hat{V}_{[a]}$、$\hat{V}_{[d]}$ 和 V_E。

莫惠栋和徐辰武(1994) 把如上关于 $2N$ 主-多基因分析的后裔鉴定法推广于 $3N$ 胚乳性状的主-多基因分析，并在稻米糊化温度等性状的遗传分析上加以应用。

三、主基因的似然比鉴别法

Loisel 等(1994)在 1 对主基因情况下，通过极大似然分析和一系列的似然比测验来鉴别数量性状主-多基因遗传系统中主基因的存在性及其作用方式。姜长鉴和莫惠栋(1995)把这一方法应用于大麦株高的研究。该方法假定分离世代的同一主基因基因型因多基因和环境的变异而呈正态分布，不同主基因的基因型为具有不同平均数和相同方差的混合正态分布，则对于受主-多基因系统控制的数量性状的遗传分析，可转换为基于估计多个正态分布参数的分析。而极大似然法是在总体分布已知而其参数未知时估计总体参数的一种通用统计方法，正好用于实现上述目的。在此基础上提出了以 EM 算法对自花授粉作物 F_2 世代主基因的分离比例、基因效应、微基因的遗传方差等进行极大似然估计以及用似然比方法测验有关遗传假设的程序。由于该方法是通过假设个体 j 属于第 i 个分布的条件概率 w_{ij} 而鉴别，姜长鉴把它称之为 w 法。下面介绍该方法。

(一)正态分布参数的极大似然估计

关于单个正态分布、多个独立的正态分布和多个混合的正态分布情况下，其分布参数的极大似然估计方法介绍于附录Ⅰ中，此处不重复。

(二)F_2 世代的遗传假设

应用极大似然法分析 F_2 世代时，关于主基因的遗传，需要建立如下几条假设：

H_1：无主基因分离，即 $\mu_1=\mu_2=\mu_3=\mu$，在此假设下，由于多基因的分离和环境误差，F_2 代只有一个正态分布。要估计的参数为 $\theta=(\mu,\sigma^2)$，其似然函数为 $\ln L_1$。

H_2：一个位点的主基因分离，即 $p_1=p_3=0.25$，$p_2=0.50$，在此假设下，需固定 p_1 和 p_2 估计 $\theta=(\mu_1,\mu_2,\mu_3,\sigma^2)$，其似然函数为 $\ln L_2$。

H_3：主基因效应为加性模型，即 $2\mu_2=\mu_1+\mu_3$，在此假设下，需固定 $p_1=0.25$，$p_2=0.50$ 和 $\mu_2=(\mu_1+\mu_3)/2$，估计参数 $\theta=(\mu_1,\mu_3,\sigma^2)$，其似然函数为 $\ln L_3$。

H_4：主基因效应为完全显性，即 $\mu_2=\mu_1$ 或 $\mu_2=\mu_3$，在此假设下，主基因效应为减效显性时，主基因杂合体的表型和小值纯合亲本相同，主基因效应为增效显性时，主基因杂合体的表型和大值纯合亲本相同。增效显性时需固定 $p_1=0.25$，估计参数 $\theta=(\mu_1,\mu_2,\sigma^2)$，其似然函数为 $\ln L_4$。

H_5：F_2 为 3 个等方差的正态分布的混合，这是分离比率和平均数都不加限制的对照。要估计的参数为 $\theta=(p_1,p_2,\mu_1,\mu_2,\mu_3,\sigma^2)$，其似然函数为 $\ln L_5$。

(三)遗传假设的似然比测验

采用似然比的 χ^2 测验对如上假设进行统计推断。

测验 H_1：无主基因分离，

$$\chi^2=2\ln(L_2/L_1)=2(\ln L_2-\ln L_1) \tag{12-8}$$

该 χ^2 分布属 df 为 1 和 2 的两个 χ^2 分布的对等混合(Loisel 等，1994)，用内插法可得 $\chi^2_{0.05}=5.15$，$\chi^2_{0.01}=8.36$。当实际的 $\chi^2\leqslant 5.15$(或 $\chi^2\leqslant 8.36$) 时，可在 $\alpha=0.05$(或 $\alpha=0.01$) 概率水平上推断 H_1 为真，即无主基因分离。否则应推断存在主基因。

测验 H_2：一个位点的主基因分离，

$$\chi^2=2(\ln L_5-\ln L_2),df=2 \tag{12-9}$$

当实际 $\chi^2\leqslant\chi^2_{0.05}$ 时，在 $\alpha=0.05$ 的概率水平上推断 H_2 为真，若 $\chi^2>\chi^2_{0.05}$，则在 $\alpha=0.05$ 概率水平上认为主基因位点可能不止一个。

测验 H_3：主基因为加性模型，

$$\chi^2=2(\ln L_2-\ln L_3),df=1 \tag{12-10}$$

实际 $\chi^2\leqslant\chi^2_{0.05}$ 时，则在 $\alpha=0.05$ 的概率水平上推断 H_3 为真，若否定 H_3 则推断 μ_1,μ_2,μ_3 之间无线性关系。

测验 H_4：主基因为完全显性，

$$\chi^2=2(\ln L_2-\ln L_4) \tag{12-11}$$

该 χ^2 分布属 0 和 df 为 1 的两个 χ^2 分布的对等混合(Loisel 等，1994)，用内插法可得 $\chi^2_{0.05}=1.92$，$\chi^2_{0.01}=3.32$，实际 $\chi^2\leqslant 1.92$ 时推断 H_4 为真，若否定 H_4 则推断主基因杂合体不为完全显性。

实际分析时，如上各项测验应顺序进行。否定 H_1 才测验 H_2，接受 H_2 才测验 H_3 和 H_4。若否定 H_1，接受 H_2 又否定 H_3 和 H_4，则主基因杂合体可能表现为部分显性。下面引用姜长鉴和莫惠栋(1995) 的例子加以说明。

例 12.1 大麦矮秆突变体 76-2104(株高 $\bar{y}=56.69$ cm，$s^2=10.78$) 与正常秆品系 0208(株高 $\bar{y}=101.82$ cm，$s^2=18.84$) 杂交，从其 F_2 代群体中随机抽取 488 株测定株高，其次数分布列于

表 12-3 的第 1 至 2 列和图 12-4 的方柱形图。试采用极大似然法分析该组合 F_2 代株高性状的遗传是否存在主基因，若存在，其基因作用方式如何，其效应多大？(姜长鉴，莫惠栋，1995)

表 12-3　大麦 76-2104×0208 F_2 代株高分布及完全显性模型下的个体判别($w_{i\cdot}^{(16)}$)①

株高分组	次数	株高分组	
		矮秆组($w_{1j}^{(16)}$)	正常组($w_{2j}^{(16)}$)
40～	1	1.0	
45～	2	2.0	
50～	8	8.0	
55～	13	13.0	
60～	21	21.0	
65～	28	27.7	0.3
70～	34	32.0	2.0
75～	20	14.4	5.6
80～	26	6.9	19.1
85～	45	2.8	42.2
90～	62	0.6	61.4
95～	85	0.1	84.9
100～	61		61.0
105～	52		52.0
110～	22		22.0
115～	5		5.0
120	3		3.0
合计	488	129.5	358.5

注：①$w_{i\cdot}^{(16)}$ 表示在 H_4 假设(完全显性模型)下采用 EM 算法第 16 轮收敛时的后验概率。

解：首先从直观上分析可能的遗传方式：由表 12-3 所列的次数分布表和图 12-4 的次数分布方柱图可以大致看出该 F_2 群体的株高不呈正态分布，有双峰分布的趋势但又连续，因此可能有主基因存在，并受微效多基因修饰。为证实这一判断的可靠性，需采用前面介绍的方法进行分析。

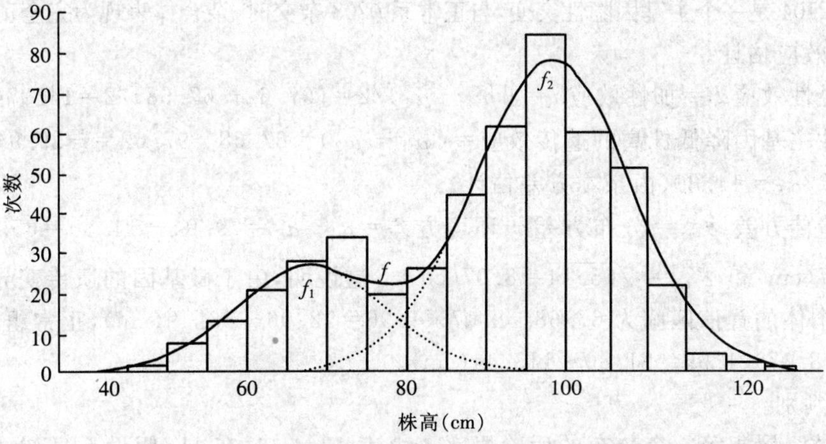

($f_1 = 0.25N_1(67.68, 79.94)$, $f_2 = 0.75N_2(97.62, 79.94)$)

图 12-4　表 12-3 资料的观测次数(方柱图)及完全显性模型下两类表型的理论分布(f_1, f_2)和混合分布(f)

(姜长鉴，莫惠栋，1995)

(1) 参数估计。

在 $H_1 \sim H_5$ 的假设下参数的估计结果列于表12-4，其中 $H_2 \sim H_5$ 的参数估计采用EM算法，依次于循环序号 $t = 296, 179, 16$ 和 734 时收敛。

表 12-4 不同遗传假设下有关遗传参数的极大似然估计及相应似然值(姜长鉴，莫惠栋，1995)

EM循环序号	参数估计值 $\hat{p}_1$	$\hat{p}_2$	$\hat{\mu}_1$	$\hat{\mu}_2$	$\hat{\mu}_3$	σ^2	似然值 $\ln L$
			H_1：无主基因				
			89.67			254.75	−2 044.27
			H_2：一个主基因位点				
296	0.25	0.50	67.58	96.32	105.80	77.50	−1 994.81
			H_3：主基因效应为加性				
179	0.25	0.50	71.54	88.90	106.26	100.46	−2 041.73
			H_4：主基因杂合体完全显性				
16	0.25		67.68	97.62		79.94	−1 994.83
			H_5：三个正态分布的混合				
0	0.25	0.50	60.00	90.00	105.00	60.00	−2 034.40
1	0.26	0.49	67.58	96.32	100.12	77.50	−1 994.52
10	0.27	0.49	67.71	96.53	100.03	77.28	−1 994.47
15	0.27	0.49	67.83	96.57	99.95	77.42	−1 994.46
734	0.27	0.49	67.94	97.73	97.76	79.32	−1 994.42

(2)测验和推断。

根据表 12-4 和式(12-8)至式(12-11)有如下测验结果：

对 H_1，$\chi^2=2(-1\,994.81+2\,044.27)=98.92$，$\chi^2>8.36$，否定无主基因的假设。

对 H_2，$\chi^2=2(-1\,994.42+1\,994.81)=0.78$，$\chi^2<\chi^2_{0.01,2}=9.12$，推断 H_2 为真，接受有一对主基因。

对 H_3，$\chi^2=2(-1\,994.81+2\,041.73)=93.84$，$\chi^2>\chi^2_{0.01,1}=6.63$，否定加性模型。

对 H_4，$\chi^2=2(-1\,994.81+1\,994.83)=0.04$，$\chi^2<\chi^2_{0.01}=3.32$，接受完全显性模型。说明大麦矮秆突变体 76-2104 是一个主基因隐性突变，与正常系 0208 杂交时，杂合体表现为完全正向显性。

(3)遗传效应估计。

主基因显性效应 $\hat{d}$ = 加性效应 $\hat{a}=(\hat{\mu}_2-\hat{\mu}_1)/2=(97.62-67.68)/2=14.97$(cm)

纯合隐性主基因降低株高的遗传效应 $=(\hat{\mu}_1-\hat{\mu}_2)=67.68-97.62=-29.94$(cm)

环境方差 $\hat{\sigma}_E^2=14.80$(由亲本方差估计)

微基因遗传方差 $\hat{\sigma}^2_{pg}$ = 分布方差 − 环境方差 $=\sigma^2-\sigma_E^2=79.94-14.80=65.14$，或 $\hat{\sigma}_E=\sqrt{14.8}=3.77$(cm)和 $\hat{\sigma}_{pg}=\sqrt{65.14}=8.07$(cm)。这说明，由于微基因的遗传变异，矮秆组包括总体 95% 个体的置信区间为 $67.68\pm8.07\times1.96=52.06\sim83.49$(cm)，正常组的相应区间则为 $97.62\pm8.07\times1.96=81.80\sim113.44$(cm)。

(4)个体判别。

w_{ij} 为个体 j 属于第 i 个分布的后验概率。由表 12-4 知，在 H_4 假设下，EM 算法于第 16 轮收敛，得到各单株在收敛时归属于两个分布的后验概率 $w_{i\cdot}^{(16)}$。根据完全显性模型的个体判别分布 $w_{1j}^{(16)}$ 和 $w_{2j}^{(16)}$ 列于表 12-3；两个理论分布 f_1(矮秆组)$=0.25N_1(67.68, 79.94)$ 和 f_2(正常组)$=0.75N_2(97.62, 79.94)$ 以及混合分布 $f=f_1+f_2$ 绘于图 12-4。

绪论：大麦矮秆突变体 76-2104 携带一个矮秆主基因，与正常系 0208 杂交时，该基因表现为完全隐性，其降秆效应为 29.94 cm。该主基因还受微效多基因修饰，其微效多基因方差为 65.14。

四、主-多基因混合遗传模型分离分析法

王建康和盖钧镒等（1996，1997，1998，2000，2003）在前人研究基础上针对植物数量性状能提供大样本容量等优点，运用统计学方法提出了一套分离分析方法（segregation-analysis method），称之为“植物数量性状遗传体系主基因-多基因混合遗传模型分离分析法”，用于鉴别数量性状的主-多基因混合遗传模型并估计有关的遗传参数。

（一）基本思路和主要环节

盖钧镒等（2003）把“植物数量性状遗传体系主基因-多基因混合遗传模型分离分析法”的基本思路和主要环节概括为以下几个方面。

（1）分离世代的理论分布与基本假设。假设二倍体核遗传，无母体效应，主基因和多基因间无互作无连锁（主基因间及多基因间可存在连锁），配子和合子均无选择；基因型效应和环境效应彼此独立；每一主基因型由多基因和环境修饰呈正态分布；整个分离世代的表型分布为多个主基因型正态成分分布的混合分布；不分离世代如 P_1、P_2、F_1 等的表型分布为其基因型由环境修饰而呈正态分布；任一世代的多基因效应和环境效应服从正态分布，P_1、P_2 和 F_1 群体的方差相等。

来自分离世代任一个体的表现型值可表达为：

$$y = m + mg + pg + e \tag{12-12}$$

式中：m 为群体平均值，mg 为主基因效应，pg 为多基因效应，e 为环境效应。主基因效应 mg 是固定效应，多基因效应 $pg \sim N(0,\sigma_{pg}^2)$，是随机变量，$\sigma_{pg}^2$ 是多基因效应值的方差，环境效应 $e \sim N(0,\sigma_e^2)$，是随机变量，σ_e^2 为环境方差。

如果主基因有 k 个不同的基因型值，则 F_2 群体表现为 k 个正态分布的混合。通过分离分析可将主基因的效应分离出来，除主基因之外的变异是多基因和环境变异的混合，记为：$\sigma^2 = \sigma_{pg}^2 + \sigma_e^2$。利用不分离群体 P_1、P_2、F_1 估计出 σ_e^2，则 σ_{pg}^2 可得到估计。

（2）7 类遗传模型。基于如上基本假设建立了 1 对主基因（A 类）、2 对主基因（B 类）、多基因（C 类）、1 对主基因 + 多基因（D 类）、2 对主基因 + 多基因（E 类）、3 对主基因（F 类）和 3 对主基因 + 多基因（G 类）共 7 类遗传模型。每类中又在基因加性效应基础上，按有无显性、正向或负向显性、完全或部分显性，两对主基因时还考虑有无上位性效应和有无连锁等情况建立各种遗传模型（表 12-6 至表 12-9 和表 12-18）。

（3）单世代或多世代分析。单个分离世代采用 F_2 群体、回交世代 B_1 与 B_2 群体、$F_{2:3}$ 家系群体、双单倍体（DH）群体以及重组自交系（RIL）群体，包括或不包括不分离世代（P_1、P_2、F_1）。家系群体又分为无重复和有重复两种情况。进一步考虑多个分离世代的联合分析，包括 P_1、P_2、F_1、F_2、$F_{2:3}$ 5 个世代联合分析，P_1、P_2、F_1、F_2、B_1、B_2 6 个世代联合分析，以及 P_1、P_2、F_1、$B_{1:2}$、$B_{2:2}$、$F_{2:3}$ 6 个家系世代重复试验联合分析等。

（4）建立似然函数。依试验群体类型及世代建立遗传模型的混合分布函数，并由之建立各模型的对数极大似然函数。

(5)估计分布参数。采用 EM 算法(expectation and maximization)或 ECM(expectation and conditional maximization)算法或 IECM(iterated ECM)算法,从各模型的对数极大似然函数中估计出相应的各世代、各成分分布的参数(包括成分分布的平均数、方差及该成分分布所占的比例等)及相应的似然函数值。

(6)选择最适模型。即选择与样本分布数据相符性最佳的遗传模型。方法是由模型的似然函数值计算 AIC(Akaike's information criterion)值,AIC 值最小的模型为相对最佳模型;模型间 AIC 值差异不大时可能又有几个供选的最佳模型;同时还进行一组样本分布与模型所代表的理论分布间的适合性测验,包括有均匀性 U_1^2、U_2^2 及 U_3^2 检验,Smirnov 检验和 Kolmogorov 检验。根据模型适合性的概率,从 1 个或几个相对最适模型中选出最佳遗传模型。

(7)估计遗传参数。在最佳遗传模型下,采用最小二乘法,由成分分布参数估计主基因和多基因的有关遗传参数,进而估计各种遗传方差。

(8)判别个体基因型。在最佳遗传模型下,按 Bayes 方法计算分离世代各个体归属于各主基因基因型的后验概率,根据小概率原理和后验概率值大小判别各个体的主基因型的可能归属。

(9)图形分析。在设定遗传模型、设定环境变异、多基因遗传率、主基因遗传率的情况下,已绘制成一些分离世代的分布图形。在进入统计分析前可以将实际的分离世代分布图形与标准图形作比较,以大致判别可能的遗传模型。

(10)按供试世代归类,编制了统计分析软件,详见盖钧镒等(2003)。可分析两纯系交配的单个分离群体如 F_2,也可联合分析多个分离群体,如回交 B_1、B_2 和 F_2 等 3 家系群体,或 P_1、F_1、P_2、F_2 和 $F_{2:3}$ 等 5 家系群体,或 P_1、F_1、P_2、B_1、B_2 和 F_2 等 6 家系群体。

数量性状主-多基因遗传模型分析的重点在于鉴别主基因的存在性并估计其数目和效应,同时鉴定是否有多基因修饰并估计其方差。下面根据盖钧镒等(2003),先介绍世代编码与参数,然后以单世代和 6 世代分析为例介绍其方法。

(二)世代编码及其参数

假设每一样本观测值为来自某一家系或世代的一个个体。若用 P_1、F_1、P_2 和 F_2 4 世代进行分析,则其世代编码依次为 1、2、3 和 4,若用 P_1、F_1、P_2、F_2 和 $F_{2:3}$家系分析,则其世代编码依序为 1、2、3、4 和 5。各分离世代均为正态混合分布,其概率密度函数均为 $\sum_i p_i f_i(y_j;\theta)$,$p_i$ 为成分分布的比例,θ 为待估的成分分布参数,i 为第 i 个成分分布,y_j 为第 j 个观测值。6 家系或 6 世代(P_1、F_1、P_2、B_1、B_2 和 F_2)分析时,有关的世代编码和特征参数列于表 12-5。

表 12-5 6 世代群体的编码与参数

世代	世代编码	样本容量	观测值	群体分布平均数	群体分布方差	概率密度函数
P_1	1	n_1	y_{1j}	μ_1	σ^2	$f(y_j;\mu_1,\sigma^2)$
F_1	2	n_2	y_{2j}	μ_2	σ^2	$f(y_j;\mu_2,\sigma^2)$
P_2	3	n_3	y_{3j}	μ_3	σ^2	$f(y_j;\mu_3,\sigma^2)$
B_1	4	n_4	y_{4j}	正态混合分布		$\sum_i p_i f_i(y_j;\theta)$
B_2	5	n_5	y_{5j}	正态混合分布		$\sum_i p_i f_i(y_j;\theta)$
F_2	6	n_6	y_{6j}	正态混合分布		$\sum_i p_i f_i(y_j;\theta)$

注:p_i 为成分分布的比例,θ 为待估的成分分布参数。

(三)单个分离世代的遗传模型及其混合分布

1. F_2 群体的遗传模型及其混合分布

F_2 群体数量性状的遗传模型依主基因的对数和多基因的有无分为无主基因、1 对主基因、1 对主基因＋多基因、2 对主基因、2 对主基因＋多基因，共 5 类。

(1)无主基因模型(A-0 模型)，无主基因而仅有多基因存在，称为 C 模型。

F_2 表现单一正态分布，其分布函数为：$f(y_j;\mu,\sigma^2)$，y_j 为第 j 个样本观测值，μ 和 σ^2 分别为正态分布的平均数和方差。

(2)1 对主基因模型。

A-1 模型：主基因表现为加性、部分显性或超显性，F_2 群体主基因型 AA，Aa 和 aa 呈 1∶2∶1 的 3 个正态分布的混合分布，分布密度函数为：

$$f(y_j)=\frac{1}{4}f(y_j;\mu_1,\sigma^2)+\frac{1}{2}f(y_j;\mu_2,\sigma^2)+\frac{1}{4}f(y_j;\mu_3,\sigma^2) \tag{12-13}$$

式中：μ_1,μ_2,μ_3 和 σ^2 分别为 3 个成分分布的均值和方差。成分分布均值与遗传参数间的关系为：$\mu_1=m+a,\mu_2=m+d,\mu_3=m-a$，$a$ 为主基因加性效应，d 为主基因显性效应。F_2 群体主基因遗传方差

$$\sigma_{mg}^2=\frac{1}{2}a^2+\frac{1}{4}d^2 \tag{12-14}$$

A-2 模型：主基因表现为加性，不存在显性。F_2 群体主基因型 AA，Aa 和 aa 表现为 1∶2∶1 的 3 个正态分布的混合，分布密度函数同 A-1 模型。成分分布均值与遗传参数间关系为：$\mu_1=m+a,\mu_2=m,\mu_3=m-a$，$a$ 为主基因加性效应。F_2 群体主基因遗传方差

$$\sigma_{mg}^2=\frac{1}{2}a^2 \tag{12-15}$$

A-3 模型：主基因表现为完全显性。F_2 群体主基因型 AA＋Aa 和 aa 表现为 3∶1 的 2 个正态分布的混合。分布密度函数为：

$$f(y_j)=\frac{3}{4}f(y_j;\mu_1,\sigma^2)+\frac{1}{4}f(y_j;\mu_2,\sigma^2) \tag{12-16}$$

式中：μ_1,μ_2 和 σ^2 分别为 2 个成分分布的均值和方差。成分分布均值与遗传参数间的关系为：$\mu_1=m+a,\mu_2=m-a,a=d$。F_2 群体主基因遗传方差

$$\sigma_{mg}^2=\frac{3}{4}a^2 \tag{12-17}$$

A-4 模型：主基因表现为负向完全显性。F_2 群体主基因型 AA 和 Aa＋aa 表现为 1∶3 的 2 个正态分布的混合。分布密度函数为：

$$f(y_j)=\frac{1}{4}f(y_j;\mu_1,\sigma^2)+\frac{3}{4}f(y_j;\mu_2,\sigma^2) \tag{12-18}$$

式中：μ_1,μ_2 和 σ^2 分别为 2 个成分分布的均值和方差。成分分布均值与遗传参数间的关系为：$\mu_1=m+a,\mu_2=m-a,a=-d$。F_2 群体主基因遗传方差

$$\sigma_{mg}^2 = \frac{3}{4}a^2 \tag{12-19}$$

(3)1 对主基因 + 多基因模型。相应于 A-1 ～ A-4 模型，有 D-1 ～ D-4 模型。

(4)2 对主基因模型。

B-1 模型：双亲在两对主基因上处于相引态，主基因表现为加-显-上模型。F_2 群体主基因基因型有 9 种：AABB，AABb，AAbb，AaBB，AaBb，Aabb，aaBB，aaBb，aabb，呈 1∶2∶1∶2∶4∶2∶1∶2∶1 的 9 个正态分布的混合。其分布密度函数为：

$$f(y_j) = \frac{1}{16}f(y_j;\mu_1,\sigma^2) + \frac{2}{16}f(y_j;\mu_2,\sigma^2) + \frac{1}{16}f(y_j;\mu_3,\sigma^2) + \frac{2}{16}f(y_j;\mu_4,\sigma^2) + \frac{4}{16}f(y_j;\mu_5,\sigma^2) + \frac{2}{16}f(y_j;\mu_6,\sigma^2) + \frac{1}{16}f(y_j;\mu_7,\sigma^2) + \frac{2}{16}f(y_j;\mu_8,\sigma^2) + \frac{1}{16}f(y_j;\mu_9,\sigma^2) \tag{12-20}$$

依照分布均值与遗传参数的关系(表 4-8)，可求得 9 个遗传参数($m,a_A,a_B,d_A,d_B,i,j_{AB},j_{BA},l$)的最小平方估计值。$F_2$ 群体主基因遗传方差为：

$$\sigma_{mg}^2 = \frac{1}{4}\left[a_A^2 + a_B^2 + i^2 + (a_A + j_{AB})^2 + (a_B + j_{BA})^2 + \left(d_A + \frac{1}{2}l\right)^2 + \left(d_B + \frac{1}{2}l\right)^2 + \frac{1}{4}l^2\right] \tag{12-21}$$

B-2 模型：主基因表现为加-显遗传模型，不存在上位性效应。F_2 群体内 9 种主基因基因型及其比例与 B-1 模型相同，其分布密度函数也与 B-1 模型相同。依照分布均值的遗传组成(表 4-3)，可求得 5 个一阶遗传参数(m,a_A,a_B,d_A,d_B)的最小平方估计值，一阶分布参数间有 4 个约束条件。F_2 群体主基因遗传方差

$$\sigma_{mg}^2 = \frac{1}{2}(a_A^2 + a_B^2) + \frac{1}{4}(d_A^2 + d_B^2) \tag{12-22}$$

B-3 模型：主基因表现为加性遗传模型，不存在显性和上位性效应。F_2 群体内 9 种主基因基因型及其比例与 B-1 模型相同，其分布密度函数也与 B-1 模型相同。由 9 个一阶分布参数估计 3 个一阶遗传参数(m,a_A,a_B)，一阶分布参数间有 6 个约束条件。F_2 群体主基因遗传方差

$$\sigma_{mg}^2 = \frac{1}{2}(a_A^2 + a_B^2) \tag{12-23}$$

B-4 模型：主基因表现为等加性遗传模型，即 $a_A = a_B = a$，不存在显性和上位性效应。F_2 群体内表现为 5 个不同的正态分布按 1∶4∶6∶4∶1 的比例相混合，其分布密度函数为：

$$f(y_j) = \frac{1}{16}f(y_j;\mu_1,\sigma^2) + \frac{4}{16}f(y_j;\mu_2,\sigma^2) + \frac{6}{16}f(y_j;\mu_3,\sigma^2) + \frac{4}{16}f(y_j;\mu_4,\sigma^2) + \frac{1}{16}f(y_j;\mu_5,\sigma^2) \tag{12-24}$$

由 5 个一阶分布参数估计 2 个一阶遗传参数(m,a)，一阶分布参数间有 3 个约束条件。F_2 群体主基因遗传方差

$$\sigma_{mg}^2 = a^2 \tag{12-25}$$

B-5 模型：主基因表现为完全显性遗传模型，即 $d_A = a_A, d_B = a_B$，不存在上位性效应。F_2 群体内表现为 4 个不同的正态分布按 9∶3∶3∶1 的比例相混合，其分布密度函数为：

$$f(y_j) = \frac{9}{16}f(y_j;\mu_1,\sigma^2) + \frac{3}{16}f(y_j;\mu_2,\sigma^2) + \frac{3}{16}f(y_j;\mu_3,\sigma^2) + \frac{1}{16}f(y_j;\mu_4,\sigma^2) \tag{12-26}$$

由 4 个一阶分布参数估计 3 个一阶遗传参数(m, a_A, a_B)，一阶分布参数有 1 个约束条件。F_2 群体主基因遗传方差

$$\sigma_{mg}^2 = \frac{3}{4}(a_A^2 + a_B^2) \tag{12-27}$$

B-6 模型：主基因表现为等显性遗传模型，即 $d_A = a_A = d_B = a_B$，不存在上位性效应。F_2 群体表现为 3 种不同的主基因型，3 个正态分布按 9∶6∶1 的比例相混合，其分布密度函数为：

$$f(y_j) = \frac{9}{16}f(y_j;\mu_1,\sigma^2) + \frac{6}{16}f(y_j;\mu_2,\sigma^2) + \frac{1}{16}f(y_j;\mu_3,\sigma^2) \tag{12-28}$$

由 3 个一阶分布参数估计 2 个一阶遗传参数(m, a)，一阶分布参数有 1 个约束条件。F_2 群体主基因遗传方差

$$\sigma_{mg}^2 = \frac{3}{2}a^2 \tag{12-29}$$

(5) 两对主基因＋多基因模型。相应于 B-1 ～ B-6 模型，有 E-1 ～ E-6 模型。

F_2 群体数量性状的遗传模型归纳于表 12-6。

表 12-6　F_2 群体的数量性状遗传模型

主基因对数	成分分布个数及主基因遗传模型	模型代号		可估遗传参数	
		多基因不存在	多基因存在	主基因	多基因
0	单个成分分布	A-0	C	—	—
1	3 个，1∶2∶1，加-显	A-1	D-1	m, a, d	[a]，[d]
	3 个，1∶2∶1，加性	A-2	D-2	m, a	[a]，[d]
	2 个，3∶1，完全显性	A-3	D-3	m, a	[a]，[d]
	2 个，1∶3 负向完全显性	A-4	D-4	m, a	[a]，[d]
2	9 个，加-显-上	B-1	E-1	$m, a_A, a_B, d_A, d_B, i, j_{AB}, j_{BA}, l$	[a]，[d]
	9 个，加-显	B-2	E-2	m, a_A, a_B, d_A, d_B	[a]，[d]
	9 个，加性	B-3	E-3	m, a_A, a_B	[a]，[d]
	5 个，等加性	B-4	E-4	$m, a = a_A = a_B$	[a]，[d]
	4 个，完全显性	B-5	E-5	$m, a_A = d_A, a_B = d_B$	[a]，[d]
	3 个，等显性	B-6	E-6	$m, a = a_A = a_B = d_A = d_B$	[a]，[d]

注：有不分离世代参加试验时才能鉴别多基因的存在。

2. 世代 BC_1F_1 群体的遗传模型及其混合分布

利用回交世代进行分离分析，需将双向回交世代 B_1 和 B_2 群体联合使用。B_1 和 B_2 群体的数量性状遗传模型汇总于表 12-7。

表 12-7 B_1 和 B_2 群体的数量性状遗传模型

主基因对数	成分分布个数及主基因遗传模型	模型代号		可估遗传参数	
		多基因不存在	多基因存在	主基因	多基因
0	1和1个	A-0	C	—	[a],[d]
1	2和2个,1∶1,加-显	A-1	D-1	m_1,m_2,a,d	[a],[d]
	2和2个,1∶1,加性	A-2	D-2	m_1,m_2,a	[a],[d]
	2和2个,1∶1,完全显性	A-3	D-3	m_1,m_2,a	[a],[d]
	2和2个,1∶1,负向完全显性	A-4	D-4	m_1,m_2,a	[a],[d]
2	4和4个,等比例,加-显-上	B-1	E-1	不能估计主多基因遗传参数	
	4和4个,等比例,加-显	B-2	E-2	m_1,m_2,a_A,a_B,d_A,d_B	[a],[d]
	4和4个,等比例,加性	B-3	E-3	m_1,m_2,a_A,a_B	[a],[d]
	3和3个,1∶2∶1,等加性	B-4	E-4	m_1,m_2,a	[a],[d]
	1和4个,完全显性	B-5	E-5	m_1,m_2,a_A,a_B	[a],[d]
	1和3(1∶2∶1)个,负向完全显性	B-6	E-6	m_1,m_2,a	[a],[d]

注:有不分离世代参加试验时才能鉴别多基因的存在。

3. $F_{2:3}$家系群体的遗传模型及其混合分布

$F_{2:3}$家系群体的数量性状遗传模型汇总于表12-8。

表 12-8 $F_{2:3}$家系群体的数量性状遗传模型

主基因对数	成分分布个数及主基因遗传模型	模型代号		可估遗传参数	
		多基因不存在	多基因存在	主基因	多基因
0	单个成分分布	A-0	C	—	[a],[d]
1	3个,1∶2∶1,加-显	A-1	D-1	m,a,d	[a],[d]
	3个,1∶2∶1,加性	A-2	D-2	m,a	[a],[d]
	3个,1∶2∶1,完全显性	A-3	D-3	m,a	[a],[d]
	3个,1∶2∶1,负向显性	A-4	D-4	m,a	[a],[d]
2	9个,孟德尔比例,加-显-上	B-1	E-1	$m,a_A,a_B,d_A,d_B,i,j_{AB},j_{BA},l$	[a],[d]
	9个,孟德尔比例,加-显	B-2	E-2	m,a_A,a_B,d_A,d_B	[a],[d]
	9个,孟德尔比例,加性	B-3	E-3	m,a_A,a_B	[a],[d]
	6个,1∶4∶2∶4∶4∶1,等加性	B-4	E-4	m,a	[a],[d]
	9个,孟德尔比例,完全显性	B-5	E-5	m,a_A,a_B	[a],[d]
	6个,1∶4∶4∶2∶4∶1,负向完全显性	B-6	E-6	m,a	[a],[d]

4. 回交衍生家系 $BC_1F_{1:2}$ 群体的遗传模型

与利用回交世代分析相似,利用回交衍生世代也需将$B_{1:2}$和$B_{2:2}$两群体联合使用。回交衍生家系群体的遗传模型参见盖钧镒等(2003)。

5. DH 和 RIL 群体的遗传模型及其混合分布

DH群体是两纯系亲本杂交F_1经花药培养和染色体加倍而形成的群体,RIL群体是两纯系亲本杂交F_2经连续多代自交并经单粒传代形成的重组近交系群体。利用这两种纯合基因型群体进行遗传分析的最大优点是能安排重复试验以验证试验结果,由于这类纯合基因型群体只存在加性和加性类型的互作效应,能够检测的遗传模型也相对比较简单,如表

12-9 所列。

表 12-9　DH 或 RIL 群体的数量性状遗传模型

主基因对数	主基因遗传模型与成分分布比例	成分分布平均数	模型代号：多基因不存在	模型代号：多基因存在	可估遗传参数：主基因	可估遗传参数：多基因
0	无主基因	$\mu_1=m$	A-0	C	—	[a]
1	加性，1	$\mu_1=m+a,\mu_2=m-a$	A-1	D-1	m,a	[a]
2	加-上，等比例	$\mu_1=m+a_A+a_B+i$, $\mu_2=m+a_A-a_B-i$, $\mu_3=m-a_A+a_B-i$, $\mu_4=m-a_A-a_B+i$	B-1-1	E-1-1	m,a_A,a_B,i	[a]
	加性，等比例	$\mu_1=m+a_A+a_B$, $\mu_2=m+a_A-a_B$, $\mu_3=m-a_A+a_B$, $\mu_4=m-a_A-a_B$	B-1-2	E-1-2	m,a_A,a_B	[a]
	等加性， 1∶2∶1	$\mu_1=m+2a,\mu_2=m$, $\mu_3=m-2a$	B-1-3	E-1-3	m,a	[a]
	显性上位， 2∶1∶1	$\mu_1=m+a_A$, $\mu_2=m-a_A+a_B$, $\mu_3=m-a_A-a_B$	B-1-4	E-1-4	m,a_A,a_B	[a]
	隐性上位， 1∶1∶2	$\mu_1=m+a_A$, $\mu_2=m-a_A+a_B$, $\mu_3=m-a_A-a_B$	B-1-5	E-1-5	m,a_A,a_B	[a]
	累加作用， 1∶2∶1	$\mu_1=m+2a+i$, $\mu_2=m-i$, $\mu_3=m-2a+i$	B-1-6	E-1-6	m,a,i	[a]
	互补作用，1∶3	$\mu_1=m+i^*,\mu_2=m-i^*$	B-1-7	E-1-7	m,i	[a]
	重叠作用，3∶1	$\mu_1=m+i^*,\mu_2=m-i^*$	B-1-8	E-1-8	m,i	[a]
	抑制作用，3∶1	$\mu_1=m-i^*,\mu_2=m+i^*$	B-1-9	E-1-9	m,i	[a]
3	加-上，等比例	$\mu_1\sim\mu_8$	F-1	G-1	m,a_A,a_B,a_C, $i_{AB},i_{AC},i_{BC},i_{ABC}$	[a]
	加性，等比例	$\mu_1\sim\mu_8$	F-2	G-2	m,a_A,a_B,a_C	[a]
	等加性(1)， 1∶3∶3∶1	$\mu_1\sim\mu_4$	F-3	G-3	m,a	[a]
	等加性(2)， 1∶1∶2∶2∶1∶1	$\mu_1\sim\mu_6$	F-4	G-4	m,a_1,a_2	[a]

注：不分离世代参加试验或进行家系重复试验时才能鉴别多基因的存在。利用 DH 系或 RIL 群体还可研究两对主基因连锁的遗传模型，此处略。i^* 包括加性和加性×加性互作效应。

(四)单个分离世代数量性状的分离分析

单世代分离群体数量性状的分离分析依如下步骤进行。

1. 根据主基因表型分布建立分离群体的样本似然函数

对于 F_2 和 $F_{2:3}$ 分离群体，其样本似然函数的一般表达式为：

$$L = L(y_j;\theta) = L(y_j;p_i,\mu_i,\sigma^2) = \prod_{j=1}^{n} f(y_j)$$
$$= \prod_{j=1}^{n}\left[\sum_i p_i f_i(y_j)\right] \tag{12-30a}$$

或以对数似然函数的形式表达：

$$\ln L = \sum_j \ln f(y_j) = \sum_j \ln\left[\sum_i p_i f_i(y_j)\right] \tag{12-30b}$$

式中：的 $f(y_j)$ 为 y_j 在混合正态分布的概率密度函数，

$$f(y_j) = \sum_i p_i f_i = \sum_i p_i f_i(y_j),$$
$$p_i f_i = p_i f_i(y_j) = \frac{p_i}{\sqrt{\sigma^2 2\pi}}\exp\frac{-(y_j-\mu_i)^2}{2\sigma^2}$$

式中：$i(=1,2,\cdots,k)$ 为分离群体的成分分布个数；p_i 为成分分布所占比例；μ_i 和 σ^2 分别为成分分布的均值和方差，为待估参数；n 为样本容量；y_j 为第 j 个个体的观察值。

多世代联合分离分析的样本似然函数见例 12.2 和例 12.3。

2. 分离群体成分分布参数的估计

成分分布个数决定于遗传模型（参照表 12-6 至表 12-9）。例如 F_2 和 $F_{2:3}$ 分离群体内两对主基因完全显性时成分分布数分别为 4 个和 9 个。分离群体内各成分分布的比例 p_i 由遗传模型的孟德尔分离比例确定。成分分布平均数和方差的估计一般采用 EM 或 ECM 算法（用 EM 算法获得极大似然估计值见 Dempster 等(1977)，Wang 和 Gai(1997)，Mclachlan(1988) 和附录 Ⅰ 统计学基础的有关内容）。在两对主基因＋多基因情况下，可采用 IECM 算法。ECM 和 IECM 算法参见盖钧镒，章元明，王建康(2003)。当成分分布参数间存在一定关系构成约束条件时，需运用拉格朗日乘数法则。对于实际资料究竟由多少成分分布组成，需对实际数据配合并求解多种遗传模型，再经如下第 3 条的步骤选择合适的模型才能确定。

3. 选择一个或几个最佳最适模型

(1)AIC 值。混合分布中所包含成分分布个数 k 是一个最基本的参数，不知 k 就无法进一步确定其他参数。在主-多基因混合遗传分析中，根据 k 的大小可以判断主基因是否存在，如果 $k=1$，则说明无主基因存在；如果 $k\geqslant 2$，则说明有主基因存在。

确定成分分布数目的方法可分为图形法和统计检验法两大类。图形法只能对混合分布参数进行粗略的估计。统计检验法又有多种指标。Akaike(1977) 提出了最大熵（信息）准则，并根据最大熵原理把 $-2L(\hat{\theta})+2k$ 定义为 AIC 值（Akaike's Imformation Criterion），即：

$$AIC = AIC(k) = -2L(\hat{\theta}) + 2k \tag{12-31}$$

式中：$\hat{\theta}$ 为假设“H_O：成分分布个数为 k”时混合分布中参数的极大似然估计，$L(\hat{\theta})$ 为对数似然函数的极大值，k 为混合模型中独立参数的个数。

根据 Akaike，熵最大原理在这里的应用就是选 AIC 值最小的模型为最适模型。因此，通过比较不同 k 值下的 AIC 值，选择使 AIC 值达到最小的 k 值即可作为成分分布个数的估计。

(2)似然比测验（likelihood-ratio test，LRT）。用统计数 $\lambda = 2\log(L_A) - 2\log(L_O)$ 测验限制性模型(H_O)与备择模型(H_A)间的差异，L_A 和 L_O 分别为备择假设 H_A 和无效假设 H_O 的极

大似然值，λ 渐近服从 χ^2 分布，其自由度为两模型中独立参数之差。

(3) 适合性测验。用 AIC 值和(或)LRT 选择模型后，仍有必要检验理论值(中选模型下)和实际值间的适合性。特别是当主基因多于两对时，这种检验显得尤其重要。因为育种工作者最关心的是所选择模型的分布与观测分布是否一致，即所选模型能否解释试验数据所含遗传信息。盖钧镒等采用如下 5 个统计量进行所选期望模型与实际分布的适合性测验。

①U_1^2，U_2^2，U_3^2 统计量。若假设 $H_O: F(y_j) = F_O(y_j)$，当把 n 个观测值 $y_j(j=1,\cdots,n)$ 实行累积概率转换$[Y_j = F_O(y_j)]$，且 H_O 成立时，n 个独立观测值 $Y_j(j=1,\cdots,n)$ 将均匀地分布于(0,1)区间。于是利用自由度均为 1 的 χ^2 统计量 U_1^2，U_2^2 和 U_3^2 可分别检验 $F(y_j)$ 的平均数是否等于 1/2，二阶原点矩是否等于 1/3，二阶中心矩是否等于 1/12：

$$\left.\begin{aligned}
&U_1^2 = 12\left[\sum F(y_j) - n/2\right]^2/n \sim \chi^2(1)\\
&\quad \text{用于检验 } F(y_j) \text{ 平均数是否为 } 1/2\\
&U_2^2 = (45/4)\left[\sum F^2(y_j) - n/3\right]^2/n \sim \chi^2(1)\\
&\quad \text{用于检验 } F(y_j) \text{ 的二阶矩是否为 } 1/3\\
&U_3^2 = 180\left[\sum (F(y_j) - 1/2)^2 - n/12\right]^2/n \sim \chi^2(1)\\
&\quad \text{用于检验 } F(y_j) \text{ 的方差是否为 } 1/12
\end{aligned}\right\} \tag{12-32}$$

式中：$F(y_j)$ 为累积概率 $F(y < y_j)$，对于混合分布则为 $\sum p_i F_i(y < y_j)$，p_i 为成分分布比例，同样，$F_i(y < y_j)$ 为累积概率。

② ${}_nW^2$ 统计量。若将 n 个观察值由小到大排列，得到 $y_{(1)},\cdots,y_{(r)},\cdots,y_{(n)}$ 顺序观察值数列。令 $F_n(y)$ 为经验分布函数(此处为实际的累积密度函数，即当 $1 \leqslant r \leqslant n$ 时，$F_n(y_{(r)}) = r/n$)；令 $F_O(y)$ 为通过模型得到的期望分布(单个或混合正态分布)的累积密度函数。则可用 Smirnov(1938) 统计数 ${}_nW^2$ 来检验所估计模型的适合性。

$$\begin{aligned}
{}_nW^2 &= n\int_{-\infty}^{+\infty} [F_n(y) - F_O(y)]^2 \mathrm{d}F_O(y)\\
&= 1/(12n) + \sum [F_O(y_{(r)}) - (r-0.5)/n]^2
\end{aligned}$$

下面给出 ${}_nW^2$ 统计量几个显著水平下的临界值。

${}_nW^2$ 统计量临界值

显著水平 α	0.10	0.05	0.01	0.001
临界值	0.347	0.461	0.743	1.168

③D_n 统计量。与上面②中假设相同，Kolmogorov(1993) 提出另一个模型适合性检验的统计量 D_n：

$$D_n = \max_{1 \leqslant r \leqslant n} \mid F_n(y_{(r)}) - F_O(y_{(r)}) \mid \tag{12-33}$$

当样本容量大于 10 时，其 0.05 和 0.01 显著性水平下的临界值可分别由如下两式求得：

$$D_{n,0.05} \approx 1.358/\sqrt{n},\ D_{n,0.01} \approx 1.628/\sqrt{n}$$

在混合遗传模型的联合分离分析中，用 AIC 值决定哪组模型最适合，用 LRT 决定中选模型中哪种类型的模型最简单，适合性测验则可说明所选模型能否最充分地解释数据（资料）。对于某一特定模型来说，如果这 5 个参数都不显著，则有充分理由认为所选模型完全适合试验数据（例 12.2）。

4. 以入选模型为基础估计相应遗传参数

（1）一阶遗传参数估计。利用一阶分布参数和一阶遗传参数间的关系，采用最小二乘法获得一阶遗传参数的最小二乘估计值。

（2）二阶遗传参数的估计。分离世代的表型方差可直接由观测值计算。不分离世代（P_1、P_2 和 F_1）的表型方差 σ^2 可视为环境方差 σ_e^2。分离世代成分分布方差由多基因方差（σ_{pg}^2）和环境方差（σ_e^2）共同组成。于是对于分离群体如 F_2 群体，$\sigma_{P(F_2)}^2 = \sigma_{mg(F_2)}^2 + \sigma_{pg(F_2)}^2 + \sigma_e^2$，$\sigma_4^2$ 为 F_2 世代的成分方差（表 12-5），而 $\sigma_4^2 = \sigma_{pg(F_2)}^2 + \sigma_e^2$。因此 F_2 的主基因方差 $\sigma_{mg(F_2)}^2$ 和微基因方差 $\sigma_{pg(F_2)}^2$ 均可估计：$\sigma_{mg(F_2)}^2 = \sigma_{P(F_2)}^2 - \sigma_4^2$，$\sigma_{pg(F_2)}^2 = \sigma_4^2 - \sigma_e^2$，且主基因遗传率和微基因遗传率均可得到估计：

$$h_{mg}^2 = \sigma_{mg}^2/\sigma_P^2,\ h_{pg}^2 = \sigma_{pg}^2/\sigma_P^2$$

5. 多基因存在性鉴别

在以上分析中如果主基因存在的话，已经可以把主基因的变异从总表型变异中分离出来。但是仍需确定主基因之外的变异是来自多基因和环境共同的作用，还是纯环境作用。当不分离世代 P_1，P_2 和 F_1 提供试验误差的无偏估计时，可通过似然比测验鉴定多基因的存在性。此时样本似然函数为：

$$L = \prod_{j=1}^{n_1} f(y_{1j};\mu_1,\sigma_e^2)\prod_{j=1}^{n_2} f(y_{2j};\mu_2,\sigma_e^2)\prod_{j=1}^{n_3} f(y_{3j};\mu_3,\sigma_e^2)\prod_{j=1}^{n_6}\sum_i p_i f_i(y_j) \tag{12-34}$$

式中：4 个部分，依照表 12-5 的世代编码，分属 P_1，F_1，P_2 和 F_2 的似然函数。

构造无效假设 $H_O: \sigma^2 = \sigma_e^2$（不存在多基因）和备择假设 $H_A: \sigma^2 > \sigma_e^2$（多基因存在，多基因遗传方差 $\sigma_{pg}^2 = \sigma^2 - \sigma_e^2$），计算两种假设下似然函数的极大值 L_O 和 L_A，进而构造似然比统计量 $\lambda = 2(\ln L_A - \ln L_O) \sim \chi^2(1)$，即可检验多基因是否存在。

6. 利用 Bayes 后验概率（posterior probability）对分离群体的个体或家系的主基因型进行归类

后验概率为样本单位 y_j 属于某一成分分布 i 的概率，以 w_{ij} 表示，

$$w_{ij} = \frac{p_i f(y_j;\theta)}{\sum_{i=1}^{k} p_i f(y_j;\theta)} \tag{12-35}$$

以上 1～3 步骤可采用南京农业大学主-多基因混合模型分析软件（盖钧镒等，2003）进行计算。对于 F_2、B_1 和 B_2、$F_{2:3}$、$B_{1:2}$ 和 $B_{2:2}$，以及 DH 单世代分离群体，分别采用 F2_1. EXE、B_1. EXE、F3_1. EXE、B2_1. EXE 和 DH. EXE 可执行程序计算。

下面举例说明利用 P_1、F_1、P_2 和 F_2 数据的分离分析。

例 12.2 采用两纯系亲本中 19（P_1）和 E-31（P_2）的单交组合研究棉花品质性状纤维长度（mm）和比强度（cN/tex）等 5 个纤维品质性状的遗传，在试验地均匀一致和严格控制试验

误差的情况下，获得亲本 P_1（中 19）、P_2（E-31）、杂种 F_1 和 F_2 的试验数据。现取其中纤维长度和比强度两性状为例说明分离分析的全过程。两性状的次数分布、样本容量 n、平均值 $\bar{y}$ 和方差 s^2 列于表 12-10（对于该组资料，需要说明的是，通常的遗传分析是以大值亲本为 P_1，小值亲本为 P_2，由于本例是对多个性状一起进行分析，所抽取的两个性状出现了小值亲本为 P_1，大值亲本为 P_2 的情况，解释结果时需加以注意）。

表 12-10 棉花杂交组合"中 19×E-31"4 世代的次数分布和基本统计数

性状	世代	27.9～28.5	～29.1	～29.7	～30.3	～30.9	～31.5	～32.1	～32.7	～33.3	～33.9	～34.5	～35.1	～35.5	n	$\bar{y}$	s^2
纤维长度（mm）	P_1	7	11	16	13	2									49	29.25	0.40
	P_2									6	7	15	14	2	44	34.09	0.38
	F_1						3	2	12	15	11	2	0	1	46	32.90	0.55
	F_2		1	7	5	17	32	40	35	28	18	5	2	2	192	31.99	1.46
		23～24.2	～25.4	～26.6	～27.8	～29	～30.2	～31.4	～32.6	～33.8	～35	～36.2	～37.4		n	$\bar{y}$	s^2
纤维比强度（cN/tex）	P_1	7	14	19	8	1									49	21.49	1.54
	P_2		1	0	1	0	5	14	12	7	1	3			44	31.59	4.12
	F_1		1	0	1	5	13	8	12	6					46	30.56	3.14
	F_2	1	5	6	21	36	36	34	25	21	4	2	1		192	29.91	5.33

解：首先对 F_2 数据作初步分析：由表 12-10 可以看出，纤维长度基本呈正态分布，可能属多基因控制而无主基因；比强度的次数分布其峰态似乎比较扁平且稍偏，有可能存在主基因。究竟情况如何，下面通过主-多基因的分离分析进行验证。

本试验的数据只有一个分离世代，但有 3 个不分离世代，所以拟采用两种分析方法，一为单一 F_2 代的分析附加不分离世代的环境方差估计，另一种为 F_2 与不分离世代的联合分析（$P_1+F_1+P_2+F_2$ 4 个世代的联合分离分析），以供比较。

(1)建立样本似然函数。

F_2 代样本似然函数的一般式为：

$$L(y_j;\theta)=L(y_j;p_i,\mu_i,\sigma^2)=\prod_{j=1}^{n}\Big[\sum_i p_i f_i(y_j)\Big] \tag{12-36}$$

4 世代联合分析的样本似然函数的一般式见式 11-34。

(2)不同遗传模型下利用 IECM 算法估计样本似然函数中的分布参数。

根据表 12-6，对 F_2 单一世代配合了 11 个遗传模型，对 $P_1+F_1+P_2+F_2$ 4 个世代依表 12-18 共配合 5 类 24 个遗传模型，其 AIC 值列于表 12-11。

(3)据 AIC 值选择遗传模型。

比较表 12-11 中各模型的 AIC 值可以看出：

①对于纤维长度，单一世代分析以 A-0（无主基因）和 B-6 模型（两对主基因的等显性模型，即两位点的显性效应相等且与相应的加性效应也相等）较好；4 世代联合分析以 C-0（无主基因）和 E-4（两对等加性主基因＋加显多基因）模型较好。

②对于比强度，单一世代分析以 A-4（一对主基因，负向完全显性）和 B-1（两对主基因的加-显-上）模型较好；4 世代分析以 E-4（两对等加性主基因＋加显多基因）和 E-6（两对等显性主基因＋加显多基因）混合遗传模型较好。

表 12-11 棉花杂交组合“中 19×E-31”F_2 单世代和 $P_1+P_2+F_1+F_2$ 4 世代分离分析的 *AIC* 值

模型	纤维长度		比强度	
	单世代 F_2	$P_1+P_2+F_1+F_2$	单世代 F_2	$P_1+P_2+F_1+F_2$
A-0=C	620.367 249		−432.540 649	
A-1	624.369 202	1 025.686 768	−432.531 464	1 444.733 276
A-2	622.369 385	1 050.238 647	−432.538 849	1 473.280 029
A-3	624.347 717	1 050.238 647	−432.547 852	1 574.470 825
A-4	624.378 418	1 089.103 638	−432.524 323	1 457.160 278
B-1	635.559 082	913.926 392	−432.520 233	1 427.859 497
B-2	628.366 760	933.100 769	−432.526 978	1 422.840 332
B-3	624.373 596	998.591 553	−432.538 391	1 462.100 708
B-4	622.367 737	996.591 125	−432.539 032	1 460.098 755
B-5	624.350 525	1 199.813 721	−432.548 859	1 567.358 154
B-6	622.351 501	1 197.813 599	−432.548 981	1 565.357 910
C0		906.159 363		1 415.744 385
C1		911.700 500		1 416.296 997
D0		910.163 269		1 419.726 807
D1		915.704 041		1 420.294 189
D2		913.704 712		1 420.294 189
D3		913.696 350		1 418.314 087
D4		913.695 984		1 418.313 721
E0		914.452 698		1 427.500 366
E1		911.159 790		1 421.699 951
E2		911.729 065		1 416.232 178
E3		907.740 112		1 412.305 176
E4		905.738 525		1 410.313 721
E5		912.819 824		1 414.807 251
E6		905.720 093		1 410.257 690

注：A-1～E-0 表示不同的遗传模型，灰影表示最小的 *AIC* 值。

(4)对初选模型进行适合性测验。

对根据 *AIC* 值所选的模型进一步作适合性检验，结果列于表 12-12。可以看出，纤维长度的 4 种模型均通过了 5 个统计指标的适合性检验。比强度单一世代分析所选的两个模型通过了 5 个指标的检验，4 世代联合分析所选两模型通过了 U_1^2、U_2^2、${}_nW^2$ 和 D_n 4 个适合性统计指标的检验，在 U_3^2 检验中 P_1 世代达到显著水平。

对最适合模型的选择，当如上各种检验方法均不能判断模型间差异时，表 12-13 的似然比测验可能有所帮助。可以看出，纤维长度在 4 世代联合分析时 C-0 与 E-4 模型间差异显著。由于后者的 *AIC* 值小于前者，E-4 模型有可能更适合纤维长度的遗传。

表 12-12　纤维长度和比强度在 4 个世代 *AIC* 值较小模型的适合性检验

性状	世代	模型	模型适合性统计量				
			U_1^2	U_2^2	U_3^2	$_nW^2$	D_n
纤维长度	F_2	C	0.003(0.956 5)	0.000(0.992 9)	0.061(0.804 9)	0.040 7	0.043 0
		B-6	0.002(0.965 4)	0.000(0.984 8)	0.060(0.806 8)	0.040 7	0.042 9
	4 世代	C-0	0.001(0.976 5)	0.000(0.989 5)	0.028(0.867 8)	0.040 8	0.081 4
			0.003(0.958 3)	0.000(0.993 5)	0.029(0.865 2)	0.034 6	0.082 2
			0.049(0.824 5)	0.032(0.857 6)	0.020(0.887 6)	0.068 5	0.097 9
			0.003(0.953 7)	0.000(0.996 3)	0.059(0.807 5)	0.040 7	0.043 1
		E-4	0.318(0.573 0)	0.326(0.568 2)	0.010(0.920 2)	0.067 3	0.086 8
			1.339(0.247 2)	1.382(0.239 8)	0.049(0.825 4)	0.162 9	0.133 6
			0.727(0.394 0)	0.664(0.415 0)	0.002(0.967 2)	0.146 5	0.130 0
			3.369(0.066 5)	3.463(0.062 8)	0.112(0.737 5)	0.364 7	0.090 3
比强度	F_2	A-4	0.000(0.993 6)	0.003(0.959 6)	0.029(0.863 7)	0.020 2	0.029 8
		B-1	0.000(0.987 6)	0.004(0.952 7)	0.031(0.859 4)	0.020 3	0.029 7
	4 世代	E-4	0.254(0.613 9)	1.179(0.277 6)	5.709(0.016 9)*	0.187 4	0.154 3
			0.417(0.518 6)	0.251(0.616 3)	0.245(0.620 4)	0.082 6	0.129 5
			0.223(0.637 0)	0.241(0.623 3)	0.019(0.890 9)	0.072 4	0.094 6
			0.479(0.488 8)	0.465(0.495 1)	0.002(0.962 0)	0.063 4	0.042 5
		E-6	0.253(0.614 7)	1.177(0.278 0)	5.709(0.016 9)*	0.187 3	0.154 2
			0.414(0.519 8)	0.249(0.617 6)	0.245(0.620 4)	0.082 4	0.129 4
			0.222(0.637 7)	0.240(0.623 9)	0.019(0.890 9)	0.072 3	0.094 6
			1.032(0.309 6)	1.035(0.309 0)	0.018(0.893 7)	0.120 4	0.053 1

注：* 表示在 0.05 概率水平上差异显著。

表 12-13　较适合模型间似然比测验

性状	F_2 单世代			4 世代		
	模型	似然比卡方值	差异性	模型	似然比卡方值	差异性
纤维长度	A-0/B-6	0.015 7	不显著	C-0/E-4	7.579	显著
比强度	A-4/B-1	0.008 18	不显著	E-4/E-6	0.056	不显著

为练习起见，对两个性状在如上两种分析水平上各选取的两个模型均估计其成分分布参数，结果列于表 12-14。

(5)最适模型下估计遗传参数。

为对比起见，估计了如上 8 个模型的一阶和二阶遗传参数，结果列于表 12-16。

①一阶遗传参数估计。

根据一阶分布参数与一阶遗传参数的关系，采用最小平方法可估计一阶遗传参数，即遗传效应。下面以纤维长度的 E-4 模型为例说明方法。E-4 遗传模型有 8 个一阶分布参数，分别为 P_1、F_1 和 P_2 世代各 1 个以及 F_2 代 5 个，共 8 个分布均值的估计，用其估计 4 个一阶遗传参数 m、a、$[a]$和$[d]$。E-4 模型下一阶分布参数与一阶遗传参数的关系为：

表 12-14 最适模型下成分分布参数估计值

性状	世代	模型	成分分布参数估计值								
			μ_1	μ_2	μ_3	μ_4	μ_5	μ_6	μ_7	μ_8	σ_9
纤维长度	F_2	A-0 (C)	31.993 2								$\sigma^2=1.458\ 1$
		B-6	32.238 0	31.748 5	31.259 0						$\sigma^2=1.361\ 3$
	4世代	C-0	29.246 9	32.900 0	34.088 6	31.993 2		$\sigma_1^2=\sigma_2^2=\sigma_3^2=0.432\ 0$,			$\sigma_4^2=1.451\ 1$
		E-4	29.189 4	32.777 5	34.024 6	31.239 5	31.715 9	32.192 3	32.668 7	33.145 1	
								$\sigma_1^2=\sigma_2^2=\sigma_3^2=0.439\ 5$,			$\sigma_4^2=1.263\ 9$
比强度	F_2	A-4	30.853 5	29.594 0							$\sigma^2=5.002\ 7$
		B-1	31.531 2	30.763 8	30.354 5	30.029 2	29.754 1	29.529 4	29.359 6	29.239 3	29.156 7
											$\sigma^2=4.895\ 8$
	4世代	E-4	25.594 9	30.776 0	31.705 6	26.846 8	28.280 0	29.713 1	31.146 3	32.579 4	
								$\sigma_1^2=\sigma_2^2=\sigma_3^2=2.845\ 8$,			$\sigma_4^2=3.285\ 8$
		E-6	25.594 6	30.775 5	31.705 4	28.979 9	30.445 6	31.911 4			
								$\sigma_1^2=\sigma_2^2=\sigma_3^2=2.845\ 7$,			$\sigma_4^2=4.511\ 6$

注：4 世代联合分析时，μ_1、μ_2 和 μ_3 依序表示 P_1、F_1 和 P_2 的分布均值。

$$\mu_1=m+2a+[a],\quad \mu_2=m+[d],\quad \mu_3=m-2a-[a]$$

$$\mu_{61}=m+2a+\frac{1}{2}[d],\quad \mu_{62}=m+a+\frac{1}{2}[d],$$

$$\mu_{63}=m+\frac{1}{2}[d],\quad \mu_{64}=m-a+\frac{1}{2}[d],$$

$$\mu_{65}=m-2a+\frac{1}{2}[d]$$

因而有：

分布参数的系数矩阵 $\boldsymbol{X}=\begin{bmatrix}1&2&1&0\\1&0&0&1\\1&-2&-1&0\\1&2&0&1/2\\1&1&0&1/2\\1&0&0&1/2\\1&-1&0&1/2\\1&-2&0&1/2\end{bmatrix}$，未知遗传参数向量 $\boldsymbol{\theta}=\begin{bmatrix}m\\a\\ [a]\\ [d]\end{bmatrix}$

分布参数向量 $\boldsymbol{Y}=\begin{bmatrix}29.189\ 4\\32.777\ 5\\34.024\ 6\\31.239\ 5\\31.715\ 9\\32.192\ 3\\32.668\ 7\\33.145\ 1\end{bmatrix}$

参数向量的最小平方解：$\boldsymbol{\theta}=\begin{bmatrix} m \\ a \\ [a] \\ [d] \end{bmatrix}=(\boldsymbol{X}'\boldsymbol{X})^{-1}\boldsymbol{X}'\boldsymbol{Y}=\begin{bmatrix} 31.6070 \\ -0.4764 \\ -1.4648 \\ 1.1705 \end{bmatrix}$

由于$(\boldsymbol{X}'\boldsymbol{X})^{-1}=\begin{bmatrix} 0.3913 & 0 & 0 & -0.6087 \\ 0 & 0.1 & -0.2 & 0 \\ 0 & -0.2 & 0.9 & 0 \\ -0.6087 & 0 & 0 & 1.3913 \end{bmatrix}$，$S_e=3.2974\times10^{-5}$，据此可对参数估计值进行显著性测验(表 12-15)。

表 12-15　参数估计值的显著性测验

参数	参数估计值	估计值标准误	t 值(p)
m	31.6070	2.0627×10^{-5}	1532312.0
a	−0.4764	1.0427×10^{-5}	45689.1
[a]	−1.4648	3.1282×10^{-5}	46825.7
[d]	1.1705	3.8894×10^{-5}	30094.6

注：t 表示测验值，p 表示概率。

由此可见，E-4 模型下的 4 个遗传参数均极显著。

两性状各遗传模型下一阶遗传参数的估计结果汇总于表 12-16 的下半部。

②二阶遗传参数估计。

各模型二阶遗传参数估计结果列于表 12-16 的下半部。下面举几例说明。

举例 1　由表 12-13，纤维长度在 A-0(＝C 模型，不存在主基因)模型下，F_2 分布方差 $\sigma^2=1.458069\approx1.46$。由表 12-10，环境方差 $\sigma_e^2=(49\times0.40+44\times0.38+46\times0.55)/(49+44+46)=0.44$。则 F_2 代多基因的遗传方差估值为：

$$\sigma_{pg}^2=\sigma_{F_2}^2-\sigma_e^2=1.46-0.44=1.02$$

$$\text{多基因遗传率 } h_{pg}^2=\frac{1.02}{1.46}=0.6986$$

举例 2　纤维长度 E-4 遗传模型下二阶遗传参数估计。由表 12-10、表 12-14 和表 12-16，

$$\sigma_{mg}^2=2\left(\frac{1}{2}\right)a^2=(0.4764)^2=0.2270$$

$$\sigma_{pg(F_2)}^2=\sigma_P^2-\sigma_{mg}^2-\sigma_e^2=1.46-0.2270-0.4395=0.7935$$

$$h_{mg}^2=\sigma_{mg}^2/\sigma_P^2=0.2270/1.46=0.1555$$

$$h_{pg}^2=\sigma_{pg}^2/\sigma_P^2=0.7935/1.46=0.5435$$

$$\sigma_{mg(F_2)}^2/(\sigma_{mg(F_2)}^2+\sigma_{pg(F_2)}^2)=0.2270/(0.2270+0.7935)=0.2224$$

举例 3　比强度 E-6 模型下二阶遗传参数估计。由表 12-10、表 12-14 和表 12-16 中 a、d 的估值，

$$\sigma_e^2=2.8457$$

$$\sigma_{mg(F_2)}^2=2\left(\frac{1}{2}a^2\right)+2\left(\frac{1}{4}d^2\right)=1.5(1.1303)^2=1.9164$$

$$\sigma_{pg(F_2)}^2=\sigma_P^2-\sigma_{mg}^2-\sigma_e^2=5.33-1.9164-2.8457=0.5679$$

$$h^2_{mg(F_2)} = \sigma^2_{mg(F_2)}/\sigma^2_{P(F_2)} = 1.916\,4/5.33 = 0.359\,5$$

$$h^2_{pg(F_2)} = \sigma^2_{pg(F_2)}/\sigma^2_{P(F_2)} = 0.567\,9/5.33 = 0.106\,5$$

$$\sigma^2_{mg(F_2)}/(\sigma^2_{mg(F_2)} + \sigma^2_{pg(F_2)}) = 1.916\,4/(1.916\,4 + 0.567\,9) = 0.771\,4$$

举例 4　比强度 B-1 模型下二阶遗传参数估计：由式(12-21)、表 12-10 和表 12-16，

$$\sigma^2_{mg} = \frac{1}{4}\left[a_A^2 + a_B^2 + i^2 + (a_A + j_{AB})^2 + (a_B + j_{BA})^2 + \left(d_A + \frac{1}{2}l\right)^2 + \left(d_B + \frac{1}{2}l\right)^2 + \frac{1}{4}l^2\right]$$

$$= \frac{1}{4}[(-0.422\,9)^2 + (-0.165\,5)^2 + (-0.723\,1)^2 + (-0.422\,9 - 0.161\,8)^2 + (-0.165\,5 + 0.080\,6)^2 + (0.775\,3 + \frac{1}{2}(-1.797\,7))^2 + (0.478\,4 + \frac{1}{2}(-1.797\,7))^2 + \frac{1}{4}(-1.797\,7)^2] = 2.078\,1$$

环境方差 $\sigma^2_e = 2.89$

$$\sigma^2_{pg(F_2)} = \sigma^2_P - \sigma^2_{mg} - \sigma^2_e = 5.33 - 2.078\,1 - 2.89 = 0.361\,9$$

$$h^2_{mg(F_2)} = \sigma^2_{mg(F_2)}/\sigma^2_{P(F_2)} = 2.078\,1/5.33 = 0.389\,9$$

$$h^2_{pg(F_2)} = \sigma^2_{pg(F_2)}/\sigma^2_{P(F_2)} = 0.361\,9/5.33 = 0.067\,9$$

$$\sigma^2_{mg(F_2)}/(\sigma^2_{mg(F_2)} + \sigma^2_{pg(F_2)}) = 2.078\,1/(2.078\,1 + 0.361\,9) = 0.851\,7$$

表 12-16　遗传参数估计值

遗传参数	纤维长度				比强度			
	F_2		4 世代		F_2		4 世代	
	A-0	B-6	C-0	E-4	A-4	B-1	E-4	E-6
m	31.993 2	31.748 5	31.614 9	31.607 0	30.223 8	30.219 8	28.650 8	27.855 2
a		−0.244 7		−0.476 4	−0.629 7		−1.432 5	−1.130 3
a_A						−0.422 9		
a_B						−0.165 5		
d_A						0.775 3		
d_B						0.478 4		
i						−0.723 1		
j_{AB}						−0.161 8		
j_{BA}						0.080 6		
l						−1.797 7		
$[a]$			−2.420 8	−1.464 8			−0.190 4	0.794 8
$[d]$			1.179 4	1.170 5			2.126 3	5.180 9
σ^2_P	1.46	1.46	1.46	1.46	5.33	5.33	5.33	5.33
σ^2_{mg}		0.089 9		0.227 0	0.327 3	2.078 1	2.052 1	1.916 4
σ^2_{pg}	1.02	0.930 1	1.02	0.793 5	2.112 7	0.361 9	0.432 1	0.567 9
σ^2_e	0.44	0.44	0.44	0.439 5	2.89	2.89	2.845 8	2.845 7
h^2_{mg}		0.061 6		0.155 5	0.061 4	0.389 9	0.385 0	0.359 5
h^2_{pg}	0.698 6	0.637 1	0.698 6	0.543 5	0.396 4	0.067 9	0.081 1	0.106 5
σ^2_{mg}/σ^2_G	0.000 0	0.088 1	0.000 0	0.222 4	0.134 1	0.851 7	0.826 1	0.771 4

注：A-0 为无主基因模型，A-4 为一对负向完全显性主基因模型，B-1 为两对加-显-上主基因遗传模型，B-6 为两对等显性主基因模型，C-0 为加-显-上多基因遗传模型，E-4 为两对等加性主基因＋加显多基因模型，E-6 为两对等显主基因＋加-显多基因模型。a、d、$[a]$、$[d]$分别代表主基因加性效应、主基因显性效应、多基因加性效应和多基因显性效应。σ^2_P 为群体表型方差，h^2_{mg} 为主基因遗传率，h^2_{pg} 为多基因遗传率。σ^2_{mg}/σ^2_G 表示主基因方差占总遗传方差的比例，$\sigma^2_G = \sigma^2_{mg} + \sigma^2_{pg}$。遗传参数 a 的含义见表 12-18。

(6)小结与评注。

①从以上分析结果可以看出：该棉花杂交组合纤维长度的遗传基本属多基因控制，但从E-4模型下 h^2_{mg} 和 σ^2_{mg}/σ^2_G 分别等于0.155 5和0.222 4来看，该组含纤维长度的遗传有可能存在主基因。②纤维比强度的遗传受两对主基因控制，同时存在多基因对主基因的修饰，主基因的方差占总遗传方差的绝大部分(注：后来的分子标记分析在该组合的比强度性状上鉴别出两个QTL)。③从分析结果看，单一 F_2 分离世代分析外加不分离世代辅助估计环境方差的结果不及 $P_1+P_2+F_1+F_2$ 4世代联合分析的结果稳定。④采用多世代联合分析的结果应多取几组数据进行对比，对于具体基因作用的方式更需多种分析方式(包括分子标记分析方法的应用)综合对比，方可得出合理的结论。

(7) F_2 世代个体的后验概率及其基因型判别。

依式(12-35)可计算分离世代各个体的后验概率，并判断其基因型。表12-17所列为 F_2 群体内4个单株在E-4模型(两对等加性主基因+加-显多基因)下比强度基因型的判别结果。下面以单株G143(比强度＝24.00(cN/tex))说明后验概率的计算方法：

$$\theta=(p_1,p_2,p_3,p_4,p_5,\mu_1,\mu_2,\mu_3,\mu_4,\mu_5,\sigma^2)$$

IECM迭代计算收敛时得到如下参数估值：

$$\theta^{(收敛时)}=(0.0625,\ 0.25,\ 0.375,\ 0.25,\ 0.0625,\ 26.846846,\ 28.279980,\ 29.713116,\ 31.146250,\ 32.579384,\ 3.285755)$$

$$p_1^{(收敛时)}f_1^{(收敛时)}=\frac{0.0625}{\sqrt{2\pi\times3.285755}}\exp\frac{-(24.00-26.846846)^2}{2\times3.285755}=0.0040084$$

$$p_2^{(收敛时)}f_2^{(收敛时)}=\frac{0.25}{\sqrt{2\pi\times3.285755}}\exp\frac{-(24.00-28.27998)^2}{2\times3.285755}=0.0033887$$

$$p_3^{(收敛时)}f_3^{(收敛时)}=\frac{0.375}{\sqrt{2\pi\times3.285755}}\exp\frac{-(24.00-29.713116)^2}{2\times3.285755}=0.0005750$$

$$p_4^{(收敛时)}f_4^{(收敛时)}=\frac{0.25}{\sqrt{2\pi\times3.285755}}\exp\frac{-(24.00-31.14625)^2}{2\times3.285755}=0.0000232$$

$$p_5^{(收敛时)}f_5^{(收敛时)}=\frac{0.0625}{\sqrt{2\pi\times3.285755}}\exp\frac{-(24.00-32.579384)^2}{2\times3.285755}=0.0000002$$

$$\sum_1^5 p_i^{(收敛时)}f_i^{(收敛时)}=0.0040084+0.0033887+0.0005750+0.0000232+0.0000002=0.0079955$$

$$w_1^{(收敛时)}=0.0040084/0.0079955=0.5013331$$

$$w_2^{(收敛时)}=0.0033887/0.0079955=0.4238273$$

$$w_3^{(收敛时)}=0.0005750/0.0079955=0.0719136$$

$$w_4^{(收敛时)}=0.0000232/0.0079955=0.0029026$$

$$w_5^{(收敛时)}=0.0000002/0.0079955=0.0000235$$

可以看出，由于E-4模型需对每个个体判别其5类基因型(AABB，AABb＋AaBB，AAbb＋AaBb＋aaBB，Aabb＋aaBb，aabb)的归属，其概率界线不十分清晰，该结果没有实用价值，如上计算仅为说明方法。

表 12-17 F_2 群体内 4 个单株比强度的贝叶斯分组及基因型判断

F_2 个体编号	比强度 (cN/tex)	后验概率 $w_{ij}^{(收敛时)}$				
		AABB	AABb+AaBB	AAbb+AaBb+aaBB	Aabb+aaBb	aabb
G143	24.00	0.501 333 1	0.423 827 3	0.071 913 6	0.002 902 6	0.000 023 5
G158	30.00	0.017 857 8	0.206 745 6	0.480 403 5	0.265 535 4	0.029 457 7
G107	33.60	0.000 311 3	0.017 328 9	0.193 584 4	0.514 416 1	0.274 359 2
G021	37.30	0.000 001 3	0.000 355 7	0.019 957 8	0.266 334 7	0.713 350 4

如上分离分析方法所得结果，可以帮助育种家认识性状的遗传特点，如主多基因的相对重要性，基因作用方式、效应大小和遗传复杂程度等，对于育种策略和方式的制定有应用价值。但其鉴别精度受试验设计、群体大小、测量误差和统计方法等因素的影响。一般情况下，以上方法能鉴别效应较大且在群体中分离对数较少的主基因。

(五) 多世代联合的数量性状分离分析

1. 遗传模型及其成分分布参数估计

多世代联合分析可以利用更多的遗传信息。下面以 $P_1, F_1, P_2, B_1, B_2, F_2$ 6 世代的联合分析为例介绍多世代的联合分离分析(a joint segregation analysis)。基本假设同前，世代编码见表 12-5。利用 6 世代共可构建 5 类 24 个遗传模型，汇总于表 12-18。

表 12-18 6 世代联合分析各遗传模型中的成分分布数及其估计的遗传参数

模型分类	模型	成分分布个数	独立参数个数	一阶遗传参数	二阶分布参数
1 对主基因	A-1	10	4	m, a, d	σ^2
	A-2	10	3	$m, a, (d=0)$	σ^2
	A-3	8	3	$m, a, (d=a)$	σ^2
	A-4	8	3	$m, a, (d=-a)$	σ^2
2 对主基因	B-1	20	10	$m, a_A, a_B, d_A, d_B, i, j_{AB}, j_{BA}, l$	σ^2
	B-2	20	6	m, a_A, a_B, d_A, d_B	σ^2
	B-3	20	4	$m, a_A, a_B (d_A=d_B=0)$	σ^2
	B-4	14	3	$m, a(=a_A=a_B)$	σ^2
	B-5	12	4	$m, a_A(=d_A), a_B(=d_B)$	σ^2
	B-6	10	3	$m, a(a_A=a_B=d_A=d_B)$	σ^2
多基因	C-0	6	10	$m, [a], [d], [i], [j], [l]$	$\sigma_4^2, \sigma_5^2, \sigma_6^2, \sigma^2$
	C-1	6	7	$m, [a], [d]$	$\sigma_4^2, \sigma_5^2, \sigma_6^2, \sigma^2$
1 对主基因+多基因	D-0	10	12	$m, a, d, [a], [d], [i], [j], [l]$	$\sigma_4^2, \sigma_5^2, \sigma_6^2, \sigma^2$
	D-1	10	9	$m, a, d, [a], [d]$	$\sigma_4^2, \sigma_5^2, \sigma_6^2, \sigma^2$
	D-2	10	8	$m, a(d=0), [a], [d]$	$\sigma_4^2, \sigma_5^2, \sigma_6^2, \sigma^2$
	D-3	8	8	$m, a\ (=d), [a], [d]$	$\sigma_4^2, \sigma_5^2, \sigma_6^2, \sigma^2$
	D-4	8	8	$m, a(=-d), [a], [d]$	$\sigma_4^2, \sigma_5^2, \sigma_6^2, \sigma^2$
2 对主基因+多基因	E-0	20	18	$m, a_A, a_B, d_A, d_B, i, j_{AB}, j_{BA}, l, [a], [d], [i], [j], [l]$	$\sigma_4^2, \sigma_5^2, \sigma_6^2, \sigma^2$
	E-1	20	15	$m, a_A, a_B, d_A, d_B, i, j_{AB}, j_{BA}, l, [a], [d]$	$\sigma_4^2, \sigma_5^2, \sigma_6^2, \sigma^2$
	E-2	20	11	$m, a_A, a_B, d_A, d_B, [a], [d]$	$\sigma_4^2, \sigma_5^2, \sigma_6^2, \sigma^2$
	E-3	20	9	$m, a_A, a_B, (d_A=d_B=0), [a], [d]$	$\sigma_4^2, \sigma_5^2, \sigma_6^2, \sigma^2$
	E-4	14	8	$m, a(=a_A=a_B, d_A=d_B=0), [a], [d]$	$\sigma_4^2, \sigma_5^2, \sigma_6^2, \sigma^2$
	E-5	12	9	$m, a_A(=d_A), a_B(=d_B), [a], [d]$	$\sigma_4^2, \sigma_5^2, \sigma_6^2, \sigma^2$
	E-6	10	8	$m, a(a_A=a_B=d_A=d_B), [a], [d]$	$\sigma_4^2, \sigma_5^2, \sigma_6^2, \sigma^2$

下面以 A_1 和 D_0 模型为例简要介绍之。

(1)一对主基因加-显遗传模型(A-1 模型)的 6 世代联合分离分析。

一对主基因情况下 6 家系群体的一般分布形式为：

$$\left.\begin{aligned}&P_1: y_{1j} \sim N(\mu_1, \sigma^2)\\&F_1: y_{2j} \sim N(\mu_2, \sigma^2)\\&P_2: y_{3j} \sim N(\mu_3, \sigma^2)\\&B_1: y_{4j} \sim \frac{1}{2}N(\mu_{41}, \sigma_4^2) + \frac{1}{2}N(\mu_{42}, \sigma_4^2)\\&B_2: y_{5j} \sim \frac{1}{2}N(\mu_{51}, \sigma_5^2) + \frac{1}{2}N(\mu_{52}, \sigma_5^2)\\&F_2: y_{6j} \sim \frac{1}{4}N(\mu_{61}, \sigma_6^2) + \frac{1}{2}N(\mu_{62}, \sigma_6^2) + \frac{1}{4}N(\mu_{63}, \sigma_6^2)\end{aligned}\right\} \tag{12-37a}$$

在某些特殊情况下，该一般分布形式的某些成分分布可能相同。例如，A组模型(表12-18)只有一个主基因而无多基因，其成分分布间有如下关系(构成了一阶分布参数间的约束条件)：

$$\begin{aligned}N(\mu_1, \sigma^2) &= N(\mu_{41}, \sigma_4^2) = N(\mu_{61}, \sigma_6^2)\\N(\mu_2, \sigma^2) &= N(\mu_{42}, \sigma_4^2) = N(\mu_{51}, \sigma_5^2) = N(\mu_{62}, \sigma_6^2)\\N(\mu_3, \sigma^2) &= N(\mu_{52}, \sigma_5^2) = N(\mu_{63}, \sigma_6^2)\end{aligned}$$

因而 6 个世代只有 3 个成分分布，4 个独立的成分分布参数(μ_1、μ_2、μ_3 和 σ^2)。各成分分布平均值的遗传组成如下：

$$\left.\begin{aligned}\mu_1 &= \mu_{41} = \mu_{61} = m + a\\\mu_2 &= \mu_{42} = \mu_{51} = \mu_{62} = m + d\\\mu_3 &= \mu_{52} = \mu_{63} = m - a\end{aligned}\right\} \tag{12-37b}$$

由此可得 m,a,d 的估值。

完全数据的对数似然函数为：

$$\begin{aligned}L_c(y_j;\theta) = &\sum_{i=1}^{3}\sum_{j=1}^{n_i}\ln f(y_{ij};\mu_i,\sigma^2) + \sum_{t=1}^{2}\sum_{j=1}^{n_4} p_{4jt}\ln f(y_{4j};\mu_{4t},\sigma^2) +\\&\sum_{t=1}^{2}\sum_{j=1}^{n_5} p_{5jt}\ln f(y_{5j};\mu_{5t},\sigma^2) + \sum_{t=1}^{3}\sum_{j=1}^{n_6} p_{6jt}\ln f(y_{6j};\mu_{6t},\sigma^2)\end{aligned} \tag{12-38}$$

式中：$i = 1$、2、3 分别为 P_1、F_1 和 P_2 世代；t 为分离世代的成分分布，B_1、B_2 和 F_2 世代的成分分布数分别为 $t = 1$、2，$t = 1$、2 和 $t = 1$、2、3。

计算各成分分布参数的偏导数并令其为 0，可以得到分布参数估计值：

$$\left.\begin{aligned}&\mu_1 = \mu_{41} = \mu_{61} = \frac{\sum y_{1j} + \sum w_{4j1}y_{4j} + \sum w_{6j1}y_{6j}}{n_1 + \sum w_{4j1} + \sum w_{6j1}}\\&\mu_2 = \mu_{42} = \mu_{51} = \mu_{62} = \frac{\sum y_{2j} + \sum w_{4j2}y_{4j} + \sum w_{5j1}y_{5j} + \sum w_{6j2}y_{6j}}{n_2 + \sum w_{4j2} + \sum w_{5j1} + \sum w_{6j2}}\\&\mu_3 = \mu_{52} = \mu_{63} = \frac{\sum y_{3j} + \sum w_{5j2}y_{5j} + \sum w_{6j3}y_{6j}}{n_3 + \sum w_{5j2} + \sum w_{6j3}}\\&\sigma^2 = \Big[\sum_{i=1}^{3}\sum_{j=1}^{n_i}(y_{ij} - \mu_i)^2 + \sum_{t=1}^{2}\sum_{j=1}^{n_4} w_{4jt}(y_{4j} - \mu_{4t})^2 +\\&\qquad\sum_{t=1}^{2}\sum_{j=1}^{n_5} w_{5jt}(y_{5j} - \mu_{5t})^2 + \sum_{t=1}^{3}\sum_{j=1}^{n_6} w_{6jt}(y_{6j} - \mu_{6t})^2\Big]\Big/\sum_{i=1}^{6} n_i\end{aligned}\right\} \tag{12-39}$$

(2)一对加-显主基因＋加-显-上多基因遗传模型(D_0 模型)的 6 世代联合分离分析。

6 家系群体的一般分布形式见式(12-37a)。P_1、P_2 和 F_1 群体均为单峰正态曲线；B_1 和 B_2 均为 1∶1 的两条正态曲线的混合分布；F_2 群体的分布为 1∶2∶1 的三条正态曲线的混合分布。6 群体中共有 10 种成分分布。对于单个主基因和多基因混合遗传模型，如果所有遗传效应均存在，则这 10 种成分分布各不相同，模型中共有 14 个独立的分布参数($\mu_1,\mu_2,\mu_3,\sigma^2,\mu_{41},\mu_{42},\sigma_4^2,\mu_{51},\mu_{52},\sigma_5^2,\mu_{61},\mu_{62},\mu_{63}$ 和 σ_6^2)。由 10 个一阶分布参数估计 8 个一阶遗传参数($m,a,d,[a],[d],[i],[j],[l]$)，因而一阶分布参数间有两个约束条件：

$$g_1 = \mu_{41} - \mu_{42} - \mu_{61} + \mu_{62} = 0$$

$$g_2 = \mu_{51} - \mu_{52} - \mu_{62} + \mu_{63} = 0$$

由 6 个家系群体构建对数极大似然函数：

$$\begin{aligned}Lc(y_j;\theta) = {} & \sum \ln f(y_{1j};\mu_1,\sigma^2) + \sum \ln f(y_{2j};\mu_2,\sigma^2) + \sum \ln f(y_{3j};\mu_3,\sigma^2) + \\ & \sum [w_{4j1}\ln f(y_{4j};\mu_{41},\sigma_4^2) + w_{4j2}\ln f(y_{4j};\mu_{42},\sigma_4^2)] + \\ & \sum [w_{5j1}\ln f(y_{5j};\mu_{51},\sigma_5^2) + w_{5j2}\ln f(y_{5j};\mu_{52},\sigma_5^2)] + \\ & \sum [w_{6j1}\ln f(y_{6j};\mu_{61},\sigma_6^2) + w_{6j2}\ln f(y_{6j};\mu_{62},\sigma_6^2) + \\ & w_{6j3}\ln f(y_{6j};\mu_{63},\sigma_6^2)]\end{aligned} \tag{12-40}$$

式中：$\sum$ 为对所有个体求总和，$f(y_{ij};\mu_i,\sigma^2)$ 为正态分布 $N(\mu,\sigma^2)$ 的密度函数，w_{4j1}、w_{4j2}、w_{5j1}、w_{5j2}、w_{6j1}、w_{6j2} 和 w_{6j3} 为 B_1、B_2 和 F_2 群体取初始参数值时的后验概率。

由于有两个约束条件，需利用拉格朗日乘数法则，构建拉格朗日(Lagrange) 函数 L：$L = Lc(y_j;\theta) + \sum_{m=1}^{2}\lambda_m g_m$。计算 L 对各成分分布参数的偏导数并令偏导数等于0，得到 n 个方程(n 为待估的分布参数的个数)。这 n 个方程与 m 个约束条件方程联立即可解出 $n+m$ 个未知数(10 个 μ，4 个 σ^2，2 个 λ)。其中：

$$\left.\begin{aligned}&\mu_i = \frac{\sum y_{ij}}{n_i} = \frac{S_i}{N_i}(i=1,2,3),\mu_{41} = \frac{S_{41}-\lambda_1\sigma_4^2}{N_{41}},\mu_{42} = \frac{S_{42}+\lambda_1\sigma_4^2}{N_{42}}\\ &\mu_{51} = \frac{S_{51}-\lambda_2\sigma_5^2}{N_{51}},\mu_{52} = \frac{S_{52}+\lambda_2\sigma_5^2}{N_{52}},\mu_{61} = \frac{S_{61}+\lambda_1\sigma_6^2}{N_{61}}\\ &\mu_{62} = \frac{S_{62}-(\lambda_1-\lambda_2)\sigma_6^2}{N_{62}},\mu_{63} = \frac{S_{63}-\lambda_2\sigma_6^2}{N_{63}}\\ &\sigma_i^2 = \frac{\sum_{t=1}^{k_i}\sum_{j=1}^{n_i}w_{ijt}(y_{ij}-\mu_{it})^2}{n_i}\quad(i=4,5,6)\\ &\sigma^2 = \frac{\sum_{i=1}^{3}\sum_{j=1}^{n_i}(y_{ij}-\mu_i)^2 + \sum_{i=4}^{6}c_i^2\sum_{t=1}^{k_i}\sum_{j=1}^{n_i}w_{ijt}(y_{ij}-\mu_{it})^2}{\sum_{i=1}^{3}n_i + \sum_{i=4}^{6}c_i\sum_{t=1}^{k_i}\sum_{j=1}^{n_i}w_{ijt}}\end{aligned}\right\} \tag{12-41}$$

式中：$S_{it}=\sum_{i=1}^{n_i} w_{ijt}y_{ij}$，$N_{it}=\sum_{i=1}^{n_i} w_{ijt}$，$c_i=\frac{\sigma^2}{\sigma_i^2}$，$k_i$ 为第 i 群体的成分分布个数，λ_m 为第 m 个拉格朗日乘数(待估常数)，g_m 为一阶分布参数间的第 m 个约束条件。λ_m 可随求解 $n+m$ 个联立方程时与分布参数一并解得。

2. 选择最合适的遗传模型

用 Akaike 的信息标准、似然比测验和适合性测验选择最适合的遗传模型。

3. 估计遗传参数

由成分分布的估值获得相关的遗传参数估计值，包括主、多基因的各种遗传效应和遗传方差。

(1)一阶遗传参数(效应)估计。各项遗传效应可根据各成分分布均值的理论遗传组成，采用最小二乘法由如下公式求得(Mather 和 Jinks，1982)：

$$\left.\begin{aligned}
&\mu_1=m+a+[a]+[i],\mu_2=m+d+[d]+[l]\\
&\mu_3=m-a-[a]+[i]\\
&\mu_{41}=m+a+\frac{1}{2}[a]+\frac{1}{2}[d]+\frac{1}{4}[i]+\frac{1}{4}[j]+\frac{1}{4}[l]\\
&\mu_{42}=m+d+\frac{1}{2}[a]+\frac{1}{2}[d]+\frac{1}{4}[i]+\frac{1}{4}[j]+\frac{1}{4}[l]\\
&\mu_{51}=m+d-\frac{1}{2}[a]+\frac{1}{2}[d]+\frac{1}{4}[i]-\frac{1}{4}[j]+\frac{1}{4}[l]\\
&\mu_{52}=m-a-\frac{1}{2}[a]+\frac{1}{2}[d]+\frac{1}{4}[i]-\frac{1}{4}[j]+\frac{1}{4}[l]\\
&\mu_{61}=m+a+\frac{1}{2}[d]+\frac{1}{4}[l]\\
&\mu_{62}=m+d+\frac{1}{2}[d]+\frac{1}{4}[l]\\
&\mu_{63}=m-a+\frac{1}{2}[d]+\frac{1}{4}[l]
\end{aligned}\right\}\tag{12-42}$$

式中：m 为群体均值，a 和 d 为主基因的加性和显性效应，$[a]$、$[d]$、$[i]$、$[j]$、$[l]$分别为多基因的加性、显性、加×加、加×显和显×显上位性效应。

对于多世代分离群体的联合分离分析方法(盖钧镒等，2003)采用 3 套可执行程序：

①SIN _ A. EXE、SIN _ B1. EXE、SIN _ B2. EXE、SIN _ C. EXE、SIN _ D1. EXE、SIN _ D2. EXE、SIN _ E. EXE、SIN _ E1. EXE、SIN _ E2. EXE、SIN _ E3. EXE、SIN _ E4. EXE、SIN _ E5. EXE和 SIN _ E6. EXE 用于 P_1、F_1、P_2、B_1、B_2 和 F_2 世代的联合分离分析。

②MIX _ A. EXE、MIX _ B1. EXE、MIX _ B2. EXE、MIX _ C. EXE、MIX _ D1. EXE、MIX _D2. EXE、MIX _ E. EXE、MIX _ E1. EXE、MIX _ E2. EXE、MIX _ E3. EXE、MIX _ E4. EXE、MIX _ E5. EXE 和 MIX _ E6. EXE 用于 P_1、F_1、P_2、F_2 和 $F_{2:3}$世代的联合分离分析。

③Fami _ A. EXE、Fami _ B1. EXE、Fami _ B2. EXE、Fami _ C. EXE、Fami _ D1. EXE、Fami _ D2. EXE、Fami _ E. EXE、Fami _ E1. EXE、Fami _ E2. EXE、Fami _ E3. EXE、Fami _ E4. EXE、Fami _ E5. EXE 和 Fami _ E6. EXE 用于 P_1、F_1、P_2、$B_{1:2}$、$B_{2:2}$和 $F_{2:3}$世代的联合分离分析。

(2)二阶遗传参数(方差)估计。各分离世代(B_1、B_2 和 F_2)的表型方差直接由观测值估计，不分离世代(P_1、P_2 和 F_1)的表型方差 σ^2 可视为环境方差 σ_e^2。当遗传模型中包括多基因效应时，各分离世代成分分布方差均由多基因方差（σ_{pg}^2）和环境方差（σ_e^2）组成。于是对于 B_1 群体，$\sigma_{P(B_1)}^2=\sigma_{mg(B_1)}^2+\sigma_{pg(B_1)}^2+\sigma_e^2$，$\sigma_4^2$ 为 B_1 世代的成分方差，$\sigma_4^2=\sigma_{pg(B_1)}^2+\sigma_e^2$。因此 $\sigma_{mg(B_1)}^2=\sigma_{P(B_1)}^2-\sigma_4^2$，$\sigma_{pg(B_1)}^2=\sigma_4^2-\sigma_e^2$，$h_{mg}^2=\sigma_{mg}^2/\sigma_P^2$，$h_{pg}^2=\sigma_{pg}^2/\sigma_P^2$。同理可算得 B_2 和 F_2 代的 σ_{mg}^2，σ_{pg}^2，h_{mg}^2 和 h_{pg}^2。

4. 根据后验概率判断分离群体中每个个体的基因型，依基因型对个体分组

对于模型 D_0，B_1、B_2 和 F_2 中个体的后验概率为：

$$\left.\begin{aligned}B_1:w_{4j1}&=f(y_{4j};\mu_{41},\sigma_4^2)/[f(y_{4j};\mu_{41},\sigma_4^2)+f(y_{4j};\mu_{42},\sigma_4^2)]\\ w_{4j2}&=f(y_{4j};\mu_{42},\sigma_4^2)/[f(y_{4j};\mu_{41},\sigma_4^2)+f(y_{4j};\mu_{42},\sigma_4^2)]\end{aligned}\right\}\tag{12-43a}$$

$$\left.\begin{aligned}B_2:w_{5j1}&=f(y_{5j};\mu_{51},\sigma_5^2)/[f(w_{5j};\mu_{51},\sigma_5^2)+f(y_{5j};\mu_{52},\sigma_5^2)]\\ w_{5j2}&=f(y_{5j};\mu_{52},\sigma_5^2)/[f(y_{5j};\mu_{51},\sigma_5^2)+f(y_{5j};\mu_{52},\sigma_5^2)]\end{aligned}\right\}\tag{12-43b}$$

$$\left.\begin{aligned}F_2:w_{6j1}&=f(y_{6j};\mu_{61},\sigma_6^2)/[f(y_{6j};\mu_{61},\sigma_6^2)+2f(y_{6j};\mu_{62},\sigma_6^2)+f(y_{6j};\mu_{63},\sigma_6^2)]\\ w_{6j2}&=f(y_{6j};\mu_{62},\sigma_6^2)/[f(y_{6j};\mu_{61},\sigma_6^2)+2f(y_{6j};\mu_{62},\sigma_6^2)+f(y_{6j};\mu_{63},\sigma_6^2)]\\ w_{6j3}&=f(y_{6j};\mu_{63},\sigma_6^2)/[f(y_{6j};\mu_{61},\sigma_6^2)+2f(y_{6j};\mu_{62},\sigma_6^2)+f(y_{6j};\mu_{63},\sigma_6^2)]\end{aligned}\right\}\tag{12-43c}$$

例 12.3 水稻杂交组合南京 6 号×广丛，对 P_1、F_1、P_2、B_1，B_2 和 $F_2$6 世代作株高调查，6 世代株高的次数分布列于表 12-19。依如上 6 世代主多基因联合分离分析的程序对该资料进行了分析，结果如下（盖钧镒，2003）。

表 12-19 水稻南京 6 号(P_1)×广丛(P_2)的回交世代 B_1 和 B_2 株高次数分布 cm

	80～85	85～90	90～95	95～100	100～105	105～110	110～115	115～120	120～125	125～130	130～135	135～140	140～145	145～150	150～155	155～160	160～165	165～170	170～175	175～180	180～185
P_1															4	5	32	22	2		
F_1													3	17	8	4					
P_2			1	11	13	18	5														
B_1													20	14	24	13	12	3			
B_2	1	10	18	27	18	11	2					1	3	14	19	22	11	4	1		
F_2	5	9	15	13	13	11	14	14	8	2	9	9	41	30	69	85	72	50	23	6	2

表 12-20 用 IECM 算法估计各种遗传模型的极大对数似然函数值和 *AIC* 值

模型	极大对数似然值	*AIC* 值	模型	极大对数似然值	*AIC* 值
A-1	−3 257.94	6 523.87	D	−3 185.95	6 395.90
A-2	−3 460.48	6 926.97	D-1	−3 185.30	6 388.60
A-3	−3 300.69	6 607.37	D-2	−3 185.30	6 386.60
A-4	−3 631.70	7 269.40	D-3	−3 264.98	6 545.97
B-1	−3 224.81	6 469.63	D-4	−3 422.24	6 860.48
B-2	−3 225.94	6 463.88	E	−3 185.93	6 407.87
B-3	−3 381.16	6 770.32	E-1	−3 183.80	6 397.60
B-4	−3 422.23	6 864.46	E-2	−3 172.06	6 366.12
B-5	−3 444.06	6 902.12	E-3	−3 226.75	6 471.50
B-6	−3 389.06	6 784.12	E-4	−3 254.51	6 525.03
C	−3 287.47	6 582.93	E-5	−3 195.23	6 408.46
C-1	−3 290.65	6 587.30	E-6	−3 337.26	6 690.51

从表 12-20 看，该资料以 E-2 模型（两对主基因加显＋多基因遗传模型）的 AIC 值为最小。进一步对 E-2 模型作适合性检验（表 12-21），5 个适合性指标在 6 个试验世代均未达显著水平，说明该模型为解释试验数据的最佳最合适遗传模型。E-2 模型下成分分布参数的极大似然估计值列于表 12-22，由成分分布参数估计的遗传参数列于表 12-23。

表 12-21　E-2 模型的适合性测验

世代	U_1^2	U_2^2	U_3^2	$_nW^2$	D_n
P_1	0.48(0.49)	0.20(0.65)	0.82(0.37)	0.196(>0.05)	0.143(>0.05)
F_1	0.20(0.65)	0.61(0.44)	1.89(0.17)	0.199(>0.05)	0.178(>0.05)
P_2	0.20(0.89)	0.16(0.69)	1.06(0.30)	0.118(>0.05)	0.116(>0.05)
B_1	0.00(0.96)	0.03(0.88)	0.19(0.66)	0.088(>0.05)	0.100(>0.05)
B_2	0.10(0.76)	0.03(0.87)	0.29(0.59)	0.040(>0.05)	0.068(>0.05)
F_2	0.00(0.99)	0.00(1.00)	0.00(0.97)	0.049 (>0.05)	0.037(>0.05)

表 12-22　E-2 模型成分分布参数的极大似然估计值

参数	估计值	参数	估计值	参数	估计值	参数	估计值
μ_1	162.54	μ_{44}	146.76	μ_{62}	156.49	μ_{68}	102.26
μ_2	148.49	μ_{51}	154.56	μ_{63}	147.95	μ_{69}	93.73
μ_3	103.70	μ_{52}	146.03	μ_{64}	162.35	σ^2	19.23
μ_{41}	164.27	μ_{53}	106.17	μ_{65}	150.66	σ_4^2	22.69
μ_{42}	152.58	μ_{54}	97.63	μ_{66}	142.12	σ_5^2	44.08
μ_{43}	158.45	μ_{61}	168.18	μ_{67}	113.95	σ_6^2	48.36

表 12-23　E-2 模型下水稻南京 6 号（P_1）×广丛（P_2）株高的遗传参数估计值

一阶参数	估计值	二阶参数	B_1	B_2	F_2
m	133.12	σ_P^2	53.11	853.26	563.86
a_A	27.11	σ_{mg}^2	42.65	603.78	532.55
a_B	10.11	σ_{pg}^2	3.46	24.85	29.13
d_A	21.28	σ^2	19.23	19.23	19.23
d_B	−1.58	h_{mg}^2（%）	80.31	70.76	94.45
d_A/a_A	0.785	h_{pg}^2（%）	8.07	3.01	5.31
d_B/a_B	−0.156	σ_{mg}^2/σ_G^2（%）	92.49	96.05	94.81
$[a]$	−7.81				
$[d]$	−4.34				

注：$\sigma_G^2=\sigma_{mg}^2+\sigma_{pg}^2$。

结论：该组合株高的遗传符合主多基因遗传模式，受两对主基因控制，并有多基因的修饰作用。主基因解释了总遗传变异的 90%以上，解释了分离世代总表型变异的 70%～90%。

复习思考题

1. 为什么要认识和鉴别控制数量性状的基因，其意义何在？传统的数量遗传学是怎样研究数量性状基因的，其作用何在，其局限性在哪里？

2. 研究数量性状主多基因遗传体系的基本方法有哪两类？各自的特点何在？（结合第十三章）

3.什么是主基因,其特点有哪些?鉴别主基因的方法有几种?

4.莫惠栋提出的主基因基因型后裔测验鉴别法的基本思路是怎样的?该方法是怎样判断主基因的存在以及怎样估计主基因作用大小?

5.何为主基因基因型后裔测验鉴别法?为什么对于质量-数量性状的遗传分析,可转换为基于估计多个正态分布参数的分析?该法的遗传假设有哪些,是怎样进行似然比测验的?试根据例 12.1 所给的条件复算例 12.1。

6.主基因基因型后裔测验鉴别法和主基因的似然比鉴别法(w 鉴别法)的主要不同之点在哪里?该 2 种方法的应用价值和局限何在?

7.何为植物数量性状遗传体系主基因-多基因混合遗传模型分离分析法?其基本思路和分析程序如何?

8.主-多基因混合遗传模型分离分析法的基本假设有哪些?这些假设和建立遗传模型的具体假定有何不同,试举例说明。

9.利用单一分离世代进行主-多基因混合遗传模型分离分析时,常用的分离群体有哪些,各有什么特点,其局限性何在?

10.试简述采用单个分离世代进行主多基因分离分析的基本步骤,其中每一步骤各解决什么问题?

11.试根据所给条件复算例 12.2。试从例 12.2 理解如何选择适合的遗传模型,以及如何进行分析结果的解释。

12.怎样由分布参数估计一阶遗传参数?怎样估计二阶遗传参数?遗传模型中包括和不包括多基因效应时二阶遗传参数的估计方法有何不同?试举例说明。

13.怎样进行分离世代个体的后验概率及其基因型判别,试复算例 12.1 和例 12.2 的有关部分。

14.怎样进行多世代联合的数量性状分离分析?试简述 1 对加-显主基因+加-显-上多基因遗传模型的联合分离分析。

参 考 文 献

1 盖钧镒,章元明,王建康.植物数量性状遗传体系.北京:科学出版社,2003

2 盖钧镒,王建康.大豆对豆秆黑潜蝇抗性的主基因+多基因遗传.见:全国作物育种学术讨论会论文集.北京:中国农业科技出版社,1998,241~248

3 盖钧镒.QTL 混合遗传模型扩展至 2 对主基因+多基因时的多世代联合分析.作物学报,2000,26(4):385~391

4 盖钧镒.试验统计方法.北京:中国农业出版社,2000

5 盖钧镒,王建康.利用回交世代鉴定数量性状主基因-多基因混合遗传模型.遗传,1998,20(增刊):110~111

6 盖钧镒,王建康.利用回交或 $F_{2:3}$ 家系世代鉴定数量性状主基因-多基因混合遗传模型.作物学报,1998,24(4):402~409

7 盖钧镒,章元明,王建康.利用回交 B_1 和 B_2 及 F_2 群体鉴定数量性状两对主基因+多基因混合遗传模型.生物数学学报,2000,15(3):358~366

8 姜长鉴,莫惠栋.质量-数量性状的遗传分析 Ⅳ.极大似然法的应用.作物学报,1995,21(6):641~648

9 莫惠栋.质量-数量性状的遗传分析Ⅰ.遗传组成和主基因的鉴别.作物学报,1993a,19(1):1~6

10　莫惠栋. 质量-数量性状的遗传分析Ⅱ. 世代平均数和遗传方差. 作物学报，1993b，19(3)：193～200
11　莫惠栋，徐辰武. 质量-数量性状的遗传分析 Ⅲ. 受三倍体遗传控制的胚乳性状. 作物学报，1994，20(5)：513～519
12　王建康. 数量性状主基因-多基因混合遗传模型的鉴别和遗传参数估计研究：[博士学位论文]. 南京：南京农业大学，1996
13　王建康，盖钧镒. 主基因-多基因混合遗传分析中的EM算法. 生物数学学报，1997，12(5)：540～548
14　王建康，盖钧镒. 利用杂种 F_2 世代鉴定数量性状主基因-多基因混合遗传模型并估计其遗传效应. 遗传学报，1997，24(5)：432～440
15　王建康，盖钧镒. 数量性状主基因-多基因混合遗传的 P_1、P_2、F_1、F_2 和 $F_{2:3}$ 的联合分析方法. 作物学报，1998，24(6)：651～659
16　王建康，盖钧镒. 混合分布理论及应用. 生物数学学报，1995，10(4)：87～92
17　王建康，盖钧镒. 利用图形分析鉴定数量性状遗传体系中的主基因. 遗传，1998，20(增刊)：139～140
18　徐辰武，莫惠栋. 胚乳性状的质量-数量遗传分析. 江苏农学院学报，1995，16(1)：9～12
19　徐辰武，莫惠栋. 籼稻米糊化温度的质量-数量遗传分析. 作物学报，1996，22(4)：386～391
20　章元明，盖钧镒. 利用 P_1、P_2、F_1、F_2 和 $F_{2:3}$ 家系五世代联合分析的拓展. 生物数学学报，2002，17(3)：363～368
21　章元明，等. 利用 P_1、P_2、F_1、F_2 或 $F_{2:3}$ 世代联合的数量性状分离分析. 西南农业大学学报，2000，22(1)：6～9
22　章元明，盖钧镒，等. 利用 P_1、P_2 和 DH 或 RIL 群体联合分离分析的拓展. 遗传，2001，23(5)：467～470
23　章元明，盖钧镒. 数量性状分离分析中分布参数估计的 IECM 算法. 作物学报，2000，26(6)：699～706
24　Elston R C，Stewart J. The analysis of quantitative traits for simple genetic models from parental，F_1 and backcross data. Genetics，1973，73：695～711
25　Elkind Y，Cahaner A. A mixed model for the effects of single gene，polygenes and their interaction on quantitative traits 1. The model and experimental design. Theor Appl Genetics，1986，72：377～383
26　Louis P，Goffinet B，Monod H，De Oca G M. Detecting a major gene in an F_2 population. Biometrics，1994，50：512～516
27　Loisel P，Goffinet B，De Oca D M. Detecting a major gene in an F_2 population. Biometrics，1994，50：512～516
28　Lynch M，Walsh B. Genetics and Analysis of quantitative traits. Massachusetts：Sinauer Associates，Inc，1998
29　Morton N E，MacLean C J. Analysis of family resemblance Ⅲ. Complex segregation of quantitative traits. Am J Hum Genet，1974，26：489～503
30　Shoukri M M，Mclachlan G J. Parametric estimation in a genetic mixture model with application to nuclear family data. Biometrics，1994，50：128～139

第十三章　数量性状基因定位

内容提要　第十二章介绍了利用统计方法研究数量性状基因的有关内容,本章介绍综合利用分子标记技术与统计方法研究数量性状基因的有关内容。分子标记技术使得构建高密度遗传连锁图成为可能,同时为研究数量性状位点(QTL)提供了基础。相继出现的 QTL 定位方法也逐步完善。本章首先介绍 QTL 定位的基本原理和一般作图过程:构建作图群体、筛选遗传标记、检测和分析标记、构建标记的遗传图谱、测量数量性状和数量性状位点定位;然后介绍 QTL 定位的具体方法:单一标记分析法、区间作图法、复合区间作图法和混合线性模型分析方法;最后简要介绍影响 QTL 作图精度的主要因素和特定 QTL 的精细定位与克隆等内容。

一、QTL 定位概述

(一)QTL 定位的目的

寻找、评价和利用控制数量性状的基因始终是数量遗传和育种学家研究的最主要目的之一。数量性状基因定位,或称 QTL 作图(QTL mapping)是达此目的的主要手段。一个数量性状往往受多个 QTL 控制。控制数量性状的 QTL 可能分布于不同染色体或同一染色体的不同位置。利用特定的遗传标记(genetic marker)信息,可推断影响某一性状的 QTL 在染色体上的数目和位置,这就是 QTL 定位。定位的同时,还可对各 QTL 的效应及其相互关系进行分析。因此 QTL 定位的目的有三:①明确一个数量性状究竟受多少个数量性状位点(QTL)控制;②这些 QTL 位于哪条染色体的什么位置;③各个 QTL 的效应和联合效应如何。

(二)QTL 定位的作用

QTL 定位对于分子标记辅助选择育种、杂种优势机理探讨、种质资源遗传多样性研究、群体遗传潜势评价、数量性状遗传控制与性状表达的进一步深入研究,以及数量性状基因的分离与克隆等方面都具有重要意义。

(三)QTL 定位的依据

QTL 定位(或作图)的基本原理是利用特定群体中的遗传标记信息和相应的性状观测值,分析遗传标记和 QTL 的连锁关系,进而根据已知的标记连锁图(linkage map)来推断 QTL 的遗传图谱。作图的核心是连锁分析。但与质量性状不同,数量性状与标记之间的连锁分析不能直接计算遗传标记和 QTL 之间的重组率,而是采用一定的统计推断方法来研究遗传标记和 QTL 之间具有某种重组率的可能性,然后依据这种可能性来判断遗传标记和 QTL 是否连锁,从而确定其位置和效应。

QTL 定位有多种方法。下面先介绍 QTL 作图的一般过程(基本步骤),然后介绍几种主要的作图方法,最后就 QTL 定位精度和数量性状基因精细定位等方面作简要讨论。

二、QTL定位过程

QTL定位一般包括构建作图群体、筛选遗传标记、检测和分析标记，构建标记的遗传图谱（若标记遗传图谱为未知）、测量数量性状和数量性状位点定位等步骤，下面分步说明。

（一）构建作图群体

作图群体是人工构建的符合QTL作图要求的特定遗传群体。作图群体在所研究的数量性状上应具有丰富的遗传变异并符合作图的要求。常用的作图群体有两纯系亲本杂交然后自交或回交产生的F_2群体、F_3群体、BC群体、重组近交系（RIL）群体和加倍单倍体（DH）群体等，一般可分为以下三类。

第一类：临时性作图群体（tentative population），如F_2、F_3、BC和三交群体等。该类群体容易获得，能提供丰富的遗传变异信息，能同时估计加性和显性效应。早期QTL定位多用这类群体。但该类群体中分离单位是个体，一经自交或杂交其基因型就会发生变化，很难进行重复试验。

第二类：永久性作图群体（permanent population），如重组近交系（recombinant inbred lines，RIL）群体，加倍单倍体（doubled haploid lines，DH）群体和永久F_2群体（immortalized F_2 population，IF）等。其中，RIL和DH群体中分离单位是株系，不同株系间存在基因型差异，而株系内个体间的基因型是相同而纯合的，自交不发生分离，可通过自交繁殖后代，而不会改变群体中各品系的遗传组成。因此可进行重复试验，把环境效应和试验误差从总效应中分离出来，从而提高QTL检测的准确性。但RIL和DH群体不能估计显性效应及与显性相关的上位性效应。而IF群体是由RIL或DH群体内的系统相互杂交得到的，对于每个杂种基因型个体可以得到多个稳定的拷贝，因而可以多环境种植；并且，由于IF群体是杂合群体，可以估计显性效应及与显性相关的上位性效应。因此，IF群体是一个具有多种优点的作图群体，现在正逐渐被相关科研工作者重视和使用。

第三类：近等基因系（near-isogenic lines，NIL），其基本特征是整个染色体组的绝大部分区域完全相同，只在少数几个甚至一个区段存在差异。因此它能消除作图时背景干扰而使基因组中只有一个或少数几个QTL得以分离，从而大大提高QTL作图的准确性。该类群体是基因精细定位、分离和克隆QTL的理想群体。

（二）确定和筛选遗传标记

遗传标记多态性是数量性状基因定位的基础。在对数量性状进行基因定位之前首先必须选择在特定作图群体内表现丰富多态性的遗传标记。

1. 遗传标记定义

遗传学实验中通常把可识别的等位基因称作遗传标记，并用于研究基因遗传变异规律。由于可识别的层次和手段不同，遗传标记有多种类型，主要分为4种。形态学标记和细胞学标记是可以直观地区分其基因型的遗传标记，同工酶标记是借助生化手段在蛋白质水平上可区分其基因型的遗传标记，这三种标记都是以基因表达的结果（表现型）为基础，是对基因的间接反映；而在DNA水平上可直接区分其基因型的标记则称为分子标记。因此，遗传标记是一些可直接或间接观测到其基因型的性状和表现。

2. 选择作图所用遗传标记

适宜作图的标记应具有数量丰富、遍及全基因组，多态性好，稳定性高，共显性(或显性)，选择中性(对目标性状无害无利)，不受环境影响等特征。分子标记是以 DNA 多态性为基础的遗传标记，一般能符合如上多项要求，是最理想的作图用标记。常用的分子标记有 RFLP (restriction fragment length polymorphism)、AFLP(amplified fragment length polymorphism)、RAPD(random amplified polymophismic DNAs)、SSR(simple sequence repeats)以及 SNP(single nucleotide polymorphism)等，并各有其特点。作图前应根据需要和不同标记的特点具体选择。依照检测的原理和方法的不同，分子标记可分为如下几类：①DNA-DNA 杂交为基础的分子标记，包括 RFLP 和 VNTR 等。该类标记利用限制性内切酶酶解及凝胶电泳技术。②基于 PCR 反应的分子标记，如 RAPD 和 SSR 等。③PCR-RFLP 相结合的分子标记，如 AFLP 等。④基于 DNA 芯片技术，如 SNP 标记。确定采用何种分子标记后，需利用双亲、作图群体的样本材料或性状极值库筛选具体的遗传标记，选择那些分离正常、多态性好的标记继续进行遗传分析。

(三)检测和分析标记，构建标记的遗传图谱

从作图群体及相关材料中抽样，提取 DNA，进行标记的检测与分析。若标记的遗传图谱未知，还需构建标记的遗传图谱。

1. 标记编码

常用作图群体的标记编码大致如下：

(1)F_2 群体。标记基因型：　M_1M_1　M_1M_2　M_2M_2

标记编码：　+1　0　−1

例 13.1　标记 RG303 在某 F_2 群体的电泳谱带及其标记编码(表 13-1)。

表 13-1　标记 RG303 在某 F_2 群体的电泳谱带及其标记编码

供试材料	亲本		F_1	F_2 群体内单株										
	P_1	P_2		1	2	3	4	5	6	7	8	9	10	…
电泳谱带		—	—	—	—	—			—	—		—		…
	—		—	—		—	—	—		—	—	—	—	…
标记编码	1	−1	0	0	−1	0	1	1	−1	0	1	0	1	…

(2)DH(或 RIL)群体。标记基因型：　M_1M_1　M_2M_2

标记编码：　+1　−1

例 13.2　标记 RG303 在某 DH 群体的电泳谱带及其标记编码(表 13-2)。

表 13-2　标记 RG303 在某 DH 群体的电泳谱带及其标记编码

P_1	P_2	F_1	DH 系(或 RIL)群体										
			1	2	3	4	5	6	7	8	9	10	…
—		—		—	—	—			—		—		…
	—	—	—				—	—		—		—	…
编码			1	−1	−1	−1	1	1	−1	1	−1	1	…

(3)*BC* 群体。BC_1 群体基因型：M_1M_1 M_1M_2 BC_2 群体基因型： M_2M_2 M_1M_2

标记编码： 1 0 标记编码： －1 0

例 13.3 标记 RG303 在某 BC_1 群体的电泳谱带及其标记编码(表 13-3)。

表 13-3 标记 RG303 在某 BC_1 群体的电泳谱带及其标记编码

P_1	P_2	F_1	BC_1 群体										
			1	2	3	4	5	6	7	8	9	10	…
—		—	—	—	—	—	—	—	—	—	—	—	…
	—	—		—	—	—			—		—		…
编码			1	0	0	0	1	1	0	1	0	1	…

2. 遗传图距

同一染色体上两基因位点之间的距离称为遗传图距(map distance)。遗传图距以重组率 r 来度量。重组率为双杂合子亲本所产生的重组型配子在配子总数中所占的比例。遗传图距的单位为摩根(Morgan,M),摩根的百分之一为厘摩(centimorgan,cM)。

1M 为减数分裂过程中同源染色体配对时,两标记之间期望交换数为 1 的长度。

1cM 为同源染色体在配对时的期望交换数为 0.01 的长度。

1M＝100cM

1cM 所含碱基对数因物种而不同,也因在染色体上位置的不同而异。

3. 作图函数

图距单位摩根 M 与重组率 r 之间的函数关系式称为作图函数(mapping function)。

遗传测试中实际测验得到的是重组率 r,其取值范围为 0～0.5。由于可能发生双重甚至多重交换,重组率不具有线性可加特性,无法在实际作图中使用。而 M(cM)为线性可加,可在作图中方便使用。因此需要对 r 与 M 作相互转换。常用的作图函数有如下两类。

(1)Haldane (1919)作图函数。该作图函数假设染色体各区段的交换随机独立发生,彼此无干扰。依泊松分布(Poisson distribution)推导得 M 与重组率 r 间的关系,即 Haldane 作图函数为:

$$\mathrm{M}=-\frac{1}{2}\ln(1-2r) \tag{13-1}$$

因而

$$r=\frac{1}{2}(1-\mathrm{e}^{-2\mathrm{M}})$$

(2)Kosambi (1944)作图函数。该作图函数在染色体的相邻区段间存在交叉干扰的假设下推导而得:

$$\mathrm{M}=\frac{1}{4}\ln\left(\frac{1+2r}{1-2r}\right) \tag{13-2}$$

因而

$$r=\frac{1}{2}\left(\frac{1-\mathrm{e}^{-4\mathrm{M}}}{1+\mathrm{e}^{-4\mathrm{M}}}\right)$$

两种作图函数的比较可参阅 Micheal Lynch(1998)。由于 Kosambi 作图函数考虑了交叉干扰,在 QTL 作图中使用较多。

例 13.4 某遗传试验测得两位点间重组率 r＝0.16,试把该重组率换算为遗传图距。

解:依式(13-1),$\mathrm{M(Haldane)}=-\frac{1}{2}\ln(1-2\times0.16)=0.1928$

依式(13-2)，$M(\text{Kosambi})=\frac{1}{4}\ln\left(\frac{1+2\times0.16}{1-2\times0.16}\right)=0.1658$

4. 分子标记遗传图谱的构建

分子标记遗传图谱是用遗传距离来表示分子标记在染色体上相对位置的基因组图。构建遗传图谱需完成三项任务：其一是估计两两位点之间的距离，这通过两点测验和多点测验来完成；其二是将分子标记划分为若干个连锁群；第三是对每个连锁群的标记位点进行排序，并估计相邻位点间的遗传距离。下面简要介绍有关内容。

(1)单位点的偏分离检验。标记的连锁分析必须建筑在等位基因正常分离的基础之上。只有各位点的等位基因均属正常分离时，才可进行连锁分析。一般采用卡平方测验法来检验是否存在偏分离：

$$\chi^2=\sum_{i=1}^{k}\frac{(O_i-E_i)^2}{E_i}\sim\chi^2(k-1) \tag{13-3a}$$

式中：k 为某标记位点上标记基因型数目(F_2 群体共分离位点的 k 为 3，F_2 群体显性标记位点的 k 为 2，BC 群体的 k 为 2)，O_i 为该位点第 i 种标记基因型的观测数目，E_i 为该位点第 i 种标记基因型的期望数，该测验的自由度 $df=k-1$。

$$\text{当 } df=1 \text{ 时，}\chi^2=\sum_{i=1}^{2}\frac{\left(|O_i-E_i|-\frac{1}{2}\right)^2}{E_i} \tag{13-3b}$$

例 13.5 陆地棉品种 E-31×中 19 杂种 F_2 群体(130 株)RAPD 分子标记的分离检验(郭志丽，2003)。由于 RAPD 为显性标记，单位点分离的理论比例为 3∶1，$k=2$。检验结果见表 13-4。

表 13-4 棉花 F_2 群体中纤维性状关联的 RAPD 分子标记 3∶1 分离比例的 χ^2 测验

标记	n_1	n_0	χ^2
U1	102	28	0.831
P53	95	28	0.492
P54	101	23	1.376
J012	98	29	0.159
J014	92	35	0.222
E131	93	32	0.012
E132	97	28	0.225
E133	97	28	0.225
E135	38	87	0.972

注：自由度=1 时的 $\chi^2_{0.05}=3.84$。

测验结果表明各标记位点均符合正常的 3∶1 分离比例，没有偏分离。

(2)两位点连锁测验。两位点连锁测验简称两点测验。该测验需构造两位点的列联表(次数分布表)通过 χ^2 统计量的剖分来检验两位点的遗传是否存在连锁关系。下面以相引相组合的 F_2 加以说明。

假定 A,a 与 B,b 的重组率为 r，相引相组合 P_1(AABB)×P_2(aabb)F_2 代的分离比例预测见表 13-5。根据等位基因的显隐性关系，A,a 和 B,b 两个位点间的连锁有三种可能的形式：(1∶2∶1)-(1∶2∶1)，(1∶2∶1)-(3∶1)和(3∶1)-(3∶1)。对于每一种连锁形式，可以进行如下 4 种 χ^2 测验，即

χ^2_T：总的卡方值，它可以分解为如下三个组分：

χ^2_A：测验 A，a 基因位点 A 和 a 的分离比例是否异常；

χ^2_B：测验 B，b 基因位点 B 和 b 的分离比例是否异常；

χ^2_L：测验 A，a 和 B，b 之间是否存在连锁。

如上卡平方值的关系为：$\chi^2_T=\chi^2_A+\chi^2_B+\chi^2_L$，此为总卡平方的可分裂性，式中下标 L 表示连锁。

表 13-5　由 AABB×aabb 所产生的 F_2 群体中各类基因型的理论比例（重组率为 r）

F_1 配子及其频率	AB $(1-r)/2$	Ab $r/2$	aB $r/2$	ab $(1-r)/2$
AB $(1-r)/2$	AABB $(1-r)^2/4$	AABb $r(1-r)/4$	AaBB $r(1-r)/4$	AaBb $(1-r)^2/4$
Ab $r/2$	AABb $r(1-r)/4$	AAbb $r^2/4$	AaBb $r^2/4$	Aabb $r(1-r)/4$
aB $r/2$	AaBB $r(1-r)/4$	AaBb $r^2/4$	aaBB $r^2/4$	aaBb $r(1-r)/4$
ab $(1-r)/2$	AaBb $(1-r)^2/4$	Aabb $r(1-r)/4$	aaBb $r(1-r)/4$	aabb $(1-r)^2/4$

对于不同的连锁形式，χ^2_T 的各个组成部分有所不同。各种情形如下（式中各基因型的字母组合表示群体中该基因型的个体数，n 表示观测个体总数）：

①(1∶2∶1)－(1∶2∶1)：

$$\left.\begin{aligned}
&\chi^2_T=(4/n)[\mathrm{AaBb}^2+2(\mathrm{AABb}^2+\mathrm{AaBB}^2+\mathrm{Aabb}^2+\mathrm{aaBb}^2)\\
&\qquad+4(\mathrm{AABB}^2+\mathrm{AAbb}^2+\mathrm{aaBB}^2+\mathrm{aabb}^2)]-n\\
&df=8\\
&\chi^2_A=(2/n)[2(\mathrm{AABB}+\mathrm{AABb}+\mathrm{AAbb})^2+(\mathrm{AaBB}+\mathrm{AaBb}+\mathrm{Aabb})^2\\
&\qquad+2(\mathrm{aaBB}+\mathrm{aaBb}+\mathrm{aabb})^2]-n\\
&df=2\\
&\chi^2_B=(2/n)[2(\mathrm{AABB}+\mathrm{AaBB}+\mathrm{aaBB})^2+(\mathrm{AABb}+\mathrm{AaBb}+\mathrm{aaBb})^2\\
&\qquad+2(\mathrm{AAbb}+\mathrm{Aabb}+\mathrm{aabb})^2]-n\\
&df=2\\
&\chi^2_L=\chi^2_T-\chi^2_A-\chi^2_B\qquad df=4
\end{aligned}\right\}\quad(13\text{-}4)$$

②(3∶1)－(1∶2∶1)：

$$\left.\begin{aligned}
&\chi^2_T=(8/3n)[2\mathrm{A_BB}^2+\mathrm{A_Bb}^2+2\mathrm{A_bb}^2+6\mathrm{aaBB}^2+3\mathrm{aaBb}^2+6\mathrm{aabb}^2]-n\\
&df=5\\
&\chi^2_A=(4/3n)[(\mathrm{A_BB}+\mathrm{A_Bb}+\mathrm{A_bb})^2+3(\mathrm{aaBB}+\mathrm{aaBb}+\mathrm{aabb})^2]-n\\
&df=1\\
&\chi^2_B=(2/n)[2(\mathrm{A_BB}+\mathrm{aaBB})^2+(\mathrm{A_Bb}+\mathrm{aaBb})^2+2(\mathrm{A_bb}+\mathrm{aabb})^2]-n\\
&df=2\\
&\chi^2_L=\chi^2_T-\chi^2_A-\chi^2_B\quad df=2
\end{aligned}\right\}\quad(13\text{-}5)$$

③(3∶1)－(3∶1)：

$$\left.\begin{array}{l}\chi_A^2=(A\_B\_+A\_bb-3aaB\_-3aabb)^2/3n \quad df=1\\ \chi_B^2=(A\_B\_+aaB\_-3A\_bb-3aabb)^2/3n \quad df=1\\ \chi_L^2=(A\_B\_-3A\_bb-3aaB\_+9aabb)^2/9n \quad df=1\\ \chi_T^2=\chi_A^2+\chi_B^2+\chi_L^2 \quad df=3\end{array}\right\} \quad (13\text{-}6)$$

④回交类型(1∶1)—(1∶1)：

$$\left.\begin{array}{l}\chi_T^2=(4/n)(AaBb^2+Aabb^2+aaBb^2+aabb^2)-n \quad df=3\\ \chi_A^2=(AaBb+Aabb-aaBb-aabb)^2/n \quad df=1\\ \chi_B^2=(AaBb-Aabb+aaBb-aabb)^2/n \quad df=1\\ \chi_L^2=(AaBb-Aabb-aaBb+aabb)^2/n \quad df=1\end{array}\right\} \quad (13\text{-}7)$$

下面举例说明 F_2 群体中(1∶2∶1)—(1∶2∶1)连锁及其检验。

例 13.6 两位点 F_1 基因型 AaBb 自交产生各类基因型的次数分布如表 13-6 所示，试检验：(1)该二位点的遗传是否都符合 1∶2∶1 的遗传比例；(2)两位点间是否存在连锁关系。

表 13-6 F_1 自交所产生的各类基因型个体次数分布(引自徐云碧，1994)

	AA	Aa	aa	小计
BB	27	5	0	32
Bb	6	56	3	65
bb	1	4	30	35
小计	34	65	33	132

解：方法 1 依式(13-4)分析。

$\chi_T^2=(4/132)\times[56^2+2\times(6^2+5^2+4^2+3^2)+4\times(27^2+1^2+0^2+30^2)]-132=165.818$

$\chi_T^2>\chi_{0.05(8)}^2=15.5$

$\chi_A^2=(2/132)\times[2\times(27+6+1)^2+(5+56+4)^2+2\times(0+3+30)^2]-132=0.045$

$\chi_A^2<\chi_{0.05(2)}^2=5.99$

$\chi_B^2=(2/132)\times[2\times(27+5+0)^2+(6+56+3)^2+2\times(1+4+30)^2]-132=0.167$

$\chi_B^2<\chi_{0.05(2)}^2=5.99$

$\chi_L^2=165.818-0.045-0.167=165.606$

$\chi_L^2>\chi_{0.01(4)}^2=13.3$

测验结果表明：A，a 和 B，b 的分离都符合孟德尔 1∶2∶1 比例，但两位点的遗传彼此不独立，A，a 和 B，b 之间存在连锁。

方法 2 依式(13-3)分析。采用式(13-3)需计算对应于各项实际观测次数(O)的理论次数(E)，本例的理论次数列于表(13-7)。A 位点，B 位点和 A、B 两位点相互连锁的 χ^2 值为：

$$\chi_A^2=\frac{(34-33)^2}{33}+\frac{(65-66)^2}{66}+\frac{(33-33)^2}{33}=0.0455$$

$$\chi_B^2=\frac{(32-33)^2}{33}+\frac{(65-66)^2}{66}+\frac{(35-33)^2}{33}=0.1667$$

$$\chi^2_T=\frac{(27-8.25)^2}{8.25}+\frac{(5-16.5)^2}{16.5}+\cdots+\frac{(30-8.25)^2}{8.25}=165.8181$$

$$\chi^2_L=\chi^2_T-\chi^2_A-\chi^2_B=165.6060>\chi^2_{0.05,4}=9.49$$

结果与结论同方法 1。

第二种算法只需理解基本式(13-3)，比较方便。

表 13-7　F_1 自交所产生的各类基因型个体的理论与实际次数分布

B位点 \ A位点	AA $\frac{1}{4}$	Aa $\frac{1}{2}$	Aa $\frac{1}{4}$	$p_B(O_B,E_B)$
BB $\frac{1}{4}$	$\frac{1}{16}$(27,8.25)	$\frac{1}{8}$(5,16.5)	$\frac{1}{16}$(0,8.25)	$\frac{1}{4}$(32,33)
Bb $\frac{1}{2}$	$\frac{1}{8}$(6,16.5)	$\frac{1}{4}$(56,33)	$\frac{1}{8}$(3,16.5)	$\frac{1}{2}$(65,66)
Bb $\frac{1}{4}$	$\frac{1}{16}$(1,8.25)	$\frac{1}{8}$(4,16.5)	$\frac{1}{16}$(30,8.25)	$\frac{1}{4}$(35,33)
$p_A(O_A,E_A)$	$\frac{1}{4}$(34,33)	$\frac{1}{2}$(65,66)	$\frac{1}{4}$(33,33)	1(132, 132)

注：括号外数字表示频率，括号内第一个数表示实测值，第二个数表示理论值。

(3)利用极大似然估计法(MLE)估算重组率。在一般情况下，重组率的估计是根据分离群体中重组型个体占总个体的比例来估计的，两个连锁位点不同基因型出现的频率是估算重组值的基础。但这种估计无法得到估计值的标准误。因而无法对估值进行显著性检验。而采用极大似然估计(maximum likelihood estimation, MLE)方法可解决这一问题。下面说明其基本原理。有关内容主要引自徐云碧，朱立煌(1994)。

①不同连锁形式下两基因位点的表型频率。由表 13-5 可归纳出不同连锁关系下 F_2 群体中两连锁位点的表型频率(表 13-8)。

表 13-8　不同连锁形式下两基因位点的表型频率(各项均乘以 1/4)

(1∶2∶1)－(1∶2∶1)		(1∶2∶1)－(3∶1)		(3∶1)－(3∶1)	
基因型	频率	基因型	频率	基因型	频率
AABB	$(1-r)^2$	AAB_	$1-r^2$	A_B_	$3-2r+r^2$
AABb	$2r(1-r)$				
AAbb	r^2	AAbb	r^2	A_bb	$2r-r^2$
AaBB	$2r(1-r)$	AaB_	$2(1-r+r^2)$		
AaBb	$2(1-2r+2r^2)$				
Aabb	$2r(1-r)$	Aabb	$2(r-r^2)$		
aaBB	r^2	aaB_	$2r-r^2$	aaB_	$2r-r^2$
aaBb	$2r(1-r)$				
aabb	$(1-r)^2$	aabb	$1-2r+r^2$	aabb	$1-2r+r^2$

②似然与似然函数。似然(likelihood)定义为特定观测表型出现的可能性，即概率。这种可能性与特定的遗传模型相对应。以函数形式表达的似然称为似然函数。例如，某基因位点

有两个等位基因 A 和 a，且 A 对 a 为完全显性。若在群体中作三次连续随机抽样，则第一次和第二次均抽到表型为 A _，第三次抽到表型为 aa 的概率为(3/4)(3/4)(1/4)＝9/64。如果 A _出现的概率为未知且以 θ 表示，则三次抽样具有表型 A _，A _和 aa 的概率为 $\theta\times\theta\times(1-\theta)=\theta^2(1-\theta)$。若总共作了 n 次观测，并用 y_i 表示第 i 次观测个体的表型值，则该 n 次观测结果出现的概率可以表示为如下的似然函数：

$$L(\theta)=p(y_1, y_2, \cdots, y_n;\theta) \tag{13-8}$$

式中：θ 为待估的未知参数。式 13-8 称为待估未知参数 θ 的似然函数。$L(\theta)$ 的取值称为似然值。如果 n 次观测相互独立，并以 $p(y_i;\theta)$ 表示第 i 次观测的似然值，则 $L(\theta)=p(y_1;\theta)p(y_2;\theta)\cdots p(y_n;\theta)=\prod p(y_i;\theta)$。如上连续三次观测的实例中，表型 $y_1=y_2=$ A _，$y_3=$ aa 的似然值 $L(\theta)$ 为：

$L(\theta)=p(y_1, y_2, y_3)=p(y_1)p(y_2)p(y_3)=\theta^2(1-\theta)$，如果 $\theta=3/4$，则 $L=9/64$。

③重组率的极大似然估计及其估计标准误。极大似然法是通过选取参数估计值使样本观察结果出现的概率最大为条件，故又称为极大似然估计。极大化通过求导并令其为零来实现。

重组率的极大似然估计。下面以相引相组合 AABB×aabb 且 A，a 和 B，b 两位点均存在完全显性的连锁分析为例加以说明。此时 F_2 分离群体中的个体可按表型分为 A _ B _，A _ bb，aaB _和 aabb 共 4 组，其理论频率为 $p_i(i=1,2,3,4)$。而 p_i 又是重组率 r（待估计参数）的函数，即 $p_i=f(r)$。其中 p_1(A _ B _) $=(3-2r+r^2)/4$，p_2(A _ bb) $=p_3$(aaB _) $=(2r-r^2)/4$；p_4(aabb) $=(1-r)^2/4$（表 13-8 最后两列），且满足 $\sum p_i=1$。

若以 n_1,n_2,n_3,n_4 依次表示 A _ B _，A _ bb，aaB _和 aabb 4 种表型的实际观测次数，总观测次数 $n=\sum n_i(i=1,2,3,4)$。当以样本容量 n 抽样时，各组观测次数 n_i 的概率分布为多项式 $(p_1+p_2+p_3+p_4)^n$ 的展开式，某一特定观测(n_1,n_2,n_3,n_4)的概率，即似然函数 $L(r)$ 为：

$$\begin{aligned}L(r)&=\frac{n!}{n_1!\ n_2!\ n_3!\ n_4!}(p_1)^{n_1}(p_2)^{n_2}(p_3)^{n_3}(p_4)^{n_4}\\&=\frac{n!}{n_1!\ n_2!\ n_3!\ n_4!}(1/4)^n(3-2r+r^2)^{n_1}(2r-r^2)^{n_2+n_3}(1-2r+r^2)^{n_4}\end{aligned} \tag{13-9}$$

使该式满足 $L(r)$ 为最大并求解其根$\left(对方程\dfrac{\mathrm{d}L(r)}{\mathrm{d}r}=0 求根\right)$即可获得参数 r 的极大似然估计值 $\hat{r}$。为便于求微分，先对式(13-9)作对数变换，获得对数似然函数(log-likelihood)$\ln L(r)$：

$$\begin{aligned}\ln L(r)=C+n_1\ln(3-2r+r^2)+(n_2+n_3)\ln(2r-r^2)+\\n_4\ln(1-2r+r^2)\end{aligned} \tag{13-10}$$

令 $\dfrac{\mathrm{d}\ln L(r)}{\mathrm{d}r}=0$，得到：

$$\frac{-n_1\cdot 2(1-r)}{3-2r+r^2}+(n_2+n_3)\frac{2(1-r)}{(2r-r^2)}-n_4\frac{2(1-r)}{(1-2r+r^2)}=0$$

$\left(C=\ln\dfrac{n!}{n_1!\ n_2!\ n_3!\ n_4!}n\ln(1/4)为常数，其导数为 0\right)$，因而有：

$$\frac{n_1}{3-2r+r^2}-\frac{n_2+n_3}{2r-r^2}+\frac{n_4}{1-2r+r^2}=0$$

$$\frac{n_1}{2+(1-r)^2}-\frac{n_2+n_3}{1-(1-r)^2}+\frac{n_4}{(1-r)^2}=0$$

令$(1-r)^2=t$，得

$$\frac{n_1}{2+t}-\frac{n_2+n_3}{1-t}+\frac{n_4}{t}=0$$

$$nt^2+(2n-3n_1-n_4)t-2n_4=0, n=n_1+n_2+n_3+n_4$$

$$t=\frac{-(2n-3n_1-n_4)+\sqrt{(2n-3n_1-n_4)^2+8nn_4}}{2n} \tag{13-11}$$

由于$(1-r)^2=t$，所以

$$\hat{r}=1-\sqrt{t} \tag{13-12}$$

$\hat{r}$ 即为重组率 r 的极大似然估计值。

重组率 $\hat{r}$ 的估计标准误 $s_{\hat{r}}$。根据 Rao-Cramer 不等式可以证明，$\hat{r}$ 的抽样方差 $V_{\hat{r}}$ 近似于：

$$\frac{1}{V_{\hat{r}}}=-E\left[\frac{\mathrm{d}^2[\ln L(r)]}{\mathrm{d}r^2}\right]=I$$

式中：$\frac{\mathrm{d}^2[\ln L(r)]}{\mathrm{d}r^2}$为 $\ln L(r)$对于 r 的二阶导数，E 为求数学期望。

$$\frac{\mathrm{d}^2[\ln L(r)]}{\mathrm{d}r^2}=-\sum_i^k\frac{n_i}{p_i^2}\left(\frac{\mathrm{d}p_i}{\mathrm{d}r}\right)^2+\sum_i^k\frac{n_i}{p_i}\left(\frac{\mathrm{d}^2p_i}{\mathrm{d}r^2}\right)$$

$$E\left(\frac{\mathrm{d}^2[\ln L(r)]}{\mathrm{d}r^2}\right)=-n\sum_i^k\frac{1}{p_i}\left(\frac{\mathrm{d}p_i}{\mathrm{d}r}\right)^2+n\sum_i^k\frac{\mathrm{d}^2p_i}{\mathrm{d}r^2}=n\sum_i^k\frac{1}{p_i}\left(\frac{\mathrm{d}p_i}{\mathrm{d}r}\right)^2$$

因为

$$\sum_i^k\frac{\mathrm{d}^2p_i}{\mathrm{d}r^2}=\frac{\mathrm{d}}{\mathrm{d}r}\sum_i^k p_i=0$$

所以

$$\frac{1}{V_{\hat{r}}}=n\sum_i^k\left[\frac{1}{p_i}\left(\frac{\mathrm{d}p_i}{\mathrm{d}r}\right)^2\right]=n\sum_i^k i_i=I \tag{13-13}$$

式中 I 为总信息量，$\sum i_i=I/n$ 称为单一观察信息量。根据式(13-13)，可按表 13-9 的格式求解 $\hat{r}$ 的方差 $V_{\hat{r}}$。

$$I=n\left[\frac{(1-r)^2}{3-2r+r^2}+\frac{2(1-r)^2}{2r-r^2}+1\right]=\frac{2n(3-3r+2r^2)}{(3-2r+r^2)(2r-r^2)}$$

$$V_{\hat{r}}=\frac{(3-2r+r^2)(2r-r^2)}{2n(3-3r+2r^2)} \tag{13-14}$$

由此可见，n 越大，$V_{\hat{r}}$ 越小，重组率的估计越精确。

例 13.7　试验获得两位点表型观测资料如表 13-9 第 1～2 列，试据此数据分析该二位点间是否存在连锁。

表 13-9 两对连锁位点完全显性时 F_2 群体重组率估计值的方差计算(徐云碧,1994)

表型分组	n_i	期望频率 p_i	dp_i/dr	$i_i=\frac{1}{p_i}\left(\frac{dp_i}{dr}\right)^2$
A_B_	4 831	$(3-2r+r^2)/4$	$-2(1-r)/4$	$i_1=\frac{(1-r)^2}{3-2r+r^2}$
A_bb	390	$(2r-r^2)/4$	$2(1-r)/4$	$i_2=\frac{(1-r)^2}{2r-r^2}$
aaB_	393	$(2r-r^2)/4$	$2(1-r)/4$	$i_3=\frac{(1-r)^2}{2r-r^2}$
aabb	1 338	$(1-2r+r^2)/4$	$-2(1-r)/4$	$i_4=\frac{4(1-r)^2}{4(1-r)^2}$
总和	$6\,952=n$	1	0	$\sum i_i=\frac{(1-r)^2}{3-2r+r^2}+\frac{2(1-r)^2}{2r-r^2}+1$

解:将表 13-9 第二列的 n_i 值代入式(13-11):

$$t=\frac{1\,927+\sqrt{1\,927^2+8\times6\,952\times1\,338}}{2\times6\,952}=0.774\,3$$

$$\hat{r}=1-\sqrt{t}=1-\sqrt{0.774\,3}=0.120\,1$$

利用式(13-14)估算 $V_{\hat{r}}$:

$$V_{\hat{r}}=\frac{(3-2\times0.120\,1+0.120\,1^2)\times(2\times0.120\,1-0.120\,1^2)}{2\times695\,2\times(3-3\times0.120\,1+2\times0.120\,1^2)}=1.688\,1\times10^{-5}$$

由此获得:$\hat{r}\pm s_{\hat{r}}=0.120\,1\pm\sqrt{1.688\,1\times10^{-5}}=0.120\,1\pm0.004\,1$,两位点间存在遗传连锁关系。

以上是 AABB×aabb 产生的 F_2 群体中表现为完全显性的一对基因间重组率及其标准误的计算。对于其他群体且等位基因间表现不同显性的情形,其 $\hat{r}$ 和 $V_{\hat{r}}$ 的计算可参阅 Allard (1956)。

(4)连锁检验。除了采用上面(3)中介绍的计算重组率及其估计标准误,对估计的重组率进行 t 测验的方法外,常用的检验基因连锁显著性的指标有二:一为似然比 LR(likelihood ratio 或 odds ratio),另一为 LOD 值。

①似然比 LR(Fisher,1935;Haldane 和 Smith,1947):似然比是一种概率比。它比较观测资料来自某一假设(如两个标记间以重组率 $0\leqslant r<0.5$ 相连锁)的概率与来自另一备择假设(如 $r=0.5$)的概率,这两种概率的比值称之为似然比,即

$$LR=L(r)/L(0.5) \tag{13-15}$$

在上述 A,a 和 B,b 两对等位基因均存在完全显性的情况下,

$$\left.\begin{aligned}L(r)&=\frac{n!}{n_1!\,n_2!\,n_3!\,n_4!}(1/4)^n(3-2r+r^2)^{n_1}(2r-r^2)^{n_2+n_3}(1-2r+r^2)^{n_4}\\L(0.5)&=\frac{n!}{n_1!\,n_2!\,n_3!\,n_4!}(1/4)^n(2.25)^{n_1}(0.75)^{n_2+n_3}(0.25)^{n_4}\end{aligned}\right\} \tag{13-16}$$

人类遗传学一般要求似然比 $L(r)/L(0.5)$ 大于 1 000∶1，才能证实这两对基因间存在连锁。在人类遗传学研究中，由于通常不知双亲的基因型或双亲中标记基因的连锁相（相斥或相引），因而无法通过计算重组个体出现的频率来进行连锁分析。其连锁分析通常采用似然比的方法。在动植物遗传图谱的构建中，似然比也用来反映重组率估值的可靠性程度或作为连锁是否真实存在的一种判断尺度。

②*LOD* 值：*LOD* 值为似然比的常用对数值。

$$LOD=\lg\frac{L(r)}{L(0.5)} \tag{13-17}$$

相应于似然比的 1 000∶1，通常以 $LOD>3$ 作为连锁值显著的标准。对于不同的 r 值，*LOD* 值是不同的，$L(r)/L(0.5)>1$，相应的 *LOD* 为正；$L(r)/L(0.5)<1$ 时，相应的 *LOD* 值为负。

例 13.8　利用表 13-9 的数据，试计算其 *LOD* 值，并对计算结果作简要解释。

解：已知 $n=6\,952, n_1=4\,831, n_2=390, n_3=393, n_4=1\,338, r=0.120\,1$，依式(13-17)，

$$LOD=\lg\frac{L(r)}{L(0.5)}=\lg\frac{\ln L(r)}{\ln L(0.5)}$$

$$=\lg\frac{\ln[(3-2\times0.120\,1+0.120\,1^2)^{4\,831}(2\times0.120\,1-0.120\,1^2)^{783}(1-2\times0.120\,1+0.120\,1^2)^{1\,338}]}{\ln[(2.25)^{4\,831}(0.75)^{783}(0.25)^{1\,338}]}$$

$$=688.04$$

该 *LOD* 值远大于 3，说明两位点间存在着连锁关系。

(5)多位点连锁分析与遗传标记的直线排序。

①多点分析与排序。以上介绍的重组率估计和连锁测验均以两点分析为基础，每次只考虑两个标记基因位点之间的连锁关系。在遗传图谱构建中，两点分析是最初步的连锁分析，单纯从两点分析的结果去推测基因的排列顺序可能会导致错误的结论。必须同时考虑多个标记基因位点的共分离，通过多位点分析来估计多位点间的重组率并进行标记基因排序。

如果考虑 A、B、C 三个基因位点，每两个位点之间的重组率假定为 r_{AB}、r_{AC} 和 r_{BC}。对于 AABBCC×aabbcc 杂交组合，可以依照 AABB×aabb 的方式，推算出其 F_2 群体中基因型的种类及其在特定 r_{AB}、r_{AC} 和 r_{BC} 下各种基因型出现的频率。可以采用上面介绍的方法对涉及 r_{AB}、r_{AC} 和 r_{BC} 的似然函数 $L(r_{AB}、r_{AC}、r_{BC})$ 求导，令其为零，但是，由于此时要估计的参数有 r_{AB}、r_{AC} 和 r_{BC} 3 个，而可用的估计式只有 1 个，所以无法采用同样的方式得到各重组率的极大似然估计值。为了得到 r_{AB}、r_{AC} 和 r_{BC} 的极大似然估计值，需要采用迭代法(iteration method)求解。

如果考虑 m 个遗传标记位点($M_1, M_2, \cdots, M_m$)，相邻标记位点间的重组率为 $r_1, r_2, \cdots, r_{m-1}$，这些标记在染色体上有其客观存在的排列顺序而无法直接观察。多点分析的目的就是同时分析比较多种可能的排列顺序（m 个标记位点共有 $m!/2$ 种可能的排列顺序），找到使观测资料产生机会最大的 $r=(r_1, r_2, \cdots, r_{m-1})$ 的估计值，从而构建一个最佳的标记连锁图谱。对于每一种可能的基因排列顺序，在重组率变动的过程中，都可以得到一个最大的对数似然值(log-likelihood)。比较这些可能的排序，log-likelihood 最大者即为最佳的排列顺序。例如：

排序 1
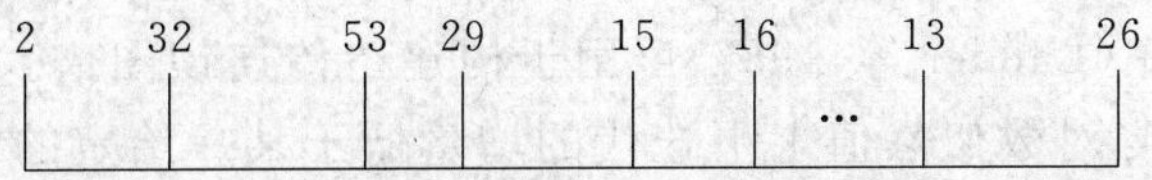

排序 2　2　32　53　29　15　16　3　26

13.0　1.0　0.6　26.0　5.0　…　7.0

排序 1 的对数似然值为－590.0，排序 2 的对数似然值为－537.6。由于排序 2 的对数似然值大于排序 1，显然，排序 2 比排序 1 更接近于实际。

②多点分析算法。

写出似然函数。在不考虑交叉干扰（crossover interference）的情况下，m 个遗传标记 $m-1$ 个重组率的似然函数为：

$$L = p_1(r_1,\ r_2,\ \cdots,\ r_{m-1})^{n_1} \times p_2(r_1,\ r_2,\ \cdots,\ r_{m-1})^{n_2} \times \cdots \times p_n(r_1,\ r_2,\ \cdots,\ r_{m-1})^{n_m} \qquad (13\text{-}18)$$

式中 n_1、n_2、…、n_m 分别为标记基因型个体数。

对似然函数取对数得到对数似然函数，分别对 r_1，r_2，…，r_{m-1} 求偏导，并令其为 0，得如下方程组：

$$\left.\begin{aligned} \ln L/\ r_1 &= \cdots = 0 \\ \ln L/\ r_2 &= \cdots = 0 \\ &\cdots \\ \ln L/r_{m-1} &= \cdots = 0 \end{aligned}\right\} \qquad (13\text{-}19)$$

采用 EM 算法求解重组率。第十二章已介绍，EM 算法（Dempster 等，1977）是一种迭代算法，每一迭代包括一次求期望（expectation，E）和随后的一个极大化（maximization，M）。EM 算法在连锁分析中的步骤如下：

第一步：给定一组试估值 $r^{old} = (r_1,\ r_2,\ \cdots,\ r_{m-1})$；

第二步：用试估值计算完整资料的期望值，即每一标记区间重组与非重组个体的期望数；

第三步：把这种期望数当作真值，计算重组率的极大似然估计值 r^{new}；

第四步：迭代第二与第三两个步骤，直到似然值收敛于最大值为止。

EM 算法仅为这些步骤提出了特定的程序，实际应用时，必须根据具体情况使算法具体化。对于连锁作图，M 步骤很简单：$(r^{new})_i$ 就是第 i 区间减数分裂重组体的期望数与总的减数分裂数目的比值。困难在于 E 步骤。该步称为"遗传重建"，即给定重组率 r，计算每一次减数分裂中发生重组体减数分裂的期望数。有不同的遗传重建的方法（Lander 和 Green，1987），其中以隐马尔可夫（Hidden Markov）链重建法为最佳，其计算时间不像其他方法随基因位点数目的增加呈指数增加，而是呈线性增加，从而大大缩短了计算时间，使采用大量标记进行同时多点分析成为可能。

EM 算法可用于处理不完整的观测资料，即存在不惟一确定重组与非重组个体数目的资料。EM 算法为从不完整资料获得极大似然估计值提供了十分有效的方法。在实验生物学中，由于可以得到完整的数据，即发生在每一区间（M_i，M_{i+1}）的重组和非重组个体的数据，极大似然值 r_i 可以通过计算重组体个数占总个体数目的比例来确定。

Mapmaker 计算程序（Lander 等，1987）可用于构建遗传连锁图谱。该程序采用隐马尔可夫链法进行遗传重建。当对数似然值上下迭代的增量低于某一给定的 T（tolerance）值时，即判断迭代收敛。由于似然值不会随迭代而减少，因而只要选用一个正的 T 值即可。实际运算中，常选用的 T 值为 0.01 和 0.001。

例 13.9　Lander 和 Green(1987)在所研究的某人类家系中，第 7 染色体上有 16 个标记，共构成 15 个区间，采用 EM 算法进行多点连锁分析，以 T=0.01 进行迭代。给定所有标记区间重组率的初估值 r_i 均为 0.05(即紧密连锁)，由此计算得到的相应对数似然值为 −351.45。经过 12 次迭代后，各区间重组值均收敛于某一特定值。此时相应的对数似然值为 −303.28。所以收敛时所形成的图谱产生观测资料的可能性比开始迭代时假定 $r_i=0.05$ 时的可能性高出 $10^{-303.28-(-351.45)}=10^{48}$ 倍。

(6)连锁群的划分。遗传学上把位于同一染色体的基因称为一个连锁群。遗传图谱构建中连锁群的划分一般依据两两位点间的重组率和 *LOD* 值两个指标。若位点 i 和 j 之间的重组率为 r_{ij}，*LOD* 为 Z_{ij}，则连锁群划分一般采用如下三者之一：

①如果 $r_{ij}\leqslant c$，则位点 i 和 j 被划为一个连锁群；

②如果 $Z_{ij}\geqslant\alpha$，则位点 i 和 j 被划为同一连锁群；

③如果 $r_{ij}\leqslant c$，且 $Z_{ij}\geqslant\alpha$，则位点 i 和 j 被划为同一连锁群。

其中 c 为重组率的某一临界值，α 为 *LOD* 值的一个临界值。实际操作时，可适当调整 c 和 α 的取值，使所分连锁群的个数和染色体对数相等或接近。实际操作时，还需采用一定的遗传标识把所分的连锁群分配于染色体。

例 13.10　采用 MAPMAKER/EXP VERSION 3.0b 软件，规定重组率临界值 $c=0.4$，*LOD* 临界值 $\alpha=3.0$，对两组资料进行分子标记连锁图谱的构建。①棉花 E-31×中 19 的 F_2 群体 130 株，对 5 个 RAPD 引物的 17 个分子标记作了连锁群分析，得到两个连锁群(郭志丽，2003)。第一连锁群上有 10 个标记，总计 145.2 cM；第二连锁群上有 7 个标记，总计 100.6 cM。②玉米某单交组合 F_2 群体 171 株，12 个 SSR 分子标记，经连锁分析集中于同一连锁群上。如上结果示于图 13-1。

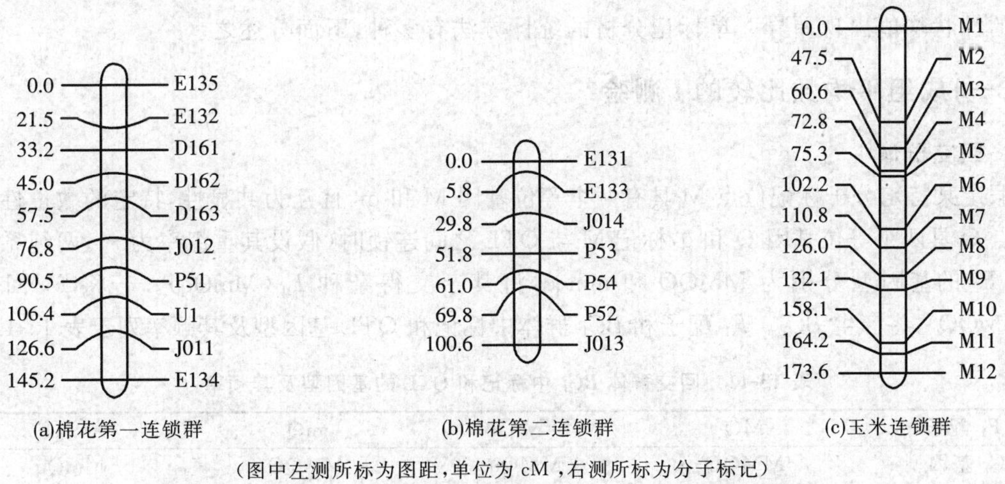

(a)棉花第一连锁群　(b)棉花第二连锁群　(c)玉米连锁群

(图中左测所标为图距，单位为 cM，右测所标为分子标记)

图 13-1　棉花 17 个 RAPD 标记和玉米 12 个 SSR 标记的连锁图

(四)测量数量性状

从正常生长使性状得以充分表达的作图群体及相关材料中抽样，在检测和分析标记的同时，测量相应样本的性状值，依表 13-10 的格式整理标记和性状值，如附表 3 所示。

表 13-10 标记与性状观测数据(n 个个体,m 个标记,k 个性状)

个体	标记						性状					
	1	2	…	j	…	m	1	2	…	j	…	k
1												
2												
⋮												
i			$\boldsymbol{X}=(x_{ij})_{n\times m}$						$\boldsymbol{Y}=(y_{ij})_{n\times k}$			
⋮												
n												

构建 QTL 图谱,就是应用适当的统计方法,分析 $\boldsymbol{Y}$ 与 $\boldsymbol{X}$ 的关系,找出与性状 y 连锁的标记 x,并估计 QTL 的位置和效应。

(五)性状标记连锁分析和 QTL 定位及其效应估计

作图常用的统计方法有单标记分析法(single marker analysis)、区间作图法(interval mapping,IM)、复合区间作图法(composite interval mapping,CIM)和基于混合线性模型的复合区间作图法(composite interval mapping based mixed linear model,MCIM)等。下面分述其方法。

三、单标记分析

单标记分析(single marker analysis)是通过检测单个标记与 QTL 是否连锁来判断某标记附近是否存在 QTL,估计其重组率并分析其遗传效应。其基本思想是,若某标记附近存在 QTL 或标记本身就属于 QTL,则标记与 QTL 存在部分连锁或完全连锁。此时,在分离群体中,不同标记基因型的个体携有某种 QTL 基因型的概率会不相等,从而导致不同标记基因型个体的性状均值出现差异。单标记分析的统计方法有多种,下面分述之。

(一)成组平均数比较的 t 测验

1. 回交群体

假定某特定分子标记位点 M 具有两个等位基因 M 和 m,且互为共显性,特定的数量性状基因位点 Q 具两个等位基因 Q 和 q,标记 M 与 QTL 之间连锁时(假设其重组率为 r),两纯系亲本 P_1 和 P_2 的基因型分别为 MMQQ 和 mmqq,将其杂交得杂种 F_1(MmQq)。若将 F_1 回交于 P_1(MMQQ),将产生 BC_1。F_1 配子和 BC_1 群体中标记和 QTL 基因型及其频率列于表 13-11。

表 13-11 回交群体 BC_1 中标记和 QTL 的基因型及其频率

F_1 配子	MQ	Mq	mQ	mq
BC_1 基因型	MMQQ	MMQq	MmQQ	MmQq
QTL 效应	a	d	a	d
BC_1 基因型频率	$(1-r)/2$	$r/2$	$r/2$	$(1-r)/2$
标记型值与方差	MM:$\mu_1=\mu+a(1-r)+dr$		Mm:$\mu_0=\mu+ar+d(1-r)$	
	$\sigma_1^2=(a-d)^2r(1-r)$		$\sigma_0^2=(a-d)^2r(1-r)$	

若 M 与 Q 连锁,即 $r<0.5$,则标记基因型为 MM 与 Mm 组群中含有 QTL 基因型 QQ 与

Qq 的概率不同,使得 $\mu_1 \neq \mu_0$。因此,在利用样本结果对不同标记基因型的性状均值进行成组平均值比较的 t 检验时,若差异显著,则说明该标记与 QTL 连锁。

$$t=\frac{\mu_1-\mu_0}{\sqrt{s^2\left(\frac{1}{n_1}+\frac{1}{n_0}\right)}},\ s^2=\frac{(n_1-1)s_1^2+(n_0-1)s_0^2}{n_1+n_0-2} \tag{13-20}$$

对于回交群体 BC_1,所测验的假设为:H_O: $\mu_{MM}=\mu_{Mm}$ 对 H_A:$\mu_{MM}\neq\mu_{Mm}$,对于回交群体 BC_2,所测验的假设为:H_O:$\mu_{Mm}=\mu_{mm}$ 对 H_A:$\mu_{Mm}\neq\mu_{mm}$。

例 13.11 在某大麦 BC_1 回交群体中以 SSR 分子标记检验该群体内控制穗长性状 QTL 的分布情况。标记 WG456 的分组资料(以 1 表示标记组 MM,以 0 表示标记组 Mm)如下:$n_1=69$,$\bar{y}_1=14.86$,$s_1^2=20.78$,$n_0=87$,$\bar{y}_0=11.02$,$s_0^2=41.09$。试检验该标记是否与控制穗长的 QTL 相关。

解:依式(13-20)作如下检验:H_O:$\mu_{MM}=\mu_{Mm}$ 对 H_A:$\mu_{MM}\neq\mu_{Mm}$

$$s^2=\frac{(69-1)\times 20.78+(87-1)\times 41.09}{69+87-2}=32.12$$

$$t=\frac{14.86-11.02}{\sqrt{32.12\left(\frac{1}{69}+\frac{1}{87}\right)}}=4.60$$

$$df=69+87-2=154$$

$t_{0.01,154}=2.58$,$t>t_{0.01}$,$p<0.01$。由此可以认为,该标记附近可能存在与穗长有关的 QTL。

2. F_2 群体

假定某特定分子标记位点 M 具有两个等位基因 M 和 m,且互为共显性,特定的数量性状基因位点 Q 具两个等位基因 Q 和 q,标记 M 与 QTL 之间连锁时(假设其重组率为 r),两纯系亲本 P_1 和 P_2 的基因型分别为 MMQQ 和 mmqq,杂种 F_1 为 MmQq。由 F_1 自交时所生配子、F_2 群体中标记和 QTL 基因型及其频率列于表 13-12。

表 13-12 F_1 配子、F_2 群体中标记和 QTL 基因型及其频率

F_1 配子及其频率	MQ $\frac{1}{2}(1-r)$	Mq $\frac{1}{2}r$	mQ $\frac{1}{2}r$	mq $\frac{1}{2}(1-r)$
MQ $\frac{1}{2}(1-r)$	MMQQ $\frac{1}{4}(1-r)^2$	MMQq $\frac{1}{4}r(1-r)$	MmQQ $\frac{1}{4}r(1-r)$	MmQq $\frac{1}{4}(1-r)^2$
Mq $\frac{1}{2}r$	MMQq $\frac{1}{4}r(1-r)$	MMqq $\frac{1}{4}r^2$	MmQq $\frac{1}{4}r^2$	Mmqq $\frac{1}{4}r(1-r)$
mQ $\frac{1}{2}r$	MmQQ $\frac{1}{4}r(1-r)$	MmQq $\frac{1}{4}r^2$	mmQQ $\frac{1}{4}r^2$	mmQq $\frac{1}{4}r(1-r)$
mq $\frac{1}{2}(1-r)$	MmQq $\frac{1}{4}(1-r)^2$	Mmqq $\frac{1}{4}r(1-r)$	mmQq $\frac{1}{4}r(1-r)$	mmqq $\frac{1}{4}(1-r)^2$

表 13-12 按基因型归类有表 13-13 结果。

表 13-13　F_2 群体中标记和 QTL 基因型及其频率

基因型	QQ	Qq	qq	样本均值	样本方差	样本容量
MM	$\frac{1}{4}(1-r)^2$	$\frac{1}{2}r(1-r)$	$\frac{1}{4}(r^2)$	m_2	s_2^2	n_2
Mm	$\frac{1}{2}r(1-r)$	$\frac{1}{2}(1-2r+2r^2)$	$\frac{1}{2}r(1-r)$	m_1	s_1^2	n_1
mm	$\frac{1}{4}r^2$	$\frac{1}{2}r(1-r)$	$\frac{1}{4}(1-r)^2$	m_0	s_0^2	n_0

当标记基因型一定时，某种 QTL 基因型出现的概率为条件概率，计算式为：

$$p(Q_j|M_i)=\frac{p(Q_jM_i)}{p(M_i)} \tag{13-21}$$

$$p(QQ|MM)=\frac{p(QQMM)}{p(MM)}=\frac{\frac{1}{4}(1-r)^2}{\frac{1}{4}}=(1-r)^2$$

$$p(QQ|Mm)=\frac{p(QQMm)}{p(Mm)}=\frac{\frac{1}{2}r(1-r)}{\frac{1}{2}}=r(1-r)$$

$$p(QQ|mm)=\frac{p(QQmm)}{p(mm)}=\frac{\frac{1}{4}r^2}{\frac{1}{4}}=r^2$$

$$p(Qq|MM)=\frac{\frac{1}{2}r(1-r)}{\frac{1}{4}}=2r(1-r)$$

$$p(Qq|Mm)=\frac{\frac{1}{2}(1-2r+2r^2)}{\frac{1}{2}}=1-2r+2r^2$$

同理可求得其他条件概率。将 F_2 群体中各标记位点一定时 QTL 基因型的条件概率汇总于表 13-14。

表 13-14　F_2 群体中标记和 QTL 的基因型、条件概率及标记组均值和方差

基因型	QQ	Qq	qq	均值	方差
MM	$(1-r)^2$	$2r(1-r)$	r^2	$\mu_2=\mu+a(1-2r)+2dr(1-r)$	$\sigma_2^2=2a^2r(1-r)-4adr(1-3r+2r^2)+2d^2r(1-3r+4r^2-2r^3)$
Mm	$r(1-r)$	$1-2r+2r^2$	$r(1-r)$	$\mu_1=\mu+d(1-2r+2r^2)$	$\sigma_1^2=2a^2r(1-r)+2d^2r(1-3r+4r^2-2r^3)$
mm	r^2	$2r(1-r)$	$(1-r)^2$	$\mu_0=\mu-a(1-2r)+2dr(1-r)$	$\sigma_0^2=2a^2r(1-r)+4adr(1-3r+2r^2)+2d^2r(1-3r+4r^2-2r^3)$
均值	$\mu_{QQ}=\mu+a$	$\mu_{Qq}=\mu+d$	$\mu_{qq}=\mu-a$		

依表 13-14，同样可通过成组平均数比较的 t 测验对 F_2 群体作标记与性状的关联检测。对于 F_2 群体，在完全显性情况下有两类表型值，只需进行一次比较。在共显性情况下，有三

种标记基因型，需要进行两次均值比较。

测验加性效应：

$$t_1=\frac{\mu_2-\mu_0}{\sqrt{s^2\left(\frac{1}{n_2}+\frac{1}{n_0}\right)}},\ s^2=\frac{(n_2-1)s_2^2+(n_0-1)s_0^2}{n_2+n_0-2} \tag{13-22}$$

测验显性效应：

$$t_2=\frac{\mu_1-1/2(\mu_2+\mu_0)}{\sqrt{s^2\left(\frac{1}{n_1}+\frac{1}{4n_2}+\frac{1}{4n_0}\right)}},\ s^2=\frac{(n_2-1)s_2^2+(n_1-1)s_1^2+(n_0-1)s_0^2}{n_2+n_1+n_0-3} \tag{13-23}$$

例 13.12 棉花杂交组合 E-31×中 19 的 F_2 群体 130 株，以 RAPD 分子标记进行纤维品质性状的基因定位。由于 RAPD 分子标记为显性标记，F_2 群体的标记基因型只有两类，一类为 MM＋Mm，以“2”表示，另一类为 mm，以“0”表示。下面是 3 个标记与籽指等 3 性状连锁关系的 t 测验结果。

表 13-15　2 性状 2 标记连锁关系 *t* 测验结果

标记	统计量	比强度		籽指(g)	
		0	2	0	2
E131	平均值	29.609 4	30.205 3	9.860 2	10.373 4
	方差	3.677 0	5.433 2	0.813 6	0.698 4
	观测数	32	94	32	93
	合并方差	4.994 1		0.727 5	
	t 值	−1.303 0		−2.935 8	
	p	0.195 0		0.004 0	
E135	平均值	29.313 2	30.373 9	9.902 9	10.390 2
	方差	3.286 0	5.474 8	0.912 9	0.634 7
	观测数	38	88	38	87
	合并方差	4.821 7		0.727 4	
	t 值	−2.488 5		−2.938 4	
	p	0.014 2		0.003 9	

从表 13-15 中的 t 测验结果可以看出，标记 E131 和 E135 与籽指间存在着连锁关系。标记 E131 和 E135 附近可能有控制籽指性状的 QTL。

(二)多个平均数比较的方差分析

由表 13-14 可以看出，当标记与 QTL 连锁时，标记组均值间会产生差异。因此，按标记基因型把个体分组，进行单向分组的方差分析，若 F 测验表明组间差异显著，则说明该标记与 QTL 连锁。

例 13.13 试对附表 3 玉米籽粒胚油分含量的数据，分析标记 1 是否与控制玉米胚油分含量的 QTL 存在连锁关系。

解：由资料知，该研究所用标记属共显性，有 MM，Mm 和 mm 3 个标记组，可通过单向分组的方差分析判断标记与性状的连锁关系。利用附表 3 的第 2 和最后 1 列得到表 13-16 方差分析表：

表 13-16 玉米胚油分含量数据按标记 1 分组的方差分析表

变异来源	DF	SS	MS	F	$p>F$
标记组间	2	96.8163	48.4082	17.51	<0.0001
标记组内	168	464.5389	2.7651		
总	170	561.3553			

推断：标记组均值间差异极显著，标记 1 附近可能存在控制该组合胚油分含量的 QTL。

(三)方差同质性检验

由表 13-11 和表 13-14 可知，当某标记与性状连锁时，BC_1、BC_2 群体各标记型组内方差同质，由于没有显性效应，DH 和 RIL，群体各标记型组内方差也同质；但在 F_2 群体内，当连锁和显性效应都存在时，各标记基因型组内方差不同质。因此，对 F_2 群体内各标记基因型组内方差进行同质性检验，可判断标记与 QTL 之间是否存在连锁。

例 13.14 试依方差同质性测验法对附表 3 的资料(同例 13.13)作标记 1 与性状连锁的测验。

解：由附表 3 可算得，标记 1 在该 F_2 群体内的 3 种标记型组内方差分别为 $s_2^2=2.440$、$s_1^2=2.930$、$s_0^2=2.757$，3 种标记型组的样本容量分别为 $n_2=43$、$n_1=86$、$n_2=42$。由此可作两两标记型组内方差的同质性测验：$F_1=s_1^2/s_2^2=2.93/2.44=1.20$(不显著)，$F_2=s_1^2/s_0^2=2.93/2.757=1.06$(不显著)，$F_3=s_0^2/s_2^2=2.757/2.44=1.13$(不显著)，$F$ 测验结果表明标记 1 的 3 个标记型组内方差是同质的。

评注：以上测验结果与例 13.13 似有矛盾，即当标记 1 与 QTL 连锁时，标记 1 的各标记型组内方差应该不同。那么，此处各标记型组内方差同质的原因究竟为何？

仔细研究表 13-14 的最后 1 列可以看出，F_2 群体内 3 种标记型组内方差的差异由其公式内的第 2 和第 3 项构成，即主要由重组率 r 和 QTL 的显性效应 d 构成。连锁是组内方差异质的前提，但仅有连锁而连锁的 QTL 没有显性效应，各标记型组内方差仍然相同。本 F_2 群体资料中与标记 1 紧密连锁的 QTL 的显性效应 $d=0$(例 13.17)，所以虽然标记 1 与 QTL 紧密连锁，但标记 1 的 3 种标记型组内方差同质。

(四)回归分析

在统计上，对标记组性状值作 t 或 F 检验，等价于直线回归分析，即把个体的性状值对标记基因型值(编码为−1，0，1 等)进行回归分析，若性状值对标记基因型值的回归关系显著，说明个体性状值受标记基因型的影响，则该标记与 QTL 连锁。回归法检验的假设是：$H_O: b=0$ 对 $H_A: b\neq 0$

其回归模型为：

$$y_j=a+bx_j+e_j \tag{13-24}$$

式中：y_j 为个体 j 的性状观测值，$j=1,2,\cdots,n$；b 为回归系数；x_j 为指示变量，

$$对于回交群体，x_j=\begin{cases}1, & 个体\ j\ 的标记基因型为\ \mathrm{MM}\\ 0, & 个体\ j\ 的标记基因型为\ \mathrm{Mm}\end{cases}$$

$$
\text{对于 } F_2 \text{ 群体}, x_j=\begin{cases}2, & \text{个体 } j \text{ 的标记基因型为 MM}\\ 1, & \text{个体 } j \text{ 的标记基因型为 Mm}\\ 0, & \text{个体 } j \text{ 的标记基因型为 mm}\end{cases}
$$

$e_j \sim N(0,\sigma^2)$，为随机误差。

以最小二乘法求解，即令 $\sum (y_j-\hat{y}_j)^2$ 为最小，可求得 b 值，对于回交群体，$b=\mu_1-\mu_0$，若标记与性状间无连锁，则 $r=\frac{1}{2}$，$\mu_1=\mu_0$。

例 13.15　试以回归分析法对附表 3 玉米籽粒胚油分含量数据分析标记 1 和标记 2 是否与控制玉米籽粒胚油分含量的 QTL 存在连锁关系。

解：以回归模型(13-24)对附表 3 数据进行分析，得到标记 1 与性状的回归系数估计值为 $b_1=1.065$，标记 2 与性状的回归系数为 $b_2=0.641$。

对回归系数进行假设测验：H_O：$b=0$，H_A：$b\neq 0$

回归系数的标准误：$\hat{s_{b_1}}=\frac{s_{y/x_1}}{\sqrt{SS_{x_1}}}=0.18$，$\hat{s_{b_2}}\frac{s_{y/x_2}}{\sqrt{SS_{x_2}}}=0.20$

$$t_1=\frac{b_1}{s_{b_1}}=5.92>t_{0.01}=2.58(df=169);t_2=3.20>t_{0.01}=2.58(df=169)$$

两个回归系数均达极显著水平，由此推断标记 1 和标记 2 与控制玉米胚油分含量的 QTL 是连锁的。

(五)极大似然法(Maximum likelihood)

以上 t 测验、方差分析和回归分析均假定数量性状在标记基因型内服从正态分布，相互独立，且等方差，由于控制数量性状的是 QTL 而不是标记位点，这种假设似有不妥。极大似然法假设数量性状在 QTL 内服从正态分布，如果标记位点与 QTL 连锁，则数量性状在标记基因型内服从混合正态分布。

下面以回交 BC_1 群体为例说明采用极大似然法估计标记与性状连锁的原理与过程。

1. 连锁分析

对于 BC_1 群体，假设标记位点 M 与 QTL 间的重组率为 r，则 QTL 基因型在标记基因型内的概率分布如表 13-17 所示。

表 13-17　BC_1 群体内 QTL 基因型在标记基因型内的条件概率

标记基因型	MM：1		Mm：0	
QTL 基因型	QQ	Qq	QQ	Qq
频率 p	$1-r$	r	r	$1-r$
代码	p_{11}	p_{12}	p_{01}	p_{02}

设数量性状在两类 QTL 基因型内的分布及其概率密度函数为：

$$QQ：N(\mu_1,\sigma^2),f_1(y)=\frac{1}{\sigma\sqrt{2\pi}}e^{-\frac{1}{2}\left(\frac{y-\mu_1}{\sigma}\right)^2}$$

$$Qq：N(\mu_0,\sigma^2),f_0(y)=\frac{1}{\sigma\sqrt{2\pi}}e^{-\frac{1}{2}\left(\frac{y-\mu_0}{\sigma}\right)^2}$$

则 BC_1 群体中数量性状在两类标记基因型内的概率分布为正态混合分布：

$$\text{MM 内}: f_{M_1}(y) = p_{11} f_1(y) + p_{12} f_0(y)$$
$$\text{Mm 内}: f_{M_0}(y) = p_{01} f_1(y) + p_{02} f_0(y)$$

重组率为 r 时，发生或出现本次试验结果的似然函数为：

$$L(r, \mu_1, \mu_0, \sigma^2) = \prod_{i=0,1}\prod_{j=1}^{n_i} f_{M_i}(y_{ij}) = \prod_{j=1}^{n_1} f_{M_1}(y_{1j}) \prod_{j=1}^{n_0} f_{M_0}(y_{0j})$$
$$= \prod_{j=1}^{n_1}\left[(1-r)\frac{1}{\sigma\sqrt{2\pi}}e^{-\frac{1}{2}\left(\frac{y_{1j}-\mu_1}{\sigma}\right)^2} + (r)\frac{1}{\sigma\sqrt{2\pi}}e^{-\frac{1}{2}\left(\frac{y_{1j}-\mu_0}{\sigma}\right)^2}\right]\times$$
$$\prod_{j=1}^{n_0}\left[(r)\frac{1}{\sigma\sqrt{2\pi}}e^{-\frac{1}{2}\left(\frac{y_{0j}-\mu_0}{\sigma}\right)^2} + (1-r)\frac{1}{\sigma\sqrt{2\pi}}e^{-\frac{1}{2}\left(\frac{y_{0j}-\mu_1}{\sigma}\right)^2}\right]$$

求极大值：

$$\frac{\partial L}{\partial \mu_1} = 0 \rightarrow \hat{\mu}_1 = f_1(r, \mu_1, \mu_0, \sigma^2)$$
$$\frac{\partial L}{\partial \mu_0} = 0 \rightarrow \hat{\mu}_0 = f_2(r, \mu_1, \mu_0, \sigma^2)$$
$$\frac{\partial L}{\partial \sigma} = 0 \rightarrow \hat{\sigma} = f_3(r, \mu_1, \mu_0, \sigma^2)$$

在不同的参数取值下，用 EM 算法循环迭代至收敛，得其极大似然函数值 $L_{\max}(\hat{r}, \hat{\mu}_1, \hat{\mu}_0, \hat{\sigma}^2)$

$$LOD = \lg\left[\frac{L_{\max}(\hat{r}, \hat{\mu}_1, \hat{\mu}_0, \hat{\sigma}^2)}{L_{\max}(r = 0.5, \hat{\mu}_1', \hat{\mu}_0', \hat{\sigma}^2)}\right]$$
$$= \lg\left[\frac{\text{重组率为}\hat{r}\text{的似然值}}{\text{QTL 与此标记无连锁的似然值}}\right]$$

样本较大时，LOD 值近似服从 χ^2 分布，可进行显著性测验。计算 0～0.5 的各种 r 值对应的 LOD 值，LOD 最大且显著时对应的 r 即为重组率估值。

2. QTL 基因效应的估计

根据极大似然法所得不同 QTL 基因型的均值和方差的估计值，可以进一步估计 QTL 的基因效应，包括基因加性效应、显性效应，用这些效应的估计值可进而估计显性度、遗传率等参数。

对于 F_2 群体，有三种 QTL 基因型，QQ、Qq 和 qq，它们的数量性状均值分别为 $\hat{\mu}_2$、$\hat{\mu}_1$ 和 $\hat{\mu}_0$。QTL 的加性效应可估计为 $\hat{a} = (\hat{\mu}_2 - \hat{\mu}_0)/2$；显性效应可估计为 $\hat{d} = \hat{\mu}_1 - (\hat{\mu}_2 + \hat{\mu}_0)/2$。

对于 DH 群体，有两种 QTL 基因型，QQ 和 qq，它们的数量性状均值分别为 $\hat{\mu}_1$、$\hat{\mu}_2$，故只能估计基因的加性效应：$\hat{a} = (\hat{\mu}_1 - \hat{\mu}_2)/2$。

对于回交群体，BC_1 群体中的两种 QTL 基因型为 QQ 和 Qq，它们的数量性状均值分别为 $\hat{\mu}_1$ 和 $\hat{\mu}_0$；BC_2 群体中的两种 QTL 基因型为 qq 和 Qq，它们的数量性状均值分别为 $\hat{\mu}_1'$ 和 $\hat{\mu}_0'$。基因效应的估计要同时利用这两种回交世代，加性效应可估计为 $\hat{a} = (\hat{\mu}_1 - \hat{\mu}_1')/2$；显

性效应可估计为 $\hat{d}=(\hat{\mu}_0+\hat{\mu}'_0)/2-(\hat{\mu}_1+\hat{\mu}'_1)/2$。

单标记分析一次只分析一个标记，可判断标记与 QTL 是否连锁，在连锁的情况下可采用极大似然估计等方法来估算重组率和 QTL 的效应，但单标记分析存在如下缺点：①不能确定 QTL 的位置；②不能判断与标记连锁的 QTL 的数目；③除极大似然法外，其他单标记分析中 QTL 效应的估值与重组率 r 相混杂；④单标记分析一般需要较大的样本容量。关于"QTL 效应的估值与重组率 r 相混杂"证明如下。由表 13-11 的第 3 和第 4 行 $\mu_1-\mu_2=\frac{(1-r)a+rd-ra-(1-r)d}{2}=\frac{1-2r}{2}(a-d)$，因此当重组率不能得到独立估计时，QTL 的效应也不能独立估计。单标记分析已逐渐过渡到双标记甚至多标记分析。

四、区间作图法

考虑到单标记分析的缺点与不足，遗传学家提出了双标记分析法，一次分析两个相邻的标记，以判断两个标记之间是否存在 QTL 以及其位置和效应如何。最典型的双标记分析法是 Lander 和 Botstein(1989)提出的区间作图法(interval mapping，IM)。

(一)区间作图法概述

其特点是利用成对的标记把重组率与遗传效应相互分离，并采用了极大似然估计程序。其基本程序是计算并比较每两个相邻标记之间特定位置上存在 QTL 的概率大小。具体做法是：以正态混合分布的极大似然函数和简单回归模型，借助于完整的分子标记连锁图谱，计算基因组上两个相邻标记之间特定位置上存在和不存在 QTL 的似然函数值之比的对数(*LOD* 值)，根据整个染色体上不同位置 *LOD* 值的大小，可以描绘出一个 QTL 在染色体上存在与否的似然图谱。当 *LOD* 值超过某一给定的临界值时，QTL 的可能位置可用 *LOD* 支持区表示出来。QTL 的效应用回归系数估计值推断。

与单标记分析相比，区间作图法有如下优点：①可用支持区间标出 QTL 的位置；②当染色体上只有一个 QTL 处于分离状态时，QTL 位置和效应的估值是渐近无偏的；③鉴别 QTL 时所需样本容量小于单标记分析的；④由于区间分析法综合体现了 QTL 作图的基本思想，包含了混合分布、极大似然法和 ECM 迭代算法等重要统计学及算法特征，因此得到广泛的应用。

下面以回交 BC_1 群体为例加以说明。

(二)区间作图方法(以 BC_1 群体为例)

(1)模型。Lander 和 Botstein(1989)提出了如下线性模型，用于检测位于侧翼标记 i 和 $i+1$之间的 QTL：

$$y_j=\mu+b^*x_j^*+e_j \tag{13-25}$$

式中：$j=1, 2, \cdots, n$；b^* = 假定 QTL 的效应，$e_j\sim N(0, \sigma^2)$，为随机误差；$x_j^*=\begin{cases}1,\text{QTL 的基因型为 QQ}\\0,\text{QTL 的基因型为 Qq}\end{cases}$，因为 x_j^* 为不可观测，x_j^* 取不同值的概率依赖于个体侧翼标

记的类型和所测验的位置(θ),所以从统计学角度看,这是一个混合模型(mixture model)。

(2)QTL 基因型的条件概率。

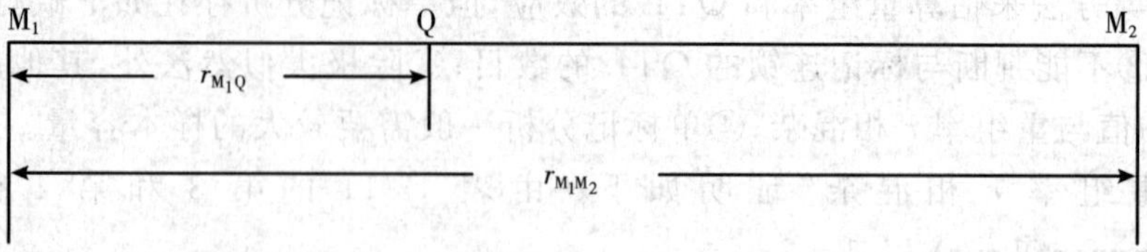

图 13-2 区间作图法的标记与 QTL 连锁示意图

假设标记 M_1 和 M_2 之间有一个 QTL(简称 Q)如图 13-2 所示,M_1 和 Q 之间的重组率为 r_{M_1Q},M_1 和 M_2 之间的重组率为 $r_{M_1M_2}$,不计双交换,并以 $\theta = r_{M_1Q}/r_{M_1M_2}$ 表示 M_1 与 Q 间的距离,则在某标记区间内某位置上 QTL 为某种基因型的条件概率 p_{kj} 以式(13-26)表示并列于表 13-18。

$$p_{kj} = p(x_j^* = k \mid M_i, M_{i+1}, \theta) \tag{13-26}$$

式中:$k=0,1;j=1,2,\cdots,n$。

表 13-18 BC_1 群体中双标记区间内 QTL 基因型的条件概率

标记编码 M_1	标记编码 M_2	标记基因型(组)	样本容量	QTL 基因型的条件概率 QQ(1)	QTL 基因型的条件概率 Qq(0)
1	1	$M_1M_1M_2M_2$(1)	n_1	1	0
1	0	$M_1M_1M_2m_2$(2)	n_2	$1-\theta$	θ
0	1	$M_1m_1M_2M_2$(3)	n_3	θ	$1-\theta$
0	0	$M_1m_1M_2m_2$(4)	n_4	0	1

(3)似然函数。对式(13-25)的线性模型,按混合分布原理可构造一定重组率假设下观测值的极大似然函数:

$$\begin{aligned} L(\mu, b^*, \sigma^2, \theta) &= \prod_{j=1}^{n}\left(\sum_{k} p_{kj} \times \phi_k(y_j)\right) \\ &= \prod_{j=1}^{n}\left[p_{1j}\phi\left(\frac{y_j-\mu-b^*}{\sigma}\right)+p_{0j}\,\phi\left(\frac{y_j-\mu}{\sigma}\right)\right] \\ &= \prod_{j=1}^{n_1}\phi\left(\frac{y_j-\mu-b^*}{\sigma}\right)\prod_{j=1}^{n_2}\left[(1-\theta)\phi\left(\frac{y_j-\mu-b^*}{\sigma}\right)+\theta\phi\left(\frac{y_j-\mu}{\sigma}\right)\right]\times \\ &\quad \prod_{j=1}^{n_3}\left[\theta\,\phi\left(\frac{y_j-\mu-b^*}{\sigma}\right)+(1-\theta)\phi\left(\frac{y_j-\mu}{\sigma}\right)\right]\prod_{j=1}^{n_4}\phi\left(\frac{y_j-\mu}{\sigma}\right) \end{aligned} \tag{13-27}$$

式中:$\phi(Z) = \dfrac{1}{\sqrt{2\pi}}\exp[-Z^2/2]$,为标准的正态分布;$\theta$ 为标记区间内假设的 QTL 的位置参数,为其中一个标记和 QTL 的重组率与两标记间重组率的比值;μ 和 σ^2 分别为假设的对应各种 QTL 基因型的性状均值和方差;b^* 为假定的 QTL 基因型的效应,$b^* = \mu_1 - \mu_0 = a - d$,$\mu_1 = \mu + b^*$,$\mu_0 = \mu$;$p_{ij}$ 为 θ 假设下具有某种标记基因型的个体 j 属于第 i 种 QTL 基因型的概率;ϕ_i 为第 i 种 QTL 基因型的表型值分布的概率密度函数;y_j 为个体 j 的性状观测值;n 为个体数;k 为可能的 QTL 基因型数。

(4)参数的极大似然估计。先求似然函数的对数 $\ln L$,然后对各参数求偏导,并令其为0,则有:

$$\frac{\partial \ln L}{\partial b^*}=0 \Rightarrow \hat{b}^*=\sum_{j=1}^{n}(y_j-\mu)\hat{p}_j / \sum_{j=1}^{n}\hat{p}_j \tag{13-28}$$

$$\hat{p}_j=\frac{p_{1j}\phi[(y_j-\mu-b^*)/\sigma]}{p_{1j}\phi[(y_j-\mu-b^*)/\sigma]+p_{0j}\phi[(y_j-\mu)/\sigma]} \tag{13-29}$$

$\hat{p}_j$ 是 $x_j^*=1$ 的后验概率(posterior probability),p_{1j} 为先验概率且为 θ 的函数。

$$\frac{\partial \ln L}{\partial \mu}=0 \Rightarrow \hat{\mu}=\sum_{j=1}^{n}(y_j-\hat{p}_j\hat{b}^*)/n \tag{13-30}$$

$$\frac{\partial \ln L}{\partial \sigma^2}=0 \Rightarrow \hat{\sigma}^2=\frac{1}{n}\sum_{j=1}^{n}[(y_j-\mu)^2-\hat{p}_j\hat{b}^{*2}] \tag{13-31}$$

以上各解均为 θ 已知条件下的解。若视 θ 为未知,θ 的极大似然估计为:

$$\frac{\partial \ln L}{\partial \theta}=0 \Rightarrow \hat{\theta}=\frac{\sum_{j=1}^{n_2}(1-\hat{p}_j)+\sum_{j=1}^{n_3}\hat{p}_j}{n_2+n_3} \tag{13-32}$$

以上各解是非封闭式的,其中每一估值均依赖于其他参数的估值。通常采用 ECM(expectation/conditional maximazation)算法通过多次迭代来求解,b^* 初始值可用 $b^*=0$(或 b^* 的最小二乘估计值),μ 的初始值可用 $\mu=x_j^*=p_{1j}$。该算法包括一个 E 步(式(13-29))和三个 CM 步(式(13-28),式(13-30),式(13-31)和式(13-32))。计算包括多次迭代直至估计值收敛。

(5)统计假设测验。所测验的假设为:H_0:$b^*=0$ 和 H_A:$b^*\neq 0$。假设测验的统计数为 *LOD* 值。各种 θ 假定取值下的 *LOD* 值为:

$$LOD=\lg\frac{L(\hat{\mu},\hat{\sigma}^2,\hat{b}^*)}{L(\hat{\hat{\mu}},\hat{\hat{\sigma}}^2,b^*=0)}=\lg\left(\frac{\theta\text{处存在 QTL 的概率}}{\text{区间内无 QTL 的概率}}\right) \tag{13-33}$$

式中:$L(\hat{\hat{\mu}},\hat{\hat{\sigma}}^2,b^*=0)$ 为无效假设(标记区间不存在 QTL)下的极大似然函数值,$\hat{\hat{\mu}}$,$\hat{\hat{\sigma}}^2$ 分别为无效假设下 μ 和 σ^2 的估值;$L(\hat{\mu},\hat{\sigma}^2,\hat{b}^*)$ 为备择假设下的极大似然函数值,$\hat{\mu}$,$\hat{\sigma}^2$ 和 $\hat{b}^*$ 分别为备择假设下 μ,σ^2 和 b^* 的估值。所有估值均可采用 ECM 迭代算法求出。

值得注意的是,*LOD* 值测验本质上等同于似然比测验,$LR=-2\ln\dfrac{L(\mu,b^*=0,\sigma^2)}{L(\hat{\mu},\hat{b}^*,\hat{\sigma}^2)}$,$LOD=\frac{1}{2}(\lg e)LR=0.217LR$。对于回交群体,$LR\sim\chi_1^2$,$LOD\sim 0.217\chi_1^2$,即 *LR* 和 *LOD* 值近似地服从于自由度为1的卡平方分布。对于 F_2 群体,*LR* 和 *LOD* 基本上符合自由度为2的卡平方分布。实际上,由于是在整个基因组上搜索 QTL,存在多次测验的问题,并且,在无效假设下整个基因组上极大 *LOD* 值的分布非常复杂。Lander 和 Botstein 建议,在5%的假阳性标准下,判断存在 QTL 的 *LOD* 阈值应在2~3之间。

只要有标记,该测验可在染色体的任何部位进行,可计算所有区间内从0~1的各种 θ 值对应的 *LOD* 值,根据 *LOD* 值的大小来系统搜索和判断染色体上各标记区间的不同位置上存在 QTL 的可能性。因此该法提供了一种系统地搜索 QTL 的策略。一般来说,当 *LOD* 值大于某一阈值时,即可以1或2个 *LOD* 值的支持区间在最大 *LOD* 值附近标出这个 QTL 的位置(Lander 和 Botstein,1989),同时估计 QTL 的效应值等参数。

例 13.16 采用区间作图法对棉花纤维品质及相关性状进行 QTL 定位分析(郭志丽,2003)。作图群体为 E-31×中 19 的 F_2 群体,采用 RAPD 分子标记获得 130 个单株的标记数据和性状观测值。试以区间作图法对其进行定位分析。

解:由于事先没有现成的分子标记连锁图谱可供利用,所以需从筛选标记和构建标记连锁图谱开始。

(1)RAPD 标记的筛选。

从 240 个 RAPD 引物中筛选到 94 个在双亲间有差异的引物。这些引物在所构建的性状极值 DNA 混合池间进一步筛选,其中有 10 个在池间有差异。以这 10 个引物对 F_2 群体作筛选,仅有 5 个引物在 F_2 单株间有差异,共出现 17 个多态性标记,详见表 13-19 的前 3 列。

表 13-19 4 个与棉花纤维性状连锁的引物序列及其多态性标记数

引物	核苷酸序列	多态性标记数	连锁标记	连锁性状
U1	5′ACGGACGTCA 3′	1	1	比强度
P5	5′CCCCGGTAAC 3′	4	2	马克隆值、衣分、籽指、铃重
J01	5′CCCGGCATAA 3′	4	2	整齐度、比强度、马克隆值、衣指
E13	5′CCCGATTCGG 3′	5	4	比强度、籽指、衣分
D16	5′AGGGCGTAAG 3′	3	0	—

(2)标记连锁群构建。

用 MAPMAKER/EXP Version 3.0b(Lander, 1987)对 17 个多态性标记进行连锁分析,Mapmaker3.0b 针对不同的群体和标记有不同的数据记数方法。根据软件要求将 RAPD 标记中 0、1 数据计数如下:假设 P_1 的基因型为 bb,P_2 的基因型为 aa,如果某个标记中 P_1 有带而 P_2 无带,则凡是有带的就记为 C,无带的就记为 A;反之如果 P_1 无带而 P_2 有带则凡是有带的就记为 D,无带的就记为 B。缺失数据记为"—"。以 .raw 文件形式进行保存。17 个标记的连锁分析构建了两个标记连锁群,见例 13.10 和图 13-1。

(3)定位分析。

用 Window QTL cartographer version2.0 (zeng,1994)统计分析软件中的区间作图法在 RAPD 标记和性状值间进行 QTL 分析。标记和性状间的连锁分析结果列于表 13-19 的后两列。区间定位结果列于表 13-20。

表 13-20 区间作图分析结果(*LOD*≥2.0)

性状	连锁群	区间	距离	QTL 位置	*LOD* 值	加性效应	显性效应	解释总变异(%)
整齐度	Ⅰ	E132-D161	11.7	0	2.37	−1.275 1	1.910 3	14.8
整齐度	Ⅱ	E131-E133	5.8	2.0	2.18	1.196 0	1.897 9	19.2
衣分	Ⅰ	E135-E132	21.5	12.0	2.28	−0.035 9	3.005 2	18.5
籽指	Ⅰ	E135-E132	21.5	10.0	3.50	−0.798 9	0.101 6	20.1
籽指	Ⅱ	E131-E133	5.8	2.0	2.51	0.647 8	0.115 5	12.1
籽指	Ⅱ	E133-J014	24.0	8.0	2.48	0.904	0.418	16.2

注:距离为两标记间距离;QTL 位置为 QTL 距左侧标记的距离,距离单位为 cM;以中 19 为 P_1,E-31 为 P_2 计算加性效应和显性效应。

该棉花组合 F_2 群体籽指性状两连锁群 *LOD* 值的变化曲线和效应值绘于图 13-3a。图 13-3b 为同一组数据用复合区间作图的结果，供对比用（复合区间作图法将在下面介绍）。

结论：由表 13-20 和图 13-3a 可以看出区间定位的结果：①籽指性状，若以 *LOD*＝3 为标准，只在第 1 连锁群的第 1 区间（标记 E135 与 E132 间）定位了 1 个有关的 QTL。其加性效应为－0.798 9(g)，亲本中 19 为减效。该 QTL 表现弱的部分正向显性，显性效应为 0.101 6。若以 *LOD*＝2 为标准，则不仅在第 1 连锁群的第 1 区间（标记 E135 与 E132 间）发现了 1 个 QTL，还在第 2 连锁群上发现了两个 QTL（区间 E134_E133 和区间 E133_J014）。②整齐度，在第一和第二连锁群上以 *LOD*＝2 各发现了一个有关的 QTL（表 13-20），一个加性效应为正，一个为负，均为正向超显性。③衣分，在第一连锁群上以 *LOD*＝2 发现了一个有关衣分的 QTL，表现超显性。④由图 13-3 可以看出，区间作图和复合区间作图的结果表现出一定的差异。⑤该资料群体较小，标记数也少，定位精度受到限制。

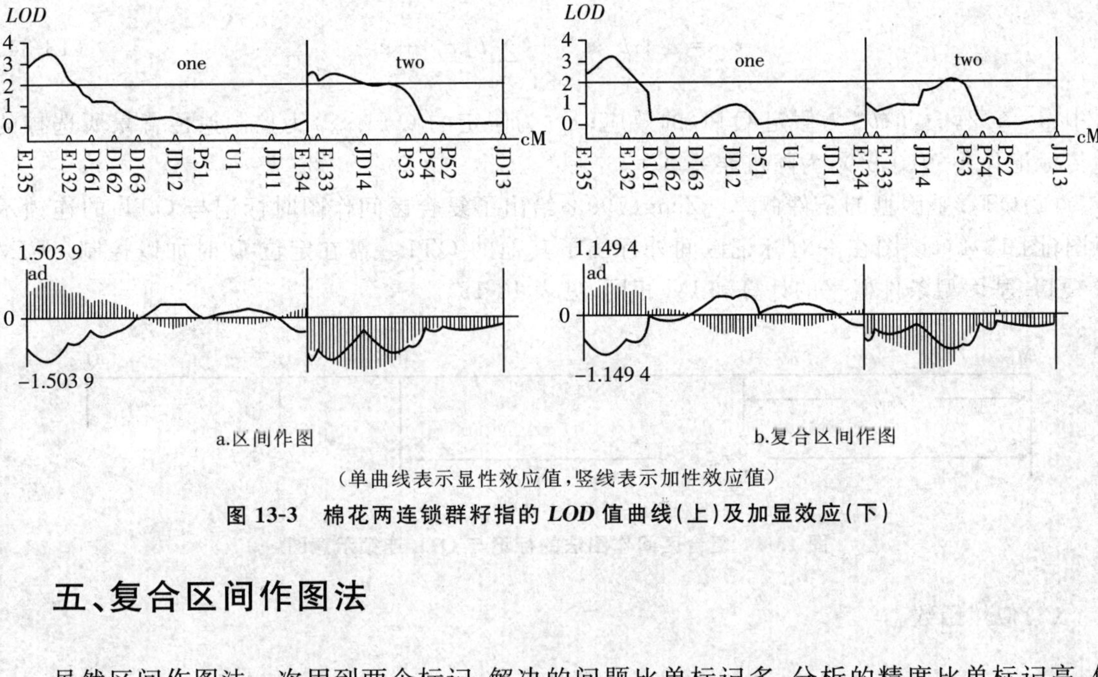

a.区间作图　　　　b.复合区间作图

（单曲线表示显性效应值，竖线表示加性效应值）

图 13-3　棉花两连锁群籽指的 *LOD* 值曲线（上）及加显效应（下）

五、复合区间作图法

虽然区间作图法一次用到两个标记，解决的问题比单标记多，分析的精度比单标记高，但未能充分利用更多标记的全面信息，分析结果也会受到其他 QTL 的干扰，影响其精度的进一步提高。当两个 QTL 相距较近时，甚至会出现幻影（ghost）现象，表现为两个真实的 QTL 间出现一个虚假的幻影 QTL。在同一染色体上存在多个 QTL 时尤其如此。多标记分析是同时利用多个标记进行 QTL 作图分析。由于同时在多个标记位置检测 QTL 在数学上不易实现，所以往往是在分析一个标记区间时利用其他标记的信息。具有代表性的是 Zeng(1993，1994)提出的复合区间作图法（composite interval mapping，CIM）。

（一）复合区间作图法概述

复合区间作图法的特点是把多元线性回归与区间作图法相结合，对某一特定标记区间进行检测时,将与其他 QTL 连锁的标记也拟合在模型中以控制背景遗传效应。其遗传假设是:数量性状的表型变异由 3 部分变异来源所控制:①被搜索的一对 QTL 的遗传效应(固定效应);②与其他 QTL 连锁的分子标记的遗传效应(固定效应);③剩余随机效应,遗传模型如公式(13-34)所示。在此遗传模型下,采用类似于区间作图的方法,获得参数的极大似然估计值和似然比,并绘制各连锁群的似然图谱。根据似然比统计量的显著性推断 QTL 的位置。QTL 的效应由回归系数的极大似然估计值推断。因此,复合区间作图是对区间作图法的改进,是在利用双标记进行区间分析时,引入多元线性回归把其他位置可能存在的 QTL 的影响加以统计控制,从而提高 QTL 位置和效应估计的精度,这在同一连锁群上存在多个 QTL 的情况下尤为有效。下面首先以 BC_1 群体为例说明复合区间作图的基本原理和方法,然后引申到 F_2 群体。

(二)BC_1 群体的复合区间作图分析

(1)模型。Zeng(1993,1994)提出的 CIM 模型为:

$$y_j = \mu + b^* x_j^* + \sum_k b_k x_{jk} + e_j \tag{13-34}$$

式中:$j=1,2,\cdots,n$;b^* 为假定 QTL 的效应;x_j^* 为假定的 QTL;x_{jk} 为控制遗传背景所选择的遗传标记;$e_j \sim N(0,\sigma^2)$,为随机误差。

(2)QTL 基因型的条件概率。Zeng(1993)给出了复合区间作图时标记与 QTL 的连锁示意图(图 13-4),该图在一对标记区间外标出了其他的 QTL_S,需在定位 Q 时加以控制。CIM 中 QTL 基因型条件概率的计算和 IM 相同,见表 13-18。

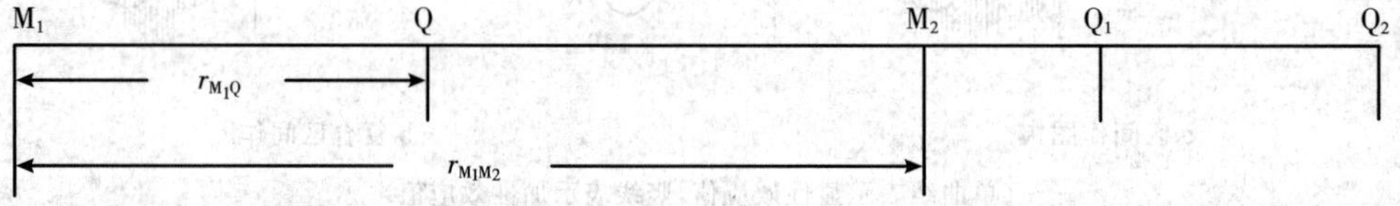

图 13-4 复合区间作图法的标记与 QTL 连锁示意图

(3)似然函数。

$$\begin{aligned} L(b^*,\boldsymbol{B},\sigma^2) &= \prod_{j=1}^{n}\left[p_{1j}\phi\left(\frac{y_j-\boldsymbol{X}_j\boldsymbol{B}-b^*}{\sigma}\right)+p_{0j}\phi\left(\frac{y_j-\boldsymbol{X}_j\boldsymbol{B}}{\sigma}\right)\right] \\ &= \prod_{j=1}^{n_1}\phi\left(\frac{y_j-\boldsymbol{X}_j\boldsymbol{B}-b^*}{\sigma}\right)\prod_{j=1}^{n_2}\left[(1-\theta)\phi\left(\frac{y_j-\boldsymbol{X}_j\boldsymbol{B}-b^*}{\sigma}\right)+\theta\phi\left(\frac{y_j-\boldsymbol{X}_j\boldsymbol{B}}{\sigma}\right)\right]\times \\ &\quad \prod_{j=1}^{n_3}\left[\theta\phi\left(\frac{y_j-\boldsymbol{X}_j\boldsymbol{B}-b^*}{\sigma}\right)+(1-\theta)\phi\left(\frac{y_j-\boldsymbol{X}_j\boldsymbol{B}}{\sigma}\right)\right]\prod_{j=1}^{n_4}\phi\left(\frac{y_j-\boldsymbol{X}_j\boldsymbol{B}}{\sigma}\right) \end{aligned} \tag{13-35}$$

式中:$\boldsymbol{X}_j\boldsymbol{B} = \mu + \sum_k b_k x_{jk}$。

(4)参数的极大似然估计。

求解 $\hat{b}^*$:

$$\frac{\partial \ln L}{\partial b^*}=0 \Rightarrow \sum_{j=1}^{n} p_j(y_j-\boldsymbol{X}_j\boldsymbol{B}-b^*)=0$$

$$p_j=\frac{p_{1j}\phi[(y_j-\boldsymbol{X}_j\boldsymbol{B}-b^*)/\sigma]}{p_{1j}\phi[(y_j-\boldsymbol{X}_j\boldsymbol{B}-b^*)/\sigma]+p_{0j}\phi[(y_j-\boldsymbol{X}_j\boldsymbol{B})/\sigma]} \tag{13-36}$$

$$\hat{b}^*=\sum_{j=1}^{n}(y_j-\boldsymbol{X}_j\hat{\boldsymbol{B}})p_j\Big/\sum_{j=1}^{n}p_j=(\boldsymbol{Y}-\boldsymbol{XB})^{\mathrm{T}}\boldsymbol{P}/c \tag{13-37}$$

式中：$c=\sum_{j=1}^{n}p_j$，$\boldsymbol{Y}=[y_j]_{n\times 1}$，$\boldsymbol{P}=[p_j]_{n\times 1}$。

求解 $\hat{\boldsymbol{B}}$：

$$\frac{\partial \ln L}{\partial \boldsymbol{B}}=0 \rightarrow \boldsymbol{X}^{\mathrm{T}}(\boldsymbol{Y}-\boldsymbol{XB})=\boldsymbol{X}^{\mathrm{T}}\boldsymbol{P}b^*,\ \boldsymbol{Y}-\boldsymbol{XB}=\boldsymbol{P}b^*,\ \boldsymbol{XB}=\boldsymbol{Y}-\boldsymbol{P}b^*$$

$$\hat{\boldsymbol{B}}=(\boldsymbol{X}^{\mathrm{T}}\boldsymbol{X})^{-1}\boldsymbol{X}^{\mathrm{T}}(\boldsymbol{Y}-\boldsymbol{P}b^*) \tag{13-38}$$

求解 σ^2：

$$\frac{\partial \ln \mathrm{L}}{\partial \sigma^2}=0 \rightarrow n\hat{\sigma}^2=(\boldsymbol{Y}-\boldsymbol{X}\hat{\boldsymbol{B}})^{\mathrm{T}}(\boldsymbol{Y}-\boldsymbol{X}\hat{\boldsymbol{B}})-\hat{b}^{*2}c \tag{13-39}$$

采用 ECM 算法循环迭代直至收敛，得到各参数的极大似然估计值。

(5)假设测验。$\mathrm{H_O}: b^*=0$，$\mathrm{H_A}: b^*\neq 0$

无效假设下的似然函数为：

$$L(b^*=0,\boldsymbol{B},\sigma^2)=\prod_{j=1}^{n}\phi\left(\frac{y_j-\boldsymbol{X}_j\boldsymbol{B}}{\sigma}\right)$$

其参数的极大似然估值为：

$$\hat{\hat{\boldsymbol{B}}}=(\boldsymbol{X}^{\mathrm{T}}\boldsymbol{X})^{-1}\boldsymbol{X}^{\mathrm{T}}\boldsymbol{Y},\ \hat{\hat{\sigma}}^2=(\boldsymbol{Y}-\boldsymbol{X}\hat{\hat{\boldsymbol{B}}})^{\mathrm{T}}(\boldsymbol{Y}-\boldsymbol{X}\hat{\hat{\boldsymbol{B}}})/n$$

测验统计数：

$$LR=-2\ln\frac{L(b^*=0,\hat{\hat{\boldsymbol{B}}},\hat{\hat{\sigma}}^2)}{L(b^*,\hat{\boldsymbol{B}},\hat{\sigma}^2)}\text{，或}$$

$$LOD=\lg\left[\frac{L(\hat{b}^*,\hat{\boldsymbol{B}},\hat{\sigma}^2)}{L(b^*=0,\hat{\hat{\boldsymbol{B}}},\hat{\hat{\sigma}}^2)}\right]=\lg\left(\frac{\theta\text{ 处存在 QTL 的似然值}}{\theta\text{ 处不存在 QTL 的似然值}}\right) \tag{13-40}$$

样本较大时，LOD 值近似服从 χ^2 分布，可进行显著性测验。计算所有区间内从 0～1 的各种 θ 值对应的 LOD 值，LOD 显著的区域即为 QTL 的可能位置。

(三)F_2 群体的复合区间作图分析

(1)模型。对于一个 F_2 群体，其混合模型可写为以下形式：

$$y_j=\mu+b^*x_j^*+d^*z_j^*+\sum_k b_k x_{jk}+\sum_k d_k z_{jk}+e_j\quad (j=1,2,\cdots,n)$$

式中：b^*=所推断的 QTL 的加性效应，d^*=所推断的 QTL 的显性效应

$$x_j^* = \begin{cases} 2 & \text{该 QTL 基因型为 QQ} \\ 1 & \text{该 QTL 基因型为 Qq} \\ 0 & \text{该 QTL 基因型为 qq} \end{cases}, \quad z_j^* = \begin{cases} 1 & \text{该 QTL 基因型为 Qq} \\ 0 & \text{该 QTL 基因型为 QQ 或 qq} \end{cases}$$

令 $p_{kj} = p(x_j^* = k \mid M_i, M_{i+1}, \theta) \quad (k=0,1,2)$

(2)QTL 基因型的条件概率。

表 13-21 F_2 群体中双标记区间内 QTL 基因型的条件概率

标记基因型	QTL 基因型		
	QQ(2)	Qq(1)	qq(0)
$M_1M_1M_2M_2$	1	0	0
$M_1M_1M_2m_2$	$1-\theta$	θ	0
$M_1M_1m_2m_2$	$(1-\theta)^2$	$2\theta(1-\theta)$	θ^2
$M_1m_1M_2M_2$	θ	$1-\theta$	0
$M_1m_1M_2m_2$	$\eta\theta(1-\theta)$	$1-2\eta\theta(1-\theta)$	$\eta\theta(1-\theta)$
$M_1m_1m_2m_2$	0	$1-\theta$	θ
$m_1m_1M_2M_2$	θ^2	$2\theta(1-\theta)$	$(1-\theta)^2$
$m_1m_1M_2m_2$	0	θ	$1-\theta$
$m_1m_1m_2m_2$	0	0	1

注：$\theta = r_{M_1Q}/r_{M_1M_2}$，$\eta = r_{M_1M_2}^2/[(1-r_{M_1M_2})^2 + r_{M_1M_2}^2]$，$r_{M_1Q}$是标记 M_1 和 Q 的重组频率，$r_{M_1M_2}$ 是标记 M_1 和 M_2 的重组频率。双交换频率不计。

(3)似然函数：

$$L(b^*, d^*, \boldsymbol{B}, \sigma^2) = \prod_{j=1}^{n}\left[p_{2j}\phi\left(\frac{y_j - \boldsymbol{X}_j\boldsymbol{B} - 2b^*}{\sigma}\right) + p_{1j}\phi\left(\frac{y_j - \boldsymbol{X}_j\boldsymbol{B} - b^* - d^*}{\sigma}\right) + p_{0j}\phi\left(\frac{y_j - \boldsymbol{X}_j\boldsymbol{B}}{\sigma}\right)\right]$$

(4)极大似然估计。

$$\hat{b}^* = (\boldsymbol{Y} - \boldsymbol{XB})^{\mathrm{T}}\boldsymbol{P}_2/(2\boldsymbol{l}^{\mathrm{T}}\boldsymbol{P}_2)$$
$$\hat{d}^* = (\boldsymbol{Y} - \boldsymbol{XB})^{\mathrm{T}}\boldsymbol{P}_1/(\boldsymbol{l}^{\mathrm{T}}\boldsymbol{P}_1) - \hat{b}^*$$
$$\hat{B} = (\boldsymbol{X}^{\mathrm{T}}\boldsymbol{X})^{-1}\boldsymbol{X}^{\mathrm{T}}[\boldsymbol{Y} - (2\boldsymbol{P}_2 + \boldsymbol{P}_1)\hat{b}^* - \boldsymbol{P}_1\hat{d}^*]$$
$$\hat{\sigma}^2 = \frac{1}{n}[(\boldsymbol{Y} - \boldsymbol{X}\hat{\boldsymbol{B}})^{\mathrm{T}}(\boldsymbol{Y} - \boldsymbol{XB}) - 4(\boldsymbol{l}^{\mathrm{T}}\boldsymbol{P}_2)\hat{b}^{*2} - (\boldsymbol{l}^{\mathrm{T}}\boldsymbol{P}_1)(\hat{b}^* + \hat{d}^*)^2]$$

式中：$\boldsymbol{P}_1 = (\hat{p}_{1j})_{n\times 1}$，$\boldsymbol{P}_2 = (p_{2j})_{n\times 1}$。

$$\hat{p}_{1j} = \frac{p_{1j}\phi[(y_j - \boldsymbol{X}_j\boldsymbol{B} - b^* - d^*)/\sigma]}{p_{2j}\phi[(y_j - \boldsymbol{X}_j\boldsymbol{B} - 2b^*)/\sigma] + p_{1j}\phi[(y_j - \boldsymbol{X}_j\boldsymbol{B} - b^* - d^*)/\sigma] + p_{0j}\phi[(y_j - \boldsymbol{X}_j\boldsymbol{B})/\sigma]}$$

$$\hat{p}_{2j} = \frac{p_{2j}\phi[(y_j - \boldsymbol{X}_j\boldsymbol{B} - 2b^*)/\sigma]}{p_{2j}\phi[(y_j - \boldsymbol{X}_j\boldsymbol{B} - 2b^*)/\sigma] + p_{1j}\phi[(y_j - \boldsymbol{X}_j\boldsymbol{B} - b^* - d^*)/\sigma] + p_{0j}\phi[(y_j - \boldsymbol{X}_j\boldsymbol{B})/\sigma]}$$

(5)统计假设测验。H_O：$b^* = 0, d^* = 0$，H_A：$b^* \neq 0, d^* \neq 0$

$$LOD=\lg \frac{L(\hat{b}^*, \hat{d}^*, \hat{\boldsymbol{B}}, \hat{\sigma}^2)}{L(b^*=0, d^*=0, \hat{\hat{\boldsymbol{B}}}, \hat{\hat{\sigma}}^2)}$$

例 13.17　附表 3 所列为某玉米单交组合 F_2 单株胚的油分含量测定值及分子标记数据，试用区间作图和复合区间作图两种方法对玉米胚的油分含量性状作 QTL 定位分析。

解：(1)构建的标记连锁图如图 13-1(c)所示，12 个标记属于一个连锁群。

(2)用 Window QTL Cartographer Version2.0 (Zeng, 1994)软件中的区间作图法和复合区间作图法对玉米胚的油分含量性状作 QTL 定位分析，定位结果列于表 13-22 和图 13-5。

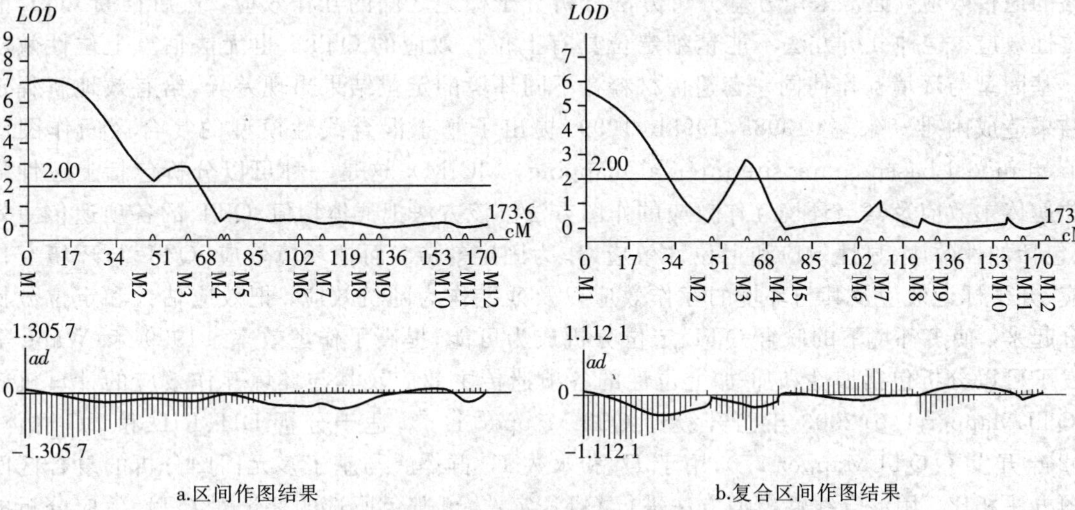

(单曲线表示显性效应值；竖线表示加性效应值)

图 13-5　玉米胚油分 QTL 定位的 *LOD* 值变化曲线及加显效应

表 13-22　玉米胚油分含量性状的 QTL 定位结果

定位方法	QTLs	连锁群	标记	位置(cM)[①]	*LOD* 值	加性效应	显性效应
IM	1	1	1	8.01	7.144 8	−1.251 9	0
	2	1	2	57.5	2.866 2	−0.674 3	0
CIM	1	1	1	0.01	5.634 2	−0.988 4	0
	2	1	3	60.6	2.584 9	−0.862 4	0

注：①距标记的距离。

从图 13-5 和表 13-22 可以看到两种作图方法均以较大的 *LOD* 值在标记 M_1 附近定位了一个强效的 QTL，还在距标记 2 较远处定位了一个 QTL。两种方法都与例 13-13 和例 13-15 的单标记分析结果相一致。

对比图 13-5a 和 13-5b 可以看出，在有 QTL 的区间，图 13-5b 的 *LOD* 值曲线比较陡峭，这显示了 CIM 方法有减小附近 QTL 影响的作用。对比图 13-3a 和 13-3b 也可看出，复合区间作图和区间作图的结果存在一定的差异。

六、混合线性模型复合区间作图法

(一)方法概述

区间作图法没有控制区间以外 QTL 背景效应的影响，结合多元线性回归与区间作图的复合区间作图方法，虽然用检测区间之外的标记控制背景遗传效应，提高了 QTL 定位的精度。但采用区间作图法和复合区间作图法难以有效地定位具有上位性和基因型×环境互作效应的 QTL。许多数量遗传研究结果表明，非等位基因之间的互作效应(上位性效应)是不可忽略的遗传效应，通常采用方差分析方法分析分子标记之间的互作效应，然后推断 QTL 的上位性效应。这种分析方法不能精细定位具有上位性效应的 QTL，也无法估算上位性效应值。基因型与环境互作使同一套遗传材料在不同环境的定位结果出现差异，给有效地解释定位结果造成困难。朱军(1998a，1998b，1999)提出了基于混合线性模型的复合区间作图法(mixed-model-based composite interval mapping，MCIM)，这是一种可以分析包括上位性的各项遗传主效应及其与环境互作效应的作图方法。该方法把群体均值、QTL 的各项遗传主效应(包括加性效应、显性效应和上位性效应)作为固定效应，而把环境效应、QTL 与环境互作效应、分子标记效应及其与环境的互作效应以及残差作为随机效应，把效应估计和定位分析结合起来，使多环境下的联合 QTL 定位分析成为可能，提高了作图效率。1999 年，Wang 等开发了可以分析包括加性和加-加上位性的各项遗传主效应及其与环境互作效应的计算机软件 QTLMapper 1.0(2003 年已升级到 QTLMapper 1.6)，适于分析 DH、RIL 和 *BC* 群体；2002 年开发了 QTLMapper 2.0，用于 F_2 和永久 F_2 群体。与基于多元回归分析的复合区间作图方法相比，用混合线性模型方法进行 QTL 定位，可避免所选的标记对 QTL 效应分析的影响，还能无偏地分析 QTL 与环境的互作效应，具有很大的灵活性，模型扩展非常方便；把标记效应作为随机效应，可以用 BLUP 法进行标记筛选，克服了把标记效应作为固定效应时用回归方法进行标记筛选可能出现的问题。

(二)遗传模型

(1)对多环境试验资料进行 QTL 定位分析时，MCIM 方法遗传模型的一般表达式为：

$$P=\mu+G_{Q}+E+G_{Q}E+G_{M}+G_{M}E+\varepsilon \qquad (13\text{-}41)$$

式中：P 为表型值，群体均值 μ 和 QTL 主效应 G_Q 为固定效应，其余效应均为随机效应。E 为环境效应，G_QE 为 QTL×环境互作效应，G_M 为分子标记主效应，G_ME 为分子标记×环境互作效应，ε 为随机误差。

(2)具体到遗传效应，基因型 j 在环境 h 中的表现型值可用以下混合线性模型表示：

$$\begin{aligned} y_{hj} = {} & \mu + a\chi_{A_j} + d\chi_{D_j} + u_{E_{hj}} e_{E_h} + u_{AE_{hj}} e_{AE_h} + u_{DE_{hj}} e_{DE_h} + \\ & \sum_f u_{M_{fj}} e_{M_f} + \sum_l u_{ME_{lhj}} e_{ME_{lh}} + \varepsilon_{hj} \end{aligned} \qquad (13\text{-}42)$$

式中：μ 是群体均值；a 和 d 分别是 QTL 的加性主效应和显性主效应，为固定效应；χ_{A_j} 和 χ_{D_j} 是遗传主效应的系数；e_{E_h} 是环境 h 的随机效应，其系数为 $u_{E_{hj}}$；e_{AE_h} 是加性×环境互作随机效应，其系数为 $u_{AE_{hj}}$；e_{DE_h} 是显性×环境互作随机效应，其系数为 $u_{DE_{hj}}$；e_{M_f} 是标记基因型 f 的主效应，$u_{M_{fj}}$ 是标记主效应的系数；$e_{ME_{lh}}$ 是标记 l×环境 h 的互作随机效应，其系数为 $u_{ME_{lhj}}$；ε_{hj} 是随机的剩余效应。

模型(13-42)可用以下混合线性模型的矩阵形式表示：

$$\boldsymbol{Y}=\boldsymbol{Xb}+\boldsymbol{U}_E\boldsymbol{e}_E+\boldsymbol{U}_{AE}\boldsymbol{e}_{AE}+\boldsymbol{U}_{DE}\boldsymbol{e}_{DE}+\boldsymbol{U}_{\mathrm{M}}\boldsymbol{e}_{\mathrm{M}}+\boldsymbol{U}_{\mathrm{ME}}\boldsymbol{e}_{\mathrm{ME}}+\boldsymbol{e}_\varepsilon=\boldsymbol{Xb}+\sum_{u=1}^{6}\boldsymbol{U}_u\boldsymbol{e}_u$$
$$\sim N\left(\boldsymbol{Xb},\boldsymbol{V}=\sum_{u=1}^{6}\sigma_u^2\boldsymbol{U}_u\boldsymbol{R}_u\boldsymbol{U}_u^{\mathrm{T}}\right) \tag{13-43}$$

式中：$\boldsymbol{Y}$ 是表现型值向量；$\boldsymbol{b}$ 是固定效应的参数向量；$\boldsymbol{X}$ 是固定效应的系数矩阵；$\boldsymbol{e}_1=\boldsymbol{e}_E\sim N(0,\sigma_E^2\boldsymbol{I})$是环境效应的随机向量；$\boldsymbol{e}_2=\boldsymbol{e}_{AE}\sim N(0,\sigma_{AE}^2\boldsymbol{I})$是加性×环境互作效应的随机向量；$\boldsymbol{e}_3=\boldsymbol{e}_{DE}\sim N(0,\sigma_{DE}^2\boldsymbol{I})$是显性×环境互作效应的随机向量；$\boldsymbol{e}_4=\boldsymbol{e}_{\mathrm{M}}\sim N(0,\sigma_{\mathrm{M}}^2\boldsymbol{R}_{\mathrm{M}})$是分子标记基因型主效应的随机向量；$\boldsymbol{e}_5=\boldsymbol{e}_{\mathrm{ME}}\sim N(0,\sigma_{\mathrm{ME}}^2\boldsymbol{R}_{\mathrm{ME}})$是分子标记×环境互作效应的随机向量；$\boldsymbol{e}_6=\boldsymbol{e}_\varepsilon\sim N(0,\sigma_\varepsilon^2\boldsymbol{I})$ 为残差效应随机向量。

(3)利用 DH 群体或 RIL 群体，可以分析加性和加×加上位性效应。DH 群体或 RIL 群体的个体 k 在环境 h 中的表现型值可用以下混合线性模型表示：

$$\begin{aligned}y_{hk}=&\mu+a_i\chi_{A_{ik}}+a_j\chi_{A_{jk}}+aa_{ij}\chi_{AA_{ijk}}+u_{E_{hk}}e_{E_h}+u_{A_iE_{hk}}e_{A_iE_h}+u_{A_jE_{hk}}e_{A_jE_h}+\\&u_{AA_{ij}E_{hk}}e_{AA_{ij}E_h}+\sum_f u_{M_{fk}}e_{M_f}+\sum_l u_{MM_{lk}}e_{MM_l}+\\&\sum_p u_{ME_{phk}}e_{ME_{ph}}+\sum_q u_{MME_{qhk}}e_{MME_{qh}}+\varepsilon_{hk}\end{aligned} \tag{13-44}$$

式中：μ 是群体均值；a_i 和 a_j 分别是两个基因位点 Q_i 和 Q_j 的加性主效应；aa_{ij} 是 Q_i 和 Q_j 的加×加上位性主效应；$\chi_{A_{ik}}$，$\chi_{A_{jk}}$ 和 $\chi_{AA_{ijk}}$ 分别是加性和加×加上位性主效应的系数；e_{E_h} 是环境 h 的随机效应，其系数为 $u_{E_{hk}}$，$e_{A_iE_h}$ 是位点 Q_i 的加性×环境互作随机效应，其系数为 $u_{A_iE_{hk}}$；$e_{A_jE_h}$ 是位点 Q_j 的加性×环境互作随机效应，其系数为 $u_{A_jE_{hk}}$；$e_{AA_{ij}E_h}$ 是双位点 Q_i 和 Q_j 的上位性×环境互作随机效应，其系数为 $u_{AA_{ij}E_{hk}}$；e_{M_f} 是标记基因型的随机效应，其系数是 $u_{M_{fk}}$；e_{MM_l} 是互作分子标记的随机效应，其系数是 $u_{MM_{lk}}$；$e_{ME_{ph}}$ 是分子标记×环境 h 的互作效应，其系数为 $u_{ME_{phk}}$；$e_{MME_{qh}}$ 是互作分子标记×环境 h 的互作效应，其系数为 $u_{MME_{qhk}}$；ε_{hk} 是随机的剩余效应。

基于模型(13-44)的所有个体，其表现型值可以用以下混合线性模型的矩阵形式表示：

$$\begin{aligned}\boldsymbol{Y}=&\boldsymbol{Xb}+\boldsymbol{U}_E\boldsymbol{e}_E+\boldsymbol{U}_{A_iE}\boldsymbol{e}_{A_iE}+\boldsymbol{U}_{A_jE}\boldsymbol{e}_{A_jE}+\boldsymbol{U}_{AAE}\boldsymbol{e}_{AAE}+\\&\boldsymbol{U}_{\mathrm{M}}\boldsymbol{e}_{\mathrm{M}}+\boldsymbol{U}_{\mathrm{MM}}\boldsymbol{e}_{\mathrm{MM}}+\boldsymbol{U}_{\mathrm{ME}}\boldsymbol{e}_{\mathrm{ME}}+\boldsymbol{U}_{\mathrm{MME}}\boldsymbol{e}_{\mathrm{MME}}+\boldsymbol{e}_\varepsilon\\=&\boldsymbol{Xb}+\sum_{u=1}^{9}\boldsymbol{U}_u\boldsymbol{e}_u\sim N\left(\boldsymbol{Xb},\boldsymbol{V}=\sum_{u=1}^{9}\sigma_u^2\boldsymbol{U}_u\boldsymbol{R}_u\boldsymbol{U}_u^T\right)\end{aligned} \tag{13-45}$$

式中：$\boldsymbol{Y}$ 是表现型值向量；$\boldsymbol{b}$ 是固定效应的参数向量；$\boldsymbol{X}$ 是固定效应的系数矩阵；$\boldsymbol{e}_1=\boldsymbol{e}_E\sim N(0,\sigma_E^2\boldsymbol{I})$是环境效应的随机向量；$\boldsymbol{e}_2=\boldsymbol{e}_{A_iE}\sim N(0,\sigma_{A_iE}^2\boldsymbol{I})$是位点 Q_i 的加性×环境互作效应的随机向量；$\boldsymbol{e}_3=\boldsymbol{e}_{A_jE}\sim N(0,\sigma_{A_jE}^2\boldsymbol{I})$ 是位点 Q_j 的加性×环境互作效应的随机向量；$\boldsymbol{e}_4=\boldsymbol{e}_{AAE}\sim N(0,\sigma_{AAE}^2\boldsymbol{R}_{AAE})$是双位点 Q_i 和 Q_j 的加-加上位性×环境互作效应的随机向量；$\boldsymbol{e}_5=$

$\boldsymbol{e}_{\mathrm{M}} \sim N(0, \sigma_{\mathrm{M}}^2 \boldsymbol{R}_{\mathrm{M}})$是分子标记主效应的随机向量；$\boldsymbol{e}_6 = \boldsymbol{e}_{\mathrm{MM}} \sim N(0, \sigma_{\mathrm{MM}}^2 \boldsymbol{R}_{\mathrm{MM}})$是互作分子标记效应的随机向量；$\boldsymbol{e}_7 = \boldsymbol{e}_{ME} \sim N(0, \sigma_{ME}^2 \boldsymbol{R}_{ME})$是分子标记×环境互作效应的随机向量；$\boldsymbol{e}_8 = \boldsymbol{e}_{MME} \sim N(0, \sigma_{\mathrm{MME}}^2 \boldsymbol{R}_{MME})$是互作分子标记×环境互作效应的随机向量；$\boldsymbol{e}_9 = \boldsymbol{e}_\varepsilon \sim N(0, \sigma_\varepsilon^2 \boldsymbol{I})$是剩余效应随机向量。

(三)定位方法

在定位数量性状基因的分析中，确定 QTL 的位置和基因的遗传效应是分析的主要目的。为固定要研究的效应所采用的分子标记可以视为该基因组所有分子标记的一个随机样本，可作为随机效应。基于这种假设所建立的定位基因的遗传模型，可用如下混合线性模型的通式表示为：

$$\boldsymbol{Y} = \boldsymbol{X}\boldsymbol{b} + \sum_{u=1}^{m} \boldsymbol{U}_u \boldsymbol{e}_u \tag{13-46}$$

该模型是具有均值 $\boldsymbol{Xb}$ 和方差 $\boldsymbol{V} = \sum_{u=1}^{m} \sigma_u^2 \boldsymbol{U}_u \boldsymbol{R}_u \boldsymbol{U}_u^{\mathrm{T}}$ 的混合多变量正态分布，$\boldsymbol{b}$ 是固定效应向量$(p \times 1)$，$\boldsymbol{e}_u \sim N(0, \sigma_u^2 \boldsymbol{R}_u)(u=1, 2, \cdots, m-1)$是随机效应向量$(q_u \times 1)$，$\boldsymbol{e}_m \sim N(0, \sigma_m^2 \boldsymbol{I})$是剩余随机效应向量$(n \times 1)$。均值和方差的似然函数$(L)$为：

$$L(\boldsymbol{b}, \boldsymbol{V}) = (2\pi)^{-\frac{n}{2}} |\boldsymbol{V}|^{-\frac{1}{2}} \exp\left[-\frac{1}{2}(\boldsymbol{Y} - \boldsymbol{Xb})^{\mathrm{T}} \boldsymbol{V}^{-1} (\boldsymbol{Y} - \boldsymbol{Xb})\right] \tag{13-47}$$

似然函数的对数为：

$$\ln L(\boldsymbol{b}, \boldsymbol{V}) = -\frac{n}{2}\ln(2\pi) - \frac{1}{2}\ln|\boldsymbol{V}| - \frac{1}{2}(\boldsymbol{Y} - \boldsymbol{Xb})^{\mathrm{T}} \boldsymbol{V}^{-1} (\boldsymbol{Y} - \boldsymbol{Xb}) \tag{13-48}$$

如果固定效应 $\boldsymbol{b}$ 是可估计的，其极大似然估计值可以由下式算得：

$$\hat{\boldsymbol{b}} = (\boldsymbol{X}^{\mathrm{T}} \boldsymbol{V}^{-1} \boldsymbol{X})^{-1} \boldsymbol{X}^{\mathrm{T}} \boldsymbol{V}^{-1} \boldsymbol{Y} \tag{13-49}$$

并具有抽样方差

$$V(\hat{\boldsymbol{b}}) = (\boldsymbol{X}^{\mathrm{T}} \boldsymbol{V}^{-1} \boldsymbol{X})^{-1} \tag{13-50}$$

如果固定效应的系数矩阵 $\boldsymbol{X}$ 奇异，且 $\boldsymbol{b}$ 不可无偏估计时，仍能获得固定效应的可估算函数 $\boldsymbol{c}^{\mathrm{T}}\boldsymbol{b}$的极大似然估计值

$$\boldsymbol{c}^{\mathrm{T}} \hat{\boldsymbol{b}} = \boldsymbol{c}^{\mathrm{T}} (\boldsymbol{X}^{\mathrm{T}} \boldsymbol{V}^{-1} \boldsymbol{X})^{+} \boldsymbol{X}^{\mathrm{T}} \boldsymbol{V}^{-1} \boldsymbol{Y}$$

其抽样方差矩阵为：

$$\mathbf{V}(\boldsymbol{c}^{\mathrm{T}} \hat{\boldsymbol{b}}) = \boldsymbol{c}^{\mathrm{T}} (\boldsymbol{X}^{\mathrm{T}} \boldsymbol{V}^{-1} \boldsymbol{X})^{+} \boldsymbol{c}$$

在相邻的两个分子标记 M_{i-} 和 M_{i+} 之间搜索 QTL 时，可以设置分子标记 M_{i-} 与 QTL 之间交换值 $r_{\mathrm{M}_i-\mathrm{Q}}$ 的先验值 $\hat{r}_{\mathrm{M}_i-\mathrm{Q}}$，然后计算似然比$(LR)$统计量。

$$LR = 2L_1(\hat{\boldsymbol{b}}, \hat{\boldsymbol{V}}, r_{\mathrm{M}_i-\mathrm{Q}}) - 2L_0(\hat{\boldsymbol{b}}, \hat{\boldsymbol{V}}, r_{\mathrm{M}_i-\mathrm{Q}} = 0.5) \tag{13-51}$$

$\boldsymbol{V}$ 中的方差分量可用其无偏估计值替代：

$$\hat{\boldsymbol{V}} = \sum_u \hat{\sigma}_u^2 \boldsymbol{U}_u \boldsymbol{R}_u \boldsymbol{U}_u^{\mathrm{T}}$$

对于无效假设 $H_O: r_{M_i-Q}=0.5$（QTL 与分子标记 M_{i-} 相互独立）及其相应的备择假设 $H_A: r_{M_i-Q}<0.5$（QTL 与分子标记 M_{i-} 相连锁），可以采用似然比（LR）统计量检验 QTL 是否与分子标记 M_{i-} 相连锁。LR 近似地具有 χ^2 分布。卡方分布的自由度，对于模型(13-54)为 $df=6$。

当 $LR \geqslant \chi^2$ 时否定无效假设，可推断 QTL 与相邻的分子标记 M_{i-} 和 M_{i+} 连锁。QTL 的遗传距离可由 $\hat{r}_{M_i-Q}$ 计算，QTL 遗传主效应则由 $\hat{\boldsymbol{b}}$ 算得，可以采用 t 测验对遗传效应进行检验。如果设置的无效假设与备择假设分别是

$$H_O: \boldsymbol{c}^{\mathrm{T}}\boldsymbol{b}=m, H_A: \boldsymbol{c}^{\mathrm{T}}\boldsymbol{b}\neq m$$

当统计量 $\left| \boldsymbol{c}^{\mathrm{T}}\hat{\boldsymbol{b}} - m/\sqrt{\boldsymbol{c}^{\mathrm{T}}(\boldsymbol{X}^{\mathrm{T}}\hat{\boldsymbol{V}}^{-1}\boldsymbol{X})\boldsymbol{c}} \right| \geqslant t_\alpha$ 时，否定无效假设，接受备择假设。

混合线性模型(13-43)和(13-45)中的 QTL×环境互作效应（加性×环境互作向量 e_{AE}，显性×环境互作向量 e_{DE}，加-加上位性×环境互作向量 e_{AAE}），可采用 BLUP、LUP 或 AUP 等随机效应预测方法预测。也可采用 Henderson(1984)提出的以下方法，同时估计 QTL 主效应及预测 QTL×环境互作效应：

$$\begin{bmatrix} \boldsymbol{X}^{\mathrm{T}}\boldsymbol{X} & \boldsymbol{X}^{\mathrm{T}}\boldsymbol{U}_1 & \boldsymbol{X}^{\mathrm{T}}\boldsymbol{U}_2 & \cdots \\ \boldsymbol{U}_1^{\mathrm{T}}\boldsymbol{X} & \boldsymbol{U}_1^{\mathrm{T}}\boldsymbol{U}_1+\boldsymbol{R}_1^{-1}\dfrac{\sigma_m^2}{\sigma_1^2} & \boldsymbol{U}_1^{\mathrm{T}}\boldsymbol{U}_2 & \cdots \\ \boldsymbol{U}_2^{\mathrm{T}}\boldsymbol{X} & \boldsymbol{U}_2^{\mathrm{T}}\boldsymbol{U}_1 & \boldsymbol{U}_2^{\mathrm{T}}\boldsymbol{U}_2+\boldsymbol{R}_2^{-1}\dfrac{\sigma_m^2}{\sigma_2^2} & \cdots \\ \vdots & \vdots & \vdots & \vdots \end{bmatrix} \begin{bmatrix} \hat{b} \\ \hat{e}_1 \\ \hat{e}_2 \\ \vdots \end{bmatrix} = \begin{bmatrix} \boldsymbol{X}^{\mathrm{T}}\boldsymbol{Y} \\ \boldsymbol{U}_1^{\mathrm{T}}\boldsymbol{Y} \\ \boldsymbol{U}_2^{\mathrm{T}}\boldsymbol{Y} \\ \vdots \end{bmatrix} \tag{13-52}$$

式(13-52)可以简单表示为 $\boldsymbol{W\beta}-\boldsymbol{d}$。

另外，近年来基于 Bayesian 推断原理的 Markov 链蒙特卡罗（MCMC）分析方法已应用于数量性状的基因定位。应用该法，不但可以无偏地估算基因的各种效应，还能对遗传参数的统计特征作 Bayesian 推断，如均值和方差，还可以对遗传参数的各种函数作 Bayesian 推断。有关方法可参考朱军(1999)及其相关引文。

例 13.18　某作物两纯系杂交后代经 8 代连续自交得到重组近交系（RILs）群体，在田间种成 150 个株行。于拔节后期（4 月 20 日）测量各系的株高（cm），并提取这 150 个株系的叶片 DNA，用筛选得到的 170 对多态性 SSR 引物对 150 个重组近交系作分子标记实验，得到分子标记数据。下面是依据 SSR 分子标记和拔节期株高数据，采用 MCIM 作图法对该群体的株高作 QTL 定位分析的结果。

解：第一步，通过 QGA Station 软件的“连锁图谱”方法，将 170 个标记中的 155 个标记定位在 22 个连锁群上。第二步，将所得的图谱文件（＊.map）连同相应的数据文件（＊.txt）输入 QTLMapper1.60 软件对株高进行 QTL 定位，结果见表 13-23 的 T。横栏（前 8 行）。第三步，将定位结果通过软件 QTLNetwork 1.0 绘制成图 13-6。

从表 13-23 可以看出，该重组近交系群体在 4 月 20 日左右，其株高主要由 2 个加性效应位点 QTL 和 6 个上位性效应位点 QTE 控制，其中 12 号连锁群上第一区间存在一个独立的

加性效应位点，效应值为－3.012；22 号连锁群上的第二区间存在一个效应值为 1.348 6 的加性效应位点，该位点还与 15 号连锁群上第二区间有极显著的上位性互作，效应值为 2.350 3；其他 6 个单一的上位性效应，如 2 号连锁群上第一区间与 19 号连锁群上第四区间的上位性效应值达到了 2.592 8，效应都达极显著。这 2 个 QTL 和 6 个 QTE 的总遗传贡献率达到了 0.792 1，即决定了该群体内株高性状上近 80％的总变异。

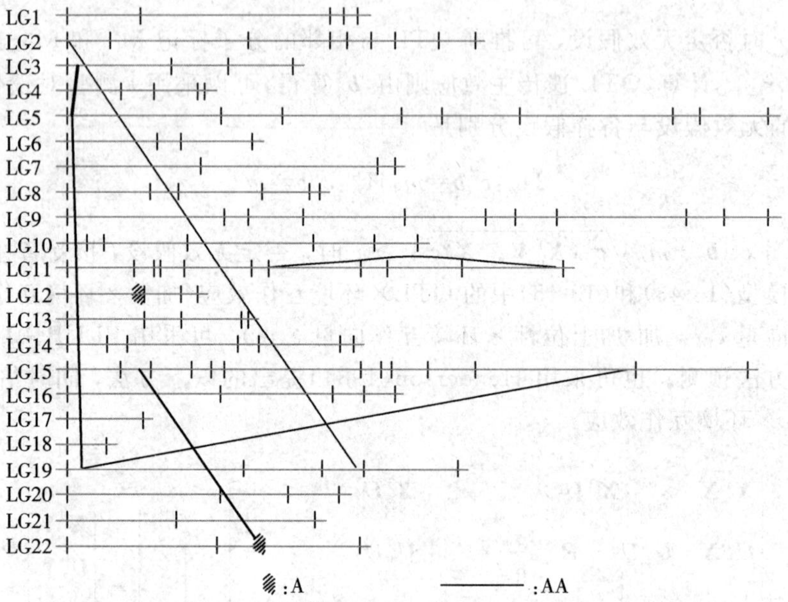

（LG 表示连锁群，1～22 表示连锁群编号，横线表示连锁群长度）

图 13-6 某作物 RIL 群体株高的 MCIM 法定位结果

前已述及，运用基于混合线性模型的复合区间作图法，不仅可以估计单位点的加性效应 A 和显性效应 D，而且能够估计出位点间的上位性效应 AA、AD、DD 等，甚至可以估计以上各种效应与环境间复杂的互作效应（AE、DE、AAE、ADE、DDE 等）。但在本例中，由于作图群体为重组近交系群体，群体内单株基因型基本为纯合，所以检测不到显性效应 D 以及与 D 有关的上位性效应；另外，本群体只种植了一个环境，所以也检测不到各遗传效应与环境 E 的互作。因此，正如表 13-23 和图 13-6 所示，该群体只检测到了加性效应 A 和加-加上位性效应 AA。为了更精确地估计各种遗传及遗传与环境的互作效应，建议使用永久 F_2 群体，并适当加大群体、多环境种植，从而达到更好的定位与效应分析效果。

七、发育性状的 QTL 定位

数量性状的最终表现是生物体不同发育阶段基因表达的综合结果。研究基因在特定时刻的表达及其对数量性状的影响，是发育数量遗传学的一项重要研究内容。朱军（1998a，1998b，1999）提出用随机效应的预测方法获得基因型效应及基因型×环境互作效应的预测值，然后再用区间作图法或复合区间作图法分别进行遗传主效应及基因型×环境互作效应的 QTL 定位分析，并给出了发育性状的条件 QTL 定位分析方法。

(一)发育阶段 t 的非条件 QTL 定位

发育阶段 t 的非条件 QTL 定位是对发育阶段 $0\sim t$ 时段内所表达的基因进行定位。

1. 遗传模型

环境 h 中第 k 次重复的第 j 种基因型在 t 时刻（$t=1, 2, \cdots$）的表现型值可以用以下线性模型表示：

$$y_{hjk(t)}=\mu_{(t)}+G_{j(t)}+E_{h(t)}+GE_{hj(t)}+\varepsilon_{hjk(t)} \tag{13-53}$$

模型(13-53)可以改写为矩阵形式的混合线性模型：

$$\boldsymbol{Y}_{(t)}=\boldsymbol{l}\mu_{(t)}+\boldsymbol{U}_G\boldsymbol{e}_{G(t)}+\boldsymbol{U}_E\boldsymbol{e}_{E(t)}+\boldsymbol{U}_{GE}\boldsymbol{e}_{GE(t)}+\boldsymbol{e}_{\varepsilon(t)}=\boldsymbol{l}\mu_{(t)}+\sum_{u=1}^{4}\boldsymbol{U}_u\boldsymbol{e}_{u(t)}$$

$$\sim N\left(\boldsymbol{l}\mu_{(t)},\boldsymbol{V}(t)=\sum_{u=1}^{4}\sigma_{u(t)}^2\boldsymbol{U}_u\boldsymbol{U}_u^{\mathrm{T}}\right) \tag{13-54}$$

模型(13-54)中 $Y_{(t)}$ 是在 t 时刻的表现型值向量；$\mu_{(t)}$ 是 t 时刻的群体均值；$\boldsymbol{l}$ 是系数为 1 的向量；$\boldsymbol{e}_{1(t)}=\boldsymbol{e}_{G(t)}\sim N(0,\sigma_{G(t)}^2U_{G(t)}U_{G(t)}^{\mathrm{T}})$是 t 时刻的基因型主效应的随机向量；$\boldsymbol{e}_{2(t)}=\boldsymbol{e}_{E(t)}\sim N(0,\sigma_{E(t)}^2 U_{E(t)}U_{E(t)}^{\mathrm{T}})$ 是 t 时刻的环境效应的随机向量；$\boldsymbol{e}_{3(t)}=\boldsymbol{e}_{GE(t)}\sim N(0,\sigma_{GE(t)}^2U_{GE(t)}U_{GE(t)}^{\mathrm{T}})$ 是 t 时刻的基因型×环境互作效应的随机向量；$\boldsymbol{e}_{4(t)}=\boldsymbol{e}_{\varepsilon(t)}\sim N(0,\sigma_{\varepsilon(t)}^2\boldsymbol{I})$ 是 t 时刻的残差效应随机向量。

2. 随机效应的无偏预测

采用随机效应的预测方法，如 LUP(linear unbiased prediction)或 AUP(adjusted unbiased prediction)(朱军，1997)，可以获得 $E_{h(t)}$，$G_{j(t)}$ 及 $GE_{hj(t)}$ 的无偏预测，然后进一步计算 $y_{j(G)(t)}=\mu_{(t)}+G_{j(t)}$ 和 $y_{hj(GE)(t)}=\mu_{(t)}+E_{h(t)}+GE_{hj(t)}$ 的预测值。

3. 发育阶段 t 的非条件 QTL 定位

用区间作图法或复合区间作图法分析时刻 t 基因型主效应的预测值数据 $\hat{y}_{j(G)(t)}$，定位的 QTL 具有初始时刻至 t 时刻($0\rightarrow t$) 的遗传主效应。

采用区间作图法或复合区间作图法，分析基因型与第 h 个环境在 t 时刻的互作效应的预测值数据 $\hat{y}_{hj(GE)(t)}$，可定位在发育阶段($0\rightarrow t$)具有基因型×环境互作效应的 QTL。

(二)发育阶段 t 的条件 QTL 定位

1. 遗传模型

给定 $t-1$ 时刻的表现型值，t 时刻的条件表现型值是条件随机变量，可用线性模型表示为：

$$y_{hjk(t|t-1)}=\mu_{(t|t-1)}+G_{j(t|t-1)}+E_{h(t|t-1)}+GE_{hj(t|t-1)}+E_{hjk(t|t-1)} \tag{13-55}$$

并且具有条件变量分布。模型(13-55)可以改写为矩阵形式的混合线性模型：

$$\boldsymbol{Y}_{(t|t-1)}=\boldsymbol{l}\mu_{(t|t-1)}+\boldsymbol{U}_G\boldsymbol{e}_{G(t|t-1)}+\boldsymbol{U}_E\boldsymbol{e}_{E(t|t-1)}+\boldsymbol{U}_{GE}\boldsymbol{e}_{GE(t|t-1)}+\boldsymbol{e}_{\varepsilon(t|t-1)}$$

$$=\boldsymbol{l}\mu_{(t|t-1)}+\sum_{u=1}^{4}\boldsymbol{U}_u\boldsymbol{e}_{u(t|t-1)}$$

$$\sim N\left(\boldsymbol{l}\mu_{(t|t-1)},V_{(t|t-1)}=\sum_{u=1}^{4}\sigma_{u(t|t-1)}^2\boldsymbol{U}_u\boldsymbol{U}_u^{\mathrm{T}}\right) \tag{13-56}$$

2. 条件随机效应的无偏预测

采用条件随机效应的预测方法(Zhu J,1995)可以获得条件遗传效应 $G_{j(t|t-1)}$ 及条件互作效应 $GE_{hj(t|t-1)}$ 的无偏预测值。

3. 发育阶段 *t* 的条件 QTL 定位

采用区间作图法或复合区间作图法分析条件变量 $y_{j(G)(t|t-1)}=\mu_{(t|t-1)}+G_{j(t|t-1)}$ 的预测值,所定位的 QTL 可以推断特定发育阶段($t-1\rightarrow t$)的净遗传主效应。

采用区间作图法或复合区间作图法分析条件变量 $y_{hj(GE)(t|t-1)}=\mu_{(t|t-1)}+E_{h(t|t-1)}+GE_{hj(t|t-1)}$ 的预测值,则可以分析($t-1\rightarrow t$)阶段的 QTL 及净 QTL×环境互作效应。

例 13.19 某作物 RIL 群体(同例 13.18),于 4 月 20 日、4 月 27 日、5 月 4 日、5 月 11 日、5 月 18 日和 5 月 25 日每 7 天测量一次株高,共测量 6 次。对株高在不同发育时期内的遗传效应作 QTL 分析。

以 4 月 20 日为 T_0,T_1~T_5 依次分别代表其后各时期。首先,通过 QGA Station 软件将 T_0、T_1、T_2、T_3、T_4 和 T_5 的原始数据计算出条件性状 $T_1|T_0$、$T_2|T_1$、$T_3|T_2$、$T_4|T_3$ 和 $T_5|T_4$,然后再按例 13.18 所述步骤对性状 T_0、$T_1|T_0$、$T_2|T_1$、$T_3|T_2$、$T_4|T_3$、$T_5|T_4$ 和 T_5 定位分析,结果见表 13-23。由定位结果可以看出如下几点:

(1)不同阶段表达的主效 QTL 的数量。从条件性状的定位结果(表 13-23)来看,T_0 阶段有 2 个主效 QTL,在 $T_2|T_1$、$T_4|T_3$ 和 $T_5|T_4$ 等发育阶段分别定位了 1 个(19_1)、2 个(3_1 和 22_1)和 2 个(10_2 和 17_2)主效 QTL,说明从第 1 至第 2 阶段有 1 个 QTL 在表达,从第 3 至第 4 阶段又有 2 个新的 QTL 表达,从第 4 至第 5 阶段也有两个以前未表达的 QTL 在表达。

(2)不同阶段表达的互作 QTLs,即 QTE(数量性状上位性,本例为加性×加性上位性)的数量。各发育阶段,均定位了上位性位点 QTE。在 T_0、$T_1|T_0$、$T_2|T_1$、$T_3|T_2$、$T_4|T_3$ 和 $T_5|T_4$ 发育阶段分别发现了 6 对、6 对、1 对、5 对、2 对、6 对和 4 对 QTE。在绝大多数情况下上位性的数量多于主效的数量。

(3)QTL 和 QTE 所解释的总变异。在 T_0、$T_1|T_0$、$T_2|T_1$、$T_3|T_2$、$T_4|T_3$ 和 $T_5|T_4$ 这 6 个发育阶段所定位的位点的总遗传方差占总表型方差的比例分别为 0.792 1、0.565 7、0.270 2、0.461 9、0.484 3 和 0.824 3,除 $T_2|T_1$ 时期外,其他各时期所定位的位点遗传效应贡献率均接近或超过 50%。各发育阶段内加性遗传方差占总表型方差的比例 $h^2_{(A)}$ 和上位性遗传方差占总表型方差的比例 $h^2_{(AA)}$,除 $T_2|T_1$ 和 $T_5|T_4$ 两个阶段的 $h^2_{(A)}$ 小于 $h^2_{(AA)}$ 外,其余多数阶段 $h^2_{(AA)}$ 要接近甚至大于 $h^2_{(A)}$,说明上位性效应对该作物株高的遗传贡献很重要,育种工作中不仅要注意对主效 QTL 的选择,还要重视对加-加上位性效应 QTE 的选择。

(4)将各发育时期所定位的主效位点 QTL 和上位性位点 QTE 与总的株高 T_5 定位结果作一个比较,可以发现:除 T_0 时期定位的 12_1 位点在总的发育结果被检测出来之外,其他各时期被检测的 QTLs 和 QTEs 均没有被检测到,这可能是因为各发育阶段所检测的效应较小,在总的发育结果中难以检测得到,或者是某个位点或相邻的两个位点在不同阶段表达效果不一致(如 T_0 时期的 22_3 和 $T_4|T_3$ 时期的 22_1 效应分别为 1.348 6 和 −1.553 3),效应可能相互抵消而最终不能被检测。另外,T_5 时期定位的 14_1 和 20_1 两位点在前面各发育阶段均没有表现,这可能是因为发育时期的划分并不合适所致。综上结果认为,分阶段定位发育性状很重要,可以更精确地追踪基因表达。但是,发育性状基因的表达并非等间隔的,因此对时期的划分还需要摸索。

表 13-23　某作物重组近交系群体株高发育遗传性状的 MCIM 定位结果

性状	Ch_In i	Ch_In j	A_i	A_j	AA_{ij}	$h^2(A_i)$	$h^2(A_j)$	$h^2(AA_{ij})$	h^2(total)
T_0	2_1	19_4			2.592 8			0.111 2	
	3_1	5_1			2.102 8			0.073 1	
	5_1	19_1			−2.268 9			0.085 1	
	11_8	11_11			−2.391 2			0.094 6	
	12_1		**−3.012**			0.259 5			
	15_2	**22_2**		**1.348 6**	2.350 3		0.030 1	0.091 4	
	15_13	19_1			−1.687 6			0.047 1	
						$h^2_{(A)}$=0.289 6		$h^2_{(AA)}$=0.502 5	0.792 1
$T_1 \mid T_0$	2_1	18_2			0.957 4			0.063 8	
	2_7	10_2			1.263 9			0.111 3	
	3_1	7_5			1.190 3			0.098 7	
	3_4	19_2			−0.985 8			0.067 7	
	9_1	13_4			1.308 6			0.119 3	
	13_2	14_7			−1.227 4			0.104 9	
						$h^2_{(A)}$=0		$h^2_{(AA)}$=0.565 7	0.565 7
$T_2 \mid T_1$	13_5	18_2			1.965 8			0.082 8	
	19_1		**−2.957**			0.187 4			
						$h^2_{(A)}$=0.187 4		$h^2_{(AA)}$=0.082 8	0.270 2
$T_3 \mid T_2$	4_4	22_1			−2.885 2			0.162 6	
	6_2	7_1			−2.039 6			0.081 2	
	9_3	12_1			−2.199 5			0.094 5	
	10_2	15_3			1.76			0.060 5	
	15_3	22_3			1.797 3			0.063 1	
						$h^2_{(A)}$=0		$h^2_{(AA)}$=0.461 9	0.461 9
$T_4 \mid T_3$	**3_1**		**1.649 7**			0.129			
	6_5	15_12			1.755 5			0.134	
	8_2	13_1			1.568 1			0.106 9	
	22_1		**−1.553 3**			0.114 4			
						$h^2_{(A)}$=0.243 4		$h^2_{(AA)}$=0.240 9	0.484 3
$T_5 \mid T_4$	4_3	15_6			−1.659 3			0.079 6	
	9_1	19_1			1.753 8			0.089	
	10_2		**−1.725**			0.086 1			
	12_1	17_1			−1.166 7			0.039 4	
	13_3	19_2							
	14_5	19_5			−2.096 2			0.127 1	
	16_4	**17_2**		**−2.188 6**	−1.396 8		0.286 2	0.056 4	
						$h^2_{(A)}$=0.372 3		$h^2_{(AA)}$=0.283 4	0.824 3
T_5	8_2	16_5			5.36			**0.111 4**	
	10_7	15_4			4.786 1			**0.088 8**	
	12_1	20_3	**−5.041**		5.003 5	**0.098 5**		**0.097 1**	
	14_1		**5.532 3**		0.356 3	**0.118 7**			
	20_1		**3.489 2**			**0.047 2**			
						$h^2_{(A)}$=0.264 4		**$h^2_{(AA)}$=0.297 3**	**0.561 7**

注：Ch_In 表示连锁群_区间；A_i（或 A_j）表示 i（或 j）位点的加性效应值，AA_{ij} 表示 i 和 j 位点间的上位性效应值；h^2 表示各效应方差占总表型方差的比例。

八、从 QTL 的初步定位到精细定位

(一)正确理解 QTL

传统的数量遗传学把数量性状作为一个整体来研究。借助分子标记和现代生物技术手段,遗传学家逐步深入地探索控制数量性状的遗传物质基础。这种探索由粗到细,少数已达到基因克隆的水平。需要认识的是,从数量性状整体到数量性状位点(QTL),再到数量性状基因(QTG)是个相当长的过程。目前人们所定位到的 QTL 在绝大多数情况下并不是实际的基因,所定位的 QTL 的位置和效应是通过抽样测量和统计估计获得,受试验误差和抽样误差的影响。统计分析得出 QTL 位置并非其物理上的位置,而是概率意义上的位置。即使是借助高密度的饱和遗传图谱所作的定位,在大多数情况下也只是染色体上影响某一数量性状的一个区域或片段。另外,不同群体由于遗传背景不一样,同一性状的 QTL 在其中发生分离的位置和数目不完全一样,根据不同群体得出的 QTL 会有差异。实际应用中要把 QTL 与具体的群体相联系。因此,我们应该从 QTL 的遗传学含义、QTL 的统计学特征和 QTL 的群体特征等方面充分考虑 QTL 的复杂性。现有研究表明,QTL 具有多方面的复杂性。控制不同性状的 QTL 数目从几个到几十个不等;同一性状各 QTL 的效应大小相差悬殊,它们所能解释的性状变异从百分之几到百分之几十不等;QTL 的作用方式多样,有加性、显性和互作等多种效应;QTL 还与环境存在互作。目前已发展出许多模型、遗传图谱构建和数量性状基因定位方法,随标记技术和统计方法的发展,可以把一个 QTL 剖分得更细,直至达到基因和核苷酸水平。

(二)影响 QTL 作图精度的主要因素

除统计方法外,QTL 作图精度主要与标记的疏密、QTL 数目的多少及效应的大小、作图群体的大小及种类、性状遗传率的高低等因素有关。一般来说,标记越密,QTL 数目越少,效应越大,作图群体越大,性状的遗传率越高,则 QTL 作图精度越高。同时,由于分子标记分析所花成本大,应根据定位的目的对这些影响因子进行选择。可在性状遗传率已知(通过性状表型的考察测定)的情况下确定某一保证度下的最适样本容量和标记密度,从而减少试验成本。例如,QTL 的遗传率 10%、标记间距 15 cM ,则 F_2 群体的样本容量 300 即可保证 QTL 的被发现能力达 80% 以上(何小红等,2001)。

1. 标记密度对鉴别 QTL 的影响

过大或过小的标记密度对 QTL 的发现均不利,标记间距 15 cM 时最有利于 QTL 的发现。不同位点的 QTL 被发现能力也有很大差异,主要取决于 QTL 的效应大小。QTL 效应越大,标记密度对其发现能力影响就越小。

2. 遗传率对鉴别 QTL 的影响

随着单个 QTL 的遗传率增加,QTL 的发现能力增大,且遗传率小于 20% 时增大的速度快,遗传率在 10% 之内更为突出。要达到 80% 以上的发现能力则一般要求 QTL 遗传率达 20% 以上。

3. 样本容量对鉴别 QTL 的影响

QTL 发现能力随样本容量的变化是非线性的。即先是变化快,而后渐慢。样本容量大

于 500 后，增加样本容量所带来的效益变小，特别是对遗传效应较大的 QTL 来说，更是如此。QTL 效应的大小与其发现能力是成正相关的。

4. 各因素对鉴别 QTL 的综合影响

当单个 QTL 效应很小时，即使样本容量很大，发现能力也不可能很大。同样当样本容量很小时，即使单个 QTL 遗传率很大其被发现能力也不是很大。由于标记密度固定时，QTL 的发现能力与遗传率和样本容量均呈单调的增减关系，故可确定达某一保证率下的最适水平组合。

5. 不同因素对鉴别 QTL 位置和效应估计的影响

一般来说，只要 QTL 被检测到，其位置估计的准确度均较高。当标记间距较大时，不仅 QTL 发现能力较小，而且其位置估计的准确度也较低。

6. 基因位点间连锁相对 QTL 定位精度有影响

据报道，相斥相连锁时鉴别 QTL 的精度一般低于相引相连锁。

(三)QTL 的精细定位与克隆实例

前面所介绍的均属 QTL 的初步定位。数量性状基因的精确定位存在很大的难度，因为利用一般群体进行 QTL 定位的置信区间通常在 10 cM 以上，很难确定检测到的一个主效 QTL 到底是一个还是多个微效 QTL。因此，必须构建特殊的群体来精细定位 QTL。QTL 精细定位最好的研究群体就是构建目标 QTL 的近等基因系（QTL - NIL），因为近等基因系在染色体组大部分区段完全相同，只存在少数靶区间的差异，因此利用近等基因系构建的群体，最大限度地减少个体间由于背景不同造成的对目标性状产生的干扰，从遗传上和统计上为 QTL 定位创造条件。构建近等基因系，首先需要对 QTL 有初步定位，再结合回交和分子标记辅助选择，对 QTL 靶区间进行正选择，对背景进行负选择，从而快速构建靶区间的近等基因系。如果创建一套覆盖全基因组的染色体片段的替代系，将对 QTL 精细定位提供非常便利的条件。目前，番茄和水稻中已建立起这样的替代系。

Frary 等（2000）利用野生番茄和栽培番茄杂交衍生的群体，定位了一个 QTL——*fw*2.2，它能改变果实重量的 30%，并且所有野生番茄含有小果等位基因，栽培种含有大果等位基因，进一步把此 QTL 定位在 1 cM 区间。随后，通过图位克隆的方法，获得了含有此 QTL 的 19 kb片段。用此片段筛选 cDNA 文库，获得 4 个独立的转录本。用 *fw*2.2 位点的近等基因系杂交获得的 3 472F_2 个体对此 4 个转录本进行高分辨率定位，利用这 4 个转录本筛选 Cosmid 文库，确定 4 个阳性克隆，构建物理图谱。对 4 个阳性克隆进行转化，进行功能互补试验，确定 *Cos*50 为候选基因。序列分析结合遗传突变实验发现，*Cos*50 中的 *ORFX* 是表现 *fw*2.2 效应的基因，它通过控制心皮细胞的数目来控制果实大小，并且在花的发育早期表达（图 13-7）。

在 QTL 的精细定位过程中，除了采用近等基因系和染色体片段替代系外，还要考虑加大作图群体、采用在基因组中分布更广的分子标记如 SNP 标记等。Fridman 等（2004）利用在栽培番茄背景下含有野生番茄染色体片段的基因渗入系进行果实糖含量的 QTL 定位。共定位了 23 个增加糖含量的 QTL，其中一个主效 QTL——*Brix* 9-2-5 被定位于第 9 染色体一个 9 cM 的区段内。为了精细定位该 QTL，以含有 *Brix* 9-2-5 重组近交系间的杂交 F_2 的7 000个后代为作图群体，首先利用原有的两个侧翼的 RFLP 标记，然后利用 SNP 标记，最终将 QTL 定位于一个在花和果实中特异表达的蔗糖酶基因内一个 484 bp 的片段。

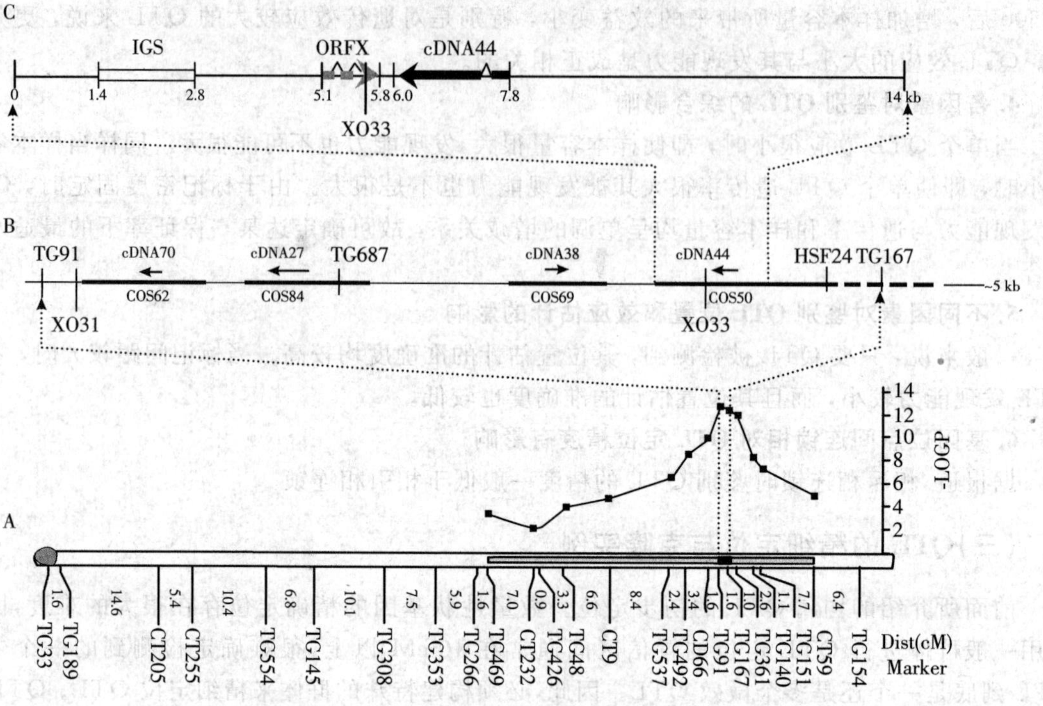

图 13-7　*fw*2.2 QTL 的精细定位(Frary，2000)

进一步对 QTL 效应分析研究发现，其功能多态性位于靠近蔗糖酶催化中心的一个氨基酸上，该氨基酸的功能是影响酶的动力学特性，从而使得果实糖含量发生变化。两个多态性氨基酸相差一个核苷酸，为一个 SNP 位点，称为数量性状核苷(quantitative trait nucleotide，QTN)。

九、关联分析

(一)现有方法的不足

基因位点间连锁造成的连锁不平衡，其实质是连锁使基因在群体内的分布失去随机性，使不同基因的分布产生相关。借助于分子标记手段，利用基因在连锁情况下的相关现象进行基因间的相关分析，进而形成了遗传连锁图谱构建的系统方法；利用基因在连锁情况下的相关现象进行基因与性状间的相关分析，进而形成了 QTL 分析的系统方法。

前面介绍的 QTL 分析方法已得到广泛应用，据报道已找到了不少与重要育种性状有关的染色体片段，其中一些结果为进一步精细定位、寻找优良基因提供了有用信息。但现有 QTL 分析只是有关染色体片段的初步定位，对于寻找目标基因来说尚存在较大的不足，在寻找基因的广度、深度和精度等方面尚不能充分满足人类遗传育种研究与利用的需求，有待进一步改进。①人工作图群体所含优良目标基因的局限性。现有的 QTL 分析方法需使用人工创造的作图群体。一般情况下这类作图群体仅局限于少数几个杂交组合，而这些杂交组合又源于少数几个亲本材料。遗传材料的局限性必然影响可供发掘的优良基因的丰富程度。因为在实际育种中，育种家不可能仅仅使用这些有限数量的含有优良相关基因的材料，而是利用广泛的种质资源。仅用少数人工作图群体，一是不能在广泛的遗传基础上揭示这些已知基因的表达模式是否相同以及其等位形式究竟有多少(因为已知的相关基因在不同种质资源中肯定会存在不同的等位基因，而这些等位基因才有可能是造成目标性状遗传差异的真正原因)；二是不能发掘所用作图群体内不存在但很重要的优良目标基因。②寻找优良目标基因速度与效率的局限性。QTL分析通常需要构建高密度的连锁图谱；需配制作图群体(少则2代，多则8～10代)；从初步定位到精细定位尚有较长过程。因而QTL分析耗时长，接近目的基因慢，效率低。而且人工作图群体(如 F_2 或早代 *BC* 群体)中位点间连锁不平衡程度一般较大，即使是染色体上相距较远的位点也会表现出较强的连锁。因此会使QTL检测基因的精度受到质疑。总之，仅仅采用前面介绍的方法来发掘优良基因还远远不能满足育种的实际需求，据报道，采用关联分析(association analysis)方法可以更为有效地发掘优良基因。

(二)关联分析方法

关联分析(association analysis)是一种把候选基因的遗传变异(等位基因变异)与目标性状表型联系起来的技术，其理论依据也是遗传标记与性状的连锁分析。但与QTL分析相比，关联分析的特点有二：①丰富的基因资源。关联分析不需要培育专门的作图群体。关联分析以富含基因资源的自然群体作为目标性状的基因资源库，从中搜索优良目标基因。对于目标性状来说，这样的自然群体含有比少数人工作图群体更加丰富的基因位点和更多的等位基因可供发掘。并且，在此基础上开发的分子标记辅助选择技术能在更广泛的遗传背景中应用。②紧密连锁的遗传标记。关联分析使用与目的基因紧密连锁的多态性标记，这种标记可以与目的基因距离很近，或是与目的基因之间极少发生交换，存在单倍型(haplotype)域，或是标记就在目的基因内部。标记与目的基因间存在很强的连锁不平衡(LD)，因而容易发现目的基因。据报道，关联分析比普通的遗传作图有高得多的分辨率，比用 F_2 群体的分辨率高5 000倍以上(Remington 等，2001；Thornsberry 等，2001)。关联分析能同时对数十个等位基因进行检测(常规作图方法最多同时对两个等位基因进行检测)，可以明确不同种质资源中所携带的等位基因及其对目标性状的贡献等。应用基于连锁不平衡(LD)的关联分析技术能够检测到那些QTL中的“真实”基因，在基因水平上从种质资源中把那些对目标性状有正向贡献的有益等位基因，甚至是“隐蔽”基因发掘出来。关联分析的另一种用途是可以通过对全基因组进行扫描，从而鉴定出与目标表型有关联的基因组区域，基因组扫描过程中所需的最少位点数目取决于连锁不平衡(LD)的程度(Rafalski，2002)。同时，对LD进行分析，可以研究自然选择和人工选择对基因和目标性状的影响及进化对基因组的作用(Clark 等，2004)。

需要指出的是，关联分析还不等同于连锁分析。虽然连锁是引起关联的一个重要原因，但关联也可以由其他非连锁的原因引起，比如自然群体中选择、突变和迁移的因素会造成群体结构的分层(stratification)和群体的混合(admixture)等。如果样本的随机性得不到充分保证，或没有很好地估计出由于群体结构差异会对LD值产生的影响，关联分析有可能得到假阳性的连锁结果，因此在作关联分析前需要用适当数量、分布均匀且稳定可靠的共显性标记对群体进行结构分析和调整(Flint-Garcia 等，2005)。分析中所需的各种分析软件和分析平台参见Whitt 和 Buckler(2003)，Flint-Garcia 等(2003，2005)。

由于人类基因组和拟南芥基因组测序工作已经完成，并开发出了大量的SNP标记，所以关联分析在这些领域应用非常广泛；在其他植物中，由于暂时没有丰富的SNP标记可用，因此关联分析应用较少。不过生物信息学的迅猛发展使关联分析在作物上的应用成为现实。虽然在绝大多数植物上暂时还不能构建如人类基因组上的高密度SNP连锁图谱,但是通过对生物信息数据库中大量的核酸(DNA与RNA)和蛋白质的功能相关分析、同源性比较以及序列比对,可以找到目标性状的候选基因片段作为插入目标基因的靶心标记(该标记可能就是目的基因,所以可称为靶心标记),与目标性状作关联分析有可能直接找到目的基因。

(三)关联分析的应用

2001年,美国科学家把多年广泛应用于人类遗传学研究的关联分析技术成功引入到植物上,首次发现控制株高的基因 *Dwarf8* 的多态性与玉米开花时间的变异有关(Thornsberry等,2001)。自此以后,大规模应用关联分析技术和利用植物种质资源发掘新基因的研究成为国际科研前沿领域的热点之一(Flint-Garcia 等, 2003)。在玉米上,除对 *Dwarf8* 基因和株高进行关联分析外,还对 *COMT* 基因与饲用玉米消化率之间(Fontaine 和 Barriere, 2003)、八氢番茄红素合成酶基因与黄胚乳之间(Palaisa 等,2003)、品质基因与淀粉含量和组分之间(Wilson 等,2004)进行了关联分析;在马铃薯中,通过关联分析定位了一个黄萎病抗性基因 *StVe1*,该基因与番茄中的黄萎病抗性基因 *Ve1* 同源(Simko 等,2004)。

研究表明,关联分析在澄清基因与目标性状表达之间的内在关系和鉴定评价多个等位基因方面有巨大的应用价值(Buckler 和 Thornsberry, 2002; Flint-Garcia 等,2003,2005)。由国际农业研究磋商小组(CGIAR)于2004年启动的"遗传多样性挑战计划"(Unlocking Genetic Diversity in Crops for the Resource-Poor)(前两年经费达1 800万美元)和由美国科学基金会(NSF)2004年开始资助的"玉米基因组的结构和功能多样性研究专项"(Molecular and Functional Diversity in the Maize Genome)(5年经费达1 026万美元)就是这种研究思路的典型例证。除玉米外,在其他植物上也有成功进行关联分析和LD作图的报道。例如,康乃尔大学在水稻上、德国植物育种马普研究所在马铃薯上也在大规模利用种质资源进行关联分析研究,法国农科院和美国农业部也正在分别对高粱和大豆进行类似的研究。

方法服务于目的。有理由相信,在现代数量遗传学理论和相应统计方法的支持下,QTL分析、关联分析乃至基于基因组学的差异显示分析的综合应用,必将大大推进有利优良基因的发掘利用并造福人类。

复习思考题

1. QTL含义是什么? QTL定位的目的是什么?
2. QTL作图的一般原理和过程是什么?
3. 主要的作图群体有哪些? 各自特点与应用价值如何?
4. 什么是分子标记? 常用的分子标记的特点是什么?
5. 什么是遗传图距? 其单位是什么? 有哪两种作图函数?
6. 分子标记遗传图谱构建的过程是如何进行的?
7. 什么是似然比? 什么是 *LOD* 值? 各自怎样计算? 怎样应用?
8. 如何进行标记位点间的连锁分析? 试利用 Mapmaker 软件构建连锁图谱。
9. QTL定位常用的统计方法有哪些?
10. 进行单标记分析的方法有哪些? 主要优缺点是什么?

11. 什么是区间作图法？简述其基本原理和不足。
12. 试复述复合区间作图的基本原理和方法。
13. 试复述利用混合线性模型进行 QTL 作图(MCIM)的原理和方法。
14. 如何对发育性状进行 QTL 定位？
15. 影响 QTL 作图精度的主要因素有哪些？是如何影响的？
16. 举例说明如何进行精细定位和克隆。
17. 如何正确理解 QTL？什么叫 QTN？

参考文献

1 高用明，朱军. 植物 QTL 定位方法的研究进展. 遗传，2000，22(3)：175～179

2 郭志丽. 棉花纤维品质及相关性状的遗传模型与 QTL 分析：[硕士学位论文]. 北京：中国农业大学，2003

3 惠大丰，姜长鉴，莫惠栋. 数量性状基因图谱构建方法的比较. 作物学报，1997，23(2)：129～136

4 何小红，徐辰武，蒯建敏，顾世梁，李韬. 数量性状基因作图精度的主要影响因子. 作物学报，2001，27(4)：469～475

5 莫惠栋. 数量遗传学的新发展——数量性状基因图谱的构建和应用. 中国农业科学，1996，29(2)：8～16

6 徐云碧，朱立煌. 分子数量遗传学. 北京：中国农业出版社，1994

7 朱军. 复杂数量性状基因定位的混合模型方法. 见：王连铮，戴景瑞编. 全国作物育种学术讨论会论文集. 北京：中国农业科技出版社，1998a. 19～20

8 朱军. 数量性状基因定位的混合线性模型分析方法. 遗传，1998b，20(增刊)：137～138

9 朱军. 运用混合线性模型定位复杂数量性状基因的方法. 浙江大学学报，1999，33(3)：327～335

10 Allard R W. Formulas and tables to facilitate the calculation of recombination values in heredity. Hilgardia，1956，24：235～278

11 Buckler ES IV，Thornsberry JM. Plant molecular diversity and applications to genomics. Curr Opin Plant Biol，2002，5：107～111

12 Clark R M，Linton E，Messing J，Doebley J F. Pattern of diversity in the genomic region near the maize domestication gene *tb1*. Proc Natl Acad Sci USA，2004，101：700～707.

13 Frary A，Nesbitt T C，Frary A，Grandillo S，van der Knaap E，Cong B，Liu J，Meller J，Elber R，Alpert K B，Tanksley S D. *fw*2.2：a quantitative trait locus key to the evolution of tomato fruit size. Science，2000，289：85～88

14 Fridman E，Carrari F，Liu Y-S，Fernie A R，Zamir D. Zooming in on a quantitative trait for tomato yield using interspecific introgressions. Science，2004，305：1786～1789

15 Freund J E，Walpole R E. Mathematical statistics. 3nd edn. New Jersey：Prentice-Hall，Inc，1980

16 Flint-Garcia S A，Thornsberry J M，Buckler ES IV. Structure of linkage disequilibrium in plants. Annu Rev Plant Biol，2003，54：357～374

17 Flint-Garcia S A，Thuillet A C，Yu J，Pressoir G，Romero S M，Mitchell S E，Doebley J，Kresovich S，Goodman M M，Buckler E S. Maize association population：a high-resolution platform for quantitative trait locus dissection. The Plant Journal，2005，44(6)：1054～1064

18 Fontaine A，Barriere Y. Caffeic acid O-methyltransferase allelic polymorphism characterization and analysis in different maize inbred lines. Mol Breed，2003，11：69～75

19 Lander E S，Botstein D. Mapping Mendelian factors underlying quantitative traits using RFLP link-

age maps. Genetics, 1989,121:185～199

20 Lynch M, Walsh B. Genetics and analysis of quantitative traits. Massachusetts:Sinauer Associates Inc Publishers,1998

21 Palaisa K A, Morgante M, Williams M, Rafalski A. Contrasting effects of selection on sequence diversity and linkage disequilibrium at two phytoene synthase loci. Plant Cell,2003,15: 1795～1806

22 Remington D L, Thornsberry J M, Matsuoka Y, Wilson L M, Whitt S R; Doebley J, Kresovich S, Goodman M M, Buckler E S. Structure of linkage disequilibrium and phenotypic associations in the maize genome. Proc Natl Acad Sci USA,2001,98: 11479～11484

23 Schlötterer C. The evolution of molecular markers-Just a matter of fashion?. Nature Reviews Genetics, 2004,5(1): 63～69

24 Simko I, Costanzo S, Haynes K G, Christ B J, Jones R W. Linkage disequilibrium mapping of a Verticillium dahliae resistance quantitative trait locus in tetraploid potato (Solanum tuberosum) through a candidate gene approach. Theoretical and applied genetics,2004,108(2): 217～224

25 Thornsberry J M,Goodman M M,Doebley J, Kresovich S,Nielsen D,Buckler ES IV. *Dwarf* 8 polymorphisms associated with variation in flowering time. Nat Genet,2001,28: 286～289

26 Wang D L, Zhu J, Li Z K, Paterson A H. Mapping QTLs with epistatic effects and QTL environment interactions by mixed linear model approaches. Theor Appl Genet, 1999, 99:1255～1264

27 Whitt S R, Buckler E S. Using natural allelic diversity to evaluate gene function. Methods in molecular biology,2003,236: 123～140

28 Wilson L M, Whitt S R,Ibanez A M,Rocheford T R,Goodman M M,Buckler E S. Dissection of maize kernel composition and starch production by candidate gene association. Plant Cell,2004,16: 2719～2733

29 Zeng Z B. Precision mapping of quantitative trait loci. genetics, 1994, 136: 1457～1468

30 Zeng Z B. Statistical methods of gene mapping. Raleigh NC:North Carolina State University,1996

第十四章　数量性状遗传多样性分析

内容提要　生物多样性为人类创造了赖以生存的物质条件和稳定的生存环境，遗传多样性构成了生物多样性的核心内容。本章纵观全书对于遗传变异(即遗传多样性)的分析方法及其应用，从表型观测值、分子标记和系谱关系等三个层次介绍数量性状遗传多样性的有关内容，包括数量性状遗传多样性评价指标、遗传距离计算方法、表型和分子标记数据的聚类分析及其在品种间亲缘关系鉴定和杂种优势群构建方面的应用以及品种本身遗传基础的多样性分析等。

自然环境的多样性加上人类的活动创造了生物的多样性(biodiversity)。从广义角度看，生物多样性包括自然生物多样性和农业生物多样性两大类。自然生物多样性包括自然物种和自然环境的多样性。农业生物多样性可分为4个层次：作物品种遗传多样性即种内多样性，物种多样性，农业生态系统多样性和农地景观多样性。正是地球上的生物多样性，我们人类才有了赖以生存的物质条件和稳定的生存环境。从狭义角度看，生物多样性是指生物群体内遗传物质的多样性，简称遗传多样性(genetic diversity)，反映了核内外基因的变异性和丰富度，表现在物种内，也涉及物种间(含农业与非农业的，栽培与野生的)。遗传多样性是实现农业良种策略(包括野生及栽培植物资源的开发利用)、生物节水策略(包括耐旱植物筛选、耐旱基因的克隆转导以及耐旱品种的杂交育种)和能源替代策略(包括生物质能源的开发和利用)的物质基础。农业生产的每一个环节都离不开遗传多样性的利用。研究、认识、保护并充分发掘利用生物的遗传多样性已构成人类社会可持续发展的关键课题而引起广泛而高度的重视。鉴于数量性状对人类的重要性及其遗传表达特点，有必要归纳、整理和掌握研究生物数量性状遗传多样性的指标和方法。由于数量遗传学本身就是研究数量性状变异的遗传基础和世代间传递规律的，其所用方法和有关研究结果同样适合于研究遗传多样性。其实遗传变异性就是遗传多样性。本教材已在前面的章节较充分地介绍了如何表达与研究单个数量性状的遗传变异程度(第三、四、五、六、七、十一和十二章)和数量性状间关系(第九章)，还在第十章介绍了品系间遗传变异与杂种优势利用的有关内容，第十三章介绍了利用分子标记研究群体遗传变异并从变异中寻找有关基因的方法。但从数量性状遗传多样性的角度看，前面内容显得分散，对多性状遗传变异的介绍尚显不足，需要补充。为方便联系实际与应用，本章从常用的获取数量性状遗传信息的三类数据(表型数据、遗传标记数据和系谱数据)介绍研究数量性状遗传多样性的指标和方法。

一、遗传多样性评价指标

(一)利用数量性状表型数据评价遗传多样性

表型性状是遗传物质的表达结果，表型数据所包含的变异是遗传多样性和环境共同作用的结果。通过表型数据研究和评价遗传多样性可分为对单性状和多性状的评价两类，下面分述之。

1.评价单性状遗传多样性的指标

(1) 遗传方差 $\hat{\sigma}_G^2$ 和遗传标准差 $\hat{\sigma}_G$：遗传方差 $\hat{\sigma}_G^2$ 和遗传标准差 $\hat{\sigma}_G$ 反映出群体内个体间的平均遗传变异，是评价群体单性状遗传多样性的重要指标。但由于遗传方差和遗传标准差是有量纲的量，只有在相同量纲下，才能对不同群体的同一性状，通过比较遗传方差或遗传标准差的大小来判断其遗传多样性的相对丰富程度。遗传方差 $\hat{\sigma}_G^2$ 和遗传标准差 $\hat{\sigma}_G$ 的估计方法见第六章。

因无法获取重复观测值而不能估计遗传方差时，需在尽力克服环境影响的前提下采用表型方差和标准差进行比较。具体计算公式见附录Ⅰ。

(2) 遗传变异系数 CV_G：

$$CV_G(\%) = \hat{\sigma}_G/\bar{y} \times 100 \quad (14\text{-}1)$$

遗传变异系数无量纲，可用于比较不同量纲或相同量纲但均值相差悬殊的群体的遗传多样性程度。例如，孔繁玲等(1991) 曾以连续 6 年的双列杂交试验抽样估计了当时中国高赖酸玉米自交系及杂种 F_1 总体 23 个性状的遗传变异系数，对比了具有不同量纲的产量和品质性状的遗传变异程度，为不同类型自交系群体和不同性状的遗传改良提供了很好的依据。

因无法获取重复观测值而不能估计遗传标准差时，需在尽力克服环境影响的前提下采用表型变异系数进行比较。具体计算公式见附录Ⅰ。

(3) 遗传率 h^2：由于遗传率是遗传方差在总表型方差中的比例，无量纲，可用于比较不同群体的遗传多样性。第七章中所介绍的各种广义和狭义遗传率均可用于遗传多样性评价和比较。

(4) 极差 R 和极差变异系数 CV_R：在环境条件得以良好控制的前提下，极差可用来粗略地比较群体的遗传多样性。

极差又称变异幅度，描述了群体内个体间的最大变异，表明群体遗传基础的宽广程度。但极差有量纲，仅能用于同一性状且相同量纲下的遗传多样性的比较。

$$R = \max_{1\leqslant i\leqslant n} y_i - \min_{1\leqslant i\leqslant n} y_i \quad (14\text{-}2)$$

极差变异系数 CV_R 无量纲，可用于不同群体甚至不同性状遗传多样性的比较。

$$CV_R(\%) = R/M_d \times 100 \quad (14\text{-}3)$$

式中：R 为极差，M_d 为中数。

2.评价多性状遗传多样性的指标

上面几个指标适合于群体间单个性状上的遗传变异比较。而在许多情况下，需要运用多个性状来考察群体的遗传多样性和遗传变异程度，如评价群体的丰产性、抗性、籽粒或茎秆的营养品质时，均需考查若干性状并加以综合研究。多性状情况下评价遗传多样性的综合指标有平均欧式距离和平均马氏距离。

(1) 欧氏距离(D_E, Euclidean Distance) 与平均欧氏距离($\bar{D}_E$)：假设从一个总体中随机抽取一个样本，样本含 n 个个体，即样本容量为 n，每个个体观测 m 个变量，第 i 个个体在第 t 个变量的观测值为 y_{it}，第 j 个个体在第 t 个变量的观测值为 y_{jt}($i,j = 1,\cdots,n$；$t = 1,\cdots,m$)，则个

体 i 和个体 j 之间的欧氏距离如下：

$$D_{Eij}=\sqrt{\sum_{t=1}^{m}(y_{it}-y_{jt})^2}\quad (i,j=1,2,\cdots,n) \tag{14-4a}$$

如果群体内有 k 个个体，则该群体内共有 $l=k(k-1)/2$ 个距离值，群体内两两个体间平均的欧氏距离为：

$$\overline{D}_E=\sum_{d=1}^{l}D_{Eij}/l \tag{14-4b}$$

式中：i、j 为群体内的个体的序号，d 为距离序号，l 为两两个体间的距离值数。

公式(14-4a) 表明，欧氏距离是有量纲的，其取值大小会受测量单位的影响，所以，只有当不同群体处于相同或近似环境，且考查性状采用相同量纲时，才可用平均欧氏距离比较不同群体的遗传多样性；否则，需对原始数据作适当转换(详见后文“数据变换” 部分)。在符合比较条件的情况下，群体内平均欧氏距离越大，表明群体内个体间在所考查的性状总体上差异越大，也就是说群体的遗传多样性越高。

(2) 马氏距离(D_M，Mahalanobis Distance) 与平均马氏距离($\overline{D}_M$)：群体内两两个体间的马氏距离计算公式(于秀林，1991) 如下：

$$D_{Mij}^2=(\boldsymbol{Y}_{(i)}-\boldsymbol{Y}_{(j)})\boldsymbol{S}^{-1}(\boldsymbol{Y}_{(i)}-\boldsymbol{Y}_{(j)})^{\mathrm{T}}\quad (i,j=1,2,\cdots,n) \tag{14-5a}$$

其中，$\boldsymbol{Y}_{(i)}$ 和 $\boldsymbol{Y}_{(j)}$ 分别为个体 i 和 j 的观测值行向量；$\boldsymbol{S}^{-1}$ 为样本方差协差阵 $\boldsymbol{S}_{m\times m}$ 的逆矩阵，方差协差阵 $\boldsymbol{S}_{m\times m}$ 内的元素 $S_{rt}=\dfrac{1}{n-1}\sum_{i=1}^{n}(y_{ir}-\bar{y}_{\cdot r})(y_{it}-\bar{y}_{\cdot t})\quad (r,t=1,2,\cdots,m)$。

若群体内有 k 个个体，则该群体内有 $l=k(k-1)/2$ 个距离值，群体内平均的马氏距离 $\overline{D}_M$ 为：

$$\overline{D}_M=\sum_{d=1}^{l}D_{Mij}/l \tag{14-5b}$$

式中：i、j 为群体内的个体，d 为距离序号，l 为两两个体间的距离值数。

由式(14-5a) 可以看出，马氏距离是无量纲的相对数，不受性状测量单位的影响。因此，只要不同群体处于相同或近似环境，即可用平均马氏距离比较不同群体的遗传多样性。

(二)基于遗传标记数据的评价指标

由于数量性状易受环境条件的影响，以表型度量指标不能精确度量遗传差异。而采用遗传标记(含表型形态标记，同功酶标记和 DNA、RNA 分子标记)可以较准确地评价群体的遗传多样性。有关的评价指标如下：

1. 多态位点百分率(p)

$$p=l/T\times 100\% \tag{14-6}$$

式中：l 为小群体(或个体) 观测到的多态性位点数，T 为大群体内所观测到的多态性位点总数。

例 14.1　用 21 个 SSR 标记研究分别来自 A、B、C 三地的野生稻群体，共检测到 50 个多态性标记位点，三个群体内分别检测到 18、24、29 个多态性位点，则这 3 个群体的多态位点百分率分别为：

$$p_A = 18/50 \times 100\% = 36\%$$
$$p_B = 24/50 \times 100\% = 48\%$$
$$p_C = 29/50 \times 100\% = 58\%$$

可见，来自C地的野生稻群体的多态位点百分率最高。

2.每位点平均等位基因数(A,A_P)

每位点平均等位基因数是指单个位点所检测到的等位基因数的均值，是表述群体所包含基因多少的参数。平均每个位点的等位基因数越多，表明群体所包含的基因资源越丰富，遗传多样性越高。

假设用分子标记共检测了 n 个位点，第 i 个位点上检测到 a_i 个等位基因，那么所测群体内每位点平均等位基因数 A 的计算公式如下：

$$A = \sum_{i=1}^{n} a_i / n \tag{14-7a}$$

式中：A 为考虑全部位点时每位点平均等位基因数，a_i 为第 i 个位点检测到的等位基因数(含 $a_i = 1$)，n 为检测到的位点总数(含单态位点和多态位点)。

大多数研究者计算 A 值采用式(14-7a)，但也有部分学者只考虑群体中具有多态性的位点，其每位点平均等位基因数计算公式如下：

$$A_P = \sum_{i=1}^{n_P} a_{P_i} / n_P \tag{14-7b}$$

式中：A_P 为只考虑多态位点(polymorphic locus)时每位点平均等位基因数，a_{P_i} 为第 i 个多态位点上检测到的等位基因数($a_{P_i} > 1$)，n_P 为检测到的多态性位点总数。

3.平均每位点有效等位基因数(A_e)

每位点平均等位基因数 A 表述了群体所包含等位基因数的多少，但是该指标并不能区别等位基因数相同而基因频率不同的两个群体，有效等位基因数(effect alleles，A_e)则可有效鉴别此两群体。

单个位点 i 上的有效等位基因数 A_{ei} 的计算公式如下：

$$A_{ei} = 1 / \sum_{j=1}^{m_i} q_{ij}^2 \tag{14-8a}$$

式中：m_i 为在 i 位点上检测到的等位基因总数，q_{ij} 为位点 i 上第 j 个等位基因的频率。

若已知群体内各位点有效等位基因数，可根据下式计算群体的平均有效等位基因数 A_e：

$$A_e = \frac{1}{n} \sum_{i=1}^{n} A_{ei} = \frac{1}{n} \sum_{i=1}^{n} \left(1 / \sum_{j=1}^{m_i} q_{ij}^2 \right) \tag{14-8b}$$

式(14-8a)和式(14-8b)分别表示了单位点和多位点的遗传丰富度。在等位基因数相同的情况下，有效等位基因数越多的群体，其随机交配的后代群体中杂合性越高。

例 14.2 有R、S两个群体在某个位点均检测到2个等位基因，这两个等位基因在R群体内的频率分别为0.5、0.5，在S群体内的频率分别为0.98、0.02。那么在R和S群体内 i 位点上的有效等位基因数分别为：

$$A_{eR} = 1/(0.5^2 + 0.5^2) = 2$$

$$A_{eS} = 1/(0.98^2 + 0.02^2) = 1.00408 \approx 1$$

该结果表明，被检测的多态性位点上，群体 R 的有效等位基因数高于群体 S。

4. 平均每位点预期杂合度(H_e)

又称“基因多样度指数(index of gene diversity)”或“遗传多样度指数(index of genetic diversity)”。位点 i 的预期杂合度用该位点上预期的杂合基因型频率 H_{ei} 表示：

$$H_{ei} = 1 - \sum_{j=1}^{m_i} q_{ij}^2 \tag{14-9a}$$

式中：m_i 为位点 i 的等位基因数，q_{ij} 为位点 i 上第 j 个等位基因的频率。

观测群体内平均每位点的预期杂合度 H_e 由下式获得：

$$H_e = \frac{1}{n}\sum_{i=1}^{n} H_{ei} = \frac{1}{n}\sum_{i=1}^{n}\left(1 - \sum_{j=1}^{m_i} q_{ij}^2\right) \tag{14-9b}$$

5. 平均每位点实测杂合度(H_O)

位点 i 的实测杂合度用该位点的实测杂合基因型频率 H_{oi} 表示：

$$H_{oi} = 1 - \sum_{j=1}^{m_i} p_{ij} \tag{14-10a}$$

式中：m_i 为在位点 i 上实测纯合基因型的种类数，p_{ij} 为位点 i 上第 j 个等位基因纯合基因型的实测频率。

观测群体平均每位点的实测杂合度为：

$$H_o = \frac{1}{n}\sum_{i=1}^{n} H_{oi} = \frac{1}{n}\sum_{i=1}^{n}\left(1 - \sum_{j=1}^{m_i} p_{ij}\right) \tag{14-10b}$$

6. 平均 Nei's 遗传距离($\overline{D}_N$)

群体内平均 Nei's 遗传距离 $\overline{D}_N$ 的算式如下：

$$\overline{D}_N = \sum_{d=1}^{l} D_{Nij}/l \tag{14-11}$$

式中：D_{Nij} 为群体内个体 i 和 j 之间基于所有分子标记的 Nei's 遗传距离，其计算见式(14-19)，l 为群体内两两个体间的 D_{Nij} 数($d = 1,2,\cdots,l$)，i、j 均为群体内的个体。

Nei's 遗传距离 D_N 是对个体间遗传差异的度量，D_{Nij} 越大，表明 i、j 两个体间遗传差异越大；群体平均 Nei's 遗传距离 $\overline{D}_N$ 越大，表明群体内个体间平均的相互差异越大，亦即群体的遗传多样性越高。

7. Shannon Wiener 的信息指数(I)

$$I = -\frac{1}{m}\sum_{i=1}^{k} p_i \ln p_i \tag{14-12}$$

式中：m 为总标记数(多态性位点数)，k 为所统计的标记型总数，p_i 为某标记型在被检测群体中的出现频率。Shannon Wiener's 信息指数描述了群体内以标记为单位的平均离散程度，即多样性。I 值愈大则群体的离散性愈高、多样性愈丰富。

例 14.3 有 3 个群体，在 5 个等位标记位点共检测到 13 种标记型，各群体不同标记型个体数及相应频率见表 14-1，那么这 3 个群体的 Shannon Wiener 的信息指数分别如下：

表 14-1 某三个群体不同标记型的个体数及相应频率

标记位点	标记型	个体数			频率		
		群体 1	群体 2	群体 3	群体 1	群体 2	群体 3
MK1	A	0	0	9	0	0	0.36
	B	15	10	7	0.75	0.50	0.28
	C	5	10	9	0.25	0.50	0.36
MK2	D	4	11	8	0.20	0.55	0.32
	E	16	9	17	0.80	0.45	0.68
MK3	F	18	12	4	0.90	0.60	0.16
	G	2	8	10	0.10	0.40	0.40
	H	0	0	11	0	0	0.44
MK4	I	3	6	6	0.15	0.30	0.24
	J	6	4	9	0.30	0.20	0.36
	K	11	6	10	0.55	0.30	0.40
MK5	L	2	7	8	0.10	0.35	0.32
	M	18	13	17	0.90	0.65	0.68

$$I_1 = -\frac{1}{5}(0.75 \times \ln 0.75 + 0.25 \times \ln 0.25 + \cdots + 0.90 \times \ln 0.90) = 0.537$$

$$I_2 = -\frac{1}{5}(0.50 \times \ln 0.50 + 0.50 \times \ln 0.50 + \cdots + 0.65 \times \ln 0.65) = 0.749$$

$$I_3 = -\frac{1}{5}(0.36 \times \ln 0.36 + 0.28 \times \ln 0.28 + \cdots + 0.68 \times \ln 0.68) = 0.889$$

结果显示，群体 1 的 Shannon Wiener's 信息指数最小，为 0.537，多样性最低；而群体 3 的 Shannon Wiener's 信息指数最大，为 0.889，多样性最高。结合各群体在不同标记型的频率分布，可以看出，群体内多态性位点数越多且频率分布越均匀，其 Shannon Wiener's 信息指数越大，即遗传多样性越高。

(三)基于系谱信息数据的评价指标

基于表型性状和分子标记数据的遗传多样性的评价指标，可准确评价某一类型性状或某些特定标记位点的遗传多样性，但是，如果要对全基因组水平的遗传多样性进行评价，上面介绍的两类指标就会因所选择测量的性状和标记的数目及其在染色体上分布的不均匀性而产生偏差。由于有家系结构的系谱信息数据能从整个基因组的水平上反映群体的遗传变异和基因流动状况，更具有全息性，因而是评价群体遗传多样性的良好资料。常用的基于系谱信息数据的遗传多样性评价指标主要是平均共祖度(average coancestry，$\bar{f}$)。

共祖度(coancestry，f)的概念和多种系谱关系下共祖度的计算详见第三章。群体内平均共祖度等于两两个体间共祖度的平均值。

$$\bar{f} = \sum_{d=1}^{l} f_{ij} / l \qquad (14\text{-}13)$$

式中：f_{ij} 为个体 i 和个体 j 间的共祖度，d 为共祖度序号，l 为两两个体间共祖度个数。

由于共祖度 f 是对个体间血缘等同概率的度量，f 越小，表明个体间亲缘关系越远，差异越大；群体内平均共祖度 $\bar{f}$ 越小，表明群体内个体间的亲缘关系越远，也就是说群体的遗传多样性越高。

二、遗传距离

数量性状遗传研究中，常常需要在多性状水平上度量个体或群体间的亲疏关系，遗传距离是在多性状水平上概括这些研究对象间的亲缘关系疏远程度的有效统计量之一。通过对遗传距离的聚类分析，不仅可以认识所研究对象（个体或群体）间亲缘关系的远近，还可进一步研究不同类群间关系远近与杂种优势的关系，为杂交育种和杂种优势的利用提供理论和材料依据。下面首先介绍有关遗传距离的基本概念 —— 样品与变量，然后介绍遗传距离的具体计算，第三部分介绍聚类分析。

（一）样品与变量

遗传距离可以通过三种不同类型信息获得：表型信息、分子（包括 DNA 和蛋白质）标记信息和系谱信息，由这三种信息求得的遗传距离分别称为表型遗传距离、遗传标记距离和系谱遗传距离。

在聚类分析中有两个很重要的概念：样品和变量。样品是所研究的对象，如不同群体、不同品种以及变异群体内的不同个体等。为了研究样品间的关系，需要拟定一些指标来测试这些样品，这些指标就是变量，如株高、产量、籽粒长度、胚颜色等为表型性状变量；采用分子生物学技术获得的“0、1”型标记变量被称为分子标记变量。样品间表型性状变量和分子标记变量的遗传距离计算方法不同，下面分别叙述。

（二）基于数量性状表型数据的遗传距离

1. 数据变换

一般来说，用来考察样品的表型性状变量有多个，这些变量使用的量纲会有不同，取值范围也不相同。为了使不同量纲、不同取值范围的数据能放在一起进行比较，通常需要对原始数据进行变换处理，使之变成无量纲而具可比性。

假设有 n 个样品，m 个变量，y_{ij} 表示第 i 个样品在第 j 个变量的观测值，$i=1,\cdots,n$；$j=1,\cdots,m$。观测值数据列于表 14-2。

表 14-2　观测值数据及其 3 个统计量

样品＼变量	y_1	…	y_j	…	y_m
1	y_{11}	…	y_{1j}	…	y_{1m}
⋮	⋮		⋮		⋮
i	y_{i1}	…	y_{ij}	…	y_{im}
⋮	⋮		⋮		⋮
n	y_{n1}	…	y_{nj}	…	y_{nm}
平均值 $\bar{y}$	$\bar{y}_1$	…	$\bar{y}_j$	…	$\bar{y}_m$
标准差 s	s_1	…	s_j	…	s_m
极 差 R	R_1	…	R_j	…	R_m

对于观测值数据，通常采用的数据变换方法有：

(1)标准差标准化变换：

$$y_{ij}^* = \frac{y_{ij} - \bar{y}_j}{s_j} \quad (i = 1,2,\cdots,n; j = 1,2,\cdots,m) \tag{14-14}$$

变换后的数据 y_{ij}^* 无量纲，每个变量的样本均值为0，标准差为1。

(2)极差标准化变换：

$$y_{ij}^* = \frac{y_{ij} - \bar{y}_j}{R_j} \quad (i = 1,2,\cdots,n; j = 1,2,\cdots,m) \tag{14-15}$$

变换后的数据 y_{ij}^* 无量纲，每个变量的样本均值为0，极差为1，且 $| x_{ij}^* | < 1$。

(3)极差正规化变换(规格化变换)：

$$y_{ij}^* = \frac{y_{ij} - \min\limits_{1\leqslant t\leqslant n} y_{tj}}{R_j} \quad (i = 1,2,\cdots,n; j = 1,2,\cdots,m) \tag{14-16}$$

变换后的数据 $0 \leqslant y_{ij}^* \leqslant 1$，极差为1，也是无量纲的量。

(4)对数变换：

$$y_{ij}^* = \lg(y_{ij}) \quad (y_{ij} > 0; i = 1,2,\cdots,n; j = 1,2,\cdots,m) \tag{14-17}$$

该变换是将具有指数特征的数据结构转换为线性数据结构。

此外，还有平方根变换，立方根变换等。它们的主要作用是把非线性数据结构变为线性数据结构，以适应某些统计方法(如线性模型分析方法等)的需要。

(5)主成分变换：在植物育种过程中，一般需要从多个性状上考查与评价品种。由于基因多效性或遗传连锁等原因往往导致被考查性状间存在显著的相关性。这种情况下，可以把多个具有相关关系的性状(变量)通过主成分变换，转化为少数几个独立并具有主导作用的综合变量。主成分变换的方法与详细过程参阅裴鑫德(1991)，范金城等(2002)，高惠璇(2001)，梅长林(2002)。

主成分变换在解决性状间的相关问题上确实有其优点，但在选取主成分时毕竟有部分信息损失，因此，该变换方法并没有在表型性状遗传距离计算中被广泛采用。

2. 距离的计算

对具有不同量纲的表型数据完成数据变换之后，即可计算样品间的遗传距离。把 n 个样品看成 m 维空间中的 n 个点，用 D_{ij} 表示样品 i 和 j 之间的距离，一般要求：

①$D_{ij} \geqslant 0$，对一切 i, j；

②$D_{ij} = D_{ji}$，对一切 i, j；

③$D_{ij} \leqslant D_{ik} + D_{kj}$，对一切 i,j,k (三角不等式)。

设观察数据$\{y_{ij}\}(i = 1,\cdots,n; j = 1,\cdots,m)$经变换后得到$\{y_{ij}^*\}$，如表14-3所示。

表 14-3 观测数据 $\{y_{ij}\}$ 经变换后的 $\{y_{ij}^*\}$

变量 样品	y_1^*	$\cdots$	y_j^*	$\cdots$	y_m^*
1	y_{11}^*	$\cdots$	y_{1j}^*	$\cdots$	y_{1m}^*
$\vdots$	$\vdots$		$\vdots$		$\vdots$
i	y_{i1}^*	$\cdots$	y_{ij}^*	$\cdots$	y_{im}^*
$\vdots$	$\vdots$		$\vdots$		$\vdots$
n	y_{n1}^*	$\cdots$	y_{nj}^*	$\cdots$	y_{nm}^*

对于表型性状，常用的距离计算方法有两种：

(1) 欧氏距离：

$$D_{E_{ij}} = \sqrt{\sum_{t=1}^{m}(y_{it}^{*} - y_{jt}^{*})^2} \quad (i,j = 1,2,\cdots,n) \tag{14-18}$$

由于欧氏距离具有很好的几何特性，在聚类分析的距离计算过程中被广泛应用。

例 14.4　调查 8 个栽培棉花品种(其中，4 个陆地棉品种：TM-1、611Б、斯字棉 2B 和乌干达棉；4 个海岛棉品种：5476-И、军海 1 号、埃棉 3 号和吉扎 80 号)的 10 个表型性状，数据列于表 14-4，试计算这 8 个棉花品种间的欧氏距离。

表 14-4　8 个棉花品种的观测性状值

编号	品种	果枝节位(个)	果枝数(个)	单株铃数(个)	铃重(g)	衣分(%)	籽指(g)	2.5%跨长(mm)	比强度(cN/tex)	种仁脂肪(mg)	种仁蛋白(mg)
1	TM-1	8.6	12.0	15.0	5.6	33.2	12.4	29.9	19.6	35.7	39.3
2	5476-И	5.7	16.3	13.2	3.3	29.0	12.9	31.9	26.6	34.8	38.9
3	611Б	5.4	14.4	17.1	6.1	33.0	11.3	28.0	17.4	38.6	39.2
4	军海 1 号	3.5	18.4	20.0	3.1	26.5	12.7	32.9	26.4	34.2	38.3
5	斯字棉 2B	7.5	13.3	13.2	6.1	34.0	12.7	30.3	19.0	33.7	37.0
6	埃棉 3 号	4.0	20.0	8.8	2.3	31.8	12.0	33.3	35.1	37.2	36.7
7	乌干达棉	7.4	13.3	13.6	5.5	34.9	11.5	30.3	16.8	33.5	39.7
8	吉扎 80 号	6.4	15.0	15.0	2.5	31.2	13.7	29.6	31.5	37.8	35.3

解：计算这 8 个品种间的欧氏距离分两步：

(1) 数据变换。

由于所测量的 10 个性状单位不同，所以要作标准化变换。此处用标准差标准化变换。

计算出每个变量(观测性状)的标准差 s，再依式(14-14)将每个观测值的离均差除以相应的标准差，就得到标准化了性状值(表 14-5)。

表 14-5　8 个棉花品种的标准差标准化性状值

编号	品种	果枝节位(个)	果枝数(个)	单株铃数(个)	铃重(g)	衣分(%)	籽指(g)	2.5%跨长(mm)	比强度(cN/tex)	种仁脂肪(mg)	种仁蛋白(mg)
1	TM-1	1.4	−1.2	0.2	0.8	0.5	0.0	−0.5	−0.6	0.0	0.8
2	5476-И	−0.2	0.4	−0.4	−0.6	−1.0	0.6	0.6	0.4	−0.5	0.5
3	611Б	−0.4	−0.3	0.8	1.1	0.5	−1.4	−1.5	−1.0	1.5	0.7
4	军海 1 号	−1.5	1.1	1.7	−0.7	−1.9	0.4	1.2	0.3	−0.8	0.2
5	斯字棉 2B	0.8	−0.7	−0.4	1.1	0.8	0.4	−0.3	−0.7	−1.0	−0.7
6	埃棉 3 号	−1.2	1.7	−1.7	−1.2	0.0	−0.5	1.4	1.6	0.8	−0.9
7	乌干达棉	0.8	−0.7	−0.3	0.7	1.2	−1.1	−0.3	−1.1	−1.1	1.1
8	吉扎 80 号	0.2	−0.1	0.2	−1.1	−0.2	1.7	−0.7	1.1	1.1	−1.8
	平均值 $\bar{y}$	6.06	15.34	14.49	4.31	31.70	12.40	30.78	24.05	35.69	38.05
	标准差 s	1.76	2.74	3.26	1.66	2.78	0.78	1.79	6.88	1.96	1.55

(2)距离计算。

对表 14-5 中标准化变换后的数据，按式(14-18)计算出两两品种间的欧氏距离值，构成一个三角形距离矩阵(表 14-6)。

表 14-6 8 个棉花品种间的欧氏距离矩阵

编号	1	2	3	4	5	6	7
2	3.56						
3	3.15	4.62					
4	5.40	2.82	5.53				
5	2.13	3.50	4.03	5.25			
6	5.96	3.59	6.00	4.69	5.47		
7	2.03	3.89	3.43	5.55	2.39	5.87	
8	4.51	3.53	5.17	4.72	4.18	4.36	5.60

从表(14-6)可以看出，陆地棉品种与海岛棉品种间的距离比较大(如 611Б 与埃棉 3 号间距离为 6.0；乌干达棉与军海 1 号间距离为 5.55)，而陆地棉内各品种间距离(如 TM-1 与斯字棉 2B 间距离为 2.13；611Б 与乌干达棉间距离为 3.43)及海岛棉内各品种间距离(如5 476-И 与军海 1 号间距离为 2.82；埃棉 3 号与吉扎 80 号间距离为 4.36)比较小，说明陆地棉与海岛棉种间遗传差异要大于种内品种间的差异，即种间遗传多样性要高于种内品种间的遗传多样性。

(2)马氏距离：马氏距离计算见式(14-5a)。如品种 2 和 5 间的马氏距离 $D_{M_{25}} = 3.74$。

这里需要说明两点：① 在使用欧氏距离方法计算遗传距离之前，一定要对表型数据作标准化处理，否则，相同的测量结果会因所采用的量纲不同(例如米和厘米）而导致样品间的距离发生变化；但是，若采用马氏距离则无需标准化，因为在马氏距离的计算中包含了标准差标准化过程。② 马氏距离较欧氏距离的优点在于可以排除变量之间相关性的干扰，实际应用时，变量之间若存在着很强相关性，可以采用马氏距离。

(三) 基于分子标记数据的遗传距离

在分子标记实验中，只统计样品间具有多态性的条带信息：有带记为"1"，无带记为"0"。那么就得到一个观测值为 0 和 1 的数据表。用分子标记数据可计算样品间遗传距离。

基于分子标记数据的遗传距离计算方法有多种，如 Sneath and Sokal 法、Russell and Rao 法等，但最常用的是 Nei and Li 法和 Jaccard 法，其计算公式如下：

(1) Nei and Li 距离法：

$$D_{N_{ij}} = 1 - 2N_{11}/(2N_{11} + N_{01} + N_{10}) \qquad (14\text{-}19)$$

(2) Jaccard 距离法一：

$$D_{J_{ij}}(1) = 1 - N_{11}/(N_{11} + N_{01} + N_{10}) \qquad (14\text{-}20)$$

(3) Jaccard 距离法二：

$$D_{J_{ij}}(2) = -\ln(N_{11}/(N_{11} + N_{01} + N_{10})) \qquad (14\text{-}21)$$

式中：N_{11} 为 2 个样品都"有带"的位点数，N_{10} 为样品 i"有带"而样品 j"无带"的位点数，N_{01} 为样品 i"无带"而样品 j"有带"的位点数。

Nei's 距离和 Jaccard(1) 距离的取值范围在 0 ～ 1 之间，而 Jaccard(2) 距离的取值范围为 0 ～+∞。

例 14.5 表 14-7 为 5 个玉米品系的 10 个分子标记数据。试用上面介绍的三种分子标记距离方法计算各品系间的遗传距离。

表 14-7 5 个玉米品系的 12 个分子标记数据

品系	M1	M2	M3	M4	M5	M6	M7	M8	M9	M10	M11	M12
A	1	0	1	0	1	0	0	0	1	0	0	0
B	1	0	1	1	0	0	0	0	1	0	0	0
C	1	1	0	0	0	1	0	1	0	1	0	0
D	1	1	0	0	0	0	1	1	0	0	1	0
E	0	1	0	1	0	0	0	0	1	0	0	1

解：利用式(14-19)、式(14-20) 和式(14-21)，可计算表 14-7 中两两品系间的三种遗传距离，结果列于表 14-8。对于品系 A 和 B，其 $N_{11} = 3, N_{10} = 1, N_{01} = 1$，三种距离分别如下：

$$D_{N_{AB}} = 1 - 2 \times 3/(2 \times 3 + 1 + 1) = 0.25$$

$$D_{J_{AB}}(1) = 1 - 3/(3 + 1 + 1) = 0.4$$

$$D_{J_{AB}}(2) = -\ln(3/(3 + 1 + 1)) = 0.511$$

表 14-8 5 个玉米品系间的 Nei's 距离和 Jaccard 距离

品系	Nei's 距离				Jaccard(1)距离				Jaccard(2)距离			
	A	B	C	D	A	B	C	D	A	B	C	D
B	0.250				0.400				0.511			
C	0.778	0.778			0.875	0.875			2.079	2.079		
D	0.778	0.778	0.400		0.875	0.875	0.571		2.079	2.079	0.847	
E	0.750	0.500	0.778	0.778	0.857	0.667	0.875	0.875	1.946	1.099	2.079	2.079

从表 14-8 的结果可以看出，虽然三种遗传距离的数值大小不一，但对品系间遗传距离的排序效果相同，均以 A 与 B 之间的距离最小，D 与 C 之间距离次之，A 与 C、A 与 D、B 与 C、B 与 D 间距离值最大。说明在所选用的遗传标记范围内，品系 A 与 B 间亲缘关系最近，品系 D 与 C 之间亲缘关系次之，其余品系间关系相对较远。

(四)基于系谱共祖度的遗传距离

1.共祖度距离

共祖度(f) 是指两个个体携带血缘等同基因的概率，$0 \leqslant f \leqslant 1$。$1 - f$ 表示了个体间的遗传相异性，即在血缘关系上的疏远程度，因此，可以将 $1 - f$ 定义为基于系谱共祖度的遗传距离，记做 $D(f)$，即

$$D(f) = 1 - f \qquad (14\text{-}22)$$

2.复杂系谱中共祖度计算的假设条件

第三章的"亲属间相似与遗传协方差"部分已经给出了一些常见类型的亲属间共祖度的计

算方法和规则。这些类型亲属间的共祖度主要通过亲子回归和组内相关的方法求得，计算时需要明确知道亲属个体的遗传组成。但在分析实际问题时，往往会遇到一些不规则的大型亲属关系网络，其中包括混合授粉、天然杂交、转基因以及诱发突变等复杂情况，使已有的运算规则不够使用而需加以补充。为了便于编程和计算，刘文欣（2004）在研究一个包含 1 300 多份材料的棉花品种（或品系）间的共祖关系时，根据前人研究（Kempthorne，1957；Falconer，1996；Cui，2000；Zhou，2002）归纳出如下 7 条假设：

①所有祖先种、栽培品种和亲本育种品系都视为同质的或纯系材料（近交系数 F 为 1）；

②最早的祖先品种（系）间的共祖度为 0；

③起源于杂合子的每一个品种或育种系从双亲各获得 1/2 的基因；

④天然杂交所得育种品系从其母本和不知名的父本各得 1/2 的基因；

⑤自然突变和诱导突变材料与其祖先的共祖度为 1.0；

⑥导入外源基因的材料与其 DNA 受体的共祖度为 1.0，与其 DNA 供体的共祖度为 0；

⑦混合授粉材料各花粉供体享有相同的等同于雌配子的共祖度概率。例如，A 与 5 个父本混合授粉得到 B，则 B 与 A 的共祖度为 1/2，B 与各父本的共祖度为 1/(2×5)。

如上假设有待进一步在实践中检验和补充。

三、聚类分析

对于三种类型的数据资料，通过以上介绍的方法计算出两两品系间的遗传距离，即可构成如表 14-6 形式的三角形距离矩阵。聚类分析（clustering analysis）就是在求得样品间三角形距离矩阵的基础上，根据类间距离的远近，将多个样品（或类别）逐步合并的过程，距离近的先合并，距离远的后合并，直到所有的样品都聚集完毕。聚类的结果把所有样品组成一张树状图，使样品间关系的亲疏一目了然。除了遗传距离外，人们也采用多种相似系数（如简单相关系数等）进行聚类。聚类分析的方法很多，有系统聚类法、模糊聚类法、动态聚类法等。其中系统聚类法在遗传研究中使用最广泛，效果最好。

1. 系统聚类法的一般步骤

系统聚类法（Hierarchical Clustering Methods）的思想来源于进化分类学的分类研究方法：生物进化分类的单位由高到低依次为界、门、纲、目、科、属、种，分类单位所处的位置越低，其所包含的生物个体越少，但这些个体间的共同特征越多。这些高低不同但上下紧密相连的分类单位就构成了一个等级森严的系统——树形结构。根据这种思想可以确定系统聚类法的步骤：

(0) 根据前面介绍的距离计算方法，计算出 n 个样品两两间的距离$\{d_{ij}\}$，得到一个三角形距离矩阵，记为矩阵 $\boldsymbol{D}_{(0)}$。

(1) 将 n 个样品各自当作一类，类的个数 $k = n$ 类。此时，类间距离就是样品间的距离（即 $\boldsymbol{D}_{(0)}$）。

(2) 并类。当并类循环数为 i（初次并类时 $i = 1$）时合并类间距离最近的两类为一新类，此时类的总个数 k 减少 1 类，$k = n - i$。

(3) 计算新类与其他类的距离，得新的距离矩阵 $\boldsymbol{D}_{(i)}$。如果类的个数 $k > 1$，并类循环数 i 自动 +1，回到步骤(2)；否则，进入步骤(4)。

(4) 绘制谱系聚类图。

(5) 决定分类的个数以及各类的成员。

2. 系统聚类法

在系统聚类这一大类聚类方法中，又可分为 8 种具体方法。这 8 种方法都遵循上面的步骤 (0) ～(5)，其区别仅在于步骤(3)—— 计算新类与其他类之间距离的方法有所不同，下面分别说明。

若用 $G_1, G_2, \cdots, G_n$ 表示类，用 D_{ij} 表示类 G_i 与类 G_j 之间的距离，用 d_{kl} 表示第 k 个样品与第 l 个样品间的距离(样品是最基础的类)，假如在第 i 次并类过程中，类 G_p 和类 G_q 的距离最小而被合并成 G_c 就需要计算新类 G_c 与其他类 G_r 间的距离，在不同聚类方法下 D_{cr} 的计算公式各不相同，分别介绍如下：

(1) 最短距离法：

$$D_{cr} = \min_{\substack{k \in G_c \\ l \in G_r}} \{d_{kl}\} = \min \left\{ \min_{\substack{k \in G_p \\ l \in G_r}} d_{kl}, \min_{\substack{k \in G_q \\ l \in G_r}} d_{kl} \right\} = \min\{D_{pr}, D_{qr}\} \tag{14-23}$$

即两类之间的距离等于类 G_c 内所有样品与类 G_r 内所有样品间距离的最小者。由于所取距离最短，所以被称为最短距离法。

最短距离法由于当两类样品合并为新的一类后，新类与其他类的距离是取两类样品间所有距离的最小者，这样就缩小了新类与其他样品的距离，因而具有空间收缩的作用。如果样品间距离比较大，用此方法比较合适。

(2) 最长距离法：

$$D_{cr} = \max_{\substack{k \in G_c \\ l \in G_r}} \{d_{kl}\} = \max \left\{ \max_{\substack{k \in G_p \\ l \in G_r}} d_{kl}, \max_{\substack{k \in G_q \\ l \in G_r}} d_{kl} \right\} = \max\{D_{pr}, D_{qr}\} \tag{14-24}$$

即两类之间的距离等于类 G_c 内所有样品与类 G_r 内所有样品间距离的最大者，由于所取距离最长，所以被称为最长距离法。

最长距离法由于两类合并为新类后，新类与其他类的距离是两类样品间距离最大者，这样就增大了与其他类的距离，因此最长距离法有空间扩张的作用，样品间距离较短时用此法比较合适。

特别强调的是，最长距离法尽管类间距离是用两类样品间的最远距离来定义的，但并类时仍以距离最近的两类首先合并，这一点对所有系统聚类法相同。

(3) 中间距离法：

$$D_{cr} = \sqrt{\frac{1}{2}D_{pr}^2 + \frac{1}{2}D_{qr}^2 + \beta D_{pq}^2}, \left(-\frac{1}{4} \leqslant \beta \leqslant 0\right) \tag{14-25a}$$

这是 Gower 于 1966 年提出的，他认为这种距离取值介于最短距离法与最长距离法之间，所以称之为中间距离法。

图 14-1 为中间距离法的几何表示形式。正如图形所示，若 D_{cr} 取 D_{pq}, D_{pr}, D_{qr} 为边的三角形的中线，那么由初等平面几何可知，这个中线长度为：

$$\sqrt{\frac{1}{2}D_{pr}^2+\frac{1}{2}D_{qr}^2-\frac{1}{4}D_{pq}^2}$$

即

$$D_{cr}^2=\frac{1}{2}D_{pr}^2+\frac{1}{2}D_{qr}^2-\frac{1}{4}D_{pq}^2 \tag{14-25b}$$

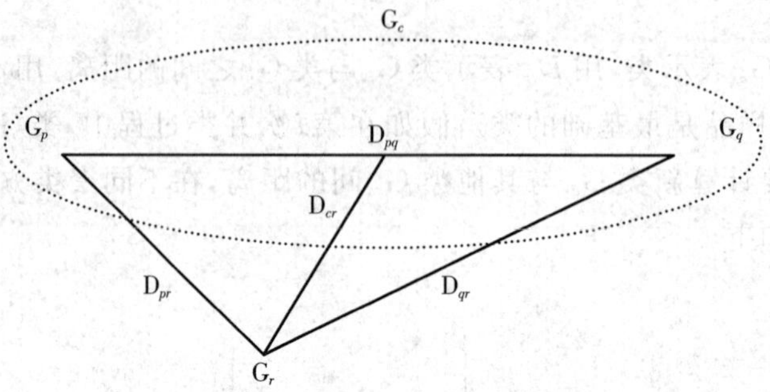

图 14-1　中间距离法示意图

式(14-25b)中可以看到，在聚类过程中始终是以距离的平方来递推的，因此为方便起见，在实际计算和编程过程中，可把初始距离阵 $\boldsymbol{D}_{(0)}$ 的元素改为 d_{ij}^2，其余的 $\boldsymbol{D}_{(1)}$，$\boldsymbol{D}_{(2)}$，$\boldsymbol{D}_{(3)}\cdots$ 中的元素均用其平方代替，并将相应的距离阵记作 $\boldsymbol{D}_{(0)}^2$，$\boldsymbol{D}_{(1)}^2$，$\boldsymbol{D}_{(2)}^2$，$\boldsymbol{D}_{(3)}^2$ 等。

(4)重心法：

$$D_{cr}^2=\frac{n_p}{n_c}D_{pr}^2+\frac{n_q}{n_c}D_{qr}^2-\frac{n_p\cdot n_q}{n_c^2}D_{pq}^2 \tag{14-26}$$

式中：n_p 为类 G_p 内的样品数，n_q 为类 G_q 内的样品数，n_c 为类 G_c 内的样品数，$n_c=n_p+n_q$。

这种方法利用了物理概念中重心的原理，式(14-26)所求得距离 D_{cr} 为类 G_c 与类 G_r 重心间的距离值，因此被称为重心法。

同前面3种类间距离计算方法相比，重心法考虑了每一类内包含的样品个数，所计算出来的距离比较有代表性。

(5)类平均法：

$$D_{cr}^2=\frac{1}{n_c\cdot n_r}\sum_{\substack{k\in G_c\\ l\in G_r}}d_{kl}^2=\frac{n_p}{n_c}D_{pr}^2+\frac{n_q}{n_c}D_{qr}^2 \tag{14-27}$$

这是利用两类样品两两之间的平方距离(即 d_{kl}^2)的平均作为两类间的平方距离，采用这种类间距离的聚类方法称为类平均法。

类平均法充分利用了各个样品的信息，较重心法更加具有代表性。由于类平均法聚类效果较好，且容易理解和计算，在科学研究中被广泛使用。

(6)可变类平均：

$$D_{cr}^2=(1-\beta)\left[\frac{n_p}{n_c}D_{pr}^2+\frac{n_q}{n_c}D_{qr}^2\right]+\beta D_{pq}^2 \tag{14-28}$$

式中 β 是可变参数，一般 $\beta<1$。另外，这是在类平均法的递推公式中增加了 D_{pq}^2 效应后的推广形式(当 $\beta=0$ 时就是类平均法)，因此，常将采用这种类间距离的聚类方法称为可变类平

均法。

(7) 可变法：

$$D_{cr}^2 = \frac{1-\beta}{2}[D_{pr}^2 + D_{qr}^2] + \beta D_{pq}^2 \tag{14-29}$$

式中 $\beta < 1$，为可变参数。采用这种类间距离的聚类方法称为可变法。可变法是在中间距离法的基础上变化而来的。

需要说明的是，可变类平均法和可变法的聚类效果与 β 的取值有很大关系，当 β 接近 1 时分类效果很差，在实际应用中常取负值，且常取 $\beta = -\frac{1}{4}$。

(8) 离差平方和法：

$$D_{cr}^2 = \frac{n_p + n_r}{n_c + n_r} D_{pr}^2 + \frac{n_q + n_r}{n_c + n_r} D_{qr}^2 - \frac{n_r}{n_c + n_r} D_{pq}^2 \tag{14-30}$$

这是利用每次并类后所增加的类内离差平方和最小的原则推导得到的类间距离计算方法，因此，常把采用这种类间距离的聚类方法称为离差平方和法，又由于这种方法是由 Ward 于 1936 年提出来的，因此也常称之为 Ward 法。

在科研工作中离差平方和法的应用也比较广泛，分类效果较好。

这里要说明的是，根据系统聚类法的总体思想，在聚类过程中，每次合并的两类类间距离总要大于(或等于) 已经合并的类间距离，即如果用节点树表示聚类过程，每次并类所生成的节点总要高于(或等于) 已经生成的节点，我们把这种性质称为单调性。但是在系统聚类的 8 种方法中，中间距离法和重心法不满足单调性(证明过程见 Liu，2003)，应用时需要注意。

例 14.6　试用类平均法对例 14.4 资料中 8 个棉花品种作聚类分析，给出聚类全过程，并根据聚类结果分析 8 个棉花品种间的亲缘关系。

解：例 14.4 已计算出 8 个棉花品种在 12 个性状上的欧氏距离，结果列于表 14-6。在此基础上按类平均法进行聚类，步骤如下：

(1) 将 8 个品种各自作为一类，其两两类间距离矩阵(设为 $\boldsymbol{D}_{(0)}$) 如表 14-6 所列。

(2) 从 $\boldsymbol{D}_{(0)}$ 中找出最小元素为 2.03，它是类 G_1 和类 G_7 间的距离值，因此，将这两类合并为一新类 G_9，$G_9 = \{G_1, G_7\} = \{1, 7\}$，总类数减少 1，变为 7 类。

(3) 计算新类 G_9 与其他各类($G_2, G_3, G_4, G_5, G_6, G_8$) 之间的距离。例如，$G_9$ 与 G_2 之间的距离，由于类 G_1 和类 G_7 内的样品数均为 1，即 $n_1 = n_7 = 1$，$n_9 = n_1 + n_7 = 2$，所以根据式(14-27)，

$$D_{9,2} = \sqrt{\frac{n_1}{n_9} D_{1,2}^2 + \frac{n_7}{n_9} D_{7,2}^2} = \sqrt{\frac{1}{2} \times 3.56^2 + \frac{1}{2} \times 3.89^2} = 3.73$$

$$D_{9,3} = \sqrt{\frac{n_1}{n_9} D_{1,3}^2 + \frac{n_7}{n_9} D_{7,3}^2} = \sqrt{\frac{1}{2} \times 3.15^2 + \frac{1}{2} \times 3.43^2} = 3.30$$

同理可依次求得，$D_{9,4} = 5.48$，$D_{9,5} = 2.27$，$D_{9,6} = 5.91$，$D_{9,8} = 5.08$。其他未合并的类之间的距离不变。删除被合并的两类 G_1 和 G_7 所在的行和列，并在矩阵底部增加一行新类 G_9。这样就构成新的距离矩阵 $\boldsymbol{D}_{(1)}$。

(4) 继续并类。从 $\boldsymbol{D}_{(1)}$ 中找出最小元素为 2.27，将其所对应的两类 G_5 和 G_9 合并为一新类 G_{10}，那么 $G_{10}=\{G_5,G_9\}=\{5,1,7\}$。总类数减少为 6 类。

(5) 计算新类 G_{10} 与其他各类(G_2,G_3,G_4,G_6,G_8)之间的距离。例如，G_{10} 与 G_2 之间的距离，由于类 G_5 和类 G_9 内的样品数分别为 1 和 2，即 $n_5=1,n_9=2,n_{10}=n_5+n_9=3$，所以根据式(14-27)，

$$D_{10,2}=\sqrt{\frac{n_5}{n_{10}}D_{5,2}^2+\frac{n_9}{n_{10}}D_{9,2}^2}=\sqrt{\frac{1}{3}\times 3.50^2+\frac{2}{3}\times 3.73^2}=3.65$$

$$D_{10,3}=\sqrt{\frac{n_5}{n_{10}}D_{5,3}^2+\frac{n_9}{n_{10}}D_{9,3}^2}=\sqrt{\frac{1}{3}\times 4.03^2+\frac{2}{3}\times 3.30^2}=3.56$$

同理可依次求得，$D_{10,4}=5.40,D_{10,6}=5.77,D_{10,8}=4.80$。其他未合并的类间距离不变。删除被合并的两类 G_5 和 G_9 所在的行和列，并在矩阵底部增加一行新类 G_{10}。这样就构成新的距离矩阵 $\boldsymbol{D}_{(2)}$。

(6) 重复上面并类和计算类间距离的步骤，逐次并类，直至所有的样品都被并为一类为止。并类结果依次分别列于表 14-9 至表 14-14。

表 14-9 $\boldsymbol{D}_{(1)}$

类号	2	3	4	5	6	8
3	4.62					
4	2.82	5.53				
5	3.50	4.03	5.25			
6	3.59	6.00	4.69	5.47		
8	3.53	5.17	4.72	4.18	4.36	
9	3.73	3.30	5.48	2.27	5.91	5.08

$G_9=\{G_1,G_7\}=\{1,7\}$

表 14-10 $\boldsymbol{D}_{(2)}$

类号	2	3	4	6	8
3	4.62				
4	2.82	5.53			
6	3.59	6.00	4.69		
8	3.53	5.17	4.72	4.36	
10	3.65	3.56	5.40	5.77	4.80

$G_{10}=\{G_9,G_5\}=\{1,7,5\}$

表 14-11 $\boldsymbol{D}_{(3)}$

类号	3	6	8	10
6	6.00			
8	5.17	4.36		
10	3.56	5.77	4.80	
11	5.09	4.18	4.17	4.61

$G_{10}=\{G_9,G_5\}=\{1,7,5\}$；
$G_{11}=\{G_2,G_4\}=\{2,4\}$

表 14-12 $\boldsymbol{D}_{(4)}$

类号	6	8	11
8	4.36		
11	4.18	4.17	
12	5.83	4.90	4.74

$G_{11}=\{G_2,G_4\}=\{2,4\}$；
$G_{12}=\{G_{10},G_3\}=\{1,7,5,3\}$

表 14-13 $\boldsymbol{D}_{(5)}$

类号	6	12
12	5.83	
13	4.24	4.79

$G_{12}=\{G_{10},G_3\}=\{1,7,5,3\}$；
$G_{13}=\{G_{11},G_8\}=\{2,4,8\}$

表 14-14 $\boldsymbol{D}_{(6)}$

类号	12
14	5.07

$G_{12}=\{G_{10},G_3\}=\{1,7,5,3\}$；
$G_{14}=\{G_{13},G_6\}=\{2,4,8,6\}$

(7) 将以上聚类的结果用树状图表示如图 14-2 所示，图中横向排列为品种编号，纵坐标表示类间距离，样品间水平连线的高度等于两类合并时的距离值。

(8) 通过聚类图，结合具体专业知识确定品种分类。图 14-2 形象地表示出了品种间的亲疏关系。如果以阈值 $T=5.0$ 划分，8 个品种被分为 2 大族，陆地棉族(1、3、5、7)和海岛棉族(2、4、

6、8)；而如果以阈值 $T = 4.0$ 划分，则 8 个品种被划分为 4 类，Ⅰ类(1、3、5、7)、Ⅱ类(2、4)、Ⅲ类(6)、Ⅳ(8)，4 个陆地棉品种仍然归为一类，军海 1 号(4) 含有前苏联海岛棉品种 5476И(2) 的血缘，因此这两个品种被归为一类，两个埃及引进海岛棉则各自独成一类。通过聚类分析所形成的进化树形图与实际的系谱关系比较一致，所以，聚类分析应用于棉花品种亲缘关系分析是非常有价值和可行的。

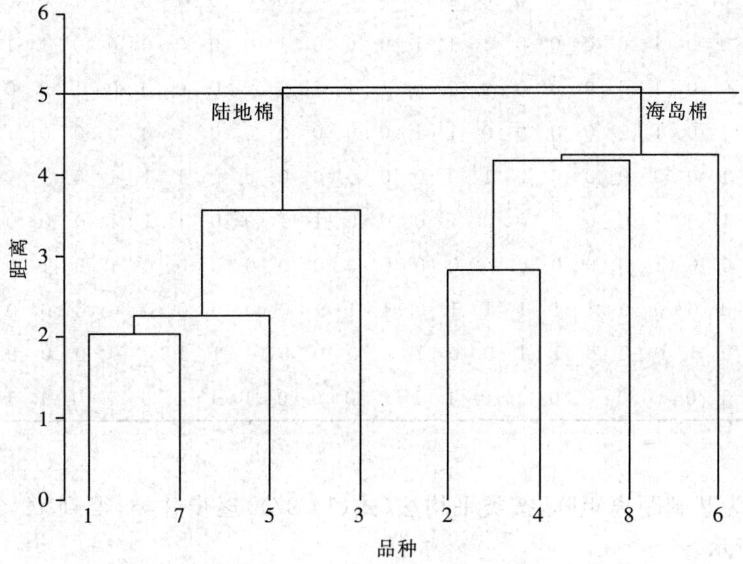

图 14-2　8 个棉花品种的聚类图

四、遗传多样性与杂种优势群划分

1. 遗传多样性与杂种优势群

按生物个体或群体间的遗传距离远近聚类，结合育种与生产实践，可以分析群体(含品种或品系)类型与杂种优势的关系，作出杂种优势群的划分，以指导育种实践。

2. 划分杂种优势群的依据

划分杂种优势群的依据主要有：①表型性状、分子遗传标记和系谱共祖度所揭示的种质资源间的遗传相似程度。在一定范围内，自交系间的遗传相似性越低，其杂种优势越强，所以，可以利用表型、分子标记和系谱数据对自交系作聚类分析，确定自交系间的遗传相似关系后划分杂种优势群。②育种与生产实践所展示的实际杂种优势表现。

下面举例说明通过聚类分析划分杂种优势群的过程。

例 14.7　表 14-15 所列为利用 30 个 SSR 分子标记对我国当前和过去广泛应用的 12 个优良玉米自交系进行分析所得的标记型数据(刘希慧，刘文欣等，2005)，试通过计算遗传距离与聚类分析探讨这 12 个自交系的亲缘关系和杂种优势群的划分。

解：(1)遗传距离的计算。

根据式(14-19)计算出自交系间 Nei's 遗传距离矩阵(表14-16)。

表 14-15　12 个自交系名称及其 30 个 SSR 的标记型

自交系	标记																													
	1	2	3	4	5	6	7	8	9	10	11	12	13	14	15	16	17	18	19	20	21	22	23	24	25	26	27	28	29	30
Z31	0	0	1	1	0	1	0	1	1	0	1	1	0	0	0	1	1	0	0	1	0	0	0	0	0	1	0	1	0	1
Z3	0	0	1	1	0	1	1	1	1	0	1	1	0	0	0	1	0	1	0	1	1	0	0	0	0	1	0	1	0	1
Ji63	0	0	1	0	1	1	0	0	0	0	0	1	0	0	0	1	0	0	0	1	0	0	1	0	0	1	1	1	0	1
HZ4	0	0	1	0	0	1	0	0	0	0	1	1	1	0	0	0	1	0	0	0	0	0	0	1	1	0	1	1	1	1
B73	1	0	0	0	0	1	0	0	0	0	0	0	0	1	1	1	0	0	0	0	0	0	1	0	0	0	0	1	0	1
Lv28	0	0	0	1	0	1	1	0	0	0	0	1	1	0	0	0	0	0	0	0	0	0	0	0	1	0	0	1	0	0
Va35	0	0	0	1	0	0	0	0	0	0	1	0	0	0	0	0	0	0	0	1	1	1	0	1	1	1	0	0	0	1
Zi330	0	1	1	1	0	1	0	0	0	0	0	1	0	0	0	1	1	0	0	1	1	1	0	0	0	1	0	0	0	0
DQ36	0	0	1	0	0	1	0	0	0	0	0	0	0	0	0	0	0	0	0	0	0	1	0	1	1	0	0	0	1	0
T183	1	0	1	0	0	0	0	1	1	1	1	1	0	1	1	1	0	0	0	0	0	0	0	0	0	0	0	1	0	0
87-1	0	0	1	0	1	0	0	0	1	1	0	0	1	0	0	0	0	0	1	1	0	0	0	0	0	0	1	1	0	0
P138	0	1	1	1	0	0	0	0	0	1	0	1	1	0	0	0	0	1	1	1	0	0	0	1	1	1	0	1	0	0

(2)聚类。

以表 14-16 为基础距离矩阵，按类平均法(式(14-27))逐步并类，得到 12 个自交系的聚类结果如图 14-3 所示。

表 14-16　12 个玉米自交系间的 Nei's 遗传距离

自交系	Z31	Z3	Ji63	HZ4	B73	Lv28	Va35	Zi330	DQ36	T183	87-1
Z3	0.143										
Ji63	0.333	0.385									
HZ4	0.440	0.556	0.478								
B73	0.619	0.652	0.474	0.700							
Lv28	0.600	0.545	0.667	0.474	0.733						
Va35	0.545	0.500	0.700	0.619	0.882	0.750					
Zi330	0.333	0.385	0.455	0.652	0.789	0.667	0.500				
DQ36	0.789	0.810	0.765	0.444	0.857	0.692	0.600	0.647			
T183	0.417	0.462	0.636	0.652	0.474	0.778	0.900	0.727	0.882		
87-1	0.636	0.667	0.500	0.619	0.882	0.750	0.889	0.800	0.867	0.600	
P138	0.538	0.500	0.583	0.520	0.905	0.500	0.545	0.500	0.684	0.667	0.455

(3)划分杂种优势群。

12 个自交系，划分为 3～5 个群比较合适。从聚类图 14-3 来看，若以距离值 0.6 为阈值，可将 12 个自交系划分为 4 个群，其中：Z31、Z3、Ji63、Zi330 和 Va35 为第一类群；87-1 和 P138 为第二群；HZ4、DQ36 和 Lv28 为第三群；B73 和 T183 为第四群。从其系谱来源分析，该分群基本合理，与育种和生产实际的杂种优势表现也基本一致。

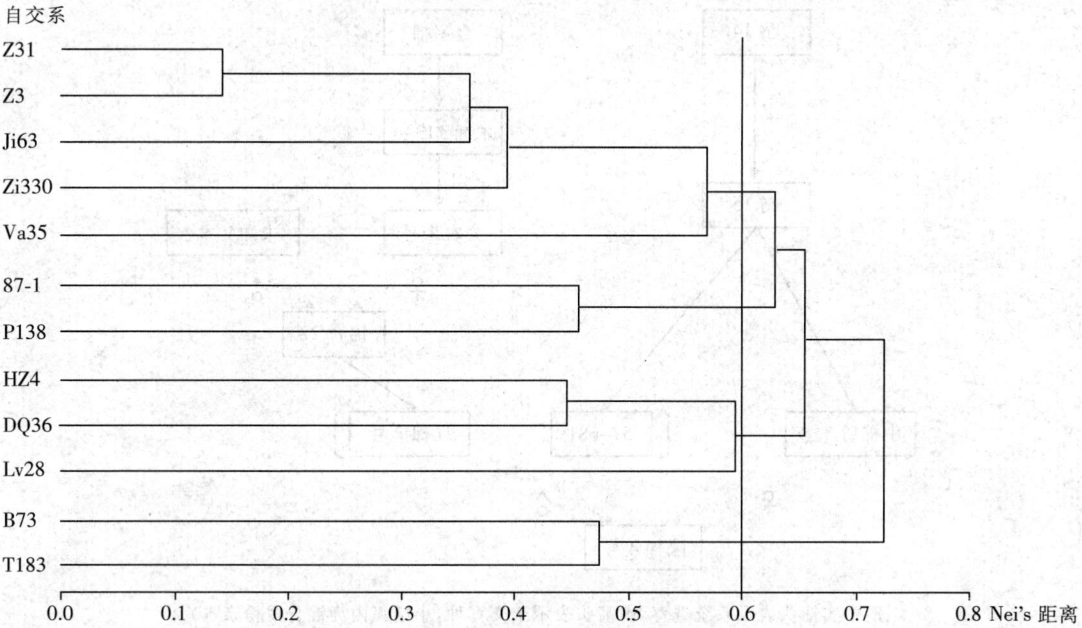

图 14-3　12 个玉米自交系聚类图

杂种优势群的划分是需要综合表型、分子标记、系谱、育种和生产实践等信息的复杂研究。本例题仅从原文的 419 个多态性标记中随机抽取了 30 个标记，目的仅为讲述遗传多样性分析方法在杂种优势群划分研究中的应用途径。详细分析过程请参阅原文。

五、遗传多样性与育成品种的遗传基础分析

很多研究(Solcimani，2002；Lima，2002)中，都直接将品种(或品系)间的共祖度(或转换为共祖度距离后)进行聚类，研究材料间的亲缘关系。这是利用系谱共祖度研究遗传多样性的一种途径，此外，也可以用共祖度研究品种的遗传基础：①通过分析育成品种与祖先品种的共祖度，可以了解育成品种遗传基础的宽广程度；②通过分析育成品种与特定抗源(或其他特性)品种的共祖度可分析育成品种遗传基础的优良程度；③对现有种群进行共祖度聚类可分析其遗传基础的丰富程度。

例 14.8　试根据图 14-4 给出的陕棉 4 号的育种过程与系谱结构(黄滋康，1996；周盛汉，2000)计算该品种与其祖先品种的共祖关系，并分析其种质资源利用状况和遗传基础。

解：由图中所示系谱关系，根据前面给出的 7 个假设条件，可计算出两两品种(或品系)间的共祖度。

(1)岱 14 到岱 15、岱 15 到中棉所 3 号、岱 15 到 57-681、金字棉到木浦113-4、木浦113-4到关农 1 号、锦育 22 到辽棉 2 号均为系统选择，因此以上每对品种间的共祖度为 1。

(2)锦育 22 由关农 1 号与未知父本杂交选育而成，所以锦育 22 与其母本关农 1 号之间的共祖度为 0.5；同理，陕棉 4 号与其母本中棉所 3 号间的直接共祖度为 0.5(二者间的总共祖度还应包括经 57-681 到岱 15 再到中棉所 3 号的间接共祖度)。

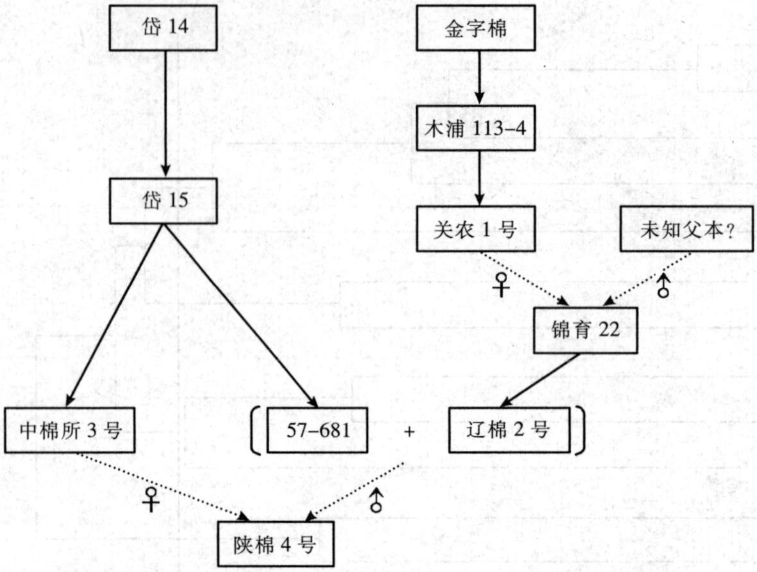

(图中实箭头表示系统选育,虚箭头表示杂交育种,小括弧内为混合授粉亲本)

图 14-4 部分棉花品种(系)系谱

(3)57-681 和辽棉 2 号是陕棉 4 号的混合授粉父本,因此该两亲本共享 0.5 的遗传贡献,即陕棉 4 号与 57-681、陕棉 4 号与辽棉 2 号间的直接共祖度各为 0.25。

那么,根据共祖度的通经计算法则(同一通经各系数相乘,不同通经各系数相加),可计算出岱 14 与陕棉 4 号间的共祖度为 0.75(=1×1×0.5+1×1×0.25);金字棉与陕棉 4 号间的共祖度为 0.125(=1×1×0.5×1×0.25)。所以,可以说明陕棉 4 号的遗传基础主要是早期引进的品种岱 14 和金字棉,其中有 75%的基因来自岱 14,12.5%的基因来自金字棉,还有 12.5%的基因来自其他未知种质。

共祖度是指品种间携带血缘等同基因的概率,它所阐明的是品种间的亲缘程度,可以反映出品种整体遗传基础的相似或相远程度。对于衡量品种间的遗传相似性和遗传基础来说,品种间的共祖度虽然已不是随机交配大群体或固定交配方式下封闭的有限系谱群体的共祖度,而是掺和了选择和不同育种方式(自交、杂交、诱变和转基因等)的结果,但是,品种间的共祖度仍然是一个非常有用且有说服力的遗传参数,具有可比性,可以反映总体的基因流。

共祖度方法反映的是整体的基因流向和品种间的遗传相似程度,是对基因组的宏观分析,并且研究过程不受外界环境的影响和实验条件的限制。因此,在分子标记技术快速进步的今天,系谱共祖度对遗传多样性分析仍然是一种有效的途径。

复习思考题

1. 本章讲述了哪些遗传多样性评价指标?请简述它们的适用范围和特点。
2. 聚类分析分哪两个阶段?遗传距离的计算方法有哪些?分别适用哪种类型数据?
3. 简述系统聚类分析的基本过程。在聚类过程中计算类间距离有哪些常用方法?
4. 复算例 14.4,用最短距离法聚类,并与例 14.6 的聚类结果作比较。

5. 复算例 14.7，并计算各品系间的 Jaccard(1) 距离和 Jaccard(2) 距离，并用类平均法聚类，比较三种距离的聚类结果。

（答案：(1) 下表中下三角为 Jaccard(1) 距离，上三角为 Jaccard(2) 距离；(2) 下面左图和右图分别为基于 Jaccard(1) 距离和 Jaccard(2) 距离的类平均法聚类图）

自交系	Z31	Z3	Ji63	HZ4	B73	Lv28	Va35	Zi330	DQ36	T183	87-1	P138
Z31		0.288	0.693	0.944	1.447	1.386	1.224	0.693	2.140	0.887	1.504	1.204
Z3	0.250		0.811	1.253	1.558	1.224	1.099	0.811	2.251	0.999	1.609	1.099
Ji63	0.500	0.556		1.041	1.030	1.609	1.735	0.981	2.015	1.504	1.099	1.335
HZ4	0.611	0.714	0.647		1.735	1.030	1.447	1.558	0.956	1.558	1.447	1.153
B73	0.765	0.789	0.643	0.824		1.872	2.773	2.140	2.565	1.030	2.773	2.996
Lv28	0.750	0.706	0.800	0.643	0.846		1.946	1.609	1.705	2.079	1.946	1.099
Va35	0.706	0.667	0.824	0.765	0.938	0.857		1.099	1.386	2.944	2.833	1.224
Zi330	0.500	0.556	0.625	0.789	0.882	0.800	0.667		1.540	1.846	2.197	1.099
DQ36	0.882	0.895	0.867	0.615	0.923	0.818	0.750	0.786		2.773	2.639	1.674
T183	0.588	0.632	0.778	0.789	0.643	0.875	0.947	0.842	0.938		1.386	1.609
87-1	0.778	0.800	0.667	0.765	0.938	0.857	0.941	0.889	0.929	0.750		0.981
P138	0.700	0.667	0.737	0.684	0.950	0.667	0.706	0.667	0.813	0.800	0.625	

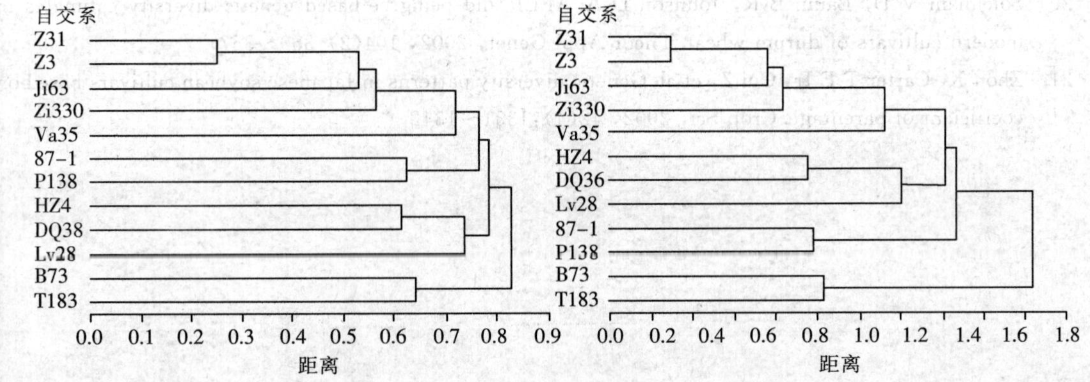

参考文献

1　范金城，梅长林．数据分析．北京：科学出版社，2002．141～153

2　高惠璇．实用统计方法与 SAS 系统．北京：北京大学出版社，2001．256～275

3　黄滋康．中国棉花品种及其系谱．北京：中国农业出版社，1996．1～286

4　孔繁玲，张树光，韩立新，苏胜宝，胡新生，郑长庚．高赖氨酸玉米自交系的遗传潜势及其利用．中国农业科学，1991，24(6)11～19

5　刘希慧，刘文欣，张义荣，刘占先，张书奎，戴景瑞．利用 SSR 分子标记鉴定若干玉米自交系的亲缘关系．分子植物育种，2005，3(2)：179～187

6　刘文欣．建国以来我国棉花品种改良的遗传研究：[博士学位论文]．北京：中国农业大学，2004

7　梅长林，周家良．实用统计方法．北京：科学出版社，2002

8　裴鑫德．多元统计分析及其应用．北京：北京农业大学出版社，1991．196～256

9　王克胜，孔繁玲，杜曼·依马买地．玉米株型性状的遗传表达和自交系与杂交种株型的聚类分析．北

京农业大学学报,1993,19(3):19～28
10 于秀林,任雪松. 多元统计分析. 北京:中国统计出版社,1999. 63～65
11 周盛汉. 中国棉花品种系谱图. 成都:四川科学技术出版社,2000. 23～167
12 Cui Z L, Carter T E Jr, Burton J W. Genetic base of 651 Chinese soybean cultivars released from 1923 to 1995. Crop Sci, 2000, 40(5):1470～1481
13 Falconer D S, Mackay T F C. Introduction to quantitative genetics. 4th edn. London:Longman, 1996. 48～354
14 Jaccard P. Etude comparative de la distribution florale dans une portion des Alpes et des Jura. Bull Soc Vaudoise Sci Nat,1901,37:547～579
15 Kempthorne O. An Introduction to Genetic Statistics. Ames :The Iowa State University Press, 1957. 72～106
16 Lima M L A , Garcia A A F, Oliveira K M, et al. Analysis of genetic similarity detected by AFLP and coefficient of parentage among genotypes of sugar cane (*Saccharum* spp.). Theor Appl Genet, 2002, 104(1):30～38
17 Liu W X, Liao Q, Zhang Q Y, Kong F L. The applicability of median method and centroid method in the cluster analysis. 生物数学学报,2003,18(5):531～534
18 Nei M, Li W H. Mathematical model for studying genetic variation in terms of restriction endonucleases. Proc Natl Acad Sci USA,1979, 76:5269～ 5273
19 Sokal R R, Sneath P H A Principles of numerical taxonomy. Freeman, 1963. 134
20 Soleimani V D, Baum B R, Johnson D A. AFLP and pedigree-based genetic diversity estimates in modern cultivars of durum wheat. Theor Appl Genet, 2002, 104(2):350～357
21 Zhou X, Carter T E Jr, Cui Z, et al. Genetic diversity patterns in Japanese soybean cultivars based on coefficient of parentage. Crop Sci, 2002, 42(4):1331～1342

附录Ⅰ　统计学基础

一、基本概念与定义

(一)总体和样本

(1)总体:具有共同性质的个体所组成的集团称为总体。总体有无限总体和有限总体之分,分别由无限个或有限个具有相同性质的个体组成。遗传学或育种学研究中,必须明确基因型总体和环境总体。比如A和B两纯系亲本杂交所得F_2世代,从理论上讲属无限总体,而实际杂交所得为有限总体。若把该F_2材料置于有限个环境下进行研究,则该环境总体亦属有限总体。

(2)样本:从总体中抽取的部分个体所组成的集团称为样本。样本是总体的代表。为推断总体特征而采用的样本应当从总体中随机抽取,称为随机样本,并应具有相当的样本容量。

(二)变数和变量

(1)变数:总体内所有成员共同具备的具有变异性的特性或性状称为变数,如株高、生育期等。据所研究性状的特点不同,变数可分为数量变数和质量变数两类。数量变数以数量表示,质量变数以属性表示,如有芒,无芒,红壳,白壳等。以测量的数量(长度、重量、体积等)表示的数量性状称为连续性变数,如株高、粒重等,以记数的方式获得的数量性状(如穗数/株、粒数/穗等)称为间断性变数(或离散性变数)。样本容量大时,间断性变数趋于连续分布。

(2)变量:变数中的具体观测值称之为变量。

(三)参数与统计数

(1)参数:描述总体特征的常数称为参数,如总体平均值、总体方差、总体协方差、总体回归和总体相关等。

(2)统计数:由样本数据计算出来的样本特征数称为统计数。统计数是总体相应参数的估计值,如样本平均数和样本方差分别是总体平均数和总体方差的估计值。

二、平均数和变异数

(一)平均数

平均数是数据的代表值,反映事物的水平。常用的平均数有以下几种。

(1)算术平均数:各变量的总和除以变量的个数(总体容量或样本容量)所得的商称为算术平均数,记作$\overline{Y}$(总体平均)和$\overline{y}$(样本平均)。总体平均值亦记作μ或M。

$$\text{总体平均数}\ \overline{Y}=\frac{\sum_{i=1}^{N}Y_i}{N} \qquad (\text{Ⅰ-1a})$$

$$样本平均数\ \bar{y} = \frac{\sum_{i=1}^{n} y_i}{n} \qquad (\text{I}\text{-1b})$$

式中：Y_i 为总体中第 i 个观测值，N 为总体容量，y_i 为样本中第 i 个观测值，$\bar{y}$ 为样本均值，n 为样本容量。

遗传群体内，由于各基因型的频率之和 $\sum f = 1$，群体平均的基因型值 = 群体内基因型值的加权之和：

$$群体平均\ M = \frac{\sum f_i G_i}{\sum f_i} = \sum f_i G_i \qquad (\text{I}\text{-1c})$$

式中 f_i 和 G_i 分别为群体内第 i 种基因型的频率和基因型值。

(2) 中数：将数据依数值大小顺序排列，居中间位置的变量称为中数，用 M_d 表示。若变量的个数为偶数，则以中间两个变量的均值为中数。

(3) 众数：资料中出现次数最多的变量称为众数，记作 M_o。

(4) 几何平均数：n 个变量相乘的 n 次方根称为这 n 个变量的几何平均数，用 G 表示。

$$G = \sqrt[n]{y_1 \cdot y_2 \cdot y_3 \cdot \cdots \cdot y_n} = (y_1 \cdot y_2 \cdot y_3 \cdot \cdots \cdot y_n)^{\frac{1}{n}} \qquad (\text{I}\text{-1d})$$

式中：$y_1, y_2, y_3, \cdots, y_n$ 为变量，n 为变量的数目。

几何平均数亦等于各变量对数的算术平均数的反对数，因为：

$$\lg G = \frac{\lg y_1 + \lg y_2 + \cdots + \lg y_n}{n} = \frac{\sum (\lg y)}{n}$$

$$G = 10^{\left(\frac{\sum (\lg y)}{n}\right)} \qquad (\text{I}\text{-1e})$$

(5) 调和平均数：各变量倒数的算术平均数的倒数称为调和平均数，记作 M_h。

$$M_h = \frac{1}{\frac{1}{n}\sum\left(\frac{1}{y}\right)} = \frac{n}{\sum\left(\frac{1}{y}\right)} \qquad (\text{I}\text{-1f})$$

式中：y 为变量，n 为样本容量。以上(I-1e) 和(I-1f) 中的 y 均省略了下标 i。

(二) 变异数

变异数表示数据的分散(或集中) 程度。常用的变异数有极差、方差、标准差和变异系数。

(1) 极差：数据中最大值和最小值之差称为极差，记作 R。极差又称全距或变异幅度。

(2) 方差：各变量与均值之差的平方的平均数称为方差(离均差的平方之和，称为平方和)。

$$总体方差\ \sigma^2 = \frac{1}{N}\sum_{i=1}^{N}(Y_i - \mu)^2 = \frac{1}{N}\left[\sum Y_i^2 - \frac{(\sum Y_i)^2}{N}\right] \qquad (\text{I}\text{-2a})$$

$$样本方差\ s^2 = \frac{1}{n-1}\sum_{i=1}^{n}(y_i - \bar{y})^2 = \frac{1}{n-1}\left[\sum y_i^2 - \frac{(\sum y_i)^2}{n}\right] \qquad (\text{I}\text{-2b})$$

式中：Y_i 为总体中第 i 个观测值，μ 为总体均值，N 为总体容量，$\sum_{i=1}^{N}(Y_i-\mu)^2$ 为总体平方和，y_i 为样本中第 i 个观测值，$\bar{y}$ 为样本均值，n 为样本容量，$\sum_{i=1}^{n}(y_i-\bar{y})^2$ 为样本平方和，$(n-1)$ 为自由度。

遗传群体内，由于各基因型频率之和 = 1，群体内总遗传方差 = 群体内总平方和。

$$V_G=\frac{\sum f_i(G_i-\mu)^2}{\sum f_i}=\sum f_i(G_i-\mu)^2$$

式中：f_i 和 G_i 分别为群体内第 i 种基因型的频率和基因型值。

(3) 标准差：方差的平方根称为标准差。标准差是变数的平均变异量。其度量单位与平均数相同。总体和样本标准差分别以 σ 和 s 表示。

$$总体标准差\ \sigma=\sqrt{\frac{\sum(Y_i-\mu)^2}{N}} \tag{Ⅰ-3a}$$

$$样本标准差\ s=\sqrt{\frac{\sum(y_i-\bar{y})^2}{n-1}} \tag{Ⅰ-3b}$$

$$遗传标准差\ \sigma_G=\sqrt{V_G} \tag{Ⅰ-3c}$$

(4) 变异系数：标准差与平均数之比称为变异系数。用于比较计量单位不同或平均数相差较大的变数的变异程度。以 CV 表示，样本变异系数的表达式为：

$$CV(\%)=(s/\bar{y})\times 100 \tag{Ⅰ-4}$$

三、线性函数

在数量遗传学发展过程中，线性函数得到广泛应用。其中的重要环节是把线性函数的统计数表示为成分变数的统计数，例如把表型方差表示为基因型方差与环境方差之和。为此需掌握下述规则。

(一) 线性函数的平均数

线性函数的平均值是其成分变数平均值的同一函数。

若有线性函数：$Y_i=\mathrm{a}+\mathrm{b}X_i-\mathrm{c}Z_i$ 则有：

$$\bar{Y}=\mathrm{a}+\mathrm{b}\bar{X}-\mathrm{c}\bar{Z} \tag{Ⅰ-5}$$

式中：a、b 和 c 为常数，Y、X 和 Z 为变数，$\bar{Y}$、$\bar{X}$ 和 $\bar{Z}$ 为变数 Y、X 和 Z 的平均数。

(二) 线性函数的方差

求线性函数方差的步骤如下：

① 写出线性函数。例如，$Y_i = a + bX_i - cZ_i$；
② 去掉常数项，$Y_i = bX_i - cX_i$；
③ 对函数式两侧求平方，$Y_i^2 = b^2X_i^2 + c^2Z_i^2 - 2bcXZ$；
④ 把变数的平方换为方差，把两变数的乘积换为协方差，得：
$\sigma_Y^2 = b^2\sigma_X^2 + c^2\sigma_Z^2 - 2bc\sigma_{XZ}$ （Ⅰ-6）

（三）线性函数的协方差

求线性函数协方差的步骤如下：

① 写出两个线性函数。例如 $Y_i = a + bW_i - cZ_i$ 和 $X_i = d + eV_i + fZ_i$
式中 a、b、c、d、e、f 为常数，Y_i、X_i、W_i、Z_i 和 V_i 为变数；
② 去掉常数项，$Y_i = bW_i - cZ_i$，$X_i = eVi + fZ_i$；
③ 求剩余的两个函数之乘积，
$X_iY_i = beW_iV_i + bfW_iZ_i - ceZ_iV_i - cfZ_i^2$；
④ 用变数的方差代换乘积中的平方，用协方差代替两函数乘积中之乘积项：
$\sigma_{XY} = be\sigma_{WV} + bf\sigma_{WZ} - ce\sigma_{ZV} - cf\sigma_Z^2$ （Ⅰ-7）

变数彼此独立且变量随机抽取时，变数间的协方差等于零，这在数量遗传理论中简化了线性函数的方差和协方差的推导与计算。

四、数学期望

（一）数学期望与无偏估计

（1）数学期望：变数的总体均值（或理论均值）称为该变数的数学期望。其含义是，尽管随机变数的每个变量和统计数的数值是变异的，但其总体均值是一个在大量独立重复试验中客观存在的可以期望的数值。例如，总体均值和方差是样本均值和方差的数学期望。

（2）无偏估计：如果某总体参数为其样本统计数的数学期望，则该样本统计数是该总体参数的无偏估计值。例如，样本均值和方差分别为总体均值和方差的无偏估计值。

（二）求数学期望的规则

（1）常数的期望值等于该常数。

$$E(c) = c \quad （Ⅰ\text{-}8）$$

（2）随机变数的期望值等于其总体均值。

$$E(X_i) = \mu_X \quad （Ⅰ\text{-}9）$$

（3）常数与变数乘积的期望等于该常数乘以该变数的期望值。

$$E(cX_i) = cE(X_i) = c\mu_X \quad （Ⅰ\text{-}10）$$

（4）和的期望值等于期望值之和。

$$E(X_i + c) = E(X_i) + E(c) = \mu_X + c \quad （Ⅰ\text{-}11a）$$

$$E(X_1+X_2+\cdots+X_n)=E(X_1)+E(X_2)+\cdots+E(X_n)=n\mu_X \quad (\text{Ⅰ-11b})$$

式中 $X_1,X_2,\cdots,X_n$为取自同一总体的随机样本。

$$E(X_i+Y_i)=E(X_i)+E(Y_i)=\mu_X+\mu_Y \quad (\text{Ⅰ-11c})$$

式中 X_i 和 Y_i 来自不同总体的样本。

(5) 线性函数的期望值等于其组成部分期望值的代数和。

$$E(\mathrm{a}X_i+\mathrm{b}Y_i-\mathrm{c}Z_i)=E(\mathrm{a}X_i)+E(\mathrm{b}Y_i)-E(\mathrm{c}Z_i)=\mathrm{a}\mu_X+\mathrm{b}\mu_Y-\mathrm{c}\mu_Z \quad (\text{Ⅰ-12})$$

(6) 变量平方的期望值等于其变数的方差与总体均值平方之和。

$$E(X_i^2)=\sigma_X^2+\mu_X^2 \quad (\text{Ⅰ-13})$$

(7) 随机变量与其总体均值离差的平方的期望值等于其总体方差。

$$E[(X_i-\mu_X)^2]=\overline{X^2}-\mu_X^2=\sigma_X^2 \quad (\text{Ⅰ-14})$$

(8) 两随机变量的离均差乘积的期望值等于该二变数的协方差。

$$E[(X_i-\mu_X)(Y_i-\mu_Y)]=\overline{XY}-\mu_X\mu_Y=\sigma_{XY} \quad (\text{Ⅰ-15})$$

(9) 两随机变量乘积的期望值等于该二变数的协方差与二变数总体均值的乘积之和。

$$E(X_iY_i)=\sigma_{XY}+\mu_X\mu_Y \quad (\text{Ⅰ-16})$$

五、直线回归和相关

(一) 协方差

两个变数的协方差等于其离均差乘积和的平均，或等于二变数乘积的平均减去平均的乘积。协方差用 σ_{XY}（总体）和 s_{xy}（样本）表示，亦用 cov 加相应下标表示。

$$\text{总体协方差 } cov_{XY}=\sigma_{XY}=\frac{1}{N}\sum_{i=1}^{N}(X_i-\mu_X)(Y_i-\mu_Y)$$

$$=\frac{1}{N}\sum_{i=1}^{N}X_iY_i-\mu_X\mu_Y \quad (\text{Ⅰ-17a})$$

$$\text{样本协方差 } cov_{xy}=s_{xy}=\frac{1}{n-1}\sum_{i=1}^{n}(x_i-\bar{x})(y_i-\bar{y})$$

$$=\frac{1}{n-1}\left[\sum_{i=1}^{n}x_iy_i-\frac{(\sum x)(\sum y)}{n}\right] \quad (\text{Ⅰ-17b})$$

遗传群体内，由于基因型频率之和 = 1，群体内协方差 = 乘积和：

$$cov_{XY}=\frac{\sum f_i(X_i-\mu_X)(Y_i-\mu_Y)}{\sum f_i}=\sum f_i(X_i-\mu_X)(Y_i-\mu_Y) \quad (\text{Ⅰ-17c})$$

式中：μ_X 和 μ_Y 分别为变数 X 和变数 Y 的总体平均值，f_i 为成对数据 X_i，Y_i 的频率。

(二)简单相关系数

简单相关系数(简称相关系数)度量两个随机变数协同变化的程度,无量纲。

$$总体相关系数\ \rho_{XY} = \frac{\sum_{i=1}^{N}(X_i-\mu_X)(Y_i-\mu_Y)}{\sqrt{\sum_{i=1}^{N}(X_i-\mu_X)^2\sum_{i=1}^{N}(Y_i-\mu_Y)^2}} = \frac{\sigma_{XY}}{\sigma_X\sigma_Y} \qquad (\text{Ⅰ-18a})$$

$$样本相关系数\ r_{xy} = \frac{\sum_{i=1}^{n}(x_i-\bar{x})(y_i-\bar{y})}{\sqrt{\sum_{i=1}^{n}(x_i-\bar{x})^2\sum_{i=1}^{n}(y_i-\bar{y})^2}} = \frac{s_{xy}}{s_x s_y} \qquad (\text{Ⅰ-18b})$$

(三)直线回归系数

1. 直线回归方程

直线回归方程描述依变数 y 对自变数(或因变数)x 的依存(或因果)关系,表达式为:

$$\hat{y} = a + bx \qquad (\text{Ⅰ-19a})$$

式中:x 为自变数;$\hat{y}$ 是和 x 的量相对应的依变数的点估计值;a 为回归截距,是 $x=0$ 时 $\hat{y}$ 的估计值;b 为回归斜率或回归系数,是 x 每改变一个单位时 $\hat{y}$ 的平均改变量。

2. 回归系数

$$总体回归系数\ \beta_{YX} = \frac{\sum_{i=1}^{N}(X_i-\mu_X)(Y_i-\mu_Y)}{\sum_{i=1}^{N}(X_i-\mu_X)^2} = \frac{\sigma_{XY}}{\sigma_X^2} \qquad (\text{Ⅰ-19b})$$

$$样本回归系数\ b_{yx} = \frac{\sum_{i=1}^{n}(x_i-\bar{x})(y_i-\bar{y})}{\sum_{i=1}^{n}(x_i-\bar{x})^2} = \frac{s_{xy}}{s_x^2} \qquad (\text{Ⅰ-19c})$$

(四)回归系数和相关系数的关系

相关系数是标准化的回归系数,二者有如下关系:

$$\left.\begin{aligned}\beta_{YX} &= \rho_{XY}\cdot\frac{\sigma_Y}{\sigma_X}\\ \beta_{XY} &= \rho_{XY}\cdot\frac{\sigma_X}{\sigma_Y}\\ \rho_{XY} &= \sqrt{\beta_{YX}\cdot\beta_{XY}}\end{aligned}\right\} \qquad (\text{Ⅰ-20a})$$

式中:β_{YX} 和 β_{XY} 分别为变数 Y 依 X 和变数 X 依 Y 的回归系数,ρ 为变数 Y 依 X 的相关系数。

(五)直线回归系数和简单相关系数的显著性测验

二者的显著性测验等价。先计算相关系数,依自由度 $n-2$(n 为样本容量)查统计表(0.05

和 0.01 水平上的相关系数临界值表)。若相关系数显著,则回归系数亦显著。

(六)决定系数

简单相关系数的平方定义为决定系数,是回归平方和在依变数总平方和中所占的比例,记作 r^2。

$$决定系数\ r^2 = \frac{\sum(\hat{y}-\bar{y})^2}{\sum(y-\bar{y})^2} = \frac{\sum(\hat{x}-\bar{x})^2}{\sum(x-\bar{x})^2} = \frac{SP^2}{SS_x \cdot SS_y} \qquad (Ⅰ\text{-}20b)$$

式中:$\sum(\hat{y}-\bar{y})^2$ 为 y 依 x 的回归平方和,$\sum(\hat{x}-\bar{x})^2$ 为 x 依 y 的回归平方和,$\sum(y-\bar{y})^2$ 和 SS_y 为 y 的总平方和,$\sum(x-\bar{x})^2$ 和 SS_x 为 x 的总平方和,SP 为变数 x 和变数 y 的乘积和。

六、多元线性回归

多元线性回归分析在遗传模型建立、检验和选择指数的构建等方面多有应用。

(一)多元回归方程

若有依变数 Y 和 m 个自变数 X_1, X_2,…,X_m,且 Y 与各自变数均成线性关系,则 Y 对 X_1, X_2,…,X_m 的 m 元线性回归方程为:

$$\begin{aligned}\hat{y} &= \bar{y} + b_1(x_1-\bar{x}_1) + b_2(x_2-\bar{x}_2) + \cdots + b_m(x_m-\bar{x}_m) \\ &= a + b_1x_1 + b_2x_2 + \cdots + b_mx_m\end{aligned} \qquad (Ⅰ\text{-}21)$$

式中:a 为 X_1, X_2,…,X_m 均为 0 时 Y 的点估计值;b_i 是在其余 X 均保持一定时,X_i 每改变一个单位对 Y 的平均效应,称为 X_i 对 Y 的偏回归系数。b_i 是一种简写形式,如 b_1 是 $b_{y1.2\cdots m}$ 的简写形式。

(二)多元回归方程求解

令 $Y=y-\bar{y}$,$X_1=x_1-\bar{x}$,…,$X_m=x_m-\bar{x}_m$,根据最小二乘法(least squares)原理,可得 m 元正规方程组:

$$\left.\begin{aligned} b_1\sum X_1^2 + b_2\sum X_1X_2 + \cdots + b_m\sum X_1X_m &= \sum X_1Y \\ b_1\sum X_1X_2 + b_2\sum X_2^2 + \cdots + b_m\sum X_2X_m &= \sum X_2Y \\ &\vdots \\ b_1\sum X_1X_m + b_2\sum X_2X_m + \cdots + b_m\sum X_m^2 &= \sum X_mY \end{aligned}\right\} \qquad (Ⅰ\text{-}22a)$$

若以 $\boldsymbol{X}^{\mathrm{T}}\boldsymbol{X}$ 表示该正规方程组左侧的系数矩阵,以 $\boldsymbol{\beta}$ 表示左侧的参数向量,以 $\boldsymbol{X'Y}$ 表示正规方程组右侧的乘积和向量,即:

$$\boldsymbol{X}^{\mathrm{T}}\boldsymbol{X} = \begin{bmatrix} \sum X_1^2 & \sum X_1X_2 & \cdots & \sum X_1X_m \\ \sum X_1X_2 & \sum X_2^2 & \cdots & \sum X_2X_m \\ \vdots & \vdots & & \vdots \\ \sum X_1X_m & \sum X_2X_m & \cdots & \sum X_m^2 \end{bmatrix},\boldsymbol{\beta} = \begin{bmatrix} b_1 \\ b_2 \\ \vdots \\ b_m \end{bmatrix},\boldsymbol{X}^{\mathrm{T}}\boldsymbol{Y} = \begin{bmatrix} \sum X_1Y \\ \sum X_2Y \\ \vdots \\ \sum X_mY \end{bmatrix}$$

则有矩阵形式的正规方程组：

$$\boldsymbol{X}^{\mathrm{T}}\boldsymbol{X}\boldsymbol{\beta}=\boldsymbol{X}^{\mathrm{T}}\boldsymbol{Y} \tag{Ⅰ-22b}$$

求解正规方程组可得：

$$\boldsymbol{\beta}=(\boldsymbol{X}^{\mathrm{T}}\boldsymbol{X})^{-1}\boldsymbol{X}^{\mathrm{T}}\boldsymbol{Y} \tag{Ⅰ-22c}$$

$(\boldsymbol{X}^{\mathrm{T}}\boldsymbol{X})^{-1}$ 为矩阵 $\boldsymbol{X}^{\mathrm{T}}\boldsymbol{X}$ 的逆矩阵：

$$(\boldsymbol{X}^{\mathrm{T}}\boldsymbol{X})^{-1}=\begin{bmatrix} c_{11} & c_{12} & \cdots & c_{1m} \\ c_{21} & c_{22} & \cdots & c_{2m} \\ \vdots & \vdots & & \vdots \\ c_{m1} & c_{m2} & \cdots & c_{mm} \end{bmatrix} \tag{Ⅰ-23}$$

式中元素 c_{ij} 称为高斯乘数。

由于 $a=\bar{y}-b_1\bar{x}_1-b_2\bar{x}_2-\cdots-b_m\bar{x}_m$，从而获得依变数 Y 对自变数 $X_1, X_2, \cdots, X_m$ 的 m 元回归方程 $\hat{y}=a+b_1x_1+b_2x_2+\cdots+b_mx_m$。

(三) 多元回归的假设测验

1. 多元回归关系的假设测验

多元回归关系的假设测验，就是测验 m 个自变数的综合对 Y 的效应是否显著。该测验可通过如下的 F 测验来进行。

$$F=\frac{SS_{\mathrm{Reg}}/m}{SS_{\mathrm{Res}}/(n-m-1)} \tag{Ⅰ-24a}$$

依自由度 $\upsilon_1=m$，$\upsilon_2=n-m-1$，查 F 表，判断多元回归关系的显著性。其中 SS_{Reg} 为多元回归平方和，SS_{Res} 为离回归平方和，n 为样本容量，m 为自变数的个数。

$$SS_{\mathrm{Reg}}=\boldsymbol{\beta}^{\mathrm{T}}(\boldsymbol{X}^{\mathrm{T}}\boldsymbol{Y})=\sum_{i=1}^{m}(b_i\sum x_iy) \tag{Ⅰ-24b}$$

$$SS_{\mathrm{Res}}=SS_y-SS_{\mathrm{Reg}} \tag{Ⅰ-24c}$$

式中：SS_y 为依变数总平方和，n 为样本容量，m 为自变数个数。

2. 偏回归系数的假设测验

目的是检验单个自变数 X_i 是否与依变数 Y 存在回归关系。该测验可通过如下 F 测验或 t 测验来实现：

$$F=\frac{SS_{\mathrm{P}_i}}{SS_{\mathrm{Res}}/(n-m-1)} \tag{Ⅰ-25a}$$

依自由度 $\upsilon_1=1$，$\upsilon_2=n-m-1$，查 F 表，判断偏回归系数的显著性。SS_{P_i} 为依变数 Y 依自变数 X_i 偏回归平方和。

$$SS_{\mathrm{P}_i}=b_i^2/c_{ii} \tag{Ⅰ-25b}$$

式中：b_i 为偏回归系数，c_{ii} 为对应的高斯乘数，见式（Ⅰ-23）。

$$t = \frac{b_i}{s_{b_i}} \tag{Ⅰ-25c}$$

依自由度 $\upsilon = n - m - 1$ 查 t 值表，判断 b_i 的显著性。式中：b_i 为 X_i 对 Y 的偏回归系数，s_{b_i} 为 b_i 的标准误。

$$s_{b_i} = s_{y/12\cdots m} \cdot \sqrt{C_{ii}}, s_{y/12\cdots m} = \sqrt{\frac{SS_{\text{Res}}}{n-m-1}} \tag{Ⅰ-25d}$$

式中：$s_{y/12\cdots m}$ 为多元回归方程估计的标准误，C_{ii} 为高斯乘数。

（四）自变数的相对重要性

在多元回归分析中，由于偏回归系数有具体的度量单位，且自变数本身变异程度存在差异，从而使偏回归系数不能反映各自变数的相对重要性。对于显著的自变数，采用标准化的偏回归系数可比较各自变数对依变数的相对重要程度。

标准化的偏回归系数又称通径系数，记作 b_i^{T}。

$$b_i^{\mathrm{T}} = b_i \frac{\sigma_{X_i}}{\sigma_Y} = b_i \sqrt{\frac{SS_{X_i}}{SS_Y}} \tag{Ⅰ-26}$$

式中：b_i 为 X_i 对 Y 的偏回归系数，σ_{X_i} 为 X_i 的标准差，σ_Y 为 Y 的标准差，SS_{X_i} 为 X_i 的平方和，SS_Y 为 Y 的平方和。

（五）最小二乘法和加权最小二乘法

最小二乘法（least squares）是回归分析中一种常用的参数估计方法。其基本思想是：使实际观测值与理论值（由所估参数估计）之间的离差平方和为最小。通过求离差平方和对待估参数的偏导数并令其为 0，可求得参数的最小二乘估计值。具体原理与方法详见第五章的第五部分。

加权最小二乘法（weighted least squares）是以某种权量对观测值进行加权的最小二乘法，如用世代平均值标准差的倒数对世代平均值进行加权的联合尺度检验就是加权最小二乘法的具体应用。其方法步骤详见第五章的第四部分。

七、遗传方差协方差的估计方法

估计遗传方差协方差的方法有方差分析（ANOVA）、极大似然估计（ML）、限制性极大似然估计（REML）和最小范数二阶无偏估计（MINQUE）等方法。

（一）方差分析法

方差分析法（ANOVA）在遗传方差和协方差组分的估计中得到广泛应用。采用方差分析法估计遗传方差协方差需分两步走，第一步估计实测方差协方差，第二步估计遗传方差协方差。

1.估计实测方差协方差

(1)实测方差估计。根据变异来源计算单性状各相应效应的平方和(*SS*)与均方(*MS*)。由于均方的期望值(*EMS*)是方差组分的线性函数,设各项均方等于其期望均方,可以得到方差组分线性函数的一组联立方程。求解该联立方程组,即可得到各方差组分的无偏估计值。具体计算过程可参阅本书第六章和第七章的实例。

(2)实测协方差估计。根据变异来源计算成对性状的乘积(*SP*)与均积(*MP*)。由于期望均积(*EMP*)是协方差组分的线性函数,设各项均积等于其期望均积,可以得到协方差组分线性函数的联立方程组,解之,即可得到各协方差组分的无偏估计值。具体估计过程可参阅本书第九章遗传相关估计的实例。

2.遗传方差协方差估计

根据亲属间协方差的理论组成把实测方差协方差转换为遗传方差协方差。详见第六、第七和第九章。

方差分析法不能分析有数据缺失的不平衡数据。Henderson 提出了用 ANOVA 对不平衡数据估算方差成分的方法,但其应用仍有相当局限。

(二)极大似然法

极大似然法(maximum likelihood,ML)估计遗传参数包括两个步骤:首先建立包括有待估参数的似然函数,然后根据实验数据求解使似然函数达极值时的参数估计值。

1.似然函数

设有概率密度函数 $f(y_j;\theta)$,y_j 为实验观测值,θ 为参数。当 θ 为已知,$f(y_j;\theta)$ 反映了函数值是怎样随 y_j 的取值而变化。与之相反,如果固定试验结果 y_j 而把 $f(y_j;\theta)$ 看成是未知参数 θ 的函数,此时的函数被称为似然函数(likelihood function),并以 $L(y_j;\theta)$ 表示。它反映了函数的概率值(似然值)是怎样随 θ 的取值而变化,表示出不同 θ 取值下函数对 y_j 的解释能力。

离散型随机变量的似然函数是多个独立事件的概率函数的乘积。连续性随机变量的似然函数是每个独立随机观测值的概率密度函数的乘积,如

$$L(y_1,y_2,\cdots,y_n;\theta)=f(y_1;\theta)f(y_2;\theta)\cdots f(y_n;\theta) \qquad (\text{Ⅰ}-27)$$

2.参数的极大似然估计

极大似然估计(maximum likelihood estimate)的定义:如果似然函数 $L(y_j;\theta)$ 在 $\hat{\theta}$ 达到最大值,则称 $\hat{\theta}$ 是 θ 的极大似然估计。可见,参数的极大似然估计就是指在已得样本结果的情况下,使似然函数值为最大以获得总体参数的估计值。所以求解极大似然估计值实际上是一个求解极值的问题,其中包括复杂的运算过程,一般需通过迭代法获得。混合线性模型中参数极大似然估计的算法有 EM(expectation and maximization)、ECM(expectation and conditional maximization)和 IECM(iterated ECM)等。其中,EM 算法是基础。具体可参阅盖钧镒,王建康,章元明(2003)。

极大似然估计具有很好的统计性质,是在理论上比较优良、适用范围较广的一种参数估计方法。但需要已知总体分布的具体形式,有时求解似然方程也很困难,不易获得精确解。但统计遗传的研究对象绝大多数属正态分布,极大似然估计容易获得;而且,只要样本容量足够大,极

大似然估计能够和未知参数的真值任意接近。极大似然估计在统计遗传研究中得到广泛应用。结合具体问题的介绍和应用见第十二章和十三章。

(三)限制性极大似然法

在对混合线性模型求解参数时,极大似然法的估计值会受到固定效应值的影响,可能导致很严重的有偏估计。限制性极大似然估计法(restricted maximum likelihood,REML)使似然值不包括固定效应,是对极大似然法的改进。

(四)最小范数二阶无偏估计

在分析混合线性模型的各种方法中,最小范数二阶无偏估计(minimum norm quadratic unbiased estimate, MINQUE)不需要进行迭代运算,对线性模型也没有正态分布的假定。MINQUE方法的推导是基于使欧氏范数(euclidean norm)最小。其方法和应用可参阅朱军(1997),本书应用于第十一章。

八、正态分布参数的极大似然估计

1.单个正态分布

(1)似然函数。设观测值 $y_j(j=1,2,\cdots,n)$ 为抽自正态总体 $N(\mu,\sigma^2)$ 的随机样本,其似然函数为:

$$L = L(y_j;\theta) = L(y_j;\mu,\sigma^2) = \prod_{j=1}^{n} f(y_j) \quad (\text{Ⅰ-28})$$

式中:$L(y_j;\theta)$ 是观察值为 y_j 未知参数为 θ 的似然函数的一般写法,θ 可以是一个或多个未知参数,单个正态分布下 $\theta=(\mu,\sigma^2)$。当意义明确时,$L(y_j;\theta)$ 可简记为 L。$\prod$ 为累乘号,$f(y_j)$ 为 (y_j) 的正态概率密度函数:

$$f(y_j) = \frac{1}{\sqrt{\sigma^2 2\pi}} \exp \frac{-(y_j-\mu)^2}{2\sigma^2} \quad (\text{Ⅰ-29})$$

当意义明白时,$f(y_j)$ 可简记为 f。代式(Ⅰ-29)入式(Ⅰ-28),得到单个正态分布的似然函数:

$$L = \left(\frac{1}{\sqrt{\sigma^2 2\pi}}\right)^n \exp \frac{-\sum_j (y_j-\mu)^2}{2\sigma^2} \quad (\text{Ⅰ-30})$$

(2)极大似然估计。所谓极大似然估计,就是 μ 和 σ^2 的估计值 $\hat{\mu}$ 和 $\hat{\sigma}^2$ 以满足 L 最大为惟一条件。为便于计算,对(Ⅰ-30)取自然对数,得到:

$$\ln L = -\frac{n}{2}(\ln\sigma^2 + \ln 2\pi) - \frac{1}{2\sigma^2}\sum_j (y_j-\mu)^2 \quad (\text{Ⅰ-31})$$

这里 L 极大和 $\ln L$ 极大同义。对式(Ⅰ-31)中的 μ 和 σ^2 求偏导数并令其为0得到:

$$\begin{cases}\sum_j (y_j - \mu) = 0 \\ \dfrac{-n}{2\sigma^2} + \dfrac{1}{2(\sigma^2)^2}\sum_j (y_j - \mu)^2 = 0\end{cases}$$

于是解得 μ 和 σ^2 的极大似然估值为：

$$\left.\begin{aligned}\hat{\mu} &= \sum_j y_j / n \\ \hat{\sigma}^2 &= \sum_j (y_j - \mu)^2 / n\end{aligned}\right\} \qquad (\text{Ⅰ-32})$$

2. 多个独立的正态分布

(1) 似然函数。假设某一总体含有 k 个独立而等方差的正态分布，各具 $N_i(\mu_i, \sigma^2)$，$i = 1, 2, \cdots, k$；各正态分布在总体中的比例为 p_i，$0 \leqslant p_i \leqslant 1$，$\sum_i p_i = 1$，则由之得到观测值 y_j 的似然函数为：

$$L = L(y_j; \theta) = L(y_j; p_i, \mu_i, \sigma^2) = \prod_{i=1}^{k}\prod_{j=1}^{n}(p_i f_i)^{z_{ij}} \qquad (\text{Ⅰ-33})$$

式中的 $p_i f_i$ 为第 i 个正态分布的概率密度函数：

$$p_i f_i = p_i f_i(y_j) = \frac{p_i}{\sqrt{\sigma^2 2\pi}} \exp \frac{-z_{ij}(y_j - \mu_i)^2}{2\sigma^2} \qquad (\text{Ⅰ-34})$$

z_{ij} 为分布的指示变量，当 y_j 属于第 i 分布时，z_{ij} 取 1，否则取 0，且具关系 $\sum_{i,j} z_{ij} = n$。式(Ⅰ-33)的自然对数为：

$$\ln L = -\frac{n}{2}(\ln\sigma^2 + \ln 2\pi) - \frac{1}{2\sigma^2}\sum_{i,j} z_{ij}(y_j - \mu_i)^2 + \sum_i z_{i.} \ln p_i \qquad (\text{Ⅰ-35})$$

$$z_{i.} = \sum_j z_{ij}$$

(2) 极大似然估计。对式(Ⅰ-35)的 p_i、μ_i 和 σ^2 求偏导数并令为 0，可得极大似然估计值：

$$\left.\begin{aligned}\hat{p}_i &= z_{i.} / n \\ \hat{\mu}_i &= \sum_j z_{ij} y_j / z_{i.} \\ \hat{\sigma}^2 &= \sum_{i,j} z_{ij}(y_j - \hat{\mu}_i)^2 / n\end{aligned}\right\} \qquad (\text{Ⅰ-36})$$

3. 多个混合的正态分布

(1) 似然函数。这一总体与多个独立正态分布的惟一区别是各个分布有着不同程度的重叠，因而有些 y_j 与 z_{ij} 不能被确定，即不能判别这些 y_j 属于哪一个正态分布。在这种情况下，y_j 的似然函数为：

$$L = L(y_j; \theta) = L(y_j; p_i, \mu_i, \sigma^2) = \prod_{j=1}^{n} f(y_j) = \prod_{j=1}^{n}\left[\sum_i p_i f_i(y_j)\right]$$

$$\text{或}\quad \ln L = \sum_j \ln f(y_j) = \sum_j \ln\Big[\sum_i p_i f_i(y_j)\Big] \tag{Ⅰ-37}$$

式中 $f(y_j)$ 为 y_j 在混合正态分布的概率密度函数：

$$f(y_j) = \sum_i p_i f_i = \sum_i p_i f_i(y_j)$$

$$p_i f_i = p_i f_i(y_j) = \frac{p_i}{\sqrt{\sigma^2 2\pi}} \exp\frac{-(y_j - \mu_i)^2}{2\sigma^2} \tag{Ⅰ-38}$$

(2)极大似然估计。为满足式(I-37)极大，一般宜采用 EM 算法(expectation and maximization)进行循环迭代逼近，即：

E 步：在给定 t 轮参数 $\theta^{(t)} = (p_i^{(t)}, \mu_i^{(t)}, \sigma^{2(t)})$ 的条件下，计算每一 y_j 属于第 i 正态分布的条件概率 $w_{ij}^{(t)}$。

$$w_{ij}^{(t)} = p_i^{(t)} f_i^{(t)} \Big/ \sum_i p_i^{(t)} f_i^{(t)} \tag{Ⅰ-39}$$

M 步：根据 $w_{ij}^{(t)}$ 和 y_j，给出 $\theta^{(t+1)}$ 的极大似然估计。

$$p_i^{(t+1)} = w_{i\cdot}^{(t)}/n, w_{i\cdot}^{(t)} = \sum_j w_{ij}^{(t)} \tag{Ⅰ-40}$$

$$\mu_i^{(t+1)} = \sum_j w_{ij}^{(t)} y_j / w_{i\cdot}^{(t)} \tag{Ⅰ-41}$$

$$\sigma^{2(t+1)} = \sum_{i,j} w_{ij}^{(t)} (y_j - \mu^{(t+1)})^2/n \tag{Ⅰ-42}$$

将式(Ⅰ-40)的结果代入式(Ⅰ-39)又可得 $w_{ij}^{(t+1)}$，将 $w_{ij}^{(t+1)}$ 和 y_j 代入式(Ⅰ-40)至式(Ⅰ-42)又可得 $\theta^{(t+2)}$……。如此E和M循环迭代，参数估计值和式(Ⅰ-37)的 $\ln L$ 值都将逐渐收敛。当它们达到某一设定的收敛标准(如前后两轮相应数值的相差不超过 10^{-6} 或 10^{-4})，计算结束，所得 θ 即为有关参数的极大似然估计值。

例：设某总体为 3 个正态分布的混合，待估计参数 $\theta = (p_1, p_2, \mu_1, \mu_2, \mu_3, \sigma^2)$。若设定 $\theta^{(0)} = (0.25, 0.50, 60, 90, 105, 60)$(这是粗估，亦可取其他值，不影响最后结果)，根据式(Ⅰ-38)和式(Ⅰ-39)计算各 y_j 在 3 个分布的概率 $w_{ij}^{(0)}$。例如对第 4 个观察值 y_4 = 50 cm，可计算为：

$$p_1^{(0)} f_1^{(0)} = \frac{0.25}{\sqrt{2\pi \times 60}} \exp\frac{-(50-60)^2}{2\times 60} = 0.005\,595\,802$$

$$p_2^{(0)} f_2^{(0)} = \frac{0.50}{\sqrt{2\pi \times 60}} \exp\frac{-(50-90)^2}{2\times 60} = 0.000\,000\,041$$

$$p_3^{(0)} f_3^{(0)} = \frac{0.25}{\sqrt{2\pi \times 60}} \exp\frac{-(50-105)^2}{2\times 60} = 0.000\,000\,000$$

$$\sum_1^3 p_i^{(0)} f_i^{(0)} = 0.005\,595\,802 + 0.000\,000\,041 + 0.000\,000\,00$$

$$= 0.005\,595\,843$$

因此，

$$w_{1,4}^{(0)} = 0.005\,595\,802/0.005\,595\,843 = 0.999\,993$$
$$w_{2,4}^{(0)} = 0.000\,000\,041/0.005\,595\,843 = 0.000\,007$$
$$w_{3,4}^{(0)} = 0.000\,000\,000/0.005\,595\,843 = 0$$

以上说明在 $\theta^{(0)}$ 的设定下，$y_4 = 50$ 在 $N_1(60,60)$ 的概率为 0.999 993，在 $N_2(90,60)$ 的概率为 0.000 007，在 $N_3(105,60)$ 的概率为 0。当将样本中所有个体 y_j 的 $\sum_1^3 p_i^{(0)} f_i^{(0)}$ 和 $w_{ij}^{(0)}$ 都算出后，代入式(I-37)即可得似然值 $\ln L^{(0)} = -2\,034.40$；代入式(I-40)至式(I-42)将得到 $\theta^{(1)} =$ (0.26，0.49，67.58，96.32，100.12，77.50)。然后，再计算在 $\theta^{(1)}$ 下所有 y_j 的 $\sum_1^3 p_i^{(1)} f_i^{(1)}$ 和 $w_{ij}^{(1)}$，代入式(I-36)得 $\ln L^{(1)} = -1\,994.52$；代入式(I-40)至式(I-42)得到 $\theta^{(2)} =$ (0.27，0.49，67.68，96.38，100.14，77.29)…… 如此循环迭代，当 $\theta^{(t+1)}$ 与 $\theta^{(t)}$ 相比较，在整数和小数点后4位数上均已相同(若假设收敛标准为 10^{-4})，则迭代结束。$\theta^{(t+1)}$ 即为满足假设的参数的极大似然估计值。

九、常用随机完全区组设计下品种比较试验的数据模型和期望均方

1. 一年一点试验

表 I-1　一年一点试验的方差分析表(随机完全区组设计)

变异来源	*DF*	*SS*	*MS*	*EMS*（模型：品种固定或随机）
区组	$r-1$	SS_b	MS_b	
品种	$v-1$	SS_v	MS_v	$\sigma_e^2 + r\sigma_v^2$
误差	$(v-1)(r-1)$	SS_e	MS_e	σ_e^2

数据模型：$y_{ij} = \mu + v_i + r_j + \varepsilon_{ij}$　　(I-43)

式中：y_{ij} 为第 i 个品种在第 j 个区组的观测值，μ 为总体均值，v_i 为第 i 个品种的效应，r_j 为第 j 个区组的效应，ε_{ij} 为 y_{ij} 的随机误差。

2. 多年一点试验

表 I-2　多年一点试验的方差分析表(随机完全区组设计)

变异来源	*DF*	*SS*	*MS*	*EMS*（模型：品种固定，年份随机）
年份内区组	$y(r-1)$	SS_b	MS_b	
年份	$y-1$	SS_y	MS_y	
品种	$v-1$	SS_v	MS_v	$\sigma_e^2 + r\sigma_{vy}^2 + ry\kappa_v^2$
品种×年份	$(v-1)(y-1)$	SS_{vy}	MS_{vy}	$\sigma_e^2 + r\sigma_{vy}^2$
误差	$y(v-1)(r-1)$	SS_e	MS_e	σ_e^2

数据模型：$y_{ijk} = \mu + v_i + y_j + (vy)_{ij} + r_{jk} + \varepsilon_{ijk}$　　(Ⅰ-44)

式中：y_{ijk} 为品种 i 在年份 j 内区组 k 的观测值，μ 为总体均值，v_i 为品种 i 的效应，y_j 为年份 j 的

效应，$(vy)_{ij}$ 为品种 i 与年份 j 的互作效应，r_{jk} 为年份 j 内区组 k 的效应，ε_{ijk} 为随机误差。

3. 一年多点试验

表Ⅰ-3 一年多点品种比较试验的方差分析表(随机完全区组设计)

变异来源	DF	SS	MS	EMS 模型Ⅰ 品种、试点固定	EMS 模型Ⅱ 品种固定，试点随机
地点内区组	$s(r-1)$	SS_b	MS_b		
地点	$s-1$	SS_y	MS_y		
品种	$v-1$	SS_v	MS_v	$\sigma_e^2+rs\sigma_v^2$	$\sigma_e^2+r\sigma_{vs}^2+rs\kappa_v^2$
品种×地点	$(v-1)(s-1)$	SS_{vs}	MS_{vs}	$\sigma_e^2+r\sigma_{vs}^2$	$\sigma_e^2+r\sigma_{vs}^2$
误差	$s(v-1)(r-1)$	SS_e	MS_e	σ_e^2	σ_e^2

数据模型：$y_{ijk}=\mu+v_i+s_j+(vs)_{ij}+r_{jk}+\varepsilon_{ijk}$ (Ⅰ-45)

式中：y_{ijk} 为品种 i 在地点 j 内区组 k 的观测值，μ 为总体均值，v_i 为品种 i 的效应，s_j 为地点 j 的效应，$(vs)_{ij}$ 为品种 i 与地点 j 的互作效应，r_{jk} 为地点 j 内区组 k 的效应，ε_{ijk} 为随机误差。

4. 多年多点试验

表Ⅰ-4 多年多点随机完全区组试验的方差分析表(模型Ⅰ)

变异来源	DF	MS	EMS (模型Ⅰ:品种、试点、年份均随机)
试点内区组	$ys(r-1)$	MS_b	$\sigma_e^2+vsy\sigma_r^2$
年份	$y-1$	MS_y	$\sigma_e^2+r\sigma_{vsy}^2+rs\sigma_{vy}^2+rv\sigma_{xy}^2+rvs\sigma_y^2$
地点	$s-1$	MS_s	$\sigma_e^2+r\sigma_{vsy}^2+ry\sigma_{vs}^2+rv\sigma_{sy}^2+rvy\sigma_s^2$
年份×地点	$(y-1)(s-1)$	MS_{ys}	$\sigma_e^2+r\sigma_{vsy}^2+rv\sigma_{sy}^2$
品种	$v-1$	MS_v	$\sigma_e^2+r\sigma_{vsy}^2+rs\sigma_{vy}^2+ry\sigma_{vs}^2+rsy\sigma_v^2$
品种×地点	$(v-1)(s-1)$	MS_{vs}	$\sigma_e^2+r\sigma_{vsy}^2+ry\sigma_{vs}^2$
品种×年份	$(v-1)(y-1)$	MS_{vy}	$\sigma_e^2+r\sigma_{vsy}^2+rs\sigma_{vy}^2$
品种×年份×地点	$(v-1)(y-1)(s-1)$	MS_{vsy}	$\sigma_e^2+r\sigma_{vsy}^2$
误差	$ys(v-1)(r-1)$	MS_e	σ_e^2

表Ⅰ-5 多年多点随机完全区组试验的方差分析表(模型Ⅱ和模型Ⅲ)

变异来源	DF	MS	EMS 模型Ⅱ 品种、试点固定，年份随机	EMS 模型Ⅲ 品种固定，年份、试点随机
试点内区组	$ys(r-1)$	MS_b		
年份	$y-1$	MS_y		
地点	$s-1$	MS_s		
年份×地点	$(y-1)(s-1)$	MS_{ys}		
品种	$v-1$	MS_v	$\sigma_e^2+rs\sigma_{vy}^2+rsy\kappa_v^2$	$\sigma_e^2+r\sigma_{vsy}^2+ry\sigma_{vs}^2+rs\sigma_{vy}^2+rsy\kappa_v^2$
品种×地点	$(v-1)(s-1)$	MS_{vs}	$\sigma_e^2+r\sigma_{vsy}^2+ry\kappa_{vs}^2$	$\sigma_e^2+r\sigma_{vsy}^2+ry\sigma_{vs}^2$
品种×年份	$(v-1)(y-1)$	MS_{vy}	$\sigma_e^2+rs\sigma_{vy}^2$	$\sigma_e^2+r\sigma_{vsy}^2+rs\sigma_{vy}^2$
品种×年份×地点	$(v-1)(y-1)(s-1)$	MS_{vsy}	$\sigma_e^2+r\sigma_{vsy}^2$	$\sigma_e^2+r\sigma_{vsy}^2$
误差	$ys(v-1)(r-1)$	MS_e	σ_e^2	σ_e^2

数据模型：

$$y_{ijkl}=\mu+v_i+y_j+s_k+(vy)_{ij}+(vs)_{ik}+(ys)_{jk}+(vys)_{ijk}+r_{jkl}+\varepsilon_{ijkl} \tag{I-46}$$

式中：y_{ijkl}为品种 i 在年份 j 地点 k 内区组 l 的观测值，μ 为总体均值，v_i 为品种 i 的效应，y_j 为年份 j 的效应，s_k 为地点 k 的效应，$(vy)_{ij}$ 为品种 i 与年份 j 的互作效应，$(vs)_{ik}$ 为品种 i 与地点 s 的互作效应，$(ys)_{jk}$ 为年份 j 与地点 k 的互作效应，$(vys)_{ijk}$ 为品种 i 年份 j 地点 k 的二级互作效应，r_{jkl}为 j 年 s 点内区组 l 的效应，ε_{ijkl} 为随机误差。

采用多年多点试验可以有效地估计遗传效应。仅做一年试验会使品种效应中混杂有年份气候效应和品种×年份互作效应；仅在一个试点做试验会使品种效应中混杂地点效应和品种×地点互作效应；仅在一年一点做试验会使品种效应中混杂年份、地点、品种×年份、品种×地点以及品种×年份×地点互作效应。发生混杂的品种（基因型）效应估计值会使随之估计的遗传参数和定位的基因产生偏颇。

以估计遗传方差为目的时，应采用随机效应模型（品种、年份和地点均随机）；以配合力分析为目的时，应采用混合效应模型（品种效应固定、年份和地点随机，或品种和地点效应固定，年份随机）。

参考文献

1 盖钧镒．试验统计方法．北京：中国农业出版社，2000

2 盖钧镒，章元明，王建康．植物数量性状遗传体系．北京：科学出版社，2003

3 姜长鉴，莫惠栋．质量-数量性状的遗传分析．Ⅳ．极大似然法的应用．作物学报，1995，21（6）：641～648

4 马育华．试验统计．北京：农业出版社，1982

5 莫惠栋．农业试验统计．第2版．上海：上海科学技术出版社，1992

6 王松桂．线性模型的理论及其应用．合肥：安徽教育出版社，1987

7 Kearsey J K，Pooni H S. The genetical analysis of quantitative traits. London：Chapman and Hall，1996

8 Searle S R，Casella G，Mcculloch C E. Variance components. New York：John Wiley & Sons，1992

9 Snedecor G W，Cochran W G. Statistical methods. 2nd edn. Ames：The Iowa State Press，1980

10 Steel R G D，Torrie J H. Principles and procedures of statistics，a biometrical approach. 2nd edn. New York：McGraw Hill，1980

附录 Ⅱ　主要统计遗传符号注释

一、希腊字母符号

α	群体内基因代换的平均效应；欲估计方差成分的先验值如 α_u；划分连锁群时人为规定的某一 LOD 值的临界值，若两位点间实际的 $LOD \geqslant \alpha$，则被划分为同一连锁群
α_i	等位基因 i 的平均效应；加性效应的系数
β	总体回归系数，如 β_{YX} 表示变量 Y 对 X 的总体回归系数；联合尺度检验的参数向量；区组效应
$\Delta M_F, I$	近交引起的群体均值的改变量，近交衰退量
ΔG	遗传进度，等于选择响应
δ	连锁情况下 F_2 遗传方差中相引相($\delta=+1$) 和相斥相($\delta=-1$) 的指示变量；显性效应值的系数如 δ_{ij}
ε	随机误差
θ	未知参数或参数向量；标记区间内假设的QTL的位置参数，为其中一个标记和 QTL 的重组率与两标记间重组率的比值
κ_v^2	表示固定效应 v 的平方 ，用于固定效应的期望均方
Λ	联合尺度检验的权量矩阵
μ	群体平均值；成分分布均值如 μ_i
$\hat{\hat{\mu}}, \hat{\hat{\sigma}}^2$	无效假设下 μ 和 σ^2 的估计值
$\hat{\mu}, \hat{\sigma}^2, \hat{b}^*$	备择假设下 μ、σ^2 和 b^* 的估计值
μ'_0, μ_0, μ_1	基础群体(亲本群体) 内中选组表型均值，基础群体(亲本群体) 表型均值，中选组子代群体表型均值
υ	自由度
ρ	总体相关系数
σ	单次标准差
σ^2	混合正态分布中的群体分布方差
σ_A^2, σ_A	加性遗传方差，加性遗传标准差
$\sigma_{A \cdot Am}$	自身加性与母体加性效应的协方差
$\sigma_{D \cdot Dm}$	自身显性与母体显性效应的协方差
σ_H	综合育种值的标准差
σ_I	选择指数的标准差
σ_P	表型标准差
σ_P^2	亲代的表型方差；实测表型方差

$\sigma_B^2(\sigma_F^2)$	实测家系间方差组分,实测组间方差
σ_W^2	实测家系内方差组分,实测组内方差
σ_g^2, SS_g, MS_g	一般配合力方差,一般配合力平方和,一般配合力均方
$\sigma_{g(f)}, \sigma_{g(m)}$	母本自交系一般配合力效应标准误,父本自交系一般配合力效应标准误
$\sigma_{(g_i-g_j)f}, \sigma_{(g_i-g_j)m}$	母本自交系一般配合力效应差数标准误,父本自交系一般配合力效应差数标准误
$\sigma_{(s_{ij}-s_{ik})}, \sigma_{(s_{ij}-s_{kl})}$	特殊配合力效应差数标准误
σ_s^2、SS_s、MS_s	特殊配合力方差、特殊配合力平方和、特殊配合力均方;和式方差、和式平方和、和式均方
σ_d^2	差式方差
σ_r^2, SS_r, MS_r	反交效应方差,反交效应平方和,反交效应均方
σ_t	组内相关标准误
σ_G^2	实测遗传方差,基因型方差
σ_e^2, σ_E^2	随机误差项方差;环境方差
$\sigma_w^2, \sigma_{wG}^2, \sigma_{wE}^2, \sigma_b^2$	小区内总方差,小区内总遗传方差,小区内环境方差,区组内小区间环境方差
$\sigma_m^2, \sigma_f^2, \sigma_{mf}^2, \sigma_{f/m}^2$	父本间实测方差成分,母本间实测方差成分,母本×父本实测方差成分,父本内母本间实测方差成分
$\sigma_s^2, \sigma_y^2, \sigma_{sy}^2, \sigma_c^2(\sigma_v^2)$, σ_{csy}^2(或 σ_{vsy}^2)	试验地点间方差,试验年份间方差,地点×年份间方差,组合(基因型)间方差,基因型×地点×年份间方差
$\sigma_{f_{12}}^2, \sigma_{f_{21}}^2$	交互轮回选择时家系间方差成分
σ_y^2	群体内随机交配对基因频率之差的方差
$\sigma_y^2, \sigma_w^2, \sigma_M^2$	组合间遗传方差,组合内表型方差,组合实测均值间方差
$\sigma_{s_i}^2$	供试自交系(亲本)的特殊配合力方差
$\sigma_{mg}^2, \sigma_{pg}^2$	主基因遗传方差,多基因遗传方差
σ_{XY}	变量 X 和变量 Y 的总体协方差
τ	基因型效应;遗传模型中加性效应的系数
ϕ_i	第 i 种 QTL 基因型的表型值分布的概率密度函数
χ^2	卡平方,χ^2 分布;χ^2 分布统计量

二、拉丁字母大写体符号

A	基因位点;等位基因;育种值;遗传模型检验尺度;欲改良性状的育种值向量,如 A_i 表示第 i 个将被改良的性状的育种值;遗传方差协方差矩阵;种子性状核基因的直接加性遗传效应;平均每个位点的等位基因数(包括单态和多态位点)
A_p	平均每个位点的等位基因数(只包括多态位点)
A_e	平均每个位点的有效等位基因数(考虑基因频率差异)
$\boldsymbol{A}^T$	育种值向量的转置

A_{ii}	性状 i 的遗传方差
A_{ij}	性状 i 和 j 的遗传协方差
Am, Dm	控制种子性状的母体加性效应和母体显性效应
AE	加性×环境互作效应；自身加性×环境互作效应
AmE	母体加性×环境互作效应
AAE	加加上位性×环境互作效应；自身加加×环境互作效应
AIC 值	Akaike 的信息标准
A,B,C,D, E,F,G 等	基因位点，等位基因；遗传模型
A_i, B_i	交互轮回选择的群体
AA,BB 等	基因型
AFLP	扩增片段尺度多态性(amplified fragment length polymorphism)
$B_1(1)$, $B_1(2)$, $B_2(1)$, $B_2(2)$	单位点回交世代主基因基因型分组，下标 1 表示向大值亲本的回交一代，下标 2 表示向小值亲本的回交一代
BC	回交世代或回交群体
B_{iL}	向大值亲本进行了第 i 次回交的世代群体，B_{1L} 有时表示为 B_1
B_{iS}	向小值亲本进行了第 i 次回交的世代群体，B_{1S} 有时表示为 B_2
$\bar{B}_{iL}$($\bar{B}_{iS}$) 或 $\bar{B}_1$($\bar{B}_2$)	向大值(小值) 亲本进行了第 i 次回交的世代群体均值
B_1-S_1, B_2-S_1	B_1 的自交一代，B_2的自交一代
B'_{1L}	反交 B_{1L}
B'_{1S}	反交 B_{1S}
C	计算平方和与乘积和的矫正项；约束矩阵；细胞质遗传效应
$\mathbf{C}_i$	性状 i 的约束列向量
CE	细胞质×环境互作效应
CH	相关遗传率，$CH = cov_A/cov_P$
CIM	复合区间作图法
CR	相关选择响应，选择施加在与 X 有相关关系的另一性状时，在性状 X 上所产生的选择响应；CR_i 表示指数选择在成分性状 i 上的相关响应
C_1(aa)	某植株性状或种子胚性状的细胞质基因型为 C_1，核基因型为 aa
C_1(AAa)	某胚乳性状的细胞质基因型为 C_1，胚乳基因型为 AAa
CV, CV_R	变异系数，极差变异系数
D	显性偏差；种子核基因的直接显性遗传效应；距离，距离矩阵
D_E, $\bar{D}_E$	欧氏遗传距离，平均欧式遗传距离
D_M, $\bar{D}_M$	马氏遗传距离，平均马氏遗传距离
D_N, $\bar{D}_N$	Nei 氏遗传距离，平均 Nei 氏遗传距离(分子标记遗传距离)
$D_J(1)$, $D_J(2)$	Jaccard 遗传距离 1，Jaccard 遗传距离 2(分子标记遗传距离)
$D(f)$	共祖度遗传距离
DH	加倍单倍体，双单倍体(double haploid)
DE	显性×互作效应；自身显性×环境互作效应

DmE	母体显性×环境互作效应
DDE	显显上位性×环境互作效应；自身显显×环境互作效应
E	环境效应，环境偏差；环境
$E(P)$，$E(\bar{P})$	表现型值的数学期望值；世代平均值的数学期望值
E	数学期望
$E(G)$	基因型值的数学期望值
$E(E)$	环境效应的数学期望
E_g	一般环境效应
E_s	特殊环境效应
EMS，EMP	期望均方，期望均积
EM 算法	期望与极大化算法(expectation and maximization)
ECM 算法	期望与条件极大化算法(expectation and conditional maximization)
F	杂种遗传群体，如，F_1，F_2 等；近交系数；$\sum ad$；F 分布统计量；雌性亲本；家系选择
$\bar{F}_i$	杂种 F_i 的世代平均值
$F_2(1)$，$F_2(2)$，$F_2(3)$	单位点主基因基因型的3个分组，$F_2(1)$ 和 $F_2(3)$ 分别表示两种纯合基因型组，$F_2(2)$ 表示杂合基因型组
F'_1	反交 F_1
F'_2	反交 F_2
G	基因型值；几何平均数
G_O	直接遗传效应，或称自身遗传效应
G_C	细胞质遗传效应
G_M	母体遗传效应
G'_A	位点 A 的基因型效应
G'_{AB}	A 和 B 两位点聚合的基因型效应
$(GE)_{ij}$	第 i 个基因型与第 j 个环境的互作效应
H	个体的综合育种值；杂种优势
H_O，H_A	无效假设，备择假设
H_M	超中亲优势如 $H_{M(F_1)}$ 表示 F_1 的超中亲优势，又称平均优势
H_B	超高亲优势
H_C	超对照(标准)优势
H_e	平均每位点的期望杂合度，又称基因多样度指数，或遗传多样度指数
H_o	平均每位点的实测杂合度
HL	优势位点
HS	半同胞
HUN	半叔侄
I	上位性偏差，基因间互作偏差；选择指数；个体选择；Shannon Wiener 的信息指数
IECM 算法	迭代的期望与条件极大化算法(iterated expectation and conditional max-

	imization)
IM	区间作图法
L	测验系;家系平均如 L_{1i}(NCⅢ 设计和 TTC 设计);似然函数
$\ln L$	对数似然函数,对数似然函数值
LSD_{α}	α 显著水平上的最小显著差数
L_1, L_2	统计参数区间估计的下限和上限
LOD	似然比的常用对数值,$LOD = \lg \frac{L(\mathrm{H_A})}{L(\mathrm{H_O})}$
LR	似然比(likelihood ratio),是一种概率的比较
LRT	似然比测验(likelihood ratio test),用来比较试验数据来自无效假设和备择假设的概率的大小
M	群体平均值;雄性亲本;群体被测单株;标记;图距单位摩根,减数分裂同源染色体配对时两标记之间期望交换数为 1 的长度
M_{d}	中数
M_{o}	众数
M_{O}, M_F	近交前的群体平均,近交后的群体平均
$M_{\bar{P}}, M_{F_1}$	双亲平均值,杂种一代均值
ML	极大似然(maximum likelihood)
MS, MS_e, MS'_e	均方,误差项均方,双列杂交误差项均方(以组合为单位)
MCIM	基于混合线性模型的复合区间作图法(composite interval mapping based mixed linear model)
N	正态分布;家系数;自由度如 N_u 和 N_v
$2N(3N)$	植物性状遗传的表达方式,$2N$ 表示二倍体遗传方式,$3N$ 表示三倍体遗传方式
NIL	近等基因系(near-isogenic lines)
O	基础群体内的亲本植株
P	表现型值;个体表型值;表型值向量;表型方差协方差矩阵
$\boldsymbol{P}^{-1}$	表型方差协方差矩阵的逆矩阵
P_{ii}	性状 i 的表型方差
P_{ij}	性状 i 和性状 j 的表型协方差
$\boldsymbol{P}^{\mathrm{T}}$	表型值向量的转置
P_i	第 i 个亲本
$\bar{P}_i, \bar{P}$	第 i 个亲本(家系) 的平均值;群体均值
P_{W}, P_F	家系内离差,家系平均值离差
QQ,Qq 和 qq	数量性状位点 Q 的增效等位基因纯合体、杂合基因型和减效等位基因纯合体
Q	离回归平方和;数量基因如 Q_i
QTL	数量性状位点
R	非加性遗传效应与环境效应之和($R = D + I + E$);选择响应(遗传

	进度);极差,又称变异幅度
$R_I(R_H)$	指数选择响应
R_e	重组单位
R_F, R_S, R_W, R_C	家系选择响应,同胞选择响应,家系内选择响应,综合选择响应
RRS	交互轮回选择
RAPD	随机扩增多态性 DNA(random amplified polymorphism DNA)
RFLP	限制性片段长度多态性,一种分子标记
RIL	重组近交系(recombined inbreeding lines)
SSD	单粒传(single seed descent)
SS, MS, SP, MP	平方和,均方,乘积和,均积
S	选择差
S_m, S_f	雄亲选择差,雌亲选择差
S'_{YX}	相关选择差,表示对性状 X 实施选择,在性状 Y 上所产生的相关选择差
S_1, S_2	自交一代家系,自交二代家系
$SP_{X_1Y_2}, SP_{X_2Y_1}$	性状 X 与性状 Y 的交叉乘积和,下标 1 和 2 表示世代 1 和 2
SSR	简单序列重复(simple sequence repeats)
SNP	单核苷酸多态性(single nucleotide polymorphism)
T	总和
$\boldsymbol{U}_A$	加性效应的系数矩阵
$\boldsymbol{U}_D$	显性效应的系数矩阵
V	原因方差组分;品种间杂种优势
V_A	加性遗传方差组分;尺度方差如 V_A, V_B, V_C 等
V_{AA}	加性×加性遗传方差组分
V_{AD}	加性×显性遗传方差组分
V_G, V_B, V_W	总遗传方差,家系间遗传方差,家系内遗传方差
V_D	显性遗传方差组分
V_{DD}	显性×显性遗传方程组分
V_{E_g}, V_{E_s}	一般环境方差,特殊环境方差
V_P, V'_P	总表型方差;中选组表型方差
V_G	遗传方差
V_E	环境方差
V_I	上位性遗传方程组分
V_{Q_i}	第 i 个数量性状位点的遗传方差
V_{GE}	基因型与环境互作方差
V_{F_2} 或 V_{PF_2}	F_2 代的表型方差
$V_{GF_2}(V_{GB_{1L}})$	世代$F_2(B_{1L})$的遗传方差
$V_{EF_2}(V_{EB_{1L}})$	世代$F_2(B_{1L})$的环境方差
V_a	两纯系亲本后代群体内加性遗传方差,$V_a = 2V_A$

V_d	两纯系亲本后代群体内显性遗传方差，$V_d=V_D$
V_{qGF_t}	双亲后代群体中第 q 次基因分离（或基因重组）所产生的 F_t 世代的遗传方差，如 V_{1GF_4} 表示 F_1 代基因分离产生的 F_4 系统群间的遗传方差，V_{2GF_4} 表示 F_2 代基因分离产生的 F_4 系群内系间遗传方差，V_{3GF_4} 表示 F_3 代基因分离产生的 F_4 系内个体间的遗传方差。并有 $V_{GF_4}=V_{1GF_4}+V_{2GF_4}+V_{3GF_4}$
$\mathbf{V}_{\hat{\beta}}$	联合尺度检验中参数估计值方差向量
$V_{\mathrm{r(A)F}}$，$V_{\mathrm{r(a)M}}$	雌公共亲本 AA 的系列方差，雄公共亲本 aa 的系列方差
$\bar{V}_{\mathrm{rF}}$	雌公共亲本 AA 和 aa 系列方差的平均
$\bar{V}_{\mathrm{rM}}$	雄公共亲本 AA 和 aa 系列方差的平均
$V(\sigma_g^2)$	σ_g^2 的方差
$V_{G_{\mathrm{W}i}}$，$V_{G_{\mathrm{W}}}$，$V_{G_{\mathrm{B}}}$	任一家系内的遗传方差，整个群体家系内遗传方差的平均，家系间遗传方差
V_r	重组率的方差
W	家系内选择；改良后群体内单株；W_i 表示世代平均值方差的倒数
$W_{\mathrm{r(A)}F}$	以 AA 为雌公共亲本时的后裔与雄亲的系列协方差
$\overline{W}_{\mathrm{r}F}$	$W_{\mathrm{r(A)}F}$（以 AA 为雌公共亲本时的后裔与雄亲的系列协方差）和 $W_{\mathrm{r(a)}F}$（以 aa 为雌公共亲本时的后裔与雄亲的系列协方差）的平均
X	选择单位；性状；系数矩阵；标记编码矩阵如 $\mathbf{X}=(x_{ij})_{n\times m}$ 表示 n 个单株在 m 个标记上的标记编码值矩阵
$\boldsymbol{X}$，$\boldsymbol{X}^{\mathrm{T}}$	联合尺度检验的系数矩阵，联合尺度检验系数矩阵的转置
$\boldsymbol{X}^{-1}$	矩阵 $\boldsymbol{X}$ 的逆矩阵
$\mathbf{Y}$	世代平均值向量；性状；性状观测值矩阵如 $\mathbf{Y}=(y_{ij})_{n\times k}$ 表示 n 个植株在 k 个性状上的观测值矩阵
$Y_{i.}$，$Y_{.j}$	A 因素第 i 水平的值，B 因素第 j 水平的值

三、拉丁字母小写体符号

a	供试基因型数（双列杂交设计）；选择指数中被改良的成分性状 i 的育种值
$+a$	单位点增效纯合子基因型值，如 a_i 表示第 i 个位点增效纯合子的基因型值
$-a$	单位点减效纯合子基因型值
$[a]$，$[d]$	多位点加性效应的累加；多基因加性效应，多基因显性效应
$[aa]$	两位点间加性×加性互作效应的总和
$[ad]$	两位点间加性×显性互作效应的总和
a_{m}，d_{m}	单位点母体基因型的加性和显性效应
a_{e}，d_{e}	单位点胚乳基因型的加性和显性效应
$[a_{\mathrm{m}}]$，$[d_{\mathrm{m}}]$	多位点母体加性效应，多位点母体显性效应
b	回归系数；区组效应；区组数；选择指数中各性状表型值的系数向量

$\boldsymbol{b}^{\mathrm{T}}$	选择指数系数向量的转置
b^*	所推断的 QTL 的加性效应
$\hat{b}$	回归系数估计值
b_{AP}	育种值对表型值的回归
b_{OP}，$b_{O\bar{P}}$	子代对单亲的回归系数，子代对中亲的回归系数
$b_{Y/\sum S}$	世代均值对累积选择差的回归
$b_{A(Y/X)}$	性状 Y 对性状 X 的育种值回归
$b_{A(iI)}$	成分性状 i 的育种值对选择指数的回归
b_k	区间作图和复合区间作图中为控制遗传背景所选择的第 k 个标记的效应
bv	区组与组合（基因型）互作效应
c	显性世代系数，$c=(1/2)^{n-1}$，n 表示世代；小区内单株数；选择响应中 V_A 的系数；划分连锁群时人为规定的重组率的某一临界值，$r\leqslant c$ 的位点划分为同一连锁群
c_i	初始群体内第 i 种配子的频率
cM	图距单位厘摩，等于摩根的百分之一（1cM = 0.01M）
cov_{GE}	基因型与环境互作协方差
cov_{OP}	子代与单亲的协方差
$cov_{O\bar{P}}$	子代与中亲的协方差
cov_{HS}	半同胞协方差
cov_{FS}	全同胞协方差
cov_{DZ}	双合子双胞胎间协方差
cov_{MZ}	单合子双胞胎间协方差
cov_P	表型协方差
cov_G	遗传协方差
cov_E	环境协方差
$cov_{qF_iF_j}$	第 q 次基因分离重组引起的 F_i 与 F_j 的协方差。如 $cov_{1F_2F_3}$ 表示 F_1 基因重组引起的 F_2 单株与 F_3 系统均值的协方差
$cov(X,W)$	选择单位与改良后群体内单株的协方差
$cov_{X_1Y_2}$ 或 $cov_{X_2Y_1}$	性状 X 与性状 Y 的交叉协方差，下标 1 与 2 表示世代 1 和世代 2
d	单位点杂合子基因型值；差式（$d=L_{1i}-L_{2i}$）；决定系数如 $d_{P.A}$ 表示育种值对表型值的决定系数，主基因显性效应
d^*	所推断的 QTL 的显性效应
$[d]$	多位点显性效应的累加；多基因显性效应
$[dd]$	两位点间显性 × 显性互作效应的总和
$[d_1]$，$[d_2]$	禾谷类作物胚乳遗传模型中的第 1 和第 2 显性效应
$[d_1d_1]$	禾谷类作物胚乳遗传模型中第 1 显性效应的两位点互作效应
$[d_2d_2]$	禾谷类作物胚乳遗传模型中第 2 显性效应的两位点互作效应
$[ad_1]$	禾谷类作物胚乳遗传模型中加性 × 第 1 显性的互作效应

$[ad_2]$	禾谷类作物胚乳遗传模型中加性 × 第 2 显性的互作效应
$[d_1d_2]$	禾谷类作物胚乳遗传模型中第 1 和第 2 的显性的互作效应
df	自由度
d/a, $[d]/[a]$, $\bar{d}$	显性度，显性势，平均显性 $\bar{d}=\sqrt{\frac{V_d}{V_a}}$
e	随机误差；基因型值间的比较如 e_{22}；环境效应
$\boldsymbol{e}_A$	加性效应向量
$\boldsymbol{e}_D$	显性效应向量
$\boldsymbol{e}_e$, $\boldsymbol{e}_\varepsilon$	剩余效应向量
e^2	环境率，$e^2=1-h^2$
f	共祖系数，共组率或共祖度；基因型频率；母本，母本数，母本效应；家系数；次数分布曲线
$\bar{f}$	平均共祖度，一种遗传多样性指标
$f(x)$	x 的函数
$f(y_j;\mu_i,\sigma^2)$	正态分布概率密度函数，y_j 为观测值，μ_i 和 σ^2 为待估的分布参数
g, gca	一般配合力效应，如 g_i
$g_{i(f)}$, $g_{i(m)}$	母本自交系一般配合力效应，父本自交系一般配合力效应
h	优势位点(HL)的杂种优势效应
h^2_{B}	广义遗传率
h^2_{BG}	普通广义遗传率
$h^2_{\mathrm{B}(GE)}$	基因型环境互作广义遗传率
h^2_{N}	狭义遗传率
h^2_{NG}	普通狭义遗传率
$h^2_{\mathrm{N}(GE)}$	基因型环境互作狭义遗传率
$h^2_{\mathrm{N}(F_3)}$	F_3 世代狭义遗传率
h^2_{R}	实现遗传率
h^2_{O}, h^2_C, h^2_{M}	自身遗传率，细胞质效应遗传率，母体效应遗传率
h^2_F, h^2_{W}	家系均值遗传率，家系内离差遗传率
h^2_t, h^2_0	世代 t 的系内遗传率，基础群体内的初始遗传率
i, i_{AB}	双亲后代群体中两位点间加性 × 加性互作效应
$j_{\mathrm{AB}}(j_{\mathrm{BA}})$	双亲后代群体中两位点间加性 × 显性(显性 × 加性)互作效应
k	选择强度；模型中所估计参数的个数；混合分布中成分分布个数；可能的 QTL 基因型数
k_m, k_f	雄亲选择强度，雌亲选择强度
l_{AB}	双亲后代群体中两位点间显性 × 显性互作效应
l	测验系效应；常数为 1 的列向量
m	两纯合子均值，杂种群体背景值；父本，父本数；父本效应；双列杂交方法 1 误差自由度 $m=(a-1)(b-1)$；选择引起的方差减少因子；群体平均值
mg	主基因效应

n	双亲后代自交次数;样本容量
n_{h}	各小区样本容量的调和平均数
p	亲本数(双列杂交设计);通径系数如 $p_{P\cdot A}$ 表示由育种值到表型值的通径系数;中选比例;多态位点百分率
p_{ij}	个体 j 属于 QTL 基因型 i 的先验概率
p_i	混合分布中第 i 个成分分布的比例;第 i 种标记型在被测群体中的出现频率
pg	多(微)基因效应
p,q	基因频率,基因型频率;配子频率;理论分布下的概率 p,频率 p
$\bar{p},\bar{q}$	群体内不同品系平均的基因频率
$p(\mathrm{Qq/Mm})$	给定标记基因型为 Mm 的前提下数量性状基因型为 Qq 的概率
q_{a}	等位基因 a 的频率
r	亲属个体育种值间的相关,又称亲缘系数,或理论相关;位点间基因的重组率如 r_{AB} 表示位点 A 与位点 B 的重组率;简单相关系数(样本);试验区组数或重复数;区组效应;反交效应如 r_{ij};染色体上基因位点间的重复率
r^2	决定系数
$r^{\mathrm{old}},r^{(0)}$	迭代运算中人为给定的重组率的初始值
$r^{\mathrm{new}},r^{(i)}$	重组率的极大似然估计值,上标中的 i 表示第 i 轮
r_P,r_G,r_A,r_E	表型相关,遗传(基因型)相关,加性(育种值)遗传相关,环境相关
$r(I,H)$	选择指数和综合育种值的相关
s	试点数;和式($s_i = L_{1i} + L_{2i} + L_{3i}$);特殊配合力效应如 s_{ij};
s_E^2,s_E	误差项方差(样本),误差项标准差
s_{XY}	变数 X 和 Y 的协方差(样本)
sd	和差式($sd_i = L_{1i} + L_{2i} - 2L_{3i}$)
t	组内表型相关系数;世代;t 分布统计量
t_{HS}	半同胞表型组内相关系数
t_{FS}	全同胞表型组内相关系数
tr	矩阵的迹,对角线元素之和(trace)
u	亲属个体因血缘关系而具有相同基因型的概率;标准化的正态离差
v	杂交细合效应,基因型效应
w_i	方差的正交剖分尺度;聚合育种值的权量因子向量
w_{ij}	第 i 个个体属于第 j 个分布的概率,后验概率(posterior probability)
x	正态分布下截断点距群体均值的离差
x_j^*	区间作图和复合区间作图中表示假定的 QTL 加性效应的指示变量
x_{jk}	区间作图和复合区间作图中为控制遗传背景所选择的遗传标记
y	观测值;试验年份数,年份效应;两群体等位基因频率之差
$y_{ij},\bar{y}_{i\cdot},\bar{y}_{\cdot\cdot},y_{\cdot\cdot}$	亲本 i 与亲本 j 杂交组合的平均,亲本 i 与一系列亲本杂交组合的平均值,所有杂交组合的总平均值,所有杂交组合的总和
$\bar{y}^2$	两群体基因频率之差平均的平方

$\overline{y^2}$	两群体基因频率之差平方的平均
z_j^*	区间作图和复合区间作图中表示假定的 QTL 显性效应的指示变量

四、运算符号

$\prod$	连乘符号如 $\prod_{i=1}^{k}(A_i+a_i)^2$ 表示对 $(A_i+a_i)^2$ 实施从 $i=1$ 到 $i=k$ 的连乘
$\prod_{j=1}^{n} f(y_j)$	对 j 个概率密度函数实施连乘
lg	以 10 为底的对数(常用对数)
ln	以 e 为底的对数(自然对数)
$\sum_{i=1}^{n}$	表示从 $i=1$ 连加到 $i=n$
$\sum_{i=1}^{n} p_i f_i(y_j)$	对 n 个成分分布以各自的比例 p_i 求加权之和
$\sum_{i} p_i f_i(y_j;\theta)$	混合正态分布概率密度函数中各成分分布函数之和,p_i 为成分分布比例,θ 为待估的成分分布参数
$\frac{\partial \ln L}{\partial \theta}$	对对数似然函数 $\ln L$ 就 θ 求偏导数

附　表

附表 1A　截断的正态分布-大样本

$p(\%)$	x	k	$p(\%)$	x	k	$p(\%)$	x	k
0.01	3.719	3.960	0.75	2.432	2.761	10	1.282	1.755
0.02	3.540	3.790	0.80	2.409	2.740	11	1.227	1.709
0.03	3.432	3.687	0.85	2.387	2.720	12	1.175	1.667
0.04	3.353	3.613	0.90	2.366	2.701	13	1.126	1.627
0.05	3.291	3.554	0.95	2.346	2.683	14	1.080	1.590
0.06	3.239	3.507	1.00	2.326	2.665	15	1.036	1.554
0.07	3.195	3.464				16	0.994	1.521
0.08	3.156	3.429	1.00	2.326	2.665	17	0.954	1.489
0.09	3.121	3.397	1.20	2.257	2.603	18	0.915	1.458
0.10	3.090	3.367	1.40	2.197	2.549	19	0.878	1.428
			1.60	2.144	2.502	20	0.842	1.400
			1.80	2.097	2.459	21	0.806	1.372
0.10	3.090	3.367	2.00	2.054	2.421	22	0.772	1.346
0.12	3.036	3.317	2.20	2.014	2.386	23	0.739	1.320
0.14	2.989	3.273	2.40	1.977	2.353	24	0.706	1.295
0.16	2.948	3.234	2.60	1.943	2.323	25	0.674	1.271
0.18	2.911	3.201	2.80	1.911	2.295	26	0.643	1.248
0.20	2.878	3.170	3.00	1.881	2.268	27	0.613	1.225
0.22	2.848	3.142	3.20	1.852	2.243	28	0.583	1.202
0.24	2.820	3.117	3.40	1.825	2.219	29	0.553	1.180
0.26	2.794	3.093	3.60	1.799	2.197	30	0.524	1.159
0.28	2.770	3.070	3.80	1.774	2.175	31	0.496	1.138
0.30	2.784	3.050	4.00	1.751	2.154	32	0.468	1.118
0.32	2.727	3.030	4.20	1.728	2.135	33	0.440	1.097
0.34	2.706	3.012	4.40	1.706	2.116	34	0.412	1.078
0.36	2.687	2.994	4.60	1.685	2.097	35	0.385	1.058
0.38	2.669	2.978	4.80	1.665	2.080	36	0.358	1.039
0.40	2.652	2.962	5.00	1.645	2.063	37	0.332	1.020
0.42	2.636	2.947				38	0.305	1.002
0.44	2.620	2.932				39	0.279	0.984
0.46	2.605	2.918	5.00	1.645	2.063	40	0.253	0.966
0.48	2.590	2.905	5.50	1.598	2.023	41	0.228	0.948
0.50	2.576	2.892	6.00	1.555	1.985	42	0.202	0.931
			6.50	1.514	1.951	43	0.176	0.913
			7.00	1.476	1.918	44	0.151	0.896
0.50	2.576	2.892	7.50	1.440	1.887	45	0.126	0.880
0.55	2.543	2.862	8.00	1.405	1.858	46	0.100	0.863
0.60	2.512	2.834	8.50	1.372	1.831	47	0.075	0.846
0.65	2.484	2.808	9.00	1.341	1.804	48	0.050	0.830
0.70	2.457	2.784	9.50	1.311	1.779	49	0.025	0.814
0.75	2.432	2.761	10.00	1.282	1.755	50	0.000	0.798

注：$p=$ 正态分布曲线下超过截断点 T 的比例，$x=T$ 对群体均值的离差（以标准差为单位），$k=$ 超过截断点 T 的所有个体的平均对群体均值的离差（以标准差为单位）。当 $p>50\%$ 时，按 $(1-p)$ 查表，x 取负值，k 乘以 $(1-p)/p$，保留正号。p 的线性内插误差为正，$p>10\%$ 时 x 和 k 的最大误差约为 $+0.001$（节选自 Falconer，1965a）。

附表 1B　截断的正态分布-小样本

n	N=2	3	4	5	6	7	8	10	12	n
1	0.564	0.846	1.029	1.163	1.267	1.352	1.424	1.539	1.629	1
2	—	0.423	0.663	0.829	0.954	1.055	1.138	1.27	1.372	2
3	—	—	0.343	0.553	0.704	0.821	0.916	1.065	1.179	3
4	—	—	—	0.291	0.477	0.616	0.725	0.893	1.019	4
5	—	—	—	—	0.253	0.442	0.550	0.739	0.877	5
6	—	—	—	—	—	0.225	0.379	0.595	0.748	6
7	—	—	—	—	—	—	0.203	0.457	0.627	7
8	—	—	—	—	—	—	—	0.318	0.509	8
9	—	—	—	—	—	—	—	0.171	0.393	9
10	—	—	—	—	—	—	—	—	0.274	10

n	N=14	16	18	20	25	30	40	50	60	n
1	1.703	1.766	1.820	1.867	1.965	2.043	2.161	2.249	2.319	1
2	1.456	1.525	1.585	1.638	1.745	1.829	1.957	2.052	2.217	2
3	1.271	1.347	1.412	1.469	1.584	1.674	1.810	1.911	1.990	3
4	1.119	1.201	1.271	1.332	1.445	1.550	1.694	1.799	1.882	4
5	0.986	1.075	1.150	1.214	1.345	1.446	1.596	1.705	1.792	5
6	0.866	0.962	1.042	1.110	1.248	1.354	1.510	1.624	1.713	6
7	0.755	0.858	0.943	1.016	1.161	1.271	1.434	1.552	1.644	7
8	0.650	0.760	0.851	0.928	1.081	1.196	1.365	1.487	1.582	8
10	0.447	0.577	0.681	0.767	0.936	1.061	1.242	1.372	1.472	10
15		0.118	0.282	0.405	0.621	0.777	0.991	1.139	1.252	15
20	—	—	—	—	0.336	0.530	0.782	0.951	1.076	20

n	N=70	80	100	150	200	250	300	350	400	n
1	2.377	2.427	2.508	2.649	2.746	2.819	2.878	2.927	2.968	1
2	2.189	2.242	2.328	2.478	2.580	2.657	2.718	2.769	2.813	2
3	2.055	2.111	2.201	2.357	2.463	2.543	2.607	2.660	2.705	3
4	1.950	2.008	2.101	2.263	2.372	2.455	2.520	2.574	2.621	4
5	1.862	1.922	2.018	2.185	2.297	2.382	2.449	2.504	2.552	5
6	1.786	1.848	1.947	2.118	2.233	2.320	2.388	2.445	2.493	6
8	1.659	1.724	1.828	2.007	2.217	2.217	2.288	2.346	2.396	8
10	1.553	1.621	1.730	1.916	2.040	2.132	2.206	2.266	2.317	10
15	1.342	1.417	1.536	1.738	1.871	1.970	2.048	2.112	2.166	15
20	1.175	1.257	1.386	1.601	1.742	1.846	1.928	1.995	2.051	20
25	1.032	1.121	1.259	1.448	1.636	1.745	1.830	1.900	1.958	25

注：表中数字为从总体 N 个个体中选择 n 个个体的选择强度 k。N 的线性内插误差为负，最大误差约为 －0.007 5。n 的内插误差为正，约为 ＋0.006（节选自 Becker，1984）。

附表 2　某玉米 NCⅡ 设计产量 X(kg) 及胚油分 Y(%)(姜海鹰,2004)

组合	试点 1						试点 2						试点 3					
	区组 1		区组 2		区组 3		区组 1		区组 2		区组 3		区组 1		区组 2		区组 3	
	X	Y	X	Y	X	Y	X	Y	X	Y	X	Y	X	Y	X	Y	X	Y
1×A	0.174	5.18	0.187	5.34	0.201	5.27	0.173	5.45	0.202	5.18	0.118	5.19	0.212	5.59	0.208	5.24	0.181	4.40
1×B	0.137	7.09	0.060	6.86	0.135	7.22	0.138	6.77	0.120	7.52	0.110	6.53	0.187	7.25	0.159	7.63	0.165	6.96
1×C	0.165	8.09	0.178	8.95	0.203	8.20	0.130	7.89	0.188	7.63	0.198	7.25	0.219	8.66	0.201	7.63	0.196	8.42
1×D	0.117	6.81	0.148	6.62	0.163	7.38	0.110	5.22	0.147	6.92	0.153	5.88	0.206	6.06	0.158	6.61	0.186	6.04
1×E	0.138	7.15	0.152	7.11	0.133	7.24	0.163	6.42	0.145	6.36	0.167	6.56	0.207	6.84	0.181	7.15	0.172	7.32
1×F	0.143	7.64	0.142	8.51	0.127	5.45	0.144	7.63	0.127	7.27	0.160	7.30	0.188	8.14	0.140	8.37	0.199	7.28
1×G	0.135	7.74	0.147	7.25	0.140	8.37	0.132	7.21	0.119	7.27	0.101	7.56	0.189	7.47	0.163	7.38	0.185	8.31
1×H	0.193	8.63	0.188	8.24	0.202	7.25	0.150	7.57	0.150	8.52	0.141	7.28	0.179	7.09	0.209	7.30	0.194	7.50
1×I	0.170	9.31	0.178	8.36	0.164	8.69	0.163	7.74	0.139	8.12	0.160	8.01	0.214	8.45	0.217	8.38	0.203	8.99
1×J	0.147	8.45	0.182	9.55	0.191	8.34	0.144	7.88	0.140	7.88	0.110	7.61	0.203	8.39	0.220	9.36	0.197	8.50
1×K	0.182	7.31	0.167	6.10	0.137	7.13	0.088	6.68	0.150	6.74	0.126	7.95	0.158	6.71	0.204	7.01	0.216	6.43
1×L	0.135	7.95	0.175	8.46	0.118	8.49	0.164	7.77	0.080	7.36	0.125	8.08	0.215	7.62	0.204	7.20	0.214	7.68
1×M	0.208	8.10	0.228	8.07	0.207	8.10	0.238	6.71	0.172	7.95	0.164	8.46	0.190	7.46	0.233	8.31	0.194	8.34
1×N	0.174	8.77	0.157	8.74	0.151	8.27	0.145	6.63	0.133	8.16	0.122	7.76	0.184	7.88	0.218	8.32	0.212	8.03
1×O	0.183	7.74	0.205	7.62	0.198	7.24	0.135	7.59	0.142	6.86	0.131	7.29	0.199	7.90	0.218	7.71	0.186	9.00
1×P	0.145	6.35	0.097	6.54	0.145	6.66	0.203	5.65	0.169	6.30	0.191	6.25	0.232	5.33	0.203	5.80	0.152	5.82
1×Q	0.153	7.35	0.163	7.64	0.232	7.02	0.164	7.18	0.170	8.03	0.161	6.37	0.198	7.72	0.194	7.24	0.201	7.36
1×R	0.162	6.74	0.169	6.12	0.200	6.39	0.171	6.39	0.191	7.01	0.179	6.55	0.191	6.90	0.207	6.10	0.218	6.54
1×S	0.198	7.82	0.194	7.15	0.175	7.64	0.148	8.17	0.150	7.54	0.127	8.17	0.215	8.26	0.219	8.34	0.188	8.83
1×T	0.195	8.97	0.195	7.95	0.154	8.01	0.135	7.93	0.123	7.09	0.148	7.15	0.219	8.11	0.219	9.37	0.204	8.64
2×A	0.165	6.40	0.170	5.95	0.170	5.38	0.204	5.66	0.187	7.04	0.164	7.20	0.225	6.09	0.238	5.96	0.196	5.53
2×B	0.178	8.22	0.175	8.19	0.143	7.50	0.120	8.47	0.129	7.93	0.106	6.71	0.181	8.03	0.200	8.66	0.185	8.12
2×C	0.191	9.22	0.221	8.97	0.201	4.65	0.137	7.88	0.156	8.23	0.192	8.58	0.215	8.65	0.237	8.86	0.199	9.35
2×D	0.152	7.31	0.137	6.70	0.154	6.64	0.145	6.38	0.146	6.98	0.179	6.52	0.182	7.10	0.192	6.89	0.230	6.75
2×E	0.105	7.88	0.142	7.55	0.210	7.12	0.159	7.61	0.121	7.29	0.145	7.73	0.187	7.32	0.167	7.46	0.239	7.43
2×F	0.133	8.08	0.142	7.56	0.131	7.70	0.124	6.05	0.121	7.38	0.118	6.09	0.191	7.93	0.155	7.72	0.189	7.70
2×G	0.154	8.32	0.149	8.00	0.163	8.91	0.130	8.17	0.148	8.70	0.132	7.07	0.208	9.28	0.190	8.97	0.176	8.19
2×H	0.153	8.18	0.174	8.28	0.150	7.25	0.115	8.11	0.154	7.78	0.141	7.74	0.203	8.77	0.199	8.46	0.193	8.36
2×I	0.165	8.89	0.177	8.95	0.175	8.76	0.115	8.06	0.147	7.81	0.146	8.79	0.180	9.37	0.194	8.90	0.182	9.75
2×J	0.152	8.82	0.155	8.46	0.164	7.46	0.157	7.76	0.153	9.34	0.164	8.89	0.192	9.30	0.182	9.43	0.211	9.08
2×K	0.162	6.57	0.111	7.28	0.150	6.66	0.163	6.74	0.135	6.69	0.150	6.82	0.182	6.63	0.190	6.50	0.181	6.78
2×L	0.163	8.01	0.155	7.60	0.187	7.56	0.133	7.44	0.157	7.23	0.155	7.95	0.186	8.28	0.186	7.39	0.193	7.40
2×M	0.180	9.53	0.177	8.40	0.167	8.60	0.156	7.60	0.143	9.08	0.153	7.48	0.180	8.55	0.206	9.01	0.228	8.36
2×N	0.169	9.15	0.167	9.00	0.178	7.42	0.150	8.35	0.139	8.01	0.162	8.02	0.208	8.58	0.191	7.86	0.192	10.30
2×O	0.145	8.04	0.160	8.08	0.189	7.04	0.173	7.95	0.104	7.73	0.100	8.15	0.180	8.12	0.219	8.48	0.204	8.47

续附表 2

组合	试点 1						试点 2						试点 3					
	区组 1		区组 2		区组 3		区组 1		区组 2		区组 3		区组 1		区组 2		区组 3	
	X	Y	X	Y	X	Y	X	Y	X	Y	X	Y	X	Y	X	Y	X	Y
2×P	0.184	6.94	0.177	7.40	0.165	7.45	0.177	6.87	0.130	5.87	0.167	5.95	0.226	7.32	0.212	7.33	0.189	7.99
2×Q	0.176	7.52	0.131	7.41	0.155	7.41	0.193	7.69	0.201	7.84	0.150	6.87	0.194	7.70	0.208	7.93	0.202	7.36
2×R	0.126	7.08	0.185	6.48	0.173	6.79	0.189	5.65	0.167	7.01	0.136	7.24	0.171	7.37	0.200	7.37	0.216	7.37
2×S	0.196	7.96	0.193	7.51	0.174	8.19	0.123	8.05	0.146	8.01	0.147	7.66	0.221	7.90	0.239	8.63	0.206	8.51
2×T	0.162	7.38	0.200	7.60	0.166	6.61	0.124	6.26	0.139	8.00	0.159	6.36	0.184	8.19	0.193	7.63	0.213	7.89
3×A	0.215	5.78	0.175	5.14	0.191	5.31	0.146	6.88	0.160	6.98	0.132	5.22	0.204	4.75	0.204	4.98	0.211	5.48
3×B	0.150	7.68	0.154	8.61	0.137	8.40	0.179	7.74	0.200	7.49	0.195	7.49	0.179	7.89	0.169	8.33	0.156	7.91
3×C	0.170	8.29	0.218	9.06	0.197	7.99	0.115	8.21	0.131	7.48	0.160	7.37	0.227	8.09	0.220	9.09	0.247	7.73
3×D	0.187	7.52	0.174	7.42	0.175	7.08	0.160	6.10	0.146	6.60	0.142	6.59	0.168	7.05	0.152	6.16	0.206	7.41
3×E	0.169	7.47	0.162	7.79	0.175	6.88	0.091	7.44	0.100	6.96	0.169	7.30	0.187	7.38	0.183	7.24	0.176	7.20
3×F	0.132	8.62	0.145	8.53	0.130	8.07	0.146	7.27	0.107	7.10	0.132	6.72	0.171	7.91	0.153	7.86	0.143	8.08
3×G	0.160	8.67	0.203	8.64	0.185	8.03	0.145	7.72	0.155	7.54	0.154	8.06	0.156	8.23	0.182	7.15	0.184	8.02
3×H	0.196	9.32	0.175	8.56	0.186	8.20	0.158	7.90	0.160	7.64	0.194	8.29	0.220	8.50	0.177	7.25	0.217	8.13
3×I	0.153	9.44	0.189	9.55	0.165	9.45	0.080	7.90	0.150	8.14	0.121	7.50	0.145	7.61	0.179	6.83	0.186	5.72
3×J	0.193	9.17	0.218	8.59	0.225	8.39	0.160	9.04	0.172	8.05	0.130	8.94	0.258	8.40	0.210	7.72	0.247	8.41
3×K	0.146	6.88	0.160	7.75	0.169	7.13	0.175	7.21	0.157	5.03	0.106	6.57	0.196	8.03	0.142	7.60	0.203	7.24
3×L	0.124	7.81	0.138	8.28	0.141	7.83	0.393	7.47	0.112	8.47	0.142	6.67	0.188	7.36	0.161	7.79	0.167	7.82
3×M	0.192	8.39	0.195	8.31	0.200	8.56	0.195	8.28	0.170	8.03	0.177	8.94	0.181	9.21	0.186	8.87	0.204	8.44
3×N	0.187	7.59	0.186	9.67	0.202	8.38	0.117	7.57	0.136	7.95	0.065	8.22	0.174	7.85	0.177	8.18	0.205	8.43
3×O	0.215	7.92	0.191	7.67	0.171	7.37	0.150	6.09	0.109	7.21	0.125	7.77	0.183	7.82	0.199	8.01	0.206	8.07
3×P	0.157	7.31	0.172	6.38	0.182	6.76	0.125	7.33	0.110	6.83	0.111	6.26	0.185	6.80	0.205	6.76	0.173	7.33
3×Q	0.193	6.94	0.202	8.11	0.141	6.84	0.167	7.35	0.190	6.33	0.196	6.98	0.189	6.99	0.204	7.93	0.207	7.26
3×R	0.171	7.62	0.196	6.94	0.187	6.38	0.151	6.76	0.182	6.17	0.182	7.32	0.134	7.38	0.226	7.07	0.170	7.64
3×S	0.192	7.21	0.185	8.65	0.208	7.27	0.152	7.63	0.125	7.63	0.181	8.22	0.198	8.35	0.163	7.60	0.180	8.44
3×T	0.194	9.32	0.198	8.03	0.252	6.86	0.132	7.44	0.183	7.98	0.147	7.57	0.193	8.10	0.198	8.39	0.203	8.17
4×A	0.177	4.20	0.209	3.97	0.165	3.37	0.145	5.10	0.180	5.33	0.117	4.77	0.260	4.28	0.227	4.46	0.241	4.45
4×B	0.132	6.58	0.157	5.45	0.146	6.64	0.125	5.96	0.113	6.79	0.132	7.41	0.178	7.31	0.186	6.28	0.173	6.11
4×C	0.194	7.12	0.157	7.76	0.151	5.98	0.159	7.03	0.165	6.79	0.186	7.53	0.244	6.10	0.221	6.12	0.168	6.65
4×D	0.149	5.12	0.172	4.95	0.167	5.40	0.150	5.76	0.139	6.46	0.132	6.26	0.196	4.75	0.212	4.58	0.172	4.99
4×E	0.158	6.17	0.154	4.74	0.149	5.28	0.121	5.71	0.139	5.34	0.151	6.90	0.181	6.63	0.185	6.13	0.146	5.61
4×F	0.143	6.10	0.131	6.09	0.136	6.29	0.169	6.14	0.125	6.96	0.131	6.41	0.194	7.57	0.192	5.96	0.203	5.57
4×G	0.132	5.89	0.158	5.49	0.155	5.28	0.102	7.41	0.108	6.33	0.118	8.25	0.195	6.48	0.162	5.93	0.145	5.61
4×H	0.150	6.87	0.164	6.11	0.166	5.75	0.138	6.99	0.129	6.68	0.120	6.72	0.195	6.95	0.260	7.00	0.179	6.41
4×I	0.154	6.15	0.144	6.64	0.152	5.86	0.126	5.72	0.147	5.20	0.078	6.52	0.190	7.39	0.152	6.88	0.136	6.89
4×J	0.110	6.95	0.133	5.79	0.158	5.79	0.100	6.73	0.118	5.48	0.177	5.45	0.180	5.36	0.209	7.07	0.166	5.82

续附表 2

组合	试点 1						试点 2						试点 3					
	区组 1		区组 2		区组 3		区组 1		区组 2		区组 3		区组 1		区组 2		区组 3	
	X	Y	X	Y	X	Y	X	Y	X	Y	X	Y	X	Y	X	Y	X	Y
4×K	0.149	4.77	0.153	5.15	0.142	5.22	0.155	5.68	0.107	6.25	0.142	7.01	0.205	5.16	0.199	5.15	0.173	5.51
4×L	0.120	6.52	0.153	6.85	0.112	5.20	0.148	7.74	0.142	7.01	0.144	6.03	0.258	7.57	0.208	5.87	0.218	6.08
4×M	0.145	7.20	0.137	5.58	0.169	6.50	0.109	6.21	0.116	7.35	0.115	7.79	0.181	7.70	0.194	7.51	0.195	5.91
4×N	0.155	7.19	0.163	7.87	0.153	5.45	0.171	6.58	0.167	5.90	0.146	6.47	0.180	5.82	0.217	6.86	0.204	6.26
4×O	0.157	6.45	0.185	6.18	0.170	5.78	0.136	6.36	0.165	5.98	0.154	6.61	0.209	5.42	0.183	6.44	0.198	5.82
4×P	0.185	5.73	0.172	4.96	0.156	8.60	0.181	7.16	0.159	5.56	0.166	4.91	0.183	4.87	0.155	5.73	0.210	4.55
4×Q	0.160	5.31	0.184	5.56	0.197	4.53	0.167	5.79	0.158	6.22	0.163	5.13	0.235	6.02	0.198	5.37	0.207	5.85
4×R	0.177	5.52	0.177	4.56	0.197	4.80	0.154	5.36	0.148	5.09	0.114	5.56	0.217	5.48	0.162	6.41	0.198	5.16
4×S	0.146	6.27	0.142	5.74	0.164	7.45	0.150	5.90	0.136	6.51	0.109	7.93	0.199	6.88	0.176	6.44	0.181	6.44
4×T	0.127	6.33	0.145	6.68	0.146	6.11	0.105	5.29	0.160	5.58	0.147	6.52	0.176	5.55	0.185	5.43	0.174	5.99
5×A	0.160	4.88	0.112	4.20	0.123	4.94	0.139	5.24	0.163	5.64	0.129	5.00	0.235	5.04	0.167	5.32	0.200	5.23
5×B	0.093	6.92	0.090	6.69	0.135	6.03	0.160	7.76	0.100	7.27	0.142	7.21	0.165	7.05	0.128	6.81	0.184	7.45
5×C	0.140	7.66	0.109	8.37	0.073	6.23	0.161	6.94	0.156	6.33	0.119	7.77	0.195	7.77	0.180	7.66	0.180	8.30
5×D	0.098	8.35	0.123	6.20	0.107	5.34	0.143	6.00	0.137	7.30	0.151	5.29	0.170	6.78	0.138	5.69	0.195	5.53
5×E	0.140	8.17	0.110	6.92	0.065	6.87	0.150	6.68	0.125	6.29	0.138	7.03	0.170	6.81	0.089	6.20	0.206	5.74
5×F	0.109	6.38	0.144	6.53	0.097	5.95	0.076	6.54	0.108	7.65	0.087	6.88	0.167	6.92	0.165	7.42	0.135	7.02
5×G	0.104	7.10	0.123	7.34	0.092	6.45	0.110	7.01	0.082	6.34	0.105	7.56	0.131	6.36	0.146	7.81	0.119	7.70
5×H	0.088	7.66	0.125	6.98	0.083	7.29	0.182	7.49	0.131	7.32	0.103	6.95	0.153	7.78	0.139	7.27	0.134	7.44
5×I	0.075	7.63	0.110	7.52	0.057	6.91	0.146	7.80	0.115	8.30	0.098	8.45	0.164	7.57	0.119	7.63	0.123	7.56
5×J	0.115	8.01	0.144	7.47	0.124	7.88	0.113	7.06	0.121	7.57	0.145	8.77	0.180	7.65	0.170	7.76	0.188	7.88
5×K	0.102	6.37	0.087	5.65	0.126	5.48	0.132	5.97	0.109	5.09	0.087	4.84	0.115	6.89	0.119	7.32	0.155	5.78
5×L	0.080	7.12	0.100	6.97	0.106	5.69	0.133	7.54	0.132	7.24	0.119	7.93	0.169	7.15	0.175	7.46	0.173	6.91
5×M	0.120	7.90	0.128	6.99	0.108	6.41	0.112	7.27	0.127	8.01	0.100	8.05	0.163	8.03	0.191	7.68	0.113	7.16
5×N	0.113	8.50	0.115	7.54	0.123	6.97	0.161	7.85	0.105	6.87	0.123	7.09	0.178	8.72	0.191	8.02	0.176	7.85
5×O	0.131	6.83	0.176	7.26	0.129	6.68	0.167	7.75	0.135	7.22	0.112	6.29	0.199	7.59	0.204	7.69	0.198	9.16
5×P	0.067	5.86	0.125	6.32	0.152	8.43	0.155	5.94	0.136	6.56	0.150	5.92	0.189	6.22	0.152	5.44	0.154	5.69
5×Q	0.146	6.38	0.162	6.22	0.147	5.19	0.150	6.06	0.175	7.16	0.104	6.38	0.177	7.29	0.135	5.63	0.210	5.81
5×R	0.146	5.48	0.143	5.72	0.131	5.40	0.154	5.52	0.143	6.52	0.125	6.42	0.192	6.24	0.184	6.20	0.174	5.50
5×S	0.100	7.10	0.119	6.41	0.110	6.41	0.103	7.67	0.111	6.13	0.100	7.37	0.154	8.06	0.181	7.60	0.169	5.75
5×T	0.086	5.96	0.110	7.15	0.102	6.65	0.117	6.88	0.136	7.40	0.097	5.33	0.160	7.33	0.140	6.66	0.142	6.51

注:① 母本 1～5 依次分别代表 340、7922、87-1、K12、MO17;

② 父本 A～T 依次分别代表 BY832、CN01056、CN01975、CN55、CN60、CN62、CN67、GY220、GY798、N1000、N1679、N1680、N1698、N1719、N1979、N1998、N1999、N2000、N2008、N2018。

附表 3　某玉米组合 F_2 群体油分含量值及其分子标记数据(Zeng,1994)

序号	标记												性状值
	1	2	3	4	5	6	7	8	9	10	11	12	
1	2	1	0	0	0	0	0	1	1	1	0	0	6.25
2	1	1	1	1	1	2	2	2	2	0	0	1	3.00
3	1	2	2	2	2	1	1	1	1	2	2	2	3.00
4	1	0	0	0	0	0	0	0	0	1	2	2	4.00
5	0	0	1	1	1	1	1	1	1	1	1	1	3.00
6	1	0	0	0	0	1	1	1	1	0	0	0	3.75
7	2	2	2	1	1	0	0	0	0	1	2	2	8.25
8	0	0	0	0	0	0	0	1	1	1	1	2	2.50
9	1	0	1	1	1	1	1	0	0	1	1	1	4.25
10	0	1	1	1	1	1	1	1	0	0	0	0	4.50
11	1	1	2	2	2	1	1	1	1	1	1	0	6.00
12	2	1	1	1	1	1	1	1	1	1	1	1	3.25
13	2	1	2	1	1	2	2	1	1	1	1	1	5.50
14	1	1	1	2	2	2	2	2	1	1	1	1	7.25
15	1	2	2	2	2	2	2	2	2	2	2	2	5.50
16	1	1	1	1	1	1	1	1	1	1	1	1	4.00
17	1	1	1	1	1	1	0	0	0	0	0	0	2.75
18	2	2	2	2	2	2	2	1	0	0	0	0	7.50
19	0	0	0	0	0	0	0	1	1	1	1	1	6.00
20	2	1	1	1	1	1	1	1	1	1	0	0	4.75
21	0	1	1	1	1	0	1	1	1	0	0	0	2.75
22	2	1	1	1	1	0	0	0	0	0	0	0	5.50
23	1	1	1	1	1	1	2	2	2	2	2	2	1.75
24	1	1	1	2	2	1	1	0	0	0	0	0	5.00
25	2	2	1	1	1	1	1	1	1	1	1	1	4.00
26	1	2	2	2	2	2	0	0	0	0	0	0	4.00
27	0	1	1	1	1	1	1	2	2	2	2	2	2.00
28	0	1	2	2	2	1	1	0	0	1	1	1	3.00
29	2	1	1	1	1	0	0	0	0	0	1	1	4.75
30	2	0	0	0	0	1	1	1	1	1	1	1	3.75
31	1	2	2	2	2	2	2	2	2	2	2	2	5.75
32	2	1	1	1	1	0	1	2	1	1	1	1	8.00
33	1	0	0	1	1	2	2	2	1	1	1	0	3.00
34	1	1	1	0	0	0	0	0	1	1	1	1	2.25
35	1	1	1	1	1	2	2	2	2	2	2	2	3.50
36	0	1	1	1	1	0	0	0	0	0	0	0	6.75
37	1	2	2	2	2	1	1	1	1	1	1	2	2.25
38	1	1	1	1	1	1	1	1	1	2	2	2	3.50
39	1	1	1	0	0	0	0	0	0	0	0	0	6.25
40	0	1	1	1	1	0	0	0	0	1	1	1	1.50
41	1	1	1	1	1	1	1	1	1	1	1	1	3.50

续附表 3

序号	标记												性状值
	1	2	3	4	5	6	7	8	9	10	11	12	
42	2	2	2	2	2	2	2	2	2	2	2	2	4.00
43	2	2	2	2	2	2	2	2	2	1	1	1	6.25
44	1	2	2	2	2	1	1	1	1	1	2	2	3.00
45	2	2	2	1	1	0	1	1	1	1	1	1	7.25
46	0	0	0	0	0	0	1	1	1	2	1	1	1.75
47	0	0	0	0	0	1	1	1	1	1	2	1	7.25
48	0	0	0	0	0	1	1	1	1	1	1	1	1.25
49	1	2	2	1	1	1	1	1	1	1	2	1	7.25
50	2	2	2	2	2	2	2	2	2	2	2	2	6.75
51	1	1	1	1	1	1	1	2	1	1	1	1	6.50
52	2	1	1	0	0	0	0	1	0	0	0	0	2.75
53	1	2	2	2	2	2	2	2	2	2	2	2	3.50
54	1	2	2	2	2	2	2	2	2	2	2	2	4.25
55	0	1	2	2	2	2	2	0	1	1	1	1	3.00
56	1	0	1	1	1	2	2	2	2	1	1	1	6.25
57	0	0	0	0	0	0	1	1	1	0	0	0	1.50
58	1	1	0	1	1	1	1	1	1	1	1	1	3.25
59	1	0	0	0	0	1	2	2	2	1	1	1	4.75
60	0	1	1	1	1	1	1	1	0	0	0	2	2.25
61	1	1	1	1	1	1	1	1	1	2	2	2	2.75
62	2	2	2	2	2	2	2	1	1	1	1	1	5.00
63	2	1	0	0	0	0	0	0	0	1	1	1	3.00
64	0	1	1	1	1	1	1	1	0	0	1	1	5.00
65	1	0	0	0	0	1	1	2	2	2	2	2	3.25
66	1	1	1	1	1	1	1	1	1	1	1	1	6.75
67	1	1	1	1	1	1	1	1	1	0	0	0	6.25
68	0	2	2	2	2	2	2	1	1	1	2	2	1.25
69	1	2	2	2	2	1	1	1	1	1	1	1	2.75
70	0	1	1	2	2	2	1	0	0	1	1	1	3.00
71	2	2	2	1	1	2	2	2	2	1	1	1	8.25
72	1	2	1	1	1	2	2	2	2	1	1	0	3.50
73	1	0	0	2	0	1	1	1	1	1	1	2	2.75
74	1	1	1	0	2	1	0	0	0	0	0	1	7.25
75	2	1	0	0	0	1	1	1	1	1	1	1	5.75
76	1	1	1	1	1	1	1	1	1	0	0	0	5.25
77	2	2	1	1	1	0	0	1	1	2	2	2	6.75
78	2	1	1	1	1	1	1	2	2	2	2	2	6.00
79	0	1	1	1	1	1	1	1	1	2	2	2	1.50
80	2	1	0	1	1	1	2	2	2	2	2	2	3.50
81	0	1	2	2	2	1	1	0	0	0	0	0	5.00
82	0	0	0	1	1	1	0	1	1	1	1	1	5.00

续附表 3

序号	标记 1	2	3	4	5	6	7	8	9	10	11	12	性状值
83	1	2	1	1	1	2	2	2	2	2	2	2	3.75
84	1	1	1	1	1	1	1	1	1	1	1	1	4.00
85	2	2	1	1	1	2	2	2	2	1	1	1	4.50
86	0	1	1	1	1	0	0	0	0	1	1	1	1.50
87	1	1	1	0	0	0	0	0	0	0	0	0	7.50
88	1	1	1	1	1	1	1	2	2	1	1	1	3.25
89	1	1	1	0	0	0	0	1	1	1	2	2	7.50
90	1	0	0	0	0	0	0	0	0	0	0	0	2.75
91	1	1	1	1	1	1	1	1	1	2	2	1	5.50
92	2	1	1	1	0	0	0	0	0	0	0	1	2.50
93	1	1	1	1	1	1	1	2	2	2	2	1	3.00
94	1	1	1	1	1	1	0	0	0	1	1	2	5.00
95	1	1	2	2	2	2	2	2	2	1	1	0	3.00
96	2	1	0	0	0	0	1	2	2	2	2	2	2.75
97	1	0	0	1	1	1	1	1	1	0	0	0	2.75
98	0	2	2	2	2	1	1	2	1	0	0	1	3.50
99	1	1	1	1	1	1	1	1	1	1	1	1	7.00
100	0	0	0	1	1	1	1	1	2	2	2	2	1.75
101	0	0	0	0	0	1	1	1	1	1	1	1	2.75
102	2	2	2	2	2	2	2	2	2	1	1	0	3.50
103	2	2	2	2	2	2	2	2	2	2	2	2	6.75
104	0	0	0	0	0	1	1	2	2	1	1	1	2.75
105	1	1	1	1	1	1	1	1	1	1	0	0	3.00
106	0	1	1	1	1	1	2	2	2	2	1	1	2.75
107	1	1	1	2	2	0	0	0	0	1	1	1	2.75
108	2	1	1	1	1	1	1	2	1	1	1	1	5.75
109	0	1	1	2	2	2	2	2	2	1	1	1	2.75
110	2	2	2	2	2	1	1	0	1	1	1	1	6.50
111	1	0	0	0	0	1	1	1	1	1	1	1	1.75
112	2	1	1	0	0	1	1	1	1	1	1	1	4.75
113	2	2	2	2	2	2	2	2	2	1	1	1	4.75
114	2	1	1	0	0	0	0	1	1	1	1	1	3.50
115	1	0	0	0	0	0	0	0	0	0	0	0	5.50
116	1	1	2	2	2	0	0	0	0	0	0	1	6.50
117	2	2	1	1	1	1	1	1	1	1	1	1	5.00
118	0	2	2	2	2	2	2	2	2	2	2	2	4.75
119	1	2	1	1	1	2	2	1	1	1	1	0	2.25
120	0	1	1	1	1	2	2	2	1	2	2	2	2.00
121	0	2	2	2	2	2	2	2	2	2	2	2	4.25
122	1	2	1	1	1	1	1	1	1	1	1	1	4.25
123	1	0	0	1	1	1	1	1	1	0	0	0	6.00

续附表 3

序号	标记												性状值
	1	2	3	4	5	6	7	8	9	10	11	12	
124	2	2	1	1	1	2	2	2	2	1	1	1	5.25
125	2	2	2	1	1	2	2	1	1	1	1	1	6.00
126	0	0	0	0	0	0	0	0	0	1	1	1	3.50
127	1	2	2	1	1	1	1	1	1	2	1	1	2.25
128	1	2	1	1	1	1	1	1	1	1	1	1	3.00
129	1	2	2	2	2	2	2	2	2	2	2	2	4.50
130	1	1	1	0	0	0	0	0	0	0	0	0	4.00
131	1	1	1	1	1	1	0	0	0	1	1	1	8.25
132	2	2	1	0	0	1	1	1	1	2	2	2	4.75
133	0	1	1	1	1	1	1	1	1	1	1	1	1.50
134	0	0	1	2	2	2	2	1	1	1	1	1	1.25
135	0	1	1	2	2	1	1	1	1	1	1	1	2.25
136	2	2	2	2	2	2	2	2	2	1	1	0	6.75
137	1	2	1	1	1	1	1	1	1	1	1	0	7.50
138	0	1	1	1	1	0	1	1	1	1	1	0	2.50
139	0	0	0	0	0	0	0	0	0	1	1	1	2.00
140	1	2	1	1	1	2	2	2	2	2	2	2	2.50
141	1	1	1	1	1	1	1	1	0	1	1	1	2.50
142	1	1	2	2	2	2	1	0	1	2	2	2	7.50
143	0	1	1	1	1	0	0	0	0	0	1	1	2.00
144	2	0	0	0	0	0	0	1	1	0	0	0	4.00
145	1	1	1	1	1	1	1	1	1	2	2	2	2.75
146	1	1	1	1	1	2	2	2	2	2	2	2	3.00
147	1	1	1	2	2	2	2	2	2	2	2	2	3.75
148	0	0	0	0	0	0	0	1	1	1	1	1	6.50
149	1	1	1	1	1	0	0	1	1	1	1	1	4.25
150	1	1	1	1	1	0	0	0	0	0	0	0	3.50
151	1	1	0	0	0	0	0	0	1	1	2	1	1.75
152	0	1	1	1	1	1	1	1	1	2	2	1	4.00
153	1	1	1	1	0	0	1	1	1	1	1	2	5.25
154	1	1	1	1	1	1	0	0	0	1	1	1	2.50
155	2	2	2	2	2	0	0	0	0	2	2	2	7.25
156	1	2	1	1	1	1	1	1	1	0	0	0	2.75
157	0	0	0	0	0	0	0	0	0	0	0	0	1.00
158	1	1	1	1	1	1	1	1	1	1	1	1	7.50
159	1	1	2	2	2	2	0	0	0	1	1	1	4.50
160	1	1	1	1	1	1	1	1	1	2	1	1	5.75
161	1	1	2	2	1	1	1	0	0	0	0	0	4.50
162	2	1	1	1	1	1	1	0	0	0	0	0	4.50
163	1	1	1	1	1	1	1	2	2	2	2	2	3.50
164	1	2	2	2	2	2	2	2	2	1	1	1	5.50

续附表 3

序号	标记												性状值
	1	2	3	4	5	6	7	8	9	10	11	12	
165	1	1	1	1	1	1	2	1	1	1	1	1	1.75
166	1	0	0	0	0	0	0	0	0	1	2	2	5.75
167	2	2	1	1	1	0	0	0	0	1	1	1	4.00
168	1	0	0	0	0	1	1	1	1	1	1	2	3.50
169	0	1	1	1	1	0	1	1	1	1	1	1	5.50
170	1	0	0	1	1	1	1	1	1	1	1	1	3.00
171	2	2	1	1	0	1	1	1	1	0	0	0	5.75

索引与英汉术语对照表

图书在版编目(CIP)数据

植物数量遗传学/孔繁玲主编 .—北京：中国农业大学出版社，2006.6(2021.8 重印)
ISBN 978-7-81066-939-9
(普通高等教育"十一五"国家级规划教材)

Ⅰ.植… Ⅱ.孔… Ⅲ.植物学：数量遗传学 Ⅳ.Q943

中国版本图书馆 CIP 数据核字(2005)第 092242 号

书　　名　植物数量遗传学
作　　者　孔繁玲　主编

策划编辑　王笃利　赵　艳　　**责任编辑**　韩元凤
封面设计　郑　川　　**责任校对**　王晓凤　陈　莹
出版发行　中国农业大学出版社
社　　址　北京市海淀区圆明园西路 2 号　　**邮政编码**　100094
电　　话　发行部 010-62818525,8625　　读者服务部 010-62732336
编辑部 010-62732617,2618　　出　版　部 010-62733440
网　　址　http://www.cau.edu.cn/caup　　**E-mail** caup@public.bta.net.cn
经　　销　新华书店
印　　刷　涿州市星河印刷有限公司
版　　次　2006 年 6 月第 1 版　　2021 年 8 月第 4 次印刷
规　　格　787×1 092　16 开本　30.25 印张　748 千字
定　　价　69.00 元